中国数论名家著作选系列

"十三五"国家重点图书

代数数论

Algebraic Number Theory

冯克勤　编著

HITP
哈爾濱工業大學出版社
HARBIN INSTITUTE OF TECHNOLOGY PRESS

由黑龍江省精品圖書出版工程專項資金資助出版

内 容 简 介

代数数论是研究代数数域和代数整数的一门学问. 本书的主要内容是经典代数数论,全书共分三部分:第一、二部分为代数理论和解析理论,全面介绍了19世纪代数数论的成就;第三部分为局部域理论,简要介绍了20世纪代数数论的一些内容. 附录中给出了本书用到的近世代数的基本知识和进一步学习代数数论的建议,每节末附有习题.

本书的读者对象是大学数学系教师和高年级学生,也可作为研究生教材使用.

图书在版编目(CIP)数据

代数数论/冯克勤编著. —哈尔滨:哈尔滨工业大学出版社,2018.5(2023.5 重印)

ISBN 978-7-5603-6429-2

Ⅰ.①代… Ⅱ.①冯… Ⅲ.①代数数论
Ⅳ.①O156.2

中国版本图书馆 CIP 数据核字(2017)第 005775 号

策划编辑 刘培杰 张永芹
责任编辑 张永芹 李宏艳
封面设计 孙茵艾
出版发行 哈尔滨工业大学出版社
社　　址 哈尔滨市南岗区复华四道街 10 号 邮编 150006
传　　真 0451-86414749
网　　址 http://hitpress.hit.edu.cn
印　　刷 哈尔滨市颉升高印刷有限公司
开　　本 787mm×1092mm 1/16 印张 23.75 字数 454 千字
版　　次 2018 年 5 月第 1 版 2023 年 5 月第 6 次印刷
书　　号 ISBN 978-7-5603-6429-2
定　　价 68.00 元

◎ 前言

代数数论是研究代数数域(即有理数域的有限次扩域)和代数整数的一门学问,用代数工具来研究数论问题.

数(shù)起源于数(shǔ). 数论是历史最悠久的一个数学分支. 在有文字历史之前,由于生产和生活实践的需要,用石子、树枝或结绳、刻痕来计数,人类就有了整数概念. 在东方各文明古国,伴随文字的产生而创造了形式各异的数字和记数法(包括沿用至今的十进制记数法). 数论的历史大约有 3 000 年. 初等数论的主要课题是研究整数的性质和方程(组)的整数解,它也起源于古代的东方. 中国最早的数学名著《周髀算经》的开篇就记载了西周人商高知道方程 $x^2+y^2=z^2$ 有整数解 $(x,y,z)=(3,4,5)$. 另一部数学名著《孙子算经》(公元 4—5 世纪)载有"物不知数"问题,研究整数的同余性质,被世人称为"中国剩余定理".

东方古国的数论主要基于计算实践,具有鲜明的直观、实用和算法特性. 而在古希腊数学(公元前 6 世纪—公元 3 世纪)中,整数作为认识世界的最基本手段和工具,数论具有崇高的位置. 毕达哥拉斯(公元前 572—前 497)学派的名言为"万物皆数". 古希腊的数学充满理性思辨的特征. 欧几里得(公元前 330—前 275 年)的名著《几何原本》共 13 卷,其中有 3 卷讲述数论,书中讲述了初等数论的基石:算术基本定理(每个大于 1 的整数均可唯一地表示成有限个素数的乘积),证明了素数有无限多个(这可能是数论中第一个无限性的证明),得到了方程 $x^2+y^2=z^2$ 全部(无限多个)整数解的表达公式. 古希腊的另一重要数论著作是丢番图(Diophantus)的《算术》(公元 3 世纪). 书中研究了三百多个数论问题,列举了寻求一次和二次方程(组)有理数解和整数解的各种方法. 这是世上第一本脱离开几何而独立研究数论的著作. 对数论后来的发展具有特殊的意义.

人类文明逐渐转到欧洲. 在欧洲文艺复兴时代(公元 15 和 16 世纪),数学也得到复兴和发展. 但主要是基于天文、航海、建筑和绘画等需要的画法几何学,数论的进展不大. 17 和 18 世纪的数论中心在法国. 当时的大数论学家勒让德、拉格朗日、拉普拉斯、费马等都是法国人,唯一的例外是欧拉. 丢番图的《算术》一书于 1621 年被译成拉丁文. 1637 年,费马(Fermat,1601—1665)在阅读此书中讨论方程 $x^2+y^2=z^2$ 的那一页的空白处写了一个评注. 他认为对每个整数 $n\geqslant 3$,方程 $x^n+y^n=z^n$ 都没有正整数解. 他声称给出了这一猜想的一个巧妙的证明,但是空白处太小写不下. 自那以后,人们只看到费马对 $n=4$ 的情形给出的证明. 费马提出了许多数论猜想,这些猜想引起了欧拉对数论的兴趣. 经过多年的努力,欧拉(Euler,1707—1783)(肯定或否定地)解决了费马提出的诸多猜想,只剩下唯一的上述费马猜想,一直到 1994 年才由怀尔斯(Andrew Wiles,1953—)所证明.

19 世纪,数论得到重大的进步. 其主要标志是深刻的解析方法和代数工具引入数论当中,产生了数论的两个新的分支:解析数论和代数数论. 解析数论的创始人为德国数学家黎曼(Riemann,1826—1866),代数数论的奠基者为德国数学家高斯(Gauss,1777—1855)和库默尔(Kummer,1810—1893),世界数论中心也由法国转到德国.

代数数论至今整整有 200 年的历史. 1801 年高斯出版了著作《算术探究》(*Disquisitiones Arithmeticae*),深入地研究了二元二次型 $ax^2+bxy+cy^2=n$ 的整数解问题(其中 a,b,c,n 均为整数). 以方程 $x^2+y^2=n$ 为例,它把此方程写成 $n=(x+\mathrm{i}y)(x-\mathrm{i}y)$,其中 $\mathrm{i}=\sqrt{-1}$. 高斯研究形如 $a+\mathrm{i}b$ 的数(其中 a 和 b 是整数),这种数现在称为高斯整数. 高斯整数所成的集合$\mathbb{Z}[\mathrm{i}]$中可以进行加减乘运算,这是一个交换环,叫高斯整数环. 于是,正整数 n 可以表示成两个整数的平方和当且仅当 n 可以表示成两个高斯整数的乘积. 高斯证明了环$\mathbb{Z}[\mathrm{i}]$中具有与通常整数环$\mathbb{Z}$类似的唯一因子分解性质,由此完全解决了方程 $x^2+y^2=n$ 的整数解问题,即完全解决了哪些正整数 n 可以是两个整数的平方和,并且给出方程$x^2+y^2=n$ 的整数解个数的计算公式. 对于一般的二元二次型 $ax^2+bxy+cy^2=n$,需要研究环$\mathbb{Z}[\sqrt{d}]$,其中 $d=4ac-b^2$. 他发现这些环当中有许多不具有唯一因子分解性质,从而使问题变得复杂. 高斯研究这些环和对应的二次域$\mathbb{Q}(\sqrt{d})$的深刻性质,引入了一系列重要数学概念(理想类数、genus 理论、基本单位等),开创了二次域的理论研究.

1847 年,库默尔用同样的想法研究费马猜想. 对每个奇素数 p,他把费马方程分解成

$$z^p = x^p + y^p = (x+y)(x+\zeta_p y)\cdots(x+\zeta_p^{p-1}y)$$

其中 $\zeta_p = \mathrm{e}^{\frac{2\pi\mathrm{i}}{p}}$. 于是考虑比整数环$\mathbb{Z}$ 更大的环$\mathbb{Z}[\zeta_p]$. 如果这个环具有唯一因子分解性质,库默尔证明了方程 $x^p + y^p = z^p$ 没有正整数解,即费马猜想对 $n = p$ 成立. 他证明了当 $p \leqslant 19$ 时,$\mathbb{Z}[\zeta_p]$具有唯一因子分解性质,从而用统一方法证明了费马猜想对 n 为不超过 22 的所有正整数($n \geqslant 3$)都是对的. 他也证明了$\mathbb{Z}[\zeta_{23}]$不具有唯一因子分解性质. 进而,他提出了“理想数”的概念,证明了:即使$\mathbb{Z}[\zeta_p]$不具有唯一因子分解性质(即$\mathbb{Z}[\zeta_p]$的理想类数 h_p 大于 1),但只要 h_p 不被 p 除尽,则方程 $x^p + y^p = z^p$ 也没有正整数解. 他还给出判别 p 是否除尽 h_p 的初等方法(详见本书第六章),由此证明了对于 100 以内的所有奇素数 p,除了 37,59,67 之外,费马猜想对于 $n = p$ 均正确. 库默尔研究了环$\mathbb{Z}[\zeta_p]$的一系列深刻的性质(理想类数、分圆单位、理想数等),开创了对分圆域的理论研究.

高斯和库默尔分别对于二次域和分圆域所做的深刻研究,成为用深刻代数工具研究数论问题的奠基性工作,由此产生了代数数论. 这门学问后来由德国数学家戴德金(Dedekind,1831—1916)和狄利克雷(Dirichlet,1805—1859)在理论上加以完善(例如:库默尔的“理想数”就是现今环论中的理想概念). 到了 1898 年,德国大数学家希尔伯特(Hilbert,1862—1943)在《数论报告》(*Zahlebericht*)中对于各种代数数域的性质加以系统总结和发展,经过整整 100 年,经典的代数数论由此定型.

解析数论的源头可以上溯到欧拉,1737 年,欧拉在研究无穷级数和无穷乘积的收敛性时,发现对于大于 1 的实数 s,有等式

$$\begin{aligned} & 1 + \frac{1}{2^s} + \frac{1}{3^s} + \cdots + \frac{1}{n^s} + \cdots \\ = & \prod_p \left(1 + \frac{1}{p^s} + \frac{1}{p^{2s}} + \cdots + \frac{1}{p^{ms}} + \cdots\right) \\ = & \prod_p \left(1 - \frac{1}{p^s}\right)^{-1} \end{aligned}$$

其中无穷乘积中 p 过所有素数,事实上,这个等式等价于算术基本定理,这就把数论和解析公式联系在一起. 取 $s = 1$,由于上式左边是发散的(即值为 $+\infty$),可知右边的素数有无限多个. 这是由解析特性推出数论结果的最简单例子. 沿用这种方法,狄利克雷构作了一批新的函数 $L(s,\chi)$(叫作 L - 函数),从它们的解析特性得到了不平凡的结果:若 l 和 k 是互素的正整数,则算术级数 $l, l+k, l+2k, \cdots$中一定有无限多个素数. 1859 年,黎曼把函数 $\zeta(s) = \sum\limits_{n \geqslant 1} n^{-s}$看成复变量 $s = \sigma + \mathrm{i}t$(σ, t 为实数)的函数. 这个级数只在 $\sigma > 1$ 时收敛,但是他把此级数解析开拓成整个复平面上的亚纯函数,并且满足函数方程 $\zeta(s) = f(s)\zeta(1-s)$,其中 $f(s)$是一个熟知的复变函数(见本书第五章). 黎曼猜想 $\zeta(s)$的所有非

平凡零点的实数部分都是$\frac{1}{2}$,这就是至今未解决的黎曼猜想. 这个猜想对于研究素数的分布和许多数论问题都是重要的,这就开创了研究数论的解析方法. $\zeta(s)$也由此被后人称作黎曼 zeta 函数.

代数数论中也可采用解析方法. 对每个代数数域 K,戴德金构作了一个 zeta 函数 $\zeta_K(s)$. 当 s 的实数部分大于 1 时定义它的级数收敛并且有无穷乘积展开,它也可解析开拓成整个复平面上的亚纯函数,并且有函数方程把 $\zeta_K(s)$ 和 $\zeta_K(1-s)$ 联系起来. $\zeta_K(s)$ 的各种解析特性可以反映代数数域 K 和它的整数环 O_K 的代数和数论性质,所以解析方法也是代数数论的重要研究手段.

本书的主要内容是介绍经典代数数论,即 19 世纪代数数论的成就. 本书的前身是 1988 年出版的《代数数论入门》一书(上海科学技术出版社),经过十多年的讲授,这次把原书内容做了删节,改正了一些错误之处. 在原书两大部分(代数理论和解析理论)的基础上,增加了第三部分:局部域理论,介绍局部数域的基本结果,还介绍了代数数域的某些应用. 换句话说,我们增加了 20 世纪代数数论的一些内容. 最后,在结语中扼要介绍了 20 世纪代数数论的发展轮廓,希望读者对于近代和现代数论的情况有一些基本的了解.

本书的预备知识是初等数论和近世代数的基本知识和代数技巧. 附录 A 扼要地介绍了本书用到的近世代数中的一些基本概念和主要结果. 附录 B 对今后进一步深造代数数论提供一些参考性建议.

十多年来,有许多同事和学生对原书提出许多宝贵的意见,这里一并表示感谢. 作者也感谢"中国科学院研究生教材基金"对本书的出版所给予的资助,并且也欢迎读者的意见和建议,以便把书改得更好.

冯克勤
1999 年 5 月
于北京

◎ 目录

第一部分 代数理论

第二部分 解析理论

第三部分　局部域理论

第一部分

代 数 理 论

第一章 代数数域和代数整数环

§1 代数数域

有理数域$\mathbb{Q}$的有限(次)扩域K叫作**代数数域**,简称作**数域**,这是代数数论的基本研究对象. 如果扩张次数$[K:\mathbb{Q}]$是n,则K也叫作n次(数)域. 由于有限扩张必然是代数扩张,所以数域K中每个元素均是$\mathbb{Q}$上的代数元素. 根据代数基本定理(附录A,(18)),复数域$\mathbb{C}$是$\mathbb{Q}$的代数封闭扩域,从而数域K中每个元素均可看成复数,而每个数域K均可看成$\mathbb{C}$的子域. 如果$K\subseteq\mathbb{R}$($\mathbb{R}$表示实数域),则称K为**实域**,否则称K为**虚域**. 元素$\alpha\in\mathbb{C}$,如果是$\mathbb{Q}$上的代数元素(即存在$f(x)\in\mathbb{Q}[x]$,$\deg f(x)\geqslant 1$,使得$f(\alpha)=0$),我们称α为**代数数**,否则便叫作**超越数**,所有代数数全体构成域Ω,叫作$\mathbb{Q}$的**代数闭包**. 事实上每个数域均是Ω的子域,而$\mathbb{C}$是大于Ω的. 换句话说,超越数是存在的. 例如,可以证明π和e均是超越数,并且超越数比代数数还要多(习题1).

关于域的代数扩张的一般事实请参见附录A,Ⅲ. 在这一节里,我们就数域的情形再做一些补充.

1.1 单扩张定理

设L/K是数域的扩张(即L和K均是数域并且$K\subseteq L$). 由于扩张$L/\mathbb{Q}$和$K/\mathbb{Q}$均是有限的,从而L/K也是有限扩张. 令扩张次数为$[L:K]=n$,而$\omega_1,\cdots,\omega_n$是向量空间L的一组K-基,则L中每个元素均可唯一地写为

$$k_1\omega_1+\cdots+k_n\omega_n \quad (k_i\in K, i=1,\cdots,n)$$

特别地有$L=K(\omega_1,\omega_2,\cdots,\omega_n)$,即$L/K$是有限生成扩张. 我们现在要进一步证明:

定理 1.1 每个数域扩张 L/K 均是单扩张. 即存在 $\gamma\in L$,使得 $L=K(\gamma)$.

证明 我们只要对 $L=K(\alpha,\beta)$ 的情形证明定理即可,因为一般情形 $L=K(\omega_1,\cdots,\omega_n)$ 可由此对 n 归纳证得. 现设 $L=K(\alpha,\beta)$. 令 $f(x),g(x)\in K[x]$ 分别是元素 α 和 β 在 K 上的极小多项式,它们在 $\mathbb{C}[x]$ 中分解为

$$f(x)=\prod_{i=1}^{n}(x-\alpha_i),g(x)=\prod_{j=1}^{n}(x-\beta_j)\quad(\alpha_i,\beta_j\in\mathbb{C})$$

其中 $n=\deg f,m=\deg g$. 不妨设 $\alpha=\alpha_1,\beta=\beta_1$. 由于 $f(x)$ 和 $g(x)$ 均是 $K[x]$ 中不可约多项式,从而它们均无重根. 即 $\alpha_i(1\leqslant i\leqslant n)$ 两两相异,而 $\beta_j(1\leqslant j\leqslant m)$ 也两两相异. 现在于有限集合

$$\{(\alpha_i-\alpha_j)/(\beta_k-\beta_l)\mid 1\leqslant k\neq l\leqslant m,1\leqslant i\leqslant j\leqslant n\}$$

之外取一个非零有理数 c,不难看出 mn 个复数 $\alpha_i+c\beta_j$ 两两相异. 令 $\gamma=\alpha_1+c\beta_1=\alpha+c\beta$,则多项式 $h(x)=f(\gamma-cx)$ 属于 $K(\gamma)[x]$,$h(\beta_1)=0$,而 $\beta_2,\cdots,\beta_m$ 均不为 $h(x)$ 的根. 于是在 $\mathbb{C}[x]$ 中 $(h(x),g(x))=x-\beta_1$. 注意域上两个多项式的最大公因子可以用辗转相除法求得,而这个过程在 $K(\gamma)[x]$ 中和 $\mathbb{C}[x]$ 中都是一样的,因此在 $K(\gamma)[x]$ 中也有 $(h(x),g(x))=x-\beta_1$. 特别地 $x-\beta_1\in K(\gamma)[x]$,这就表明 $\beta=\beta_1\in K(\gamma)$,于是 $\alpha=\gamma-c\beta\in K(\gamma)$. 从而 $K(\alpha,\beta)\subseteq K(\gamma)$. 另一方面,由于 $\gamma=\alpha+c\beta,c\in K$, 从而 $K(\gamma)\subseteq K(\alpha,\beta)$ 显然成立. 这就证明了 $K(\alpha,\beta)=K(\gamma)$,从而也证明了定理 1.1. □

1.2 数域的嵌入

设 L/K 是数域的扩张. 正如附录 A,Ⅲ 中所述,每个域的单同态 $\sigma:L\to\mathbb{C}$ 均叫作 L 在 $\mathbb{C}$ 中的一个嵌入. 如果 σ 在 K 上的限制 $\sigma|_K$ 是域 K 上的恒等自同构(即对每个 $k\in K$ 均有 $\sigma(k)=k$),则称 σ 是 K - 嵌入. 利用上面的单扩张定理我们可以证明:L 恰好有 $[L:K]$ 个 K - 嵌入. 事实上,我们可以证明下面更为一般的结论:

定理 1.2 设 L/K 是数域的扩张,$[L:K]=n$,则每个嵌入 $\sigma:K\to\mathbb{C}$ 均可以 n 种不同的方法扩充到 L 上. 换句话说,恰好存在 n 个不同的嵌入 $\tau_i:L\to\mathbb{C}(1\leqslant i\leqslant n)$,使得 $\tau_i|_K=\sigma$.

证明 由单扩张定理我们可以令 $L=K(\gamma)$. 命 $f(x)=c_0+c_1x+\cdots+c_{n-1}x^{n-1}+x^n\in K[x]$ 是 γ 在 K 上的极小多项式,则 $\deg f=n$,而 L 中元素均可唯一地表示成

$$\alpha=k_0+k_1\gamma+\cdots+k_{n-1}\gamma^{n-1}\quad(k_i\in K,i=0,1,\cdots,n-1)$$

(附录 A,(12) 及其注记). 设 $\tau:L\to\mathbb{C}$ 是一个嵌入并且 $\tau|_K=\sigma$,则 $\tau(\alpha)=$

$\sigma(k_0)+\sigma(k_1)\tau(\gamma)+\cdots+\sigma(k_{n-1})\tau(\gamma)^{n-1}$. 从而$\tau$由它在$\gamma$上的值所完全决定. 考虑多项式

$$\sigma f(x)=\sigma(c_0)+\sigma(c_1)x+\cdots+\sigma(c_n)x^{n-1}+x^n\in\sigma(K)[x]$$

由于$\sigma:K\to\sigma(K)$是域的同构,不难看出σf是$\sigma(K)[x]$中的n次不可约多项式,从而它有n个不同的复根$\rho_1,\cdots,\rho_n$. 由于

$$\begin{aligned}\sigma f(\tau(\gamma))&=\sigma(c_0)+\sigma(c_1)\tau(\gamma)+\cdots+\sigma(c_{n-1})\tau(\gamma)^{n-1}+\tau(\gamma)^n\\&=\tau(f(\gamma))=0\end{aligned}$$

这就表明$\tau(\gamma)$必为某个ρ_i. 从而σ到L上的扩充至多有n个. 现在对每个$i(1\leqslant i\leqslant n)$,作映射$\tau_i:L\to\mathbb{C}$

$$\begin{aligned}&\tau_i(k_0+k_1\gamma+\cdots+k_{n-1}\gamma^{n-1})\\&=\sigma(k_0)+\sigma(k_1)\rho_i+\cdots+\sigma(k_{n-1})\rho_i^{n-1}\end{aligned}$$

易验证这是域的同态. 设$k_0+k_1\gamma+\cdots+k_{n-1}\gamma^{n-1}\in\operatorname{Ker}\tau_i$(同态$\tau_i$的核),则$\sigma(k_0)+\sigma(k_1)\rho_i+\cdots+\sigma(k_{n-1})\rho_i^{n-1}=0$,从而

$$\sigma f(x)\mid\sigma(k_0)+\sigma(k_1)x+\cdots+\sigma(k_{n-1})x^{n-1}$$

于是$f(x)\mid k_0+k_1x+\cdots+k_{n-1}x^{n-1}$(为什么?). 但是$f(x)$为$K[x]$中$n$次不可约多项式,所以只能是$k_0=k_1=\cdots=k_{n-1}=0$. 这就表明$\operatorname{Ker}\tau_i=(0)$,即$\tau_i$是嵌入. 又显然$\tau_i|_K=\sigma$并且$\tau_i(\gamma)=\rho_i$. 而$\rho_i(1\leqslant i\leqslant n)$是两两相异的,从而$\tau_i(1\leqslant i\leqslant n)$是$\sigma$到$L$上的$n$个不同的扩充. 这就证明了定理1.2. □

在定理1.2中特别取σ为域K的恒等自同构,我们就得到:

系 设L/K为数域扩张,则从L到$\mathbb{C}$恰好有$[L:K]$个不同的K-嵌入.

注记 设$L=K(\gamma)$,$f(x)\in K[x]$是γ在K上的极小多项式,$\deg f=n=[L:K]$,则$f(x)$在$\mathbb{C}$中有n个不同的根$\gamma_i(1\leqslant i\leqslant n)$,其中有一个根$\gamma_1$为$\gamma$. 它们叫作$\gamma$的$K$-共轭元素(附录A,Ⅲ). 从定理1.2的证明可知映射

$$\tau_i:L=K(\gamma)\xrightarrow{\sim}K(\gamma_i),\tau_i(\gamma)=\gamma_i\quad(1\leqslant i\leqslant n)$$

就是L到$\mathbb{C}$中的全部n个K-嵌入. 这是n个不同的嵌入方式,因为元素γ的象$\gamma_i(1\leqslant i\leqslant n)$彼此不同,对于$i=1$,$K(\gamma_1)=L$并且$\tau_1$是恒等自同构,$n$个与$L$同构的域$K(\gamma_i)(1\leqslant i\leqslant n)$叫作$L$的$K$-共轭域,它们不必彼此不同,特别当这些域彼此相同,从而均为$L=K(\gamma_1)$的时候,也就是$\gamma_i\in L(1\leqslant i\leqslant n)$的时候,$\tau_i(1\leqslant i\leqslant n)$均是域$L$的$K$-自同构,这时称$L/K$为**伽罗瓦扩张**,而$\mathrm{Gal}(L/K)=\{\tau_1,\cdots,\tau_n\}$是$L/K$的伽罗瓦群,而对于一般的情形,由于$K(\gamma_1,\gamma_2,\cdots,\gamma_n)$是$f(x)$在$K$上的分裂域,从而$K(\gamma_1,\cdots,\gamma_n)/K$是伽罗瓦扩张(附录A,Ⅲ(15)). 并且不难看出$K(\gamma_1,\gamma_2,\cdots,\gamma_n)$是$K$的包含$L$的最小伽罗瓦扩张,称$K(\gamma_1,\cdots,\gamma_n)$

为扩张 L/K 的**正规闭包**.

如果 $K=\mathbb{Q}$,即 L 是 $n=[L:\mathbb{Q}]$ 次数域,$L=\mathbb{Q}(\gamma)$. 令 $f(x)\in\mathbb{Q}[x]$ 是 γ 在$\mathbb{Q}$上的极小多项式,则存在恰好 n 个域的嵌入$\tau_i:L=\mathbb{Q}(\gamma)\xrightarrow{\sim}\mathbb{Q}(\gamma_i)\subseteq\mathbb{C}$,使得$\tau_i(\gamma)=\gamma_i(1\leqslant i\leqslant n)$,其中 $\gamma_i(1\leqslant i\leqslant n)$ 是 $f(x)$ 的 n 个不同的根(注意:数域的嵌入必为$\mathbb{Q}$-嵌入!). 不妨设前 r_1 个是实根而后 r_2 对是虚根,即

$$\gamma_i\in\mathbb{R}\quad(1\leqslant i\leqslant r_1)$$

$$\gamma_{r_1+j}=\overline{\gamma}_{r_1+r_2+j}\notin\mathbb{R}\quad(1\leqslant j\leqslant r_2,r_1+2r_2=n)$$

于是 L 的前 r_1 个共轭域$\mathbb{Q}(\gamma_i)$为实域,我们称这 r_1 个嵌入$\tau_i:L=\mathbb{Q}(\gamma)\xrightarrow{\sim}\mathbb{Q}(\gamma_i)\subseteq\mathbb{R}$ 为**实嵌入**. 而后 r_2 对共轭域为虚域,并且$\mathbb{Q}(\gamma_{r_1+j})=\mathbb{Q}(\gamma_{r_1+r_2+j})\not\subset\mathbb{R}(1\leqslant j\leqslant r_2)$. 称这 r_2 对嵌入$\tau_i(r_1+1\leqslant i\leqslant n)$为**复嵌入**,并且称$\tau_{r_1+j}$和$\tau_{r_1+r_2+j}$是彼此共轭的嵌入,记为$\overline{\tau}_{r_1+j}=\tau_{r_1+r_2+j}(1\leqslant j\leqslant r_2)$.

如果 L 中又有另一元素 γ',使得 $L=\mathbb{Q}(\gamma')$,则 γ'在$\mathbb{Q}$ 上的极小多项式 $f'(x)$的次数也是 $n=[L:\mathbb{Q}]$,并且$f'(x)$的 n 个根也有 r_1 个实根和 r_2 对虚根. 这是由于嵌入$\tau_1,\cdots,\tau_n$ 是域 L 本身的特性,与生成元 γ 的选取方式无关. 换句话说,参数 r_1 和 r_2 是数域 L 的不变量,$r_1+2r_2=n$(当然,扩张次数$[L:\mathbb{Q}]=n$ 也是 L 的不变量).

例 1 每个二次(数)域均可唯一地表示成$\mathbb{Q}(\sqrt{d})$,其中 d 是无平方因子整数(习题 2). 当 $d>0$ 时它是实域,叫作实二次域. 而当 $d<0$ 时叫作虚二次域. $\mathbb{Q}(\sqrt{d})/\mathbb{Q}$是伽罗瓦扩张,由于$\sqrt{d}$的极小多项式为 $f(x)=x^2-d$,它的两个根是 $\pm\sqrt{d}$,所以伽罗瓦群 $\mathrm{Gal}(\mathbb{Q}(\sqrt{d})/\mathbb{Q})$ 为 $\{I,\sigma\}$,其中 I 是恒等自同构,而 $\sigma(\sqrt{d})=-\sqrt{d}$. 由于域$\mathbb{Q}(\sqrt{d})$中每个元素唯一地表示成 $a+b\sqrt{d}$,其中 $a,b\in\mathbb{Q}$,可知 $\sigma(a+b\sqrt{d})=a-b\sqrt{d}$. 不难看出,对于实二次域,$r_1=2,r_2=0$. 而对于虚二次域,$r_1=0,r_2=1$.

例 2 分圆域$\mathbb{Q}(\zeta_{p^n})$,其中 $\zeta_{p^n}=\mathrm{e}^{2\pi\mathrm{i}/p^n}$是 p^n 次本原单位根,而 p 为素数,$n\geqslant1$. 以下简记 $\zeta=\zeta_{p^n}$,易知 ζ 是多项式

$$\begin{aligned}f(x)&=x^{(p-1)p^{n-1}}+x^{(p-2)p^{n-1}}+\cdots+x^{p^{n-1}}+1\\&=(x^{p^n}-1)/(x^{p^{n-1}}-1)\in\mathbb{Z}[x]\end{aligned}$$

的根,我们现在证明 $f(x)$是$\mathbb{Q}[x]$中的不可约多项式. 为此令 $g(x)=f(x+1)=x^{(p-1)p^{n-1}}+c_{p^n-p^{n-1}-1}x^{p^n-p^{n-1}-1}+\cdots+c_1x+c_0\in\mathbb{Z}[x]$. 由于

$$g(x)=\frac{(x+1)^{p^n}-1}{(x+1)^{p^{n-1}}-1}\equiv\frac{x^{p^n}}{x^{p^{n-1}}}=x^{p^n-p^{n-1}}\pmod p$$

从而 $p\mid c_i(0\leqslant i\leqslant p^n-p^{n-1}-1)$. 进而 $c_0=g(0)=f(1)=p$,于是 $p^2\nmid c_0$. 所以由

Eisenstein 判别准则(附录 A,(7))可知 $g(x)$ 是$\mathbb{Q}[x]$中不可约多项式,从而 $f(x)$ 也是如此. 这就表明 $f(x)$ 是 ζ 在$\mathbb{Q}$ 上的极小多项式,并且$[\mathbb{Q}(\zeta_{p^n}):\mathbb{Q}]=\deg f=p^n-p^{n-1}$. ζ 的全部共轭元素(即 $f(x)$ 的全部根)显然是 ζ^i $(1\leqslant i\leqslant p^n, p\nmid i)$(即为 $x^{p^n}-1$ 之根但不为 $x^{p^{n-1}}-1$ 之根者),它们均属于$\mathbb{Q}(\zeta)$,从而$\mathbb{Q}(\zeta)/\mathbb{Q}$是伽罗瓦扩张. 令 $\sigma_i\in \mathrm{Gal}(\mathbb{Q}(\zeta)/\mathbb{Q})$,使得 $\sigma_i(\zeta)=\zeta^i$ $(1\leqslant i\leqslant p^n-1, p\nmid i)$,则

$$\sigma_i\cdot\sigma_j(\zeta)=\sigma_i(\zeta^j)=\sigma_i(\zeta)^j=\zeta^{ij}=\sigma_{ij}(\zeta)$$

这就表明 $\sigma_i\cdot\sigma_j=\sigma_{ij}$. 作映射

$$\chi:\mathrm{Gal}(\mathbb{Q}(\zeta)/\mathbb{Q})\rightarrow(\mathbb{Z}/p^n\mathbb{Z})^\times,\chi(\sigma_i)=\bar{i}$$

其中$(\mathbb{Z}/p^n\mathbb{Z})^\times$表示环$\mathbb{Z}/p^n\mathbb{Z}$的单位(乘法)群,而 $\bar{i}$ 表示剩余类 $i(\bmod p^n)$. 由上述不难看出 χ 是群的同构. 但是当 $p\geqslant 3$ 时,从初等数论我们知道,乘法群$(\mathbb{Z}/p^n\mathbb{Z})^\times$是由模 p^n 的某个原根 g 生成的 p^n-p^{n-1} 阶循环群. 从而伽罗瓦群 $\mathrm{Gal}(\mathbb{Q}(\zeta_{p^n})/\mathbb{Q})$ 当 $p\geqslant 3$ 时,是 p^n-p^{n-1} 阶循环群,生成元为 σ_g.

当 $p^n\geqslant 3$ 时,$\zeta_{p^n}^i$ $(1\leqslant i\leqslant p^n, p\nmid i)$ 均不为实数. 从而对于分圆域$\mathbb{Q}(\zeta_{p^n})$ $(p^n\geqslant 3)$ 我们有 $r_1=0, r_2=\frac{1}{2}(p^n-p^{n-1})$.

例 3 纯三次域$\mathbb{Q}(\sqrt[3]{2})$. 元素$\sqrt[3]{2}$在$\mathbb{Q}$ 上的极小多项式为 x^3-2. 于是$\sqrt[3]{2}$的共轭元素为$\sqrt[3]{2}$,$\sqrt[3]{2}\omega$ 和$\sqrt[3]{2}\omega^2$,其中 $\omega=\zeta_3$. 由此可见$\mathbb{Q}(\sqrt[3]{2})/\mathbb{Q}$ 不是伽罗瓦扩张,其正规闭包为 $M=\mathbb{Q}(\sqrt[3]{2},\sqrt[3]{2}\omega,\sqrt[3]{2}\omega^2)=\mathbb{Q}(\sqrt[3]{2},\omega)$. 不难算出$[M:\mathbb{Q}]=6$ 而$[\mathbb{Q}(\sqrt[3]{2}):\mathbb{Q}]=3$,并且对于域$\mathbb{Q}(\sqrt[3]{2})$有 $r_1=r_2=1$.

1.3 范与迹

设 L/K 为数域扩张,$[L:K]=n$. $\sigma_i:L\rightarrow\mathbb{C}$ $(1\leqslant i\leqslant n)$ 是 L 的 n 个 K-嵌入. 对于 $\alpha\in L$ 定义

$$N_{L/K}(\alpha)=\prod_{i=1}^{n}\sigma_i(\alpha), T_{L/K}(\alpha)=\sum_{i=1}^{n}\sigma_i(\alpha)$$

分别称作元素 $\alpha\in L$ 对于扩张 L/K 的**范**和**迹**,从定义可知 $N_{L/K}$和 $T_{L/K}$有如下简单性质:

(a)对于 $\alpha,\beta\in L$, $N_{L/K}(\alpha\beta)=N_{L/K}(\alpha)N_{L/K}(\beta)$, $T_{L/K}(\alpha+\beta)=T_{L/K}(\alpha)+T_{L/K}(\beta)$;

(b)对于 $\alpha\in K$, $N_{L/K}(\alpha)=\alpha^n$, $T_{L/K}(\alpha)=n\alpha$,其中 $n=[L:K]$.

下面的定理 1.3 给出范和迹的一种计算方法:

定理 1.3 设 L/K 为数域扩张，$[L:K]=n$，$\alpha\in L$，$f(x)=x^m-c_1x^{m-1}+\cdots+(-1)^mc_m\in K[x]$ 是 α 在 K 上的极小多项式，$m=[K(\alpha):K]$，则

$$N_{L/K}(\alpha)=c_m^{n/m},T_{L/K}(\alpha)=\frac{n}{m}c_1$$

证明 设 $\alpha_1=\alpha,\alpha_2,\cdots,\alpha_m$ 是 $f(x)$ 的 m 个根，由定义知

$$T_{K(\alpha)/K}(\alpha)=\alpha_1+\alpha_2+\cdots+\alpha_m=c_1$$

$$N_{K(\alpha)/K}(\alpha)=\alpha_1\alpha_2\cdots\alpha_m=c_m$$

根据定理 1.2，每个 K－嵌入 $\tau_i:K(\alpha)\to\mathbb{C}(\tau_i(\alpha)=\alpha_i)$ 均可扩充成 $[L:K(\alpha)]=n/m$ 个嵌入 $\sigma_{ij}:L\to\mathbb{C}(1\leqslant j\leqslant n/m)$. 不难看出 $\{\sigma_{ij}|1\leqslant i\leqslant m,1\leqslant j\leqslant n/m\}$ 是彼此不同的，从而构成 L 到 $\mathbb{C}$ 的全部 K－嵌入，于是

$$\begin{aligned}N_{L/K}(\alpha)&=\prod_{i=1}^{m}\prod_{j=1}^{n/m}\sigma_{ij}(\alpha)=\prod_{i=1}^{m}\prod_{j=1}^{n/m}\tau_i(\alpha)=\prod_{i=1}^{m}\prod_{j=1}^{n/m}\alpha_i\\&=(\alpha_1\cdots\alpha_m)^{n/m}=c_n^{n/m}\\T_{L/K}(\alpha)&=\sum_{i=1}^{m}\sum_{j=1}^{n/m}\sigma_{ij}(\alpha)=\sum_{i=1}^{m}\sum_{j=1}^{n/m}\tau_i(\alpha)=\sum_{i=1}^{m}\sum_{j=1}^{n/m}\alpha_i\\&=\frac{n}{m}(\alpha_1+\cdots+\alpha_m)=\frac{n}{m}c_1\end{aligned}$$

□

注记 从定理 1.3 特别得到，对于每个 $\alpha\in L$，$N_{L/K}(\alpha)$ 和 $T_{L/K}(\alpha)$ 都是 K 中的元素. 再由性质(a)可知 $T_{L/K}:L\to K$ 是加法群同态，而 $N_{L/K}:L^\times\to K^\times$ 是乘法群同态，这里 $L^\times=L-\{0\}$.

定理 1.4(传递公式) 设 L/M，M/K 均是数域扩张，$\alpha\in L$，则

$$N_{L/K}(\alpha)=N_{M/K}(N_{L/M}(\alpha)),T_{L/K}(\alpha)=T_{M/K}(T_{L/M}(\alpha))$$

证明 令 $n=[L:M]$，$m=[M:K]$. $\sigma_1,\cdots,\sigma_n$ 为 L 到 $\mathbb{C}$ 中 n 个不同的 M－嵌入，$\tau_1,\cdots,\tau_m$ 为 M 到 $\mathbb{C}$ 中 m 个不同的 K－嵌入. 取 S 为扩张 L/K 的正规闭包. 令 $\tilde{\sigma}_i$，$\tilde{\tau}_j$ 分别为 σ_i 和 τ_j 到 S 上的一个扩充(定理 1.2)，它们都是伽罗瓦群 $\mathrm{Gal}(S/K)$ 中的元素. 从而 $(\tilde{\tau}_j\tilde{\sigma}_i)|_L(1\leqslant i\leqslant n,1\leqslant j\leqslant m)$ 均是 L 到 $\mathbb{C}$ 中的 K－嵌入. 我们现在证明这 nm 个 K－嵌入彼此不同：如果 $j\neq j'$，则存在 $b\in M$，使得 $\tau_j(b)\neq\tau_{j'}(b)$. 于是

$$\begin{aligned}(\tilde{\tau}_j\tilde{\sigma}_i)|_L(b)&=(\tilde{\tau}_j\tilde{\sigma}_i)(b)=\tilde{\tau}_j(b)\\&=\tau_j(b)\neq\tau_{j'}(b)=(\tilde{\tau}_{j'}\tilde{\sigma}_{i'})|_L(b)\end{aligned}$$

这就表明当 $j\neq j'$ 时 $(\tilde{\tau}_j\tilde{\sigma}_i)|_L\neq(\tilde{\tau}_{j'}\tilde{\sigma}_{i'})|_L$，如果 $j=j'$ 但是 $i\neq i'$，则存在 $c\in L$，使得 $\sigma_i(c)\neq\sigma_{i'}(c)$. 于是

$$(\tilde{\tau}_j\tilde{\sigma}_i)|_L(c)=\tilde{\tau}_j(\sigma_i(c))\neq\tilde{\tau}_{j'}(\sigma_{i'}(c))=(\tilde{\tau}_j\tilde{\sigma}_{i'})|_L(c)$$

从而当 $i\neq i'$时,$(\tilde{\tau}_j\tilde{\sigma}_i)|_L\neq(\tilde{\tau}_j\tilde{\sigma}_{i'})|_L$. 因此$(\tilde{\tau}_j\tilde{\sigma}_i)|_L(1\leqslant i\leqslant n,1\leqslant j\leqslant m)$就是 L 到$\mathbb{C}$ 中的全部 $nm=[L:K]$个 K-嵌入. 从而对于每个 $\alpha\in L$

$$\begin{aligned}N_{L/K}(\alpha)&=\prod_{1\leqslant j\leqslant m}\prod_{1\leqslant i\leqslant n}(\tilde{\tau}_j\tilde{\sigma}_i)|_L(\alpha)=\prod_{j=1}^{m}\tilde{\tau}_j(\prod_{i=1}^{n}\tilde{\sigma}_i(\alpha))\\&=\prod_{j=1}^{m}\tilde{\tau}_j(N_{L/M}(\alpha))=N_{M/K}(N_{L/M}(\alpha))\end{aligned}$$

对于迹可以类似地证明. □

1.4 元素的判别式

设 L/K 是数域的 n 次扩张,$\sigma_1,\cdots,\sigma_n$ 是 L 到$\mathbb{C}$ 的 n 个 K-嵌入. $\alpha_1,\cdots,\alpha_n$ 为 L 中任意 n 个元素. 定义

$$d_{L/K}(\alpha_1,\cdots,\alpha_n)=|(\sigma_i(\alpha_j))_{\substack{1\leqslant i\leqslant n\\1\leqslant j\leqslant n}}|^2$$

($|\ |$表示方阵的行列式),称作元素$\{\alpha_1,\cdots,\alpha_n\}$对于扩张 L/K 的**判别式**(从定义不难看出,这个判别式与元素 $\alpha_1,\cdots,\alpha_n$ 的次序是无关的). 下面引理表明它是 K 中的元素.

引理 1 $d_{L/K}(\alpha_1,\cdots,\alpha_n)=|(T_{L/K}(\alpha_i\alpha_j))|$.

证明

$$\begin{aligned}\text{左边}&=\begin{vmatrix}\sigma_1(\alpha_1)&\cdots&\sigma_n(\alpha_1)\\\vdots&&\vdots\\\sigma_1(\alpha_n)&\cdots&\sigma_n(\alpha_n)\end{vmatrix}\begin{vmatrix}\sigma_1(\alpha_1)&\cdots&\sigma_1(\alpha_n)\\\vdots&&\vdots\\\sigma_n(\alpha_1)&\cdots&\sigma_n(\alpha_n)\end{vmatrix}\\&=\left|(\sum_{k=1}^{n}\sigma_k(\alpha_i\alpha_j))\right|=\text{右边}\end{aligned}$$

□

判别式的第一个应用是它可用来判别 L 中 n 个元素 $\alpha_1,\cdots,\alpha_n$ 是否为向量空间 L 的一组 K-基.

引理 2 $d_{L/K}(\alpha_1,\cdots,\alpha_n)\neq0\Leftrightarrow\alpha_1,\cdots,\alpha_n$ 是 K-线性无关的.

证明 "$\Rightarrow$"如果 $\alpha_1,\cdots,\alpha_n$ 是 K-线性相关的,即存在不全为零的 $k_1,\cdots,k_n\in K$,使得 $k_1\alpha_1+\cdots+k_n\alpha_n=0$,于是

$$\begin{aligned}k_1\sigma_i(\alpha_1)+\cdots+k_n\sigma_i(\alpha_n)&=\sigma_i(k_1\alpha_1+\cdots+k_n\alpha_n)\\&=0\quad(1\leqslant i\leqslant n)\end{aligned}$$

这表明 n 阶方阵$(\sigma_i(\alpha_j))$的诸列是 K-线性相关的. 从而 $d_{L/K}(\alpha_1,\cdots,\alpha_n)=|(\sigma_i(\alpha_j))|^2=0$.

"$\Leftarrow$"如果 $d_{L/K}(\alpha_1,\cdots,\alpha_n)=0$,则$|(T_{L/K}(\alpha_i\alpha_j))|=0$(引理 1),从而方阵

$(T_{L/K}(\alpha_i\alpha_j))$的$n$行$R_1,\cdots,R_n$是$K$-线性相关的,其中$R_i=(T_{L/K}(\alpha_i\alpha_1),\cdots,T_{L/K}(\alpha_i\alpha_n))$$(1\leqslant i\leqslant n)$. 于是有不全为零的$k_1,\cdots,k_n\in K$,使得$k_1R_1+\cdots+k_nR_n=0$. 如果$\alpha_1,\cdots,\alpha_n$是$K$-线性无关的,则$\alpha=k_1\alpha_1+\cdots+k_n\alpha_n\neq 0$,而$T_{L/K}(\alpha\alpha_j)=0$,因为它是向量$k_1R_1+\cdots+k_nR_n=0$中的第$j$个元素$(1\leqslant j\leqslant n)$. 由于当$\alpha_1,\cdots,\alpha_n$为$K$-线性无关时,它们形成向量空间$L$的一组$K$-基. 因此对于任何$\beta\in L$均有$T_{L/K}(\alpha\beta)=0$. 特别取$\beta=\alpha^{-1}$(注意$\alpha\neq 0$),则我们有$0=T_{L/K}(\alpha\alpha^{-1})=T_{L/K}(1)=[L:K]\neq 0$. 这一矛盾表明$\alpha_1,\cdots,\alpha_n$是$K$-线性相关的.

□

引理3 设$L=K(\alpha)$,$[L:K]=n$,$f(x)$是α在K上的极小多项式,$\alpha_1=\alpha$,$\alpha_2,\cdots,\alpha_n$为$f(x)$的n个复根,则

$$\begin{aligned}d_{L/K}(1,\alpha,\cdots,\alpha^{n-1}) &= \prod_{1\leqslant r<s\leqslant n}(\alpha_r-\alpha_s)^2\\ &=(-1)^{\frac{n(n-1)}{2}}N_{L/K}(f'(\alpha))\end{aligned}$$

证明 上式

$$左边=\left|(\sigma_i(\alpha^j))_{\substack{1\leqslant i\leqslant n\\0\leqslant j\leqslant n-1}}\right|^2=\left|(\alpha_i^j)_{\substack{1\leqslant i\leqslant n\\0\leqslant j\leqslant n-1}}\right|^2$$

而后一行列式是范德蒙德(Vandermonde)行列式. 从而可知原式左边等于$\prod\limits_{1\leqslant r<s\leqslant n}(\alpha_r-\alpha_s)^2$. 进而,$(\alpha_r-\alpha_s)^2=-(\alpha_r-\alpha_s)(\alpha_s-\alpha_r)$,而满足$1\leqslant r<s\leqslant n$的$(r,s)$共有$\frac{1}{2}n(n-1)$对. 于是

$$\begin{aligned}\prod_{1\leqslant r<s\leqslant n}(\alpha_r-\alpha_s)^2 &= (-1)^{n(n-1)/2}\prod_{1\leqslant r\neq s\leqslant n}(\alpha_r-\alpha_s)\\ &=(-1)^{n(n-1)/2}\prod_{r=1}^{n}\prod_{\substack{s=1\\s\neq r}}^{n}(\alpha_r-\alpha_s)\end{aligned}$$

但是$f(x)=(x-\alpha_1)(x-\alpha_2)\cdots(x-\alpha_n)$,从而$f'(\alpha_r)=\prod\limits_{\substack{s=1\\s\neq r}}^{n}(\alpha_r-\alpha_s)$. 于是

$$\begin{aligned}\prod_{1\leqslant r<s\leqslant n}(\alpha_r-\alpha_s)^2 &=(-1)^{n(n-1)/2}\prod_{r=1}^{n}f'(\alpha_r)\\ &=(-1)^{n(n-1)/2}N_{L/K}f'(\alpha)\end{aligned}$$

注记 对于L中任意元素α,令$d_{L/K}(\alpha)=d_{L/K}(1,\alpha,\cdots,\alpha^{n-1})$,$n=[L:K]$,称作$L$中**元素$\alpha$对于扩张$L/K$的判别式**. 从引理2和引理3不难看出:$d_{L/K}(\alpha)\neq 0\Leftrightarrow 1,\alpha,\cdots,\alpha^{n-1}$是$K$-线性无关的$\Leftrightarrow L=K(\alpha)$. 当$K=\mathbb{Q}$时,我们把$d_{L/\mathbb{Q}}(\alpha)$也简写作$d_L(\alpha)$.

例 考虑分圆域$L=\mathbb{Q}(\omega)$,$\omega=\mathrm{e}^{2\pi\mathrm{i}/p^n}$,$p$为奇素数,$n\geqslant 1$,令$s=p^n-p^{n-1}$,我们已经知道$L$是$s$次域,$\omega$在$\mathbb{Q}$上的极小多项式为$f(x)=(x^{p^n}-1)/(x^{p^{n-1}}-1)=$

$x^{(p-1)p^{n-1}}+x^{(p-2)p^{n-1}}+\cdots+x^{p^{n-1}}+1$. 于是

$$(x^{p^{n-1}}-1)f(x)=x^{p^n}-1$$

$$(x^{p^{n-1}}-1)f'(x)+p^{n-1}x^{p^{n-1}-1}f(x)=p^nx^{p^n-1}$$

因此$f'(\omega)=p^n/(\omega(\omega^{p^{n-1}}-1))$. 于是由引理 3 可知

$$d_L(\omega)=(-1)^{s(s-1)/2}N(p^n)/(N(\omega)N(\omega^{p^{n-1}}-1))$$

其中 $N=N_{L/\mathbb{Q}}$. 易知 $N(p^n)=p^{ns}$, $N(\omega)=\prod_{\substack{k=1\\p\nmid k}}^{p^n-1}\omega^k=\prod_{\substack{k=1\\p\nmid k}}^{(p^n-1)/2}(\omega^k\cdot\omega^{-k})=1$. 剩下只需计算 $N(\omega^{p^{n-1}}-1)$. 令 $\zeta=\omega^{p^{n-1}}=e^{2\pi i/p}$, 则 ζ 在$\mathbb{Q}$ 上的极小多项式为 $g(x)=x^{p-1}+x^{p-2}+\cdots+x+1$, 从而 $\zeta-1$ 在$\mathbb{Q}$ 上的极小多项式为 $g(x+1)=x^{p-1}+\cdots+p$. 令 $M=\mathbb{Q}(\zeta)$, 则$[M:\mathbb{Q}]=p-1$, 于是$[L:K]=s/(p-1)=p^{n-1}$. 从而

$$\begin{aligned}N_{L/\mathbb{Q}}(\zeta-1)&=N_{M/\mathbb{Q}}(N_{L/M}(\zeta-1))=N_{M/\mathbb{Q}}(\zeta-1)^{p^{n-1}}\\&=p^{p^{n-1}}(-1)^{p-1}=p^{p^{n-1}}\end{aligned}$$

从而最后得到

$$d_L(\omega)=(-1)^{s(s-1)/2}p^{ns}/p^{p^{n-1}}=(-1)^{s(s-1)/2}p^{p^{n-1}(np-n-1)}$$

请读者验证, 当 $p=2$ 时这个公式仍然成立.

1.5 单位根

数域 K 中的乘法有限阶元素 $w\neq0$ 叫作 K 中的**单位根**. 如果 $w^n=1$, 则称 w 为 ***n* 次**单位根. 如果 w 的乘法阶数恰好是 n, 即 n 是满足 $w^n=1$ 的最小正整数, 则称 w 是 n 次**本原**单位根. 数域 K 中的单位根全体 W_K 显然形成乘法群, 称作**数域 *K* 的单位根群**. 我们现在要证明 W_K 是有限循环群. 首先证明:

引理 4 W_K 是有限群.

证明 设 w 是数域 K 中的 n 次单位根. 令 $f(x)=x^m+c_1x^{m-1}+\cdots+c_m$ 是 w 在$\mathbb{Q}$ 上的极小多项式, $f(x)$ 的全部根为 $w=w_1,w_2,\cdots,w_m$. 由于 $w^n=1$, 从而 $f(x)\mid(x^n-1)$, 于是 w 的每个共轭元素也均满足 $w_i^n=1$, 即 w_i 均是 n 次单位根. 于是$|w_i|=1(1\leqslant i\leqslant m)$. 由韦达定理可知$|c_i|\leqslant\binom{m}{i}(1\leqslant i\leqslant m)$. 另一方面, $f(x)$是x^n-1的首 1(即最高次项系数为 1)的多项式因子, 由此不难证明$f(x)\in\mathbb{Z}[x]$, 即系数 c_i 均为有理整数. 进而, 由于 $w\in K$, 可知 $m=\deg f=[\mathbb{Q}(\omega):\mathbb{Q}]\leqslant[K:\mathbb{Q}]$. 但是次数$\leqslant[K:\mathbb{Q}]$, 而有理整系数又有界$|c_i|\leqslant\binom{m}{i}\leqslant\binom{[K:\mathbb{Q}]}{i}(1\leqslant i\leqslant m)$的多项式$f(x)$只有有限多个, 从而它们的根也只有有限多个. 这就表明每个数域 K 中均只有有限多个单位根, 即 W_K 是有限群. □

引理 5 任意域中的有限乘法群均是循环群.

证明 设 W 是域 K 中的有限乘法群. 令 $|W| = n$. 当 $n = 1$ 时引理显然正确. 若 $n \geqslant 2$, 令 $n = p_1^{\alpha_1} p_2^{\alpha_2} \cdots p_s^{\alpha_s}$, 其中 $p_1, \cdots, p_s$ 是不同的素数, $\alpha_i \geqslant 1$. 由于 W 是乘法 Abel 群. 根据有限 Abel 群的结构定理(附录 A, (1)), $W = W_1 \times W_2 \times \cdots \times W_s$ (直积), 其中 W_i 是 W 的 $p_i^{\alpha_i}$ 阶 Sylow 子群 $(1 \leqslant i \leqslant s)$. 于是 W_i 中每个元素 α 均满足 $\alpha^{p_i^{\alpha_i}} = 1$. 但是在域 K 中多项式 $x^{p_i^{\alpha_i - 1}} - 1$ 至多有 $p_i^{\alpha_i - 1}$ 个根, 从而在 W_i 中满足 $x^{p_i^{\alpha_i - 1}} = 1$ 的元素 x 也至多有 $p_i^{\alpha_i - 1}$ 个. 这就表明 W_i 中存在 $p_i^{\alpha_i}$ 阶元素 $w_i (1 \leqslant i \leqslant s)$, 由于 $p_1^{\alpha_1}, \cdots, p_s^{\alpha_s}$ 两两相素, 因此 W 中元素 $w = w_1 w_2 \cdots w_s$ 的阶为 $p_1^{\alpha_1} \cdots p_s^{\alpha_s} = n = |W|$. 这就表明 W 是循环群. □

从以上两个引理立刻得出:

定理 1.5 数域 K 中的单位根群 W_K 是有限循环群.

通常以 w_K 表示 K 中单位群 W_K 的阶.

例 1 如果 K 为实数域, 则 $W_K = \{\pm 1\}$, $w_K = 2$.

例 2 设 $K = \mathbb{Q}(\sqrt{-d})$ 为虚二次域, d 为无平方因子的正整数, 则当 $d = 1$ 时, $W_K = \{\pm 1, \pm\sqrt{-1}\}$, $w_K = 4$; 当 $d = 3$ 时, $W_K = \{\pm 1, \pm\omega, \pm\omega^2\}$, $w = e^{2\pi i/3} = \frac{1}{2}(-1 + \sqrt{-3})$, $w_K = 6$; 而当 $d > 3$ 时, $W_K = \{\pm 1\}$, $w_K = 2$. 这是因为: 如果 $\zeta_n \in K$ 并且 n 有因子 p^m, 则 $K \supseteq \mathbb{Q}(\zeta_n) \supseteq \mathbb{Q}(\zeta_{p^m})$, 从而 $2 = [K:\mathbb{Q}] \geqslant [\mathbb{Q}(\zeta_n):\mathbb{Q}] \geqslant [\mathbb{Q}(\zeta_{p^m}):\mathbb{Q}] = p^{m-1}(p-1)$. 从而当 $p^{m-1}(p-1) \geqslant 3$ 时, K 中不可能包含 ζ_n, 于是也就不能包含任何 n 次本原单位根. 所以能够在虚二次域 K 中的只能是 6 次和 3 次本原单位根(即上面的 $\pm\omega$ 和 $\pm\omega^2$, 此时 $K = \mathbb{Q}(\sqrt{-3})$), 4 次本原单位根(即 $\pm\sqrt{-1}$, 此时 $K = \mathbb{Q}(\sqrt{-1})$) 和 ± 1.

对于每个正整数 n, $\zeta_n = e^{2\pi i/n}$ 是 n 次本原单位根, 而 $\zeta_n^k (1 \leqslant k \leqslant n, (k,n) = 1)$ 就是全部 n 次本原单位根. 它们共有 $\varphi(n)$ 个, 其中 $\varphi(n)$ 是欧拉函数, 表示 $1, 2, \cdots, n$ 当中与 n 互素的数的个数. $\varphi(n)$ 是积性函数, 即当 $(n,m) = 1$ 时, $\varphi(nm) = \varphi(n)\varphi(m)$. 由此及 $\varphi(p^n) = p^n - p^{n-1} = p^n\left(1 - \frac{1}{p}\right)$ 就得到公式

$$\varphi(n) = n\prod_{p|n}\left(1 - \frac{1}{p}\right).$$

现在我们考虑一般的分圆域 $\mathbb{Q}(\zeta_n)$, $\zeta_n = e^{2\pi i/n}$, n 是任意正整数. 为了计算这个域的次数, 我们需要决定 ζ_n 的全部共轭元素.

引理 6 与 ζ_n 共轭的全部元素即是 $\varphi(n)$ 个 n 次本原单位根.

证明 ζ_n 的每个共轭元素均是某个域嵌入之下元素 ζ_n 的象, 由此不难看出 ζ_n 的每个共轭元素均是 n 次本原单位根. 问题在于我们还需证明每个 n 次本原单位根均与 ζ_n 共轭. 为此我们只需证明: 对于每个 n 次本原单位根 w 和素

数 p，如果 $p\nmid n$，则 w^p 必然与 w 共轭，因为如果这件事成立，就可以对 k 归纳证明每个 n 次本原单位根 $\zeta_n^k(1\leqslant k\leqslant n,(n,k)=1)$ 均与 ζ_n 共轭.

设 $f(x)$ 为 w 在 $\mathbb{Q}$ 上的极小多项式. 由于 $w^n=1$，从而 $f(x)\mid(x^n-1)$. 令 $x^n-1=f(x)g(x)$. 因为 f 和 g 均是 x^n-1 的首 1 多项式因子，因此它们事实上均属于 $\mathbb{Z}[x]$（习题 10）. 现在假定 w^p 与 w 不共轭，则 $f(w^p)\neq0$，于是 $g(w^p)=0$（因为 $(w^p)^n-1=0$）. 从而 w 是多项式 $g(x^p)$ 的根. 于是 $f(x)\mid g(x^p)$. 令 $g(x^p)=f(x)h(x)$. 由于 $g(x^p),f(x)\in\mathbb{Z}[x]$，从而首 1 多项式 $h(x)$ 也属于 $\mathbb{Z}[x]$. 在环的自然同态 $\mathbb{Z}[x]\to((\mathbb{Z}/p\mathbb{Z}))[x]$ 之下，$\bar{f}(x)\mid\bar{g}(x^p)=\bar{g}(x)^p$. 由于 $(\mathbb{Z}/p\mathbb{Z})[x]$ 为唯一因子分解整环，从而上式表明 $(\bar{f}(x),\bar{g}(x))\neq1$. 因此存在多项式 $\bar{k}(x)\in(\mathbb{Z}/p\mathbb{Z})[x]$，$\deg\bar{k}(x)\geqslant1$，使得 $\bar{k}(x)\mid(\bar{f}(x),\bar{g}(x))$. 于是 $\bar{k}^2(x)\mid\bar{f}\cdot\bar{g}=x^n-\bar{1}$. 但这是不可能的，因为当 $p\nmid n$ 时 $(\mathbb{Z}/p\mathbb{Z})[x]$ 中多项式 $x^n-\bar{1}$ 没有重根（附录 A，(10)）. 这一矛盾表明 w^p 与 w 共轭，从而也就证明了引理 6. □

定理 1.6 (1) $[\mathbb{Q}(\zeta_n):\mathbb{Q}]=\varphi(n)$，并且 $\zeta_n=\mathrm{e}^{2\pi\mathrm{i}/n}$ 在 $\mathbb{Q}$ 上的极小多项式为 $\Phi_n(x)=\sum\limits_{\substack{k=1\\(n,k)=1}}^{n}(x-\zeta_n^k)\in\mathbb{Z}[x]$（$\Phi_n(x)$ 叫作分圆多项式）.

(2) $\mathbb{Q}(\zeta_n)/\mathbb{Q}$ 为伽罗瓦扩张，并且其伽罗瓦群自然同构于 $(\mathbb{Z}/n\mathbb{Z})^\times$.

证明 (1) 由引理 6 推出.

(2) 由于 ζ_n 的全部共轭元素均属于 $K=\mathbb{Q}(\zeta_n)$，从而 $K/\mathbb{Q}$ 是伽罗瓦扩张. 令 $\sigma_k\in\mathrm{Gal}(K/\mathbb{Q})$，使得 $\sigma_k(\zeta_n)=\zeta_n^k,(n,k)=1$，则 $\sigma_k\sigma_{k'}(\zeta_n)=\sigma_k(\zeta_n^{k'})=\zeta_n^{k'k}=\sigma_{kk'}(\zeta_n)$，因此 $\sigma_k\sigma_{k'}=\sigma_{kk'}$，所以映射

$$\chi:\mathrm{Gal}(K/\mathbb{Q})\to(\mathbb{Z}/n\mathbb{Z})^\times,\chi(\sigma_k)=\bar{k}$$

是群的满同态. 但是由引理 6，$|\mathrm{Gal}(K/\mathbb{Q})|=[K:\mathbb{Q}]=\varphi(n)=|(\mathbb{Z}/n\mathbb{Z})^\times|$，从而 χ 是同构. □

当 $n\equiv2\pmod 4$ 时，$\zeta_n=-\zeta_n^{(2+n)/2}=-\zeta_{n/2}^{\frac{n+2}{4}}$. 因此 $\mathbb{Q}(\zeta_n)=\mathbb{Q}(\zeta_{n/2})$. 所以通常对于分圆域 $\mathbb{Q}(\zeta_n)$，可规定 $n\not\equiv2\pmod 4$. 在这一规定下，可以证明当 $n\neq n'$ 时 $\mathbb{Q}(\zeta_n)\neq\mathbb{Q}(\zeta_{n'})$（习题 8），并且也不难决定分圆域的单位根群（习题 9）.

习　题

1. 证明：代数数集合是可数的，而超越数集合是不可数的.

2. (a) 求证：每个二次（数）域均可表示成 $\mathbb{Q}(\sqrt{d})$，其中 d 是无平方因子整数；

   (b) 如果 d 和 d' 均是无平方因子整数，并且 $d\neq d'$，则 $\mathbb{Q}(\sqrt{d})\neq\mathbb{Q}(\sqrt{d'})$；

(c)二次域 K 必然是$\mathbb{Q}$ 的伽罗瓦扩张,试求其伽罗瓦群.

3. (a)求下列代数数的次数和(在$\mathbb{Q}$ 上的)极小多项式

$$\sqrt{2}+\sqrt{3}+\sqrt{5},\sqrt{2+\sqrt{2}},\sqrt{2}+\omega \quad (\text{其中 } \omega=e^{2\pi i/3})$$

(b)求元素$\sqrt{2}+\sqrt{3}+\sqrt{5}$对$\mathbb{Q}(\sqrt{30})$的全部共轭元素.

4. 证明:代数数全体组成的集合 Ω 是域,并且是有理数域$\mathbb{Q}$ 的无限(次)代数扩域.

5. 对于数域$L=\mathbb{Q}(\sqrt{1+\sqrt{2}},\sqrt{1-\sqrt{2}})$和$L=\mathbb{Q}(\sqrt{2}+\sqrt{3},\sqrt{2}-\sqrt{5})$,求元素 γ,使得 $L=\mathbb{Q}(\gamma)$.

6. 设$f(x)\in K[x]$是数域 K 上的 n 次不可约首 1 多项式,$\alpha_1,\cdots,\alpha_n$ 是它的 n 个根,称 $d(f)=\prod\limits_{1\leqslant r<s\leqslant n}(\alpha_r-\alpha_s)^2$ 是**多项式$f(x)$的判别式.**

(a)求证:$d(f)$是 K 中元素;

(b)设$f(x)=x^n+a,a\in\mathbb{Q},\sqrt[n]{-a}\notin\mathbb{Q}$,求证

$$d(f)=(-1)^{n(n-1)/2}n^na^{n-1}$$

(c)设$f(x)=x^n+ax+b$ 是$\mathbb{Q}[x]$中不可约多项式,求证:$d(f)=(-1)^{n(n-1)/2}\cdot[(-1)^{n-1}(n-1)^{n-1}a^n+n^nb^{n-1}]$(注:当 $n=2$ 和 3 时,$d(f)$分别为 a^2-4b 和 $-(4a^3+27b^2)$,这就是 2 次和 3 次多项式通常所谓的判别式).

7. 求证:一个代数整数是单位根的充要条件是它的每个共轭元素的绝对值均是 1.

8. 设 n 和 m 为正整数,$\mathbb{Q}(\zeta_n)=Q_n$.

(1)$Q_n\cap Q_m=Q_{(n,m)},Q_nQ_m=Q_{[n,m]}$;

(2)如果 $n\neq n',n\not\equiv 2(\bmod 4),n'\not\equiv 2(\bmod 4)$,求证:$\mathbb{Q}(\zeta_n)\neq\mathbb{Q}(\zeta_{n'})$.

9. 令 $K=\mathbb{Q}(\zeta_n)$,则:

(a)当 $n\equiv 1(\bmod 2)$时,$W_K=\{\zeta_{2n}^k|0\leqslant k\leqslant 2n-1\}$;

(b)当 $n\equiv 0(\bmod 4)$时,$W_K=\{\zeta_n^k|0\leqslant k\leqslant n-1\}$.

10. 如果$f(x)$是$\mathbb{Z}[x]$中的首 1 多项式,而 $g(x)\in\mathbb{Q}[x]$是$f(x)$的首 1 多项式因子,求证:$g(x)\in\mathbb{Z}[x]$.

11. 设$f(x)$为$\mathbb{Q}[x]$中不可约首 1 多项式,$\alpha_1,\cdots,\alpha_n$ 是它的 n 个根,令 $s_m=\sum\limits_{i=1}^{n}\alpha_i^m$,求证

$$d(f)=\begin{vmatrix} s_0 & s_1 & \cdots & s_{n-1} \\ s_1 & s_2 & \cdots & s_n \\ \vdots & \vdots & & \vdots \\ s_{n-1} & s_n & \cdots & s_{2n-2} \end{vmatrix}$$

12. 设$f(x)$是$\mathbb{Q}[x]$中不可约三次首 1 多项式,求证:如果 $d(f)>0$,则$f(x)$有 3 个实根;如果 $d(f)<0$,则$f(x)$只有 1 个实根.

13. 设 L/K 是数域的扩张,对于 $\alpha \in L$,定义映射

$$\varphi_\alpha : L \to L, \varphi_\alpha(\beta) = \alpha\beta$$

(a)求证:φ_α 是 K - 向量空间 L 中的线性变换;

(b)如果 $\boldsymbol{A}_\alpha$ 是线性变换 φ_α 对于向量空间 L 的任意一组 K - 基的变换方阵,求证:$N_{L/K}(\alpha) = |\boldsymbol{A}_\alpha|, T_{L/K}(\alpha) = Tr(\boldsymbol{A}_\alpha)$(其中 $Tr(\boldsymbol{A})$ 表示方阵 $\boldsymbol{A}$ 的迹).

§2　代数整数环

2.1　代数整数

在这一节中,我们要把有理数域$\mathbb{Q}$ 中的整数概念推广到任意代数数域上去.

定义 1　代数数 α 叫作**代数整数**(简称作**整数**),如果存在一个系数属于$\mathbb{Z}$的首 1 多项式 $f(x)$,使得 $f(\alpha) = 0$.

例 1　每个 $n \in \mathbb{Z}$ 均是代数整数,因为它是首 1 多项式 $x - n \in \mathbb{Z}[x]$的根. 为了明确起见,今后我们通常将$\mathbb{Z}$ 中的整数称作**有理整数**,以区别于一般的代数整数.

例 2　n 次单位根是(代数)整数,因为它是首 1 多项式 $x^n - 1 \in \mathbb{Z}[x]$的根.

引理 7　设 α 为代数数,$f(x)$ 为 α 在$\mathbb{Q}$ 上的极小多项式,则 α 为整数的充要条件是 $f(x) \in \mathbb{Z}[x]$.

证明　由于极小多项式 $f(x)$ 是首 1 的,所以若 $f(x) \in \mathbb{Z}[x]$,则由定义 1 和 $f(\alpha) = 0$ 即知 α 是整数. 反之,如果 α 是整数,则存在首 1 多项式 $g(x) \in \mathbb{Z}[x]$,使得 $g(\alpha) = 0$. 于是 $f(x)$ 是 $g(x)$ 的首 1 多项式因子,从而由 §1,习题 10 即知 $f(x) \in \mathbb{Z}[x]$. □

系　$\mathbb{Q}$ 中只有有理整数才是(代数)整数.

证明　如果 $\alpha \in \mathbb{Q}, \alpha \notin \mathbb{Z}$,则 α 在$\mathbb{Q}$ 上的极小多项式 $x - \alpha \notin \mathbb{Z}[x]$,由引理 7 知 α 不是(代数)整数. □

现在我们来决定二次域中的全部整数.

定理 1.7　以 O_K 表示二次域 $K = \mathbb{Q}(\sqrt{d})$(d 是无平方因子的有理整数)中的全部整数所组成的集合,则当 $d \equiv 2,3 \pmod 4$ 时,$O_K = \{a + b\sqrt{d} \mid a, b \in \mathbb{Z}\}$;而当 $d \equiv 1 \pmod 4$ 时,$O_K = \{a + b\omega \mid a, b \in \mathbb{Z}\}$,其中 $\omega = \frac{1}{2}(1 + \sqrt{d})$,换句话说,$O_K = \mathbb{Z} \oplus \mathbb{Z}\omega = \mathbb{Z}[\omega]$,其中

$$\omega=\begin{cases}\sqrt{d},若\ d\equiv 2,3 \pmod 4\\ \dfrac{1}{2}(1+\sqrt{d}),若\ d\equiv 1 \pmod 4\end{cases}$$

证明 K 中每个二次代数数 $\alpha+\beta\sqrt{d}$($\alpha,\beta\in\mathbb{Q},\beta\neq 0$)的极小多项式为 $x^2-2\alpha x+\alpha^2-\beta^2 d$,因此(引理 7)

$$\alpha+\beta\sqrt{d}\text{为整数}\Leftrightarrow 2\alpha,\alpha^2-\beta^2 d\in\mathbb{Z}$$

而当 $\beta=0$ 时,易知这件事也是正确的.

设 $\alpha+\beta\sqrt{d}$($\alpha,\beta\in\mathbb{Q}$)是整数,则 $2\alpha,\alpha^2-\beta^2 d\in\mathbb{Z}$. 于是 $(2\alpha)^2-(2\beta)^2 d\in 4\mathbb{Z}$. 特别地,$(2\beta)^2 d\in\mathbb{Z}$. 由于 d 没有平方因子,可知 $2\beta\in\mathbb{Z}$.

当 $d\equiv 2,3 \pmod 4$ 时,如果 2α 和 2β 均为奇数,则 $(2\alpha)^2\equiv 1\not\equiv d\equiv(2\beta)^2 d \pmod 4$,这与 $(2\alpha)^2-(2\beta)^2 d\in 4\mathbb{Z}$ 相矛盾. 因此 2α 和 2β 必有一个为偶数. 然后由 $(2\alpha)^2\equiv(2\beta)^2 d \pmod 4$ 和 $d\not\equiv 0 \pmod 4$,可知另一个亦为偶数. 即 $\alpha,\beta\in\mathbb{Z}$. 反之,若 $\alpha,\beta\in\mathbb{Z}$,显然 $2\alpha,\alpha^2-\beta^2 d\in\mathbb{Z}$,从而 $\alpha+\beta\sqrt{d}$ 为整数. 这就证明了定理的前半部分.

当 $d\equiv 1 \pmod 4$ 时,由 $(2\alpha)^2\equiv(2\beta)^2 d\equiv(2\beta)^2 \pmod 4$ 可知有理整数 2α 和 2β 有相同的奇偶性. 于是 $\alpha-\beta\in\mathbb{Z}$,而 $\alpha+\beta\sqrt{d}=(\alpha-\beta)+2\beta\omega$(注意 $\sqrt{d}=2\omega-1$),其中 $\alpha-\beta,2\beta\in\mathbb{Z}$. 反之,若 $a,b\in\mathbb{Z},b\neq 0$,则 $a+b\omega=a+\frac{b}{2}+\frac{b}{2}\sqrt{d}$ 的极小多项式为 $x^2-(2a+b)+\left(a+\frac{b}{2}\right)^2-\frac{b^2}{4}d$,其中 $2a+b\in\mathbb{Z}$,$\left(a+\frac{b}{2}\right)^2-\frac{b^2}{4}d=a^2+ab+b\cdot\frac{1-d}{4}\in\mathbb{Z}$. 从而 $a+b\omega$($b\neq 0$)为整数. 而 $b=0$ 时这当然也对. 这就证明了定理的后半部分. □

2.2 代数整数环

对于二次域 K,可以直接验证定理 1.7 中求出的整数集合 O_K,事实上是 K 的子环! 对于任意的数域 K,Dedekind 证明了 K 的整数集合 O_K 也是 K 的子环. 换句话说,如果 α 和 β 均是 K 中的整数,则 $\alpha\pm\beta$ 和 $\alpha\beta$ 亦是整数. 这是一件不平凡的事情($\sqrt{7},\zeta_{89},\sqrt[3]{5},\zeta_{61}$ 显然均是 $K=\mathbb{Q}(\sqrt{7},\sqrt[3]{5},\zeta_{89},\zeta_{61})$ 中的整数,设想一下如何证明 $(\sqrt{7}+\zeta_{89})(\sqrt[3]{5}-\zeta_{61})$ 也是整数!). 我们需要给出整数的其他刻画方式.

定理 1.8 对于 $\alpha\in\mathbb{C}$,下面几个条件彼此等价:

(1) α 为(代数)整数;

(2)环 $\mathbb{Z}[\alpha]$ 的加法群是有限生成的;

(3) α 是$\mathbb{C}$ 的某个非零子环 R 中的元素,并且 R 的加法群是有限生成的;

(4) 存在有限生成非零加法子群 $A\subset\mathbb{C}$,使得 $\alpha A\subseteq A$.

证明 (1)$\Rightarrow$(2):如果 α 为整数,由引理 7 知它的极小多项式 $f(x)$ 是系数属于$\mathbb{Z}$ 的首 1 多项式,即

$$f(x)=x^n+c_{n-1}x^{n-1}+\cdots+c_1x+c_0 \quad (c_i\in\mathbb{Z})$$

于是 $\alpha^n=-c_{n-1}\alpha^{n-1}-\cdots-c_1\alpha-c_0$. 由此不难看出(对 m 归纳),每个元素 $\alpha^m(m\geqslant 0)$ 均可写成 $1,\alpha,\alpha^2,\cdots,\alpha^{n-1}$ 的$\mathbb{Z}$-线性组合,于是环$\mathbb{Z}[\alpha]$中的每个元素也都如此. 这就表明环$\mathbb{Z}[\alpha]$的加法群是由有限个元素 $1,\alpha,\alpha^2,\cdots,\alpha^{n-1}$ 生成的.

(2)$\Rightarrow$(3):取 $R=\mathbb{Z}[\alpha]$.

(3)$\Rightarrow$(4):取 $A=R$.

(4)$\Rightarrow$(1):设 $a_1,\cdots,a_n$ 生成加法群 A,由于 $\alpha A\subseteq A$,每个 αa_i 均可表示成 $a_1,\cdots,a_n$ 的$\mathbb{Z}$-线性组合,我们可以把这写成矩阵形式

$$\begin{pmatrix}\alpha a_1\\ \vdots\\ \alpha a_n\end{pmatrix}=\boldsymbol{M}\begin{pmatrix}a_1\\ \vdots\\ a_n\end{pmatrix}$$

其中 $\boldsymbol{M}$ 是元素属于$\mathbb{Z}$ 的 n 阶方阵. 此方程也可写成

$$(\alpha\boldsymbol{I}_n-\boldsymbol{M})\begin{pmatrix}a_1\\ \vdots\\ a_n\end{pmatrix}=\begin{pmatrix}0\\ \vdots\\ 0\end{pmatrix}$$

由于 $A\neq(0)$,从而 $a_1,\cdots,a_n$ 不全为零. 由线性代数便知 $|\alpha\boldsymbol{I}_n-\boldsymbol{M}|=0$. 但是 $f(x)=|x\boldsymbol{I}_n-\boldsymbol{M}|$ 恰好是系数属于$\mathbb{Z}$ 的 n 次首 1 多项式,并且 α 是它的根,从而 α 是整数. □

定理 1.9 若 α 和 β 均是整数,则 $\alpha\pm\beta,\alpha\beta$ 也是整数,特别地,数域 K 中全部整数组成的集合 O_K 是 K 的子环.

证明 根据定理 1.8(2),环$\mathbb{Z}[\alpha]$和$\mathbb{Z}[\beta]$的加法子群均是有限生成的,设它们分别是由$\{\alpha_1,\cdots,\alpha_n\}$和$\{\beta_1,\cdots,\beta_m\}$所生成的,则每个 $\alpha^u(u\geqslant 0)$ 均可表示为 $\alpha_1,\cdots,\alpha_n$ 和$\mathbb{Z}$-线性组合,而每个 $\beta^v(v\geqslant 0)$ 均可表示为 $\beta_1,\cdots,\beta_m$ 的$\mathbb{Z}$-线性组合,于是 $\alpha^u\beta^v$ 均可表示为$\{\alpha_i\beta_j|_{1\leqslant i\leqslant n,1\leqslant j\leqslant m}\}$的$\mathbb{Z}$-线性组合,从而环$\mathbb{Z}[\alpha,\beta]$中每个元素均是如此,这就表明环$\mathbb{Z}[\alpha,\beta]$的加法群是有限生成的. 但是 $\alpha\pm\beta$,$\alpha\beta$ 均是$\mathbb{Z}[\alpha,\beta]$中元素,根据定理 1.8(3),可知它们均是整数. □

今后将 O_K 叫作数域 K 的(代数)**整数环**,根据定理 1.6 的系,可知有理数域$\mathbb{Q}$ 的整数环就是$\mathbb{Z}$,而二次域的整数环已由定理 1.7 求出. 现在我们来求分圆域$\mathbb{Q}(\zeta_{p^n})$的整数环(一般分圆域$\mathbb{Q}(\zeta_m)$的整数环见下一小节).

定理 1.10 分圆域 $K=\mathbb{Q}(\zeta_{p^n})$ 的整数环是 $\mathbb{Z}[\zeta_{p^n}]$.

证明 令 $\omega=\zeta_{p^n}, s=\varphi(p^n)=[K:\mathbb{Q}]$. 由于 ω 为整数,从而由定理 1.9 可知 $\mathbb{Z}[\omega]$ 中元素均为整数,即 $\mathbb{Z}[\omega]\subseteq O_K$. 为证 $\mathbb{Z}[\omega]\supseteq O_K$,我们首先注意,由于 $1,\omega,\cdots,\omega^{s-1}$ 是向量空间 K 的一组基,从而 K 中每个整数 α 均可表示成

$$\alpha=t_0+t_1\omega+\cdots+t_{s-1}\omega^{s-1}\quad(t_i\in\mathbb{Q})\tag{1}$$

我们的目的是要证明 $t_i\in\mathbb{Z}(0\leqslant i\leqslant s-1)$.

令 $\mathrm{Gal}(K/\mathbb{Q})=\{\tau_1,\tau_2,\cdots,\tau_s\}$. 将自同构 τ_i 作用于式(1)上,得到

$$\tau_i(\alpha)=t_0+t_1\tau_i(\omega)+\cdots+t_{s-1}\tau_i(\omega^{s-1})\quad(1\leqslant i\leqslant s)$$

由 Cramer 法则可得到 $t_j=\gamma_j/\delta$, 其中 $\delta=\left|(\tau_i(\omega^k))_{\substack{1\leqslant i\leqslant s\\0\leqslant k\leqslant s-1}}\right|$, 而 γ_j 是将 $(\tau_1(\alpha),\cdots,\tau_s(\alpha))$ 代替方阵 $(\tau_i(\omega^k))$ 的第 j 列而得到的新方阵的行列式. 由于 $\tau_i(\omega^k),\tau_i(\alpha)$ 均是整数(习题 1),从而 γ_j 和 δ 均是整数(定理 1.9),并且事实上由上一小节的例题知道

$$\delta^2=d_K(1,\omega,\cdots,\omega^{s-1})=(-1)^{\varphi(p^n)/2}p^{p^{n-1}(np-n-1)}$$

令 $\delta^2=d$,则 $\delta\gamma_j=t_jd\in\mathbb{Q}$. 但是 $\delta\gamma_j\in O_K$,因此 $\delta\gamma_j\in O_K\cap\mathbb{Q}=\mathbb{Z}$. 于是 $t_jd\in\mathbb{Z}$. 令 $t_jd=m_j\in\mathbb{Z}$,则式(1)可写成

$$\alpha=\frac{m_0}{d}+\frac{m_1}{d}\omega+\cdots+\frac{m_{s-1}}{d}\omega^{s-1}\quad(m_j\in\mathbb{Z})$$

经过一个简单的变换,可以将上式改成

$$\alpha=\frac{m_0'}{d}+\frac{m_1'}{d}(1-\omega)+\cdots+\frac{m_{s-1}'}{d}(1-\omega)^{s-1}\quad(m_j'\in\mathbb{Z})\tag{2}$$

我们的目的是要证 $d\mid m_j(0\leqslant j\leqslant s-1)$. 易知这等价于要证 $d\mid m_j'(0\leqslant j\leqslant s-1)$,现在假定 $m_j'(0\leqslant j\leqslant s-1)$ 不全被 d 除尽. 注意 $|d|=p^l$. $l=p^{n-1}(np-n-1)$,从而若 $(m_0',m_1',\cdots,m_{s-1}')=p^\lambda\cdot m'$, $p\nmid m'$,则必然 $\lambda+1\leqslant l$. 于是令 $m_j'=\pm p^\lambda m_j''$,则 $p\nmid(m_0'',m_1'',\cdots,m_{s-1}'')=m'$. 从而存在整数 t, $0\leqslant t\leqslant s-1$,使得 $p\mid m_j''(0\leqslant j\leqslant t-1)$,但是 $p\nmid m_t''$. 于是式(2)可改写为

$$\begin{aligned}&\pm p^{l-\lambda-1}\alpha-\left(\frac{m_0''}{p}+\frac{m_1''}{p}(1-\omega)+\cdots+\frac{m_{t-1}''}{p}(1-\omega)^{t-1}\right)\\=&\frac{m_t''}{p}(1-\omega)^t+\cdots+\frac{m_{s-1}''}{p}(1-\omega)^{s-1}\end{aligned}\tag{3}$$

而式(3)左边仍为整数,记为 α'. 现在利用我们已经证得的公式 $N_{K/\mathbb{Q}}(1-\omega)=\prod\limits_{\substack{k=1\\p\nmid k}}^{p^n}(1-\omega^k)=p$. 由于 $(1-\omega^k)=(1-\omega)(1+\omega+\cdots+\omega^{k-1})$,从而在环 $\mathbb{Z}[\omega]$ 中 $(1-\omega)\mid(1-\omega^k)(1\leqslant k\leqslant p^n-1)$. 于是 $(1-\omega)^s\mid\prod\limits_{\substack{k=1\\p\nmid k}}^{p^n}(1-$

$\omega^k) = p$. 因此 $p/(1-\omega)^s \in \mathbb{Z}[\omega] \subseteq O_K$. 由于 $t \leqslant s-1$，从而由式(3)给出

$$\alpha' \cdot p/(1-\omega)^{t+1} = \frac{m_t''}{1-\omega} + m_{t+1}'' + \cdots + m_{s-1}''(1-\omega)^{s-1-t-1} \in O_K$$

从而 $m_t''/(1-\omega) \in O_K$，于是 $N_{K/\mathbb{Q}}(m_t''/(1-\omega)) = m_t''/p \in O_K \cap \mathbb{Q} = \mathbb{Z}$. 但是这与 $p \nmid m_t''$相矛盾. 这一矛盾表明 $d \mid m_j'(0 \leqslant j \leqslant s-1)$，从而 $d \mid m_j(0 \leqslant j \leqslant s-1)$，即 $\alpha \in \mathbb{Z}[\omega]$. 于是 $O_K \subseteq \mathbb{Z}[\omega]$，从而 $O_K = \mathbb{Z}[\omega]$.

2.3 整基，数域的判别式

现在进一步研究整数环 O_K 的加法群结构. 我们要证明它是秩为$[K:\mathbb{Q}]$的自由 Abel 群.

定义 2 群 G 叫作秩为 n 的自由 Abel 群，如果它同构于 n 个有理整数加法群$\mathbb{Z}$ 的直和：$G \cong \mathbb{Z} \oplus \cdots \oplus \mathbb{Z}$($n$ 个). 换句话说，即存在 G 中 n 个元素 $\alpha_1, \cdots, \alpha_n$，使得 G 中每个元素均可唯一地表示成 $m_1\alpha_1 + \cdots + m_n\alpha_n$，$m_i \in \mathbb{Z}$. 这可以写成 $G = \mathbb{Z}\alpha_1 \oplus \mathbb{Z}\alpha_2 \oplus \cdots \oplus \mathbb{Z}\alpha_n$. 注意零群(0)看成秩为 0 的自由 Abel 群.

定理 1.11 数域 K 的整数环 O_K 是秩 $n = [K:\mathbb{Q}]$ 的自由 Abel 群. 换句话说，存在 $\omega_1, \cdots, \omega_n \in O_K$，使得 $O_K = \mathbb{Z}\omega_1 \oplus \cdots \oplus \mathbb{Z}\omega_n$.

证明 设 $\alpha_1, \cdots, \alpha_n$ 是向量空间 K 的一组$\mathbb{Q}$－基. 我们可以找到一个有理整数 $0 \neq M \in \mathbb{Z}$，使得 $M\alpha_i \in O_K(1 \leqslant i \leqslant n)$(习题 2)，于是 $M\alpha_i(1 \leqslant i \leqslant n)$仍是 K 的一组$\mathbb{Q}$－基，所以我们一开始不妨就假定 $\alpha_i \in O_K(1 \leqslant i \leqslant n)$，从而每个整数 $\gamma \in O_K$均可写成

$$\gamma = x_1\alpha_1 + \cdots + x_n\alpha_n \quad (x_j \in \mathbb{Q})$$

令 $\sigma_1, \cdots, \sigma_n$ 是 K 到$\mathbb{C}$ 中的 n 个嵌入，则

$$\sigma_i(\gamma) = x_1\sigma_i(\alpha_1) + \cdots + x_n\sigma_i(\alpha_n) \quad (1 \leqslant i \leqslant n)$$

像定理 1.10 的证明那样，由这些等式可以得出

$$x_j = \gamma_j/\delta, \delta = |(\sigma_i(\alpha_j))|$$

$$\delta^2 = d = d_K(\alpha_1, \cdots, \alpha_n) \in \mathbb{Z} \quad (\gamma_j \in O_K)$$

由于 $\alpha_1, \cdots, \alpha_n$ 是$\mathbb{Q}$－线性无关的，因此 $d \neq 0$，从而 $\delta \neq 0$，并且 δ 是整数，于是 $\gamma_j\delta = x_jd \in \mathbb{Q} \cap O_K = \mathbb{Z}$. 令 $\gamma_j\delta = m_j$，则 $x_j = m_j/d(1 \leqslant j \leqslant n)$. 这就表明 $\gamma \in \mathbb{Z}\frac{\alpha_1}{d} \oplus \cdots \oplus \mathbb{Z}\frac{\alpha_n}{d}$，从而 $O_K \subseteq \mathbb{Z}\frac{\alpha_1}{d} \oplus \cdots \oplus \mathbb{Z}\frac{\alpha_n}{d}$. 但是右边是秩 n 的自由 Abel 群，从而它的子群 O_K 是秩$\leqslant n$ 的自由 Abel 群(附录 A，(1)). 最后，由于 O_K 中存在着$\mathbb{Z}$－线性无关的 n 个元素 $\alpha_1, \cdots, \alpha_n$，因此加法群 O_K 的秩必然是 n，这就完全证明了定理 1.11. □

定义 3 设 $\omega_1, \cdots, \omega_n \in O_K$，如果 $O_K = \mathbb{Z}\omega_1 \oplus \cdots \oplus \mathbb{Z}\omega_n$，则称 $\omega_1, \cdots, \omega_n$ 是整数环 O_K 或者数域 K 的一组**整基**，换句话说，$\omega_1, \cdots, \omega_n$ 是 K 或 O_K 的一组整基，

当且仅当每个整数 $\alpha \in O_K$ 均可唯一地表示成 $\alpha = \lambda_1\omega_1 + \cdots + \lambda_n\omega_n, \lambda_i \in \mathbb{Z}$.

定理 1.11 表明每个数域均存在整基,但是并不是唯一的. 例如由定理 1.7 可知,对于二次域 $K = \mathbb{Q}(\sqrt{d})$($d \in \mathbb{Z}$,无平方因子),当 $d \equiv 2,3 \pmod 4$ 时,$\{1,\sqrt{d}\}$ 是域 K 的整基;而当 $d \equiv 1 \pmod 4$ 时,$\{1, \omega = (1+\sqrt{d})/2\}$ 是域 K 的整基. 另一方面,如果我们令

$$D = \begin{cases} d, d \equiv 1 \pmod 4 \text{时} \\ 4d, d \equiv 2,3 \pmod 4 \text{时} \end{cases}$$

不难验证,在任何情形下,$\{1, (D+\sqrt{D})/2\}$ 也是域 $\mathbb{Q}(\sqrt{d})$ 的整基. 又由定理 1.10可知,分圆域 $\mathbb{Q}(\omega)$($\omega = \zeta_{p^n}$)的整数环是 $\mathbb{Z}[\omega]$,从而 $1, \omega, \cdots, \omega^{\varphi(p^n)-1}$ 是域 $\mathbb{Q}(\omega)$ 的整基,而 $1, (1-\omega), (1-\omega)^2, \cdots, (1-\omega)^{\varphi(p^n)-1}$ 也是域 $\mathbb{Q}(\omega)$ 的一组整基.

假设 $\beta_1, \cdots, \beta_n$ 和 $\gamma_1, \cdots, \gamma_n$ 均是数域 K 的整基. 从整基的定义可知存在元素属于 $\mathbb{Z}$ 的两个非异方阵 $\boldsymbol{M}$ 和 $\boldsymbol{N}$,使得

$$\begin{pmatrix} \beta_1 \\ \vdots \\ \beta_n \end{pmatrix} = \boldsymbol{M} \begin{pmatrix} \gamma_1 \\ \vdots \\ \gamma_n \end{pmatrix}, \begin{pmatrix} \gamma_1 \\ \vdots \\ \gamma_n \end{pmatrix} = \boldsymbol{N} \begin{pmatrix} \beta_1 \\ \vdots \\ \beta_n \end{pmatrix}$$

于是 $\boldsymbol{M} = \boldsymbol{N}^{-1}$,并且 $|\boldsymbol{M}| = |\boldsymbol{N}| = \pm 1$. 若令 $\sigma_1, \cdots, \sigma_n$ 是 K 到 $\mathbb{C}$ 中的 n 个嵌入,$n = [K:\mathbb{Q}]$. 不难看出 $(\sigma_i(\beta_j)) = \boldsymbol{M}(\sigma_i(\gamma_j))$. 从而

$$d_K(\beta_1, \cdots, \beta_n) = |\boldsymbol{M}|^2 \cdot d_K(\gamma_1, \cdots, \gamma_n) = d_K(\gamma_1, \cdots, \gamma_n)$$

这表明不同的整基有相同的判别式,即它是域 K(或环 O_K)本身的不变量,我们将它称作域 K **的判别式**,表示成 $d(K)$. 由于每组整基都是 $\mathbb{Z}$-线性无关的,从而也是 $\mathbb{Q}$-线性无关的,从而它们也是向量空间 K 的一组基. 于是它们的判别式不为零,即 $d(K)$ 是非零有理整数.

例 1 我们刚刚说过,$\{1, (D+\sqrt{D})/2\}$ 是二次域 $K = \mathbb{Q}(\sqrt{d})$ 的一组整基,其中 $D = \begin{cases} d, d \equiv 1 \pmod 4 \text{时} \\ 4d, d \equiv 2,3 \pmod 4 \text{时} \end{cases}$,于是

$$d(K) = \begin{vmatrix} 1 & \dfrac{D+\sqrt{D}}{2} \\ 1 & \dfrac{D-\sqrt{D}}{2} \end{vmatrix}^2 = D$$

例 2 由于 $1, \omega, \omega^2, \cdots, \omega^{\varphi(p^n)-1}$ 是分圆域 $K = \mathbb{Q}(\omega)$($\omega = \zeta_{p^n}$)的一组整基,从而令 $s = \varphi(p^n) = [K:\mathbb{Q}]$,则

$$d(K) = d_K(1, \omega, \cdots, \omega^{s-1}) = (-1)^{s(s-1)/2} p^{p^{n-1}(np-n-1)}$$

然而在一般情形下,寻求某个数域 K 的整基和计算判别式 $d(K)$ 并不是一

件容易的事情. 在这方面,下一个引理是有用的.

引理8 设 $\alpha_1,\cdots,\alpha_n\in O_K$. 如果:

(1) $d_K(\alpha_1,\cdots,\alpha_n)=d(K)$;或者

(2) $d_K(\alpha_1,\cdots,\alpha_n)$ 是无平方因子的非零有理整数,则 $\alpha_1,\cdots,\alpha_n$ 是域 K 的一组整基.

证明 设 $\omega_1,\cdots,\omega_n$ 是域 K 的一组整基,$\boldsymbol{M}$ 是用 $\omega_1,\cdots,\omega_n$ 表示整数 $\alpha_1,\cdots,\alpha_n$ 的有理整系数方阵,则

$$d_K(\alpha_1,\cdots,\alpha_n)=|\boldsymbol{M}|^2\cdot d_K(\omega_1,\cdots,\omega_n)=|\boldsymbol{M}|^2\cdot d(K)$$

如果 $d_K(\alpha_1,\cdots,\alpha_n)=d(K)$,则 $|\boldsymbol{M}|=\pm1$. 如果 $d_K(\alpha_1,\cdots,\alpha_n)$ 是无平方因子的非零有理整数,则也必然有 $|\boldsymbol{M}|=\pm1$. 从而无论在哪种情形下,$\boldsymbol{M}$ 的逆方阵的系数仍属于 $\mathbb{Z}$,即 $\omega_1,\cdots,\omega_n$ 也可表示成 $\alpha_1,\cdots,\alpha_n$ 的 $\mathbb{Z}$-线性组合. 这就表明 $\alpha_1,\cdots,\alpha_n$ 是域 K 的一组整基. □

例3 x^5-x+1 是 $\mathbb{Q}[x]$ 中的不可约多项式(由于 $x^5-x+1 \pmod 5$ 不可约,从而在 $\mathbb{Z}[x]$ 中不可约,于是在 $\mathbb{Q}[x]$ 中也不可约). 令 θ 是此多项式的一个根,则 $K=\mathbb{Q}(\theta)$ 为五次域,并且 $\theta\in O_K$. 由 §1,习题6 可算出

$$\begin{aligned}d_K(\theta)&=d_K(1,\theta,\theta^2,\theta^3,\theta^4)=N_{K/\mathbb{Q}}f'(\theta)\\&=4^4\cdot(-1)^5+5^5=19\cdot151\end{aligned}$$

从而由引理8(2),可知 $1,\theta,\theta^2,\theta^3,\theta^4$ 是域 $K=\mathbb{Q}(\theta)$ 的一组整基,并且 $O_K=\mathbb{Z}[\theta]$,$d(K)=19\cdot151$.

为了从一些域的整基得到它们的复合域的整基,有时可以利用下面的引理.

引理9 设 K 和 L 均是数域,$[K:\mathbb{Q}]=m$,$[L:\mathbb{Q}]=n$,$[KL:\mathbb{Q}]=mn$,并且 $(d(K),d(L))=1$,则:

(1) $O_{KL}=O_KO_L$;

(2) 若 $\{\alpha_1,\cdots,\alpha_m\}$ 和 $\{\beta_1,\cdots,\beta_n\}$ 分别是 K 和 L 的整基,则 $\{\alpha_i\beta_j\mid 1\leqslant i\leqslant m,1\leqslant j\leqslant n\}$ 是域 KL 的一组整基;

(3) $d(KL)=d(K)^nd(L)^m$.

证明 (1)和(2):设 $\{\alpha_1,\cdots,\alpha_m\}$ 和 $\{\beta_1,\cdots,\beta_n\}$ 分别是 K 和 L 的整基,可知 $KL=\mathbb{Q}(\alpha_1,\cdots,\alpha_m,\beta_1,\cdots,\beta_n)$,并且 KL 中每个元素均可表示成 $\{\alpha_i\beta_j\mid 1\leqslant i\leqslant m,1\leqslant j\leqslant n\}$ 的 $\mathbb{Q}$-线性组合. 特别地,每个元素 $\alpha\in O_{KL}$ 均可表示成

$$\alpha=\sum_{i,j}\frac{r_{ij}}{r}\alpha_i\beta_j,r_{ij},r\in\mathbb{Z},(r,r_{11},\cdots,r_{mn})=1 \qquad (*)$$

我们现在要证明 $r\mid d(K)$. 为此,考虑任意一个嵌入 $\sigma_k:K\to\mathbb{C}$,它可以用 $[KL:K]=[KL:\mathbb{Q}]/[K:\mathbb{Q}]=mn/m=n$ 种方式扩充成 KL 到 $\mathbb{C}$ 中的嵌入,这 n 个扩充在 L 上的限制是彼此不同的(否则它们在 KL 上就是同样的嵌入了),从而

其中恰好有一个扩充是 L－嵌入(即它在 L 上的限制为 L 上的恒等自同构). 我们将这个扩充仍记为 σ_k，于是

$$\sigma_k(\alpha) = \sum_{i,j} \frac{r_{ij}}{r}\sigma_k(\alpha_i)\beta_j = \sum_{i=1}^{m} \sigma_k(\alpha_i)x_i$$

$$x_i = \sum_{j=1}^{n} \frac{r_{ij}}{r}\beta_j \quad (1 \leqslant i \leqslant m)$$

将 Cramer 法则用于上面 m 个方程($1\leqslant k\leqslant m$)，便解出

$$x_i = \gamma_i/\delta, \delta = |\sigma_k(\alpha_i)|$$

其中 δ 和 γ_i 均为整数，$\delta^2 = d(K)$. 于是 $d(K)x_i = \delta\gamma_i$ 为整数. 但是 $d(K)x_i = \sum_{j=1}^{n} \frac{d(K)r_{ij}}{r}\beta_j \in L$，因此也属于 O_L. 由于$\{\beta_1,\cdots,\beta_n\}$为 L 的整基，所以 $d(K)r_{ij}/r \in \mathbb{Z}$. 由$(r,r_{11},r_{12},\cdots,r_{mn}) = 1$. 可知 $d(K)/r \in \mathbb{Z}$，这就证明了 $r|d(K)$. 完全类似地可证 $r|d(L)$，从而 $r|(d(K),d(L)) = 1$，即 $r = \pm 1$. 于是由式($*$)即知每个元素 $\alpha \in O_{KL}$ 均可表示成$\{\alpha_i\beta_j\}$的$\mathbb{Z}$－线性组合. 由于$[KL:\mathbb{Q}] = mn = |\{\alpha_i\beta_j\}|$，从而$\{\alpha_i\beta_j | 1\leqslant i\leqslant m, 1\leqslant j\leqslant n\}$是 O_{KL} 的一组整基，并且由此即得到 $O_{KL} = O_K O_L$.

(3)：设 $\sigma_1,\cdots,\sigma_m$ 是 K 到$\mathbb{C}$中的全部嵌入，$\tau_1,\cdots,\tau_n$ 是 L 到$\mathbb{C}$中的全部嵌入. 前面我们事实上证明了：对于每一对(σ_i,τ_j)，均存在唯一的嵌入 π_{ij}：$KL\to\mathbb{C}$，使得 $\pi_{ij}|_K = \sigma_i, \pi_{ij}|_L = \tau_j$，于是$\{\pi_{ij} | 1\leqslant i\leqslant m, 1\leqslant j\leqslant n\}$就是 KL 到$\mathbb{C}$的全部嵌入，因此

$$\begin{aligned} d(KL) &= |(\pi_{ij}(\alpha_\lambda\beta_\mu))|^2 = |(\sigma_i(\alpha_\lambda)\tau_j(\beta_\mu))|^2 \\ &= |(\sigma_i(\alpha_\lambda)) * (\tau_j(\beta_\mu))|^2 \end{aligned}$$

其中"$*$"表示矩阵$(\sigma_i(\alpha_\lambda))$和$(\tau_j(\beta_\mu))$的 Kronecker 积. 由于$|(\sigma_i(\alpha_\lambda))|^2 = d(K)$，$|(\tau_j(\beta_\mu))|^2 = d(L)$，由 Kronecker 积的行列式公式即知 $d(KL) = d(K)^n d(L)^m$. □

作为引理 9 的应用，我们来决定一般分圆域$\mathbb{Q}(\zeta_m)$的整数环、整基和判别式.

定理 1.12 设 $K = \mathbb{Q}(\zeta_m)$，$m = p_1^{\alpha_1}p_2^{\alpha_2}\cdots p_r^{\alpha_r} \not\equiv 2 \pmod 4$，其中 $p_1,\cdots,p_r$ 是不同的素数，$\alpha_i \geqslant 1$，则：

(1) $O_K = \mathbb{Z}[\zeta_m]$，从而$\{1,\zeta_m,\cdots,\zeta_m^{\varphi(m)-1}\}$是域 K 的一组整基；

(2) $d(K) = (-1)^{\varphi(m)/2} m^{\varphi(m)} / \prod_{p|m} p^{\varphi(m)/(p-1)}$.

证明 我们只证 $r = 2$ 的情形，因为一般情形不难由此归纳出来. 设 $m = p_1^{\alpha_1}p_2^{\alpha_2}$，$K_1 = \mathbb{Q}(\zeta_{p_1^{\alpha_1}})$，$K_2 = \mathbb{Q}(\zeta_{p_2^{\alpha_2}})$，则 $K_1K_2 = \mathbb{Q}(\zeta_{p_1^{\alpha_1}},\zeta_{p_2^{\alpha_2}}) = \mathbb{Q}(\zeta_{p_1^{\alpha_1}p_2^{\alpha_2}}) = K$，$d(K_i) = (-1)^{\varphi(p^{\alpha_i})/2}(p_i^{\alpha_i})^{\varphi p_i^{\alpha_i}}/p^{\varphi(p_i^{\alpha_i})/(p_i-1)}$ $(i = 1,2)$，从而$(d(K_1),d(K_2)) = 1$. 又有$[K:\mathbb{Q}] = \varphi(p_1^{\alpha_1}p_2^{\alpha_2}) = \varphi(p_1^{\alpha_1})\varphi(p_2^{\alpha_2}) = [K_1:\mathbb{Q}][K_2:\mathbb{Q}]$. 因此引理 9 的条件全部满足. 从而 $O_K = \mathbb{Z}[\zeta_{p_1^{\alpha_1}}] \cdot \mathbb{Z}[\zeta_{p_2^{\alpha_2}}] = \mathbb{Z}[\zeta_{p_1^{\alpha_1}},\zeta_{p_2^{\alpha_2}}] = \mathbb{Z}[\zeta_m]$，$d(K) =$

$$d(K_1)^{\varphi(p_2^{\alpha_2})}d(K_2)^{\varphi(p_1^{\alpha_1})}=(-1)^{\varphi(m)/2}m^{\varphi(m)}/\prod_{p\mid m}p^{\varphi(m)/(p-1)}.\qquad\square$$

以上我们对于二次域和分圆域给出了它们的整基. 对于任意数域 K,如何有效地给出整数环 O_K 的整基,是人们长期以来所关心的问题. 此外,人们对于以下一些特殊类型的整基感兴趣.

(1)幂元整基. 如果存在 $\alpha\in O_K$,使得$\{1,\alpha,\cdots,\alpha^{n-1}\}$是 n 次数域 K 的整基,即 $O_K=\mathbb{Z}\oplus\mathbb{Z}\alpha\oplus\cdots\oplus\mathbb{Z}\alpha^{n-1}=\mathbb{Z}[\alpha]$,便称域 K 具有**幂元整基**. 我们在下一章将看到这种幂元整基对于研究 O_K 中素理想分解所带来的好处,从定理 1.7 和定理 1.12 可以看出,二次域和分圆域均有幂元整基. 而 Dedekind 给出了不具有幂元整基的三次域的例子(习题 3). 哪些数域具有幂元整基? 这一问题甚至对于循环三次数域也尚不清楚(数域 K 叫作循环域,是指 $K/\mathbb{Q}$ 为伽罗瓦扩张,并且其伽罗瓦群是循环群).

(2)正规整基. 设 $K/\mathbb{Q}$ 是 n 次伽罗瓦扩张,$\mathrm{Gal}(K/\mathbb{Q})=\{\sigma_1,\cdots,\sigma_n\}$,如果存在 $\alpha\in O_K$ 使得$\{\sigma_1(\alpha),\cdots,\sigma_n(\alpha)\}$是 K 的整基,则称 K 具有**正规整基**. 一个伽罗瓦数域何时具有正规整基,这个问题也有一定的理论价值. 不难证明:二次域 K 有正规整基的充要条件是 $d(K)$ 为奇数(习题 10). 而分圆域$\mathbb{Q}(\zeta_n)$有正规整基的充要条件是 n 为一些不同的素数之乘积. 对于其他类型的数域,能否给出存在正规整基的一个简单的充分必要条件?

(3)相对整基. 设 L/K 是数域的 n 次扩张,如果存在 $\alpha_1,\cdots,\alpha_n\in O_L$,使得 $O_L=\alpha_1O_K\oplus\cdots\oplus\alpha_nO_K$,则称$\{\alpha_1,\cdots,\alpha_n\}$为扩张 L/K 的**相对整基**. 当 $K=\mathbb{Q}$ 时,这就是通常的整基,我们已经证明了这种情形下(相对)整基是存在的. 更一般地,可以证明,如果 O_K 是主理想环,则 L/K 的相对整基必然存在. 但是有许多例子表明,如果 O_K 不是主理想环,则 L/K 可以不具有相对整基. 对于 $L=\mathbb{Q}(\sqrt{d},\sqrt{e})$,$K=\mathbb{Q}(\sqrt{d})$,$[L:K]=2$ 的情形,关于 L/K 的相对整基问题已有很完整的结果. 张贤科教授对于 L 为循环四次域而 K 为 L 的(唯一)二次子域的情形也给出了完整的答案.

第一章小结 本章从数域的扩张均是单扩张入手,导出对每个数域扩张 L/K,L 到$\mathbb{C}$ 的 K-嵌入恰好有$[L:K]$个. 然后引出数域 L 的两个不变量 $r_1=r_1(L)$和 $r_2=r_2(L)$. 接着介绍数域扩张 L/K 的范 $N_{L/K}$和迹 $T_{L/K}$,以及 L 中 $n=[L:K]$个元素 $\alpha_1,\cdots,\alpha_n$ 的判别式 $d_{L/K}(\alpha_1,\cdots,\alpha_n)$,由它是否为零来判定 $\alpha_1,\cdots,\alpha_n$是否为 L 的一组 K-基. §1 最后证明了每个数域 K 的单位根群 W_K 均是有限循环群.

§2 把有理数域$\mathbb{Q}$ 中的通常整数(即有理整数)概念推广为任意数域 K 中的(代数)整数. 证明了 K 中整数全体 O_K 是一个整环. 这个证明事实上是近世代数中"模"概念的起源. 环 O_K 的加法群结构是秩 n 的自由 Abel 群($n=$

$[K:\mathbb{Q}]$),从而有整基概念. 虽然整基 $\alpha_1,\cdots,\alpha_n$ 的选取不是唯一的,但它的判别式 $d_K(\alpha_1,\cdots,\alpha_n)$ 与整基的选取方式无关,从而是域 K 的不变量($d(K)$),并且它是非零有理整数.

对于二次域和分圆域,我们在本章中完全明确地决定了它们的单位根群,伽罗瓦群和整数环(即整基),对于任意数域 K,决定一组整基往往不是很容易. 我们将在第二章用更有效的工具决定纯三次域的一组整基.

习　题

1. (a)如果 α 是(代数)整数,求证:α 的每个共轭元素也是(代数)整数;

   (b)设 L/K 是数域的扩张,求证:$N_{L/K}(O_L)\subseteq O_K, T_{L/K}(O_L)\subseteq O_K$;

   (c)设 L/K 是数域的扩张,$\alpha\in L$,求证:$\alpha\in O_L\Leftrightarrow\alpha$ 在 K 上的极小多项式属于 $O_K[x]$.

2. 求证:对于每个代数数 α,均存在一个有理整数 $n\in\mathbb{Z}, n\neq 0$,使得 $n\alpha$ 是代数整数.

3. (Dedekind)(a)证明:x^3+x^2-2x+8 是$\mathbb{Q}[x]$中的不可约多项式. 令 θ 为此多项式的一个根,$K=\mathbb{Q}(\theta)$;

   (b)证明:$d_K(1,\theta,\theta^2)=4\cdot 503$;

   (c)证明:$\theta'=4/\theta\in O_K$, $\{1,\theta,\theta'\}$ 是域 K 的一组整基,并且 $d(K)=503$;

   (d)求证:对于每个 $\alpha\in O_K$, $\{1,\alpha,\alpha^2\}$ 均不可能是域 K 的一组整基.

   (提示:对每个 $\alpha\in O_K$,证明 $d_K(1,\alpha,\alpha^2)$ 必为偶数.)

4. 对于每个数域 K,求证:$(-1)^{r_2}d(K)>0$,其中 r_2 表示域 K 的复嵌入的对的数目.

5. (Stickelberger)对于每个数域 K,求证:$d(K)\equiv 0$ 或者 $1(\bmod 4)$.

6. 设 θ 是 $f(x)=x^3+5x+4$ 的一个根,$K=\mathbb{Q}(\theta)$,求证:$d(K)=-4\cdot 233$.

7. 设 p 为奇素数,$\omega=\zeta_p$, $K=\mathbb{Q}(\omega)$.

   (a)求证:$K_0=\mathbb{Q}(\omega+\omega^{-1})$是 K 的极大实子域(即 K 的每个实子域均是 K_0 的子域),并且$[K_0:\mathbb{Q}]=(p-1)/2$;

   (b)求证:$O_{K_0}=\mathbb{Z}[\omega+\omega^{-1}]$,并且$\{\omega+\omega^{-1},\omega^2+\omega^{-2},\cdots,\omega^{\frac{p-1}{2}}+\omega^{-\frac{p-1}{2}}\}$是域 K_0 的一组整基;

   (c)计算域 $K_0=\mathbb{Q}(\zeta_7+\zeta_7^{-1})$的判别式.

8. 写出前 11 个分圆多项式 $\Phi_m(x)(2\leqslant m\leqslant 12)$.

9. 利用代数整数的性质证明 §1 中的习题 10.

10. 求证:二次域 K 有正规整基的充要条件是 $d(K)$ 为奇数.

11. 如果 n 是一些不同的素数之乘积,求证:分圆域$\mathbb{Q}(\zeta_n)$有正规整基.

12. 求证:一个代数整数 α 是单位根的充分必要条件是它的所有共轭元素的绝对值均是 1. 如果 α 不是整数,上述命题是否成立?
13. 求证:$f(x)=x^3-x-1$ 是 $\mathbb{Q}$ 上的不可约多项式. 令 α 为 $f(x)$ 在 $\mathbb{C}$ 中的一个根,证明 $\{1,\alpha,\alpha^2\}$ 是数域 $K=\mathbb{Q}(\alpha)$ 的一组整基.
14. 设 p 是奇素数,$\zeta=\mathrm{e}^{\frac{2\pi\mathrm{i}}{p}}$. 求证:$\{\zeta^i+\overline{\zeta^i}\mid 1\leqslant i\leqslant\frac{p-1}{2}\}$ 是数域 $\mathbb{Q}(\zeta+\overline{\zeta})$ 的一组整基.
15. 设 m 和 n 是两个不同的无平方因子整数,并且均不为 1,证明:
 (1) $K=\mathbb{Q}(\sqrt{m},\sqrt{n})$ 是四次域,并且它有 3 个二次子域.
 (2) 令 $M=\mathbb{Q}(\sqrt{m})$,则 K 中元素 α 是整数,当且仅当 $N_{K/M}(\alpha)$ 和 $T_{K/M}(\alpha)$ 均是整数.
 (3) 记 $k=\frac{mn}{(m,n)^2}$,如果 $m\equiv 3\pmod 4$,$n\equiv k\equiv 2\pmod 4$,则 $\{1,\sqrt{m},\sqrt{n},\frac{1}{2}(\sqrt{n}+\sqrt{k})\}$ 是 O_K 的一组整基,并且 $d(K)=64mnk$.
 (4) 如果 $m\equiv 1\pmod 4$,$n\equiv k\equiv 2$ 或 $3\pmod 4$,则 $\left\{1,\frac{1+\sqrt{m}}{2},\sqrt{n},\frac{\sqrt{n}+\sqrt{k}}{2}\right\}$ 是 O_K 的一组整基,并且 $d(K)=16mnk$.
 (5) 如果 $m\equiv n\equiv k\equiv 1\pmod 4$,则 $\{1,\frac{1}{4}(1+\sqrt{m})(1+\sqrt{k}),\frac{1}{2}(1+\sqrt{m}),\frac{1}{2}(1+\sqrt{n})\}$ 是 O_K 的一组整基,并且 $d(K)=mnk$.

第二章 整数环中的素理想分解

我们在前一章中介绍了整数环 O_K 的加法群结构. 这一章要研究环 O_K 的理想. 关于这个问题的历史,我们已经在前言中做了介绍. 那就是:库默尔(Kummer)在研究费马(Fermat)问题的时候发现(用今天的术语来说)环 O_K 可能不是唯一因子分解整环. 但是由库默尔发明而由 Dedekind 发展了的理想理论,证明了对于每个数域 K,环 O_K 中每个非零理想均可唯一地写成有限个素理想的乘积. 后人把具有这样性质的(带 1 交换)整环称作 Dedekind 整环. 本章首先证明 O_K 是 Dedekind 整环,然后要花很大的篇幅对于 O_K 中理想的素理想分解特性做深入细致的探讨. 最后介绍 Kronecker-Weber 定理和 Abel 域的一些性质.

§1 分解的存在唯一性

1.1 Dedekind 整环

定义 1 整环 R 叫作**诺特(Noether)整环**,如果 R 的每个理想均是有限生成的.

注记 (1)这里的"有限生成"是指理想而言. 不是像前一章指加法群而言,具体说来,由环 R 中元素 $\alpha_1,\alpha_2,\cdots,\alpha_n$ 生成的加法群为 $\mathbb{Z}\alpha_1+\mathbb{Z}\alpha_2+\cdots+\mathbb{Z}\alpha_n$,而生成的理想为 $R\alpha_1+R\alpha_2+\cdots+R\alpha_n$.

(2)整环(domain)是无零因子的环(见附录 A),而整数环的"整"(integral)如第一章所定义,不要因中文名称相近而混淆.

例如,主理想整环的每个理想均是由一元生成的(主理想),从而是诺特整环. 而无限个未定元的整环 $R=\mathbb{Z}[x_1,x_2,\cdots,x_n,\cdots]$ 不是诺特整环,因为理想 $Rx_1+Rx_2+\cdots+Rx_n+\cdots$ 不是有限生成的.

引理 1 设 R 为整环,则以下三个条件彼此等价:

(a) R 是诺特整环;

(b)(理想升链条件)如果 $I_i(i=1,2,\cdots)$ 均是 R 中理想,并且 $I_1\subseteq I_2\subseteq\cdots\subseteq I_n\subseteq\cdots$,则存在 $n_0\in\mathbb{Z}$,使得 $I_{n_0}=I_{n_0+1}=\cdots$;

(c)设 S 是 R 中一些理想组成的非空集合,则 S 中存在极大元 I(即不存在 $I'\in S$,使得 $I'\supsetneqq I$).

证明 (a)⇒(b):令 $I=\bigcup\limits_{i=1}^{\infty}I_i$,易知这也是 R 的理想,由(a)知它应当是有限生成的,设 I 是由元素 $x_1,\cdots,x_n$ 生成的. 由于 $x_j\in I$,从而 x_j 属于某个 $I_{i_j}(1\leqslant j\leqslant n)$,令 $n_0=\max(i_1,\cdots,i_n)$,则 $x_j\in I_{i_j}\subseteq I_{n_0}(1\leqslant j\leqslant n)$. 于是 $I\subseteq I_{n_0}\subseteq I_{n_0+1}\subseteq\cdots\subseteq I$,从而 $I_{n_0}=I_{n_0+1}=\cdots$.

(b)⇒(c):用反证法即可.

(c)⇒(a):也用反证法. 假如 R 中理想 I 不是有限生成的. 取 $x_1\in I$,则 $I_1=Rx_1$ 为 R 的理想,由于 I 不是有限生成的,从而 $I_1\subsetneqq I$. 于是有 $x_2\in I-I_1$. 又有理想 $I_2=Rx_1+Rx_2\subsetneqq I$. 如此下去便得到一个理想集合 $S=\{I_1,I_2,\cdots\}$,$I_n\subsetneqq I_{n+1}$,从而 S 中没有极大元,与(c)相矛盾. □

定义 2 整环 R 叫作**整闭的**,是指若 a 属于 R 的商域 F,并且它是 $R[x]$ 中某个首 1 多项式的根,则必然 $a\in R$.

定义 3 整环 R 叫作 Dedekind 整环,如果它满足如下三个条件:

(1) R 是诺特整环;

(2) R 中每个非零素理想均是极大理想;

(3) R 是整闭的.

我们先给出 Dedekind 整环的例子.

引理 2 主理想整环必是 Dedekind 整环.

证明 主理想整环 R 的每个理想都由一个元素生成,所以 R 是诺特整环. 再证 R 中每个非零素理想 $I=(a)=aR(a\neq0)$ 必为极大理想. 由 I 是素理想可知 a 是 R 中不可约元素. 设 $I'=(a')$ 是包含 I 的另一个理想,则 $a\in I'$,于是存在 $b\in R$,使得 $a=a'b$. 由于 a 不可约,所以 a' 和 b 必有一个为 R 中单位. 若 a' 为单位,则 $I'=R$. 而若 b 为单位,则 $I'=(a')=(a'b)=(a)=I$. 这就表明 I' 或者为 R 或者为 I,即 I 是极大理想. 最后证明 R 是整闭的. 设 F 是 R 的商域,而 F

中元素 a 是多项式 $x^n+c_1x^{n-1}+\cdots+c_{n-1}x+c_n$ 的根,其中 $c_1,\cdots,c_n\in R$,则 $a^n+c_1a^{n-1}+\cdots+c_{n-1}a+c_n=0$. 在商域 F 中元素 a 可表示成 $a=\dfrac{b}{d}$,其中 $b,d\in R$, $d\neq0,(b,d)=1$. 代入上式则有

$$b^n=-d(c_1b^{n-1}+c_2b^{n-2}d+\cdots+c_nd^{n-1})$$

于是 $d\mid b^n$. 由于 $(b,d)=1$ 可知 d 必为 R 中单位(注意:主理想整环必为唯一因子分解整环). 于是 $a=bd^{-1}\in R$. 这就证明了 R 是整闭的. 因此 R 满足定义 3 中的所有条件,从而为 Dedekind 整环. □

现在我们叙述 Dedekind 整环的一些性质,其中最重要的是素理想分解定理. 以下所谓理想均指非零理想.

引理 3 在诺特整环 R 中,对于每个理想 I,均存在 R 的有限个素理想 $\mathfrak{p}_1,\cdots,\mathfrak{p}_n$,使得 $I\supseteq\mathfrak{p}_1\cdots\mathfrak{p}_n$.

证明 我们以 S 表示不具有引理所述性质的那些理想 I 所构成的集合. 如果 $S\neq\varnothing$(空集),则由于 R 是诺特整环,S 中有极大元 M(引理 1). M 显然不是素理想(因为 M 不具有引理所述性质). 因此存在 $r,s\in R-M$,使得 $rs\in M$. 于是理想 $M+Rr$ 和 $M+Rs$ 均真包含 M,从而均不属于 S. 于是存在素理想 $\mathfrak{p}_1,\cdots,\mathfrak{p}_n,\mathfrak{q}_1,\cdots,\mathfrak{q}_m$,使得 $M+Rr\supseteq\mathfrak{p}_1\cdots\mathfrak{p}_n$, $M+Rs\supseteq\mathfrak{q}_1\cdots\mathfrak{q}_m$. 从而 $M\supseteq(M+Rr)\cdot(M+Rs)\supseteq(\mathfrak{p}_1\cdots\mathfrak{p}_n)(\mathfrak{q}_1\cdots\mathfrak{q}_m)$. 这就与 $M\in S$ 相矛盾. 从而 $S=\varnothing$,即 R 中每个理想均具有引理中所述性质. □

引理 4 设 A 是 Dedekind 整环 R 的理想,$A\neq R$,K 为 R 的商域,则存在元素 $\gamma\in K-R$,使得 $\gamma A\subseteq R$.

证明 对于 $0\neq a\in A$,令 r 是最小正整数使得 $(a)\supseteq\mathfrak{p}_1\cdots\mathfrak{p}_r$,其中 $\mathfrak{p}_i$ 均为 R 中的素理想(r 的存在性由引理 3 给出). 由于 A 必然包含在某个极大理想 $\mathfrak{m}$ 中,从而 $\mathfrak{m}\supseteq A\supseteq\mathfrak{p}_1\cdots\mathfrak{p}_r$. 由于极大理想 $\mathfrak{m}$ 也是素理想,因此 $\mathfrak{m}$ 必包含 $\mathfrak{p}_1,\cdots,\mathfrak{p}_r$ 中的某一个(为什么?),不妨设 $\mathfrak{m}\supseteq\mathfrak{p}_1$,但是在 Dedekind 整环中,素理想也是极大理想,于是 $\mathfrak{m}=\mathfrak{p}_1$. 另一方面,由 r 的极小性可知存在 $b\in\mathfrak{p}_2\cdots\mathfrak{p}_r$, $b\notin(a)$. 令 $\gamma=b/a$,则 $\gamma\in K-R$,并且 $bA\subseteq b\mathfrak{m}=b\mathfrak{p}_1\subseteq\mathfrak{p}_1\mathfrak{p}_2\cdots\mathfrak{p}_r\subseteq aR$,从而 $\gamma A\subseteq R$.

□

引理 5 设 I 是 Dedekind 整环 R 中的理想,则存在 R 中另一个理想 J,使得 IJ 为主理想.

证明 取 $0\neq\alpha\in I$,令 $J=\{\beta\in R\mid\beta I\subseteq(\alpha)\}$. J 显然是 R 的理想,并且 $IJ\subseteq(\alpha)$. 从而 $A=\dfrac{1}{\alpha}IJ\subseteq R$ 并且 A 是 R 中理想. 如果 $A\neq R$ 我们来推出矛盾:由引

理 4 知存在 $\gamma \in K - R$，使得 $\gamma A \in R$. 由于 $\alpha \in I$，从而 $A = \frac{1}{\alpha} IJ \supseteq J$，于是 $\gamma J \subseteq \gamma A \subseteq R$. 对于每个 $\beta \in J$，则 $\gamma\beta \in R$，并且 $\gamma\beta I \subseteq \gamma JI = \gamma\alpha A \subseteq \alpha R = (\alpha)$. 从而由 J 的定义可知 $\gamma\beta \in J$，于是 $\gamma J \subseteq J$. 由于 R 为诺特整环，从而理想 J 是由有限个元素 $\alpha_1, \cdots, \alpha_m$ 生成的. 由 $\gamma J \subseteq J$ 给出方程组

$$\gamma \begin{pmatrix} \alpha_1 \\ \vdots \\ \alpha_m \end{pmatrix} = \boldsymbol{M} \begin{pmatrix} \alpha_1 \\ \vdots \\ \alpha_m \end{pmatrix}$$

其中 $\boldsymbol{M}$ 是 R 上的 m 阶方阵. 由于 $\alpha_1, \cdots, \alpha_m$ 不全为零（因为 $J \neq (0)$），从而由线性代数可知 $|\gamma \boldsymbol{I}_m - \boldsymbol{M}| = 0$，即 γ 是 $R[x]$ 中首 1 多项式 $|x\boldsymbol{I}_m - \boldsymbol{M}|$ 的根. 利用 R 的整闭特性，可知 $\gamma \in R$. 这就与原来的 $\gamma \in K - R$ 相矛盾. 因此必然 $A = R$，即 $IJ = (\alpha)$. □

引理 6（消去律） 设 A, B, C 均为某个 Dedekind 整环中的理想，则 $AB = AC \Rightarrow B = C$.

证明 由引理 5 可知存在理想 J，使得 $AJ = (\alpha)$，$\alpha \neq 0$，于是 $\alpha B = ABJ = ACJ = \alpha C$. 由于 R 为整环，即得 $B = C$.

引理 7 设 A 和 B 为 Dedekind 整环 R 中两个理想，则 $A \supseteq B \Leftrightarrow$ 存在 R 中理想 C，使得 $B = AC$.

证明 “$\Leftarrow$”显然.

“$\Rightarrow$”取理想 J，使得 $AJ = (\alpha)$. 由 $A \supseteq B$ 可知 $C = \frac{1}{\alpha} JB$ 是 R 中理想，并且 $B = AC$. □

现在我们可以证明 Dedekind 整环的重要性质.

定理 2.1 Dedekind 整环 R 中每个（非零）理想均可（不计次序）唯一地表示成有限个素理想的乘积（规定 R 是 0 个素理想之积）.

证明 （存在性）令 S 为 R 中不能表示成有限个素理想之积的那些理想组成的集合. 由定理中的规定知 $R \notin S$. 如果 $S \neq \varnothing$，则 S 中有极大元 $M \neq R$，从而 M 包含在某个极大理想（从而也是素理想）P 之中. 由引理 7 知存在理想 I，使得 $M = PI$. 由引理 5 可知 $I \supsetneqq M$. 从而由 M 在集合 S 中的极大性可知 $I \notin S$. 于是 $I = P_1 \cdots P_r$，从而 $M = PP_1 \cdots P_r$，其中 P, P_i 均为 R 的素理想. 这就与 $M \in S$ 相矛盾. 因此必然 $S = \varnothing$，即 R 中每个非零理想均可表示成有限个素理想的乘积.

（唯一性）假设 $P_1 \cdots P_r = Q_1 \cdots Q_s$，其中 P_i, Q_j 均为 R 的素理想，则 $P_1 \supseteq Q_1 \cdots Q_s$. 从而 P_1 包含 $Q_1, \cdots, Q_s$ 中的某一个. 不妨设 $P_1 \supseteq Q_1$，由于素理想 P_1 和

Q_1 均为极大理想，从而 $P_1 = Q_1$. 然后由引理6 中的消去律给出 $P_2\cdots P_r = Q_2\cdots Q_s$. 继续下去即知 $r=s$，并且（必要时改动一下诸 Q_i 的下标）$P_i = Q_i(1\leqslant i\leqslant r)$. □

注记 可以证明定理2.1 的逆也是成立的. 换句话说，我们也可把素理想分解式的存在唯一性作为 Dedekind 整环的定义.

基于定理2.1，我们可以把唯一因子分解整环中关于元素的许多性质推广到 Dedekind 整环 R 的理想上. 例如，我们可以定义 R 中理想 A **整除**理想 B（表示成 $A|B$），即指存在 R 的理想 C，使得 $B=AC$，这时 A 叫作 B 的（理想）**因子**，而 B 可以叫作 A 的**倍理想**. 由引理7 可知 $A|B$ 和 $A\supseteq B$ 是一回事（注意：若 A 为 B 的理想因子，则作为集合 A 比 B 要大！）. 类似地可定义几个理想的最大公因子和最小公倍理想. 如果将理想 A 和 B 分解成素理想的乘积

$$A=P_1^{e_1}\cdots P_r^{e_r}, B=P_1^{f_1}\cdots P_r^{f_r} \quad (e_i, f_i\geqslant 0)$$

（这里我们允许 e_i 或 f_i 为0，并且 $P_i^0=R$，是为了使 A 和 B 的分解式右边形式上有相同的一些素理想），其中 $P_1,\cdots,P_r$ 是彼此不同的素理想. 容易看出：$A|B\Leftrightarrow e_i\leqslant f_i(1\leqslant i\leqslant r)$（习题2）. 此外，若令 $t_i=\min(e_i,f_i)$，$m_i=\max(e_i,f_i)$，则 $P_1^{t_1}\cdots P_r^{t_r}$ 和 $P_1^{m_1}\cdots P_r^{m_r}$ 显然是 A 和 B 的最大公因子和最小公倍理想. 但是我们无需赋以新的符号，因为它们分别是 $A+B$ 和 $A\cap B$（习题2）.

具有素理想唯一分解性质的整环何时才能具有元素的唯一分解性质，即一个 Dedekind 整环何时是唯一因子分解整环？下面引理给出答案.

引理8 设 R 为 Dedekind 整环，则 R 是唯一因子分解整环的充要条件为 R 是主理想整环.

证明 “$\Leftarrow$”显然. 因为每个主理想整环均是唯一因子分解整环.

“$\Rightarrow$”设 R 不是主理想整环，则 R 中存在非主理想. 将这个非主理想分解成有限个素理想的乘积，可知其中至少有一个素理想因子不是主理想（反证法）. 因此，R 中必存在不是主理想的素理想 P. 考虑集合 $S=\{R$ 的理想 $I|IP$ 为主理想$\}$，由引理5 知道 S 是非空的，从而有极大元 M. 令 $PM=(\alpha)$，$\alpha\in R$，则 α 必是环 R 中的不可约元素. 这是因为：如果 $\alpha=\beta\gamma$，$\beta,\gamma\in R$，则 $P|(\alpha)=(\beta)(\gamma)$，从而 $P|(\beta)$ 或者 $P|(\gamma)$. 于是 (β) 或者 (γ) 必有形式 JP，其中 J 为 R 中理想，于是 $J\in S$. 又由于 $JP|PM$，从而 $J|M$，即 $J\supseteq M$. 但是 M 为 S 中的极大元，因此 $J=M$. 从而 $(\beta)=(\alpha)$ 或者 $(\gamma)=(\alpha)$，即 β 和 γ 当中必有一个与 α 相结合，因此 α 是不可约元素. 另一方面，显然 $P\supsetneqq(\alpha)$. 又由于 $R\neq P$，从而又有 $M\supsetneqq(\alpha)$. 于是有 $\delta\in P-(\alpha)$，$\varepsilon\in M-(\alpha)$. 由于 $(\alpha)=MP\supseteq(\delta)(\varepsilon)=(\delta\varepsilon)$，从而 $\alpha|\delta\varepsilon$. 但是 $\alpha\nmid\delta$，$\alpha\nmid\varepsilon$，这对于唯一因子分解整环 R 中的不可约元素 α 是不可能的.

这一矛盾表明 R 必为主理想整环. □

注记 主理想整环必是唯一因子分解整环. 而主理想整环也必是 Dedekind 整环(引理 2). 在唯一因子分解整环和 Dedekind 整环之间没有相互包含关系,例如$\mathbb{Z}[x]$是唯一因子分解整环,但不是 Dedekind 整环,因为(x)是素理想但不是极大理想. 另一方面,$\mathbb{Z}[\sqrt{-5}]$不是唯一因子分解整环,但它是 Dedekind 整环(见定理 2.2 系后面的例子). 定理 2.2 表明若已知 R 是 Dedekind 整环,则 R 为主理想整环当且仅当它是唯一因子分解整环.

1.2 整数环 O_K 是 Dedekind 整环

定理 2.2 数域 K 的整数环 O_K 是 Dedekind 整环.

证明 O_K 显然是整环. 我们来依次验证 Dedekind 整环定义中的 3 个条件对于 O_K 是成立的.

(1)我们在第一章中证明了 O_K 的加法群是有限生成的自由 Abel 群. 而每个理想 I 的加法群均是 O_K 的加法子群. 由 Abel 群结构定理(附录 A,(1))可知 I 的加法群也是有限生成的. 即 $I=\mathbb{Z}\alpha_1+\cdots+\mathbb{Z}\alpha_n$,于是更有 $I=\alpha_1O_K+\alpha_2O_K+\cdots+\alpha_nO_K$. 从而 I 作为 O_K 的理想也是有限生成的,即 O_K 是诺特整环.

(2)设 P 是 O_K 中的非零素理想. 取 $0\neq\alpha\in P$,令 $m=N_{K/Q}(\alpha)\in\mathbb{Z}-\{0\}$. 由于 m/α 是 α 的一些共轭元素之积,从而 m/α 是整数,但是 $m/\alpha\in K$,所以 $m/\alpha\in O_K$. 于是 $m=\alpha\cdot m/\alpha\in P$. 即$(m)\subseteq P$. 设$\{\omega_1,\cdots,\omega_n\}$为 O_K 的一组整基,即 $O_K=\mathbb{Z}\omega_1\oplus\cdots\oplus\mathbb{Z}\omega_n$,$n=[K:Q]$,则

$$\begin{aligned}O_K/mO_K&=(\mathbb{Z}\omega_1\oplus\cdots\oplus\mathbb{Z}\omega_n)/\mathbb{Z}m\omega_1\oplus\cdots\oplus\mathbb{Z}m\omega_n\\&\cong\mathbb{Z}/m\mathbb{Z}\oplus\cdots\oplus\mathbb{Z}/m\mathbb{Z}(n\text{ 个})\end{aligned}$$

由环的同构定理知道 $O_K/P\cong(O_K/mO_K)/(P/mO_K)$,从而$|O_K/P|\leqslant|O_K/mO_K|=m^n$. 即 O_K/P 是有限环. 由于 P 是素理想,从而 O_K/P 为有限整环,熟知它必是域. 这就反过来推出 P 为极大理想. 于是环 O_K 中每个非零素理想均是极大理想.

(3)设 $\alpha\in K$,$f(x)=x^m+c_1x^{m-1}+\cdots+c_m\in O_K[x]$,$f(\alpha)=0$. 由于 $c_1,\cdots,c_m\in O_K$,可知 O_K 的子环 $R=\mathbb{Z}[c_1,\cdots,c_m]$的加法群是有限生成的,即 $R=\mathbb{Z}\gamma_1+\cdots+\mathbb{Z}\gamma_s$. 由 $f(\alpha)=0$ 可知每个 $\alpha^r(r\geqslant1)$均可表示成 $1,\alpha,\cdots,\alpha^{m-1}$ 的 R-线性组合. 于是

$$\begin{aligned}\mathbb{Z}[c_1,\cdots,c_m,\alpha]&=R[\alpha]=R\cdot1+R\alpha+\cdots+R\alpha^{m-1}\\&=\mathbb{Z}\gamma_1+\cdots+\mathbb{Z}\gamma_s+\mathbb{Z}\alpha\gamma_1+\cdots+\mathbb{Z}\alpha\gamma_s+\cdots+\\&\quad\mathbb{Z}\alpha^{m-1}\gamma_1+\cdots+\mathbb{Z}\alpha^{m-1}\gamma_s\end{aligned}$$

即环$\mathbb{Z}[c_1,\cdots,c_m,\alpha]$的加法群也是有限生成的. 根据第一章定理 1.8 的(3),可知 α 是整数,从而 $\alpha\in O_K$. 这就证明了 O_K 有整闭性质. □

系 整数环 O_K 的每个非零理想均可(不计次序)唯一地表示成有限个素理想的乘积. □

例 考虑虚二次域 $K=\mathbb{Q}(\sqrt{-5})$. 我们从第一章已经知道 $O_K=\mathbb{Z}[\sqrt{-5}]$,在 O_K 中主理想(2)和(3)都不是素理想,这是因为

$$
\begin{aligned}
(2,1+\sqrt{-5})^2 &= (2\cdot 2,2\cdot(1+\sqrt{-5}),(1+\sqrt{-5})^2)\\
&= (4,2(1+\sqrt{-5}),-4+2\sqrt{-5})=(2)
\end{aligned}
$$

$$(3,1+\sqrt{-5})(3,1-\sqrt{-5})=(9,3+3\sqrt{-5},3-3\sqrt{-5},6)=(3)$$

理想$(2,1+\sqrt{-5})$是素理想,这是由于商环$\mathbb{Z}[\sqrt{-5}]/(2,1+\sqrt{-5})$是由两个元素构成的整环(验证!). 同样可证$(3,1+\sqrt{-5})$和$(3,1-\sqrt{-5})$也都是$\mathbb{Z}[\sqrt{-5}]$中的素理想. 于是(2)是素理想$(2,1+\sqrt{-5})$的平方,而理想(3)是两个(不同)素理想$(3,1+\sqrt{-5})$和$(3,1-\sqrt{-5})$的乘积.

读者多半在抽象代数课程中学过,$\mathbb{Z}[\sqrt{-5}]$不是唯一因子分解整环,因为元素 6 有两种分解式

$$6=2\cdot 3=(1+\sqrt{-5})(1-\sqrt{-5})$$

而$2,3,1\pm\sqrt{-5}$均是不可约元素,并且 2 与$1\pm\sqrt{-5}$不相伴. 将上述等式改成理想的等式,就有

$$(6)=(2)\cdot(3)=(1+\sqrt{-5})(1-\sqrt{-5})$$

验证:$(1+\sqrt{-5})=(2,1+\sqrt{-5})(3,1+\sqrt{-5})$,$(1-\sqrt{-5})=(2,1-\sqrt{-5})(3,1-\sqrt{-5})$,$(2,1+\sqrt{-5})=(2,1-\sqrt{-5})$. 从而由元素 6 的两个不同的分解式给出理想(6)的同一个素理想分解式

$$(6)=(2,1+\sqrt{-5})^2(3,1+\sqrt{-5})(3,1-\sqrt{-5})$$

在上面例子中我们还看到另一种现象,即一个素数 p(它生成$\mathbb{Z}$ 的素理想(p))在整数环 O_K 中生成的理想 $pO_K=(p)$可能不再是 O_K 中的素理想. 但是在 Dedekind 整环 O_K 中,理想 pO_K 应当是 O_K 中一些素理想的乘积. 这就产生了一个很自然的问题:pO_K 如何分解成一些素理想的乘积? 更一般地,设 L/K 是数域的扩张,显然 $O_L\supseteq O_K$. 所以 O_K 的素理想 p 是 O_L 的一个子集合. 人们要问:p 在 O_L 中生成的理想 pO_L 如何分解成 O_L 中一些素理想的乘积? 这是代数数论的基本问题之一. 本章从 §4 起将用相当的篇幅讲述这个问题.

1.3 理想的范

首先我们决定 O_K 中非零理想的加法群结构.

引理 9　设 A 为 O_K 中非零理想,则 A 的加法群是秩 $n=[K:\mathbb{Q}]$ 的自由Abel群.

证明　我们已知 O_K 是秩 n 的自由 Abel 群(定理1.11),而 A 是 O_K 的加法子群. 由 Abel 群基本定理(附录 A,(1)),可知 A 是秩$\leqslant n$ 的自由 Abel 群. 我们只需再证 A 的秩为 n,即要找出 A 中$\mathbb{Z}$-线性无关的 n 个元素. 为此设 $\omega_1,\cdots,\omega_n$ 是 O_K 的一组整基. 任取 $0\neq\alpha\in A$,令 $t=N_{K/\mathbb{Q}}(\alpha)$,则 $0\neq t\in\mathbb{Z}$. 于是 $t/\alpha\in K$. 但 t/α 是 α 的一些共轭元素之积,从而 t/α 是整数. 于是 $t/\alpha\in O_K$. 于是 $t=\alpha\cdot\frac{t}{\alpha}\in A$,所以 $t\omega_1,\cdots,t\omega_n$ 均属于 A. 但是 A 中这 n 个元素显然是$\mathbb{Z}$-线性无关的. 这就证明了 A 是秩 n 的自由 Abel 群. □

现在我们引进一个数量,它粗略地衡量 O_K 中理想的"大小". 我们有一个最大的理想即以 O_K 自身作为标准,每个非零理想 A 都是 O_K 的子集合. 设 $\{\omega_1,\cdots,\omega_n\}$ 是 O_K 的一组$\mathbb{Z}$-基(即整基),由引理 9 知 A 也有一组$\mathbb{Z}$-基 $\{\alpha_1,\cdots,\alpha_n\}$. 于是每个 α_i 均是 $\omega_1,\cdots,\omega_n$ 的$\mathbb{Z}$-线性组合,即存在元素属于$\mathbb{Z}$ 的 n 阶方阵$\boldsymbol{T}=(t_{ij})$,使得

$$\begin{pmatrix}\alpha_1\\ \vdots\\ \alpha_n\end{pmatrix}=\boldsymbol{T}\begin{pmatrix}\omega_1\\ \vdots\\ \omega_n\end{pmatrix}$$

由于$\{\alpha_1,\cdots,\alpha_n\}$和$\{\omega_1,\cdots,\omega_n\}$都是 K 的$\mathbb{Q}$-基,可知行列式 $\det\boldsymbol{T}$ 是非零有理整数. 如果$\{\omega_1',\cdots,\omega_n'\}$和$\{\alpha_1',\cdots,\alpha_n'\}$分别是 O_K 和 A 的另一组$\mathbb{Z}$-基,则

$$\begin{pmatrix}\alpha_1'\\ \vdots\\ \alpha_n'\end{pmatrix}=\boldsymbol{M}\begin{pmatrix}\alpha_1\\ \vdots\\ \alpha_n\end{pmatrix},\begin{pmatrix}\omega_1\\ \vdots\\ \omega_n\end{pmatrix}=\boldsymbol{N}\begin{pmatrix}\omega_1'\\ \vdots\\ \omega_n'\end{pmatrix}$$

其中 $\boldsymbol{M}$ 和 $\boldsymbol{N}$ 均为 n 阶$\mathbb{Z}$-方阵,并且 $\det\boldsymbol{M}=\pm1$, $\det\boldsymbol{N}=\pm1$,而

$$\begin{pmatrix}\alpha_1'\\ \vdots\\ \alpha_n'\end{pmatrix}=\boldsymbol{MTN}\begin{pmatrix}\omega_1'\\ \vdots\\ \omega_n'\end{pmatrix}$$

由于$|\det(\boldsymbol{MTN})|=|\det\boldsymbol{T}|$(其中$|\ |$表示绝对值),这就表明正整数$|\det\boldsymbol{T}|$与 O_K 和 A 的$\mathbb{Z}$-基选取是无关的,即它是理想 A 本身的不变量,我们称它是**理想 A 的范**,表示成 $N_K(A)=N_{K/\mathbb{Q}}(A)$.

现在要说明理想的范如何反映出理想的"大小". 从定理 2.2 的证明中可看出当 A 是非零素理想时,商环 O_K/A 是有限环. 下面定理表明对任意非零理想 A,O_K/A 均是有限环,并且元素个数恰好为 $N_K(A)$. 所以 $N_K(A)$ 愈大,则 O_K/A 中元素愈多,即 A 在 O_K 中分布愈稀疏.

定理 2.3 设 A 为数域 K 中的非零整理想,则 $N_K(A)=|O_K/A|$.

证明 按照 Abel 群基本定理(附录 A,(1)),我们可以取 O_K 的一组整基 $\{\omega_1,\cdots,\omega_n\}$,使得 $O_K=\mathbb{Z}\omega_1\oplus\cdots\oplus\mathbb{Z}\omega_n$,$A=\mathbb{Z}\alpha_1\omega_1\oplus\cdots\oplus\mathbb{Z}\alpha_n\omega_n$,$\alpha_i\in\mathbb{Z}$,这时

$$\begin{pmatrix}\alpha_1\omega_1\\ \vdots\\ \alpha_n\omega_n\end{pmatrix}=\begin{pmatrix}\alpha_1 & & & \\ & \alpha_2 & & \\ & & \ddots & \\ & & & \alpha_n\end{pmatrix}\begin{pmatrix}\omega_1\\ \vdots\\ \omega_n\end{pmatrix}$$

从而由理想范的定义可知 $N_K(A)=|\alpha_1\alpha_2\cdots\alpha_n|$. 另一方面

$$\begin{aligned}O_K/A&=(\mathbb{Z}\omega_1\oplus\cdots\oplus\mathbb{Z}\omega_n)/(\mathbb{Z}\alpha_1\omega_1\oplus\cdots\oplus\mathbb{Z}\alpha_n\omega_n)\\&\cong\mathbb{Z}\omega_1/\mathbb{Z}\alpha_1\omega_1\oplus\cdots\oplus\mathbb{Z}\omega_n/\mathbb{Z}\alpha_n\omega_n\\&\cong\mathbb{Z}/\alpha_1\mathbb{Z}\oplus\cdots\oplus\mathbb{Z}/\alpha_n\mathbb{Z}\end{aligned}$$

于是 $|O_K/A|=\prod_{i=1}^{n}|\mathbb{Z}/\alpha_i\mathbb{Z}|=|\alpha_1\cdots\alpha_n|=N_K(A)$. □

理想的范有以下的基本性质:

定理 2.4 设 A 和 B 是 O_K 中的理想,$A=\mathfrak{p}_1^{e_1}\cdots\mathfrak{p}_r^{e_r}$,其中 $\mathfrak{p}_1,\cdots,\mathfrak{p}_r$ 是 O_K 中不同的素理想,$e_i\geqslant 1$,则:

(1)$N_K(A)=N_K(\mathfrak{p}_1)^{e_1}\cdots N_K(\mathfrak{p}_r)^{e_r}$;

(2)$N_K(AB)=N_K(A)N_K(B)$;

(3)设 $\{\alpha_1,\cdots,\alpha_n\}$ 是 A 的一组 $\mathbb{Z}$-基,则

$$d_K(\alpha_1,\cdots,\alpha_n)=N(A)^2d(K)$$

(4)若 $A=(\alpha)(\alpha\in O_K)$ 为主理想,则 $N_K(A)=|N_{K/\mathbb{Q}}(\alpha)|$.

证明 (1)由于理想 $\mathfrak{p}_1^{e_1},\cdots,\mathfrak{p}_r^{e_r}$ 是彼此互素的,根据中国剩余定理(习题 7)我们有 $O_K/A\cong O_K/\mathfrak{p}_1^{e_1}\oplus\cdots\oplus O_K/\mathfrak{p}_r^{e_r}$,于是由引理 9 得

$$N_K(A)=|O_K/A|=\prod_{i=1}^{r}|O_K/\mathfrak{p}_i^{e_i}|=\prod_{i=1}^{r}N_K(\mathfrak{p}_i^{e_i})$$

我们只需再证 $N_K(\mathfrak{p}_i^{e_i})=N_K(\mathfrak{p}_i)^{e_i}$ 即可. 为此,对 O_K 中每个素理想 $\mathfrak{p}$ 和 $k\geqslant 1$,由于 $\mathfrak{p}^k\supsetneqq\mathfrak{p}^{k+1}$,因此可取 $\alpha\in\mathfrak{p}^k-\mathfrak{p}^{k+1}$. 作映射

$$\varphi:O_K\to(\alpha O_K+\mathfrak{p}^{k+1})/\mathfrak{p}^{k+1},\varphi(x)=\alpha x+\mathfrak{p}^{k+1}\quad(x\in O_K)$$

这显然是环的满同态. 由 α 的取法可知 $(\alpha)=\mathfrak{p}^kA'$, $(A',\mathfrak{p})=1$. 从而 $\alpha O_K+\mathfrak{p}^{k+1}=(\mathfrak{p}^kA',\mathfrak{p}^{k+1})=\mathfrak{p}^k$, 即 φ 的象为 $\mathfrak{p}^k/\mathfrak{p}^{k+1}$. 另一方面, 对于每个 $x\in O_K$, 则

$$\begin{aligned}x\in \operatorname{Ker}\varphi &\Leftrightarrow(\alpha x)\subseteq\mathfrak{p}^{k+1}\Leftrightarrow\mathfrak{p}^{k+1}\mid(\alpha x)=\mathfrak{p}^k\cdot A'\cdot(x)\\&\Leftrightarrow\mathfrak{p}\mid(x)\Leftrightarrow x\in\mathfrak{p}\end{aligned}$$

这就表明 $\operatorname{Ker}\varphi\Leftrightarrow\mathfrak{p}$. 因此由环的同构定理我们有环的同构 $O_K/\mathfrak{p}\cong\mathfrak{p}^k/\mathfrak{p}^{k+1}$ $(k\geqslant 1)$. 于是

$$\begin{aligned}N_K(\mathfrak{p}^r)&=|O_K/\mathfrak{p}^r|=|O_K/\mathfrak{p}|\cdot|\mathfrak{p}/\mathfrak{p}^2|\cdots|\mathfrak{p}^{r-1}/\mathfrak{p}^r|\\&=|O_K/\mathfrak{p}|^r=N_K(\mathfrak{p})^r\end{aligned}$$

这就完全证明了(1).

(2)由(1)和 A, B 的素理想分解式立即推得.

(3)设 $\{\omega_1,\cdots,\omega_n\}$ 是 O_K 的一组整基, $\{\alpha_1,\cdots,\alpha_n\}$ 是 A 的一组 $\mathbb{Z}$ - 基, 则

$$\begin{pmatrix}\alpha_1\\ \vdots\\ \alpha_n\end{pmatrix}=\boldsymbol{M}\begin{pmatrix}\omega_1\\ \vdots\\ \omega_n\end{pmatrix}$$

由定义 $N_K(A)=|\det\boldsymbol{M}|$. 设 $\sigma_1,\cdots,\sigma_n$ 是数域 K 到 $\mathbb{C}$ 中的 n 个嵌入, $n=[K:\mathbb{Q}]$. 由于 $\boldsymbol{M}$ 是 $\mathbb{Z}$ - 阵, 从而将上式作用 σ_i 给出

$$\begin{pmatrix}\sigma_i(\alpha_1)\\ \vdots\\ \sigma_i(\alpha_n)\end{pmatrix}=\boldsymbol{M}\begin{pmatrix}\sigma_i(\omega_1)\\ \vdots\\ \sigma_i(\omega_n)\end{pmatrix}$$

从而有矩阵等式: $(\sigma_i(\alpha_j))=\boldsymbol{M}(\sigma_i(\omega_j))$, 于是

$$\begin{aligned}d_K(\alpha_1,\cdots,\alpha_n)&=\det(\sigma_i(\alpha_j))^2=(\det\boldsymbol{M})^2(\det(\sigma_i(\omega_j))^2)\\&=N_K(A)^2d_K(\omega_1,\cdots,\omega_n)=N_K(A)^2d(K)\end{aligned}$$

(4)若 $A=(\alpha)$, $\alpha\in O_K-\{0\}$, 则 $\{\alpha\omega_1,\cdots,\alpha\omega_n\}$ 是 A 的一组 $\mathbb{Z}$ - 基, 从而由(3)即知 $d_K(\alpha\omega_1,\cdots,\alpha\omega_n)=N_K(A)^2d(K)$. 但是

$$\begin{aligned}d_K(\alpha\omega_1,\cdots,\alpha\omega_n)&=\det(\sigma_i(\alpha\omega_j))^2=\det((\sigma_i(\alpha)\sigma_i(\omega_j)))^2\\&=\Big(\prod_{i=1}^{n}\sigma_i(\alpha)\Big)^2\cdot\det(\sigma_i(\omega_j))^2\\&=(N_{K/\mathbb{Q}}(\alpha))^2\cdot d(K)\end{aligned}$$

于是 $N_K(A)=|N_{K/\mathbb{Q}}(\alpha)|$ □

我们再来考虑 $K=\mathbb{Q}(\sqrt{-5})$ 的整数环 $O_K=\mathbb{Z}[\sqrt{-5}]$. 考虑 6 在 O_K 中的两个分解式

$$6=2\cdot 3=(1+\sqrt{-5})(1-\sqrt{-5}) \qquad (*)$$

我们先证 $2,3,1\pm\sqrt{-5}$ 都是 O_K 中不可约元素. 首先注意:对于 $\alpha\in O_K$,则 α 为 O_K 中单位当且仅当 $N_K(\alpha)=\pm 1$(习题9). 如果 2 可约,则 $2=\alpha\beta$,其 α,β 为 O_K 中非单位. 于是 $4=N_K(2)=N_K(\alpha)N_K(\beta)$. 于是 α 和 β 的范必为 ± 2. O_K 中元素表示为 $a+b\sqrt{-5}$,其中 $a,b\in\mathbb{Z}$,而 $N_K(a+b\sqrt{-5})=a^2+5b^2$. 易知 $x^2+5y^2=\pm 2$ 没有有理整数解. 所以 O_K 中没有范为 ± 2 的元素. 这就表明 2 在 O_K 中是不可约的. 用此法也可证 3 和 $1\pm\sqrt{-5}$ 也都是 O_K 中不可约元素. 所以式$(*)$给出 6 分解成不可约元素乘积的两种方式. 进而,2 与 $1\pm\sqrt{-5}$ 不相伴,因为$\dfrac{1\pm\sqrt{-5}}{2}$不属于 O_K. 所以式$(*)$给出的两个分解式本质上是不同的. 这表明 $O_K=\mathbb{Z}[\sqrt{-5}]$ 不是唯一因子分解整环.

但是 O_K 是 Dedekind 整环,所以 O_K 中理想$(6)=6O_K$ 应当唯一地表示成素理想乘积. 考虑由 2 和 $1+\sqrt{-5}$ 生成的理想

$$P_1=(2,1+\sqrt{-5})=2O_K+(1+\sqrt{-5})O_K$$

可以验证 2 和 $1+\sqrt{-5}$ 也是加法群 P_1 的一组$\mathbb{Z}$-基,即 $P_1=2\mathbb{Z}\oplus(1+\sqrt{-5})\mathbb{Z}$(这只需证明:对 O_K 中每个元素 α,2α 和$(1+\sqrt{-5})\alpha$ 均可表示成 2 和 $1+\sqrt{-5}$ 的$\mathbb{Z}$-线性组合). 由于$\{1,\sqrt{-5}\}$是 O_K 的一组整基,而

$$\begin{pmatrix}2\\1+\sqrt{-5}\end{pmatrix}=\begin{pmatrix}2&0\\1&1\end{pmatrix}\begin{pmatrix}1\\\sqrt{-5}\end{pmatrix},\det\begin{pmatrix}2&0\\1&1\end{pmatrix}=2$$

可知 $N_K(P_1)=2$. 由习题 2 可知 P_1 是 O_K 的素理想. 类似地可知 $P_2=(3,1+\sqrt{-5})$ 和 $P_3=(3,1-\sqrt{-5})$ 也是素理想,并且 $N_K(P_2)=N_K(P_3)=3$. 请读者验证:

$$(2)=P_1P_2,(3)=P_1P_3,(1+\sqrt{-5})=P_1P_2,(1-\sqrt{-5})=P_1P_3$$

于是,式$(*)$中对于元素 6 给出的两种不同的分解式,改成理想之后,得到理想(6)的同一个素理想分解式:$(6)=P_1^2P_2P_3$.

习　题

1. 设 A 和 B 是 Dedekind 整环 R 中两个非零理想,$A=\mathfrak{p}_1^{e_1}\cdots\mathfrak{p}_r^{e_r}$,$B=\mathfrak{p}_1^{f_1}\cdots\mathfrak{p}_r^{f_r}$,其中 $\mathfrak{p}_1,\cdots,\mathfrak{p}_r$ 是 R 中不同的素理想,而 $e_i,f_i\geqslant 0$. 求证:

(a)$A\mid B\Leftrightarrow e_i\leqslant f_i(1\leqslant i\leqslant r)$.

(b) $A\cap B=\mathfrak{p}_1^{t_1}\cdots\mathfrak{p}_r^{t_r}$,其中 $t_i=\max(e_i,f_i)(1\leqslant i\leqslant r)$.

$A+B=\mathfrak{p}_1^{m_1}\cdots\mathfrak{p}_r^{m_r}$,其中 $m_i=\min(e_i,f_i)(1\leqslant i\leqslant r)$.

注记:$A\cap B$ 和 $A+B$ 也分别表示成 $[A,B]$ 和 (A,B)(最小公倍和最大公因子)

2. 设 K 为数域,A 和 B 是 O_K 的非零理想. 求证:

(a) $N_K(A)=1\Leftrightarrow A=O_K$.

(b) 若 $A\mid B$,则 $N_K(A)\mid N_K(B)$. 试问反过来是否成立?

(c) 若 $N_K(A)$ 为素数,则 A 为素理想. 试问反过来是否成立?

(d) 若 $N_K(A)=g$,则 $g\in A$.

(e) 对每个正整数 g,O_K 中满足 $N_K(A)=g$ 的理想 A 只有有限多个.

3. 设 K 为数域,$A=\mathfrak{p}_1^{e_1}\cdots\mathfrak{p}_r^{e_r}$ 是 O_K 中非零理想 A 的素理想分解式. 以 $(O_K/A)^\times$ 表示有限环 O_K/A 的单位群(即乘法可逆元素全体). 令 $\varphi(A)=|(O_K/A)^\times|$. 求证:

(a) $\varphi(\mathfrak{p}_i^{e_i})=N_K(\mathfrak{p}_i)^{e_i-1}(N_K(\mathfrak{p}_i)-1)$;

(b) $\varphi(A)=N_K(A)\prod\limits_{\mathfrak{p}\mid A}(1-N_K(\mathfrak{p})^{-1})$.

4. 设 A 为 Dedekind 整环 R 中的非零理想,$\alpha,\beta\in R$. 则同余方程 $\alpha x\equiv\beta(\mathrm{mod}\ A)$(也就是 $\alpha x-\beta\in A$)有解 $x\in R$ 的充分必要条件为 $(\alpha R,A)\mid(\beta)$,并且在此条件成立的时候,上述同余方程模 $(\alpha R,A)$ 有唯一解(即若 $x\in R$ 为一解,则全部解为 $x+(\alpha R,A)=\{x+a\mid a\in(\alpha R,A)\}$).

5. 设 $K=\mathbb{Q}(\sqrt{-1})$,则 $O_K=\mathbb{Z}[\sqrt{-1}]$ 为唯一因子分解整环.

(a) 求出 O_K 中范为 1,2,3,4,5 的全部理想;

(b) 求出 O_K 中主理想(2),(3),(4),(5)的素理想分解式.

6. 对于 $K=\mathbb{Q}(\sqrt{10})$,试问 O_K 中理想 $(2,\sqrt{10})$ 是否为主理想?

7. 设 $A_1,A_2,\cdots,A_n$ 是 Dedekind 整环 R 中两两互素的非零理想(即 $(A_i,A_j)=1$,也就是 $A_i+A_j=O_K(1\leqslant i\neq j\leqslant n)$). 求证:

(a)(中国剩余定理)对 R 中任意 n 个元素 $a_1,\cdots,a_n$,同余方程组

$$\begin{cases}x\equiv a_1(\mathrm{mod}\ A_1)\\x\equiv a_2(\mathrm{mod}\ A_2)\\\vdots\\x\equiv a_n(\mathrm{mod}\ A_n)\end{cases}$$

在 R 中必有解 x,并且全部解构成模 $A_1A_2\cdots A_n$ 的一个同余类.

(b)有环同构$\frac{R}{A_1A_2\cdots A_n}\cong\frac{R}{A_1}\oplus\frac{R}{A_2}\oplus\cdots\oplus\frac{R}{A_n}$.

8. 设 K 为数域,A 和 B 为 O_K 的非零理想,P 为 O_K 的素理想,我们用 $V_P(A)$ 表示 A 的素理想分解式中 P 的指数(若 P 在 A 的分解式中不出现,则令 $V_P(A)=0$). 求证:

(a) $V_P(AB)=V_P(A)+V_P(B)$;

$V_P(A+B)=\min(V_P(A),V_P(B))$;

$V_P(A\cap B)=\max(V_P(A),V_P(B))$.

(b)对每个元素 $0\neq\alpha\in O_K$,令 $V_P(\alpha)=V_P(\alpha O_K)$,并且规定 $V_P(0)=\infty$,同时规定:对每个 $n\in\mathbb{Z}$,$n<\infty$,$n+\infty=\infty+n=\infty+\infty=n\infty=\infty n=\infty\infty=\infty$. 求证:当 $\alpha,\beta\in O_K$ 时,有:

(b.1) $V_P(\alpha\beta)=V_P(\alpha)+V_P(\beta)$,$V_P(\alpha+\beta)\geqslant\min(V_P(\alpha),V_P(\beta))$.

(b.2)若 $V_P(\alpha)\neq V_P(\beta)$,则 $V_P(\alpha+\beta)=\min(V_P(\alpha),V_P(\beta))$.

(b.3)设 $\alpha_1,\cdots,\alpha_n\in O_K$,$n\geqslant2$,$\alpha_1+\alpha_2+\cdots+\alpha_n=0$. 记 $m=\min\{V_P(\alpha_i)\mid 1\leqslant i\leqslant n\}$. 求证:至少有两个不同的下标 i 和 j,使得 $V_P(\alpha_i)=V_P(\alpha_j)=m$.

9. 设 K 为数域,$\alpha\in O_K$. 求证:α 为环 O_K 中单位的充分必要条件为 $N_K(\alpha)=\pm1$.

§2 分歧指数,剩余类域次数和分裂次数

2.1 e,f,g

现在我们开始研究数域中素理想分解的基本问题. 设 L/K 是数域的扩张. $\mathfrak{a}$ 是 O_K 的一个理想. 基本问题是:O_L 中的理想 $\mathfrak{a}O_L$ 如何分解成 O_L 中素理想的乘积? 由于每个理想 $\mathfrak{a}$ 均是 O_K 中一些素理想的乘积,因此我们只要对 O_K 中每个素理想 $\mathfrak{p}$ 弄清 $\mathfrak{p}O_L$ 在 O_L 中的素理想分解式就可以了.

对于 O_K 中每个素理想 $\mathfrak{p}$,显然 $\mathfrak{p}O_L\subsetneqq O_L$. 从而 $\mathfrak{p}O_L$ 在域 L 上分解成

$$\mathfrak{p}O_L=\mathfrak{P}_1^{e_1}\mathfrak{P}_2^{e_2}\cdots\mathfrak{P}_g^{e_g}$$

其中 $g\geqslant1$,$\mathfrak{P}_1,\cdots,\mathfrak{P}_g$ 是 L 中不同的素理想,而 $e_i\geqslant1(1\leqslant i\leqslant g)$. 对于每个 $\mathfrak{P}_i$,我们有 $\mathfrak{P}_i\mid\mathfrak{p}O_L$,这也常常简写成 $\mathfrak{P}_i\mid\mathfrak{p}$,并且称 O_L 中素理想 $\mathfrak{P}_i$ 是 O_k 中素理想 $\mathfrak{p}$ 的因子(即指是 O_L 中理想 $\mathfrak{p}O_L$ 的因子). 这就首先遇到一个问题:如何判别 O_L 中一个素理想 $\mathfrak{P}$ 是 $\mathfrak{p}$ 的因子?

引理 10 设 L/K 是数域的扩张,$\mathfrak{P}$ 为 O_L 的素理想,则:

(1) $\mathfrak{P}\cap O_K$ 为 O_K 的素理想. 并且 $\mathfrak{P}\cap O_K=\mathfrak{p}\Leftrightarrow\mathfrak{P}\mid\mathfrak{p}$;

(2)若 $\mathfrak{P}\cap O_K=\mathfrak{p}$,则 $O_K/\mathfrak{p}$ 和 $O_L/\mathfrak{P}$ 均是有限域,并且前者可看成后者的子域.

证明 (1)容易验证 $\mathfrak{P}\cap O_K$ 是 O_K 的理想. 进而,若 $a,b\in O_K,ab\in\mathfrak{P}\cap O_K$,则 $ab\in\mathfrak{P}$. 由于 $\mathfrak{P}$ 为 O_L 中的素理想,并且 $a,b\in O_L$,从而 $a\in\mathfrak{P}$ 或者 $b\in\mathfrak{P}$. 于是$a\in\mathfrak{P}\cap O_K$或者 $b\in\mathfrak{P}\cap O_K$. 这就证明了 $\mathfrak{P}\cap O_K$ 是 O_K 的素理想.

若 $\mathfrak{P}\cap O_K=\mathfrak{p}$,则 $\mathfrak{P}\supseteq\mathfrak{p}$,从而 $\mathfrak{P}\supseteq\mathfrak{p}O_L$,于是 $\mathfrak{P}\mid\mathfrak{p}O_L$,即 $\mathfrak{P}\mid\mathfrak{p}$. 反之,若 $\mathfrak{p}$ 为 O_K 中的素理想并且 $\mathfrak{P}\mid\mathfrak{p}$,则 $\mathfrak{P}\mid\mathfrak{p}O_L$,于是 $\mathfrak{P}\supseteq\mathfrak{p}O_L\supseteq\mathfrak{p}$,从而 $\mathfrak{P}\cap O_K\supseteq\mathfrak{p}\cap O_K=\mathfrak{p}$. 但是 $\mathfrak{P}\cap O_K$ 和 $\mathfrak{p}$ 均为 O_K 的素理想,从而均为 O_K 的极大理想,所以必然$\mathfrak{P}\cap O_K=\mathfrak{p}$.

(2)作映射

$$\varphi:O_K\to O_L/\mathfrak{P},\varphi(x)=x+\mathfrak{P}\quad(x\in O_K)$$

易知这是环的同态,而 $\mathrm{Ker}\ \varphi=O_K\cap\mathfrak{P}=\mathfrak{p}$. 从而由同态 φ 可将环 $O_K/\mathfrak{p}$ 看成 $O_L/\mathfrak{P}$的子环. 我们过去已经证明了 $O_K/\mathfrak{p}$ 和 $O_L/\mathfrak{P}$ 均是有限环(元素个数分别为 $N_K(\mathfrak{p})$和 $N_L(\mathfrak{P})$). 由于 $\mathfrak{p}$ 和 $\mathfrak{P}$ 分别是 O_K 和 O_L 的极大理想,从而 $O_K/\mathfrak{p}$ 和 $O_L/\mathfrak{P}$ 均是有限域,而前者是后者的子域. □

注记 对于每个数域 K 和每个素数 p,显然 O_K 中均有素理想 $\mathfrak{p}$ 使得 $\mathfrak{p}\mid p$. 另一方面,如果 p 和 p'为不同的素数,而 $\mathfrak{p}$ 和 $\mathfrak{p}'$为 O_K 中素理想,$\mathfrak{p}\mid p,\mathfrak{p}'\mid p'$,则 $\mathfrak{p}\cap\mathbb{Z}=p\neq p'=\mathfrak{p}'\cap\mathbb{Z}$,这就表明 $\mathfrak{p}\neq\mathfrak{p}'$. 由于熟知存在无限多个素数 p,从而对于每个数域 K,O_K 中存在着无限多个素理想.

现在可以引进素理想分解的 3 个最基本参量. 设 L/K 为数域的扩张. 对于 O_K 中的素理想 $\mathfrak{p}$,$\mathfrak{p}O_L$ 在 O_L 中的素理想分解式为

$$\mathfrak{p}O_L=\mathfrak{P}_1^{e_1}\mathfrak{P}_2^{e_2}\cdots\mathfrak{P}_g^{e_g}\quad(e_i\geqslant1,1\leqslant i\leqslant g,g\geqslant1)$$

$\mathfrak{p}$ 在 O_L 中的 g 个素理想因子 $\mathfrak{P}_i(1\leqslant i\leqslant g)$ 可以用 $\mathfrak{P}_i\cap O_K=\mathfrak{p}$ 来刻画. e_i 叫作 $\mathfrak{P}_i$ 的**分歧指数**(这个名称来源于代数几何),表示成 $e_i=e(\mathfrak{P}_i/\mathfrak{p})$. 如果 $e_i\geqslant2$,称 $\mathfrak{P}_i$ 是(对于扩张 L/K 的)分歧素理想. 否则便称 $\mathfrak{P}_i$ 是**不分歧**的. 如果$e_1,\cdots,e_g$ 中至少有一个大于 2,即 $\mathfrak{P}_1,\cdots,\mathfrak{P}_g$ 中至少有一个是分歧的,便称 $\mathfrak{p}$(对于扩张 L/K)是**分歧**的. 否则,如果 $\mathfrak{P}_1,\cdots,\mathfrak{P}_g$ 均是不分歧的,便称 $\mathfrak{p}$ 是**不分歧**的,数 g 叫作**分裂次数**. 最后,根据引理 10 可知 $O_K/\mathfrak{p}$ 和 $O_L/\mathfrak{P}_i$ 均是有限域,并且后者是前者的扩域. 这显然是有限(次)扩张. 其扩张次数$[O_L/\mathfrak{P}_i:O_K/\mathfrak{p}]$叫作 $\mathfrak{P}_i$(对于扩张 L/K)的**剩余类域次数**,表示成$f(\mathfrak{P}_i/\mathfrak{p})$,这 3 个基本参量 $g,e(\mathfrak{P}_i/\mathfrak{p})$和 $f(\mathfrak{P}_i/\mathfrak{p})(1\leqslant i\leqslant g)$之间有如下关系:

定理 2.5 设 L/K 是数域的扩张,$n=[L:K]$,$\mathfrak{p}$ 为 O_K 的素理想,$\mathfrak{p}O_L=\mathfrak{P}_1^{e_1}\cdots\mathfrak{P}_g^{e_g}$ 为 $\mathfrak{p}O_L$ 在 O_L中的素理想分解式,$e_i=e(\mathfrak{P}_i/\mathfrak{p})$,$f_i=f(\mathfrak{P}_i/\mathfrak{p})(1\leqslant i\leqslant$

g). 则 $\sum_{i=1}^{g} e_i f_i = n$.

证明 由 $\mathfrak{p}O_L$ 的素理想分解式可知 $N_L(\mathfrak{p}O_L) = \prod_{i=1}^{g} N_L(\mathfrak{P}_i)^{e_i}$, 但是 $N_L(\mathfrak{P}_i) = |O_L/\mathfrak{P}_i|$, 而 $O_L/\mathfrak{P}_i$ 是有限域 $O_K/\mathfrak{p}$ 上的 f_i 维向量空间, 从而 $N_L(\mathfrak{P}_i) = |O_L/\mathfrak{P}_i| = |O_K/\mathfrak{p}|^{f_i}$, 于是

$$N_L(\mathfrak{p}O_L) = \prod_{i=1}^{g} |O_K/\mathfrak{p}|^{e_i f_i} = |O_K/\mathfrak{p}|^{\sum_{i=1}^{g} e_i f_i}$$

另一方面, 作映射

$$\varphi: O_K \to O_L/\mathfrak{p}O_L, \varphi(x) = \bar{x} = x + \mathfrak{p}O_L \quad (x \in O_K)$$

则 φ 是环同态, 并且 $\mathrm{Ker}\ \varphi = O_K \cap \mathfrak{p}O_L = \mathfrak{p}$(为什么?)从而有限域 $O_K/\mathfrak{p}$ 可看成有限环 $O_L/\mathfrak{p}O_L$ 的子域, 于是 $V = O_L/\mathfrak{p}O_L$ 是有限域 $\bar{K} = O_K/\mathfrak{p}$ 上的向量空间. 记这个向量空间的维数为 $\tilde{n} = \dim_{\bar{K}} V$, 则 $N_L(\mathfrak{p}O_L) = |O_L/\mathfrak{p}O_L| = |V| = |\bar{K}|^{\tilde{n}} = |O_K/\mathfrak{p}|^{\tilde{n}}$, 从而 $\tilde{n} = \sum_{i=1}^{g} e_i f_i$, 于是我们只需再证明 $\tilde{n} = n$ 即可.

我们先证明 $\tilde{n} \leqslant n$(这等价于 $\sum_{i=1}^{g} e_i f_i \leqslant n$). 设 $x_1, \cdots, x_{n+1}$ 是 O_L 中任意 $n+1$ 个元素, 由于 $[L:K] = n$, 从而存在不全为 0 的 $\alpha_1, \cdots, \alpha_{n+1} \in K$, 使得

$$\alpha_1 x_1 + \cdots + \alpha_{n+1} x_{n+1} = 0 \qquad (*)$$

必要时将 $\alpha_1, \cdots, \alpha_{n+1}$ 乘以 O_K 中同一个适当的非零整数(例如乘以 $\alpha_1, \cdots, \alpha_{n+1}$ 的"公分母"), 我们可以假设 $\alpha_1, \cdots, \alpha_{n+1}$ 均属于 O_K. 现在令 $\mathfrak{a} = (\alpha_1, \cdots, \alpha_{n+1})$, 这是 O_K 中的理想, 于是有整理想 $\mathfrak{b}$, 使得 $\mathfrak{ab} = (\alpha) \not\subseteq (\alpha)\mathfrak{p}, \alpha \in O_K$, 从而存在 $\beta \in \mathfrak{b}$, 使得 $\beta\mathfrak{a} \not\subseteq (\alpha)\mathfrak{p}$. 因此: (i) $(\beta/\alpha)\mathfrak{a} = \beta \cdot \mathfrak{b}^{-1} \subseteq O_K$, 由此可知 $(\beta/\alpha) \cdot \alpha_i \in O_K (1 \leqslant i \leqslant n+1)$; (ii) $(\beta/\alpha)\mathfrak{a} \not\subseteq \mathfrak{p}$. 由此可知, 至少有一个 i 使得 $(\beta/\alpha) \cdot \alpha_i \notin \mathfrak{p}$, 换句话说, 如果令 $\gamma_i = (\beta/\alpha) \cdot \alpha_i$, 则 $\gamma_i \in O_K (1 \leqslant i \leqslant n+1)$, 并且至少有一个 i, 使得 $\gamma_i \notin \mathfrak{p}$, 即在 $\bar{K} = O_K/\mathfrak{p}$ 中 $\bar{\gamma_i} \neq \bar{0}$. 现在将式($*$)诸项乘以 β/α, 即得到 $\gamma_1 x_1 + \cdots + \gamma_{n+1} x_{n+1} = 0$. 然后转到商环 $O_L/\gamma O_L$ 中, 则为 $\bar{\gamma}_1 \bar{x}_1 + \cdots + \bar{\gamma}_{n+1} \bar{x}_{n+1} = \bar{0}$, 并且 $\bar{\gamma}_1, \cdots, \bar{\gamma}_{n+1}$ 不全为 $\bar{0}$. 这就表明 $V = O_L/\mathfrak{p}O_L$ 中任意 $n+1$ 个元素 $\bar{x}_1, \cdots, \bar{x}_{n+1}$ 在 $\bar{K} = O_K/\mathfrak{p}$ 上都是线性相关的, 从而 $\tilde{n} = \dim_{\bar{K}} V \leqslant n$.

现在我们进而证明 $\tilde{n} = n$. 当 $K = \mathbb{Q}$ 时证明是容易的. 因为这时 $\mathfrak{p}$ 即为主理想 (p), p 为素数, 而 $O_K/\mathfrak{p} = \mathbb{Z}/(p)$ 为 p 元域. 设 $\{\omega_1, \cdots, \omega_n\}$ 为 O_L 的一组整基, 则 $O_L/(p)O_L = (\mathbb{Z}\omega_1 \oplus \cdots \oplus \mathbb{Z}\omega_n)/(\mathbb{Z}p\omega_1 \oplus \cdots \oplus \mathbb{Z}p\omega_n) \cong \mathbb{Z}\omega_1/\mathbb{Z}p\omega_1 \oplus \cdots \oplus \mathbb{Z}\omega_n/$

$\mathbb{Z}p\omega_n \cong \mathbb{Z}/(p)\oplus\cdots\oplus\mathbb{Z}/(p)$（$n$ 个），因此 $\tilde{n}=n$，从而对于 $K=\mathbb{Q}$ 这一特殊情形我们也就证明了定理. 现在考虑一般情形：上述证明不能直接用于一般的 K，因为 K 中素理想 $\mathfrak{p}$ 不一定是主理想，而 O_L 在 O_K 上也不一定有相对整基，但是我们可借助于 $\mathbb{Q}$（图1）. 我们知道，$\mathfrak{p}\cap\mathbb{Z}$ 是 $\mathbb{Z}$ 中的素理想，从而 $\mathfrak{p}\cap\mathbb{Z}=p\mathbb{Z}$，$p$ 为素数，于是 $\mathfrak{p}\mid p$. 设 $pO_K=\mathfrak{p}_1^{\tilde{e}_1}\cdots\mathfrak{p}_r^{\tilde{e}_r}$ 是理想 pO_K 在 O_K 中的素理想分解式，$\tilde{e}_i=e(\mathfrak{p}_i/p)$，$\tilde{f}_i=f(\mathfrak{p}_i/p)$，则 $\mathfrak{p}$ 为某个 $\mathfrak{p}_i$. 并且上面已经证明了 $\sum\limits_{i=1}^{r}\tilde{e}_i\tilde{f}_i=[K:\mathbb{Q}]=m$，又令 $\overline{K}_i=O_K/\mathfrak{p}_i$，$V_i=O_L/\mathfrak{p}_iO_L$，则 V_i 是域 $\overline{K}_i$ 上的向量空间. 令维数为 $\tilde{n}_i=\dim_{\overline{K}}V_i$，我们上面也已经证明了 $\tilde{n}_i\leqslant n(1\leqslant i\leqslant r)$，由于 $pO_L=(\mathfrak{p}_1O_L)^{\tilde{e}_1}\cdots(\mathfrak{p}_rO_L)^{\tilde{e}_r}$，从而

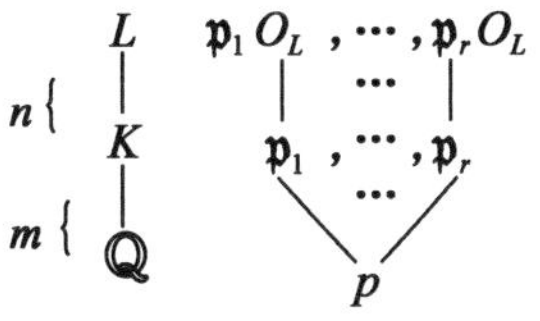

图 1

$$
\begin{aligned}
|O_L/pO_L| &= N_L(pO_L)=\prod_{i=1}^{r}N_L(\mathfrak{p}_iO_L)^{\tilde{e}_i}\\
&=\prod_{i=1}^{r}|O_L/\mathfrak{p}_iO_L|^{\tilde{e}_i}\\
&=\prod_{i=1}^{r}|O_K/\mathfrak{p}_i|^{\tilde{n}_i\tilde{e}_i}=\prod_{i=1}^{r}p^{\tilde{n}_i\tilde{f}_i\tilde{e}_i}
\end{aligned}
$$

另一方面，我们已经知道 $|O_L/pO_L|=p^{[L:\mathbb{Q}]}=p^{[mn]}$. 于是

$$
mn=\sum_{i=1}^{r}\tilde{n}_i\tilde{f}_i\tilde{e}_i\leqslant\sum_{i=1}^{r}n\tilde{f}_i\tilde{e}_i=n\sum_{i=1}^{r}\tilde{f}_i\tilde{e}_i=mn
$$

从而必然要 $n_i(1\leqslant i\leqslant r)$ 均等于 n 才行. 而 $\tilde{n}$ 是某个 $\tilde{n}_i$，因此 $\tilde{n}=n$，这就完成了定理2.5的证明. □

由定理2.5可知，g 的最大值为 $n=[L:K]$，并且当 $g=n$ 时，e_i 和 f_i 均为1，即

$$\mathfrak{p}O_L=\mathfrak{P}_1\mathfrak{P}_2\cdots\mathfrak{P}_n,e(\mathfrak{P}_i/p)=f(\mathfrak{P}_i/p)=1\quad(1\leqslant i\leqslant n)$$

这时我们称 O_K 的素理想 $\mathfrak{p}$ 在 L 中**完全分裂**. 另一个极端是 $e=n$ 的情形，此时 $g=1$，于是 $\mathfrak{p}O_L=\mathfrak{P}^n$（从而 $e(\mathfrak{P}/\mathfrak{p})=n$，$f(\mathfrak{P}/\mathfrak{p})=1$）这时称 $\mathfrak{p}$ 在 L 中**完全分歧**. 最后，若 $\mathfrak{p}O_L=\mathfrak{P}(g=1,e(\mathfrak{P}/\mathfrak{p})=1,f(\mathfrak{P}/\mathfrak{p})=n)$，则称 $\mathfrak{p}$ 在 L 中是**惯性**的，这是因为 O_K 中素理想扩充成 O_L 中理想 $\mathfrak{p}O_L$ 之后，仍旧是素理想.

定理2.6（传递公式） 设 L/M 和 M/K 均是数域的扩张，$\mathfrak{p},\mathfrak{P},P$ 分别是 O_K,O_M,O_L 的素理想，并且 $P\mid\mathfrak{P}\mid\mathfrak{p}$（图2），则

$$e(P\mid\mathfrak{p})=e(P/\mathfrak{P})\cdot e(\mathfrak{P}/\mathfrak{p})$$
$$f(P\mid\mathfrak{p})=f(P/\mathfrak{P})\cdot f(\mathfrak{P}/\mathfrak{p})$$

图 2

证明 由于 $\mathfrak{p}O_M=\mathfrak{P}^{e(\mathfrak{P}/\mathfrak{p})}\cdots$，$\mathfrak{P}O_L=P^{e(P/\mathfrak{P})}\cdots$，从而

$$\mathfrak{p}O_L=(\mathfrak{p}O_M)O_L=(\mathfrak{P}^{e(\mathfrak{P}/\mathfrak{p})}\cdots)O_L=(\mathfrak{P}O_L)^{e(\mathfrak{P}/\mathfrak{p})}\cdots$$
$$=P^{e(P/\mathfrak{P})e(\mathfrak{P}/\mathfrak{p})}\cdots$$

另一方面，$\mathfrak{p}O_L=P^{e(P/\mathfrak{p})}\cdots$，因此 $e(P/\mathfrak{p})=e(P/\mathfrak{P})e(\mathfrak{P}/\mathfrak{p})$. 类似地，考虑有限域的扩张 $O_K/\mathfrak{p}\subseteq O_M/\mathfrak{P}\subseteq O_L/P$，即知

$$f(P/\mathfrak{p})=[O_L/P:O_K/\mathfrak{p}]=[O_L/P:O_M/\mathfrak{P}]\cdot[O_M/\mathfrak{P}:O_K/\mathfrak{p}]$$
$$=f(P/\mathfrak{P})\cdot f(\mathfrak{P}/\mathfrak{p})$$ □

2.2 素理想分解和多项式分解

上一小节中我们介绍了 3 个基本参量 e,f,g 和基本关系 $n=\sum\limits_{i=1}^{g}e_if_i$. 在一般情形下，这对于决定数值 g,e_i,f_i 是不够的. 给了 O_K 中素理想 $\mathfrak{p}$，我们希望有办法能够求出 g,e_i,f_i 的数值以及 $\mathfrak{p}$ 在 O_L 中的全部素理想因子 $\mathfrak{P}_1,\cdots,\mathfrak{P}_g$. 在这方面，下面定理是很有用的.

定理 2.7 设 L/K 是数域的扩张，$L=K(\alpha)$，$\alpha\in O_L$，$n=[L:K]$. $f(x)=x^n+c_1x^{n-1}+\cdots+c_n\in O_K[x]$是整数 α 在 K 上的极小多项式，则：

(a) $O_K[\alpha]$是 O_L 的子环，并且加法商群 $O_L/O_K[\alpha]$是有限群；

(b) 设 p 是素数，$\mathfrak{p}$ 为 O_K 的素理想，$\mathfrak{p}|p$，则 $O_K/\mathfrak{p}$ 是特征 p 的有限域；

(c) 如果 $\mathfrak{p}\nmid|O_L/O_K[\alpha]|$，令 $f(x)$ 在主理想整区 $O_K/\mathfrak{p}[x]$ 中分解成

$$f(x)=p_1(x)^{e_1}p_2(x)^{e_2}\cdots p_g(x)^{e_g}\pmod{\mathfrak{p}}$$

其中 $p_1(x),\cdots,p_g(x)$ 均为 $O_K[x]$ 中的首 1 多项式，并且看作是 $O_K/\mathfrak{p}[x]$ 中的多项式时（即多项式系数看作是域 $O_K/\mathfrak{p}$ 中的元素）为两两不同的不可约多项式，则 $\mathfrak{p}$ 在 O_L 中的分解式为

$$\mathfrak{p}O_L=\mathfrak{P}_1^{e_1}\cdots\mathfrak{P}_g^{e_g}$$

其中 $\mathfrak{P}_i=(\mathfrak{p},p_i(\alpha))$，$e_i=e(\mathfrak{P}_i/\mathfrak{p})$，而 $f(\mathfrak{P}_i/\mathfrak{p})=\deg p_i(x)\,(1\leqslant i\leqslant g)$.

证明

(a) $O_K[\alpha]$显然是 O_L 的子环. 由于加法群 O_L 和 $O_K[\alpha]$均是秩$[L:\mathbb{Q}]$的自由 Abel 群，由 Abel 群基本定理不难看出加法商群 $O_L/O_K[\alpha]$是有限的；

(b) 由于 $\mathfrak{p}\cap\mathbb{Z}=p$，并且 $O_K/\mathfrak{p}$ 是 p 元域$\mathbb{Z}/p\mathbb{Z}$ 的扩域，从而 $O_K/\mathfrak{p}$ 是特征 p 的有限域；

(c) 令 $f_i=\deg p_i(x)\,(1\leqslant i\leqslant g)$. 我们先依次证明以下 3 件事情：

(i) 对于每个 i，或者 $\mathfrak{P}_i=O_L$，或者 $O_L/\mathfrak{P}_i$ 是$|O_K/\mathfrak{p}|^{f_i}$元域. 这是因为：$p_i(x)$ 在 $O_K/\mathfrak{p}[x]$中不可约，从而 $F_i=O_K/\mathfrak{p}[x]/(p_i(x))$为域. 自然同态 $\varphi:O_K[x]\to$

$O_K/\mathfrak{p}[x]/(p_i(x))$是满同态,并且 Ker $\varphi=(\mathfrak{p},p_i(x))$,从而有同构 $O_K[x]/(\mathfrak{p},p_i(x))\xrightarrow{\sim}O_K/\mathfrak{p}[x]/(p_i(x))=F_i$. 从而左边也是域. 因此$(\mathfrak{p},p_i(x))$是 $O_K[x]$的极大理想. 再作映射 $\pi:O_K[x]\to O_L/\mathfrak{P}_i$,$\pi(f(x))=f(\alpha)+\mathfrak{P}_i$,这是环同态. 由于 $\mathfrak{P}_i=(\mathfrak{p},p_i(\alpha))$,从而$(\mathfrak{p},p_i(x)\subseteq$Ker π,但是$(\mathfrak{p},p_i(x))$是 $O_K[x]$的极大理想. 因此 Ker $\pi=(\mathfrak{p},p_i(x))$或者 $O_K[x]$. 我们再证 π 是满同态,这只要证明 $O_K[\alpha]+\mathfrak{P}_i=O_L$即可. 由于 $p\in\mathfrak{p}\subseteq\mathfrak{P}_i$,从而 $pO_L\subseteq\mathfrak{P}_i$,于是只要证明 $O_K[\alpha]+pO_L=O_L$ 即可. 这是由于 $p\nmid|O_L/O_K[\alpha]|$,而 $|O_L/pO_L|=p^{[L:\mathbb{Q}]}$,从而 $|O_L/O_K[\alpha]+pO_L|$可除尽$(|O_L/O_K[\alpha]|,|O_L/pO_L|)=1$,因此$|O_L/O_K[\alpha]+pO_L|=1$,即 $O_L=O_K[\alpha]+pO_L$,从而 π 为满同态,于是 $O_L/\mathfrak{P}_i$ 或者同构于 $O_K[x]/(\mathfrak{p},P_i(x))\cong F_i$,从而 $O_L/\mathfrak{P}_i$ 为 $|O_K/\mathfrak{p}|^f$ 元域;或者同构于 $O_K[x]/O_K[x]$,即 $\mathfrak{P}_i=O_L$.

(ii)当 $i\neq j$ 时,$(\mathfrak{P}_i,\mathfrak{P}_j)=1$,这是由于 $p_i(x)$和 $p_j(x)$是 $O_K/\mathfrak{p}[x]$中不同的不可约多项式,而 $O_K/\mathfrak{p}[x]$为主理想整环,从而存在 $h(x),k(x)\in O_K/\mathfrak{p}[x]$,使得 $hp_i+kp_j\equiv1\pmod{\mathfrak{p}}$. 代入 $x=\alpha$ 即知 $p_i(\alpha)h(\alpha)+p_j(\alpha)k(\alpha)\equiv1\pmod{\mathfrak{p}O_L}$,于是 $1\in(\mathfrak{p},p_i(\alpha),p_j(\alpha))=(\mathfrak{P}_i,\mathfrak{P}_j)$.

(iii)$\mathfrak{p}O_L|\mathfrak{P}_1^{e_1}\cdots\mathfrak{P}_g^{e_g}$. 这是因为:令 $\gamma_i=p_i(\alpha)$,则 $\mathfrak{P}_i=(\mathfrak{p},\gamma_i)$,由(ii)知当 $i\neq j$时,$(\mathfrak{p},\gamma_i,\gamma_j)=1$. 令 $\mathfrak{a}=(\mathfrak{p},\gamma_1^{e_1}\cdots\gamma_g^{e_g})$,则 $\mathfrak{P}_1\mathfrak{P}_2=(\mathfrak{p},\gamma_1)(\mathfrak{p},\gamma_2)=(\mathfrak{p}^2,\mathfrak{p}\gamma_1,\mathfrak{p}\gamma_2,\gamma_1\gamma_2)=(\mathfrak{p}(\mathfrak{p},\gamma_1,\gamma_2),\gamma_1\gamma_2)=(\mathfrak{p},\gamma_1\gamma_2)$,$\mathfrak{P}_1^2=(\mathfrak{p},\gamma_1)^2=(\mathfrak{p}^2,\mathfrak{p}\gamma_1,\gamma_1^2)\subseteq(\mathfrak{p},\gamma_1^2)$. 由此归纳下去,即知 $\mathfrak{P}_1^{e_1}\cdots\mathfrak{P}_g^{e_g}\subseteq(\mathfrak{p},\gamma_1^{e_1}\cdots\gamma_g^{e_g})=\mathfrak{a}$,只需再证 $\mathfrak{a}=\mathfrak{p}O_L$ 即可. 为证此,将 $x=\alpha$ 代入 $f(x)\equiv p_1(x)^{e_1}\cdots p_g(x)^{e_g}\in\pmod{\mathfrak{p}}$,便得到 $\gamma_1^{e_1}\cdots\gamma_g^{e_g}\equiv f(\alpha)=0\pmod{\mathfrak{p}O_L}$,即 $\gamma_1^{e_1}\cdots\gamma_g^{e_g}\in\mathfrak{p}O_L$,从而 $\mathfrak{a}=(\mathfrak{p},\gamma_1^{e_1}\cdots\gamma_g^{e_g})=\mathfrak{p}O_L$.

现在我们证明(c):由(i)我们不妨假设 $\mathfrak{P}_1,\cdots,\mathfrak{P}_s$ 均不为 O_L,而 $\mathfrak{P}_{s+1}=\cdots=\mathfrak{P}_g=O_L$,则 $\mathfrak{P}_i(1\leqslant i\leqslant s)$ 均为 O_L 的素理想,并且 $\mathfrak{P}_i\supseteq\mathfrak{p}$,$f_i(\mathfrak{P}_i/\mathfrak{p})=[O_L/\mathfrak{P}_i:O_K/\mathfrak{p}]=f_i(1\leqslant i\leqslant s)$. 由(ii)知 $\mathfrak{P}_i,\cdots,\mathfrak{P}_s$ 两两相异,由(iii)知 $\mathfrak{p}O_L|\mathfrak{P}_1^{e_1}\cdots\mathfrak{P}_s^{e_s}$,于是 $\mathfrak{p}O_L=\mathfrak{P}_1^{d_1}\cdots\mathfrak{P}_s^{d_s}$,$d_i\leqslant e_i(1\leqslant i\leqslant s)$. 由定理 2.5 即知 $n=d_1f_1+\cdots+d_sf_s\leqslant e_1f_1+\cdots+e_gf_g=n$. 从而必然 $s=g$ 并且 $e_i=d_i(1\leqslant i\leqslant g)$. 这就完成了定理 2.7 的证明. □

注记 特别,若存在 $\alpha\in O_L$,使得 $O_L=O_K[\alpha]$,即$\{1,\alpha,\cdots,\alpha^{n-1}\}$形成扩张 L/K 的相对整基,则对于 O_K 的每个素理想 $\mathfrak{p}$,均可利用定理 2.7 得到 $\mathfrak{p}O_L$ 的分解式,这就是$\{1,\alpha,\cdots,\alpha^{n-1}\}$型(相对)整基的一个好处.

例 易证 $f(x)=x^3+x+1$ 是$\mathbb{Q}[x]$中不可约多项式. 设 ω 是它的一个根,则 $K=\mathbb{Q}(\omega)$为三次域. 由于 $d_K(1,\omega,\omega^2)=d_K(f)=-31$ 没有平方因子,从而

$\{1,\omega,\omega^2\}$为 O_K 的一组整基，即 $O_K=\mathbb{Z}[\omega]$. 于是对于每个素数 p，我们均可利用定理 2.7 给出 pO_K 的素理想分解式. 例如：

对于 $p=2$，$f(x)=x^3+x+1$ 在$\mathbb{F}_2[x]$中仍不可约(因为$f(x)$在$\mathbb{F}_2$中无根). 从而$2O_K$ 为 O_K 中素理想，即 2 在 K 中是惯性的.

对于 $p=3$，$f(x)$在$\mathbb{F}_3[x]$中分解为$f(x)=(x-1)(x^2+x-1)$，而(x^2+x-1)在$\mathbb{F}_3[x]$中不可约. 于是$3O_K=\mathfrak{p}_1\mathfrak{p}_2$，其中 $\mathfrak{p}_1=(3,\omega-1)$和 $\mathfrak{p}_2=(3,\omega^2+\omega-1)$为 O_K 中两个不同的素理想，并且剩余类域次数分别为$f_1=1$ 和 $f_2=2$. 于是 $N_K(\mathfrak{p}_1)=3$，$N_K(\mathfrak{p}_2)=9$，而 3 在 K 中不分歧.

对于 $p=31$，$x^3+x+1\equiv(x-3)(x-14)^2 \pmod{31}$. 从而$31O_K=\mathfrak{p}_1\mathfrak{p}_2^2$，$\mathfrak{p}_1=(31,\omega-3)$，$\mathfrak{p}_2=(31,\omega-14)$，$N_K(\mathfrak{p}_1)=N_K(\mathfrak{p}_2)=31$. $\mathfrak{P}_2$ 是分歧素理想，从而 31 在 K 中分歧.

2.3 应用：素数在二次域中的分解，二平方和定理

利用定理2.7，我们可以完全决定素数 p 在二次域中的素理想分解. 设 $K=\mathbb{Q}(\sqrt{d})$，$d\in\mathbb{Z}$，无平方因子. 我们已经知道 $O_K=\mathbb{Z}\oplus\mathbb{Z}\omega$，其中

$$\omega=\begin{cases}\sqrt{d}, & \text{当 } d\equiv 2,3 \pmod 4 \text{ 时}\\ \dfrac{1}{2}(1+\sqrt{d}), & \text{当 } d\equiv 1 \pmod 4 \text{ 时}\end{cases}$$

而 $d(K)=\begin{cases}4d\\ d\end{cases}$，我们还需要 Legendre 符号$\left(\dfrac{d}{p}\right)$，它定义为：

设 p 为素数，$p\nmid d$，如果 d 为模 p 的二次剩余(即存在 $\alpha\in\mathbb{Z}$，使得 $d\equiv a^2 \pmod p$)，定义$\left(\dfrac{d}{p}\right)=1$；如果 d 为模 p 的非二次剩余，就定义$\left(\dfrac{d}{p}\right)=-1$.

定理 2.8 设 $K=\mathbb{Q}(\sqrt{d})$，p 为素数，$N=N_K$.

(a)如果 $p\mid d(K)$，则 $pO_K=\mathfrak{p}^2$，$N(\mathfrak{p})=p$，即 p 在 K 中分歧；

(b)若 $p\geqslant 3$，并且 $p\nmid d(K)$，则当$\left(\dfrac{d}{p}\right)=1$ 时，$pO_K=\mathfrak{p}_1\mathfrak{p}_2$，$\mathfrak{p}_1\neq\mathfrak{p}_2$，$N(\mathfrak{p}_1)=N(\mathfrak{p}_2)=p$，即 p 在 K 中完全分裂；而当$\left(\dfrac{d}{p}\right)=-1$ 时，$pO_K=\mathfrak{p}$，$N(\mathfrak{p})=p^2$，即 p 在 K 中惯性；

(c)若 $p=2$ 并且 $p\nmid d(K)$，则必然 $d\equiv 1 \pmod 4$. 如果，$d\equiv 1 \pmod 8$，则 2 在 K 中完全分裂；如果 $d\equiv 5 \pmod 8$，则 2 在 K 中惯性.

证明 由于 O_K 有形如$\{1,\omega\}$的整基，从而对于每个素数 p 均可用定理 2.7.

(i)设 $d\equiv 2,3 \pmod 4$. 这时 $\omega=\sqrt{d}$,它的极小多项式为 $x^2-d, d(K)=4d$.

设 $p\geqslant 3$. 当 $p\nmid d$ 时,如果 $\left(\frac{d}{p}\right)=1$,即有 $\alpha\in\mathbb{Z}$,使得 $d\equiv a^2 \pmod p$,则 $x^2-d\equiv(x-a)(x+a) \pmod p$. 由 $p\nmid d$ 可知 $a\not\equiv -a \pmod p$. 即 $x-a$ 和 $x+a$ 是 $\mathbb{Z}/p\mathbb{Z}[x]$ 中不同的多项式. 因此 $pO_K=\mathfrak{p}_1\mathfrak{p}_2, \mathfrak{p}_1=(p,\sqrt{d}-a)\neq(p,\sqrt{d}+a)=\mathfrak{p}_2, N(\mathfrak{p}_1)=N(\mathfrak{p}_2)=p$. 如果 $\left(\frac{d}{p}\right)=-1$,则 x^2-d 为 mod p 不可约多项式,从而 $pO_K=p, N(\mathfrak{p})=p^2$. 如果 $p\mid d$,则 $x^2-d\equiv x^2 \pmod p$,因此 $pO_K=\mathfrak{p}^2, \mathfrak{p}=(p,\sqrt{d}), N(\mathfrak{p})=p$.

再设 $p=2$. 当 $d\equiv 2 \pmod 4$ 时,$x^2-d\equiv x^2 \pmod 2$,从而 $2O_K=\mathfrak{p}^2, \mathfrak{p}=(2,\sqrt{d}), N(\mathfrak{p})=2$. 如果 $d\equiv 3 \pmod 4$,则 $x^2-d\equiv(x+1)^2 \pmod 2$,从而 $2O_K=\mathfrak{p}^2$, $\mathfrak{p}=(2,\sqrt{d}+1), N(\mathfrak{p})=2$. 因此不论如何,2 在 K 中总是分歧的.

(ii)现在设 $d\equiv 1 \pmod 4$. 这时 $\omega=\frac{1}{2}(1+\sqrt{d})$,它的极小多项式为 $x^2-x-\frac{1}{4}(d-1)\in\mathbb{Z}[x], d(K)=d$.

先设 $p\geqslant 3$. 这时我们仍用$\mathbb{Z}[\sqrt{d}]$. 因为 $|O_K/\mathbb{Z}[\sqrt{d}]|=|\mathbb{Z}[\omega]/\mathbb{Z}[d]|=2$,于是 $p\nmid |O_K/\mathbb{Z}[d]|$. 从而利用定理 2.7,可知其结论与 $d\equiv 2,3 \pmod 4$ 的情形完全相同.

再设 $p=2$. 当 $d\equiv 1 \pmod 8$ 时,$x^2-x-\frac{1}{4}(d-1)\equiv x(x-1) \pmod 2$,于是 $2O_K=\mathfrak{p}_1\mathfrak{p}_2, \mathfrak{p}_1=(2,\omega)\neq(2,\omega-1)=\mathfrak{p}_2, N(\mathfrak{p}_1)=N(\mathfrak{p}_2)=2$;而当 $d\equiv 5 \pmod 8$ 时,$x^2-x-\frac{1}{4}(d-1)\equiv x^2+x+1 \pmod 2$ 是不可约的,于是 2 在 K 中惯性. 这就完成了定理的证明. □

作为定理 2.8 的应用,我们来谈谈高斯当年如何用二次域的素理想分解来解决"二平方和"问题. 高斯的代数工具是虚二次域$\mathbb{Q}(\mathrm{i})$和它的整数环$\mathbb{Z}[\mathrm{i}]$, $\mathrm{i}=\sqrt{-1}$. (后人将$\mathbb{Q}(\mathrm{i})$和$\mathbb{Z}[\mathrm{i}]$分别称作高斯数域和高斯整数环.)大家在抽象代数中已经学过,$\mathbb{Z}[\mathrm{i}]$是主理想整环(或者参见本书第三章),从而$\mathbb{Z}[\mathrm{i}]$中每个理想均有形式 $\mathfrak{a}=(a+\mathrm{i}b), a,b\in\mathbb{Z}$,于是 $N(\mathfrak{a})=N(a+\mathrm{i}b)=(a+\mathrm{i}b)(a-\mathrm{i}b)=a^2+b^2$ 正好是两个有理整数的平方和. 换句话说,我们证明了下面的:

(a) $n\in\mathbb{Z}$ 可表示为两个有理整数的平方和$\Leftrightarrow n$ 是$\mathbb{Z}[\mathrm{i}]$中某个(主)理想的范;

(b)若 n 和 m 均可表示成两个有理整数的平方和,则 nm 亦然.(这是因为 $n=N(\alpha)$,$m=N(\beta)$,$\alpha,\beta\in\mathbb{Z}[\mathrm{i}]$,则 $nm=N(\alpha\beta)$.)

有了这些简单的准备,我们就可以证明:

定理 2.9(高斯,二平方和定理) 设 n 为正整数,$n=m^2n_0$,$m\in\mathbb{Z}$,n_0 是 n 的无平方因子部分,则:n 是两个有理整数的平方和$\Leftrightarrow n_0$ 没有素因子 $p\equiv 3(\mathrm{mod}\ 4)$.

证明 "$\Leftarrow$"如果 $n_0=1$,则 $n=m^2+0^2$,则 $n_0\geqslant 2$,则 $n_0=p_1,\cdots,p_s,p_1,\cdots,p_s$ 为 $s\geqslant 1$ 个不同的素数,并且 $p_i=2$ 或者 $p_i\equiv 1(\mathrm{mod}\ 4)$. 若 $p_i=2$,则 $p_i=1^2+1^2$. 若 $p_i\equiv 1(\mathrm{mod}\ 4)$,则$\left(\dfrac{-1}{p_i}\right)=1$. 由定理2.8知 p_i 在$\mathbb{Z}[\mathrm{i}]$中完全分裂. 即 $p_i=\mathfrak{p}_1\mathfrak{p}_2$,$N(\mathfrak{p}_1)=p_i$. 于是由前面的(a)知 p_i 可表示成二平方和. 再由(b)即知 $n_0=p_1\cdots p_s$,从而 $n=m^2n_0$ 均可表示为二个整数的平方和.

"$\Rightarrow$"假设 n 可表示成二平方和,则$\mathbb{Z}[\mathrm{i}]$中有理想 $\mathfrak{a}$ 使得 $N(\mathfrak{a})=n$. 如果存在素数 $p\equiv 3(\mathrm{mod}\ 4)$,使得 $p\mid n_0$,则 $n=m^2n_0$ 中的素因子分解式中包含 p 的奇次幂. 但是另一方面,$\left(\dfrac{-1}{p}\right)=-1$,从而由定理2.8可知 $pO_K=\mathfrak{p}$ 为 $O_K=\mathbb{Z}[\mathrm{i}]$中的素理想. $N(\mathfrak{p})=p^2$,并且 $\mathfrak{p}$ 是$\mathbb{Z}[\mathrm{i}]$中唯一的素理想使得 $p\mid N(\mathfrak{p})$,因此,若令 $\mathfrak{a}$ 的素理想分解式中 $\mathfrak{p}$ 的个数为 $t\geqslant 0$,$t\in\mathbb{Z}$,则 $n=N(\mathfrak{a})=p^{2t}\cdots$,即 n 中包含偶数个 p,这就导致矛盾. 从而 n_0 中不存在素因子 $p\equiv 3(\mathrm{mod}\ 4)$. □

注记 我们不但能够判别不定方程 $x^2+y^2=n$ 何时有整数解,还可决定出解的个数. 我们以 $N(n)$ 表示此方程有理整数解(x,y)的个数. 令

$$n=2^l p_1^{e_1}\cdots p_s^{e_s}q_1^{f_1}\cdots q_r^{f_r} \qquad (*)$$

其中 $l,s,r\geqslant 0$,$e_i,f_i\geqslant 1$,$p_1,\cdots,p_s,q_1,\cdots,q_r$ 是不同的奇素数,并且 $p_i\equiv 1(\mathrm{mod}\ 4)$ $(1\leqslant i\leqslant s)$,$q_j\equiv 3(\mathrm{mod}\ 4)(1\leqslant j\leqslant r)$. 由定理2.9可知 $N(n)\geqslant 1$ 的充分必要条件是 $2\mid f_j(1\leqslant j\leqslant r)$.

现在假设 $f_j(1\leqslant j\leqslant r)$均是偶数. $(x,y)=(a,b)$是方程 $x^2+y^2=n$ 的一组解,$a,b\in\mathbb{Z}$. 这相当于 $N_K(a+b\sqrt{-1})=n$. 所以 $N(n)$相当于 $O_K=\mathbb{Z}[\sqrt{-1}]$中范为 n 的元素个数. 对于 $\alpha\in O_K$,若 $N_K(\alpha)=n$,则主理想$(\alpha)=\alpha O_K$ 的范也是 n. 由于 O_K 中理想均是主理想,并且每个主理想的生成元都有 4 种可能($(\alpha)=(\alpha')\Leftrightarrow\alpha=\alpha'\varepsilon$,其中 ε 为 O_K 中单位,即 $\varepsilon=\pm 1$ 或 $\pm\sqrt{-1}$). 所以若用 $M(n)$表示 O_K 中范为 n 的理想个数,则 $N(n)=4M(n)$. 现在我们决定 $M(n)$.

由定理2.8给出 n 的素因子在 O_K 中的素理想分解

$$(2)=\mathfrak{p}^2,N_K(\mathfrak{p})=2$$

$$(p_i)=\mathfrak{p}_i\mathfrak{p}_i',N_K(\mathfrak{p}_i)=N_K(\mathfrak{p}_i')=p_i \quad (\mathfrak{p}_i\neq\mathfrak{p}_i')$$

(q_j)在 O_K 中仍为素理想,$N_K((q_j))=q_j^2$.

所以由 n 的素因子分解式(*)给出 O_K 中理想分解式

$$(n)=\mathfrak{p}^{2l}\prod_{i=1}^{s}(\mathfrak{p}_i\mathfrak{p}_i')^{e_i}\prod_{j=1}^{r}(q_j)^{f_j}$$

若 A 是 O_K 中范为 n 的理想,则 $n\in A$,即 $A\mid(n)$. 从而 A 的素理想因子必是(n)的素理想因子的一部分. 即 A 的素理想分解式可写成

$$A=\mathfrak{p}^L\cdot\prod_{i=1}^{s}\mathfrak{p}_i^{E_i}\cdot\prod_{i=1}^{s}\mathfrak{p}_i'^{E_i'}\cdot\prod_{j=1}^{r}(q_j)^{F_j}$$

于是

$$n=N_K(A)=2^L\prod_{i=1}^{s}p_i^{E_i+E_i'}\cdot\prod_{j=1}^{s}q_j^{2F_j}$$

将此式与式(*)比较,便得到

$$L=l,E_i+E_i'=e_i \quad (1\leqslant i\leqslant s)$$

$$F_j=\frac{f_j}{2} \quad (1\leqslant j\leqslant r)$$

所以 L 和 F_j 由 l 和 f_j 完全决定,而(E_i,E_i')共有 e_i+1 个可能$(E_i,E_i')=(0,e_i)$,$(1,e_i-1),\cdots,(e_i-1,1),(e_i,0)$. 这就表明 O_K 中范为 n 的理想个数为 $M(n)=\prod_{i=1}^{s}(e_i+1)$. 所以不定方程 $x^2+y^2=n$ 的整数解个数为(当 $2\mid f_j(1\leqslant j\leqslant r)$时)

$$N(n)=4\prod_{i=1}^{s}(e_i+1)$$

2.4 判别式定理

在这一小节里我们要解决这样一个问题:如何判别素数 p 在数域 K 中是否分歧? 对于二次域 K 的情形,从定理 2.8 可以看出,p 在 K 中分歧的充要条件是 $p\mid d(K)$. Dedekind 成功地证明了这个结论对于任意数域都是对的. 为了证明这个结果,我们需要一些准备工作.

定义 5 如果 B 是域 F 上的有限维向量空间,并且 B 本身又是环,同时对任意 $\xi,\eta\in B,a\in F$,均有

$$a(\xi\eta)=(a\xi)\eta=\xi(a\eta) \quad (*)$$

我们就称 B 是域 F 上的**代数**.

例如,设 L/K 为数域的扩张,则 L 显然是 K 上的代数. 又如,设 $\mathfrak{p}$ 为数域 K 的素理想,$\mathfrak{p}\mid p$(p 是有理素数),则 $p\in\mathfrak{p}^e\cap\mathbb{Z},e=e(\mathfrak{p}\mid p)$,从而 $p\mathbb{Z}\subseteq\mathfrak{p}^e\cap\mathbb{Z}$,但是

$1\notin\mathfrak{p}^e$，于是 $p\mathbb{Z}\subseteq\mathfrak{p}^e\cap\mathbb{Z}\subseteq\mathbb{Z}$，由于 $p\mathbb{Z}$ 是$\mathbb{Z}$ 的极大理想，因此必然 $\mathfrak{p}^e\cap\mathbb{Z}=p\mathbb{Z}$，作自然同态 $\varphi:\mathbb{Z}\to O_K/\mathfrak{p}^e$，核为 $\mathrm{Ker}\ \varphi=\mathfrak{p}^e\cap\mathbb{Z}=p\mathbb{Z}$，从而 p 元域$\mathbb{Z}/p\mathbb{Z}$ 可看成有限环 $O_K/\mathfrak{p}^e$ 的子域，于是环 $O_K/\mathfrak{p}^e$ 为域$\mathbb{Z}/p\mathbb{Z}$ 上的有限维向量空间，而定义中的式（$*$）也显然成立，从而 $O_K/\mathfrak{p}^e$ 为$\mathbb{Z}/p\mathbb{Z}$ 上的代数.

设环 B 是域 F 上的代数. $\{\xi_1,\cdots,\xi_n\}$ 是 F 上向量空间 B 的一组基. 对于每个 $\xi\in B$，我们有

$$\xi(\xi_1,\cdots,\xi_n)=(\xi\xi_1,\cdots,\xi\xi_n)=(\xi_1,\cdots,\xi_n)\boldsymbol{A}(\xi)\tag{1}$$

其中 $\boldsymbol{A}(\xi)$ 是元素属于域 F 的 n 阶方阵. 如果改用向量空间 B 的另一组基，则方阵 $\boldsymbol{A}(\xi)$ 改成另一个与之相似的方阵，从而方阵的迹 $T_r\boldsymbol{A}(\xi)$ 与基$(\xi_1,\cdots,\xi_n)$ 的选取无关，叫作元素 **ξ 对于 B/F 的迹**，表示成 $T_{B/F}(\xi)$. 当 B/F 是数域的扩张时，$T_{B/F}(\xi)$ 与我们在第一章中定义的迹是一致的（第 1 节习题 13）.

对于 B 中 n 个元素 $\xi_1,\cdots,\xi_n$，我们也定义它们的**判别式**为

$$d_{B/F}(\xi_1,\cdots,\xi_n)=\det(T_{B/F}(\xi_i\xi_j))(\in F)$$

引理 11 设 B_1,B_2 均为域 F 上的代数，则环的直和 $B=B_1\oplus B_2$ 也是 F 上的代数. 此外，若$\{\xi_1,\cdots,\xi_n\}$ 和$\{\eta_1,\cdots,\eta_m\}$ 分别是 F 上向量空间 B_1 和 B_2 的基，则$\{\xi_1,\cdots,\xi_n,\eta_1,\cdots,\eta_m\}$ 是 $B_1\oplus B_2$ 的一组基，并且

$$\begin{aligned}&d_{B/F}(\xi_1,\cdots,\xi_n,\eta_1,\cdots,\eta_m)\\&=d_{B_1/F}(\xi_1,\cdots,\xi_n)\cdot d_{B_2/F}(\eta_1,\cdots,\eta_m)\end{aligned}\tag{2}$$

证明 直接验证即可（注意 $\xi_i\eta_j=0$）. □

设 K 为数域，有理素数 p 在 O_K 中分解为 $pO_K=\mathfrak{p}_1^{e_1}\cdots\mathfrak{p}_g^{e_g}$，则由中国剩余定理我们有 $O_K/pO_K\cong O_K/\mathfrak{p}_1^{e_1}\oplus\cdots\oplus O_K/\mathfrak{p}_g^{e_g}$. 我们已经说过，每个 $O_K/\mathfrak{p}_i^{e_i}$ 均是 p 元域$\mathbb{Z}/p\mathbb{Z}$ 上的代数，从而由引理 11 可知 O_K/pO_K 也是如此.

引理 12

(a) 设$\{\omega_1,\cdots,\omega_n\}$ 为 O_K 的一组整基，则$\{\overline{\omega}_1,\cdots,\overline{\omega}_n\}$ 为 $B=O_K/pO_K$ 的一组$\mathbb{F}_p$－基，其中对 $\lambda\in O_K$，我们以 $\overline{\lambda}$ 表示 λ 的模 pO_K 剩余类，而$\mathbb{F}_p$ 表示 p 元域；

(b) $\lambda\in O_K$，则 $T_{B/\mathbb{F}_p}(\overline{\lambda})=\overline{T_{K/\mathbb{Q}}(\lambda)}$，$d_{B/\mathbb{F}_p}(\overline{\omega}_1,\cdots,\overline{\omega}_n)=\overline{d(K)}$.

证明

(a) B 中元素均可写成 $\overline{\gamma},\gamma\in O_K$. 由于 $\gamma=\sum\limits_{i=1}^{n}c_i\omega_i$（$c_i\in\mathbb{Z}$），从而 $\overline{\gamma}=\sum\limits_{i=1}^{n}\overline{c}_i\overline{\omega}_i(\overline{c}_i\in\mathbb{F}_p)$. 另一方面，如果 $\sum\limits_{i=1}^{n}\overline{c}_i\overline{\omega}_i=0(\overline{c}_i\in\mathbb{F}_p,c_i\in\mathbb{Z})$，则 $\sum\limits_{i=1}^{n}c_i\omega_i\in pO_K$，于是 $\sum\limits_{i=1}^{n}c_i\omega_i=p(\sum\limits_{i=1}^{n}d_i\omega_i)$，$d_i\in\mathbb{Z}$，从而 $c_i=pd_i(1\leqslant i\leqslant n)$，即

$\bar{c}_i=\bar{0}(1\leqslant i\leqslant n)$. 这就表明$\{\bar{\omega}_1,\cdots,\bar{\omega}_n\}$是 B 的一组$\mathbb{F}_p$-基.

(b)对于 $\lambda\in O_K$,令 $\lambda(\omega_1,\cdots,\omega_n)=(\omega_1,\cdots,\omega_n)\boldsymbol{A}(\lambda)$,$\boldsymbol{A}(\lambda)=(a_{ij})$,$a_{ij}\in\mathbb{Z}$,mod p 之后为$\bar{\lambda}(\bar{\omega}_1,\cdots,\bar{\omega}_n)=(\bar{\omega}_1,\cdots,\bar{\omega}_n)\overline{\boldsymbol{A}}(\bar{\lambda})$,$\overline{\boldsymbol{A}}(\bar{\lambda})=(\bar{a}_{ij})$,$\bar{a}_{ij}\in\mathbb{F}_p$,于是

$$T_{B/\mathbb{F}_p}(\bar{\lambda})=T_r(\bar{A}(\bar{\lambda}))=\overline{T_r(A(\lambda))}=\overline{T_{K/\mathbb{Q}}(\lambda)}$$

$$d_{B/\mathbb{F}_p}(\bar{\omega}_1,\cdots,\bar{\omega}_n)=\det(T_{B/\mathbb{F}_p}(\bar{\omega}_i\bar{\omega}_j))$$
$$=\overline{\det(T_{K/\mathbb{Q}}(\omega_i\omega_j))}=\overline{d(K)}\qquad\square$$

现在考虑$\mathbb{F}_p$上的代数 $B_i=O_K/\mathfrak{p}_i^{e_i}$. 由于$|O_K/\mathfrak{p}_i^{e_i}|=N(\mathfrak{p}_i^{e_i})=p^{e_if_i}$,从而向量空间 B_i 在域$\mathbb{F}_p$ 上的维数是 e_if_i.

引理 13　设 $\eta_1,\cdots,\eta_{e_if_i}$是向量空间 B_i 的一组$\mathbb{F}_p$-基,则

$$d_{B_i/\mathbb{F}_p}(\eta_1,\cdots,\eta_{e_if_i})=0\Leftrightarrow e_i\geqslant 2$$

证明　为符号简单起见,我们去掉 $B_i,e_i,f_i,\mathfrak{p}_i$ 的下标 i,对于 $\mu\in O_K$,以 $\bar{\mu}$ 表示 μ 的模 $\mathfrak{p}^e$ 剩余类.

如果 $e\geqslant 2$,取 $\pi\in\mathfrak{p}-\mathfrak{p}^2$,则 $\bar{\pi}\neq\bar{0}$,$\bar{\pi}^e=\bar{0}$. 熟知我们可以取 B_i 的一组$\mathbb{F}_p$-基$\{\xi_1,\cdots,\xi_{ef}\}$,使得 $\xi_1=\bar{\pi}$,于是$(\bar{\pi}\xi_j)^e=\bar{0}(1\leqslant j\leqslant ef)$. 考虑

$$(\bar{\pi}\xi_j)(\xi_1,\cdots,\xi_{ef})=(\xi_1,\cdots,\xi_{ef})\boldsymbol{A}(\bar{\pi}\xi_j)$$

从而$(\bar{0},\cdots,\bar{0})=(\bar{\pi}\xi_j)^e(\xi_1,\cdots,\xi_{ef})=(\xi_1,\cdots,\xi_{ef})\boldsymbol{A}(\bar{\pi}\xi_j)^e$,因此 $\boldsymbol{A}(\bar{\pi}\xi_j)^e=0$,即 $\boldsymbol{A}(\bar{\pi}\xi_j)$为幂零方阵. 从而它的全部特征根均为 $\bar{0}$. 于是 $T_{B/\mathbb{F}_p}(\xi_1\xi_j)=T_r(\boldsymbol{A}(\bar{\pi}\xi_j))=\bar{0}(1\leqslant j\leqslant ef)$,从而方阵$(T_{B/\mathbb{F}_p}(\xi_i\xi_j))$的第一行元素均为 0. 于是 $d_{B/\mathbb{F}_p}(\xi_1,\cdots,\xi_{ef})=\det(T_{B/\mathbb{F}_p}(\xi_i\xi_j))=\bar{0}$. 由于 $d_{B/\mathbb{F}_p}(\eta_1,\cdots,\eta_{ef})$与 $d_{B/\mathbb{F}_p}(\xi_1,\cdots,\xi_{ef})$相差$\mathbb{F}_p$中一个非零元素的平方,从而 $d_{B/\mathbb{F}_p}(\eta_1,\cdots,\eta_{ef})=0$.

如果 $e=1$,则 $B=O_K/\mathfrak{p}$ 为$\mathbb{F}_p=\mathbb{Z}/p\mathbb{Z}$ 的 f 次扩域,即 B 为 p^f元域. 于是 $B/\mathbb{F}_p$ 为单扩张:$B=\mathbb{F}_p(\bar{\lambda})$,$\bar{\lambda}$ 在$\mathbb{F}_p$ 上的极小多项式为$\mathbb{F}_p[x]$中不可约 f 次多项式 $f(x)$,$f(x)$的全部根为 $\bar{\lambda},\bar{\lambda}^p,\cdots,\bar{\lambda}^{p^{f-1}}$,并且 $\bar{1},\bar{\lambda},\cdots,\bar{\lambda}^{f-1}$是向量空间 B 的一组$\mathbb{F}_p$-基,对于 $\bar{\mu}\in B$,令

$$\bar{\mu}(\bar{1},\bar{\lambda},\cdots,\bar{\lambda}^{f-1})=(\bar{1},\bar{\lambda},\cdots,\bar{\lambda}^{f-1})\boldsymbol{A}(\bar{\mu})$$

则 $\boldsymbol{A}(\bar{\mu})$为$\mathbb{F}_p$ 上 f 阶方阵. 易知 $f(\boldsymbol{A}(\bar{\lambda}))=\boldsymbol{A}(f(\bar{\lambda}))=\boldsymbol{A}(0)=0$. 由于 $f(x)$在$\mathbb{F}_p[x]$中不可约,可知 $f(x)$就是 $\boldsymbol{A}(\bar{\lambda})$的特征多项式,从而 $\boldsymbol{A}(\bar{\lambda})$有 f 个不同的特征根 $\bar{\lambda},\bar{\lambda}^p,\cdots,\bar{\lambda}^{p^{f-1}}$,所以 $\boldsymbol{A}(\bar{\lambda}^j)=\boldsymbol{A}(\bar{\lambda})^j$ 的特征根为 $\bar{\lambda}^j,\bar{\lambda}^{jp},\cdots,\bar{\lambda}^{j(p^{f-1})}$,因

此 $T_{B/\mathbb{F}_p}(\overline{\lambda}^j) = T_r(A(\overline{\lambda}^j)) = \sum_{i=0}^{f-1}(\overline{\lambda}^j)^{p^i}$. 于是

$$d_{B/\mathbb{F}_p}(\overline{1},\overline{\lambda},\cdots,\overline{\lambda}^{f-1}) = \begin{vmatrix} \overline{1} & \overline{\lambda} & \cdots & \overline{\lambda}^{f-1} \\ \overline{1} & \overline{\lambda}^p & \cdots & (\overline{\lambda}^p)^{f-1} \\ \vdots & \vdots & & \vdots \\ \overline{1} & \overline{\lambda}^{p^{f-1}} & \cdots & (\overline{\lambda}^{p^{f-1}f-1}) \end{vmatrix}^2$$

$$= \prod_{0\leqslant j<k\leqslant f-1}(\overline{\lambda}^{p^j} - \overline{\lambda}^{p^k}) \neq 0$$

从而对 B 的任意一组 $\mathbb{F}_p$ - 基 $\eta_1,\cdots,\eta_f$,也有 $d_{B/\mathbb{F}_p}(\eta_1,\cdots,\eta_f)\neq 0$. □

有了上面的准备,不难得到下面的著名结果:

定理 2.10(Dedekind,判别式定理) 有理素数 p 在数域 K 中分歧的充要条件是 $p|d(K)$.

证明 我们有 $pO_K = \mathfrak{p}_1^{e_1}\cdots\mathfrak{p}_g^{e_g}$, $O_K/pO_K \cong O_K/\mathfrak{p}_1^{e_1}\oplus\cdots\oplus O_K/\mathfrak{p}_g^{e_g}$. 由于 $\overline{\omega}_1,\cdots,\overline{\omega}_n$ 是 $B=O_K/pO_K$ 的一组 $\mathbb{F}_p$ - 基,并且 $d_{B/\mathbb{F}_p}(\overline{\omega}_1,\cdots,\overline{\omega}_n)=\overline{d(K)}$,因此 $p|d(K)\Leftrightarrow d_{B/\mathbb{F}_p}(\overline{\omega}_1,\cdots,\overline{\omega}_n)=\overline{0}$.

另一方面,设 $\{\xi_{i1},\cdots,\xi_{i,e_if_i}\}$ 为 $B_i=O_K/\mathfrak{p}_i^{e_i}$ 的一组 $\mathbb{F}_p$ - 基. 由引理 11 知道 $\{\xi_{i,j}|1\leqslant i\leqslant g,1\leqslant j\leqslant e_if_i\}$ 是 B 的一组 $\mathbb{F}_p$ - 基,并且

$$d_{B/\mathbb{F}_p}(\xi_{i,j} \mid 1\leqslant i\leqslant g, 1\leqslant j\leqslant e_if_i)$$

$$= \prod_{i=1}^{g} d_{B_i/\mathbb{F}_p}(\xi_{i,j} \mid 1\leqslant j\leqslant e_if_i) \tag{1}$$

于是 $p|d(K)\Leftrightarrow d_{B/\mathbb{F}_p}(\overline{\omega}_1,\cdots,\overline{\omega}_n)=\overline{0}\Leftrightarrow$ 式(1)左边为 $0\Leftrightarrow$ 式(1)右边至少有一个因子为 $\overline{0}\Leftrightarrow$ 至少有一个 $e_i\geqslant 2\Leftrightarrow p$ 在 K 中分歧. □

由定理 2.10 立刻推出:

系 对于每个数域 K,只有有限多个素数 p 在 K 中分歧. □

注记 我们在第三章中要证明,当 $K\neq\mathbb{Q}$ 时,$|d(K)|\geqslant 2$. 这就表明对于每个数域 $K\neq\mathbb{Q}$,至少存在一个素数 p 在 K 中分歧.

例 1 三次域 $K=\mathbb{Q}(\omega)$ $(\omega^3+\omega+1=0)$ 的判别式为 $d(K)=-31$. 从而只有 $p=31$ 在 K 中分歧.

例 2 我们在第一章已经计算出,分圆域 $K=\mathbb{Q}(\zeta)$ $(\zeta=\zeta_{p^n})$ 的判别式是素数 p 的方幂. 所以只有 p 在 K 中分歧. 令 $\mathfrak{p}_k=(1-\zeta^k)O_K$. 由于我们已经算出过

$\prod_{\substack{k=1 \\ p \nmid k}}^{p^n}(1-\zeta^k)=p$，因此 $pO_K=\prod_{\substack{k=1 \\ p \nmid k}}^{p^n}(1-\zeta^k)O_K=\prod_{\substack{k=1 \\ p \nmid k}}^{p^n}\mathfrak{p}_k$. 当 $p \nmid k$ 时，令 $k'k \equiv 1 \pmod{p^n}$，则 $(1-\zeta^k)/(1-\zeta)=1+\zeta+\cdots+\zeta^{k-1}$ 和 $(1-\zeta)/(1-\zeta^k)=(1-\zeta^{k'k})/(1-\zeta^k)=1+\zeta^k+\zeta^{2k}+\cdots+\zeta^{(k'-1)k}$ 均为 O_K 中整数，从而 $(1-\zeta)$ 和 $1-\zeta^k$ 是相伴的元素，于是 $\mathfrak{p}_k(1-\zeta^k)O_K=(1-\zeta)O_K=\mathfrak{p}_1$，从而 $pO_K=\mathfrak{p}_1^{\varphi(p^n)}$. 由于 $\varphi(p^n)=[K:\mathbb{Q}]$，这就表明 $\mathfrak{p}_1=(1-\zeta)O_K$ 必然是素理想，并且 p 在 $K=\mathbb{Q}(\zeta)$ 中是完全分歧的.

2.5 应用：纯三次域的整基

设 $f(x)=x^n+a_1x^{n-1}+\cdots+a_n \in \mathbb{Z}[x]$，$p$ 为素数并且 $p|a_i(1 \leqslant i \leqslant n)$，$p^2 \nmid a_n$. 由 Eisenstein 判别法可知 $f(x)$ 是 $\mathbb{Q}[x]$ 中不可约多项式，令 ω 是 $f(x)$ 的一个根，则 n 次数域 $K=\mathbb{Q}(\omega)$ 叫作对于 p 的 Eisenstein **型数域**，简称作 **(E,p) 型数域**.

引理 14 设 $K=\mathbb{Q}(\omega)$ 为上述的 (E,p) 型数域，则 p 在 K 中完全分歧，并且 $p \nmid |O_K/\mathbb{Z}[\omega]|$.

证明 设 $\mathfrak{p}$ 为 K 中素理想，$\mathfrak{p}|p$，$e=e(\mathfrak{p}|p)$，则 $1 \leqslant e \leqslant n$. 由于 $\omega^n+a_1\omega^{n-1}+\cdots+a_n=0$，并且 $p|a_i(1 \leqslant i \leqslant n)$，从而 $\omega^n \in \mathfrak{p}$，于是 $\omega \in \mathfrak{p}$. 设 $\omega \in \mathfrak{p}^s-\mathfrak{p}^{s+1}$，则 $s \geqslant 1$. 以 $t_0,t_1,\cdots,t_n$ 分别表示主理想 $(\omega^n),(a_1\omega^{n-1}),\cdots,(a_n)$ 中出现的 $\mathfrak{p}$ 因子的指数，则 $t_0=ns$，$t_1 \geqslant e+(n-1)s>e$，$\cdots$，$t_{n-1} \geqslant e+s>e$，$t_n=e$. 由于 $t_0,t_1,\cdots,t_n$ 中的最小值至少在两个 t_i 处达到（第 1 节习题 8），这只可能是 $ns=e$. 但是 $e \leqslant n$，从而只有 $s=1$，$e=n$，即 p 在 K 中完全分歧：$pO_K=\mathfrak{p}^n$.

如果 $p \mid |O_K/\mathbb{Z}[\omega]|$，则加法群 $O_K/\mathbb{Z}[\omega]$ 中有 p 阶元素. 即存在 $\mu \in O_K-\mathbb{Z}[\omega]$，使得 $p\mu=x_0+x_1\omega+\cdots+x_{n-1}\omega^{n-1}$，$x_i \in \mathbb{Z}$. 由于 $pO_K=\mathfrak{p}^n$，$\omega \in \mathfrak{p}-\mathfrak{p}^2$（因为 $s=1$），从而

$$
\begin{aligned}
& x_0+x_1\omega+\cdots+x_{n-1}\omega^{n-1}=p\mu \in \mathfrak{p}^n \Rightarrow x_0 \in \mathfrak{p} \\
& \Rightarrow x_0 \in \mathfrak{p} \cap \mathbb{Z}=p\mathbb{Z} \Rightarrow p|x_0 \Rightarrow x_0 \in \mathfrak{p}^n \\
& \Rightarrow x_1\omega \in \mathfrak{p}^2 \Rightarrow x_1 \in \mathfrak{p} \Rightarrow p|x_1 \Rightarrow x_1 \in \mathfrak{p}^n \\
& \Rightarrow x_2\omega^2 \in \mathfrak{p}^3 \Rightarrow x_2 \in \mathfrak{p} \Rightarrow p|x_2 \Rightarrow \cdots \Rightarrow p|x_{n-1}
\end{aligned}
$$

于是 $\mu \in \mathbb{Z}[\omega]$，这与假设 $\mu \notin \mathbb{Z}[\omega]$ 相矛盾，从而 $p \nmid |O_K/\mathbb{Z}[\omega]|$. □

例 对于每个素数 p 和 $n \geqslant 2$，$K=\mathbb{Q}(\sqrt[n]{p})$ 为 (E,p) 型数域，因为 $\sqrt[n]{p}$ 的极小多项式为 x^n-p，从而 p 在 K 中完全分歧并且 $p \nmid |O_K/\mathbb{Z}[\sqrt[n]{p}]|$.

现在我们来完全决定纯三次域的整基. 所谓**纯三次域**即指 $K=\mathbb{Q}(\sqrt[3]{m})$，

$\sqrt[3]{m}\notin\mathbb{Q}$. 不妨设 $m\in\mathbb{Z}, m>0$ 并且 m 没有立方因子. 于是 m 可以唯一地写成 $m=ab^2$,其中 a 和 b 是没有平方因子并且彼此互素的正有理整数. 我们令

$$\alpha=\sqrt[3]{ab^2}=\sqrt[3]{m}, \beta=\frac{1}{b}\alpha^2=\sqrt[3]{a^2b}$$

则 $K=\mathbb{Q}(\alpha)=\mathbb{Q}(\beta)$,并且 $\{1,\alpha,\beta\}$ 是域 K 的一组 $\mathbb{Q}$ - 基,这是因为

$$d_K(1,\alpha,\beta)=\frac{1}{b^2}d_K(1,\alpha,\alpha^2)=-27a^2b^2\neq 0$$

定理 2.11 设 $K=\mathbb{Q}(\sqrt[3]{m})$, a,b,α,β 如上所述.

(1) 若 $a^2\not\equiv b^2 \pmod 9$,则 $\{1,\alpha,\beta\}$ 为 O_K 的一组整基;若 $a^2\equiv b^2 \pmod 9$,则 $\{\alpha,\beta,\gamma=(1+a\alpha+b\beta)/3\}$ 为 O_K 的一组整基.

(2) $d(K)=\begin{cases}-27a^2b^2, 若 a^2\not\equiv b^2 \pmod 9\\ -3a^2b^2, 若 a^2\equiv b^2 \pmod 9\end{cases}$.

(3) 如果 $p\mid ab$,则 p 在 K 中完全分歧. 对于 $p=3$,则当 $a^2\not\equiv b^2 \pmod 9$ 时 3 在 K 中完全分歧;而当 $a^2\equiv b^2 \pmod 9$ 时 $3=\mathfrak{p}_1^2\mathfrak{p}_2$, $\mathfrak{p}_1\neq\mathfrak{p}_2$.

证明 由 $K=\mathbb{Q}(\alpha)=\mathbb{Q}(\beta)$ 可知 α 和 β 的极小多项式分别为 $f_1(x)=x^3-ab^2$ 和 $f_2(x)=x^3-a^2b$,由于 a 没有平方因子并且 $(a,b)=1$,因此对于 a 的每个素因子 p,利用 $f_1(x)$ 可知 K 是 (E,p) 型数域. 于是由引理 14 可知 p 在 K 中完全分歧(从而 $p\mid d(K)$)并且 $p\nmid |O_K/\mathbb{Z}[\alpha]|$. 类似地,用 $f_2(x)$ 可知对于 b 的每个素因子 p' 亦有 $p'\mid d(K)$, p' 在 K 中完全分歧,并且 $p'\nmid |O_K/\mathbb{Z}[\beta]|$. 这就证明了:对于每个 $p\mid ab$, p 在 K 中均完全分歧,并且 $ab\mid d(K)$,但是 $d_K(1,\alpha,\beta)=-27a^2b^2$,而 $d_K(1,\alpha,\beta)$ 与 $d(K)$ 相差一个平方因子,从而 $d(K)=-3a^2b^2$ 或者 $-27a^2b^2$.

如果 $3\mid ab$,由上述可知 3 在 K 中完全分歧,并且当 $3\mid a$ 时 $3\nmid |O_K/\mathbb{Z}[\alpha]|$,而当 $3\mid b$ 时 $3\nmid |O_K/\mathbb{Z}[\beta]|$. 令 $N=\mathbb{Z}\oplus\mathbb{Z}\alpha\oplus\mathbb{Z}\beta$. 由于 $\alpha^2=b\beta\in N, \beta^2=a\alpha\in N$,从而 $\mathbb{Z}[\alpha]\subseteq N, \mathbb{Z}[\beta]\subseteq N$. 于是 $|O_K/N|$ 同时除尽 $|O_K/\mathbb{Z}[\alpha]|$ 和 $|O_K/\mathbb{Z}[\beta]|$. 因此总有 $3\nmid |O_K/N|$. 但是 $d_K(1,\alpha,\beta)=-27a^2b^2=|O_K/N|^2\cdot d(K)$,而 $d(K)=-3a^2b^2$ 或 $-27a^2b^2$. 从而 $|O_K/N|$ 只能为 1 或 3,于是必然 $|O_K/N|=1$,即 $N=O_K$,这就证明了:当 $3\mid ab$ 时, $\{1,\alpha,\beta\}$ 是 O_K 的一组整基.

如果 $3\nmid ab$,则 $a^2\equiv b^2\equiv 1 \pmod 3$,即 $3\mid(a^2-b^2)$. 令 $\mu=\alpha-a\in O_K$,则 $K=\mathbb{Q}(\mu)$,而 μ 的极小多项式为

$$g(x)=(x+a)^3-ab=x^3+3ax^2+3a^2x+a(a^2-b^2)$$

如果 $a^2\not\equiv b^2 \pmod 9$,考虑 $g(x)$ 的诸系数可知 K 为 $(E,3)$ 型数域,从而 3

在 K 中完全分歧,并且 $3\nmid |O_K/\mathbb{Z}[\mu]|=|O_K/\mathbb{Z}[\alpha]|$. 由于 $N\supseteq\mathbb{Z}[\alpha]$,从而与上面一样可证得 $\{1,\alpha,\beta\}$ 是 O_K 的整基,从而对全部 $a^2\not\equiv b^2 \pmod 9$ 的情形, $d(K)=d_K(1,\alpha,\beta)=-27a^2b^2$.

最后设 $3\nmid ab$, $b^2\equiv a^2 \pmod 9$. 我们已经证明了 3 在 K 中分歧(因为 $3|d(K)$). 为了证明 $3=\mathfrak{p}_1^2\mathfrak{p}_2$, $\mathfrak{p}_1\neq\mathfrak{p}_2$, 只需再证 3 在 K 中不完全分歧即可. 证明用反证法:假如 $3O_K=\mathfrak{p}^3$, 由于 $\mu^3+3a\mu^2+3a^2\mu+a(a^2-b^2)=0$, 可知 $3|\mu^3$, 即 $\mu\in\mathfrak{p}$. 令 $\mu\in\mathfrak{p}^s-\mathfrak{p}^{s+1}$, 则 $s\geqslant1$. 如果 $s\geqslant3$, 则 $\mu=3\lambda$, $\lambda\in O_K$. 以 $\mu^{(1)},\mu^{(2)},\mu^{(3)}$ 表示 μ 的 3 个共轭元素,则 $\mu^{(i)}=3\lambda^{(i)}$, 从而 $3a^2=\mu^{(1)}\mu^{(2)}+\mu^{(1)}\mu^{(3)}+\mu^{(2)}\mu^{(3)}=9(\lambda^{(1)}\lambda^{(2)}+\lambda^{(1)}\lambda^{(3)}+\lambda^{(2)}\lambda^{(3)})$, 于是 $3|a^2$, 这与假设 $3\nmid a$ 相矛盾,所以 $1\leqslant s\leqslant2$. 由于 $\alpha=\mu+a$, 从而

$$\mu^3+3a\alpha\mu+a(a^2-b^2)=\mu^3+3a\mu^2+3a^2\mu+a(a^2-b^2)=0$$

由于 $3\nmid ab$, 从而 $((3),(\alpha))=1$, 于是 $\mathfrak{p}\nmid(\alpha)$. 又由于 $9|(a^2-b^2)$, 从而 a^2-b^2 中素因子 3 的指数 $r\geqslant2$. 于是上式左边各项中 $\mathfrak{p}$ 的指数分别为 $3s$, $3+s$ 和 $3r$, 它们至少有两个为其最小值,由 $1\leqslant s\leqslant2$ 可知 $3s\neq3+s$, 由 $r\geqslant2$ 可知 $3r\neq3+s$, 从而必然 $3s=3r<3+s$, 但是这在 $r\geqslant2$, $1\leqslant s\leqslant2$ 时是不可能的. 这一矛盾表明 3 在 K 中不能完全分歧,从而只能是 $3O_K=\mathfrak{p}_1^2\mathfrak{p}_2$, $\mathfrak{p}_1\neq\mathfrak{p}_2$.

于是 $\mu^3\in3O_K=\mathfrak{p}_1^2\mathfrak{p}_2$, 从而 $\mu\in\mathfrak{p}_1\mathfrak{p}_2$, 因此 $\mu^2\in\mathfrak{p}_1^2\mathfrak{p}_2^2\subseteq\mathfrak{p}_1^2\mathfrak{p}_2=3O_K$, 即 $3|\mu^2=\alpha^2-2a\alpha+a^2=(1+a\alpha+b\beta)+(a^2-1-3a\alpha)$, 于是 $3|(1+a\alpha+b\beta)$. 从而 $\gamma=\frac{1}{3}(1+a\alpha+b\beta)\in O_K$. 由于 $\gamma\notin N$, 从而 $O_K\neq N$, 于是 $|O_K/N|=3$. 令 $N'=\mathbb{Z}\alpha\oplus\mathbb{Z}\beta\oplus\mathbb{Z}\gamma$, 则 $N\subsetneqq N'\subseteq O_K$. 从而 $N'=O_K$, 这就证明了:当 $a^2\equiv b^2 \pmod 9$ 时, α,β,γ 为 O_K 的一组整基,并且 $d(K)=-3a^2b^2$. □

习　题

1. (a)求素数 $p=3,7,11,13$ 在 $K=\mathbb{Q}(\sqrt{-5})$ 中的素理想分解式;

   (b)求素数 $p=3,5,11,13$ 在 $K=\mathbb{Q}(\sqrt{7})$ 中的素理想分解式.
2. 设 $K=\mathbb{Q}(\omega)$, $\omega^3=\omega-1$, 求 $p=2,3,5$ 在 K 中的素理想分解式. 试问哪些素数在 K 中分歧?
3. 何种正整数 n 可表示成 $n=a^2+2b^2$, $a,b\in\mathbb{Z}$? (提示:$\mathbb{Z}[\sqrt{-2}]$ 为主理想整环.)
4. 设 p 为奇素数, $a\in\mathbb{Z}$, $\sqrt[p]{a}\notin\mathbb{Z}$, 求证:$p$ 在 $K=\mathbb{Q}(\sqrt[p]{a})$ 中必分歧.

5. (a)设 L/K 为数域的扩张. 如果数域 K 的某个素理想 $\mathfrak{p}$ 在 L 中不分歧,则它在每个中间域 $M(K\subseteq H\subseteq L)$ 中也不分歧;

(b)将“不分歧”改成“完全分歧”,则上述命题(a)也是对的. 改成“完全分裂”也是如此. 改成“惯性”呢?

6. 设 L/K 和 L'/K 均为数域的扩张,如果 K 中某个素理想 $\mathfrak{p}$ 在 L 中完全分歧而在 L' 中不分歧,则 $L\cap L'=K$.

7. (Dedekind)设 $K=\mathbb{Q}(\lambda)$, $\lambda^3-\lambda^2-2\lambda-8=0$. 求证:

(a) $[K:\mathbb{Q}]=3$;

(b) $\mu=\frac{1}{2}(\lambda^2-\lambda)-1\in O_K$,并且 $\{1,\lambda,\mu\}$ 是 O_K 的一组整基;

(c)2 在 K 中完全分裂;

(d)求 $p=503$ 在 K 中的素理想分解式.

8. 设 K 是 (E,p) 型 n 次数域. 求证:对于每个 $\gamma\in O_K$,均有 $a\in\mathbb{Z}$,使得 $N_{K/\mathbb{Q}}(\gamma)\equiv a^n \pmod p$.

§3 伽罗瓦扩域中的素理想分解

如果数域扩张 L/K 是伽罗瓦扩张. Hilbert 于 19 世纪末研究了这种扩张中素理想分解的更加精细的结构. 我们在这节中介绍 Hilbert 理论的基本结果. 作为应用,我们还给出分圆域中素理想分解的完整结果.

3.1 $n=efg$

我们在第 1.3 节中定义了数域 K 中理想 $\mathfrak{a}$ 的范 $N_{K/\mathbb{Q}}(\mathfrak{a})=|O_K/\mathfrak{a}|$. 现在我们将它推广到更一般的情形(今后 K 中的理想均指的是 O_K 中的理想).

定义 4 设 L/K 是数域的扩张,$\mathfrak{P}$ 和 $\mathfrak{p}$ 分别是 L 和 K 中的素理想,$\mathfrak{P}\mid\mathfrak{p}$, $f=f(\mathfrak{P}/\mathfrak{p})$,定义 $N_{L/K}(\mathfrak{P})=\mathfrak{p}^f$. 更一般地,对于 L 中每个理想 $\mathfrak{a}=\mathfrak{P}_1^{e_1}\cdots\mathfrak{P}_r^{e_r}(e_i\in\mathbb{Z})$,定义 $N_{L/K}(\mathfrak{a})=\prod\limits_{i=1}^{r}N_{L/K}(\mathfrak{P}_i)^{e_i}$,不难证明如此定义的(相对)范有以下简单性质(作为习题 1):

(Ⅰ)如果 $\mathfrak{A}$ 和 $\mathfrak{B}$ 均是 L 中的理想,则 $N_{L/K}(\mathfrak{A}\mathfrak{B})=N_{L/K}(\mathfrak{A})N_{L/K}(\mathfrak{B})$.

(Ⅱ)如果 $\mathfrak{a}$ 是 K 中的理想,则 $N_{L/K}(\mathfrak{a}O_L)=\mathfrak{a}^{[L:K]}$.

(Ⅲ)在扩张 $K/\mathbb{Q}$ 的情形,对于 K 中理想 $\mathfrak{a}$ 这里关于 $N_{K/\mathbb{Q}}(\mathfrak{a})$ 的定义与早先的定义 $N_{K/\mathbb{Q}}(\mathfrak{a})=|O_K/\mathfrak{a}|$ 是一致的(但需把数 $m=|O_K/\mathfrak{a}|\in\mathbb{Z}$ 等同于 $\mathbb{Z}$ 中的

理想$(m)=m\mathbb{Z}$).

(Ⅳ)设 L/M 和 M/K 均是数域的扩张,则对于 L 中的理想 $\mathfrak{A}$,$N_{L/K}(\mathfrak{A})=N_{M/K}(N_{L/M}(\mathfrak{A}))$.

现在设 L/K 是数域的伽罗瓦扩张,$G=\mathrm{Gal}(L/K)$ 是该扩张的伽罗瓦群,对于每个整数 $\alpha\in O_L$,α 的每个 K-共轭元素 $\sigma(\alpha)(\sigma\in G)$ 与 α 在 K 上具有同一个极小多项式,从而均是 L 中的整数,即 $\sigma(\alpha)\in O_L$. 于是 $\sigma(O_L)\subseteq O_L$(对每个 $\sigma\in G$),从而必然 $\sigma(O_L)=O_L(\sigma\in G)$. 类似地,若 $\mathfrak{B}$ 是 O_L 的素理想,则 $\sigma(\mathfrak{B})=\{\delta(\alpha)\mid\alpha\in\mathfrak{B}\}$ 也是 O_L 的素理想,称作 $\mathfrak{B}$ 中 K-**共轭理想**.

定理 2.12 设 L/K 是数域的伽罗瓦扩张,$n=[L:K]$. $G=\mathrm{Gal}(L/K)$. $\mathfrak{p}$ 为 O_K 中的素理想,$\mathfrak{p}$ 在 O_L 中的分解式为

$$\mathfrak{p}O_L=\mathfrak{P}_1^{e_1}\cdots\mathfrak{P}_g^{e_g},f_i=f(\mathfrak{P}_i/\mathfrak{p})\quad(1\leqslant i\leqslant g)$$

则:

(a)群 G 在集合$\{\mathfrak{P}_1,\cdots,\mathfrak{P}_g\}$上是可迁的,即对于每对 $\mathfrak{P}_i$ 和 $\mathfrak{P}_j$ 均存在 $\sigma\in G$,使得 $\sigma(\mathfrak{P}_i)=\mathfrak{P}_j$;

(b)对于每个 i,$\{\mathfrak{P}_1,\cdots,\mathfrak{P}_g\}$就是 $\mathfrak{P}_i$ 的全部 K-共轭理想;

(c)$e_1=e_2=\cdots=e_g$,$f_1=f_2=\cdots=f_g$. 令 $e=e_i$,$f=f_j(1\leqslant i\leqslant g)$,则 $n=efg$;

(d) 对于 L 中每个理想 $\mathfrak{A}$,均有 $N_{L/K}(\mathfrak{A})O_L=\prod\limits_{\sigma\in G}\sigma(\mathfrak{A})$.

证明 (a)由于 G 是群,我们只需证明:对于每个 $i(1\leqslant i\leqslant g)$,均存在 $\sigma\in G$,使得 $\mathfrak{P}_i=\sigma(\mathfrak{P}_1)$. 证明用反证法. 如果 $\mathfrak{P}_i\notin\{\sigma(\mathfrak{P}_1)\mid\sigma\in G\}$,则由中国剩余定理可知存在 $\alpha\in O_L$,使得 $\alpha\in\mathfrak{P}_i$ 并且 $\alpha\notin\sigma(\mathfrak{P}_1)$(对每个 $\sigma\in G$),于是 $\sigma(\alpha)\notin\mathfrak{P}_1$(对每个 $\sigma\in G$). 因此 $N_{L/K}(\alpha)=\prod\limits_{\sigma\in G}\sigma(\alpha)\notin\mathfrak{P}_1$,但是 $N_{L/K}(\alpha)=\prod\limits_{\sigma\in G}\sigma(\alpha)\in\mathfrak{P}_i\cap O_K=\mathfrak{p}\subseteq\mathfrak{P}_1$,这就导致矛盾,从而证明了(a).

(b)我们只需证明 $\mathfrak{P}_1$ 的 K-共轭理想必然是 $\mathfrak{P}_1,\cdots,\mathfrak{P}_g$ 当中的一个. 设 $\mathfrak{P}$ 是 $\mathfrak{P}_1$ 的一个 K-共轭理想,则存在 $\sigma\in G$,使得 $\mathfrak{P}=\sigma(\mathfrak{P}_1)$,但是 $\mathfrak{P}_1\cap O_K=\mathfrak{p}$,从而$\mathfrak{P}\cap O_K=\sigma(\mathfrak{P}_1)\cap\sigma(O_K)=\sigma(\mathfrak{p})=\mathfrak{p}$,于是 $\mathfrak{P}\mid\mathfrak{p}$,即 $\mathfrak{P}$ 必为 $\mathfrak{P}_1,\cdots,\mathfrak{P}_g$ 中的一个.

(c)对于每个 $i(1\leqslant i\leqslant g)$. 由(b)知存在 $\sigma\in G$,使得 $\mathfrak{P}_i=\sigma(\mathfrak{P}_1)$. 于是

$$\begin{aligned}\mathfrak{P}_1^{e_1}\cdots\mathfrak{P}_g^{e_g}&=\mathfrak{p}O_L=\sigma(\mathfrak{p}O_L)=\sigma(\mathfrak{P}_1)^{e_1}\cdots\sigma(\mathfrak{P}_g)^{e_g}\\&=\mathfrak{P}_i^{e_1}\sigma(\mathfrak{P}_2)^{e_2}\cdots\sigma(\mathfrak{P}_g)^{e_g}\end{aligned}$$

当 $i\neq j$ 时,$\mathfrak{P}_i\neq\mathfrak{P}_j$,从而 $i\geqslant2$ 时 $\sigma(\mathfrak{P}_i)\neq\sigma(\mathfrak{P}_1)=\mathfrak{P}_i$. 因此由 $\mathfrak{p}O_L$ 的素理想分解式的唯一性,比较上式两边 $\mathfrak{P}_i$ 的指数,即知 $e_i=e_1$,即 $e_1=e_2=\cdots=e_g$. 同样

地

$$f_i=[O_L/\mathfrak{P}_i:O_K/\mathfrak{p}]=[\sigma(O_L)/\sigma(\mathfrak{P}_i):\sigma(O_K)/\sigma(\mathfrak{p})]$$
$$=[O_L/\mathfrak{P}_1:O_K/\mathfrak{p}]=f_1$$

于是$f_1=f_2=\cdots=f_g$. 令$e=e_i,f=f_i(1\leqslant i\leqslant g)$,则$n=\sum_{i=1}^{g}e_if_i=\sum_{i=1}^{g}ef=efg$,并且$\mathfrak{p}O_L=(\mathfrak{P}_1\cdots\mathfrak{P}_g)^e$

(d)由于范$N_{L/K}$是积性函数,从而只需考虑L中的素理想$\mathfrak{P}$即可. 设$\mathfrak{P}\cap O_K=\mathfrak{p}$,$\mathfrak{p}O_K=(\mathfrak{P}_1\cdots\mathfrak{P}_g)^e$,$\mathfrak{P}=\mathfrak{P}_1$,$n=efg$. 令$D_{\mathfrak{P}}$为$G$中固定$\mathfrak{P}$的子群,即$D_{\mathfrak{P}}=\{\sigma\in G|\sigma(\mathfrak{P})=\mathfrak{P}\}$. 由于$G$在集合$\{\mathfrak{P}=\mathfrak{P}_1,\mathfrak{P}_2,\cdots,\mathfrak{P}_g\}$上是可迁的,从而$|D_{\mathfrak{P}}|=|G|/g=n/g=ef$,并且有陪集分解

$$G=\sigma_1D_{\mathfrak{P}}\cup\sigma_2D_{\mathfrak{P}}\cup\cdots\cup\sigma_gD_{\mathfrak{P}},\sigma_i(\mathfrak{P})=\mathfrak{P}_i\quad(1\leqslant i\leqslant g)$$

于是$\prod_{\sigma\in G}\sigma(\mathfrak{P})=\prod_{i=1}^{g}\sigma_i(\prod_{\sigma\in D_{\mathfrak{P}}}\sigma(\mathfrak{P}))=\prod_{i=1}^{g}\sigma_i(\mathfrak{P}^{ef})=(\mathfrak{P}_1\cdots\mathfrak{P}_g)^{ef}=(\mathfrak{p}O_L)^f=N_{L/K}(\mathfrak{P})O_L$. □

3.2 分解群和惯性群

我们在定理2.12的证明中曾经指出,对于数域的伽罗瓦扩张L/K和域L的每个素理想$\mathfrak{P}$,$D_{\mathfrak{P}}=\{\sigma\in\mathrm{Gal}(L/K)|\sigma(\mathfrak{P})=\mathfrak{P}\}$是$\mathrm{Gal}(L/K)$的$ef$阶子群. 称作$\mathfrak{P}$(对于伽罗瓦扩张$L/K$)的**分解群**. 令$\bar{L}=O_L/\mathfrak{P}$,$\bar{K}=O_{K/\mathfrak{p}}$(其中$\mathfrak{p}=\mathfrak{P}\cap O_K$),则$\bar{L}$和$\bar{K}$均是有限域,并且$\bar{L}$是$\bar{K}$的$f$次扩域. 对于每个$\sigma\in D_{\mathfrak{P}}$,由于$\sigma(\mathfrak{P})=\mathfrak{P}$,从而可以定义如下的映射

$$\bar{\sigma}:\bar{L}\to\bar{L},\bar{\sigma}(\bar{a})=\overline{\sigma(a)}\quad(a\in O_L,\bar{a}=a+\mathfrak{P})$$

这个映射有如下的性质:

(1)首先,映射σ是确切定义的. 因为若$a,b\in O_L$,$\bar{a}=\bar{b}$,则$a-b\in\mathfrak{P}$,从而$\sigma(a)-\sigma(b)=\sigma(a-b)\in\sigma(\mathfrak{P})=\mathfrak{P}$,即$\bar{\sigma}(\bar{a})=\overline{\sigma(a)}=\overline{\sigma(b)}=\bar{\sigma}(\bar{b})$,即$\bar{\sigma}(\bar{a})$与剩余类$\bar{a}$中代表元$a$的选取无关.

(2)$\bar{\sigma}$是域$\bar{L}$的自同构. 因为

$$\bar{\sigma}(\bar{a}\pm\bar{b})=\overline{\sigma(a\pm b)}=\overline{\sigma(a)\pm\sigma(b)}=\overline{\sigma(a)}\pm\overline{\sigma(b)}$$
$$=\bar{\sigma}(\bar{a})\pm\bar{\sigma}(\bar{b})$$

类似地,$\bar{\sigma}(\bar{a}\cdot\bar{b})=\bar{\sigma}(\bar{a})\cdot\bar{\sigma}(\bar{b})$. 从而$\bar{\sigma}$是域$\bar{L}$的自同态. 进而

$$\begin{aligned}\operatorname{Ker}\bar{\sigma} &= \{\bar{a} \mid \overline{\sigma(a)} = \bar{0}\} = \{\bar{a} \mid \sigma(a) \in \mathfrak{P}\} \\ &= \{\bar{a} \mid a \in \sigma^{-1}(\mathfrak{P}) = \mathfrak{P}\} = \{\bar{0}\}\end{aligned}$$

从而 $\bar{\sigma}$ 是单同态. 最后,由于 $\bar{L}$ 是有限域,从而 $\bar{\sigma}$ 也必然是满同态,即 $\bar{\sigma}$ 是域 $\bar{L}$ 的自同构.

(3) $\bar{\sigma}$ 固定 $\bar{K}$ 中每个元素. 这是因为:若 $\bar{a} \in \bar{K}, a \in O_K$,则 $\bar{\sigma}(\bar{a}) = \overline{\sigma(a)} = \bar{a}$.

由以上即知,对于每个 $\sigma \in D_{\mathfrak{P}}$,我们按上述方式定义出的 $\bar{\sigma}$ 属于 $\bar{L}/\bar{K}$ 的伽罗瓦群 $\mathrm{Gal}(\bar{L}/\bar{K})$. 从而又给出映射

$$\pi: D_{\mathfrak{P}} \to \mathrm{Gal}(\bar{L}/\bar{K}), \pi(\sigma) = \bar{\sigma}$$

引理 15 π 是群的满同态,并且 $\operatorname{Ker}\pi$ 为 $I_{\mathfrak{P}} = \{\sigma \in D_{\mathfrak{P}} \mid \sigma(\alpha) \equiv \alpha \pmod{\mathfrak{P}}$,对每个 $\alpha \in O_L\}$. $|I_{\mathfrak{P}}| = e$, $D_{\mathfrak{P}}/I_{\mathfrak{P}}$ 为 f 阶循环群.

证明 设 $\sigma, \tau \in D_{\mathfrak{P}}$,则对每个 $\bar{\alpha} \in \bar{L}, \alpha \in O_L$,均有

$$\bar{\sigma}\bar{\tau}(\bar{a}) = \overline{\sigma\tau(\alpha)} = \bar{\sigma}\,\overline{(\tau(\alpha))} = \overline{\sigma\tau}(\bar{a})$$

因此 $\overline{\sigma\tau} = \bar{\sigma}\bar{\tau}$,这表明 π 是群的同态. 为证 π 是满同态,只需证明对每个 $\tilde{\sigma} \in \mathrm{Gal}(\bar{L}/\bar{K})$,均存在 $\sigma \in D_{\mathfrak{P}}$,使得 $\bar{\sigma} = \tilde{\sigma}$. 我们知道,有限域扩张 $\bar{L}/\bar{K}$ 均是单扩张 $\bar{L} = \bar{K}(\bar{\alpha}), \alpha \in O_L$(附录 A,Ⅳ). 以 K_D 表示 L 的子域,它在伽罗瓦对应下对应于群 $D_{\mathfrak{P}}$,即

$$K_D = \{\alpha \in L \mid \sigma(\alpha) = \alpha, 对于每个\ \sigma \in D_{\mathfrak{P}}\}$$

从伽罗瓦扩张基本定理(附录 A,(16))知道 $L \supseteq K_D \supseteq K$, L/K_D 是 ef 次伽罗瓦扩张,并且 $\mathrm{Gal}(L/K_D) = D_{\mathfrak{P}}$. 令 $O_D = O_{K_D}$, $\mathfrak{P} \cap O_D = \mathfrak{P}_D$,则 $\mathfrak{P}_D \cap O_K = \mathfrak{P} \cap O_K = \mathfrak{p}$. 从而我们有图 3. 即

$$\begin{array}{cccl} \mathfrak{P} & L & \{1\} & \\ | & | & | & \Big\}\, ef \\ \mathfrak{P}_D & K_D & D_{\mathfrak{P}} & \\ | & | & | & \Big\}\, g \\ \mathfrak{p} & K & \mathrm{Gal}(L/K) & \end{array}$$

图 3

由于 $\mathrm{Gal}(L/K_D) = D_{\mathfrak{P}}$,而对 $\sigma \in D_{\mathfrak{P}}$ 均有 $\sigma(\mathfrak{P}) = \mathfrak{P}$. 从定理 2.12(b) 即知 $\mathfrak{P}$ 对于扩张 L/K_D 是自共轭的. 因此 $\mathfrak{P}_D$ 在 L 中的素理想分解为 $\mathfrak{P}_D O_L = \mathfrak{P}^{e'}$. $e' = e(\mathfrak{P}/\mathfrak{P}_D)$. 令 $f' = f(\mathfrak{P}/\mathfrak{P}_D)$,则 $e' \cdot e(\mathfrak{P}_D|\mathfrak{p}) = e(\mathfrak{P}/\mathfrak{p}) = e$, $f' \cdot f(\mathfrak{P}_D|\mathfrak{p}) = f(\mathfrak{P}/\mathfrak{p}) = f$,但是 $e'f' = [L:K_D] = ef$,这就表明 $e' = e, f' = f$,并且 $e(\mathfrak{P}_D/\mathfrak{p}) = f(\mathfrak{P}_D/\mathfrak{p}) = 1$. 特别地我们得到 $O_D/\mathfrak{P}_D = O_K/\mathfrak{p}$. 令 α 在 K_D 上的极小多项式为

$$f(x) = x^r + a_1 x^{r-1} + \cdots + a_r \quad (a_i \in O_D)$$

则 $f(x)$ 的每个根均有形式 $\sigma(\alpha)$，$\sigma\in \mathrm{Gal}(L/K_D)=D_{\mathfrak{P}}$. 将 $f(x)$ 的系数模 $\mathfrak{P}_D$ 之后，得到 $\bar{f}(x)=x^r+\bar{a}_1x^{r-1}+\cdots+\bar{a}_r\in O_D/\mathfrak{P}_D[x]$. 由于 $O_D/\mathfrak{P}_D=O_K/\mathfrak{p}=\bar{K}$，从而 $\bar{a}_i$ 中可取代表元(仍记为 a_i)属于 $O_K(1\leqslant i\leqslant r)$. 因此可认为 $\bar{f}(x)\in\bar{K}[x]$. 而这时 $\bar{f}(x)$ 的每个根均有形式 $\overline{\sigma(\alpha)}=\bar{\sigma}(\bar{\alpha})$. 由于 $\bar{\alpha}$ 在 $\bar{K}$ 上的极小多项式为 $\bar{f}(x)$ 的因式，从而 $\bar{\alpha}$ 的 $\bar{K}$－共轭元 $\tilde{\sigma}(\bar{\alpha})$ 是 $\bar{f}(x)$ 的根. 从而 $\tilde{\sigma}(\bar{\alpha})$ 必有形式 $\overline{\sigma(\alpha)}=\bar{\sigma}(\bar{\alpha})$. 这就表明存在 $\sigma\in D_{\mathfrak{P}}$，使得 $\bar{\sigma}(\bar{\alpha})=\tilde{\sigma}(\bar{\alpha})$. 由于 $\bar{L}=\bar{K}(\bar{\alpha})$，因此 $\bar{\sigma}=\tilde{\sigma}$，即 $\pi:D_{\mathfrak{P}}\to\mathrm{Gal}(\bar{L}/\bar{K})$ 是满同态.

最后

$$\begin{aligned}\mathrm{Ker}\ \pi&=\{\sigma\in D_{\mathfrak{P}}\mid\bar{\sigma}=1\}\\&=\{\sigma\in D_{\mathfrak{P}}\mid\bar{\sigma}(\bar{\alpha})=\bar{\alpha},\text{对于每个 }\bar{\alpha}\in\bar{L}\}\\&=\{\sigma\in D_{\mathfrak{P}}\mid\sigma(\alpha)\equiv\alpha(\mathrm{mod}\ \mathfrak{P}),\text{对于每个 }\alpha\in O_L\}=I_{\mathfrak{P}}\end{aligned}$$

从而 $D_{\mathfrak{P}}/I_{\mathfrak{P}}\cong\mathrm{Gal}(\bar{L}/\bar{K})$. 但是右边为 f 阶循环群(附录 A，(17))，从而 $D_{\mathfrak{P}}/I_{\mathfrak{P}}$ 也是如此，这就完成了引理的证明. □

引理 15 中的群 $I_{\mathfrak{P}}$ 叫作 $\mathfrak{P}$(对于伽罗瓦扩张 L/K)的**惯性群**. 这是分解群 $D_{\mathfrak{P}}$ 的 e 阶正规子群，并且 $D_{\mathfrak{P}}/I_{\mathfrak{P}}$ 为 f 阶循环群. 在伽罗瓦对应下，分解群 $D_{\mathfrak{P}}$ 对应的域 $K_D=\{\alpha\in L\mid\sigma(\alpha)=\alpha,\text{对每个 }\sigma\in D_{\mathfrak{P}}\}$ 叫作 $\mathfrak{P}$ 的**分解域**，而惯性群 $I_{\mathfrak{P}}$ 对应的域 $K_I=\{\alpha\in L\mid\sigma(\alpha)=\alpha,\text{对每个 }\sigma\in I_{\mathfrak{P}}\}$ 叫作 $\mathfrak{P}$ 的**惯性域**. 于是我们有 $K\subseteq K_D\subseteq K_I\subseteq L$，$[L:K_I]=e$，$[K_I:K_D]=|D_{\mathfrak{P}}/I_{\mathfrak{P}}|=f$，$[K_D:K]=g$.

定理 2.13　设 L/K 为数域的伽罗瓦扩张，$n=[L:K]$. K 中素理想 $\mathfrak{p}$ 在 L 中的素理想分解式为

$$\mathfrak{p}O_L=(\mathfrak{P}_1\cdots\mathfrak{P}_g)^e,f=f(\mathfrak{P}_i/\mathfrak{p})\quad(1\leqslant i\leqslant g)$$
$$n=efg,\mathfrak{P}=\mathfrak{P}_1$$

令 $D_{\mathfrak{P}},I_{\mathfrak{P}},K_D,K_I$ 分别是 $\mathfrak{P}$ 对于伽罗瓦扩张 L/K 的分解群、惯性群、分解域和惯性域，则我们有图 4，图 5. 即

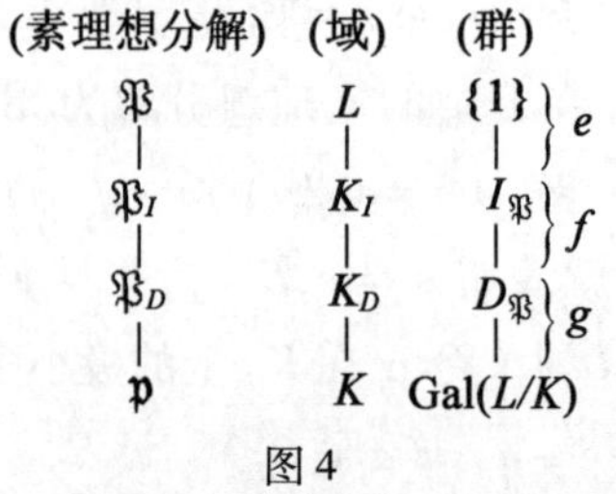

图 4

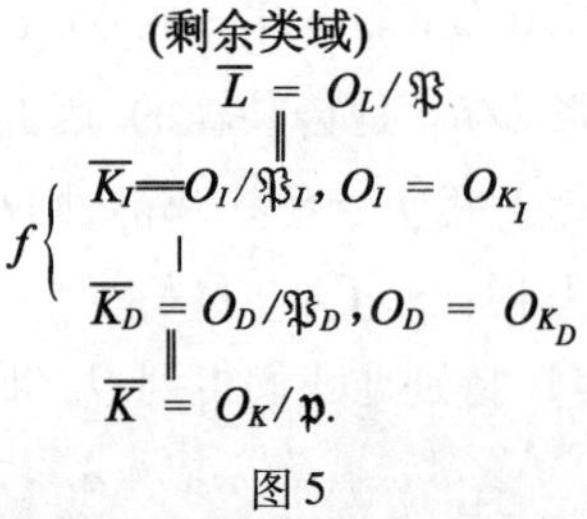

图 5

具体说来就是：

(a) L/K_I，L/K_D 和 K_I/K_D 均是伽罗瓦扩张，其伽罗瓦群分别为 $I_{\mathfrak{P}}$，$D_{\mathfrak{P}}$ 和 $D_{\mathfrak{P}}/I_{\mathfrak{P}} \cong \mathrm{Gal}(\bar{L}/\bar{K})$.

(b) 令 $\mathfrak{P}_I = \mathfrak{P} \cap O_I$，$\mathfrak{P}_D = \mathfrak{P} \cap O_D$，则：

(i) $\mathfrak{p} = \mathfrak{P}_D \cap O_K$，$e(\mathfrak{P}_D/\mathfrak{p}) = f(\mathfrak{P}_D/\mathfrak{p}) = 1$，并且当 $D_{\mathfrak{P}}$ 为 $\mathrm{Gal}(L/K)$ 的正规子群时，$\mathfrak{p}$ 在 K_D 中完全分裂；

(ii) $\mathfrak{P}_D O_I = \mathfrak{P}_1$，$f(\mathfrak{P}_I/\mathfrak{P}_D) = f$（即 $\mathfrak{P}_D$ 在 K_I 中是惯性的，并且剩余类域次数为 f）；

(iii) $\mathfrak{P}_I O_L = \mathfrak{P}^e$，$f(\mathfrak{P}/\mathfrak{P}_I) = 1$（即 $\mathfrak{P}_I$ 在 L 中完全分歧）.

(c) 对于每个 $\sigma \in \mathrm{Gal}(L/K)$，$D_{\sigma(\mathfrak{P})} = \sigma D_{\mathfrak{P}} \sigma^{-1}$，$I_{\sigma(\mathfrak{P})} = \sigma I_{\mathfrak{P}} \sigma^{-1}$，$K_{I\sigma(\mathfrak{P})} = \sigma(K_{I\mathfrak{P}})$，$K_{D\sigma(\mathfrak{P})} = \sigma(K_{D\mathfrak{P}})$.

证明

(a) 由伽罗瓦理论即可证得（注意：K_I/K_D 为伽罗瓦扩张是由于 $I_{\mathfrak{P}}$ 为 $D_{\mathfrak{P}}$ 的正规子群）.

(b) 由于 $e = e(\mathfrak{P}/\mathfrak{p}) = e(\mathfrak{P}/\mathfrak{P}_I) e(\mathfrak{P}_I/\mathfrak{P}_D) e(\mathfrak{P}_D/\mathfrak{p})$，$f = f(\mathfrak{P}/\mathfrak{p}) = f(\mathfrak{P}/\mathfrak{P}_I) f(\mathfrak{P}_I/\mathfrak{P}_D) f(\mathfrak{P}_D/\mathfrak{p})$. 我们在引理 15 的证明中已经得出 $e(\mathfrak{P}_D/\mathfrak{p}) = f(\mathfrak{P}_D/\mathfrak{p}) = 1$，即 $e(\mathfrak{P}/\mathfrak{P}_D) = e(\mathfrak{P}/\mathfrak{P}_I) e(\mathfrak{P}_I/\mathfrak{P}_D) = e$，$f(\mathfrak{P}/\mathfrak{P}_D) = f(\mathfrak{P}/\mathfrak{P}_I) \cdot f(\mathfrak{P}_I/\mathfrak{P}_D) = f$. 并且当 $D_{\mathfrak{P}}$ 为 $\mathrm{Gal}(L/K)$ 的正规子群时，K_D/K 为伽罗瓦扩张，即知 $\mathfrak{p}$ 在 K_D 中完全分裂. 继而考虑伽罗瓦扩张 L/K_I. 由定义不难看出 $\mathfrak{P}$ 对于扩张 L/K_I 的分解群和惯性群均是 $I_{\mathfrak{P}}$，因此 $f(\mathfrak{P}/\mathfrak{P}_I) = |I_{\mathfrak{P}}/I_{\mathfrak{P}}| = 1$. 于是 $f(\mathfrak{P}_I/\mathfrak{P}_D) = f$，$e(\mathfrak{P}/\mathfrak{P}_I) = [L:K_I]/f(\mathfrak{P}/\mathfrak{P}_I) = e/1 = e$，$e(\mathfrak{P}_I/\mathfrak{P}_D) = f/f(\mathfrak{P}_I/\mathfrak{P}_D) = 1$.

(c) 由于 $\tau \in D_{\mathfrak{P}} \Leftrightarrow \tau(\mathfrak{P}) = \mathfrak{P} \Leftrightarrow \sigma\tau\sigma^{-1}(\sigma(\mathfrak{P})) = \sigma(\mathfrak{P}) \Leftrightarrow \sigma\tau\sigma^{-1} \in D_{\sigma(\mathfrak{P})}$，这就表明 $D_{\sigma(\mathfrak{P})} = \sigma D_{\mathfrak{P}} \sigma^{-1}$. 类似可证 $I_{\sigma(\mathfrak{P})} = \sigma I_{\mathfrak{P}} \sigma^{-1}$. 另一方面

$$\begin{aligned}\alpha \in K_{D\mathfrak{P}} &\Leftrightarrow \tau(\alpha) = \alpha \quad (\text{对每个} \tau \in D_{\mathfrak{P}}) \\ &\Leftrightarrow \sigma\tau\sigma^{-1}(\sigma(\alpha)) = \sigma(\alpha) \quad (\text{对每个} \sigma\tau\sigma^{-1} \in \sigma D_{\mathfrak{P}} \sigma^{-1} = D_{\sigma(\mathfrak{P})}) \\ &\Leftrightarrow \sigma(\alpha) \in K_{D\sigma(\mathfrak{P})}\end{aligned}$$

从而 $K_{D\sigma(\mathfrak{P})} = \sigma(K_{D\mathfrak{P}})$. 同样可证 $K_{I\sigma(\mathfrak{P})} = \sigma(K_{I\mathfrak{P}})$. □

注记 设 L/K 为数域的伽罗瓦扩张，如果其伽罗瓦群 $\mathrm{Gal}(L/K)$ 为 Abel 群，我们也称 L/K 为 **Abel 扩张**. 类似地，如果 $\mathrm{Gal}(L/K)$ 是循环群，也称 L/K 是循环扩张. 从定理 2.13 可以看出，对于 Abel 扩张 L/K，若 K 的素理想 $\mathfrak{p}$ 在 L 中分解为 $\mathfrak{p} = (\mathfrak{P}_1 \cdots \mathfrak{P}_g)^e$，则 $D_{\mathfrak{P}_i}(1 \leqslant i \leqslant g)$ 均相等. 我们可以将它表示成 $D_{\mathfrak{p}}$，叫作 $\mathfrak{p}$（对于 L/K）的**分解群**. 类似地，$I_{\mathfrak{P}_i}(1 \leqslant i \leqslant g)$ 也均相等，表示成 $I_{\mathfrak{p}}$，叫作 $\mathfrak{p}$

(对于 L/K)的**惯性群**. 在伽罗瓦对应下,$D_{\mathfrak{p}}$ 和 $I_{\mathfrak{p}}$ 对应的域分别为 K_D 和 K_I,后者也分别称作 $\mathfrak{p}$ 的**分解域和惯性域**. 于是当 L/K 为 Abel 扩张时,可以把定理 2.13 粗略地叙述为:$\mathfrak{p}$ 在分解域 K_D 中完全分裂:$\mathfrak{p}O_D = \mathfrak{P}_{D,1}\cdots\mathfrak{P}_{D,g}$;每个 $\mathfrak{P}_{D,i}$ 在惯性域 K_I 中均惯性:$\mathfrak{P}_{D,i}O_I = \mathfrak{P}_{I,i}(1\leqslant i\leqslant g)$,$f(\mathfrak{P}_{I,i}/\mathfrak{P}_{D,i}) = f$;最后每个 $\mathfrak{P}_{I,i}$ 在 L 中均完全分歧:$\mathfrak{P}_{I,i}O_L = \mathfrak{P}_i^e$,总的结果为 $\mathfrak{p}O_L = (\mathfrak{P}_I\cdots\mathfrak{P}_g)^e$.

3.3 Frobenius 自同构

设 L/K 为数域的伽罗瓦扩张,如果 K 的素理想 $\mathfrak{p}$ 在 L 中不分歧,即 $\mathfrak{p}O_L = \mathfrak{P}_1\cdots\mathfrak{P}_g$. $\mathfrak{P} = \mathfrak{P}_1$,则由定理 2.13 可知 $I_{\mathfrak{P}} = \{1\}$,而 $D_{\mathfrak{P}}$是f 阶循环群,并且 $D_{\mathfrak{P}}$正则同构于剩余类域的伽罗瓦群 $\mathrm{Gal}(\overline{L}/\overline{K})$. 注意$|\overline{K}| = |O_K/\mathfrak{p}| = N_{K/\mathbb{Q}}(\mathfrak{p})$(以下简记作 $N(\mathfrak{p})$). 从而 $\mathrm{Gal}(\overline{L}/\overline{K})$是由$f$ 阶元素 $\sigma:\gamma\mapsto\gamma^{N(\mathfrak{p})}$ $(\gamma\in\overline{L})$所生成的(附录 A,(17)). 在正则同构之下,$D_{\mathfrak{P}}$ 中对应于 σ 的元素表示成$\left(\frac{L/K}{\mathfrak{P}}\right)$,它是$f$ 阶元素并且生成 $D_{\mathfrak{P}}$. 我们将$\left(\frac{L/K}{\mathfrak{P}}\right)$叫作 $\mathfrak{P}$ 对于 L/K 的 Frobenius **自同构**. $D_{\mathfrak{P}}$中的 Frobenius 自同构这个元素可以用

$$\left(\frac{L/K}{\mathfrak{P}}\right)\alpha\equiv\alpha^{N(\mathfrak{p})}\ (\mathrm{mod}\ \mathfrak{P})\quad(\text{对每个 }\alpha\in O_L)$$

来刻画. 这是因为:如果$\tau\in D_{\mathfrak{P}}$并且对每个 $\alpha\in O_L$ 均有$\tau\alpha\equiv\alpha^{N(\mathfrak{p})}(\mathrm{mod}\ \mathfrak{P})$,则在正则同构 $D_{\mathfrak{P}}\cong\mathrm{Gal}(\overline{L}/\overline{K})$,$\tau\mapsto\overline{\tau}$之下,对每个 $\overline{\alpha}\in\overline{L}$ 均有$\overline{\tau}(\overline{\alpha}) = \overline{\alpha}^{N(\mathfrak{p})}$,即$\overline{\tau} = \sigma$,从而$\tau = \left(\frac{L/K}{\mathfrak{P}}\right)$.

Frobenius 自同构的基本性质为:

引理 16 设L/K 为数域的伽罗瓦扩张,$\mathfrak{P}|\mathfrak{p}$,其中 $\mathfrak{P}$ 和 $\mathfrak{p}$ 分别为 L 和 K 的素理想,并且 $e(\mathfrak{P}/\mathfrak{p}) = 1$,则:

(a)对于每个 $\sigma\in\mathrm{Gal}(L/K)$,$\left(\frac{L/K}{\sigma(\mathfrak{P})}\right) = \sigma\left(\frac{L/K}{\mathfrak{P}}\right)\sigma^{-1}$;

(b)如果 E 是 L/K 的中间域(从而 L/E 为伽罗瓦扩张),$\mathfrak{P}\cap O_E = \mathfrak{P}_E$,则 $e(\mathfrak{P}|\mathfrak{P}_E) = 1$,并且$\left(\frac{L/E}{\mathfrak{P}}\right) = \left(\frac{L/K}{\mathfrak{P}}\right)^{f(\mathfrak{P}_{E/\mathfrak{p}})}$;

(c)如果 E/K 也是伽罗瓦扩张,则 $e(\mathfrak{P}_E/\mathfrak{p}) = 1$,并且$\left(\frac{E/K}{\mathfrak{P}_E}\right) = \left(\frac{L/K}{\mathfrak{P}}\right)|_E$ $\left(\left(\frac{L/K}{\mathfrak{P}}\right)\text{在 }E\text{ 上的限制}\right)$.

证明

(a) $\left(\frac{L/K}{\mathfrak{P}}\right)\alpha\equiv\alpha^{N(\mathfrak{p})}\ (\mathrm{mod}\ \mathfrak{P})\ (\alpha\in O_L)\Rightarrow\sigma\left(\frac{L/K}{\mathfrak{P}}\right)\sigma^{-1}(\sigma(\alpha))\equiv(\sigma(\alpha))^{N(\mathfrak{p})}(\mathrm{mod}\ \sigma(\mathfrak{P}))(\alpha\in O_L)\Rightarrow\sigma\left(\frac{L/K}{\mathfrak{P}}\right)\sigma^{-1}\alpha\equiv\alpha^{N(\mathfrak{p})}(\mathrm{mod}\ \sigma(\mathfrak{P}))(\alpha\in O_L)\Rightarrow\sigma\left(\frac{L/K}{\mathfrak{P}}\right)\sigma^{-1}=\left(\frac{L/K}{\sigma(\mathfrak{P})}\right)$.

(b) $N_{E/\mathbb{Q}}(\mathfrak{P}_E)=N_{K/\mathbb{Q}}(\mathfrak{P})^{f(\mathfrak{P}_E/\mathfrak{p})}$

$$\begin{aligned}&\Rightarrow\left(\frac{L/K}{\mathfrak{P}}\right)^{f(\mathfrak{P}_E/\mathfrak{p})}\alpha\equiv\alpha^{N_{K/\mathbb{Q}}(\mathfrak{p})^{f(\mathfrak{P}_E/\mathfrak{p})}}\\&=\alpha^{N_{E/\mathbb{Q}}(\mathfrak{P}_E)}(\mathrm{mod}\ \mathfrak{P})(\alpha\in O_L)\\&\Rightarrow\left(\frac{L/K}{\mathfrak{P}}\right)^{f(\mathfrak{P}_E/\mathfrak{p})}=\left(\frac{L/E}{\mathfrak{P}}\right).\end{aligned}$$

(c) 由于$\left(\frac{L/K}{\mathfrak{P}}\right)\alpha\equiv\alpha^{N(\mathfrak{p})}(\mathrm{mod}\ \mathfrak{P})(\alpha\in O_L)$，而 $\mathfrak{P}\cap O_E=\mathfrak{P}_E$，从而对 $\alpha\in O_E$ 有$\left(\frac{L/K}{\mathfrak{P}}\right)\alpha\equiv\alpha^{N(\mathfrak{p})}(\mathrm{mod}\ \mathfrak{P}_E)$，这就表明$\left(\frac{L/K}{\mathfrak{P}}\right)\Big|_E=\left(\frac{E/K}{\mathfrak{P}_E}\right)$. □

作为引理 16 的应用，我们有如下的引理 17.

引理 17

(a) 设 E_1/K，E_2/K 均是数域的伽罗瓦扩张，$L=E_1E_2$（域的合成，见附录 A，Ⅲ），则 L/K 也是伽罗瓦扩张，并且 $\mathrm{Gal}(L/K)$ 同构于直积 $\mathrm{Gal}(E_1/K)\times\mathrm{Gal}(E_2/K)$ 的一个子群.

(b) K 中素理想 $\mathfrak{p}$ 在 L 中不分歧$\Leftrightarrow\mathfrak{p}$ 在 E_1 和 E_2 中均不分歧.

(c) $\mathfrak{p}$ 在 L 中完全分裂$\Leftrightarrow\mathfrak{p}$ 在 E_1 和 E_2 中均完全分裂.

证明

(a) $E_i/K(i=1,2)$ 为伽罗瓦扩张$\Rightarrow E_i$ 是某个多项式 $f_i(x)\in K[x]$ 的分裂域 $(i=1,2)\Rightarrow L=E_1E_2$ 是多项式 $f_1(x)f_2(x)\in K[x]$ 的分裂域$\Rightarrow L/K$ 是伽罗瓦扩张. 进而，作映射

$$\varphi:\mathrm{Gal}(L/K)\to\mathrm{Gal}(E_1/K)\times\mathrm{Gal}(E_2/K),\sigma\mapsto(\sigma|_{E_1},\sigma|_{E_2})$$

易知 φ 为群的单同态. 从而 $\mathrm{Gal}(L/K)$ 同构于 $\mathrm{Gal}(E_1/K)\times\mathrm{Gal}(E_2/K)$ 的子群 $\varphi(\mathrm{Gal}(L/K))$.

(b) 设 $\mathfrak{P}|\mathfrak{p}$，$\mathfrak{P}$ 为 L 的素理想. 又令 $\mathfrak{P}_i=\mathfrak{P}\cap O_{E_i}(i=1,2)$. 若 $\sigma\in D_{\mathfrak{P}}$，则 $\sigma(\mathfrak{P})=\mathfrak{P}$. 从而 $\sigma(\mathfrak{P}_i)=\sigma(\mathfrak{P}\cap O_{E_i})=\sigma(\mathfrak{P})\cap\sigma(O_{E_i})=\mathfrak{P}\cap O_{E_i}=\mathfrak{P}_i$. 因此 $\sigma|_{E_i}\in D_{\mathfrak{P}_i}(i=1,2)$，即 $\varphi(D_{\mathfrak{P}})\subseteq D_{\mathfrak{P}_1}\times D_{\mathfrak{P}_2}$. 同样可证 $\varphi(I_{\mathfrak{P}})\subseteq I_{\mathfrak{P}_1}\times I_{\mathfrak{P}_2}$. 从而 $\mathfrak{p}$

在 E_i 中不分歧$(i=1,2)\Leftrightarrow I_{\mathfrak{P}_1}=I_{\mathfrak{P}_2}=\{1\}\Rightarrow I_{\mathfrak{P}}=\{1\}\Rightarrow\mathfrak{p}$ 在 L 中不分歧. 反之，由 p 在 L 中不分歧显然可推得 $\mathfrak{p}$ 在 L 的子域 $E_i(i=1,2)$ 中也不分歧(§2 习题 5).

(c)从引理 16 知道

$$\varphi\left(\left(\frac{L/K}{\mathfrak{P}}\right)\right)=\left(\left(\frac{L/K}{\mathfrak{P}}\right)\Big|_{E_1},\left(\frac{L/K}{\mathfrak{P}}\right)\Big|_{E_2}\right)=\left(\left(\frac{E_1/K}{\mathfrak{P}_1}\right),\left(\frac{E_2/K}{\mathfrak{P}_2}\right)\right)$$

从而 $\mathfrak{p}$ 在 L 中完全分裂$\Leftrightarrow e(\mathfrak{P}/\mathfrak{p})=f(\mathfrak{P}/\mathfrak{p})=1\Leftrightarrow\left(\frac{L/K}{\mathfrak{P}}\right)=1\Leftrightarrow\left(\frac{E_1/K}{\mathfrak{P}_1}\right)=1$, $\left(\frac{E_2/K}{\mathfrak{P}_2}\right)=1\Leftrightarrow\mathfrak{p}$ 在 E_1 和 E_2 中均完全分裂. □

作为引理 16 的另一个应用,我们现在证明

引理 18 设 L/K 是数域的 Abel 扩张,$\mathfrak{p}$ 是 O_K 的素理想,K_D 和 K_I 分别是 $\mathfrak{p}$ 对于扩张 L/K 的分解域和惯性域,则 K_D 是使 $\mathfrak{p}$ 完全分裂的最大中间域,而 K_I 是使 $\mathfrak{p}$ 不分歧的最大中间域,换句话说,若 $K\subseteq M\subseteq L$,如果 $\mathfrak{p}$ 在 M 中完全分裂,则 $M\subseteq K_D$;如果 $\mathfrak{p}$ 在 M 中不分歧,则 $M\subseteq K_I$.

证明 由于 L/K 是 Abel 扩张,从而 K_I,K_D 和 M 也是 K 的伽罗瓦扩张,如图 6,令 $L'=MK_D$. 由定理 2. 13 可知

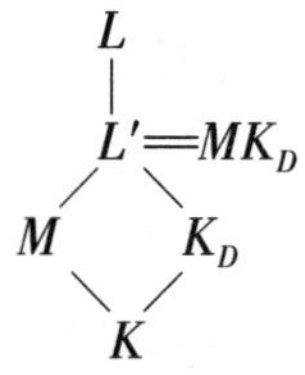

图 6

$$\begin{aligned}[K_D:K]&=\mathfrak{p}\text{ 在 }K_D\text{ 中的分裂次数}\\&=\mathfrak{p}\text{ 在 }L\text{ 中的分裂次数}\\&\geqslant\mathfrak{p}\text{ 在 }L'\text{ 中的分裂次数}\end{aligned}$$

如果 $\mathfrak{p}$ 在 M 中完全分裂,由引理 16 可知 $\mathfrak{p}$ 在 L' 中也完全分裂,于是

$$\mathfrak{p}\text{ 在 }L'\text{ 中的分裂次数}=[L':K]\geqslant[K_D:K]$$

综合上述可知$[L':K]=[K_D:K]$. 但是 $L'=MK_D\supseteq K_D$,于是 $MK_D=K_D$,即 $M\subseteq K_D$. 这就表明 K_D 是使 $\mathfrak{p}$ 完全分裂的最大中间域. 同样可证 K_I 是使 $\mathfrak{p}$ 不分歧的最大中间域. □

例 对每个素数 p,决定 p 在 $K=\mathbb{Q}(\sqrt{-1},\sqrt{3})$ 中的惯性域和分解域.

解 $K/\mathbb{Q}$ 是四次伽罗瓦扩张,而伽罗瓦群 $G=\mathrm{Gal}(K/\mathbb{Q})$ 是由 σ 和τ生成的两个 2 阶循环群的直积,其中

$$\sigma(\sqrt{-1})=-\sqrt{-1},\sigma(\sqrt{3})=\sqrt{3},\text{从而 }\sigma(\sqrt{-3})=-\sqrt{-3}$$

$$\tau(\sqrt{-1})=\sqrt{-1},\tau(\sqrt{3})=-\sqrt{3},\text{从而}\tau(\sqrt{-3})=-\sqrt{-3}$$

于是 $G=\{I,\sigma,\tau,\sigma\tau=\tau\sigma\}$，其中

$$I(\sqrt{-1})=\sqrt{-1},I(\sqrt{3})=\sqrt{3},I(\sqrt{-3})=\sqrt{-3}$$

$$\sigma\tau(\sqrt{-1})=-\sqrt{-1},\sigma\tau(\sqrt{3})=-\sqrt{3},\sigma\tau(\sqrt{-3})=\sqrt{-3}$$

由于 G 是 Abel 群，从而 $K/\mathbb{Q}$ 为 Abel 扩张，G 有 3 个 2 阶子群 $\langle\sigma\rangle$，$\langle\tau\rangle$ 和 $\langle\sigma\tau\rangle$，分别对应于 K 的三个中间域 $\mathbb{Q}(\sqrt{3})$，$\mathbb{Q}(\sqrt{-1})$ 和 $\mathbb{Q}(\sqrt{-3})$，如图 7.

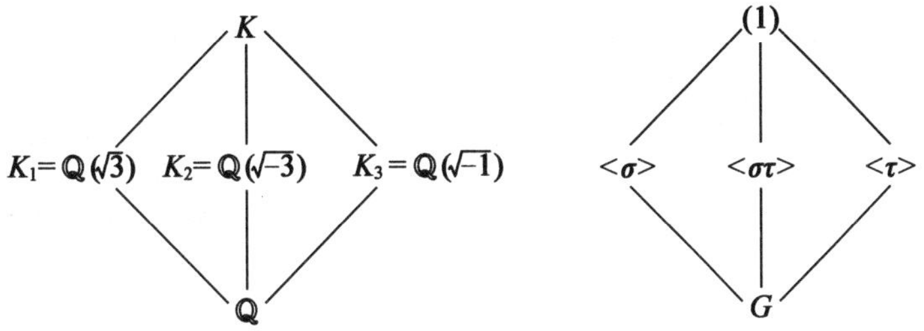

图 7

由定理 2.8 知素数 2 在 K_1 中分歧，在 K_2 中不分歧. 由引理 17 可知 2 在 K 中的惯性域为 K_2. 又由定理 2.8 知 2 在 K_2 中惯性，从而 2 在 K 中的分解域为 $\mathbb{Q}$. 类似地，素数 3 在 K_1 中分歧而在 K_3 中不分歧，从而 3 的惯性域(即最大不分歧中间域)为 K_3. 再由 $\left(\frac{-1}{3}\right)=-1$ 可知 3 的分解域为 $\mathbb{Q}$.

以下设素数 $p\geqslant 5$. p 在 K_1 和 K_2 中均不分歧，从而在 K 中也不分歧. 于是 p 的惯性域为 K. 如果 $\left(\frac{-1}{p}\right)=\left(\frac{3}{p}\right)=1$ (由二次互反律可知这相当于 $p\equiv 1\pmod{12}$)，则 p 在 K_1 和 K_3 中均分裂，从而在 $K=K_1K_3$ 中完全分裂，即 p 的分解域为 K. 如果 $\left(\frac{-1}{p}\right)=-1$ 而 $\left(\frac{3}{p}\right)=1$ (即 $p\equiv 7\pmod{12}$)，则 p 在 K_3 中惯性而在 K_1 中分裂，从而 p 的分解域(即使得 p 完全分裂的最大中间域)为 K_1. 类似地可知，如果 $\left(\frac{-1}{p}\right)=1$ 而 $\left(\frac{3}{p}\right)=-1$ (即 $p\equiv 5\pmod{12}$)，则 p 的分解域为 K_3. 最后若 $\left(\frac{-1}{p}\right)=\left(\frac{3}{p}\right)=-1$ (即 $p\equiv 11\pmod{12}$)，则 $\left(\frac{-3}{p}\right)=1$，而 p 的分解域为 K_2.

3.4 素数在分圆域中的分解

作为 Frobenius 自同构的又一个应用，现在我们给出分圆域中素理想分解

的一个完全刻画. 我们已经知道,对于分圆域 $K=\mathbb{Q}(\zeta_m)$, $\zeta_m=e^{2\pi i/m}$, $m\not\equiv 2\pmod 4$, $K/\mathbb{Q}$ 是 $\varphi(m)$ 次伽罗瓦扩张,并且其伽罗瓦群 $\mathrm{Gal}(K/\mathbb{Q})$ 正则同构于 $(\mathbb{Z}/m\mathbb{Z})^{\times}:\sigma_a\mapsto\bar{a}$, $((a,m)=1)$,其中 σ_a 是 $\mathrm{Gal}(K/\mathbb{Q})$ 中满足 $\sigma_a(\zeta_m)=\zeta_m^a$ 的元素,而 $\bar{a}$ 为模 m 剩余类,于是 $K/\mathbb{Q}$ 是 Abel 扩张, ζ_m 在 $\mathbb{Q}$ 上的极小多项式是分圆多项式 $\Phi_m(x)=\sum\limits_{\substack{r=1\\(r,m)=1}}^{m}(x-\zeta_m^r)$. 最后,由伽罗瓦理论易知 $\mathbb{Q}(\zeta_m)\mathbb{Q}(\zeta_n)=\mathbb{Q}(\zeta_{[m,n]})$, $\mathbb{Q}(\zeta_m)\cap\mathbb{Q}(\zeta_n)=\mathbb{Q}(\zeta_{(m,n)})$.

定理 2.14 设 $K=\mathbb{Q}(\zeta_m)$, $m\not\equiv 2\pmod 4$,则:

(a)素数 p 在 K 中不分歧的充要条件是 $p\nmid m$,并且在这个时候, $pO_K=\mathfrak{p}_1\cdots\mathfrak{p}_g$,其中 $g=\frac{\varphi(m)}{f}$,而 $f=f(\mathfrak{p}_i/p)$ 等于 $p\pmod m$ 的阶数(即 f 是满足 $p^f\equiv 1\pmod m$ 的最小正整数).

(b)如果 $p\mid m$,令 $m=p^r\cdot m'$, $p\nmid m'$,则 $pO_K=(\mathfrak{p}_1\cdots\mathfrak{p}_g)^e$ 其中 $e=\varphi(p^r)$, $g=\frac{\varphi(m')}{f}$, $f=f(\mathfrak{p}_i/p)$ 为 $p\pmod{m'}$ 的阶数.

证明

(a)第一个推断是由 Dedekind 判别式定理和 $|d(K)|=m^{\varphi(m)}/\prod\limits_{p\mid m}p^{\varphi(m)/(p-1)}$ (第一章定理 1.12)推出,至于第二个推断,我们只需求出 $f(\mathfrak{p}/p)$ $(\mathfrak{p}=\mathfrak{p}_1)$ 的值即可. 但是 $f(\mathfrak{p}/p)$ 是 Frobenius 自同构的阶,而 $\left(\frac{K/\mathbb{Q}}{p}\right)$ 由 $\left(\frac{K/\mathbb{Q}}{p}\right)\alpha\equiv\alpha^p\pmod{\mathfrak{p}}$ $(\alpha\in O_K=\mathbb{Z}[\zeta_m])$ 所刻画,特别地有

$$\left(\frac{K/\mathbb{Q}}{p}\right)\zeta_m\equiv\zeta_m^p\pmod{\mathfrak{p}} \tag{$*$}$$

注意 $\left(\frac{K/\mathbb{Q}}{p}\right)$ 是 $\mathrm{Gal}(K/\mathbb{Q})$ 中的元素,从而 $\left(\frac{K/\mathbb{Q}}{p}\right)\zeta_m=\zeta_m^l$, $(l,m)=1$,因此 $\left(\frac{K/\mathbb{Q}}{p}\right)$ 的阶即是满足 $l^f\equiv 1\pmod m$ 的最小正整数 f. 为此我们只需再证 $l\equiv p\pmod m$ 即可. 由式($*$)我们现在有 $\zeta_m^l\equiv\zeta_m^p\pmod{\mathfrak{p}}$. 令 $P(x)=x^m-1=\prod\limits_{i=0}^{m-1}(x-\zeta_m^i)$. 由于 $p\nmid m$ 而 $O_K/\mathfrak{p}$ 是特征 p 的有限域,从而将 $P(x)$ 和 $P'(x)=mx^{m-1}$ 看作是 $O_K/\mathfrak{p}[x]$ 中多项式时, $P'(x)\neq 0$,并且 $(P(x),P'(x))=1$,这表明 x^m-1 在域 $O_K/\mathfrak{p}$ 上没有重根,换句话说, ζ_m 看作是 $O_K/\mathfrak{p}$ 中元素时阶也是 m. 于是由 $\zeta_m^l\equiv\zeta_m^p\pmod{\mathfrak{p}}$ 得出 $l\equiv p\pmod m$. 从而证明了 $f(\mathfrak{p}/p)$

(即$\left(\frac{K/\mathbb{Q}}{p}\right)$的阶)等于满足 $p^f\equiv 1 \pmod m$ 的最小正整数 f.

(b)令 $K_0=\mathbb{Q}(\zeta_{p^r})$, $K'=\mathbb{Q}(\zeta_{m'})$,则有如下的图 8 关系

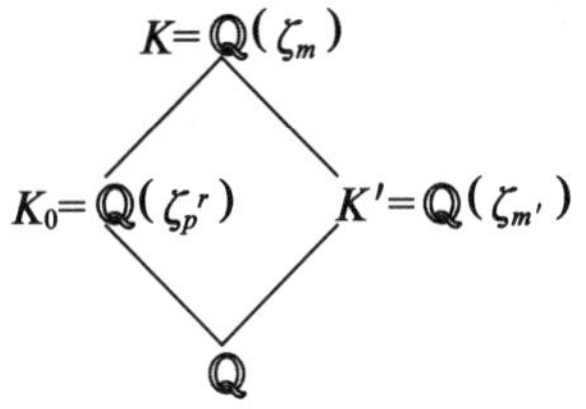

图 8

我们在第 2.4 小节的例 2 中已经证明了素数 p 在 K_0 中完全分歧,即 $pO_{K_0}=\mathfrak{p}_0^{\varphi(p^r)}$. 从而若 $\mathfrak{p}$ 为 K 中的素理想,$\mathfrak{p}\mid\mathfrak{p}_0$,则 $e(\mathfrak{p}\mid p)\geqslant e(\mathfrak{p}_0/p)=\varphi(p^r)$. 另一方面,由(a)可知 p 在 K'中的分解为 $pO_{K'}=\mathfrak{p}_1'\cdots\mathfrak{p}_g'$,其中 $gf=\varphi(m')$,而 f 为 p 模 m'的阶数. 由于

$$\begin{aligned}\varphi(m)=[K:\mathbb{Q}]&\geqslant f(\mathfrak{p}\mid p)e(\mathfrak{p}\mid p)g\geqslant f\cdot\varphi(p^r)g\\&=\varphi(m')\varphi(p^r)=\varphi(m)\end{aligned}$$

以及 $f(\mathfrak{p}\mid p)\geqslant f$, $e(\mathfrak{p}\mid p)\geqslant\varphi(p^r)$,可知必然有 $f(\mathfrak{p}\mid p)=f$, $e(\mathfrak{p}/p)=\varphi(p^r)$. □

注记 (1)我们还可用定理 2.7 来证明定理 2.14 的(a). 以下记 $\zeta=\zeta_m$, $s=\varphi(m)$, $K=\mathbb{Q}(\zeta)$. 分圆多项式 $\Phi_m(x)$(见定理 1.6)是 ζ 在$\mathbb{Q}$ 上的极小多项式,由于 $O_K=\mathbb{Z}[\zeta]$有整基 $1,\zeta,\zeta^2,\cdots,\zeta^{s-1}$,在定理 2.7 中取 $\alpha=\zeta$,可知每个素数 p 在 K 中素理想分解的参数 e,f,g 均可由 $\Phi_m(x)$在$\mathbb{F}_p[x]$中的分解性状所决定,当 $p\nmid m$ 时,p 在 K 中不分歧,于是 $e=1$. 而 $\Phi_m(x)$在$\mathbb{F}_p[x]$中应当分解成 g 不同的不可约多项式 $f_i(x)$的乘积,并且 $\deg f_i(x)=f(1\leqslant i\leqslant g)$

$$\Phi_m(x)=f_1(x)f_2(x)\cdots f_g(x)\pmod p,\ fg=\varphi(m)$$

现在取 ε 为 $\Phi_m(x)$在$\mathbb{F}p$ 的代数闭包 Ω_p 中的一个根. 上面已证得 ε 在 Ω_p 中的阶仍为 m. 不妨设 ε 是 $f_1(x)$的根,$f_1(x)$作为$\mathbb{F}_p[x]$中不可约多项式,在 Ω_p 中应当有 f 个不同的根 $\varepsilon,\varepsilon^p,\varepsilon^{p^2},\cdots,\varepsilon^{p^{f-1}}$,并且 $f=\deg f_1(x)$是满足 $\varepsilon^{p^f}=\varepsilon$ 的最小正整数,由于 ε 的阶为 m,从而 f 是满足 $p^f\equiv 1\pmod m$ 的最小正整数. 这就证明了定理 2.14(a).

(2)由定理 2.14 可知,若 p 为素数,$m=p^rm'$, $(m',p)=1$,则 p 在$\mathbb{Q}(\zeta_m)$中的惯性域为$\mathbb{Q}(\zeta_{m'})$,而 p 在$\mathbb{Q}(\zeta_m)$中的分解域 K_D 即为它在$\mathbb{Q}(\zeta_{m'})$中的分解域. 将 K_D 看作扩张$\mathbb{Q}(\zeta_{m'})/\mathbb{Q}$ 的中间域,则 K_D 的固定子群是 $\mathrm{Gal}(\mathbb{Q}(\zeta_{m'})/\mathbb{Q})$ 中由元素$\left(\frac{\mathbb{Q}(\zeta_{m'})/\mathbb{Q}}{p}\right)=\sigma_p$ 生成的 f 阶循环群 $N=\langle\sigma_p\rangle$,从而 K_D 是 N 的固定子

域，$[K_D:\mathbb{Q}]=\dfrac{\varphi(m')}{f}=g$.

例 决定素数 2 在 $K=\mathbb{Q}(\zeta_{28})$ 中的惯性域和分解域.

解 由上述知 2 在 K 中的惯性域为 $\mathbb{Q}(\zeta_7)$，以下记 $\zeta=\zeta_7$，如图 9. 而 2 在 K 中的分解域 K_D 即是 2 在 $\mathbb{Q}(\zeta)$ 中的分解域，从而只需考虑扩张 $\mathbb{Q}(\zeta)/\mathbb{Q}$. 它的伽罗瓦群为 6 阶循环群

$$G=\mathrm{Gal}(\mathbb{Q}(\zeta)/\mathbb{Q})=\{\sigma_a\mid 1\leqslant a\leqslant 6\}\cong(\mathbb{Z}/7\mathbb{Z})^{\times}$$

由于 2(mod 7)的阶是 $f=3$，从而 $[K_D:\mathbb{Q}]=g=\dfrac{6}{3}=2$，即 $K_D=\mathbb{Q}(\sqrt{d})$，其中 d 是某个无平方因子整数. 由于 G 是循环群，所以 K_D 也是 $\mathbb{Q}(\zeta)$ 的唯一的二次子域，我们用判别式定理可决定 d.

	$\mathbb{Q}(\zeta)$	(1)
$3\{$	$\vert$	$\vert$
	K_D	$N=\langle\sigma_2\rangle$
$2\{$	$\vert$	$\vert$
	$\mathbb{Q}$	$G\cong(\mathbb{Z}/7\mathbb{Z})^{\times}=\langle 3\rangle$

图 9

在 $\mathbb{Q}(\zeta)$ 中分歧的素数只有 7，而 7 在 $\mathbb{Q}(\zeta)$ 中完全分歧，所以只有 7 在 K_D 中分歧，所以 $\mathbb{Q}(\sqrt{d})$ 的判别式只能为 7. 即 $d=\pm 7$. 但是 $\mathbb{Q}(\sqrt{7})$ 的判别式为 28，因此 $d=-7$，即 $K_D=\mathbb{Q}(\sqrt{-7})$.

我们还可用伽罗瓦理论给出决定 K_D 的另一种方法，它更有一般性，K_D 的固定子群 N 是 G 的 $f=3$ 阶子群，N 是由 σ_2 生成的. 因此

$$N=\{I=\sigma_1,\sigma_2,\sigma_2^2=\sigma_4\}\quad(\text{而 } \sigma_2^3=\sigma_8=\sigma_1=I)$$

而 K_D 是 N 的固定子域，即是 σ_2 的固定子域.

$\mathbb{Q}(\zeta)$ 中元素 $\alpha=\zeta+\zeta^2+\zeta^4$ 在 σ_2 作用下不变

$$\sigma_2(\alpha)=\sigma_2(\zeta)+\sigma_2(\zeta^2)+\sigma_2(\zeta^4)=\zeta^2+\zeta^4+\zeta=\alpha$$

可知 $\alpha\in K_D$，即 $\mathbb{Q}(\alpha)\subseteq K_D$. 我们来证 $\mathbb{Q}(\alpha)=K_D$. 为此只需证明 α 有两个不同的共轭元素即可(因这时 $2=[\mathbb{Q}(\alpha):\mathbb{Q}]\leqslant[K_D:\mathbb{Q}]=2$，从而 $\mathbb{Q}(\alpha)=K_D$). 注意

$$\sigma_3(\alpha)=\sigma_3(\zeta)+\sigma_3(\zeta^2)+\sigma_3(\zeta^4)=\zeta^3+\zeta^6+\zeta^5=\overline{\alpha}$$

是 α 的共轭元素. 由于 $\zeta,\zeta^2,\cdots,\zeta^6$ 是 $\mathbb{Z}[\zeta]$ 的一组整基，可知 $\alpha=\zeta+\zeta^2+\zeta^4$ 和 $\overline{\alpha}=\zeta^3+\zeta^6+\zeta^5$ 是 $\mathbb{Z}$ - 线性无关的. 特别地，$\alpha\neq\overline{\alpha}$. 从而 α 有两个不同的共轭元素

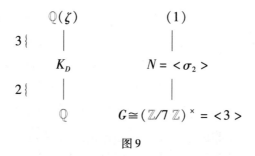

α 和 $\bar{\alpha}$,于是 $K_D=\mathbb{Q}(\alpha)$.

为了看出$\mathbb{Q}(\alpha)$就是$\mathbb{Q}(\sqrt{-7})$,我们只需算出 α 的值. α 的极小多项式是以 α 和 $\bar{\alpha}$ 为根的二次多项式$f(x)=(x-\alpha)(x-\bar{\alpha})=x^2-(\alpha+\bar{\alpha})x+\alpha\bar{\alpha}$,由于

$$\alpha+\bar{\alpha}=\zeta+\zeta^2+\zeta^3+\zeta^4+\zeta^5+\zeta^6=-1$$

$$\alpha\bar{\alpha}=(\zeta+\zeta^2+\zeta^4)(\zeta^3+\zeta^5+\zeta^6)=2$$

可知 $\alpha,\bar{\alpha}$ 是$f(x)=x^2+x+2$ 的两个根,即 $\alpha,\bar{\alpha}=-1\pm\sqrt{-7}$. 所以 $K_D=\mathbb{Q}(-1+\sqrt{-7})=\mathbb{Q}(\sqrt{-7})$.

总结起来我们知道:2 在 $K_D=\mathbb{Q}(\sqrt{-7})$中分解成两个不同的素理想乘积:$p=\mathfrak{p}_1\mathfrak{p}_2$,而 $\mathfrak{p}_1$ 和 $\mathfrak{p}_2$ 从$\mathbb{Q}(\sqrt{-7})$到$\mathbb{Q}(\zeta_7)$是惯性的,从$\mathbb{Q}(\zeta_7)$到$\mathbb{Q}(\zeta_{28})=K$ 则完全分歧:$\mathfrak{p}_1=\mathfrak{P}_1^3,\mathfrak{p}_2=\mathfrak{p}_2^3$,最后得到

$$2O_K=(\mathfrak{P}_1\mathfrak{P}_2)^3,\mathfrak{P}_1\neq\mathfrak{P}_2$$

习　题

1. 证明第 3. 1 节中定义的理想范 $N_{L/K}(\alpha)$满足那里的性质(Ⅰ)~(Ⅳ).
2. 设 $K/\mathbb{Q}$ 为数域的 Abel 扩张,K_I 是素数 p 对于扩张 $K/\mathbb{Q}$ 的惯性域. 求证:K_I 是 K 中使 p 不分歧的最大子域. 换句话说,如果 M 是 $K/\mathbb{Q}$ 的中间域,则 p 在 M 中不分歧$\Leftrightarrow M\subseteq K_I$.
3. 设 $K=\mathbb{Q}(\sqrt{5},\sqrt{-1})$. 求证:
   (a)$K/\mathbb{Q}$ 是 4 次伽罗瓦扩张,求该扩张的伽罗瓦群;
   (b)有理素数中只有 2 和 5 在 K 中分歧,并且分歧指数均是 2;
   (c)求 2 和 5 对于扩张 $K/\mathbb{Q}$ 的分解群,分解域,惯性群和惯性域;
   (d)$\mathbb{Q}(\sqrt{-5})\subseteq K$,并且$\mathbb{Q}(\sqrt{-5})$中每个素理想在 K 中均不分歧.
4. 仿照上题的方法,试证明$\mathbb{Q}(\sqrt{10})\subseteq\mathbb{Q}(\sqrt{2},\sqrt{5})$,并且$\mathbb{Q}(\sqrt{10})$中每个素理想在域$\mathbb{Q}(\sqrt{2},\sqrt{5})$中均不分歧.
5. 设 α 是多项式 x^3-x+1 的实根,$\beta,\bar{\beta}$ 是此多项式的一对共轭复根,$K=\mathbb{Q}[\alpha]$. 求证:
   (a)$\beta+\bar{\beta}=-\alpha,\beta\bar{\beta}=-\alpha^{-1},[(\beta-\alpha)(\bar{\beta}-\alpha)(\beta-\bar{\beta})]^2=-23$;
   (b)$K(\sqrt{-23})=\mathbb{Q}(\alpha,\beta,\bar{\beta})$,并且 $K(\sqrt{-23})/\mathbb{Q}$ 是 6 次伽罗瓦扩张,求该扩张的伽罗瓦群;

(c)决定 $K(\sqrt{-23})$ 的全部子域. 其中哪些是 $\mathbb{Q}$ 的伽罗瓦扩域?

(d)有理素数中只有 23 在 $K(\sqrt{-23})$ 中分歧,并且分歧指数为 2;(提示:23 在 K 中的素理想分解式为 $23O_K=\mathfrak{p}_1\mathfrak{p}_2^2$)

(e)$K(\sqrt{-23})/\mathbb{Q}(\sqrt{-23})$ 是 3 次循环扩张,并且 $\mathbb{Q}(\sqrt{-23})$ 中每个素理想在 $K(\sqrt{-23})$ 中均不分歧.

注记 类域论中的一个著名结果是说:每个数域 K 均有极大 Abel 不分歧扩张 H_K,称作 K 的 Hilbert **类域**. 换句话说,H_K 满足如下的性质:(i)H_K/K 是数域的 Abel 扩张;(ii)K 中每个素理想在 H_K 中均不分歧;(iii)如果 L 为 K 的另一个 Abel 扩域,并且 K 中每个素理想在 L 中均不分歧,则 $L\subseteq H_K$. 类域论中还证明了:扩张 H_K/K 的伽罗瓦群同构于数域 K 的理想类群 C_K(关于理想类群 C_K 的定义见第三章). 我们在第三章中将要证明:域 $K=\mathbb{Q}(\sqrt{-5})$,$\mathbb{Q}(\sqrt{10})$ 和 $\mathbb{Q}(\sqrt{-23})$ 的理想类群分别是 2,2,3 阶循环群. 于是从习题 3 ~ 习题 5 可知 $L=\mathbb{Q}(\sqrt{5},\sqrt{-1})$,$\mathbb{Q}(\sqrt{2},\sqrt{5})$ 和 $\mathbb{Q}(\sqrt{-23},\alpha)$($\alpha$ 是多项式 x^3-x+1 的实根)分别是它们的 Hilbert 类域. 在一般情形,求一个数域 K 的 Hilbert 类域是代数数论中一个相当困难的问题.

6. 令 $K=\mathbb{Q}(\zeta)$,$\zeta=\zeta_5=e^{2\pi i/5}$. 求证:$d(K)=5^4$,并且求 $p=2,3,5,19$ 在 K 中的素理想分解式.

7. 设 $K=\mathbb{Q}(\omega)$,$\omega=\zeta_{25}$.

(a)求证:K 有唯一的一个 5 次子域 M;

(b)求 $p=2,3,5$ 在 M 中的素理想分解式和它们的分解域与惯性域;

(c)求证:素数 p 在 M 中完全分裂 $\Leftrightarrow p\equiv\pm1,\pm7\pmod{25}$.

§4 Kronecker-Weber 定理

我们知道,分圆域 $\mathbb{Q}(\zeta_m)$ 均是 Abel 数域,因此分圆域的每个子域也是 Abel 数域. Kronecker 和 Weber 证明了上述命题的逆也是对的,即:每个 Abel 数域均是某个分圆域的子域. 我们不打算证明这个很不平凡的结果,而只讲述一个特殊情形,即证明每个二次域均是分圆域的子域,然后介绍 Abel 域中的互反律.

4.1 二次域是分圆域的子域

二次域 $K=\mathbb{Q}(\sqrt{d})$ 是除了 $\mathbb{Q}$ 本身之外最简单的 Abel 数域,其伽罗瓦群 $\mathrm{Gal}(K/\mathbb{Q})$ 是 2 元群. 对于二次域 K,我们可以用明显的方式证明 K 是分圆域

$\mathbb{Q}(\zeta_m)$的子域,其中 $m=|d(K)|$. 证明的工具是 Gauss 和.

设 p 为奇素数,对于每个 $\alpha\in\mathbb{Z}$,$p\nmid a$,我们曾经定义过 Legendre 符号

$$\left(\frac{a}{p}\right)=\begin{cases}1, & \text{如果 } a \text{ 为模 } p \text{ 的二次剩余}\\ -1, & \text{如果 } a \text{ 为模 } p \text{ 的非二次剩余}\end{cases}$$

事实上,$\left(\frac{a}{p}\right)$显然只依赖于 a 的模 p 同余类,从而我们定义了映射

$$\left(\overline{p}\right):(\mathbb{Z}/p\mathbb{Z})^{\times}\to\{\pm 1\},\ \overline{a}\mapsto\left(\frac{a}{p}\right)$$

熟知$(\mathbb{Z}/p\mathbb{Z})^{\times}$为 $p-1$ 阶乘法循环群,即$(\mathbb{Z}/p\mathbb{Z})^{\times}=<\overline{g}>$,其中 g 是模 p 的一个原根. 于是当 $a\equiv g^{2t}\pmod p$ $\left(0\leqslant t\leqslant\frac{p-3}{2}\right)$时,$\left(\frac{a}{p}\right)=1$,而当 $a\equiv g^{2t+1}\pmod p$ $\left(0\leqslant t\leqslant\frac{p-3}{2}\right)$时,$\left(\frac{a}{p}\right)=-1$. 由此不难看出,映射$\left(\overline{p}\right):(\mathbb{Z}/p\mathbb{Z})^{\times}\to\{\pm 1\}$是乘法群的满同态,即$\left(\frac{ab}{p}\right)=\left(\frac{a}{p}\right)\left(\frac{b}{p}\right)$.

设 $\zeta_p=\mathrm{e}^{2\pi\mathrm{i}/p}$,定义

$$G_p(r)=\sum_{a=1}^{p-1}\left(\frac{a}{p}\right)\zeta_p^{ra}\quad(0\leqslant r\leqslant p-1)$$

称作对于 Legendre 符号$\left(\overline{p}\right)$的 Gauss 和,显然 $G_p(r)\in\mathbb{Q}(\zeta_p)$.

定理 2.15 设 p 为奇素数,则:

(a)$G_p(0)=0$;

(b)$G_p(r)=\left(\frac{r}{p}\right)G_p(1)\ (1\leqslant r\leqslant p-1)$;

(c)$G_p(1)^2=\left(\frac{-1}{p}\right)p$.

证明

(a)由于$\left(\frac{a}{p}\right)(1\leqslant a\leqslant p-1)$恰好有一半为 1 一半为 -1,因此 $G_p(0)=\sum_{\alpha=1}^{p-1}\left(\frac{a}{p}\right)=0$.

(b)令 $rr'\equiv 1\pmod p$,则$\left(\frac{r'}{p}\right)\left(\frac{r}{p}\right)=\left(\frac{rr'}{p}\right)=\left(\frac{1}{p}\right)=1$,从而$\left(\frac{r'}{p}\right)=\left(\frac{r}{p}\right)$.

于是

$$G_p(r)=\sum_{a=1}^{p-1}\left(\frac{a}{p}\right)\zeta_p^{ar}=\sum_{a=1}^{p-1}\left(\frac{ar'}{p}\right)\zeta_p^{arr'}=\sum_{a=1}^{p-1}\left(\frac{r'}{p}\right)\left(\frac{a}{p}\right)\zeta_p^{a}$$

$$= \left(\frac{r'}{p}\right)\sum_{a=1}^{p-1}\left(\frac{a}{p}\right)\zeta_p^a = \left(\frac{r}{p}\right)G_p(1)$$

(c) $$G_p(1)^2 = \sum_{a=1}^{p-1}\sum_{b=1}^{p-1}\left(\frac{ab}{p}\right)\zeta_p^{a+b} = \sum_{a=1}^{p-1}\sum_{c=1}^{p-1}\left(\frac{a\cdot ac}{p}\right)\zeta_p^{a+ac}$$

$$= \sum_{a=1}^{p-1}\sum_{c=1}^{p-1}\left(\frac{c}{p}\right)\zeta_p^{a(1+c)}$$

$$= \left(\frac{-1}{p}\right)(p-1) + \sum_{c=1}^{p-2}\left(\frac{c}{p}\right)\sum_{a=1}^{p-1}\zeta_p^{a(1+c)}$$

$$= \left(\frac{-1}{p}\right)(p-1) - \sum_{c=1}^{p-2}\left(\frac{c}{p}\right) = \left(\frac{-1}{p}\right)p$$ □

定理 2.16(二次互反律) 设 p 和 q 是不同的奇素数,则:

(a) $p\nmid a$ 时,$\left(\frac{a}{p}\right)\equiv a^{\frac{p-1}{2}}(\mathrm{mod}\ p)$;

(b) $\left(\frac{-1}{p}\right)=(-1)^{\frac{p-1}{2}}=\begin{cases}1, 若\ p\equiv 1(\mathrm{mod}\ 4)\\ -1, 若\ p\equiv 3(\mathrm{mod}\ 4)\end{cases}$;

(c) $\left(\frac{p}{q}\right)\left(\frac{q}{p}\right)=(-1)^{\frac{p-1}{2}\frac{q-1}{2}}$;

(d) $\left(\frac{2}{p}\right)=(-1)^{\frac{p^2-1}{8}}=\begin{cases}1, 若\ p\equiv \pm 1(\mathrm{mod}\ 8)\\ -1, 若\ p\equiv \pm 3(\mathrm{mod}\ 8)\end{cases}$.

证明

(a) 若 $a\equiv g^{2t}(\mathrm{mod}\ p)$,则

$$a^{\frac{p-1}{2}}\equiv (g^{2t})^{\frac{p-1}{2}}=(g^{p-1})^t\equiv 1=\left(\frac{a}{p}\right)(\mathrm{mod}\ p)$$

若 $a\equiv g^{2t+1}(\mathrm{mod}\ p)$,则

$$a^{\frac{p-1}{2}}\equiv (g^{p-1})^t\cdot g^{\frac{p-1}{2}}\equiv -1=\left(\frac{a}{p}\right)(\mathrm{mod}\ p)$$

因此当 $p\nmid a$ 时,总有 $\left(\frac{a}{p}\right)\equiv a^{\frac{p-1}{2}}(\mathrm{mod}\ p)$.

(b) 从(a)我们知道,$\left(\frac{-1}{p}\right)\equiv(-1)^{\frac{p-1}{2}}(\mathrm{mod}\ p)$. 但是同余式两边均为 ± 1,而 $p\geqslant 3$. 因此只能是 $\left(\frac{-1}{p}\right)=(-1)^{\frac{p-1}{2}}$.

(c) 我们在 $\mathbb{F}_q$ 的代数闭包 Ω_q 中取一个 p 次本原单位根 w,(即 w 是多项式 $x^{p-1}+x^{p-2}+\cdots+x+1\in\mathbb{F}_q[x]$ 在 Ω_q 中的一个根). 于是可以定义取值于 Ω_q 中的 Gauss 和

$$\tau_p(r) = \sum_{a=1}^{p-1}\left(\frac{a}{p}\right)w^{ar} \in \Omega_q \quad (0 \leqslant r \leqslant p-1)$$

与在$\mathbb{C}$中的情形一样，可以得到：$\tau_p(r)=\left(\frac{r}{p}\right)\tau_p(1)\ (1\leqslant r\leqslant p-1)$，$\tau_p^2(1)=\left(\frac{-1}{p}\right)p$，但是现在$\Omega_q$为特征$q$的域，所以

$$\tau_p(1)^q = \sum_{a=1}^{p-1}\left(\frac{a}{p}\right)^q w^{aq} = \sum_{a=1}^{p-1}\left(\frac{a}{p}\right)w^{aq} = \tau_p(q) = \left(\frac{q}{p}\right)\tau_p(1)$$

于是在Ω_q中我们有

$$\left(\frac{q}{p}\right)=\tau_p(1)^{q-1}=\left(\left(\frac{-1}{p}\right)p\right)^{\frac{q-1}{2}}=(-1)^{\frac{p-1}{2}\cdot\frac{q-1}{2}}p^{\frac{q-1}{2}}$$
$$=(-1)^{\frac{p-1}{2}\cdot\frac{q-1}{2}}\left(\frac{p}{q}\right)$$

注意这是Ω_q中的等式，即$\left(\frac{q}{p}\right)\equiv(-1)^{\frac{p-1}{2}\cdot\frac{q-1}{2}}\left(\frac{p}{q}\right)(\bmod q)$. 但是同余式两边均为$\pm1$，而$q\geqslant3$. 因此$\left(\frac{p}{q}\right)=(-1)^{\frac{p-1}{2}\cdot\frac{q-1}{2}}\left(\frac{p}{q}\right)$，即$\left(\frac{q}{p}\right)\left(\frac{p}{q}\right)=(-1)^{\frac{p-1}{2}\cdot\frac{q-1}{2}}$.

(d)定义

$$\theta:(\mathbb{Z}/8\mathbb{Z})^\times\to\{\pm1\},\theta(a)=(-1)^{\frac{a^2-1}{8}}$$

直接验证θ是乘法群的满同态，即$\theta(ab)=\theta(a)\theta(b)$. 在$\mathbb{F}_p$的代数闭包$\Omega_p$中取一个8次本原单位根$w$，于是$w^4=-1$. 定义取值于$\Omega_p$的Gauss和

$$\tau_8(r)=\sum_{a=1,3,5,7}\theta(a)w^{ar}$$
$$=w^r+w^{7r}-w^{3r}-w^{5r}\quad(0\leqslant r\leqslant 7)$$

利用θ为同态，可以与上面一样地证得在Ω_p中有

$$\tau_8(r)=\theta(r)\tau_8(1)\quad(r=1,3,5,7)$$
$$\tau_8(1)^p=\tau_8(p)=\theta(p)\tau_8(1)$$

但是

$$\tau_8(1)=w+w^7-w^3-w^5=2(w-w^3),\tau_8(1)^2=8$$

从而在Ω_p中有

$$(-1)^{\frac{p^2-1}{8}}=\theta(p)=\tau_8(1)^{p-1}=8^{\frac{p-1}{2}}=\left(\frac{8}{p}\right)=\left(\frac{2}{p}\right)$$

即$\left(\frac{2}{p}\right)\equiv(-1)^{\frac{p^2-1}{8}}(\bmod p)$，从而$\left(\frac{2}{p}\right)=(-1)^{\frac{p^2-1}{8}}$. □

定理 2.17 设$K=\mathbb{Q}(\sqrt{d})$($d\in\mathbb{Z}$无平方因子)，$L=\mathbb{Q}(\zeta_{|d(K)|})$，则$K\subseteq L$，并

且 L 是包含 K 的最小分圆域.

证明 先证 K 是分圆域 L 的子域.

如果 $d=\pm p_1\cdots p_s$，其中 $p_1,\cdots,p_s$ 是不同的奇素数. 记

$$p_i^*=\left(\frac{-1}{p_i}\right)p_i=(-1)^{\frac{p_i-1}{2}}p_i\quad(1\leqslant i\leqslant s)$$

则 $d=\pm p_1^*\cdots p_s^*$. 由于 $p_i^*\equiv 1\pmod 4$ $(1\leqslant i\leqslant s)$，可知当 $d=p_1^*\cdots p_s^*$ 时，$d(K)=d$；而当 $d=-p_1^*\cdots p_s^*$ 时，$d(K)=4d$，对于 $d=p_1^*\cdots p_s^*$，由于 Gauss 和 $G_{p_i}(1)\in\mathbb{Q}(\zeta_{p_i})$ 并且 $G_{p_i}(1)=\pm\sqrt{p_i^*}$（定理 2.15，(c)），从而 $\sqrt{p_i^*}\in\mathbb{Q}(\zeta_{p_i})$ $(1\leqslant i\leqslant s)$，于是

$$\begin{aligned}\mathbb{Q}(\sqrt{d})&=\mathbb{Q}(\sqrt{p_1^*\cdots p_s^*})\subseteq\mathbb{Q}(\sqrt{p_1^*},\cdots,\sqrt{p_s^*})\\&\subseteq\mathbb{Q}(\zeta_{p_1},\cdots,\zeta_{p_s})=\mathbb{Q}(\zeta_{p_1\cdots p_s})=L\end{aligned}$$

类似地，如果 $d=-p_1^*\cdots p_s^*$，则

$$\begin{aligned}\mathbb{Q}(\sqrt{d})&\subseteq\mathbb{Q}(\sqrt{-1},\sqrt{p_1^*},\cdots,\sqrt{p_s^*})\subseteq\mathbb{Q}(\zeta_4,\zeta_{p_1},\cdots,\zeta_{p_s})\\&=\mathbb{Q}(\zeta_{4p_1\cdots p_s})=L\end{aligned}$$

如果 $d=\pm 2p_1^*\cdots p_s^*$，则 $|d(K)|=8p_1\cdots p_s$，而

$$\begin{aligned}\mathbb{Q}(\sqrt{d})&\subseteq\mathbb{Q}(\sqrt{\pm 2},\sqrt{p_1^*},\cdots,\sqrt{p_s^*})\subseteq\mathbb{Q}(\zeta_8,\zeta_{p_1},\cdots,\zeta_{p_s})\\&=\mathbb{Q}(\zeta_{8p_1\cdots p_s})=L\end{aligned}$$

这就证明了，在任何情形下均有 $K=\mathbb{Q}(\sqrt{d})\subseteq\mathbb{Q}(\zeta_{|d(K)|})=L$.

再证 L 的极小性，即如果 $\mathbb{Q}(\sqrt{d})\subseteq\mathbb{Q}(\zeta_m)$，要证 $|d(K)|\mid m$.

如果 $d=p_1^*\cdots p_s^*$，则 p_i 在 $\mathbb{Q}(\sqrt{d})$ 中分歧，从而也在 $\mathbb{Q}(\zeta_m)$ 中分歧. 由判别式定理即知 $p_i\mid m$. 于是 $|d(K)|=p_1\cdots p_s\mid m$. 如果 $d=-p_1^*\cdots p_s^*$，则 $|d(K)|=4p_1\cdots p_s$. 于是除了 $p_i(1\leqslant i\leqslant s)$ 之外，2 也在 $\mathbb{Q}(\sqrt{d})$ 中分歧. 从而 $2\mid m$，但是 2 在 $\mathbb{Q}(\zeta_{2p_1\cdots p_s})=\mathbb{Q}(\zeta_{p_1}\cdots\zeta_{p_s})$ 中不分歧，从而 $4\mid m$. 因此 $|d(K)|=4p_1\cdots p_s\mid m$. 最后，若 $d=\pm 2p_1^*\cdots p_s^*$，与上面一样可证 $p_1\cdots p_s\mid m$. 从而 $\mathbb{Q}(\sqrt{\pm 2})\subseteq\mathbb{Q}(\sqrt{d},\sqrt{p_1^*},\cdots,\sqrt{p_s^*})\subseteq\mathbb{Q}(\zeta_m,\zeta_{p_1},\cdots,\zeta_{p_s})=\mathbb{Q}(\zeta_m)$，易知包含 $\mathbb{Q}(\sqrt{\pm 2})$ 的最小分圆域为 $\mathbb{Q}(\zeta_8)$，从而 $8\mid m$. 于是 $|d(K)|=8p_1\cdots p_s\mid m$. □

注记 (1) 我们在上面是利用高斯和 $\pm\sqrt{p^*}=\sum\limits_{a=1}^{p-1}\left(\frac{a}{p}\right)\zeta_p^a$ 证明了 $\mathbb{Q}(\sqrt{p^*})\subseteq\mathbb{Q}(\zeta_p)$. 这种证明叫作构造性的，即把 $\sqrt{p^*}$ 具体表达成 $\mathbb{Q}(\zeta_p)$ 中的元素. 我们也可像第 3.4 小节末尾的例子中那样，利用伽罗瓦理论来非构造性

地证明$\mathbb{Q}(\zeta_p)$有唯一的二次子域,然后用判别式定理推出这个二次子域就是$\mathbb{Q}(\sqrt{p^*})$.

(2)我们还可用二次域和分圆域的素理想分解性质来证明高斯的二次互反律

$$\left(\frac{p}{q}\right)\left(\frac{q}{p}\right)=(-1)^{\frac{p-1}{2}\cdot\frac{q-1}{2}}$$

其中p和q是不同的奇素数. 这个互反律可写成

(a)若$p\equiv 1 \pmod 4$,或$q\equiv 1 \pmod 4$,则$\left(\frac{p}{q}\right)=\left(\frac{q}{p}\right)$.

(b)若$p\equiv q\equiv 3 \pmod 4$,则$\left(\frac{p}{q}\right)=-\left(\frac{q}{p}\right)$.

我们只证明(a),可以相仿地证明(b). 设$p\equiv 1 \pmod 4$,于是$\mathbb{Q}(\zeta_p)$有二次子域$\mathbb{Q}(\sqrt{p})$如图 10 所示.

$$\begin{array}{c}\mathbb{Q}(\zeta_p)\\ | \\ \mathbb{Q}(\sqrt{p})\\ | \\ \mathbb{Q}\end{array}$$

图 10

考虑q在$\mathbb{Q}(\zeta_p)$和$\mathbb{Q}(\sqrt{p})$中的分解. 设K_D是q在$\mathbb{Q}(\zeta_p)$中的分解域,则$[K_D:\mathbb{Q}]=g$,$g=\frac{p-1}{f}$,f为$q \pmod p$的阶. 于是

$$2\mid g \Leftrightarrow 2f\mid p-1 \Leftrightarrow f\mid \frac{p-1}{2}$$

$\Leftrightarrow q$ 属于$(\mathbb{Z}/p\mathbb{Z})^\times$的唯一的$\frac{p-1}{2}$阶子群

(即由平方元素组成的子群)

$$\Leftrightarrow \left(\frac{q}{p}\right)=1$$

另一方面

$\left(\frac{p}{q}\right)=1 \Leftrightarrow q$ 在$\mathbb{Q}(\sqrt{p})$中分裂

$\Leftrightarrow \mathbb{Q}(\sqrt{p})\subseteq K_D$(因为$K_D$是$q$在$\mathbb{Q}(\zeta_p)$中的最大分裂域)

$\Leftrightarrow [\mathbb{Q}(\sqrt{p}):\mathbb{Q}]\mid[K_D:\mathbb{Q}]$

$\Leftrightarrow 2\mid g$

因此，$\left(\frac{p}{q}\right)=1\Leftrightarrow\left(\frac{q}{p}\right)=1$，即$\left(\frac{p}{q}\right)=\left(\frac{q}{p}\right)$.

反过来，由 Legendre 符号的二次互反律也可得到二次域中素理想分解的一种"互反律"(详见习题 1).

4.2 Abel 数域的导子和互反律

本小节讲述 Abel 数域 K 的素理想分解，这是伽罗瓦扩张 $K/\mathbb{Q}$ 的特殊情形，即伽罗瓦群 $\mathrm{Gal}(K/\mathbb{Q})$ 是 Abel 群. 我们基于如下重要结果：

Kronecker-weber **定理** 每个 Abel 数域都是某个分圆域的子域.

从引理 17 的(a)容易看出，一些 Abel 数域的合成仍是 Abel 数域，所以存在$\mathbb{Q}$ 的最大 Abel 扩域$\mathbb{Q}^{ab}$. 而上述定理也可叙述成：所有分圆域的合成即是$\mathbb{Q}$ 的最大 Abel 扩域(这是$\mathbb{Q}$ 的无限扩张)，即$\mathbb{Q}^{ab}=\bigcup\limits_{m\geqslant 3}\mathbb{Q}(\zeta_m)$. 也就是说：$\mathbb{Q}^{ab}$是将复值周期函数 $\mathrm{e}^{2\pi\mathrm{i}x}$在所有有理点 x 处的值添加到$\mathbb{Q}$ 上而得到的无限次扩域

$$\mathbb{Q}^{ab}=\mathbb{Q}(\mathrm{e}^{2\pi\mathrm{i}x}:x\in\mathbb{Q})$$

这个定理是由 Kronecker 和 Weber 在 19 世纪末证明的，它是 20 世纪 20 年代建立的类域论的简单推论. 虽然有比较初等的证明，但要用到希尔伯特关于分歧群和分歧域的精细理论. 我们略去这个定理的证明. Kronecker 还进一步猜想，对于虚二次域 K，K 的最大 Abel 扩域是将某种复值双周期函数(椭圆模函数)在全部有理点处的值添加到 K 上而得到的扩域. 这就是所谓的"Kronecker 青春之梦(Jugendfraum)". 在 1920 年日本数学家高木贞治(Tagaki)建立了类域论之后，人们才证明了这个"梦"的真实性. 希尔伯特第 12 问题为：对于任意的数域 K，如何具体构作出 K 的最大 Abel 扩域 K^{ab}？这是个十分困难的问题. 除了$\mathbb{Q}$ 和虚二次域之外，目前对其他数域这个问题均尚未解决.

本小节我们利用 Kronecker-Weber 定理来研究 Abel 数域的素理想分解规律.

设 K 为 Abel 数域. 根据 Kronecker-Weber 定理，K 是某个分圆域的子域. 如果 $K\subseteq\mathbb{Q}(\zeta_m)$，$K\subseteq\mathbb{Q}(\zeta_n)$，则

$$K\subseteq\mathbb{Q}(\zeta_m)\cap\mathbb{Q}(\zeta_n)=\mathbb{Q}(\zeta_{(m,n)})$$

这就表明存在一个最小的分圆域$\mathbb{Q}(\zeta_m)$($m\not\equiv 2\pmod 4$)，使得 $K\subseteq\mathbb{Q}(\zeta_m)$.

定义 5 设 K 为 Abel 数域，若$\mathbb{Q}(\zeta_m)$($m\not\equiv 2\pmod 4$)为包含 K 的最小分圆域，我们称 m 为 Abel 数域 K 的导子(conductor，führer)，并且表示成 $\mathfrak{f}(K)$.

定义 6 对于每个 n 次伽罗瓦数域 K，如果素数 p 在 K 中的分解为 $pO_K=(\mathfrak{p}_1\cdots\mathfrak{p}_g)^e$，$efg=n$，我们称 p 在 K 中的**分解**型式为(e,f,g). 如果 p 在 K 中不分

歧,即 $e=1$,我们也称 p 在 K 中的分解型式为 (f,g).

定理 2.18(Abel 数域中的互反律)　设 K 是 Abel 数域,$\mathfrak{f}(K)$ 为它的导子,p 和 p' 是两个素数,并且

$$(p,\mathfrak{f}(K))=(p',\mathfrak{f}(K))=1$$

如果 $p\equiv p' \pmod{\mathfrak{f}(K)}$,则 p 和 p' 在 K 中有相同的分解型式.

证明　根据定义,$K\subseteq L=\mathbb{Q}(\zeta_{\mathfrak{f}(K)})$. 令 $G=\mathrm{Gal}(L/\mathbb{Q})$,则 G 正则同构于 $(\mathbb{Z}/\mathfrak{f}(K)\mathbb{Z})^{\times}$

$$\varphi:\mathrm{Gal}(L/\mathbb{Q})\xrightarrow{\sim}(\mathbb{Z}/\mathfrak{f}(K)\mathbb{Z})^{\times},\sigma_a\mapsto a(\mathrm{mod}\,\mathfrak{f}(K))$$

$$(a,\mathfrak{f}(K))=1$$

其中 σ_a 表示 L 中自同构 $\zeta_{\mathfrak{f}(K)}\mapsto\zeta_{\mathfrak{f}(K)}^a$. 令 N 为 K 的固定子群,则 $\mathrm{Gal}(K/\mathbb{Q})\cong G/N\cong(\mathbb{Z}/\mathfrak{f}(K)\mathbb{Z})^{\times}/\varphi(N)$. 如果 $(p,\mathfrak{f}(K))=1$,则素数 p 在 L 中从而也在 K 中不分歧,于是

$$pO_K=\mathfrak{p}_1\cdots\mathfrak{p}_g,f=f(\mathfrak{p}_i|p),f_g=n,I_p=\{1\}$$

D_p 为 f 阶循环群并且 D_p 由 Frobenius 自同构 $\tau_p=\left(\dfrac{L/\mathbb{Q}}{p}\right)$ 所生成,我们已经证明过,σ_p 是 Frobenius 自同构 $\left(\dfrac{K/\mathbb{Q}}{p}\right)$,并且 $\sigma_p|K=\tau_p$. 由于 τ_p 的阶为 f,于是 f 是满足 $\sigma_pf|K=(\sigma_p|_K)^f=1\in\mathrm{Gal}(K/\mathbb{Q})$ 的最小正整数,利用同构 φ 便知 f 是满足 $\bar{p}^f\in\varphi(N)$ 的最小正整数,其中 $\bar{p}$ 表示 p 的模 $\mathfrak{f}(K)$ 同余类. 令

$$\varphi(N)=\{\bar{a}_1,\cdots,\bar{a}_t\},t=|N|=[L:K]\quad(a_i\in\mathbb{Z})$$

则 f 即是使得

$$p^f\equiv a(\mathrm{mod}\,f(K))\text{对于某个 }a\in\{a_1,\cdots,a_t\}$$

成立的最小正整数 f. 从这一种刻画方式不难看出,f 只与 p 的模 $\mathfrak{f}(K)$ 同余类有关,因此当 $p\equiv p'(\mathrm{mod}\ \mathfrak{f}(K))$ 时,p 和 p' 有相同的 f,从而有相同的分解型式 (f,g),$fg=n$. □

例　分圆域 $L=\mathbb{Q}(\omega)$,$\omega=\zeta_{17}$ 是 16 次循环域

$$G=\mathrm{Gal}(L/\mathbb{Q})=<\sigma_3>$$

令 K 为 L 的唯一的 4 次循环子域,则 K 的固定子群为

$$N=\{\sigma_1,\sigma_{3^4},\sigma_{3^8},\sigma_{3^{12}}\}=\{\sigma_1,\sigma_{-4},\sigma_{-1},\sigma_4\}$$

于是由伽罗瓦理论不难看出

$$K=\mathbb{Q}(\varepsilon),\varepsilon=\omega+\omega^{-1}+\omega^4+\omega^{-4}$$

当素数 $p\neq17$ 时,p 在 K 中不分歧. 根据上述定理的证明即知:

(i) p 在 K 中惯性 $\Leftrightarrow f=4\Leftrightarrow$ 满足 $p^f\equiv3^0,3^4,3^8,3^{12}\ (\mathrm{mod}\ 17)$ 的最小正整数 f

为 $4\Leftrightarrow p\equiv 3^{\pm1},3^{\pm3},3^{\pm5},3^{\pm7}\equiv\pm3,\pm5,\pm6,\pm7 \pmod{17}$.

(ii) $pO_K=\mathfrak{p}_1\mathfrak{p}_2\Leftrightarrow f=2\Leftrightarrow$ 满足 $p^f\equiv 3^0,3^4,3^8,3^{12} \pmod{17}$ 的最小正整数 f 为 $2\Leftrightarrow p\equiv 3^{\pm2},3^{\pm6}\equiv\pm2,\pm9 \pmod{17}$.

(iii) $pO_K=\mathfrak{p}_1\mathfrak{p}_2\mathfrak{p}_3\mathfrak{p}_4$(完全分裂)$\Leftrightarrow p\equiv 3^0,3^4,3^8,3^{12}\equiv\pm1,\pm4 \pmod{17}$.

注记

(1)定理2.18和上面的例子表明,在Abel数域 K 中,具有同样分解型式的素数集合是公差为 $\mathfrak{f}(K)$ 的一些算术级数之并. 这就自然产生如下的问题:对于每个正整数 k 和与 k 互素的整数 l,算术级数 $l+nk(n\in\mathbb{Z})$ 中是否存在着无限多个素数? 利用解析工具可以证明,当 $(k,l)=1$ 时,存在无限多个素数 p 使得 $p\equiv l \pmod k$. 而且,对于 $\varphi(k)$ 个不同的 l 值,$(k,l)=1$,全体素数在相应的公差为 k 的 $\varphi(k)$ 个不同的算术级数中分布是均匀的. 确切地说,如果以 $\pi(x)$ 表示不超过 x 的素数的个数,以 $\pi(x,l,k)$ 表示算术级数 $l+nk(n\in\mathbb{Z})$ 中不超过 x 的素数的个数,则对于每个 l,$(l,k)=1$,均有

$$\lim_{x\to\infty}\frac{\pi(x,l,k)}{\pi(x)}=\frac{1}{\varphi(k)}$$

比如对于上面的例子,即对于4次循环域 $\mathbb{Q}(\omega+\omega^{-1}+\omega^4+\omega^{-4})$,$\omega=\zeta_{17}$,则在 K 中惯性的素数,在 K 中完全分裂的素数,以及在 K 中分解成两个素理想之积的素数,其在全体素数中所占的比例为 $\frac{8}{16}:\frac{4}{16}:\frac{4}{16}=\frac{1}{2}:\frac{1}{4}:\frac{1}{4}$.

(2)二次域中的互反律可以从二次互反律(定理2.16)推出.(习题1),对于任意的数域扩张 L/K 应当有什么样的一般互反律? 这是Hilbert著名的23个问题当中的一个. 随着类域论的建立,Artin和Hasse等人在一般互反律方面做了许多深刻的工作. Artin将一般互反律看作是类域论的核心.

习　题

1. 试用二次互反律(定理2.16)证明下列二次域中素理想分解的互反律:设 $K=\mathbb{Q}(\sqrt{d})$,p 和 p' 为素数,并且 $(p,d(K))=(p',d(K))=1$,则当 $p\equiv p' \pmod{d(K)}$ 时,p 和 p' 在 K 中或者均是惯性,或者均是完全分裂.
2. 设 p 为素数,$n\mid(p-1)$,K 是分圆域 $\mathbb{Q}(\zeta_p)$ 的唯一 n 次子域,对于每个素数 $q\neq p$,设 q 在 K 中素理想分解型式为 (f,g),$fg=n$,求证:f 是使 q^f 为模 p 的 n 次剩余的最小正整数(a 叫作模 p 的 n 次剩余,是指存在 $b\in\mathbb{Z}$,使得 $a\equiv b^n \pmod p$).

3. 设$f(x)=x^3+px+q$是$\mathbb{Q}[x]$中三次不可约多项式，α是$f(x)$的一个根，$K=\mathbb{Q}(\alpha)$.

(a)求证：K是三次循环域的充要条件是$-4p^3-27q^2$为某个有理数的平方.

(b)设α为$f(x)=x^3-3x+1$的一个根. 求证：$K=\mathbb{Q}(\alpha)$是三次循环域. 试问域K的导子$\mathfrak{f}(K)$是多少?

4. 求 Abel 域$\mathbb{Q}(\sqrt{2},\sqrt{5})$和$\mathbb{Q}(\sqrt{-1},\sqrt{7})$的导子.

5. 设$F(x)$是$\mathbb{Z}[x]$中的n次首 1 多项式，α是$F(x)$的一个根. 如果$\mathbb{Q}(\alpha)/\mathbb{Q}$为伽罗瓦扩张，我们称$F(x)$是$\mathbb{Q}$上的**正规多项式**. 又若$\mathbb{Q}(\alpha)$是 Abel 数域，则称$F(x)$是$\mathbb{Q}$上的 Abel **多项式**. 求证：

(a)如果$F(x)$是$\mathbb{Q}$上的正规多项式，则存在正整数N，使得对于每个素数$p>N$，$F(x)$在有限域$\mathbb{F}_p$上均分解成次数相同的一些不可约多项式之积，换句话说，当$p>N$时

$$F(x)\equiv F_1(x)F_2(x)\cdots F_g(x)\pmod{p}$$

其中$F_i(x)(1\leqslant i\leqslant g)$均是$\mathbb{F}_p[x]$中次数为$f=n/g$的不可约多项式. 这时，我们称$(f,g)$为$F(x)$在有限域$\mathbb{F}_p$上的**分解型式**.

(b)如果$F(x)$是$\mathbb{Q}$上的 Abel 多项式，则存在正整数N和n，使得对于任意两个素数p_1和p_2，只要$p_1>N$，$p_2>N$，并且$p_1\equiv p_2\pmod{n}$，那么$F(x)$在域$\mathbb{F}_{p_1}$和$\mathbb{F}_{p_2}$中就有同样的分解型式.

6. (a)求证：$f(x)=x^3+x^2-2x-1$是$\mathbb{Q}$上的 Abel 多项式，并且上题(b)中的N和n均可取为 7；

(b)求证：当素数$p\equiv\pm1\pmod{7}$时，$f(x)$在域$\mathbb{F}_p$中有 3 个不同的根；当素数$p\equiv\pm2,\pm3\pmod{7}$时，$f(x)$为$\mathbb{F}_p$上的不可约多项式；最后，$f(x)$在$\mathbb{F}_7$中有一个重数为 3 的根.

理想类群和单位群

第三章

本章讲述关于数域 K 的两个重要的算术对象:(分式)理想类群 $C(K)$ 和 O_K 的单位群 U_K. 主要目的是证明两个有限性结果:$C(K)$是有限 Abel 群,而 U_K 是有限生成 Abel 群. 这两个结果的证明采用统一的工具,即几何数论中的 Minkowski 定理.

§1　类群和类数

1.1　$\mathbb{R}^n$ 中的格,Minkowski 定理

定义 1　加法群$\mathbb{R}^n$ 的子集 H 叫作$\mathbb{R}^n$ 的一个**格**,是指存在 n 维实向量空间$\mathbb{R}^n$ 中的一组基$\{\alpha_1,\cdots,\alpha_n\}$,使得 $H=\mathbb{Z}\alpha_1\oplus\cdots\oplus\mathbb{Z}\alpha_n$. 于是,$\mathbb{R}^n$ 中每个格 H 均是秩 n 的自由 Abel 加法群,而$\{\alpha_1,\cdots,\alpha_n\}$是加法群 H 的一组基.

设 H 是$\mathbb{R}^n$ 中的一个格,$\{\alpha_1,\cdots,\alpha_n\}$是 H 的一组基. 定义

$$P(\alpha_1,\cdots,\alpha_n)=\{\sum_{i=1}^{n}a_i\alpha_i\,|0\leqslant a_i<1\}$$

这是$\mathbb{R}^n$ 中的一个平行多面体. 由于$\{\alpha_1,\cdots,\alpha_n\}$也是实向量空间$\mathbb{R}^n$ 的一组基,从而$\mathbb{R}^n$ 中每个元素(即向量)均可唯一地表示成 $\alpha=r_1\alpha_1+\cdots+r_n\alpha_n, r_i\in\mathbb{R}$. 以$[r]$表示实数 r 的整数部分,则 $0\leqslant\{r\}=r-[r]<1$,并且 $\alpha=h+f$,其中

$$h=\sum_{i=1}^{n}[r_i]\alpha_i\in H, f=\sum_{i=1}^{n}\{r_i\}\alpha_i\in P(\alpha_1,\cdots,\alpha_2)$$

换句话说,$\mathbb{R}^n$ 中每个元素均属于 $f+H$,其中 $f\in P(\alpha_1,\cdots,\alpha_n)$. 另一方面,对于 $P(\alpha_1,\cdots,\alpha_n)$中两个不同的元素 f_1 和 f_2,显然 $f_1-f_2\notin H$,这就表明 $P(\alpha_1,\cdots,\alpha_n)$是加法商群$\mathbb{R}^n/H$ 中诸陪集的完全代表元系.

取 $e_1=(1,0,\cdots,0)$, $e_2=(0,1,0,\cdots,0)$, $\cdots$, $e_n=(0,\cdots,0,1)$ 为实向量空间 $\mathbb{R}^n$ 的标准基. 设 $\alpha_i=\sum_{j=1}^{n}r_{ij}e_j$, $r_{ij}\in\mathbb{R}$. μ 表示 $\mathbb{R}^n$ 上的 Lebesgue 测度. 熟知 $\mu(P(\alpha_1,\cdots,\alpha_n))=|\det(r_{ij})|$. 如果 $\{\alpha'_1,\cdots,\alpha'_n\}$ 是格 H 的另一组基, $\alpha'_i=\sum_{j=1}^{n}a_{ij}\alpha_j$, 则 $a_{ij}\in\mathbb{Z}$ 并且 $\det(a_{ij})=\pm1$. 于是

$$\begin{aligned}\mu(P(\alpha'_1,\cdots,\alpha'_n))&=|\det(r_{ij})\cdot\det(a_{ij})|\\&=|\det(r_{ij})|=\mu(P(\alpha_1,\cdots,\alpha_n))\end{aligned}$$

这就表明 $\mu(P(\alpha_1,\cdots,\alpha_n))$ 与基 $\{\alpha_1,\cdots,\alpha_n\}$ 的选取无关,即是格 H 本身的特性. 我们将它叫作格 H 的**体积**,表示成 $V(H)$. 粗糙地说,格 H 在 $\mathbb{R}^n$ 中分布愈稀疏,则格 H 的体积(即平行多面体 $P(\alpha_1,\cdots,\alpha_n)$ 的测度)也愈大.

引理 1 设 H 和 H' 均是 $\mathbb{R}^n$ 中的格,并且 $H\supseteq H'$,则加法商群 H/H' 是有限群,并且 $|H/H'|=V(H')/V(H)$.

证明 由于 H' 和 H 均是秩 n 的自由 Abel 群,从附录 A,(1)即知存在 H 的一组基 $\{\alpha_1,\cdots,\alpha_n\}$,使得 $H'=\mathbb{Z}d_1\alpha_1\oplus\cdots\oplus\mathbb{Z}d_n\alpha_n$. $d_i\in\mathbb{Z}-\{0\}$. 于是

$$\begin{aligned}H/H'&=\mathbb{Z}\alpha_1\oplus\cdots\oplus\mathbb{Z}\alpha_n/\mathbb{Z}d_1\alpha_1\oplus\cdots\oplus\mathbb{Z}d_n\alpha_n\\&\cong\mathbb{Z}/d_1\mathbb{Z}\oplus\cdots\oplus\mathbb{Z}/d_n\mathbb{Z}\end{aligned}$$

从而 $|H/H'|=|d_1\cdots d_n|$. 另一方面,如果 $\alpha_i=\sum_{j=1}^{n}r_{ij}e_j$, 则

$$\begin{aligned}V(H')&=|\det(d_ir_{ij})|=|d_1\cdots d_n|\cdot|\det(r_{ij})|\\&=|d_1\cdots d_n|\cdot V(H)\end{aligned}$$

由此即得引理. □

定义 2 $\mathbb{R}^n$ 的加法子群 H 叫作离散的,是指对于 $\mathbb{R}^n$ 的每个有界子集 K, $K\cap H$ 均是有限集合.

引理 2 (a) $\mathbb{R}^n$ 中每个格 H 均是 $\mathbb{R}^n$ 的离散子群.

(b) $\mathbb{R}^n$ 中的每个离散子群 D 必是 $\mathbb{R}^n$ 的某个 r 维子空间 $(0\leqslant r\leqslant n)$ 中的格.

证明 (a) 设 H 为 $\mathbb{R}^n$ 的格, $\{\alpha_1,\cdots,\alpha_n\}$ 是 H 的一组基,则 $\{\alpha_1,\cdots,\alpha_n\}$ 也是实向量空间 $\mathbb{R}^n$ 的一组基. 如果 K 是 $\mathbb{R}^n$ 中的有界子集,则 K 中元素对于基 $\{\alpha_1,\cdots,\alpha_n\}$ 的坐标均是有界的,即存在某个常数 M,使得当 $\alpha=\sum_{i=1}^{n}r_i\alpha_i\in K$, $r_i\in\mathbb{R}$ 时,必然有 $|r_i|\leqslant M(1\leqslant i\leqslant n)$. 如果 $\alpha\in K\cap H$,则 $r_i\in\mathbb{Z}$, $|r_i|\leqslant M$. 这只有有限多个可能,从而 $K\cap H$ 为有限集合,于是 H 是 $\mathbb{R}^n$ 的离散子群.

(b) 设 D 是 $\mathbb{R}^n$ 的离散子群, $\{\alpha_1,\cdots,\alpha_r\}$ 为 D 中极大 $\mathbb{R}$ - 线性无关子集合,

则 $0 \leqslant r \leqslant n$. 由于平行多面体 $P = P(\alpha_1, \cdots, \alpha_r)$ 为 $\mathbb{R}^n$ 的有界子集合,从而 $P \cap D$ 为有限集合. 由 $\{\alpha_1, \cdots, \alpha_r\}$ 的极大性可知每个 $x \in D$ 均可表示为 $x = \sum_{i=1}^{n} \lambda_i \alpha_i$, $\lambda_i \in \mathbb{R}$. 对于每个 $j \in \mathbb{Z}$, 令

$$x_j = jx - \sum_{i=1}^{r} [j\lambda_i] \alpha_i = \sum_{i=1}^{r} \{j\lambda_i\} \alpha_i \in D \cap P$$

而 $x = x_1 + \sum_{i=1}^{r} [\lambda_i] \alpha_i, x_1 \in D \cap P$, 从而 D 是由有限集合 $(D \cap P) U \{\alpha_1, \cdots, \alpha_n\}$ 生成的子群,即 D 为有限生成 Abel 群. 另一方面,由于 $D \cap P$ 有限而 $\mathbb{Z}$ 无限,可知存在两个不同的整数 j 和 k,使得 $x_j = x_k$,即 $(j-k)\lambda_i = [j\lambda_i] - [k\lambda_i] \in \mathbb{Z}$,于是 $\lambda_i \in \mathbb{Q} (1 \leqslant i \leqslant r)$. 由于 D 是有限生成的,并且每个生成元均为 $\{\alpha_1, \cdots, \alpha_r\}$ 的 $\mathbb{Q}$ - 线性组合,乘以诸系数的公分母 $d(d \neq 0)$ 之后,可知 $dD \subseteq \mathbb{Z}\alpha_1 \oplus \cdots \oplus \mathbb{Z}\alpha_r$. 即 dD 为秩 r 的自由 Abel 群 $\mathbb{Z}\alpha_1 \oplus \cdots \oplus \mathbb{Z}\alpha_r$ 的子群. 根据附录 A,(1),可知 dD 为秩 $\leqslant r$ 的自由 Abel 群. 但是 $r \leqslant \operatorname{rank} D = \operatorname{rank} dD \leqslant r$,因此 dD 的秩为 r,于是 $dD = \mathbb{Z}f_1 \oplus \cdots \oplus \mathbb{Z}f_r$,而 $D = \mathbb{Z}f_1/d \oplus \cdots \oplus \mathbb{Z}f_r/d$. 这就表明 D 是 $\mathbb{R}^n$ 中由向量 $f_i/d (1 \leqslant i \leqslant r)$ 张成的 r 维子空间中的格. □

定义 3 $\mathbb{R}^n$ 中子集合 S 叫作**凸集合**,是指

$$x, y \in S \Rightarrow \frac{1}{2}(x+y) \in S$$

S 叫作**关于原点对称**的,是指 $x \in S \Rightarrow -x \in S$.

定理 3.1(Minkowski) 设 H 为 $\mathbb{R}^n$ 中的格,S 是 $\mathbb{R}^n$ 中的 Lebesgue 可测子集合(测度表示成 $\mu(S)$).

(a)如果 $\mu(S) > V(H)$,则存在 $s, s' \in S, s \neq s'$,使得 $s - s' \in H$;

(b)如果 S 又为关于原点对称的凸集,则当 $\mu(S) > 2^n V(H)$ 时,$S \cap H$ 中有非零向量;

(c)如果 S 为关于原点对称的紧凸集,则当 $\mu(S) \geqslant 2^n V(H)$ 时,$S \cap H$ 中有非零向量.

证明 (a)取 $\alpha_1, \cdots, \alpha_n$ 为格 H 的一组基. $P = P(\alpha_1, \cdots, \alpha_n)$ 是上面定义的平行多面体,则 $\{h + P | h \in H|\}$ 是一些两两非交的集合,它们的并集为 $\mathbb{R}^n$(这是由于 P 是 $\mathbb{R}^n/H$ 的诸陪集完全代表元系). 从而 $\{S \cap (h+P) | h \in H\}$ 也是一些两两非交的集合,并且它们的并集为 S. 因此

$$\mu(S) = \sum_{h \in H} \mu(S \cap (h+P)) = \sum_{h \in H} \mu((-h+S) \cap P)$$

如果对于 H 中任意两个不同的元素 h 和 h', $(-h+S) \cap P$ 与 $(-h'+S) \cap P$ 均

是非交的,则

$$\mu(S) = \sum_{h \in H} \mu((-h + S) \cap P) \leqslant \mu(P) = V(H)$$

这就与假设 $\mu(S) > V(H)$ 相矛盾,所以存在 $h,h' \in H, h \neq h'$,使得 $(-h+S) \cap P$ 与 $(-h'+S) \cap P$ 有公共元素 x,即

$$x = -h + s = -h' + s' \quad (s, s' \in S)$$

而 $0 \neq h - h' = s - s' \in H$.

(b)令 $S' = \frac{1}{2}S$,则 $\mu(S') = \frac{1}{2^n}\mu(S) > V(H)$. 由(a)知存在 $x, y \in S', x \neq y$,使得 $x - y \in H$. 于是 $2x, -2y \in S$,从而

$$x - y = \frac{1}{2}(2x + (-2y)) \in S$$

即

$$0 \neq x - y \in S \cap H$$

(c)取 $S_m = \left(1 + \frac{1}{m}\right)S$,则 S_m 与 S 一样是关于原点对称的凸集,而 $\mu(S_m) = (1 + \frac{1}{m})^n \mu(S) > 2^n \cdot V(H)$(当 $m \geqslant 1$ 时). 于是由(b)知存在 $0 \neq h_m \in S_m \cap H$. 由于 $\{h_n \mid n \geqslant 1\}$ 是紧集 $S_1 = 2S$ 中的序列, 从而有一个子序列收敛于某点 $h \in \mathbb{R}^n$. 由于 $\lim\limits_{m \to \infty} S_m = S$,而 S 为紧集,可知 $h \in S$. 又由于 H 是$\mathbb{R}^n$ 的离散子群,易知 H 中非零子序列 $\{h_m \mid m \geqslant 1\}$ 的极限 $h \in H$ 并且 $h \neq 0$. 于是 $0 \neq h \in S \cap H$. □

注记 Minkowski 定理是说,一个比较规则的图形当体积足够大时,必然包含格 H 中的一个点 $x \neq 0$. 特别当 $H = \mathbb{Z}^n$ 时,这就是通常所谓整点问题. 研究$\mathbb{R}^n$ 中某个几何图形中整点的存在性以及估计整点个数,这是数论的一个分支—"数的几何"中的一个主要课题,而 Minkowski 定理则是这一分支的奠基性定理.

1.2 分式理想和理想类群

对于数域 K,我们以 $I^\circ(K)$ 表示 O_K 的全部非零理想构成的集合. 它对于理想的乘法是一个具有幺元素的交换半群,幺元素为 O_K. 第二章中的引理 6 表明半群 $I^\circ(K)$ 满足乘法消去律,即若 $A,B,C \in I^\circ(K)$,如果 $AB = AC$,则 $B = C$. 大家知道,每个具有消去律的含幺交换半群 M 均可扩大成一个交换群 G,G 中元素可表示成 M 中元素相除,并且群 G 在同构的意义下是唯一的.

构作 G 的方法通常是形式化的:考虑集合

$$S=\left\{\frac{A}{B}\middle| A,B\in M\right\}$$

这里$\frac{A}{B}$不过是一个符号. 在集合 S 中引入关系

$$\frac{A}{B}\sim\frac{C}{D}\text{当且仅当}AD=BC$$

这是 S 上一个等价关系. 我们用$[\frac{A}{B}]$表示$\frac{A}{B}$所在的等价类,而以 G 表示 S 对关系"～"的所有等价类构成的集合. 在 G 中引入运算

$$[\frac{A}{B}][\frac{C}{D}]=[\frac{AC}{BD}]$$

这个运算是确切定义的,即与等价类中代表元$\frac{A}{B}$和$\frac{C}{D}$的选取方式无关. G 对于这个运算形成交换群,其幺元素为$[\frac{1}{1}]$(1 为 M 中幺元素),而$[\frac{A}{B}]$的逆元素为$[\frac{B}{A}]$. 如果把 M 中元素 A 等同于 G 中元素$[\frac{A}{1}]$,则 M 便可看成 G 的一部分,并且 G 串每个元素均是 M 中元素之商:$[\frac{A}{B}]=[\frac{A}{1}]\cdot[\frac{B}{1}]^{-1}$. 于是半群 M 扩大成群 G.

这个过程不过是小学算术的抽象化. 若 M 为非负整数加法半群,则 G 就是整数加法群,扩大出来的负整数均为两个正整数之差. 若 M 为正有理整数乘法半群,G 便是正有理数乘法群,扩大出来的正分数为两个正整数的商. 现在对于半群 $I^{\circ}(K)$,我们扩大出来的抽象元素$[\frac{A}{B}]$也可赋以具体含义,它们只需要将 O_K 中理想的概念稍加推广,即所谓"分式理想"

定义 4 数域 K 的子集合 I 叫作 K 的**分式理想**,是指存在 $0\neq\mu\in O_K$,使得 μI 为 O_K 的非零理想,我们用 $I(K)$ 表示 K 的全体分式理想组成的集合.

O_K 的每个非零理想均为分式理想(取 $\mu=1$)所以分式理想是 O_K 中理想概念的推广,分式理想 I 为 O_K 中理想当且仅当 $I\subseteq O_K$(习题1). 为明确起见,今后我们把 O_K 中理想叫作**整理想**. 而 K 的分式理想则常常简称为理想,记 $A=\mu I$,则分式理想作为集合为

$$I=\frac{1}{\mu}A=\left\{\frac{1}{\mu}a\mid a\in A\right\}$$

所以 K 的每个(分式)理想不过是某个整理想的所有元素均除以一个"公分母"$\mu\in O_K$ 而得到的集合.

现在于$I(K)$中引入乘法运算：对于$A,B\in I(K)$，定义

$$AB=\{\sum_{i=1}^{n}a_ib_i \mid a_i\in A,b_i\in B,n\geqslant 1\} \tag{1}$$

当A和B是整理想时，式(1)就是通常的理想乘积定义. 而对一般的分式理想A和B，记

$$A=\frac{1}{\alpha}A',B=\frac{1}{\beta}B'$$

其中α和β为O_K中非零元素，A',B'为整理想，由式(1)易知，$AB=\frac{1}{\alpha\beta}A'B'$. 所以$AB$也是分式理想. 即由式(1)定义的乘法确实为分式理想集合$I(K)$中的运算.

定理 3.2 (a)$I(K)$对于上述乘法运算形成群，并且$I^\circ(K)$可看成$I(K)$的子半群. 每个分式理想I均可唯一地表示成两个互素非零整理想的商：$I=\frac{A}{B}=AB^{-1}$，其中$A,B\in I^\circ(K)$，$(A,B)=1$.

(b)$I(K)$是自由Abel群，并且O_K的所有非零素理想构成自由Abel群$I(K)$的一组基. 换句话说，每个分式理想I均唯一地表示成

$$I=P_1^{e_1}P_2^{e_2}\cdots P_r^{e_r} \tag{2}$$

其中，$P_1,\cdots,P_r$是O_K中不同的(非零)素理想，而$e_i(1\leqslant i\leqslant r)$是非零有理整数(可正可负).

证明 (a)易知$I(K)$中乘法运算满足结合律与交换律，并且O_K是关于这个运算的幺元素. 为证$I(K)$是群，只需证明每个分式理想I在$I(K)$中均有逆元素. 设$I=\frac{1}{\mu}A$，其中$\mu\in O_K,\mu\neq 0$，而$A\in I^\circ(K)$. 由第二章引理5可知存在$B\in I^\circ(K)$，使得$AB=(\alpha)=\alpha O_K$是主理想(事实上，我们可取α为整理想A中任一非零元素，因为这时$A\mid(\alpha)$，从而存在整理想B，使得$AB=(\alpha)$). 于是

$$IB=\left(\frac{1}{\mu}A\right)B=\frac{1}{\mu}(AB)=\frac{\alpha}{\mu}O_K$$

所以$I\left(\frac{\mu}{\alpha}B\right)=O_K$. 由于$\mu B$是整理想，从而$\frac{\mu}{\alpha}B=\frac{1}{\alpha}(\mu B)$是分式理想，并且它就是$I$的逆元素，于是$I(K)$为Abel群.

(b)对每个分式理想$I=\frac{1}{\mu}A$，我们有$(\mu)I=A$. 将此式两边同时除以整理想(μ)和A的最大公因子C(注意：$I(K)$为群所以有消去律)，得到$MI=N$，其中$M=(\mu)/C,N=A/C$均是整理想，并且$(M,N)=1$. 于是$I=N/M$是两个互素的整

理想之商. 由 Dedekind 整环 O_K 中理想的唯一因式分解特性容易知道这种表达式 $I=N/M$ 是唯一的. 并且同样可证分解式(2)的存在性和唯一性. 这就表明 $I(K)$ 是自由 Abel 群,并且 O_K 的所有非零素理想构成自由 Abel 群 $I(K)$ 的一组基. □

群 $I(K)$ 叫作数域 K 的**分式理想群**.

关于整理想的许多概念和性质均可推广到分式理想上来. 比如说,对每个 $0\neq\alpha\in O_K$,$(\alpha)=\alpha O_K$ 是整理想,叫 O_K 的主理想. 一般地,对每个 $0\neq\alpha\in K$,$(\alpha)=\alpha O_K$ 是分式理想(因为由第一章 §2 习题 2 知道存在 $0\neq n\in\mathbb{Z}\subseteq O_K$,使得 $n\alpha\in O_K$. 于是 $\alpha O_K=\frac{1}{n}(n\alpha O_K)$,而 $n\alpha O_K$ 是整理想). 我们称 $\alpha O_K(0\neq\alpha\in K)$ 为**主分式理想**. 由于

$$(\alpha)(\alpha^{-1})=(\alpha O_K)(\alpha^{-1}O_K)=(\alpha\alpha^{-1})O_K=O_K$$

可知(α)的逆元素仍是主分式理想(α^{-1}). 所以 $I(K)$ 中主分式理想全体形成一个子群,叫作 K 的**主分式理想群**,表示成 $P(K)$.

定义 5 商群 $C(K)=I(K)/P(K)$ 叫作 K 的**(分式)理想类群**. $C(K)$ 中每个元素叫作 K 的一个**(分式)理想类**.

换句话说,K 的两个分式理想 A 和 B 叫作等价的,是指 A 和 B 在 $I(K)$ 对子群 $P(K)$ 的同一个陪集之中,即存在 $0\neq\alpha\in K$,使得 $A=(\alpha)B=\alpha B$. 而 $C(K)$ 中元素即是分式理想的一个等价类.

$I(K)$ 和 $P(K)$ 都是无限 Abel 群. 我们将要证明商群 $C(K)$ 是有限 Abel 群,它的阶数 $h(K)=|C(K)|$ 叫作数域 K 的**理想类数**,简称作 K 的**类数**.

$h(K)$ 是数域 K 的重要不变量,因为由类群 $C(K)$ 的定义可知

$$\begin{aligned} h(K)=1 &\Leftrightarrow I(K)=P(K)\text{(即每个分式理想均为主分式理想)}\\ &\Leftrightarrow O_K\text{ 的每个(整)理想均为主理想(习题 1)}\\ &\Leftrightarrow O_K\text{ 是主理想整环}\\ &\Leftrightarrow O_K\text{ 为(关于元素的)唯一因子分解整环}\\ &\qquad\text{(第二章引理 8)}\end{aligned}$$

所以在某种意义上,$h(K)$ 的大小可用来衡量 Dedekind 整环 O_K 与唯一因子分解整环相距多远.

1847 年,德国数学家 Kummer 证明了,对每个奇素数 p,若分圆域$\mathbb{Q}(\zeta_p)$的类数 h_p 为 1(即$\mathbb{Z}[\zeta_p]$为唯一因子分解整环),则方程 $x^p+y^p=z^p$ 没有正整数解. 他计算出对于 $p=3,5,7,11,13,17$ 和 19,$h_p=1$. 从而对方程指数 n 是这些素数时证明了费马猜想. 他还算出 $h_{23}=3$. 进一步,他又证明了:尽管 $h_p>1$ 但只要 h_p 不被 p 除尽,那么 $x^p+y^p=z^p$ 仍旧没有正整数解. 他发现在 100 以内除

了37,59和67之外均满足 $p \nmid h_p$. 所以 Kummer 对分圆域类数的研究,使费马猜想的研究有了重大进展. 在此之前,高斯于19世纪初研究了二次数域的类数. 自那以后,对于数域的类数和类群结构的研究就成为经典代数数论的一个中心研究课题.

我们也可以定义分式理想的整除性. 设 A 和 B 是数域 K 的两个分式理想,称 B 被 A 整除(表示成 $A|B$),是指 $B/A = BA^{-1}$ 为整理想. 分式理想的整除性也有与整理想情形一些类似的性质(习题5).

最后,我们还可以定义分式理想的范. 设 I 是域 K 的分式理想,则它可表示成整理想的商:$I=\frac{A}{B}$,$A,B\in I^{\circ}(K)$. 我们定义

$$N_K(I)=N_K(A)/N_K(B)$$

由于 $B\neq 0$,从而 $N_K(B)$ 是非零有理整数. 于是 $N_K(I)\in\mathbb{Q}$. 如果 I 又可表示成另外两个整理想之商:$I=\frac{A'}{B'}$,则 $AB'=A'B$. 于是 $N_K(A)N_K(B')=N_K(A')N_K(B)$,即 $N_K(A)/N_K(B)=N_K(A')/N_K(B')$. 这表明 $N_K(I)$ 的定义是分式理想 I 自身的特性,与将 I 表成整理想之商的方式无关. 我们称 $N_K(I)$ 为分式理想 I 的范. 它也有与整理想范类似的性质(习题3和4).

1.3 类数有限性定理

现在我们由 Minkowski 定理得到 Dirichlet 的类数有限性定理以及其他一些有益的结果. 方法是:通过 n 次数域 K 到 $\mathbb{C}$ 中的 n 个嵌入将 K 的每个理想对应于 $\mathbb{R}^n$ 中的一个格.

我们在第一章中讲过,每个 n 次数域 K 到 $\mathbb{C}$ 中有 r_1 个实嵌入 $\sigma_i:K\to\mathbb{R}(1\leqslant i\leqslant r_1)$ 和 r_2 对复嵌入 $\sigma_{r_1+j}=\overline{\sigma}_{r_1+r_2+j}:K\to\mathbb{C}(1\leqslant j\leqslant r_2)$,$r_1+2r_2=n$. 由此得到映射

$$\sigma:K\to\mathbb{R}^n,\sigma(\alpha)=(\sigma_1(\alpha),\cdots,\sigma_{r_1}(\alpha),\mathrm{Re}(\sigma_{r_1+1}(\alpha)),\cdots$$
$$\mathrm{Re}(\sigma_{r_1+r_2}(\alpha)),\mathrm{Im}(\sigma_{r_1+1}(\alpha)),\cdots,\mathrm{Im}(\sigma_{r_1+r_2}(\alpha)))$$

其中 $\mathrm{Re}(\gamma)$,$\mathrm{Im}(\gamma)$ 分别表示复数 γ 的实部和虚部. σ 显然是加法群的同态. 进而,由于每个 σ_i 均是单同态,可知 σ 是单同态,即 σ 为嵌入. 我们称 σ 为 K 到 $\mathbb{R}^n$ 中的**正则嵌入**.

引理3 设 $\mathfrak{a}$ 为 n 次数域 K 中的非零整理想,则 $\sigma(\mathfrak{a})$ 是 $\mathbb{R}^n$ 中的格,并且 $V(\sigma(\mathfrak{a}))=2^{-r_2}N(\mathfrak{a})|d(K)|^{1/2}$.

证明 我们在第一章中证明了整理想 $\mathfrak{a}$ 的加法群是秩 n 的自由 Abel 群.

即 $\mathfrak{a}=\mathbb{Z}\alpha_1\oplus\cdots\oplus\mathbb{Z}\alpha_n$. 即 $e_1,\cdots,e_n$ 为 $\mathbb{R}^n$ 的标准基,则 $\sigma(\alpha_i)=\sum_{j=1}^{n}x_{ij}e_j$, 其中

$$x_{ij}=\begin{cases}\sigma_j(\alpha_i),1\leqslant j\leqslant r_1\\ \mathrm{Re}(\sigma_j(\alpha_i)),r_1+1\leqslant j\leqslant r_1+r_2\\ \mathrm{Im}(\sigma_j(\alpha_i)),r_1+r_2+1\leqslant j\leqslant n\end{cases}$$

于是 $\sigma(\mathfrak{a})=\mathbb{Z}\sigma(\alpha_1)+\cdots+\mathbb{Z}\sigma(\alpha_n)$. 并且

$$V(\sigma(\mathfrak{a}))=|\det(x_{ij})|=2^{-r_2}|\det(\sigma_j(\alpha_i))|$$
$$=2^{-r_2}|d_k|(\alpha_1,\cdots,\alpha_n)|^{1/2}=2^{-r_2}N(\mathfrak{a})|d(K)|^{1/2}$$

由于上式右边不为0,即 $\det(x_{ij})\neq 0$,这就表明 $\sigma(\alpha_1),\cdots,\sigma(\alpha_n)$ 是$\mathbb{R}$-线性无关的,从而 $\sigma(\mathfrak{a})=\mathbb{Z}\sigma(\alpha_1)\oplus\cdots\oplus\mathbb{Z}\sigma(\alpha_n)$ 为$\mathbb{R}^n$ 中的格. □

引理4　设 $\mathfrak{a}$ 是数域 K 中的非零整理想

$$[K:\mathbb{Q}]=n=r_1+2r_2$$

则:

(a)存在 $0\neq x\in\mathfrak{a}$,使得

$$|N_{K/\mathbb{Q}}(x)|\leqslant\left(\frac{4}{\pi}\right)^{r_2}\frac{n!}{n^n}|d(K)|^{1/2}N(\mathfrak{a})$$

(b)K 的每个理想类 C 中均有整理想 $\mathfrak{P}$,使得

$$N(\mathfrak{P})\leqslant\left(\frac{4}{\pi}\right)^{r_2}\frac{n!}{n^n}|d(K)|^{1/2}$$

证明　(a)对于 $y=(y_1,\cdots,y_n)\in\mathbb{R}^n$,定义

$$\lambda(y)=\sum_{i=1}^{r_1}|y_i|+2\sum_{j=1}^{r_2}(y_{r_1+j}^2+y_{r_1+r_2+j}^2)^{1/2}$$

对于 $t>0$,定义$\mathbb{R}^n$ 中集合 $B_t=\{y=(y_1,\cdots,y_n)\in\mathbb{R}^n|\lambda(y)\leqslant t\}$.

易知 B_t 是关于原点对称的紧凸集,由多重定积分可算出

$$\mu(B_t)=\int\cdots\int_{\lambda(y)\leqslant t}\mathrm{d}y_1\cdots\mathrm{d}y_n=2^{r_1}\left(\frac{\pi}{2}\right)^{r_2}t^n/n!$$

根据引理3,对于 K 中非零整理想 $\mathfrak{a}$,$\sigma(\mathfrak{a})$ 为$\mathbb{R}^n$ 中的格,并且

$$V(\sigma(\mathfrak{a}))=2^{-r_2}N(\mathfrak{a})|d(K)|^{1/2}$$

当 $t^n=\left(\frac{4}{\pi}\right)^{r_2}N(\mathfrak{a})|d(K)|^{1/2}n!$ 时,$\mu(B_t)=2^nV(\sigma(\mathfrak{a}))$. 从而由Minkowski定理可知存在 $0\neq x\in\mathfrak{a}$,使得 $\sigma(x)\in B_t$,即 $\lambda(\sigma(x))\leqslant t$. 于是

$$|N_{K/\mathbb{Q}}(x)|=\prod_{i=1}^{n}|\sigma_i(x)|\leqslant\left(\frac{1}{n}\sum_{i=1}^{n}|\sigma_i(x)|\right)^n=\frac{1}{n^n}(\lambda(\sigma(x)))^n$$

$$\leqslant \frac{1}{n^n}, t^n = \left(\frac{4}{\pi}\right)^{r_2} \frac{n!}{n^n} |d(K)|^{1/2} N(\mathfrak{a})$$

(b)设 $\mathfrak{a}' \in C$. 由于 $\mathfrak{a}'$除以任何整数之后仍为理想类 C 中的理想,因此可以不防设 $\mathfrak{a} = \mathfrak{a}'^{-1}$是整理想. 由(a)知道存在 $0 \neq x \in \mathfrak{a}$, $N(x) \leqslant \left(\frac{4}{\pi}\right)^{r_2} \frac{n!}{n^n} |d(K)|^{1/2} N(\mathfrak{a})$. 令 $\mathfrak{B} = x\mathfrak{a}^{-1} = x\mathfrak{a}'$.

由于 $x \in \mathfrak{a}$ 可知 $\mathfrak{B}$ 为 C 中整理想,并且

$$N(\mathfrak{B}) = N(x)N(\mathfrak{a}') \leqslant \left(\frac{4}{\pi}\right)^{r_2} \frac{n!}{n^n} |d(K)|^{1/2} N(\mathfrak{a}\mathfrak{a}')$$

由于 $N(\mathfrak{a}\mathfrak{a}') = N(O_K) = 1$,于是证毕. □

引理 5 当 $n = [K:\mathbb{Q}] \geqslant 2$ 时, $|d(K)| \geqslant \frac{\pi}{3}\left(\frac{3\pi}{4}\right)^{n-1}$. 从而存在绝对常数 N,使得对每个数域 K 均有 $n/\log|d(K)| \leqslant N$.

证明 由于数域 K 的每个非零整理想的范均 $\geqslant 1$,所以由引理 4(b)即知 $|d(K)|^{1/2} \geqslant \frac{n^n}{n!}\left(\frac{\pi}{4}\right)^{r_2}$. 于是

$$|d(K)| \geqslant \left(\frac{\pi}{4}\right)^{2r_2}\left(\frac{n^n}{n!}\right)^2 \geqslant \left(\frac{\pi}{4}\right)^{n}\left(\frac{n^n}{n!}\right)^2$$

然后对 n 用归纳法不难证明上式右边 $\geqslant \frac{\pi}{3}\left(\frac{3\pi}{4}\right)^{n-1}$,从而得到引理 5 的第 1 个论断,然后立即得到第 2 个论断. □

有了上面的准备,我们很容易得到下面一些重要结果.

定理 3.3(Minkowski) 对于每个数域 $K \neq \mathbb{Q}$,均有 $|d(K)| > 1$. 从而至少有一个素数在 K 中分歧.

证明 由于 $n = [K:\mathbb{Q}] \geqslant 2$,根据引理 5 可知

$$|d(K)| \geqslant \frac{\pi}{3}\left(\frac{3\pi}{4}\right)^{n-1} > 1$$

再由 Dedekind 判别式定理便知至少有一个素数在 K 中分歧. □

定理 3.4(Dirichlet 类数有限性定理) 每个数域 K 的理想类数 $h(K) = |C(K)|$均有限.

证明 对于每个 $q \in \mathbb{Z}$, $q \geqslant 1$,我们有

$$N(\mathfrak{a}) = q \Rightarrow |O_K/\mathfrak{a}| = q \Rightarrow \bar{q} = \bar{0} \in O_K/\mathfrak{a} \Rightarrow \mathfrak{a} | qO_K$$

由 qO_K 的素理想分解式可知 qO_K 只有有限个整理想因子,从而也只有有限多整理想 $\mathfrak{a}$ 使得 $N(\mathfrak{a}) = q$. 从而

$$N(\mathfrak{b}) \leqslant \left(\frac{4}{\pi}\right)^{r_2}\frac{n!}{n^n}|d(K)|^{1/2}$$

的整理想 $\mathfrak{b}$ 也只有有限多个. 根据引理 4(b),K 的每个理想类中均包含有这样的整理想 $\mathfrak{b}$,这就表明 K 只有有限多个理想类. □

定理 3.5(Hermite) 对于每个固定的 $d \in \mathbb{Z}$,只有有限多个数域 K 使得 $d(K) = d$.

证明 设 $d(K) = d$. 由 $n \leqslant M \cdot \log|d|$(引理 5)可知 K 的次数有界,从而满足 $r_1 + 2r_2 = n$ 的 n, r_1, r_2 也只有有限多个可能,因此只需对固定的一组 n, r_1, r_2 证明定理即可.

当 $r_1 > 0$ 时,令

$$B = \left\{ (y_1, \cdots, y_n) \in \mathbb{R}^n \;\middle|\; \begin{array}{l} |y_1| \leqslant 2^{n-1}\left(\frac{\pi}{2}\right)^{-r_2}|d|^{1/2} \\ |y_i| \leqslant 1/2 \,(2 \leqslant i \leqslant r_1) \\ (y_{r_1+j}^2 + y_{r_1+r_2+j}^2)^{1/2} \leqslant 1/2 \\ (1 \leqslant j \leqslant r_2) \end{array} \right\}$$

而当 $r_1 = 0$ 时,令

$$B = \left\{ (y_1, \cdots, y_n) \in \mathbb{R}^n \;\middle|\; \begin{array}{l} |2y_1| \leqslant 1/2, |2y_{r_2+1}| \\ \qquad \leqslant 2^n\left(\frac{\pi}{2}\right)^{1-r_2}|d|^{1/2} \\ (y_j^2 + y_{r_2+j}^2)^{1/2} \leqslant 1/2 \\ \qquad (2 \leqslant j \leqslant r_2) \end{array} \right\}$$

易知 B 为 $\mathbb{R}^n$ 中关于原点对称的紧凸集. 当 $r_1 > 0$ 时

$$\mu(B) = 2^n\left(\frac{\pi}{2}\right)^{-r_2}|d|^{1/2}\left(\frac{\pi}{4}\right)^{r_2} = 2^{n-r_2}|d|^{1/2}$$

而当 $r_1 = 0$ 时,也有

$$\mu(B) = \frac{1}{2} \cdot \left(\frac{\pi}{2}\right)^{1-r_2} \cdot 2^n \cdot |d|^{1/2}\left(\frac{\pi}{4}\right)^{r_2-1} = 2^{n-r_2}|d|^{1/2}$$

而 $V(\sigma(O_K)) = 2^{-r_2}|d|^{1/2}$. 根据引理 2 可知存在 $0 \neq x \in O_K$,使得 $\sigma(x) \in B$. 我们来证明 $K = \mathbb{Q}(x)$:

当 $r_1 > 0$ 时,由于 $i \neq 1$ 时 $|\sigma_i(x)| \leqslant 1/2$,而

$$|N(x)| = \prod_{i=1}^{n} |\sigma_i(x)| \geqslant 1$$

因此 $|\sigma_1(x)|\geqslant 1$，于是 $\sigma_1(x)\neq\sigma_i(x)\ (2\leqslant i\leqslant n)$，从而 $\sigma_i(x)\ (1\leqslant i\leqslant n)$ 彼此不同. 对于 $r_1=0$ 的情形同样可证

$$|\sigma_1(x)|=\overline{|\sigma_1(x)|}\geqslant 1$$

$$|\sigma_i(x)|=\overline{|\sigma_i(x)|}\leqslant 1/2 \quad (2\leqslant j\leqslant r_2)$$

由 $\mathrm{Re}(\sigma_1(x))|\leqslant 1/4$，$|\sigma_1(x)|\geqslant 1$ 可知 $\mathrm{Im}(\sigma_1(x))\neq 0$. 因此

$$\sigma_1(x)\neq\overline{\sigma_1(x)}$$

当 $\sigma_j\neq\sigma_1$ 和 $\overline{\sigma_1}$ 时，$|\sigma_j(x)|\leqslant 1/2$，从而 $\sigma_1(x)\neq\sigma_j(x)$. 于是 $\sigma_j(x)\ (1\leqslant j\leqslant n)$ 也两两不同. 因此，在任何情形下，x 均有 n 个不同的共轭元素. 从而 x 的极小多项式的次数 $\geqslant n$，于是 $[\mathbb{Q}(x):\mathbb{Q}]\geqslant n$. 但是 $\mathbb{Q}(x)\subseteq K$，从而 $[\mathbb{Q}(x):\mathbb{Q}]\leqslant[K:\mathbb{Q}]=n$，所以 $[\mathbb{Q}(x):\mathbb{Q}]=n$，即 $\mathbb{Q}(x)=K$.

由于 $x\in B$，从 B 的定义可知 $|\sigma_i(x)|\ (1\leqslant i\leqslant n)$ 均有一个只依赖于 n,d,r_1,r_2 的上界. 而 x 的极小多项式的系数为 $\sigma_i(x)\ (1\leqslant i\leqslant n)$ 的初等对称函数. 所以这些系数的绝对值也有只依赖于 n,d,r_1,r_2 的上界，但是这些系数为有理整数，从而只有有限多这样的极小多项式，于是也只有有限多这样的元素 x 和有限多个数域 $K=\mathbb{Q}(x)$. 这就证明了定理. □

定理 3.5 的证明事实上给出了计算数域类群和类数的一个方法，这就是：首先计算数域 K 的 Minkowski 常数

$$M(K)=\left(\frac{4}{\pi}\right)^{r_2}\frac{n!}{n^n}|d(K)|^{1/2}$$

根据引理 4，每个理想类均有整理想 $\mathfrak{B}$，使得 $N(\mathfrak{B})\leqslant M(K)$. 因此，如果我们对每个有理素数 $p\leqslant M(K)$，将 pO_K 作素理想分解，即求出 p 的全部素理想因子 $\mathfrak{p}$，不难看出，类群 $C(K)$ 是由集合 $A=\{[\mathfrak{p}]\mid\mathfrak{p}\mid p\leqslant M(K)\}$ 生成的，其中 $[\mathfrak{p}]$ 表示素理想 $\mathfrak{p}$ 所在的理想类. 当集合 A 不太大时，考查 A 中诸元素之间的乘法关系，就可决定类群 $C(K)$ 和类数 $h(K)$. 下面我们举一些例子.

例 1 实二次域 $K=\mathbb{Q}(\sqrt{d})$，$d>0$，无平方因子，$n=2$，$r_2=0$，从而 $M(K)=\frac{1}{2}|d(K)|^{1/2}$.

对于 $K=\mathbb{Q}(\sqrt{5})$，$d(K)=5$，$M(K)<2$. 于是域 K 的每个理想类均有整理想 A，$N_K(A)=1$，即 $A=O_K=(1)$. 所以每个理想类均是主理想类. 因此 $h(K)=1$，即 $O_K=\mathbb{Z}[\frac{1}{2}(1+\sqrt{5})]$ 为主理想整环和唯一因子分解整环.

对于 $K=\mathbb{Q}(\sqrt{10})$，则 $O_K=\mathbb{Z}[\sqrt{10}]$，$d(K)=40$，$M(K)=\frac{1}{2}\sqrt{40}<4$. 素

数2和3在K中分解成

$$2O_K=\mathfrak{p}_2^2,N(\mathfrak{p}_2)=2,[\mathfrak{p}_2]^2=[(2)]=1$$

$$3O_K=\mathfrak{p}_3\bar{\mathfrak{p}}_3,N(\mathfrak{p}_3)=N(\bar{\mathfrak{p}}_3)=3,[\mathfrak{p}_3,\bar{\mathfrak{p}}_3]=1$$

从而$[\mathfrak{p}_3]=[\bar{\mathfrak{p}}_3]^{-1}$. 于是类群$C(K)$由$[\mathfrak{p}_2]$和$[\mathfrak{p}_3]$生成,我们来决定$[\mathfrak{p}_2]$的阶,由于

$$\begin{aligned}[\mathfrak{p}_2]=1 &\Leftrightarrow \mathfrak{p}_2\text{ 为主理想}(\alpha)\quad(\alpha\in O_K)\\ &\Leftrightarrow 2=N(\mathfrak{p}_2)=|N(\alpha)|\\ &\qquad(\text{令 }\alpha=a+b\sqrt{10},a,b\in\mathbb{Z})\\ &\Leftrightarrow a^2-10b^2=\pm2\quad(a,b\in\mathbb{Z})\\ &\Leftrightarrow a^2\equiv\pm2\pmod 5\end{aligned}$$

最后一个同余式与$\left(\frac{\pm2}{5}\right)=-1$相矛盾,因此$[\mathfrak{p}_2]\neq1$,再由$[\mathfrak{p}_2]^2=1$可知$[\mathfrak{p}_2]$是2阶元素.

另一方面,$x^2-10y^2=-6$有整解$(x,y)=(2,1)$. 令$\alpha=2+\sqrt{10}\in O_K$,则$N((\alpha))=6$,所以整理想$(\alpha)$必分解成范为2和3的两个素理想之积,即$(\alpha)=\mathfrak{p}_2\mathfrak{p}_3$或$(\alpha)=\mathfrak{p}_2\bar{\mathfrak{p}}_3$. 对前者则$[\mathfrak{p}_2][\mathfrak{p}_3]=1$,即$[\mathfrak{p}_3]=[\mathfrak{p}_2]^{-1}$. 对后者则$[\mathfrak{p}_2][\bar{\mathfrak{p}}_3]=1$,即$[\mathfrak{p}_3]=[\bar{\mathfrak{p}}_3]^{-1}=[\mathfrak{p}_2]$. 所以$C(K)$由$[\mathfrak{p}_2]$生成,即$C(K)$为2元群,$h(K)=2$.

例2 对于虚二次域$K=\mathbb{Q}(\sqrt{-d})(d>0)$,则$n=2,r_2=1$,从而$M(K)=\frac{2}{\pi}\sqrt{|d(K)|}$.

对于$K=\mathbb{Q}(\sqrt{-23})$,$O_K=\mathbb{Z}[\frac{1}{2}(1+\sqrt{-23})]=\{\frac{1}{2}(a+b\sqrt{-23})|a,b\in\mathbb{Z},a\equiv b\pmod 2\}$,$M(K)=\frac{2}{\pi}\sqrt{23}<4$. 由$-23\equiv1\pmod 8$和$\left(\frac{-23}{3}\right)=1$可知2和3在$K$中分裂

$$2O_K=\mathfrak{p}_2\bar{\mathfrak{p}}_2,N(\mathfrak{p}_2)=N(\bar{\mathfrak{p}}_2)=2,[\bar{\mathfrak{p}}_2]=[\mathfrak{p}_2]^{-1}$$

$$3O_K=\mathfrak{p}_3\bar{\mathfrak{p}}_3,N(\mathfrak{p}_3)=N(\bar{\mathfrak{p}}_3)=3,[\bar{\mathfrak{p}}_3]=[\mathfrak{p}_3]^{-1}$$

于是$C(K)$由$[\mathfrak{p}_2]$和$[\mathfrak{p}_3]$生成. 现在决定$[\mathfrak{p}_2]$的阶. 由于

$$\begin{aligned}[\mathfrak{p}_2]=1 &\Leftrightarrow \mathfrak{p}_2=(\alpha),\alpha=\frac{1}{2}(\alpha+b\sqrt{-23})\quad(a,b\in\mathbb{Z},2|a-b)\\ &\Leftrightarrow \frac{1}{4}(a^2+23b^2)=N(\mathfrak{p}_2)=2\quad(a,b\in\mathbb{Z})\end{aligned}$$

$$\Rightarrow a^2+23b^2=8 \quad (a,b\in\mathbb{Z})$$

但是 $x^2+23y^2=8$ 显然没有整解,因此$[\mathfrak{p}_2]\neq 1$. 另一方面,$x^2+23y^2=32$ 有解$(x,y)=(3,1)$. 令 $\alpha=\frac{1}{2}(3+\sqrt{-23})\in O_K$,则 $N(\alpha)=8$,所以(α)的分解只有以下 4 个可能

$$(\alpha)=\mathfrak{p}_2^3,\mathfrak{p}_2^2\bar{\mathfrak{p}}_2,\mathfrak{p}_2\bar{\mathfrak{p}}_2^2,\bar{\mathfrak{p}}_2^3$$

由于 $\mathfrak{p}_2\bar{\mathfrak{p}}_2=(2)$不是$(\alpha)$的因子(因为$\frac{\alpha}{2}\notin O_K$),所以$(\alpha)$只能为 $\mathfrak{p}_2^3$ 或 $\bar{\mathfrak{p}}_2^3$,由此即知$[\mathfrak{p}_2]^3=1$,即$[\mathfrak{p}_2]$是 3 阶元素.

进而,$x^2+23y^2=24$ 有解$(x,y)=(1,1)$. 令 $\beta=\frac{1}{2}(1+\sqrt{-23})\in O_K$,则$(\beta)$是范为 6 的整理想,于是

$$(\beta)=\mathfrak{p}_2\mathfrak{p}_3,\bar{\mathfrak{p}}_2\mathfrak{p}_3,\mathfrak{p}_2\bar{\mathfrak{p}}_3 \text{ 或 } \bar{\mathfrak{p}}_2\bar{\mathfrak{p}}_3$$

即$[\mathfrak{p}_3]=[\mathfrak{p}_2]$或$[\mathfrak{p}_3]=[\mathfrak{p}_2]^{-1}$,从而 $C(K)$ 只由$[\mathfrak{p}_2]$生成,即为 3 阶(循环)群,$h(K)=3$.

对于 $K=\mathbb{Q}(\sqrt{-67})$,$M(K)=\frac{2}{\pi}\sqrt{67}<6$. 由

$$-67\equiv 5 \pmod 8,\left(\frac{-67}{3}\right)=\left(\frac{-67}{5}\right)=-1$$

可知,2,3,5 在 K 中均是惯性的. 这就表明 $N(\alpha)\leqslant 5$ 的整理想 α 均是主理想. 从而 $C(K)$ 只包括主理想类,即 $h(K)=1$. 类似方法可证得对于 $K=\mathbb{Q}(\sqrt{-d})$,$d=1,2,3,7,11,19,43,67$ 和 163,均有 $h(K)=1$. 高斯曾经猜想:虚二次域当中只有这 9 个域的类数为 1. 这个猜想直到 1967 年才由英国数学家 Baker 和美国数学家 Stark 分别独立地证明. 高斯关于二次域类数问题的另一个著名猜想是:存在着无穷多个实二次域其类数为 1,这个猜想直到现在既未被证明亦未被推翻. 我们在本书第二部分要指明证明这一猜想的困难所在.

例 3 $K=\mathbb{Q}(\omega)$,$\omega^3-2\omega+2=0$. 这是对 2 的 Eisenstein 型数域. 从我们已经讲过的 Eisenstein 型数域一般结果可知 $2\nmid |O_K/\mathbb{Z}[\omega]|$,而 $d_K(1,\omega,\omega^2)=-(4\cdot(-2)^3+27\cdot 2^2)=-4\cdot 19$. 于是 $d(K)=-4\cdot 19$ 并且 $O_K=\mathbb{Z}[\omega]$. 由 $d(K)<0$ 知 x^3-2x+2 只有一个实根,于是 $n=3,r_1=r_2=1$,所以

$$M(K)=\left(\frac{4}{\pi}\right)\cdot\frac{6}{3^3}\cdot 2\sqrt{19}=2.4\cdots$$

因为 K 是对 2 的 Eisenstein 型数域,从而 $2O_K=\mathfrak{p}^3$. 即只有 $\mathfrak{p}$ 是 $N(\mathfrak{p})=2$ 的整理想. 因为 K 的每个理想类必然包含 O_K 或者 $\mathfrak{p}$,从而 $h(K)\leqslant 2$,并且 $h(K)$ 为元

素$[\mathfrak{p}]$的阶，但是由$\mathfrak{p}^3=2O_K$知$[\mathfrak{p}]^3=1$，而$[\mathfrak{p}]$不可能为3阶元素(因为$h(K)\leqslant 2$)，从而只可能$[\mathfrak{p}]=1$，于是$h(K)=1$.

但是当$M(K)$很大的时候，上述方法计算起来是相当麻烦的. 我们在本书第二部分将要引进更有效的解析工具来研究数域的类数.

习　　题

1. 设A是数域K的分式理想，求证：

   (a) A为整理想$\Leftrightarrow A\subseteq O_K$.

   (b) $A^{-1}=\{\alpha\in K:\alpha A\subseteq O_K\}$.

2. O_K为主理想整环的充分必要条件是$h(K)=1$.

3. (1) K的每个分式理想A的加法群为秩$n=[K:\mathbb{Q}]$的自由Abel群，即存在A中元素$\alpha_1,\cdots,\alpha_n$，使得$A=\mathbb{Z}\alpha_1\oplus\mathbb{Z}\alpha_2\oplus\cdots\oplus\mathbb{Z}\alpha_n$.

   (2) 设$W_1,\cdots,W_n$是O_K的一组整基，$\alpha_1,\cdots,\alpha_n$为(1)中给出的A的一组$\mathbb{Z}$-基，则存在n阶方阵$\boldsymbol{T}=(t_{ij})$，$(t_{ij})\in\mathbb{Q}$，使得

$$\begin{pmatrix}\alpha_1\\ \vdots\\ \alpha_n\end{pmatrix}=\boldsymbol{T}\begin{pmatrix}\omega_1\\ \vdots\\ \omega_n\end{pmatrix}$$

求证：$N_K(A)=\det(\boldsymbol{T})$的绝对值.

4. 设A和B是数域K的两个分式理想，则：

   (a) $N_K(AB)=N_K(A)N_K(B)$.

   (b) 若$\{\alpha_1,\cdots,\alpha_n\}$是$A$的一组$\mathbb{Z}$-基(习题3)，则$d_K(\alpha_1,\cdots,\alpha_n)=N_K(A)^2d(K)$.

   (c) 若$A=(\alpha)=\alpha O_K$是主(分式)理想，则$N_K(A)=|N_{K/\mathbb{Q}}(\alpha)|$.

5. 设A和B是数域K的两个分式理想. 求证：

   (a) $A|B\Leftrightarrow B\subseteq A$. 并且当$B\subseteq A$时，$|A/B|=N_K(B/A)$.

   (b) 若$A=P_1^{a_1}\cdots P_r^{a_r}$，$B=P_1^{b_1}\cdots P_r^{b_r}$，其中$P_1,\cdots,P_r$是$O_K$中不同的素理想，$a_i$，$b_i\in\mathbb{Z}$. 则$A|B\Leftrightarrow a_i\leqslant b_i(1\leqslant i\leqslant r)$.

6. 设$\mathfrak{a}$为n次数域K中的分式理想，$\sigma:K\to\mathbb{R}^n$为正则嵌入，则$\sigma(\mathfrak{a})$为$\mathbb{R}^n$中的格，并且$V(\sigma(\mathfrak{a}))=2^{-r_2}N(\mathfrak{a})|d(K)|^{1/2}$.

7. 设$a,b,c\in\mathbb{R}$，$4ac-b^2>0$. 求证：当$f\geqslant\dfrac{2}{\pi}\sqrt{4ac-b^2}$时，存在$(x,y)\in\mathbb{Z}^2$，$(x,y)\neq(0,0)$，使得$ax^2+bxy+cy^2\leqslant f$.

8. (a) 求以下实二次域的类群和类数

$$K=\mathbb{Q}(\sqrt{d})$$

$$d=2,3,5,6,7,11,13,14,15,17,19,21,22,23$$

(b)求以下虚二次域的类群和类数

$$K=\mathbb{Q}(\sqrt{-d})$$

$$d=1,2,3,5,6,7,10,11,13,15,17,19,23,43,163$$

(c)求数域 $K=\mathbb{Q}(\omega)$, $\omega^3+\omega+1=0$ 的理想类数.

9. 求证:

(a)$K=\mathbb{Q}(\sqrt{-14})$的类群是 4 阶循环群;

(b)$K=\mathbb{Q}(\sqrt{-21})$的类群是两个 2 阶循环群的直积;

(c)$K=\mathbb{Q}(\sqrt{-103})$的类数是 5.

10. 求证:

(a)$\mathbb{Q}(\omega)$和$\mathbb{Q}(\omega+\omega^{-1})$($\omega=\zeta_7$)的类数均是 1;

(b)$\mathbb{Q}(\omega+\omega^{-1})$($\omega=\zeta_{11}$)的类数是 1.

11. 求证:

(a)$\mathbb{Z}[\sqrt[3]{2}]$和$\mathbb{Z}[\alpha]$($\alpha^3=\alpha+1$, $\alpha\in\mathbb{R}$)均是主理想整环;

(b)$\mathbb{Z}[\sqrt[3]{m}]$($m=3,5,6$)均是主理想整环;

(c)$\mathbb{Z}[\omega]$($\omega\in\mathbb{R}$, $\omega^3=\omega-1$)是主理想整环.

12. 设 g 是大于 1 的整数, n 是大于 1 的奇数. $d=n^g-1$ 没有平方因子. 求证: $\mathbb{Q}(\sqrt{-d})$的类群必有 g 阶元素.

13. 设 p 为素数并且 $p\equiv 11 \pmod{12}$, $p>3^n$, 则$\mathbb{Q}(\sqrt{-p})$的类数$\geqslant n$.

§2 Dirichlet 单位定理

2.1 Dirichlet 单位定理

对于每个数域 K, 我们以 U_K 表示整数环 O_K 的单位群, 即 U_K 是 O_K 中乘法可逆元素全体所形成的乘法群. 本节的主要目的是决定单位群 U_K 的结构, 我们在第一章已经知道, 数域 K 中的单位根(即乘法有限阶元素)全体是有限循环群, 表示成 W_K, 这是乘法 Abel 群 U_K 的扭子群. 根据附录 A, (1) 可知, U_K 中存在一个无扭子群(即自由 Abel 群) V_K, 使得 $U_K=W_K\times V_K$(直积). 我们要证明, 自由 Abel 群 V_K 的秩是有限的, 并且等于 r_1+r_2-1, 其中 r_1 和 r_2 分别是 K 到$\mathbb{C}$ 中的实嵌入个数和复嵌入对数. 这就是著名的 Dirichlet 单位定理. 在证明此定理之前,首先给出 O_K 中元素属于 U_K 或者 W_K 的判别条件.

引理6 设 K 为 n 次数域,$\sigma_1,\cdots,\sigma_n$ 是 K 到$\mathbb{C}$ 中的 n 个嵌入,$u\in O_K$,则:

(a)$u\in U_K \Leftrightarrow N_{K/\mathbb{Q}}(u)=\pm 1$;

(b)$u\in W_K \Leftrightarrow |\sigma_i(u)|=1(1\leqslant i\leqslant n)$.

证明 (a)如果 $u\in U_K$,则 $u^{-1}\in O_K$. 于是 $N(u),N(u^{-1})\in\mathbb{Z}$. 但是$N(u)\cdot N(u^{-1})=N(1)=1$. 从而 $N(u)=\pm 1$. 反之,若 $u\in O_K,N(u)=\pm 1$,则 u 是多项式

$$\begin{aligned} f(x) &= \sum_{i=1}^{n}(x-\sigma_i(u)) \\ &= x^n+a_{n-1}x^{n-1}+\cdots+a_1x\pm 1\in\mathbb{Z}[x] \end{aligned}$$

的根,于是 u^{-1}为 $\mathbb{Z}[x]$中首 1 多项式 $x^n\pm(a_1x^{n-1}+\cdots+a_{n-1}x+1)$的根,从而 $u^{-1}\in O_K$,即 $u\in U_K$.

(b)如果 u 为单位根,即存在某个 $m\in\mathbb{Z}$,使得 $u^m=1$,则

$$\sigma_i(u)^m=\sigma_i(u^m)=1\quad(1\leqslant i\leqslant n)$$

于是$|\sigma_i(u)|=1(1\leqslant i\leqslant n)$. 反之,设 $u\in O_K,|\sigma_i(u)|=1(1\leqslant i\leqslant n)$,则 $u^j(j\in\mathbb{Z})$是 n 次多项式

$$\begin{aligned} g(x) &= \prod_{i=1}^{n}(x-\sigma_i(u^j)) \\ &= x^n+a_{n-1}x^{n-1}+\cdots+a_1x+a_0\in\mathbb{Z}[x] \end{aligned}$$

的根. a_i 均是 $\sigma_1(u^j),\cdots,\sigma_n(u^j)$的初等对称函数,但是

$$|\sigma_1(u^j)|=\cdots=|\sigma_n(u^j)|=1$$

因此$|a_i|\leqslant\binom{n}{i}(0\leqslant i\leqslant n-1)$. $\mathbb{Z}[x]$中这样的多项式只有有限多个,从而存在两个有理整数$j,k,j>k$,使得 $u^j=u^k$. 由于 $u\neq 0$,从而 $u^{j-k}=1$. 这就表明 u 是单位根. □

定理 3.6(Dirichlet 单位定理) 设 K 为 n 次数域,K 到$\mathbb{C}$ 中有 r_1 个实嵌入和 r_2 对复嵌入,$r_1+2r_2=n$,则 $U_K=W_K\times V_K$(直积),其中 W_K 是 K 中单位根群(有限循环群),而 V_K 是秩为 $r=r_1+r_2-1$ 的自由 Abel 群.

证明 考虑对数映射

$$l:U_K\to\mathbb{R}^{r_1+r_2}$$

$$l(\eta)=(\lambda_1\log|\eta^{(1)}|,\cdots,\lambda_{r_1+r_2}\log|\eta^{(r_1+r_2)}|)$$

其中 $\eta^{(i)}=\sigma_i(\eta),\lambda_i=1$(对于$1\leqslant i\leqslant r_1$),2(对于 $r_1+1\leqslant i\leqslant r_1+r_2$). 易知 l 是

从乘法群 U_K 到加法群$\mathbb{R}^{r_1+r_2}$中的同态. 根据引理6(b)可知

$$\eta\in\operatorname{Ker} l \Leftrightarrow \log|\eta^{(i)}|=0 \quad (1\leqslant i\leqslant r_1+r_2)$$
$$\Leftrightarrow |\eta^{(i)}|=1 \quad (1\leqslant i\leqslant n) \Leftrightarrow \eta\in W_K$$

因此 $\operatorname{Ker} l=W_K$. 于是 $V_K=U_K/W_K\cong l(U_K)$. 另一方面,如果 $\eta\in U_K$,则由引理6(a)知

$$\sum_{i=1}^{r_1+r_2}\lambda_i\log|\eta^{(i)}|=\sum_{i=1}^{n}\log|\eta^{(i)}|=\log|N(\eta)|=0$$

这就表明象集合 $l(U_K)$是$\mathbb{R}^{r_1+r_2}$的超平面

$$H=\{(a_1,\cdots,a_{r_1+r_2})\in\mathbb{R}^{r_1+r_2}\mid a_1+\cdots+a_{r_1+r_2}=0\}$$

的一个加法子群. 进而,对于$\mathbb{R}^{r_1+r_2}$的每个有界子集 B,则存在一个常数 M,使得$(a_1,\cdots,a_{r_1+r_2})\in B$ 时,$|a_i|\leqslant M(1\leqslant i\leqslant r_1+r_2)$. 于是若 $l(\eta)\in B$,则$|\eta^{(i)}|\leqslant e^M(1\leqslant i\leqslant n)$. 从而 η 所满足的多项式

$$\prod_{i=1}^{n}(x-\eta^{(i)})=x^n+a_1x^{n-1}+\cdots+a_n\in\mathbb{Z}[x]$$

的诸系数也是有界的:$|a_i|\leqslant e^M\cdot\binom{n}{i}$. 这样的多项式只有有限多个,从而满足$l(\eta)\in B$的元素 $\eta\in U_K$ 也只有有限多个,即 $l(U_K)\cap B$ 是有限集合. 这就表明$l(U_K)$是$\mathbb{R}^{r_1+r_2}$的离散子群. 根据§6 中引理 2,$l(U_K)$是$\mathbb{R}^{r_1+r_2}$的某个子空间中的格,由于 $l(U_K)\subseteq H$,可知 $l(U_K)$的秩$\leqslant r_1+r_2-1$. 为了完成定理 3.6 的证明,我们只需再证 $l(U_K)$中存在 r 个$\mathbb{Z}$-线性无关元素即可. 这需要以下 3 个引理:

引理 7 对于$0\neq\alpha\in O_K$,我们定义

$$l(\alpha)=(\alpha_1,\cdots,\alpha_{r_1+r_2})$$
$$=(\lambda_1\log|\alpha^{(1)}|,\cdots,\lambda_{r_1+r_2}\log|\alpha^{(r_1+r_2)}|)$$

则对于每个$0\neq\alpha\in O_K$ 和每个 k,$1\leqslant k\leqslant r_1+r_2$,均存在$0\neq\beta\in O_K$,使得 $l(\beta)=(b_1,\cdots,b_{r_1+r_2})$满足 $b_i<a_i$(当 $i\neq k$ 时),并且

$$|N(\beta)|\leqslant\left(\frac{2}{\pi}\right)^{r_2}|d(K)|^{1/2}$$

证明 不妨取 $k=1$. 定义

$$B=\{(x_1,\cdots,x_n)\in\mathbb{R}^n\mid |x_i|\leqslant c_i \quad (1\leqslant i\leqslant r_1)$$
$$x_j^2+x_{j+r_2}^2\leqslant c_j \quad (r_1+1\leqslant j\leqslant r_1+r_2)\}$$

其中

$$c_1=(c_2\cdots c_{r_1+r_2})^{-1}\left(\frac{2}{\pi}\right)^{r_2}|d(K)|^{1/2}$$

而 $0<c_i<e^{a_i}(2\leqslant i\leqslant r_1+r_2)$，则

$$\mu(B)=2^{r_1}c_1\cdots c_{r_1}\cdot\pi^{r_2}c_{r_1+1}\cdots c_{r_1+r_2}=2^n\cdot 2^{-r_2}|d(K)|^{1/2}$$

于是由 Minkowski 定理，可知有 $0\neq\beta\in O_K$，使得

$$\lambda_i\log|\beta^{(i)}|\leqslant\log c_i<a_i\quad(2\leqslant i\leqslant r_1+r_2)$$

而

$$|N(\beta)|\leqslant c_1\cdots c_{r_1+r_2}=\left(\frac{2}{\pi}\right)^{r_2}|d(K)|^{1/2}$$

从而 β 即为所求. □

引理 8 对每个 $k(1\leqslant k\leqslant r_1+r_2)$，均存在

$$u_k\in U_K, l(u_k)=(y_1,\cdots,y_{r_1+r_2})$$

使得当 $i\neq k$ 时，$y_i<0$.

证明 从任意一个 $\alpha_1\in O_K-\{0\}$ 开始，根据引理 7 依次求出 $\alpha_2,\alpha_3,\cdots,\in O_K-\{0\}$，使得当 $i\neq k$ 时均有 $(l(\alpha_{j+1}))_i<(l(\alpha_j))_i$（这里 $(l(\alpha))_i$ 表示向量 $l(\alpha)\in\mathbb{R}^{r_1+r_2}$ 的第 i 个坐标），并且 $|N(\alpha_j)|\leqslant M$. 由最后一个条件可知主理想集合 $\{\alpha_jO_K|j=1,2,\cdots\}$ 是有限集合，从而存在 $j>h$，使得 $\alpha_jO_K=\alpha_hO_K$. 令 $\alpha_j=u_k\alpha_h$，则 $u_k\in U_K$，并且满足引理条件. □

利用引理 8，我们得到 r_1+r_2 个单位 u_k，使得

$$l(u_k)=(y_{k1},\cdots,y_{k,r_1+r_2})$$

而 r_1+r_2 阶实方阵 (y_{ij}) 的元素符号有形式

$$((\operatorname{sgn} y_{ij}))=\begin{pmatrix}+ & & & \\ & & & - \\ & + & & \\ - & & \ddots & \\ & & & +\end{pmatrix}$$

并且 (y_{ij}) 的每行之和均为零. 为证 $l(u_k)(1\leqslant k\leqslant r_1+r_2)$ 中有

$$r=r_1+r_2-1$$

个线性无关，我们只需证明方阵 (y_{ij}) 的秩为 r 即可，而这可由下面的一般性引理推出.

引理 9 设 $\boldsymbol{A}=(a_{ij})$ 为 m 阶实方阵，主对角线上元素为正，而其余元素均为负，并且每行元素之和均为 0，则

$$\operatorname{rank}\boldsymbol{A}=m-1$$

证明 设$(a_{ij})=(v_1,\cdots,v_m)$,$v_i$为列向量$\begin{pmatrix}a_{1i}\\ \vdots\\ a_{mi}\end{pmatrix}$,如果其中有$m-1$个列向量是线性相关的,必要时对于方阵$\boldsymbol{A}$的诸行和诸列作一个适当的置换,不妨设$\boldsymbol{A}$的前$m-1$列线性相关,则有不全为0的$t_i\in\mathbb{R}$,使得$\sum_{i=1}^{m-1}t_iv_i=0$(零列向量).必要时乘以适当常数之后,可设$t_k=1$,而其余$|t_j|\leqslant 1(1\leqslant j\leqslant m-1,j\neq k)$.现在考虑$\boldsymbol{A}$的第$k$行,便有

$$0=\sum_{j=1}^{m}a_{kj}<\sum_{j=1}^{m-1}a_{kj}\leqslant\sum_{j=1}^{m-1}t_ja_{kj}=0$$

这就导致矛盾.因此$\operatorname{rank}\boldsymbol{A}=m-1$. □

这就完全证明了定理3.6.这个定理也可叙述成如下形式:数域K中存在着$r=r_1+r_2-1$个单位$\eta_1,\cdots,\eta_r\in U_K$,使得每个单位$\eta\in U_K$均可唯一地表示成

$$\eta=w\eta_1^{a_1}\cdots\eta_r^{a_r}\quad(w\in W_K,a_i\in\mathbb{Z})$$

这样一组单位$\{\eta_1,\cdots,\eta_r\}$称作域K的一个**基本单位组**.如果$\{\varepsilon_1,\cdots,\varepsilon_r\}$又是$K$的一个基本单位组,则易知

$$\varepsilon_i=w_i\sum_{j=1}^{r}\eta_j^{a_{ij}}\quad(w_i\in W_K,a_{ij}\in\mathbb{Z})$$

$$\det(a_{ij})=\pm1$$

此外,如果令$l(\eta_i)=(y_{i1},\cdots,y_{i,r+1})$($l$为对数映射),并且定义

$$R(\eta_1,\cdots,\eta_r)=|\det(y_{ij})_{1\leqslant i,j\leqslant r}|$$

则(由于$\log|\varepsilon_k^{(i)}|=\sum_{j=1}^{r}a_{kj}\log|\eta_j^{(i)}|$)

$$\begin{aligned}R(\varepsilon_1,\cdots,\varepsilon_r)&=|\det(\lambda_i\log|\varepsilon_k^{(i)}|)_{1\leqslant i,k\leqslant r}|\\&=2^{\max(r_2-1,0)}|\det(\log|\varepsilon_k^{(i)}|)|\\&=2^{\max(r_2-1,0)}|\det(\log|\eta_k^{(i)}|)|\cdot|\det(a_{ij})|\\&=R(\eta_1,\cdots,\eta_r)\end{aligned}$$

这就表明实数$R(\eta_1,\cdots,\eta_r)$与基本单位组$\{\eta_1,\cdots,\eta_r\}$的取法无关,从而它是数域K的不变量,我们称它为数域K的**regulator**,并且记成$R(K)$.我们在本书第二部分将会看到,$R(K)$混在类数$h(K)$的解析公式之中.对于一般的数域K,寻求K的基本单位组是件相当困难的事情.因此$R(K)$也是用类数解析公式计算类数$h(K)$的一个主要困难所在.

以下两小节我们举一些计算基本单位组的例子.

2.2 实二次域的基本单位,Pell 方程

对于虚二次域 K, $r_1=0$, $r_2=1$,于是 $r=r_1+r_2-1=0$,这表明单位群 U_K 就是单位根群 W_K. 而在第一章中我们已经完全决定了虚二次域的单位根群,从而也就完全决定了虚二次域的单位群.

现在我们考虑实二次域 $K=\mathbb{Q}(\sqrt{d})$, $d>0$,无平方因子. 这时 $r_1=2$, $r_2=0$, $r=r_1+r_2-1=1$. 即 K 的基本单位组由一个单位 ε 构成. 称 ε 为实二次域 K 的**基本单位**. 由于 $W_K=\{\pm 1\}$,因此 $U_K=\{\pm\varepsilon^n \mid n\in\mathbb{Z}\}$ 不难看出,可以作为基本单位的只有 $\pm\varepsilon$ 和 $\pm\varepsilon^{-1}$,从而满足 $\varepsilon>1$ 的基本单位是唯一确定的.

对于 $d\equiv 2,3 \pmod 4$ 的情形, $O_K=\mathbb{Z}[\sqrt{d}]$. 从而 K 中整数可写成 $a+b\sqrt{d}$, $a,b\in\mathbb{Z}$. 而 $a+b\sqrt{d}$ 为 K 中单位 $\Leftrightarrow$

$$N(a+b\sqrt{d})=a^2-db^2=\pm 1$$

(引理6). 二元二次不定方程 $x^2-dy^2=\pm 1$ 称作 Pell 方程. 于是我们看到,Pell 方程在 $\mathbb{Z}$ 中的解 (x,y) 与实二次域的单位有密切联系,而由 U_K 的结构不难得到 Pell 方程全部解的结构,具体说来就是:

引理 10 设 $K=\mathbb{Q}(\sqrt{d})$, $d>0$,无平方因子, $d\equiv 2,3 \pmod 4$. 令 $\varepsilon=a+b\sqrt{d}$ $(a,b\in\mathbb{Z})$ 是域 K 的基本单位, $\varepsilon>1$. 又令 $\varepsilon^n=(a+b\sqrt{d})^n=a_n+b_n\sqrt{d}$, a_n, $b_n\in\mathbb{Z}$.

(a) 如果 $N(\varepsilon)=1$,则 Pell 方程 $x^2-dy^2=-1$ 无有理整数解,而 $x^2-dy^2=1$ 的全部有理整数解为 $\{(\pm a_n,\pm b_n) \mid n\in\mathbb{Z}\}$.

(b) 如果 $N(\varepsilon)=-1$,则 $x^2-dy^2=-1$ 的全部有理整数解为 $\{(\pm a_{2n+1},\pm b_{2n+1}) \mid n\in\mathbb{Z}\}$,而 $x^2-dy^2=1$ 的全部有理整数解为

$$\{(\pm a_{2n},\pm b_{2n}) \mid n\in\mathbb{Z}\}$$

证明 这是由于如果 $N(\varepsilon)=1$,则 $U_K=\{\pm\varepsilon^n \mid n\in\mathbb{Z}\}$ 中每个单位的范均为 1. 如果 $N(\varepsilon)=-1$,则范为 1 的单位全体形成 U_K 的一个指数为 2 的子群,并且这个群就是 $\{\pm\varepsilon^{2n} \mid n\in\mathbb{Z}\}$. 将这些翻译成 Pell 方程的语言即得引理. □

注记 (1) 对于实二次域 $\mathbb{Q}(\sqrt{d})$,它的基本单位何时范为 1,何时范为 -1? 目前有不少判别法,但是都只适用于某些特定的情形(例如习题 7). 对于一般情形目前还没有简便而完整的判别方法.

(2) 我们也可由解 Pell 方程 $x^2-dy^2=\pm 1$ 来求实二次域

$$K=\mathbb{Q}(\sqrt{d})\quad (d\equiv 2,3(\bmod 4))$$

的基本单位：设 $a,b\in\mathbb{Z}$ 满足 $a^2-db^2=1$ 或 -1，$a+b\sqrt{d}>1$，并且使得 $a+b\sqrt{d}$ 在这些条件下达到最小，称 (a,b) 是 Pell 方程 $x^2-dy^2=\pm 1$ 的**最小解**. 显然，对应于这个最小解 (a,b)，$\varepsilon=a+b\sqrt{d}$ 就是实二次域 $\mathbb{Q}(\sqrt{d})$ 中满足 $\varepsilon>1$ 的基本单位.

设 (a,b) 为 Pell 方程 $x^2-dy^2=\pm 1$ 的最小解，则必然 $a>0,b>0$（因为 $\pm a\pm b\sqrt{d}$ 中只有一个大于 1）. 令

$$a_n+b_n\sqrt{d}=(a+b\sqrt{d})^n\quad (n=1,2,\cdots)$$

则

$$(a+b\sqrt{d})(a_{n-1}+b_{n-1}\sqrt{d})=(a_n+b_n\sqrt{d})$$

于是 $b_n=ab_{n-1}+ba_{n-1}$，从而序列 $\{b_n\}$ 是递增的. 因此，我们可以从 $y=1,2,\cdots$ 依次试验 $dy^2\pm 1$ 是否为完全平方数. 如果 b 为最小的自然数，使得 db^2+1 或 db^2-1 为完全平方数，令 a 为这个完全平方数的正平方根，我们就得到 $x^2-dy^2=\pm 1$ 的最小解 (a,b)，从而也就得到实二次域 $\mathbb{Q}(\sqrt{d})$ 的基本单位 $\varepsilon=a+b\sqrt{d}>1$.

例 $K=\mathbb{Q}(\sqrt{23})$，Pell 方程为 $x^2-23y^2=\pm 1$. 由于 $23b^2\pm 1(b=1,2,3,4)$ 均不是完全平方数，而 $23.5^2-1=24^2$. 从而 $\varepsilon=24+5\sqrt{23}$ 为 K 的基本单位，$N(\varepsilon)=1$. 从而 $x^2-23y^2=-1$ 没有整数解. 而 $x^2-23y^2=1$ 的全部整数解为

$$\{(x,y)=(\pm a_n,\pm b_n)\mid n\geqslant 0,a_n+b_n\sqrt{23}=(24+5\sqrt{23})^n\}$$

对于 $d\equiv 1(\bmod 4)$ 的情形

$$K=\mathbb{Q}(\sqrt{d}),O_K=\mathbb{Z}\oplus\mathbb{Z}\omega,\omega=\frac{1}{2}(1+\sqrt{d})$$

从而 K 中整数表示成

$$a+b\omega=\frac{2a+b}{2}+\frac{b}{2}\sqrt{d}=\frac{A+B\sqrt{d}}{2}\quad (A,B\in\mathbb{Z})$$
$$A\equiv B(\bmod 2)$$

而 $\varepsilon=\frac{1}{2}(A+B\sqrt{d})$ 为单位 $\Leftrightarrow A^2-dB^2=\pm 4$. 对于这种情形我们有：

引理 11 设 $K=\mathbb{Q}(\sqrt{d})$，$d>0$，无平方因子，$d\equiv 1(\bmod 4)$

$$\varepsilon=\frac{1}{2}(a+b\sqrt{d})>1$$

为域K的基本单位,$a,b\in\mathbb{Z}$,$a\equiv b(\bmod 2)$. 令

$$\frac{1}{2}(a_n+b_n\sqrt{d})=\varepsilon^n\quad(n\in\mathbb{Z})$$

则:

(a)当$N(\varepsilon)=-1$时,$x^2-dy^2=4$的全部整解为

$$\{(\pm a_{2n},\pm b_{2n})\mid n\in\mathbb{Z}\}$$

而$x^2-dy^2=-4$的全部整解为$\{(\pm a_{2n+1},\pm b_{2n+1})\mid n\in\mathbb{Z}\}$. 当$N(\varepsilon)=1$时,$x^2-dy^2=-4$无整解,而$x^2-dy^2=4$的全部整解为

$$\{(\pm a_n,\pm b_n)\mid n\in\mathbb{Z}\}$$

(b)当$N(\varepsilon)=-1$时,如果$a\equiv b\equiv 0(\bmod 2)$,则$x^2-dy^2=-1$的全部整解为$\left\{\left(\pm\frac{1}{2}a_{2n+1},\pm\frac{1}{2}b_{2n+1}\right)\middle| n\in\mathbb{Z}\right\}$,当$x^2-dy^2=1$的全部整解为$\left\{\left(\pm\frac{1}{2}a_{2n},\pm\frac{1}{2}b_{2n}\right)\middle| n\in\mathbb{Z}\right\}$;如果$a\equiv b\equiv 1(\bmod 2)$,则$x^2-dy^2=-1$的全部整解为$\left\{\left(\pm\frac{1}{2}a_{6n+3},\pm\frac{1}{2}b_{6n+3}\right)\middle| n\in\mathbb{Z}\right\}$,$x^2-dy^2=1$的全部整解为$\left\{\left(\pm\frac{1}{2}a_{6n},\pm\frac{1}{2}b_{6n}\right)\middle| n\in\mathbb{Z}\right\}$. 当$N(\varepsilon)=1$时,$x^2-dy^2=-1$无整解. 如果$a\equiv b\equiv 0(\bmod 2)$,则$x^2-dy^2=1$的全部整解为$\left\{\left(\pm\frac{1}{2}a_n,\pm\frac{1}{2}b_n\right)\middle| n\in\mathbb{Z}\right\}$,如果$a\equiv b\equiv 1(\bmod 2)$,则$x^2-dy^2=1$的全部整解为

$$\left\{\left(\pm\frac{1}{2}a_{3n},\pm\frac{1}{2}b_{3n}\right)\middle| n\in\mathbb{Z}\right\}$$

证明 对于(a)可像引理10一样地证明. 对于(b),我们只需证明:如果

$$\varepsilon=\frac{1}{2}(a+b\sqrt{d})=\frac{1}{2}(a_1+b_1\sqrt{d})>1$$

$$a_1\equiv b_1\equiv 1(\bmod 2)$$

则$a_2\equiv b_2\equiv 1(\bmod 2)$,而$a_3\equiv b_3\equiv 0(\bmod 2)$. 由此不难得到(b)中全部结果.

设$\varepsilon=a_1+b_1\sqrt{d}>1$,$a_1\equiv b_1\equiv 1(\bmod 2)$,则

$$a_2+b_2\sqrt{d}=\frac{1}{2}(a_1+b_1\sqrt{d})^2=\frac{1}{2}(a^2+db^2+2ab\sqrt{d})$$

由于$a^2\equiv b^2\equiv d\equiv 1(\bmod 4)$,可知

$$a_2=\frac{1}{2}(a^2+db^2)\equiv 1(\bmod 2),b_2=ab\equiv 1(\bmod 2)$$

另一方面

$$(a_3+b_3\sqrt{d})=\frac{1}{4}(a_1+b_1\sqrt{d})^3$$
$$=\frac{1}{4}[a^3+3adb^2+(3a^2b+b^3d)\sqrt{d}]$$

由于 $a^2-b^2d=\pm 4$,从而

$$a^3+3adb^2=a(a^2+3db^2)=4a(b^2d\pm 1)\equiv 0 \pmod 8$$
$$3a^2b+b^3d=b(3a^2+b^2d)=4ab(a^2\pm 1)\equiv 0 \pmod 8$$

从而 $a_3\equiv b_3\equiv 0 \pmod 2$. 这就完全证明了引理. □

注记 对于实二次域$\mathbb{Q}(\sqrt{d})$,其基本单位 $\varepsilon_d>1$ 究竟有多大? 这也是人们长期以来所关心的问题. 如果 $d=t^2+4$ 没有平方因子,$t>0$(例如 $t=1,3,5$,等等),则 $\varepsilon_d=\frac{1}{2}(t+\sqrt{d})$(习题 3). 如果 $d=t^2-4$ 无平方因子,$t\geqslant 5$,则 $\varepsilon_d=\frac{1}{2}(t+\sqrt{d})$(习题4). 对于这两种情形,$\varepsilon_d$ 差不多等于$\sqrt{d}$. 但是

$$\varepsilon_{67}=48\ 842+5\ 967\ \sqrt{67},\varepsilon_{94}=2\ 143\ 295+221\ 064\ \sqrt{94}$$

这表明 ε_d 的大小也很没有规律. 关于 ε_d 的目前最好的上界,是由华罗庚于 1942 年得到的

$$h_k\cdot\log\varepsilon_d<\frac{1}{2}\sqrt{d}\log d+\sqrt{d}\quad (K=\mathbb{Q}(\sqrt{d}))$$

(我们在本书第二部分要解释,为什么类数 h_K 和 K 的 regulator $\log\varepsilon_d$ 搅在一起),特别地有 $\log\varepsilon_d<\frac{1}{2}\sqrt{d}\log d+\sqrt{d}$.

2.3 其他情形

如果 K 不是二次域,寻求代数数域 K 的基本单位组是相当困难的问题. 这里我们就某些类型的数域给出计算基本单位系的理论结果. 证明是初等的,但是为节省篇幅我们略去证明.

(A)非全实的实三次域

设 $K=\mathbb{Q}(\alpha)$是三次域,其中 α 为实数,但是与 α 共轭的另两个数是一对共轭的复数. 这时 $r_1=r_2=1$,于是 $r=r_1+r_2-1=1$. 所以 K 的基本单位组也只包含一个单位 ε. 与实二次域情形一样,我们也称 ε 为 K 的基本单位. 由于 $W_K=\{\pm 1\}$,可知作为基本单位只能是 $\pm\varepsilon$, $\pm\varepsilon^{-1}$当中的一个,其中只有一个是大于 1 的实数,所以大于 1 的基本单位 ε 也是唯一确定的,而 K 的全部单位为 $\pm\varepsilon^n$,其中 n 过所有整数.

引理 12 设 $K=\mathbb{Q}(\alpha)$ 是实三次域. α 为极小多项式为 $f(x)=x^3+kx-1$,其中 k 是大于1的有理整数(易知这时 $f(x)$ 为 $\mathbb{Q}[x]$ 中不可约多项式,并且 $f(x)$ 只有一个实根 α). 如果正整数 $4k^3+27$ 没有平方因子,则 α^2+k 是 K 的基本单位.

证明大意 $f(x)=x^3+kx-1$ 的判别式为 $-(4k^3+27)<0$,可知 $f(x)$ 只有一个实根 α 并且 $\alpha\in O_K$,由 $d_k(1,\alpha,\alpha^2)=-(4k^3+27)$,而 $4k^3+27$ 无平方因子,可知 $O_K=\mathbb{Z}[\alpha]$. 由于 $\frac{1}{\alpha}=\alpha^2+k\in O_K$,可知 α 为 K 中单位,从而 $\alpha^2+k=\frac{1}{\alpha}$ 是 O_K 中大于1的单位. 问题的关键是证明 α^2+k 必是 K 的基本单位. 为此,我们可以先证明:对 O_K 中每个大于1的单位 η,都有 $1\leqslant|d_k(1,\eta,\eta^2)|\leqslant 4\eta^3+24$. 利用初等的分析工具可证这个事实,此处从略,特别对 O_K 大于1的基本单位 ε, $1\leqslant|d_k(1,\varepsilon,\varepsilon^2)|\leqslant 4\varepsilon^3+24$. 如果 α^2+k 不是基本单位,则 $\alpha^2+k=\varepsilon^t$,其中 $t\geqslant 2$. 由于 $d(K)=d_k(1,\alpha,\alpha^2)=-(4k^3+27)$ 是 $d_k(1,\varepsilon,\varepsilon^2)(\neq 0)$ 的因子,可知 $4k^3+27\leqslant 4\varepsilon^3+24$,于是 $k<\varepsilon$. 再由 $\alpha<1$ 可知 $k^2<\varepsilon^2\leqslant\varepsilon^t=\alpha^2+k<1+k$. 当 $k\geqslant 2$ 时 $k^2<1+k$ 不可能成立,从而导致矛盾,所以 α^2+k 为 K 的基本单位.

注记 取 $k=2,4,5$,则 $4k^3+27=59,283,527$ 均无平方因子. 可以证明存在无限多整数 $k\geqslant 2$,使 $4k^3+27$ 均无平方因子,从而满足上述引理条件.

(B)全实三次域

设 $f(x)$ 为 $\mathbb{Q}[x]$ 中三次不可约多项式,并且3个根均为实根. 令 α 为其中一个根,则 $K=\mathbb{Q}(\alpha)$ 叫作全实三次域,这时 $r_1=3, r_2=0$. 于是 $r=3-1=2$,即 K 的基本单位组由两个单位组成. 根据引理8,我们可求出 K 的一个单位 η,满足

$$|\eta^{(1)}|>1,|\eta^{(2)}|<1,|\eta^{(3)}|<1$$

这里 $\eta^{(i)}=\sigma_i(\eta)$,而 $\sigma_i(i=1,2,3)$ 是 K 到 $\mathbb{C}$ 的3个实嵌入. 由于满足 $|\omega^{(1)}|\leqslant|\eta^{(1)}|$, $|\omega^{(2)}|<1$, $|\omega^{(3)}|<1$ 的 $\omega\in O_K$ 只有有限多个,所以有最小的单位 $\varepsilon_1\in U_K$,使得 $|\varepsilon_1^{(1)}|>1$, $|\varepsilon_1^{(2)}|<1$, $|\varepsilon_1^{(3)}|<1$. 同样可求得最小单位 $\varepsilon_2\in U_K$,使得 $|\varepsilon_2^{(2)}|>1$, $|\varepsilon_2^{(1)}|<1$, $|\varepsilon_2^{(3)}|<1$.

引理 13 ε_1 和 ε_2 构成 K 的一个基本单位组.

证明从略. 注意这个引理只有理论意义. 实际上我们还需要寻求满足所述条件的 $\varepsilon_1,\varepsilon_2$ 的好的算法. 对于任意数域 K,研究 O_K 的整基、类数和基本单位组的实用算法,已成为代数数论的重要研究课题(计算代数数论).

(C)Minkowski 单位

设 $K/\mathbb{Q}$ 是 n 次实伽罗瓦扩张,则 $r=n-1$. 当 n 很大时,寻求 K 的一个基本单位组 $\varepsilon_1,\varepsilon_2,\cdots,\varepsilon_r$ 通常是很困难的,以 $\{\sigma_1,\cdots,\sigma_n\}$ 表示 $K/\mathbb{Q}$ 的伽罗瓦群,对每个 $\alpha\in K$,记 $\alpha^{(i)}=\sigma_i(\alpha)$.

定义 6 设 $K/\mathbb{Q}$ 是 n 次实伽罗瓦扩张,单位 $\varepsilon \in U_K$ 叫作 K 的 Minkowski 单位,是指 $\varepsilon^{(i)}(1 \leqslant i \leqslant r)$ 构成 K 的一个基本单位组.(由于 $\varepsilon^{(1)}\varepsilon^{(2)}\cdots\varepsilon^{(n)} = \pm 1$,可知这时 $\varepsilon^{(i)}(1 \leqslant i \leqslant n)$ 当中任意 r 个均是 K 的基本单位组.)

哪些实伽罗瓦域 K 存在 Minkowski 单位,也是一个重要的研究课题.

引理 14(Brumer, 1969) 当 $n = 3,5,7$ 时,n 次实伽罗瓦域 K 必存在 Minkowski 单位.

证明从略,寻求 Minkowski 单位的好算法,也是计算数论的重要课题.

(D)分圆域

设 $K = \mathbb{Q}(\zeta_{p^t})$,$p$ 为奇素数,$t \geqslant 1$. 我们已经知道,W_K 是 $2p^t$ 阶循环群

$$n = [K:\mathbb{Q}] = \varphi(p^t), r_1 = 0, r_2 = \frac{1}{2}\varphi(p^t)$$

从而 $r = \frac{1}{2}\varphi(p^t) - 1$. 令 $K_+ = \mathbb{Q}(\zeta_{p^t} + \zeta_{p^t}^{-1})$ 是 K 的极大实子域,则 $[K_+ : \mathbb{Q}] = \frac{1}{2}\varphi(p^t)$,从而 K_+ 的基本单位组中单位的个数也是 $r = \frac{1}{2}\varphi(p^t) - 1$.

引理 15(Kummer) 分圆域 $K = \mathbb{Q}(\omega)(\omega = \zeta_{p^t})$ 的每个单位都是实单位和单位根的乘积.

证明 令 $G = \mathrm{Gal}(K/\mathbb{Q}) = \{\sigma_a \mid 1 \leqslant a \leqslant p^t - 1, p \nmid a\}$,$\sigma_a(\omega) = \omega^a$,于是 σ_{-1} 为复共轭自同构. 对于每个 $\sigma \in G, \alpha \in K, \sigma(\overline{\alpha}) = \sigma\sigma_{-1}(\alpha) = \sigma_{-1}\sigma(\alpha) = \overline{\sigma(\alpha)}$. 设 $\varepsilon \in U_K$,则 $\overline{\varepsilon} = \sigma_{-1}(\varepsilon) \in U_K$. 并且对于每个 $\sigma \in G$,均有 $|\sigma(\varepsilon/\overline{\varepsilon})| = |\sigma(\varepsilon)/\overline{\sigma(\varepsilon)}| = 1$. 根据引理 6 即知 $\varepsilon/\overline{\varepsilon} = \lambda$ 是单位根. 但是 $W_K = \{\pm\omega^a \mid 0 \leqslant a \leqslant p^t - 1\} = \{\pm\omega^{2a} \mid 0 \leqslant a \leqslant p^t - 1\}$,从而 $\varepsilon = \pm\omega^{2a}\overline{\varepsilon}$. 如果 $\varepsilon = \omega^{2a}\overline{\varepsilon}$,则

$$\varepsilon \cdot \omega^{-a} = \overline{\varepsilon}\omega^a = \overline{\varepsilon\omega^{-a}}$$

因此 $\mu = \varepsilon \cdot \omega^{-a}$ 为实单位,而 $\varepsilon = \omega^a \cdot \mu$ 即满足引理要求. 最后再证 $\varepsilon = -\omega^{2a}\overline{\varepsilon}$ 不可能. 如果 $\varepsilon = -\omega^{2a}\overline{\varepsilon}$,由于 $pO_K = \mathfrak{p}^n$,$\mathfrak{p} = (1-\omega)$,$O_K = \mathbb{Z}[\omega]$,因此 $\mu = \varepsilon \cdot \omega^{-a} = c_0 + c_1\omega + \cdots + c_{n-1}\omega^{n-1}$,$c_i \in \mathbb{Z}$. $\overline{\mu} = c_0 + c_1\omega^{-1} + \cdots + c_{n-1}\omega^{-(n-1)}$,但是 $\mu = -\overline{\mu}$,而

$$\omega \equiv \omega^{-1} \equiv 1 \pmod{\mathfrak{p}}$$

从而 $-\mu = \overline{\mu} \equiv c_0 + c_1\omega + \cdots + c_{n-1}\omega^{(n-1)} = \mu \pmod{\mathfrak{p}}$,于是 $2\mu \in \mathfrak{p}$,即 $\mu \in \mathfrak{p}$,这与 μ 是单位相矛盾. □

系 1 分圆域 $K = \mathbb{Q}(\zeta_{p^t})$ 中存在一组实单位

$$\{\eta_1,\cdots,\eta_r\}\quad\left(r=\frac{1}{2}\varphi(p^t)-1\right)$$

使得它同时是 K 和其极大实子域 K_+ 的基本单位组.

证明 设 $\{\varepsilon_1,\cdots,\varepsilon_r\}$ 是 K 的任意一个基本单位组. 根据引理 15 知 $\varepsilon_i=\omega_i\eta_i,\omega_i\in W_K,\eta_i$ 为实单位,从而 η_i 也是 K_+ 中的单位. 易知这样的 $\{\eta_1,\cdots,\eta_r\}$ 满足系 1 的要求. □

系 2 对于分圆域 $K=\mathbb{Q}(\zeta_{p^t})$ 和它的极大实子域 K_+,我们有 $R_K/R_{K_+}=2^r$, $r=\frac{1}{2}\varphi(p^t)-1$.

证明 取 $\{\eta_1,\cdots,\eta_r\}$ 同时是 K 和 K_+ 的基本单位组(系 1). 由于 $\mathrm{Gal}(K/\mathbb{Q})=\{\sigma_a\mid(a,p)=1,1\leqslant a\leqslant p^t-1\}$, $\mathrm{Gal}(K_+/\mathbb{Q})=\mathrm{Gal}(K/\mathbb{Q})/\{1,\sigma_{-1}\}$. 从而可取

$$\{\sigma_a\mid 1\leqslant a\leqslant\frac{1}{2}(p^t-1),(a,p)=1\}$$

为 $\mathrm{Gal}(K_+/\mathbb{Q})$ 的代表元. 于是

$$\begin{aligned}R_K&=\left|\det(\lambda_a\log|\sigma_a(\eta_j)|)_{\substack{1\leqslant j\leqslant r\\ 2\leqslant a\leqslant\frac{1}{2}(p^t-1)\\ (a,p)=1}}\right|\\&=2^r|\det(\log|\sigma_a(\eta_i)|)|=2^rR_{K_+}\end{aligned}$$

□

2.4 关于费马猜想的 Kummer 定理

现在我们介绍 Kummer 关于费马猜想所做的工作. 大家知道,费马猜想是说:当 $n\geqslant 3$ 时,方程 $x^n+y^n=z^n$ 没有有理整数解 (x,y,z),使得 $xyz\neq 0$. 利用初等数论,不难证明这个猜想对于 $n=4$ 是正确的,从而只需再对每个奇素数 p,证明费马猜想对于 $n=p$ 正确即可(为什么?). Kummer 证明了:如果对于奇素数 p,p 不能除尽分圆域 $\mathbb{Q}(\zeta_p)$ 的类数 h_p,则费马猜想对于 $n=p$ 是正确的. 在 100 以内除了 37,59 和 67 之外,其余奇素数 p 均满足条件 $p\nmid h_p$,从而对于这些奇素数 p,费马猜想均正确. 自 Kummer 时代起,人们就把费马猜想分成两种情形,第 1 种情形是说费马方程 $x^p+y^p=z^p$ 不存在解满足 $p\nmid xyz\neq 0$,第 2 种情形则是说不存在解满足 $p\mid xyz\neq 0$. 第 2 种情形的证明还需要应用少许 p-adic 域的知识,我们现在介绍 Kummer 对于第 1 种情形的证明. 也就是说,我们要证明:

定理 3.7(Kummer) 设 p 为奇素数,h_p 是分圆域 $\mathbb{Q}(\zeta)$ $(\zeta=\zeta_p)$ 的类数,如果 $p\nmid h_p$,则费马方程 $x^p+y^p=z^p$ 没有有理整数解 (x,y,z),使得 $p\nmid xyz\neq 0$.

证明 如果 $p=3$,由于 $3\nmid x,y,z$,从而 $x^3,y^3,z^3\equiv\pm 1\pmod 9$,于是 x^3+

$y^3 \equiv 0$或者 $\pm 2 \not\equiv \pm 1 \equiv z^3 \pmod 9$，这就表明定理对于 $p=3$ 成立. 从而以后假设 $p \geqslant 5$. 进而，如果 $x \equiv y \equiv -z \pmod p$，则 $x^p + y^p \equiv -2z^p$，如果 $x^p + y^p = z^p$，则 $3z^p \equiv 0 \pmod p$，但是这在 $p \geqslant 5$ 和 $p \nmid z$ 的情形是不可能的. 因此或者 $x \not\equiv y \pmod p$，或者 $x \not\equiv -z \pmod p$，而在后一种情形可以考虑方程 $x^p + (-z)^p = (-y)^p$. 因此我们总可以假设 $x \not\equiv y \pmod p$. 最后，如果 $d=(x,y)$，则 $d \mid z$，而 $(x/d, y/d, z/d)$仍是费马方程的解. 从而我们又可设 x,y,z 两两互素.

在上述假定之下现在着手证明定理 3.7，在分圆域$\mathbb{Q}(\zeta)(\zeta=\zeta_p)$的整数环$\mathbb{Z}[\zeta]$中，方程 $x^p + y^p = z^p$ 可以写成

$$(x+y)(x+\zeta y)\cdots(x+\zeta^{p-1}y) = z^p$$

我们再证$\mathbb{Z}[\zeta]$中如下 3 个非常简单的事实：

(i)$\mathbb{Z}[\zeta]$中 p 个主理想$(x+\zeta^i y)(0 \leqslant i \leqslant p-1)$两两互素. 因为若不然，则存在$\mathbb{Z}[\zeta]$中一个素理想 $\mathfrak{p}$ 和 i,j，$0 \leqslant i < j \leqslant p-1$，使得 $x+\zeta^i y \equiv x+\zeta^j y \equiv 0 \pmod{\mathfrak{p}}$. 从而

$$\begin{aligned} 0 &\equiv (x+\zeta^i y) - (x+\zeta^j y) \equiv \zeta^i y(1-\zeta^{j-i}) \\ &\equiv \zeta^i \cdot \frac{1-\zeta^{j-i}}{1-\zeta} y(1-\zeta) \pmod{\mathfrak{p}} \end{aligned}$$

由于 ζ 和$\frac{1-\zeta^{j-i}}{1-\zeta}$均为$\mathbb{Z}[\zeta]$中单位，于是 $y(1-\zeta) \equiv 0 \pmod{\mathfrak{p}}$. 另一方面

$$0 \equiv \zeta^j(x+\zeta^i y) - \zeta^i(x+\zeta^j y) = \zeta^i x(\zeta^{j-i}-1) \pmod{\mathfrak{p}}$$

于是 $x(1-\zeta) \equiv 0 \pmod{\mathfrak{p}}$. 由于已假定$(x,y)=1$，于是$(1-\zeta) \equiv 0 \pmod{\mathfrak{p}}$，即 $\mathfrak{p} \mid (1-\zeta)$. 但是我们已经知道$(1-\zeta)$是$\mathbb{Z}[\zeta]$中的素理想，并且 $pO_K = (1-\zeta)^{p-1}$（第二章）. 从而必然 $\mathfrak{p} = (1-\zeta) = (1-\zeta^i)$（对每个 $1 \leqslant i \leqslant p-1$）. 于是 $x+y \equiv x+\zeta^i y \equiv 0 \pmod{\mathfrak{p}}$，即 $x+y \in \mathfrak{p} \cap \mathbb{Z} = p\mathbb{Z}$. 从而 $x+y \equiv 0 \pmod p$，于是 $z^p \equiv x^p + y^p \equiv x+y \equiv 0 \pmod p$，即 $p \mid z$. 这与假设 $p \nmid xyz$ 相矛盾.

(ii)对于每个整数 $\alpha \in \mathbb{Z}[\zeta]$，均存在有理整数 a，使得 $\alpha^p \equiv a \pmod p$. 这是因为 α 可以表示为 $\alpha = a_0 + a_1\zeta + \cdots + a_{p-1}\zeta^{p-1}$，$a_i \in \mathbb{Z}$. 从而

$$\begin{aligned} \alpha^p &\equiv a_0^p + a_1^p \zeta^p + \cdots + a_{p-1}^p (\zeta^{p-1})^p \\ &= a_0^p + a_1^p + \cdots + a_{p-1}^p \pmod p \end{aligned}$$

而同余式右方为有理整数.

(iii)设 $\alpha = a_0 + a_1\zeta + \cdots + a_{p-1}\zeta^{p-1}$，$a_i \in \mathbb{Z}$. 如果至少有一个 a_i 为 0，并且 $n \mid \alpha$，则 n 必然除尽每个 $a_i(0 \leqslant i \leqslant p-1)$. 这是由于$\{1,\zeta,\cdots,\zeta^{p-1}\}$中任何 $p-1$ 个元素均形成$\mathbb{Z}[\zeta]$的一组整基.

现在回到定理的证明. 考虑理想等式

$$\prod_{i=0}^{p-1}(x+\zeta^i y)=(z)^p$$

根据(i),左边 p 个理想两两互素,从而每个均是某理想的 p 次幂,即 $(x+\zeta^i y)=\mathfrak{a}_i^p\ (0\leqslant i\leqslant p-1)$. 由于左边为主理想,因此(取 $i=1$) $[\mathfrak{a}_1]^p=1$(这里 $[\mathfrak{a}]$ 表示理想 $\mathfrak{a}$ 的理想类). 由于 $p\nmid h_p$,即域 $K=\mathbb{Q}(\zeta)$ 的理想类群 $C(K)$ 中没有 p 阶元素,所以 $[\mathfrak{a}_1]=1$,即 $\mathfrak{a}_1$ 为主理想. 设 $\mathfrak{a}_1=(\alpha)$,$\alpha\in\mathbb{Z}[\zeta]$,于是 $x+\zeta y=\varepsilon\cdot\alpha^p$,其中 $\varepsilon\in U_K$. 根据引理 15,$\varepsilon=\zeta^r\varepsilon_1$,其中 ε_1 为实单位. 又由(ii)知 $\alpha^p\equiv a\pmod p$,其中 $a\in\mathbb{Z}$,从而

$$x+\zeta y=\zeta^r\varepsilon_1\alpha^p\equiv\zeta^r\varepsilon_1 a\pmod p$$

于是 $\overline{x+\zeta y}=x+\zeta^{-1}y\equiv\zeta^{-r}\varepsilon_1 a\pmod p$. 因此

$$\zeta^{-r}(x+\zeta y)\equiv\zeta^r(x+\zeta^{-1}y)\pmod p$$

即

$$x+\zeta y-\zeta^{2r}x-\zeta^{2r-1}y\equiv 0\pmod p \qquad (*)$$

如果 $1,\zeta,\zeta^{2r}$ 和 ζ^{2r-1} 两两不同,由 $p\geqslant 5$ 和(iii)可知 $p\mid x$ 并且 $p\mid y$. 这与假设 $p\nmid xyz$ 相矛盾. 从而 $1,\zeta,\zeta^{2r}$ 和 ζ^{2r-1} 至少有两个相等. 但是显然 $1\neq\zeta,\zeta^{2r}\neq\zeta^{2r-1}$,从而只有如下 3 个可能:

(1) $1=\zeta^{2r}$. 此时式($*$)变为 $x+\zeta y-x-\zeta^{-1}y\equiv 0\pmod p$,即 $\zeta y-\zeta^{-1}y\equiv 0\pmod p$. 由(iii)推得 $p\mid y$,而这与 $p\nmid xyz$ 相矛盾.

(2) $1=\zeta^{2r-1}$,即 $\zeta=\zeta^{2r}$,这时式($*$)变为 $(x-y)-(x-y)\zeta\equiv 0\pmod p$. 由(iii)推得 $x-y\equiv 0\pmod p$,这又与假设 $p\nmid(x-y)$ 相矛盾.

(3) $\zeta=\zeta^{2r-1}$. 这时式($*$)为 $x-\zeta^2x\equiv 0\pmod p$. 由(iii)推出 $p\mid x$,而这又与 $p\nmid xyz$ 相矛盾.

综合上述,我们便完全证明了定理. □

注记 我们在第六章要介绍 Kummer 的另外一个结果. 他给出 $p\nmid h_p$ 的一个初等判别法:$p\nmid h_p\Leftrightarrow p$ 除不尽 Bernoulli 数 $B_2,B_4,\cdots,B_{p-3}$ 的分子. 令 $i(p)$ 表示上述 $\frac{p-3}{2}$ 个 Bernoulli 数中分子被 p 除尽的个数. 1972 ~ 1974 年 Skula, Brückner, Iwasawa 将定理 3.7 推广为:如果 $i(p)<\sqrt{p}-2$,则定理 3.7 的结论仍然成立.

习　题

1. 求方程 $x^2-15y^2=1$ 和 $x^2-17y^2=1$ 满足 $|x|,|y|\leqslant 100$ 的全部有理整数解 (x,y).

2. 计算 $\mathbb{Q}(\sqrt{d})$ $(d=2,3,5,6,7,10,11,13,14,65)$ 的基本单位.

3. 设 $d=t^2+4$ 无平方因子, $t\in\mathbb{Z}, t>0$. 求证: $\varepsilon_0=\frac{1}{2}(t+\sqrt{t^2+4})$ 是实二次域 $\mathbb{Q}(\sqrt{d})$ 的基本单位.

4. 设 $d=t^2-4$ 无平方因子, $t\geqslant 5, t\in\mathbb{Z}$. 求证: $\varepsilon=\frac{t+\sqrt{t^2-4}}{2}$ 为实二次域 $\mathbb{Q}(\sqrt{d})$ 的基本单位.

5. p 为奇素数, $K=\mathbb{Q}(\zeta)$, $\zeta=\zeta_p$, g 为模 p 的一个原根, 并且 $2\nmid g$(在 g 和 $g+p$ 中必有一个满足此条件). 令

$$\varepsilon=\zeta^{-\frac{g-1}{2}}(1-\zeta^g)/(1-\zeta)=\sin g\theta/\sin\theta \quad \left(\theta=\frac{\pi}{p}\right)$$

求证: ε 为 K 的实单位, 并且 ε 的全部共轭元为

$$\varepsilon_s=\sin g^{s+1}\theta/\sin g^s\theta \quad \left(0\leqslant s\leqslant\frac{p-3}{2}\right)$$

(称 $\varepsilon=\varepsilon_0,\varepsilon_1,\cdots,\varepsilon_{\frac{p-3}{2}}$ 为 K 中的分圆单位, 我们在第六章要证明它们之中的任意 $\frac{p-3}{2}$ 个均是无关单位组.)

6. 设 $p=1\pmod 4$, 求证: $\mathbb{Q}(\sqrt{d})$ 的基本单位的范为 -1.

7. 若 d 是无平方因子的正整数, 并且 $d\equiv 3\pmod 4$. 求证: $K=\mathbb{Q}(\sqrt{d})$ 的基本单位的范为 1.

8. (Fermat) 证明方程 $x^2+2=y^3$ 的有理整数解只有 $(x,y)=(\pm 5,3)$.

9. 证明方程 $x^2+5=y^3$ 没有有理整数解.

10. 设 k 是大于 2 的整数并且没有平方因子. 而且不存在整数 a 使得 $k=3a^2\pm 1$. 如果 $K=\mathbb{Q}(\sqrt{-k})$ 的类数不被 3 除尽, 求证: 方程 $x^2+k=y^3$ 没有有理整数解.

第二部分

解 析 理 论

$\zeta(s)$，$L(s,\chi)$和$\zeta_K(s)$

第四章

§1 Dirichlet 级数的一般理论

在这一节里我们简略地介绍解析数论的原始思想.

1.1 Dirichlet 级数环——形式化理论

数论的一个基本课题是研究各种数论函数的性质. 所谓**数论函数**就是从正整数集合$\mathbb{P}=\{1,2,3,\cdots\}$到某个带 1 交换环 R 中的映射$f:\mathbb{P}\to R$. 如果记 $a_n=f(n)$，则每个取值于环 R 中的数论函数也可看成 R 中的一个序列$\{a_1,a_2,\cdots\}$，多数情形下 $R=\mathbb{Z}$，有时 R 也取为有理数域$\mathbb{Q}$，实数域$\mathbb{R}$ 或者复数域$\mathbb{C}$，等等. 下面是一些数论函数的例子.

例 1 Euler 函数 $\varphi(n)$定义为从 1 到 n 之中与 n 互素的整数个数. 我们知道 $\varphi(n)=n\cdot\prod\limits_{p\mid n}\left(1-\frac{1}{p}\right)$.

例 2 除数函数 $d(n)=\sum\limits_{d\mid n}1$，即 $d(n)$为 n 的正因子个数. 例如 $d(1)=1$，$d(2)=d(3)=2$，$d(4)=3$，$d(5)=2$，等等.

例 3 函数 $\tau(n)=\sum\limits_{d\mid n}d$，即$\tau(n)$为 n 的全体正因子之和. 例如$\tau(1)=1$，$\tau(2)=1+2=3$，$\tau(3)=1+3=4$，$\tau(4)=1+2+4=7$，等等. 更一般地，我们有 $\sigma_k(n)=\sum\limits_{d\mid n}d^k$. 于是 $\sigma_0(n)=d(n)$，$\sigma_1(n)=\tau(n)$.

例 4 $\Omega(n)$为 n 的素因子个数. $\omega(n)$为 n 的不同素因子个数. 换句话说，如果 $n=p_1^{\alpha_1}p_2^{\alpha_2}\cdots p_r^{\alpha_r}$ 是 n 的素因子分解式，$p_1,\cdots,p_r$ 是不同的素数，$\alpha_i\geqslant 1\ (i=1,\cdots,r)$，则 $\Omega(n)=\alpha_1+\alpha_2+\cdots+\alpha_r$，而 $\omega(n)=r$.

例 5 $\pi(n)$为不超过 n 的素数的个数,即 $\pi(n) = \sum_{p\leq n} 1$. 例如 $\pi(2)=1$, $\pi(10)=4$, $\pi(100)=25$, $\pi(1\,000)=168$, $\cdots$. 对于每个数域 K,以 $\pi(K,n)$表示满足 $N(\mathfrak{p})\leqslant n$ 的 K 中素理想 $\mathfrak{p}$ 的个数,这也是数论函数.

例 6 Mangoldt 函数(log 指自然对数)

$$\Lambda(n)=\begin{cases}\log p, \text{如果 } n=p^m, p \text{ 为素数}, m\geqslant 1\\ 0, \text{否则}\end{cases}$$

习题中有数论函数的进一步例子.

许多数论函数之间具有"卷积"关系. 设$f(n)$和 $g(n)$均是数论函数,并且取值于同一个带 1 交换环 R,所谓$f(n)$和 $g(n)$的**卷积**是指一个新的数论函数 $h:\mathbb{P}\to R$,它在每个 n 处的取值为

$$h(n) = \sum_{d\mid n} f(d)g(n/d)$$

我们记成 $h=f*g$. 例如容易验证:$\{d(n)\}=\{1\}*\{1\}$, $\{\sigma_k(n)\}=\{1\}*\{n^k\}$, $\{\Lambda(n)\}*\{1\}=\{\log n\}$, $\{n\}=\{1\}*\{\varphi(n)\}$,等等,其中$\{1\}$表示恒等于 1 的函数.

对于每个数论函数$f:\mathbb{P}\to R$,我们结合一个表达式

$$\begin{aligned}F(s) &= \sum_{n=1}^{\infty} f(n)/n^s\\ &= \frac{f(1)}{1^s}+\frac{f(2)}{2^s}+\cdots+\frac{f(n)}{n^s}+\cdots\end{aligned}$$

称作数论函数f的**形式** Dirichlet 级数,简称作形式 D-级数(所谓"形式"一词的含义,即指我们只不过是把级数 $F(s)$中的 s 看作是符号而已). 反过来,每个环 R 上的形式 D-级数

$$F(s) = \sum_{n=1}^{\infty} a_n/n^s \quad (a_n \in R)$$

也对应着一个数论函数$f:\mathbb{P}\to R$, $f(n)=a_n$. 如果我们定义两个形式 D-级数 $\sum_{n=1}^{\infty} a_n/n^s$ 和 $\sum_{n=1}^{\infty} b_n/n^s$ 相等,当且仅当 $a_n=b_n(n=1,2,\cdots)$,那么数论函数与它的形式 D-级数(以及 R 中的序列$\{a_1,a_2,\cdots\}$)之间建立起一一对应关系. 进而,对于两个形式 D-级数 $F(s)=\sum_{n=1}^{\infty} a_n/n^s$ 和 $G(s)=\sum_{n=1}^{\infty} b_n/n^s$, 我们将它们"形式"地相加和相乘(并且合并同类项),即

$$F(s)+G(s) = \sum_{n=1}^{\infty}(a_n+b_n)/n^s$$

$$F(s)G(s) = \sum_{r=1}^{\infty}\sum_{k=1}^{\infty} a_r b_k / r^s k^s = \sum_{n=1}^{\infty} \frac{1}{n^s} \sum_{rk=n} a_r b_k$$
$$= \sum_{n=1}^{\infty} \frac{1}{n^s} \sum_{d \mid n} a_d b_{n/d}$$

这表明:形式 D－级数的形式加法对应着数论函数的通常加法,而形式 D－级数的形式乘法恰好对应着数论函数的卷积! 以 $D(R)$表示带 1 交换环 R 上全体形式 D－级数所构成的集合,即

$$D(R) = \{ \sum_{n=1}^{\infty} a_n / n^s \mid a_n \in R, n = 1,2,3,\cdots \}$$

$D(R)$对于形式加法和乘法显然形成带 1 交换环,其零元素和幺元素分别为 0 和 1. $D(R)$称作 R 上的**形式 D－级数环**. 如果以 $R^{\mathbb{P}}$ 表示取值于环 R 的全部数论函数所构成的集合,即

$$R^{\mathbb{P}} = \{ f : \mathbb{P} \to R \}$$

根据上述对应关系我们就知道,$R^{\mathbb{P}}$ 对于通常加法和卷积乘法也形成带 1 交换环,其零元素是恒为 0 的函数,而幺元素为数论函数 $e(n)$,其中 $e(1)=1$, $e(n)=0$(当 $n \geqslant 2$ 时),称$(R^{\mathbb{P}}, +, *)$为 R **上的数论函数环**. 环 $D(R)$和 $R^{\mathbb{P}}$ 是同构的. 基于这一同构,$D(R)$和 $R^{\mathbb{P}}$ 中任何一个环中的性质都可翻译成另一个环中一个对应的性质. 下面就是环 $D(R)$中的一些简单性质.

引理 1 (a)若 R 为整环,则 $D(R)$也是整环.

(b) $\sum_{n=1}^{\infty} a_n / n^s$ 为 $D(R)$中的单位$\Leftrightarrow a_1$ 为 R 中的单位,并且若 a_1 是 R 中的单位,令 $\sum_{n=1}^{\infty} b_n / n^s$ 是 $\sum_{n=1}^{\infty} a_n / n^s$ 的逆元素,则诸系数 b_n 可如下递归地求出

$$b_1 = a_1^{-1}, b_n = -a_1^{-1} \sum_{\substack{d \mid n \\ d \neq 1}} a_d \cdot b_{n/d} \quad (n \geqslant 2)$$

证明 (a) 设 $F(s) = \sum_{n=1}^{\infty} a_n / n^s, G(s) = \sum_{n=1}^{\infty} b_n / n^s$. 如果 $F(s) \neq 0, G(s) \neq 0$,则存在 n_1, n_2,使得 $a_1 = \cdots = a_{n_1 - 1} = b_1 = \cdots = b_{n_2 - 1} = 0, a_{n_1} \neq 0, b_{n_2} \neq 0$. 于是

$$F(s)G(s) = (\sum_{n=n_1}^{\infty} a_n / n^s) \cdot (\sum_{n=n_2}^{\infty} b_n / n^s) = (\sum_{n=n_1 n_2}^{\infty}) c_n / n^s$$

$c_{n_1 n_2} = a_{n_1} b_{n_2}$. 由于 R 为整环,从而 $c_{n_1 n_2} = a_{n_1} b_{n_2} \neq 0$,于是 $F(s)G(s) \neq 0$,即 $D(R)$ 也是整环.

(b)如果 $\sum_{n=1}^{\infty} a_n / n^s$ 为环 $D(R)$ 中单位,则存在 $\sum_{n=1}^{\infty} b_n / n^s \in D(R)$,使得

$(\sum_{n=1}^{\infty} a_n/n^s)(\sum_{n=1}^{\infty} b_n/n^s) = 1$. 于是 $1 = a_1b_1, 0 = \sum_{d|n} a_d \cdot b_{n/d} (n \geqslant 2)$，从而 a_1 为环 R 中单位，$b_1 = a_1^{-1}$. 并且当 $n \geqslant 2$ 时 $a_1b_n + \sum_{\substack{d|n \\ d\neq 1}} a_d \cdot b_{n/d} = 0$，即

$$b_n = -a_1^{-1} \sum_{\substack{d|n \\ d\neq 1}} a_d \cdot b_{n/d} \qquad (*)$$

反过来，如果 a_1 为 R 中单位，取 $b_1 = a_1^{-1}$，然后由式$(*)$递归地求出 $b_n (n \geqslant 2)$. 不难证明 $\sum_{n=1}^{\infty} b_n/n^s$ 是 $\sum_{n=1}^{\infty} a_n/n^s$ 的逆元素. □

例 7 取 $R = \mathbb{Z}$，恒等于 1 的数论函数所对应的形式 D-级数就是著名的 Riemann zeta **函数**

$$\zeta(s) = \sum_{n=1}^{\infty} 1/n^s$$

由引理 1 知它是环 $D(R)$ 中乘法可逆元素. 假设其逆为

$$\zeta^{-1}(s) = \sum_{n=1}^{\infty} \mu(n)/n^s$$

$\zeta^{-1}(s)$ 对应的数论函数 $\{\mu(n)\}$ 称作 Möbius **函数**. 将 $\zeta(s) \cdot \zeta^{-1}(s) = 1$ 翻译到数论函数环 $\mathbb{Z}^{\mathbb{P}}$ 上就是 $\{1\} * \{\mu(n)\} = e$，这可写成

$$\sum_{d|n} \mu(d) = \begin{cases} 1, n = 1 \text{ 时} \\ 0, n \geqslant 2 \text{ 时} \end{cases}$$

因此我们可递归求出 $\mu(n)$ 的数值

$$\mu(1) = 1, \mu(n) = -\sum_{\substack{d|n \\ d\neq 1}} \mu(n/d) = -\sum_{\substack{d|n \\ d\neq n}} \mu(d)$$

由此可求出 $\mu(2) = -1, \mu(3) = -1, \mu(4) = 0, \mu(5) = -1, \mu(6) = 1$，等等. 但是我们希望能求出 $\mu(n)$ 的明显表达式. 这需要新的概念以及环 $R^{\mathbb{P}}$ 和 $D(R)$ 之间的进一步联系.

定义 1 数论函数 f 叫作**积性**的，是指当 $(m,n) = 1$ 时，$f(mn) = f(m) \cdot f(n)$. f 叫作**完全积性**的，是指对任何 $m, n \in \mathbb{P}$，均有 $f(mn) = f(m)f(n)$.

若 $n = p_1^{\alpha_1} \cdots p_r^{\alpha_r}$ 是 n 的素因子分解式，其中 $p_1, \cdots, p_r$ 为不同的素数，$\alpha_i \geqslant 1$. 由上述定义不难归纳证出：

(a) 如果 f 是积性数论函数，则 $f(1) = 1$ 并且

$$f(n) = \prod_{i=1}^{n} f(p_i^{\alpha_i})$$

(b) 如果 f 是完全积性数论函数，则

$$f(n) = \prod_{i=1}^{n} f(p_i)^{\alpha_i}$$

这表明:每个积性数论函数由它在所有素数幂 p^{α} 处的值所完全决定,而完全积性数论函数由它在所有素数处的取值所完全决定. 环 $R^{\mathbb{P}}$ 中的这些事实自然要反映到环 $D(R)$ 中来,这就是:

引理 2 设 $F(s)$ 是数论函数 $f(n)$ 的形式 D-级数.

(a) f 为积性的 $\Leftrightarrow F(s)$ 有如下的 Euler 乘积展开式

$$F(s) = \prod_p (1 + f(p)p^{-s} + f(p^2)p^{-2s} + \cdots + f(p^m)p^{-ms} + \cdots)$$
$$= \prod_p \left(\sum_{m=0}^{\infty} f(p^m)/p^{ms}\right)$$

(b) f 为完全积性的 $\Leftrightarrow F(s)$ 有如下的 Euler 乘积展开式

$$F(s) = \prod_p (1 - f(p)p^{-s})^{-1}$$

证明 (我们在证明中也同时解释如何将上述 Euler 乘积展开式看成形式 D-级数). 对于 (a) 中的 Euler 乘积, p 过全部素数. 从而这是无限个形式 D-级数

$$F_p(s) = 1 + f(p)p^{-s} + f(p^2)p^{-2s} + \cdots + f(p^m)p^{-ms} + \cdots \quad (p^{-ms} = 1/p^{ms})$$

的乘积. 对于每个正整数 $n = p_1^{\alpha_1} \cdots p_r^{\alpha_r}$,乘积 $F(s)$ 中只有一项以 n^s 为分母,那就是在因子 $F_{p_i}(s)$ 中取 $f(p_i^{\alpha_i})p_i^{-\alpha_i s}(1 \leqslant i \leqslant r)$,而在其余因子 $F_p(s)$ 中均取第一项 1 然后相乘而得到的 $f(p_1^{\alpha_1}) \cdots f(p_r^{\alpha_r})n^{-s}$. 用这种方法决定出每项 $c_n n^{-s}$ 的系数 c_n,从而 (a) 中的 Euler 乘积 $F(s)$ 可看成形式 D-级数. 并且它是 f 的形式 D-级数 $\Leftrightarrow f(p_1^{\alpha_1} \cdots p_r^{\alpha_r}) = f(p_1^{\alpha_1}) \cdots f(p_r^{\alpha_r}) \Leftrightarrow f$ 为积性函数.

类似地,在 (b) 中将 $(1 - f(p)p^{-s})^{-1}$ 作为可逆元素 $1 - f(p)p^{-s}$ 的逆,易知是 $(1 - f(p)p^{-s})^{-1} = 1 + f(p)p^{-s} + f(p)^2 p^{-2s} + \cdots + f(p)^m p^{-ms} + \cdots$. 从而 $F(s) = \prod_p (1 - f(p)p^{-s})^{-1}$ 为 f 的形式 D-级数 $\Leftrightarrow f(p_1^{\alpha_1} \cdots p_r^{\alpha_r}) = f(p_1)^{\alpha_1} \cdots f(p_r)^{\alpha_r} \Leftrightarrow f$ 是完全积性函数. □

恒等于 1 的数论函数 $\{1\}$ 显然是完全积性的,从而它的形式 D-级数 $\zeta(s)$ 有如下的 Euler 乘积展开式

$$\zeta(s) = \sum_{n=1}^{\infty} n^{-s} = \prod_p (1 - p^{-s})^{-1}$$

于是它的逆为

$$\zeta^{-1}(s) = \sum_{n=1}^{\infty} \mu(n)n^{-s} = \prod_p (1 - p^{-s})$$

由此我们得到 Möbius 函数 $\mu(n)$ 的明显表达式

$$\mu(n)=\begin{cases}1, & \text{当 } n=1 \text{ 时}\\(-1)^r, & \text{如果 } n \text{ 为 } r \text{ 个不同的素数之乘积}\\0, & \text{否则}\end{cases}$$

引理 3(Möbius 反演公式) 设 f 和 $g:\mathbb{P}\to R$ 是两个数论函数,则

$$f(n)=\sum_{d\mid n}g(d)\quad(n=1,2,\cdots)$$

$$\Leftrightarrow g(n)=\sum_{d\mid n}f(d)\mu(n/d)\quad(n=1,2,\cdots)$$

证明 设 $F(s)$ 和 $G(s)$ 分别是 f 和 g 的形式 D-级数,则

$$\text{上式左边}\Leftrightarrow f=g*\{1\}\Leftrightarrow F(s)=G(s)\zeta(s)\Leftrightarrow G(s)$$
$$=F(s)\zeta^{-1}(s)\Leftrightarrow g=f*\mu\Leftrightarrow\text{上式右边}$$ □

利用以上这些简单的引理,我们能够求出不少数论函数的形式 D-级数. 值得注意的是,这些形式 D-级数有许多均可用 Riemann zeta 函数 $\zeta(s)$ 表达出来.

例 8 函数 $\{f(n)=n^k\}$ 的形式 D-级数显然是

$$F(s)=\sum_{n=1}^{\infty}n^k/n^s=\sum_{n=1}^{\infty}1/n^{s-k}=\zeta(s-k)$$

例 9 对于函数 $\sigma_k(n)=\sum_{d\mid n}d^k$, 则 $\sigma_k=\{n^k\}*\{1\}$. 因此 σ_k 的形式 D-级数为 $\zeta(s)\zeta(s-k)$. 特别地,除数函数 $d(n)=\sum_{d\mid n}1$ 的形式 D-级数为 $\zeta(s)^2$, 而函数 $\tau(n)=\sum_{d\mid n}d$ 的形式 D-级数为 $\zeta(s)\zeta(s-1)$.

例 10 熟知 Euler 函数 $\varphi(n)$ 为积性函数,并且 $\varphi(p^m)=p^m-p^{m-1}$,从而它的形式 D-级数为

$$\sum_{n=1}^{\infty}\varphi(n)/n^s=\prod_p\left(1+\frac{p-1}{p^s}+\frac{p^2-p}{p^{2s}}+\cdots+\frac{p^m-p^{m-1}}{p^{ms}}+\cdots\right)$$
$$=\prod_p(1-p^{-s})(1-p^{-(s-1)})^{-1}=\zeta(s-1)/\zeta(s)$$

于是 $\zeta(s-1)=\zeta(s)\cdot\sum_{n=1}^{\infty}\varphi(n)n^{-s}$. 由此得到 $\sum_{d\mid n}\varphi(d)=n$. 当然我们也可以用初等方法直接证明 $\sum_{d\mid n}\varphi(d)=n$, 然后立即得到

$$\sum_{n=1}^{\infty}\varphi(n)n^{-s}=\zeta(s-1)/\zeta(s)$$

进一步的例子请见习题.

以上我们通过数论函数与其形式 D－级数之间的对应，得到许多数论函数之间的关系和恒等式. 但是，作为数论的主要目标是研究各种数论函数$\{f(n)\}$的性状，例如$f(n)$的大小或者其均值$A(x)=\sum_{n\leqslant x}f(n)$的大小，等等. 为了做到这一点，只研究“形式”D－级数就不够了. 我们要将数论函数$f(n)$的 D－级数$\sum_{n=1}^{\infty}f(n)n^{-s}$看成$s\in\mathbb{C}$的复变函数，从而引入解析工具. 正是在这一点上，Dirichlet 和 Riemann 等人将数论和复变函数论结合起来，开创了一门富有成果的学科——解析数论.

1.2 收敛横坐标——解析工具的引入

从现在开始，我们将数论函数$f(n)=a_n\ (a_n\in\mathbb{C})$的 D－级数$F(s)=\sum_{n=1}^{\infty}a_nn^{-s}$看作是复变函数，$s=\sigma+\mathrm{i}t\in\mathbb{C},\sigma,t\in\mathbb{R}$. 下面定理表明$F(s)$的解析性质与数论函数$f(n)=a_n$的部分和$A(N)=\sum_{n=1}^{N}a_n$的大小有密切联系.

定理 4.1 设$F(s)=\sum_{n=1}^{\infty}a_nn^{-s},a_n\in\mathbb{C},s=\sigma+\mathrm{i}t\in\mathbb{C},A(N)=\sum_{n=1}^{N}a_n$，则：

(a)存在σ_0，$-\infty\leqslant\sigma_0\leqslant+\infty$，使得当$\sigma>\sigma_0$时，级数$F(s)$收敛，并且在右半开平面$\sigma>\sigma_0$的每个紧子集内均一致收敛. 而当$\sigma<\sigma_0$时级数$F(s)$发散.

(b)级数$F(s)$定义出右半开平面$\sigma>\sigma_0$中的正则函数，并且可以逐项微商.

(c)如果$\{A(N)\mid N=1,2,\cdots\}$发散，则

$$\sigma_0=\inf\{\alpha\mid A(N)=O(N^{\alpha})\}=\overline{\lim_{N\to\infty}}\log|A(N)|/\log N$$

注记 定理 4.1 中的σ_0称作级数$F(s)$的**收敛横坐标**.

证明 (a)和(b). 我们要证：如果级数$F(s)$在$s=s_0$处收敛，则当$\mathrm{Re}(s)>\mathrm{Re}(s_0)$时级数$F(s)$也收敛，并且在右半开平面$\mathrm{Re}(s)\geqslant\sigma$（对任意的$\sigma>\mathrm{Re}(s_0)$）内一致收敛. 由此不难得出收敛横坐标$\sigma_0$的存在性：$\sigma_0=\inf\{\mathrm{Re}(s)\mid$级数$F(s)$在$s$处收敛$\}$，并且再由 Weierstrass 一致收敛定理即得到(b)中结果.

给了右半平面

$$\mathrm{Re}(s)\geqslant\sigma\quad(\sigma>\mathrm{Re}(s_0))$$

中的一个紧子集K，不难看出，存在$\varepsilon>0$，使得K包含在区域

$$|\mathrm{Arg}(s-s_0)|\leqslant\frac{\pi}{2}-\varepsilon$$

之中. 如图 1，我们现在证明级数$F(s)$在这个区域中一致收敛. 必要时将s改成

$s-s_0, a_n$ 改成 $a_n n^{s_0}$，我们可以不妨假设 $s_0=0$. 这时 $F(0)=\sum_{n=1}^{\infty} a_n$ 收敛. 令 $A(M,N)=\sum_{n=M}^{N} a_n$，则对预先给定的 $\varepsilon>0$，存在 N_0，使得当 $N>M\geqslant N_0$ 时，$|A(M,N)|\leqslant\varepsilon$. 于是

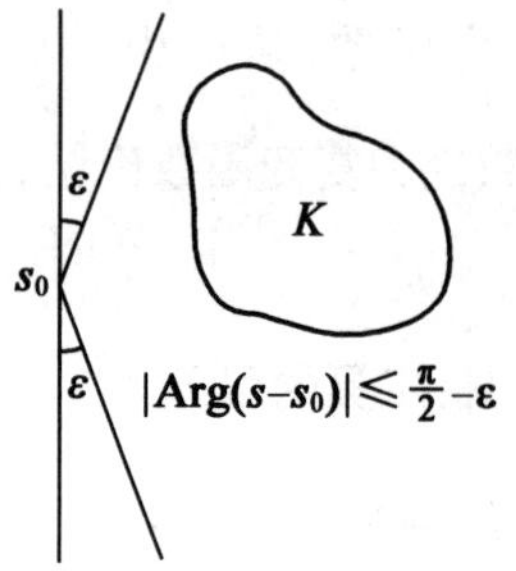

图 1

$$\begin{aligned}\sum_{n=M}^{N} a_n n^{-s} &= \sum_{n=M}^{N}(A(M,n)-A(M,n-1))n^{-s}\\ &= \sum_{n=M}^{N-1}A(M,n)[n^{-s}-(n+1)^{-s}]+A(M,N)N^{-s}\end{aligned}$$

但是

$$\begin{aligned}|n^{-s}-(n+1)^{-s}| &= \left|s\int_n^{n+1}x^{-(s+1)}\mathrm{d}x\right|\leqslant|s|\int_n^{n+1}x^{-(\sigma+1)}\mathrm{d}x\\ &= \frac{|s|}{\sigma}(n^{-\sigma}-(n+1)^{-\sigma})\end{aligned}$$

而在 $|\mathrm{Arg}(s)|\leqslant\frac{\pi}{2}-\varepsilon$ 中 $\frac{|s|}{\sigma}$ 是有界的. 从而对于 $\sigma>0$ 有

$$\begin{aligned}\left|\sum_{n=M}^{N}a_n n^{-s}\right| &\leqslant \sum_{n=M}^{N-1}|A(M,n)|(n^{-\sigma}-(n+1)^{-\sigma})+|A(M,N)|N^{-\sigma}\\ &\leqslant C\varepsilon\sum_{n=M}^{N-1}(n^{-\sigma}-(n+1)^{-\sigma})+\varepsilon N^{-\sigma}\\ &\leqslant C\varepsilon M^{-\sigma}+\varepsilon N^{-\sigma}\leqslant(C+1)\varepsilon N_0^{-\sigma}\end{aligned}$$

这就证明了 $F(s)$ 的区域 $|\mathrm{Arg}(s)|\leqslant\frac{\pi}{2}-\varepsilon$ 中从而在 K 中一致收敛.

(c) 令 $\gamma=\inf\{\alpha\mid A(N)=O(N^{\alpha})\}$. 先证 $\gamma\leqslant\sigma_0$：对于每个 $\sigma>\sigma_0$，由 (a) 知 $\sum_{n=1}^{\infty}a_n n^{-\sigma}$ 收敛. 由于假设 $A(N)=\sum_{n=1}^{N}a_n$ 发散，从而 $\sigma_0\geqslant0$，于是 $\sigma>0$. 因此

$$|A(N)|=\left|\sum_{n=1}^{N}(a_n n^{-\sigma})n^{\sigma}\right|$$

$$= \left| \sum_{n=1}^{N} \left(\sum_{m=1}^{n} a_m m^{-\sigma} - \sum_{m=1}^{n-1} a_m m^{-\sigma} \right) n^{\sigma} \right|$$

$$= \left| \sum_{n=1}^{N-1} \left(\sum_{m=1}^{n} a_m m^{-\sigma} \right) \left(n^{\sigma} - (n+1)^{\sigma} \right) + \left(\sum_{n=1}^{N} a_n n^{-\sigma} N^{\sigma} \right) \right|$$

$$\leqslant \sum_{n=1}^{N-1} \left| \sum_{m=1}^{n} a_m m^{-\sigma} \right| \left((n+1)^{\sigma} - n^{\sigma} \right) + \left| \sum_{m=1}^{N} a_n n^{-\sigma} \right| \cdot N^{\sigma}$$

$$< C \sum_{n=1}^{N-1} \left((n+1)^{\sigma} - n^{\sigma} \right) + CN^{\sigma} < 2CN^{\sigma}$$

从而 $A(N) = O(N^{\sigma})$. 由 γ 的定义可知 $\gamma \leqslant \sigma$,因此 $\gamma \leqslant \sigma_0$.

反之,如果 $\sigma > \gamma$,则

$$\sum_{n=1}^{N} a_n n^{-\sigma} = \sum_{n=1}^{N-1} A(n) \left(n^{-\sigma} - (n+1)^{-\sigma} \right) + A(N) N^{-\sigma} \qquad (*)$$

取 α 使得 $\gamma < \alpha < \sigma$,再取常数 C 使得 $|A(N)| \leqslant CN^{\alpha}$(对于所有的 N). 于是

$$\begin{aligned} & |A(n)(n^{-\sigma} - (n+1)^{-\sigma})| \\ & \leqslant Cn^{\alpha}(n^{-\sigma} - (n+1)^{-\sigma}) \\ & = C\sigma n^{\alpha} \int_{n}^{n+1} x^{-\sigma-1} \mathrm{d}x < c\sigma n^{\alpha-\sigma-1} \end{aligned}$$

由于 $|A(N)N^{-\sigma}| \leqslant CN^{\alpha-\sigma} \to 0$ 而 $\sum_{n=1}^{\infty} n^{\alpha-\sigma-1}$ 收敛,从而由式(*)可知 $\lim_{N \to \infty} \sum_{n=1}^{N} a_n n^{-\sigma}$ 存在. 于是 $\sigma_0 \leqslant \sigma$,从而 $\sigma_0 \leqslant \gamma$. □

定理 4.2(Landau) 设 $a_n \geqslant 0 (n = 1, 2, \cdots)$,级数 $F(s) = \sum_{n=1}^{\infty} a_n n^{-s}$ 在半平面 $\mathrm{Re}(s) > c$ 中收敛. 如果函数 $F(s)$ 在以 $s = c$ 为中心的一个小圆内解析,如图 2. 则存在 $\varepsilon > 0$,使得级数 $\sum_{n=1}^{\infty} a_n n^{-s}$ 在半平面 $\mathrm{Re}(s) > c - \varepsilon$ 内收敛. 特别地,若 σ_0 为级数 $\sum_{n=1}^{\infty} a_n n^{-s}$ 的收敛横坐标,则函数 $F(s)$ 在 $s = \sigma_0$ 处为奇点.

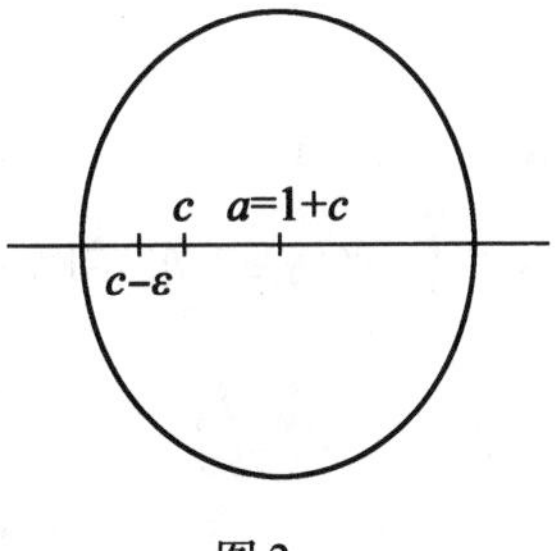

图 2

证明 令 $a = 1 + c$,由于函数 $F(s)$ 在 $s = a$ 处解析,从而有 Taylor 展开

$$F(s) = \sum_{k=0}^{\infty} \frac{F^{(k)}(a)}{k!} (s - a)^k$$

并且此 Taylor 级数在 a 附近绝对收敛. 因为 $F(s)$ 在 c 处解析,从而收敛半径超

过 1. 将 $F(s)=\sum_{n=1}^{\infty}a_n n^{-s}$ 逐项微商得到

$$F^{(k)}(s)=(-1)^k\sum_{n=1}^{\infty}a_n(\log n)^k n^{-s}$$

从而 $F(s)=\sum_{k=0}^{\infty}\sum_{n=1}^{\infty}\frac{(a-s)^k}{k!}a_n(\log n)^k n^{-a}$. 因为收敛半径 >1,此式对某个 $s=c-\varepsilon$成立($\varepsilon>0$). 而 $\alpha-s=1+\varepsilon$. 由于上面二重级数每项均≥0,从而可变换求和次序,得到

$$\begin{aligned}F(c-\varepsilon)&=\sum_{n=1}^{\infty}\frac{a_n}{n^a}\sum_{k=1}^{\infty}\frac{((1+\varepsilon)\log n)^k}{k!}\\&=\sum_{n=1}^{\infty}\frac{a_n}{n^a}e^{(1+\varepsilon)\log n}=\sum_{n=1}^{\infty}\frac{a_n}{n^{c-\varepsilon}}\end{aligned}$$

即 $\sum_{n=1}^{\infty}a_n n^{-s}$ 在 $s=c-\varepsilon$ 处收敛,从而由定理 4.1 知它在 $\mathrm{Re}(s)>c-\varepsilon$ 中均收敛. □

例 1 对于 $a_n=1(n=1,2,\cdots)$, $A(N)=N\to\infty$. 由定理 4.1(c)可知 Riemann-zeta函数 $\zeta(s)=\sum_{n=1}^{\infty}n^{-s}$ 的收敛横坐标为 $\sigma_0=1$,从而级数 $\zeta(s)$在右半平面 $\mathrm{Re}(s)>1$ 中定义出一个正则函数. 而由定理 4.2 知道 $s=1$ 是 $\zeta(s)$的奇点.

例 2 对于 $a_n=(-1)^n$, $A(N)=\begin{cases}-1, 2\nmid N\\ 0, 2\mid N\end{cases}$. 从而$\{A(N)\mid N=1,2,\cdots\}$发散. 由定理 4.1(c)可知级数 $F_2(s)=\sum_{n=1}^{\infty}(-1)^n n^{-s}$ 的收敛横坐标 $\sigma_0=0$. 这表明 $F_2(s)$在 $s=1$ 处正则. 但是

$$\begin{aligned}F_2(s)&=\sum_{n=1}^{\infty}(-1)^n n^{-s}=-\sum_{n=1}^{\infty}n^{-s}+2\sum_{n=1}^{\infty}(2n)^{-s}\\&=-(1-2^{-(s-1)})\zeta(s)\quad(\mathrm{Re}(s)>1)\end{aligned}$$

而在 $s=1$ 处, $(1-2^{-(s-1)})=(s-1)\log 2+O((s-1)^2)\cdots$,这就表明 $\zeta(s)$在 $s=1$处是单极点,并且留数是

$$\begin{aligned}\operatorname*{res}_{s=1}\zeta(s)&=-F_2(1)/\log 2\\&=-\frac{1}{\log 2}\left(-1+\frac{1}{2}-\frac{1}{3}+\frac{1}{4}-\cdots\right)\\&=\log 2/\log 2=1\end{aligned}$$

此外,$\zeta(s)$在半平面 $\mathrm{Re}(s)>0$ 内的其他奇点只可能是

$$s=1+\frac{2\pi i n}{\log 2}\quad(n\in\mathbb{Z})$$

例 3 令 $\omega=e^{2\pi i/3}$，$F_3(s)=\sum\limits_{n=1}^{\infty}\omega^n n^{-s}$，$\overline{F}_3(s)=\sum\limits_{n=1}^{\infty}\omega^{2n}n^{-s}$. 由于 $\omega+\omega^2+1+\omega+\omega^2+1+\cdots$是发散的并且部分和有界，从而 $F_3(s)$和 $\overline{F}_3(s)$的收敛横坐标均为 $\sigma_0=0$. 但是

$$\begin{aligned}\zeta(s)+F_3(s)+\overline{F}_3(s)&=\sum_{n=1}^{\infty}(1+\omega^n+\omega^{2n})n^{-s}\\&=3\cdot\sum_{n=1}^{\infty}(3n)^{-s}=3^{1-s}\zeta(s)\end{aligned}$$

即 $-(1-3^{1-s})\zeta(s)=F_3(s)+\overline{F}_3(s)$. 从而 $\zeta(s)$除了 $s=1$ 之外在 $\mathrm{Re}(s)>0$ 内的极点只能是 $1+2\pi i n/\log 3$. 但是 $\log 2/\log 3$ 是无理数，即不存在$(n,n')\neq(0,0)$，使得

$$1+2\pi i n/\log 2=1+2\pi i n'/\log 3$$

这就表明 $\zeta(s)$可用公式

$$\zeta(s)=-(1-2^{-(s-1)})^{-1}F_2(s)$$

或

$$\zeta(s)=-(1-3^{-(s-1)})^{-1}(F_3(s)+\overline{F}_3(s))$$

解析延拓到半平面 $\mathrm{Re}(s)>0$ 之中，并且在此区域中只有 $s=1$ 为 $\zeta(s)$的奇点（而且是留数为 1 的单极点）.

定义 2 D－级数 $\sum\limits_{n=1}^{\infty}|a_n|n^{-s}$ 的收敛横坐标 σ_1 叫作级数 $\sum\limits_{n=1}^{\infty}a_n n^{-s}$ 的**绝对收敛横坐标**. 显然 $\sigma_1\geqslant\sigma_0$. 另一方面，可以证明 $\sigma_1\leqslant\sigma_0+1$（习题）.

我们在上一小节中看到，当$\{f(n)=a_n\}$为积性函数时，它的形式 D－级数（作为环 $D(R)$中的元素）可表示成 Euler 积的形式. 现在我们要证明，当 $R=\mathbb{C}$ 而把它们看成复变函数时也是相等的.

定理 4.3 设 $f:\mathbb{P}\to\mathbb{C}$ 是积性数论函数，σ_1 为级数 $\sum f(n)n^{-s}$ 的绝对收敛横坐标，则当 $\mathrm{Re}(s)>\sigma_1$ 时，无穷乘积

$$\prod_p(1+f(p)p^{-s}+\cdots+f(p^m)p^{-ms}+\cdots)$$

绝对收敛，并且等于 $\sum\limits_{n=1}^{\infty}f(n)n^{-s}$.

证明 考虑有限乘积

$$P(x) = \prod_{p \leqslant x} (1 + f(p)p^{-s} + \cdots + f(p^m)p^{-ms} + \cdots)$$

当 $\mathrm{Re}(s) > \sigma_1$ 时,这是有限个绝对收敛级数的乘积,从而展开式逐项可任意交换次序. 每项有形式 $f(p_1^{\alpha_1}\cdots p_r^{\alpha_r})(p_1^{\alpha_2}\cdots p_r^{\alpha_k})^{-s}$. 从而

$$p(x) = \sum_{n \in A_x} f(n)n^{-s}, A_x = \{n \mid n \text{ 的素因子均} \leqslant x\}$$

于是 $\sum_{n=1}^{\infty} f(n)n^{-s} - P(x) = \sum_{n \in B_x} f(n)n^{-s}, B_x = \{n \mid n \text{ 有素因子 } p > x\}$. 从而当 $x \to \infty$ 时

$$\begin{aligned} \left| \sum_{n=1}^{\infty} f(n)n^{-s} - P(x) \right| &\leqslant \sum_{n \in B_x} |f(n)n^{-s}| \\ &\leqslant \sum_{n > x} |f(n)n^{-s}| \to 0 \end{aligned}$$

这就表明 $P(x) \to \sum_{n=1}^{\infty} f(n)n^{-s}$. 另一方面,从微积分我们知道,无穷乘积 $\prod_{n=1}^{\infty} (1 + \alpha_n)(\alpha_n \in \mathbb{C})$ 的绝对收敛性是 $\sum_{n=1}^{\infty} \alpha_n$ 绝对收敛性的直接推论. 在我们这里,由于

$$\begin{aligned} &\sum_{p \leqslant x} | f(p)p^{-s} + \cdots + f(p^m)p^{-ms} + \cdots | \\ \leqslant &\sum_{p \leqslant x} (| f(p)p^{-s} | + \cdots + | f(p^m)p^{-ms} | + \cdots) \\ \leqslant &\sum_{n=2}^{\infty} | f(n)n^{-s} | \end{aligned}$$

这就表明无穷乘积 $\prod_{p} (1 + f(p)p^{-s} + \cdots + f(p^m)p^{-ms} + \cdots)$ 在 $\mathrm{Re}(s) > \sigma_1$ 时是绝对收敛的. □

注记 (1)完全类似地,如果 $f(n)$ 是完全积性函数,则当 $\mathrm{Re}(s) > \sigma_1$ 时(σ_1 为 $\sum_{n=1}^{\infty} f(n)n^{-s}$ 的绝对收敛横坐标)

$$\sum_{n=1}^{\infty} f(n)n^{-s} = \prod_{p} (1 - f(p)p^{-s})^{-1}$$

例如,作为复变函数,当 $\mathrm{Re}(s) > 1$ 时,$\zeta(s) = \prod_{p} (1 - p^{-s})^{-1}$,而当 $\mathrm{Re}(s) > 2$ 时,$\sum_{n=1}^{\infty} \varphi(n)n^{-s} = \zeta(s-1)/\zeta(s) = \prod_{p} (1 - p^{-s}) \cdot (1 - p^{1-s})^{-1}$,等等.

(2)以上我们是从数论函数 $f(n) = a_n$(或者 $A(N) = \sum_{n=1}^{N} a_n$)的性状来判断

级数 $F(s)=\sum_{n=1}^{\infty}f(n)n^{-s}$ 的解析特性. 实际上,由 $F(s)$ 的解析特性来判断和估计 $f(n)$ 或者 $A(N)$ 的阶,是解析数论的更重要的课题. 解析数论在这一方向上的许多方法和结果也可推广到代数数域中去,但是本书不准备在这方面做深入的探讨.

习　题

1. 求证:

(a) $\sum_{n=1}^{\infty}\mu(n)^2n^{-s}=\zeta(s)/\zeta(2s)$;

(b) $\sum_{n=1}^{\infty}2^{w(n)}n^{-s}=\zeta(s)^2/\zeta(2s)$;

(c) 对于 $n=p_1^{\alpha_1}\cdots p_r^{\alpha_r}$,定义 $\lambda(n)=(-1)^{\alpha_1+\cdots+\alpha_r}$,求证

$$\sum_{n=1}^{\infty}\lambda(n)n^{-s}=\zeta(2s)/\zeta(s)$$

2. 求证:

(a) $\sum_{d\mid n}\lambda(d)=\begin{cases}1, & \text{若 } n \text{ 为完全平方}\\ 0, & \text{否则}\end{cases}.$

(b) $\varphi(n)/n=\sum_{d\mid n}\mu(d)/d, n/\varphi(n)=\sum_{d\mid n}\mu^2(d)/\varphi(d)$;

(c) $\{\lambda(n)\}$ 对于卷积运算的逆元素为 $\{|\mu(n)|\}$;

(d) $\Lambda(n)=-\sum_{d\mid n}\mu(d)\log d$, 其中 $\Lambda(n)$ 为 Mangoldt 函数.

3. 如果 f 和 g 均为积性数论函数,求证:$f*g$ 也是积性数论函数. 对于完全积性函数这一命题是否成立?

4. 如果 f 为积性数论函数,则 $\sum_{d\mid n}\mu(d)f(d)=\prod_{p\mid n}(1-f(p))$.

5. 令 $\zeta_n=e^{2\pi i/n}$,求证: $\mu(n)=\prod_{\substack{k=1\\(k,n)=1}}^{n}\zeta_n$.

6. 假设 R 是任意带 1 交换环,$f:\mathbb{Q}\to R$. 令

$$F(n)=\sum_{k=1}^{n}f(k/n), \widetilde{F}(n)=\sum_{\substack{k=1\\(k,n)=1}}^{n}f(k/n)$$

求证: $\{\widetilde{F}(n)\}=\{F(n)\}*\{\mu(n)\}$.

7. 设 σ_0 和 σ_1 分别为 D－级数 $\sum_{n=1}^{\infty} a_n n^{-s}(a_n \in \mathbb{C})$ 的收敛横坐标和绝对收敛横坐标. 求证:$\sigma_0 \leqslant \sigma_1 \leqslant \sigma_0 + 1$,并给出 $\sigma_1 = \sigma_0$ 和 $\sigma_1 = \sigma_0 + 1$ 的两个 D－级数的例子.

8. (唯一性定理)如果 $A(s) = \sum_{n=1}^{\infty} a_n n^{-s}$ 和 $B(s) = \sum_{n=1}^{\infty} b_n n^{-s}$ 在复平面的某个右半平面内定义出同一个复变函数,求证:$a_n = b_n (n = 1, 2, \cdots)$.

9. 求证:当 $\mathrm{Re}(s) > 1$ 时,$-\zeta'(s)/\zeta(s) = \sum_{n=1}^{\infty} \Lambda(n) n^{-s}$,其中 $\Lambda(n)$ 是 Mangoldt 函数.

§2 Riemann zeta 函数 $\zeta(s)$ 和 Dirichlet L－函数 $L(s,\chi)$

2.1 $\zeta(s)$ 的函数方程,Riemann 猜想

我们在上一节中看到,许多数论函数的 Dirichlet 级数都可用 Riemann zeta 函数 $\zeta(s)$ 表示出来,所以有必要对于 $\zeta(s)$ 的解析性质做更深入的研究. 我们已经把 $\zeta(s)$ 解析延拓到半平面 $\mathrm{Re}(s) > 0$ 之中,在这个半平面中 $\zeta(s)$ 只有一个奇点 $s = 1$,并且是留数为 1 的单极点. Riemann 的另一个杰出贡献是:建立了 $\zeta(s)$ 的函数方程,从而将 $\zeta(s)$ 解析延拓到整个复平面上.

定理 4.4 $\zeta(s)$ 可以解析延拓到整个复平面上,并且满足下面的函数方程

$$\pi^{-s/2}\Gamma(s/2)\zeta(s) = \pi^{-(1-s)/2}\Gamma\left(\frac{1-s}{2}\right)\zeta(1-s),$$

其中 $\Gamma(s)$ 是 Gamma 函数.

在证明定理 4.4 之前,我们概要地叙述一下 Gamma 函数 $\Gamma(s)$ 的一些基本事实,然后介绍证明定理 4.4 的基本工具——Poisson 求和公式,最后给出定理 4 的证明和一些推论.

(1) Gamma 函数 $\Gamma(s)$

Gamma 函数的 Euler 定义是 $\Gamma(s) = \int_0^{\infty} x^{s-1} e^{-x} dx$. 右边积分在 $\mathrm{Re}(s) > 0$ 时收敛. 分部积分给出 $\Gamma(s+1) = s\Gamma(s)$. 由此可将 $\Gamma(s)$ 解析延拓到整个复平面上,并且显然有 $\Gamma(n+1) = n!$. 注意

$$\frac{1}{\Gamma(s)} = \frac{s}{\Gamma(s+1)} = \frac{s(s+1)\cdots(s+n)}{\Gamma(s+n+1)}$$

$$=\frac{\Gamma(n+1)}{\Gamma(s+n+1)^{s}}\cdot(1+s/1)(1+s/2)\cdots(1+s/n)$$

不幸的是,无穷乘积 $\prod_{n=1}^{\infty}(1+s/n)$ 发散. 补救办法是加上"收敛因子"$e^{-s/n}$,于是 $\prod_{n=1}^{\infty}(1+s/n)e^{-s/n}$ 收敛. 由 $\sum_{k=1}^{n}\frac{1}{k}=\log n+\gamma+O\left(\frac{1}{n}\right)$ (γ 叫作 Euler 常数)和渐近公式 $\Gamma(n+s)\sim n^{s-1}\left(\frac{n}{e}\right)^{n}\cdot\sqrt{2\pi n}$,可以推导出 $1/\Gamma(s)$的 Weierstrass 无穷乘积展开式

$$1/\Gamma(s)=se^{\gamma s}\prod_{n=1}^{\infty}(1+s/n)e^{-s/n}$$

从而$\frac{1}{\Gamma(s)}$为整函数,零点为 $s=0,-1,-2,\cdots$,并且均是单零点. 于是 $\Gamma(s)$在整个复平面上只有奇点 $s=0,-1,-2,\cdots$,并且均是单极点,且留数为 $\operatorname*{res}_{s=-n}\Gamma(s)=(-1)^{n}/n!$. 由 $1/\Gamma(s)$的无穷乘积展开式还可得到

$$1/\Gamma(s)\Gamma(-s)=s^{2}\prod_{n=1}^{\infty}(1-s^{2}/n^{2})=-s\frac{\sin\pi s}{\pi}$$

即 $\Gamma(s)\Gamma(1-s)=\pi/\sin\pi s$. 由此可知 $\Gamma(1/2)=\sqrt{\pi}$.

(2) Poisson 求和公式

设 $g(x)$是周期为 1 的实变函数. 在适当的条件下(见后),它有 Fourier 展开

$$g(x)=\sum_{n=-\infty}^{\infty}a_{n}e^{2\pi inx},a_{n}=\int_{0}^{1}g(x)e^{-2\pi inx}dx$$

现在设 $f(x)$是$(-\infty,\infty)$上的连续函数,而 $g(x)=\sum_{n=-\infty}^{\infty}f(n+x)$. 如果 $g(x)$有意义的话,$g(x)$显然是周期为 1 的实变函数. 这时,如果 $g(x)$可作 Fourier 展开,那么其 Fourier 系数为

$$a_{k}=\int_{0}^{1}\left(\sum_{n=-\infty}^{\infty}f(x+n)\right)e^{-2\pi ikx}dx=\sum_{n=-\infty}^{\infty}\int_{0}^{1}f(x+n)e^{-2\pi ikx}dx$$
$$=\sum_{n=-\infty}^{\infty}\int_{n}^{n+1}f(x)e^{-2\pi ikx}dx=\int_{-\infty}^{\infty}f(x)e^{-2\pi ikx}dx$$

取 $x=0$ 即得到

$$\sum_{n=-\infty}^{\infty}f(n)=g(0)=\sum_{n=-\infty}^{\infty}a_{n}$$

以上推导中我们随意地写上 $\sum_{-\infty}^{\infty}\int_{-\infty}^{\infty}$ 以及交换 $\sum$ 和$\int$ 的次序. 作为微积分的很

好练习，请读者自行验证，在下述引理诸条件(a)～(d)均成立的时候，上面的推导是合理的. 这就使我们得到：

引理 4(Poisson 求和公式) 假设$f(x)$为实变函数，并且：

(a)$f(x)$在$(-\infty,\infty)$上连续；

(b) $\sum_{n=-\infty}^{\infty} f(x+n)$ 在每个有限区间 $a\leqslant x\leqslant b$ 上均一致收敛；

(c)积分$\int_{-\infty}^{\infty} |f(x)| \mathrm{d}x$ 收敛；

(d)级数 $\sum_{k=-\infty}^{\infty} |a_k|$ 收敛，其中 $a_k = \int_{-\infty}^{\infty} f(x)\mathrm{e}^{-2\pi ikx}\mathrm{d}x$，则

$$\sum_{n=-\infty}^{\infty} f(n) = \sum_{n=-\infty}^{\infty} a_n \qquad \square$$

(3)定理 4.4 的证明

当 $\mathrm{Re}(s)>1, t>0$ 时

$$\begin{aligned}\pi^{-s/2}\zeta(s)\Gamma(s/2) &= \int_0^{\infty} \pi^{-s/2}\sum_{n=1}^{\infty} n^{-s}t^{s/2-1}\mathrm{e}^{-t}\mathrm{d}t\,(t\mapsto \pi n^2 t) \\ &= \int_0^{\infty} t^{s/2-1}\Big(\sum_{n=1}^{\infty}\mathrm{e}^{-\pi n^2 t}\Big)\mathrm{d}t = \int_0^1 + \int_1^{\infty} \\ &= \int_1^{\infty} x^{s/2-1}w(x)\mathrm{d}x + \int_1^{\infty} x^{-s/2-1}w(x^{-1})\mathrm{d}x \qquad (*)\end{aligned}$$

其中 $w(x) = \sum_{n=1}^{\infty}\mathrm{e}^{-n^2\pi x}$. 令 $\theta(x) = \sum_{n=-\infty}^{\infty}\mathrm{e}^{-n^2\pi x} = 1+2w(x)$. 在 Poisson 公式中取$f(t)=\mathrm{e}^{-t^2\pi x}$，则 $a_n = \int_{-\infty}^{\infty} f(t)\mathrm{e}^{-2\pi int}\mathrm{d}t = \frac{1}{\sqrt{x}}\mathrm{e}^{-\pi n^2/x}$. 不难验证引理 4 中诸条件均成立(原因是当$|t|\to\infty$时$f(t)$下降很快). 于是

$$\theta(x) = \sum_{n=-\infty}^{\infty} f(n) = \frac{1}{\sqrt{x}}\sum_{n=-\infty}^{\infty}\mathrm{e}^{-\pi n^2/x} = \frac{1}{\sqrt{x}}\theta(1/x)$$

从而 $w(1/x) = -\frac{1}{2}+\frac{\sqrt{x}}{2}+\sqrt{x}w(x)$. 将此代入式$(*)$得到

$$\pi^{-s/2}\Gamma(s/2)\zeta(s) = -\frac{1}{s}-\frac{1}{1-s}+\int_1^{\infty} x^{s/2-1}w(x)\mathrm{d}x + \int_1^{\infty} x^{\frac{1-s}{2}-1}w(x)\mathrm{d}x$$

但是上式右边两个积分对于任何 s 值均有意义，所以通过上式将 $\zeta(s)$解析延拓到整个复平面上，并且如果将 s 改成 $1-s$，上式右边不变，从而

$$\pi^{-s/2}\Gamma(s/2)\zeta(s) = \pi^{-(1-s)/2}\Gamma\Big(\frac{1-s}{2}\Big)\zeta(1-s) \qquad \square$$

系 (a)$\zeta(s)$在整个复平面上只有一个奇点 $s=1$，并且是留数为 1 的单极点.

(b)$s=-2,-4,-6,\cdots$是$\zeta(s)$的单零点(称作$\zeta(s)$的平凡零点). 而$\zeta(s)$的其他零点均在区域 $0<\mathrm{Re}(s)<1$ 之内,并且这些零点对于垂直线 $\mathrm{Re}(s)=1/2$是对称的.

证明 当 $\mathrm{Re}(s)>1$ 时,$\zeta(s)$有收敛的无穷乘积展开式,从而$\zeta(s)$无零点也无奇点. 当 $\mathrm{Re}(s)<0$ 时

$$\zeta(s)=\pi^{s-1/2}\zeta(1-s)\Gamma(1-s/2)/\Gamma(s/2) \qquad (*)$$

由于 $\mathrm{Re}(1-s)>1$,从而这时$\zeta(s)$的奇点与零点只与 Gamma 函数有关. 由于$\Gamma(s)$无零点,而只有极点 $0,-1,-2,\cdots$,并且均是单极点,$\underset{s=-n}{\mathrm{res}}\,\Gamma(s)=(-1)^n/n!$. 从而由式($*$)即知$\zeta(s)$在 $\mathrm{Re}(s)<0$ 中没有极点,而零点只有 $s=-2,-4,-6,\cdots$,并且均是单零点(注意在 $s=0$ 处,$\zeta(0)=\lim\limits_{s\to0}\dfrac{\pi^{-1/2}\zeta(1-s)\Gamma(1/2)}{\Gamma(s/2)}=\lim\limits_{s\to0}\dfrac{s/2}{(1-s)-1}=-1/2\neq0$). 在 $0<\mathrm{Re}(s)\leqslant1$ 中,我们已经证明了$\zeta(s)$只有一个极点 $s=1$. 由式($*$)即知在直线 $\mathrm{Re}(s)=0$ 上$\zeta(s)$无奇点. 于是在整个复平面上只有一个(单)奇点 $s=1$. 最后,下面引理 5 表明$\zeta(s)$在直线 $s=1+it$ 上无零点,从而由式($*$)表明$\zeta(s)$在直线 $s=it$ 上也无零点,这就表明$\zeta(s)$的非平凡零点均在区域 $0<\mathrm{Re}(s)<1$ 中,并且若 s_0 是$\zeta(s)$在此区域中的零点,则由式($*$)可知 $1-s_0$ 也是$\zeta(s)$在此区域中的零点,从而非平凡零点关于直线 $\mathrm{Re}(s)=1/2$是对称的. □

注记 著名的 **Riemann 猜想**是说:$\zeta(s)$的非平凡零点均在直线 $\mathrm{Re}(s)=\frac{1}{2}$之上. 人们已经验证了,按照零点绝对值的大小,前 1.5×10^8 个非平凡零点均在 $\mathrm{Re}(s)=\frac{1}{2}$直线上. 例如其中前 8 个零点为:$\frac{1}{2}\pm\mathrm{i}(14.134\,725\cdots)$,$\frac{1}{2}\pm\mathrm{i}(21.022\,040\cdots)$,$\frac{1}{2}\pm\mathrm{i}(25.010\,856\cdots)$和$\frac{1}{2}\pm\mathrm{i}(30.424\,878\cdots)$,但是 Riemann 猜想至今未被证明或推翻.

引理 5 对于任意 $t\in\mathbb{R}$,$\zeta(1+it\neq0)$.

证明 令 $s=\sigma+it$. 当 $\sigma>1$ 时 $\zeta(s)=\prod\limits_p(1-p^{-s})^{-1}$,从而

$$\log\zeta(s)=-\sum_p\log(1-p^{-s})=\sum_p\sum_{m=1}^{\infty}\frac{1}{mp^{ms}}$$

因此若令 $\exp(\alpha)=\mathrm{e}^{\alpha}$,则 $\zeta(s)=\exp\left(\sum\limits_p\sum\limits_{m=1}^{\infty}\mathrm{e}^{-imt\log p}/mp^{m\sigma}\right)$,从而 $|\zeta(s)|=$

$\exp\{\sum_p \sum_{m=1}^{\infty} \cos(mt\log p)/mp^{m\sigma}\}$，于是

$$\zeta^3(\sigma)\mid\zeta(\sigma+\mathrm{i}t)\mid^4\mid\zeta(\sigma+2\mathrm{i}t)\mid=\exp\{\sum_p\sum_{m=1}^{\infty}A_m/mp^{m\sigma}\}$$

其中

$$\begin{aligned}A_m&=3+4\cos(mt\log p)+\cos(2mt\log p)\\&=2\{\cos(mt\log p)+1\}^2\geqslant 0\end{aligned}$$

从而 $\zeta^3(\sigma)|\zeta(\sigma+\mathrm{i}t)|^4|\zeta(\sigma+2\mathrm{i}t)|\geqslant 1$（当 $\sigma>1$ 时），或者写成

$$((\sigma-1)\zeta(\sigma))^3\left|\frac{\zeta(\sigma+\mathrm{i}t)}{\sigma-1}\right|^4|\zeta(\sigma+2\mathrm{i}t)|$$

$$\geqslant\frac{1}{\sigma-1}\quad(\sigma>1\text{ 时})$$

我们已经知道 $s=1$ 是 $\zeta(s)$ 的奇点；另一方面，如果 $1+\mathrm{i}t(t\neq 0)$ 为 $\zeta(s)$ 的零点，由定理4.4 的系可知当 $\sigma\to 1$ 时，上式左边为常数，而右边 $\to\infty$，这就导致矛盾.

□

2.2 有限 Abel 群的特征

定义 3 设 G 是有限 Abel 群（运算记为乘法），从 G 到乘法群 $\mathbb{C}^*=\mathbb{C}-\{0\}$ 的每个同态 $\chi:G\to\mathbb{C}^*$ 均叫作群 G 的**特征**.

如果 $|G|=n$，则对于每个 $g\in G$，$\chi(g)^n=\chi(g^n)=\chi(1_G)=1$. 因此特征 χ 的取值均是 n 次单位根.

例 1 $\chi\equiv 1$ 显然是 G 的特征，称作 G 的**主特征**，记为 χ_0.

例 2 设 $C_n=\langle a\mid a^n=1\rangle$ 是 n 阶循环群，χ 为 C_n 的特征. 由上述可知 $\chi(a)=\omega^t$，$\omega=\mathrm{e}^{2\pi\mathrm{i}/n}$，$0\leqslant t\leqslant n-1$，并且 χ 由它在 a 处的取值所完全决定：$\chi(a^j)=\omega^{tj}(0\leqslant j\leqslant n-1)$. 这个特征记为 χ_t，于是 $\{\chi_0,\chi_1,\cdots,\chi_{n-1}\}$ 就是 C_n 的全部 n 个不同的特征.

以 $\hat{G}$ 表示有限 Abel 群 G 的全部特征所构成的集合. 对于 $\chi,\chi'\in\hat{G}$，定义特征的乘法 $\chi\chi'$ 为 $\chi\chi'(g)=\chi(g)\chi'(g)(g\in G)$，易知 $\chi\chi'$ 也是群 G 的特征，并且 $\hat{G}$ 由此形成 Abel 群，叫作 G 的特征群. $\hat{G}$ 中单位元素即是主特征 χ_0. 若 χ^{-1} 表示特征 χ 的逆，则 $\chi^{-1}(g)=\chi(g)^{-1}=\overline{\chi(g)}$（注意 $\chi(g)$ 是单位根），即 $\chi^{-1}(g)$ 是 $\chi(g)$ 的复共轭. 因此也将 χ^{-1} 表示成 $\overline{\chi}$，称作 χ 的**共轭特征**.

定理 4.5 设 G 为有限 Abel 群，则其特征群 $\hat{G}$ 与 G 正则同构.

证明 我们知道，每个有限 Abel 群 G 均是有限个循环群的直积：$G=C_{n_1}\times$

$C_{n_2}\times\cdots\times C_{n_r}$, $C_{n_t}=\langle a_t \mid a_t^{n_t}=1\rangle$为$G$的$n_t$阶循环子群$(1\leqslant t\leqslant r)$. 设$\chi\in\hat{G}$, χ在每个子群C_{n_t}上的限制显然为C_{n_t}的特征，从而由例2知$\chi(a_t)=\zeta_{n_t}^{j_t}(0\leqslant j_t\leqslant n_t-1)$. 由于$G$中元素唯一地表示成$a_1^{i_1}\cdots a_r^{i_r}(0\leqslant i_t\leqslant n_t-1, 1\leqslant t\leqslant r)$，从而

$$\chi(a_1^{i_1}\cdots a_r^{i_r})=\chi(a_1)^{i_1}\cdots\chi(a_r)^{i_r}=\zeta_{n_1}^{i_1j_1}\cdots\zeta_{n_r}^{i_rj_r}$$

对于每组$(j_1,\cdots,j_r)$. 易知上式定义的函数均是G的特征. 将它表示成$\chi_{j_1,\cdots,j_r}$，则$\{\chi_{j_1,\cdots,j_r}\mid j_t\in\mathbb{Z}, 1\leqslant t\leqslant r\}$就是$G$的全部可能的特征，易知

$$\chi_{j_1,\cdots,j_r}=\chi_{j_1',\cdots,j_r'}\Leftrightarrow j_t\equiv j_t' \pmod{n_t}\quad(1\leqslant t\leqslant r)$$

从而若将j_t看成$\mathbb{Z}/n_t\mathbb{Z}$中元素，则

$$\begin{aligned}&\{\chi_{j_1,\cdots,j_r}\mid j_t\in\mathbb{Z}/n_t\mathbb{Z}, 1\leqslant t\leqslant r\}\\ =&\{\chi_{j_1,\cdots,j_r}\mid 0\leqslant j_t\leqslant n_t-1, 1\leqslant t\leqslant r\}\end{aligned}$$

就是G的全部特征，并且两两不同. 又易证

$$\chi_{j_1,\cdots,j_r}\cdot\chi_{j_1',\cdots,j_r'}=\chi_{j_1+j_1',\cdots,j_r+j_r'}$$

从而映射

$$\psi:\hat{G}\to G, \chi_{j_1,\cdots,j_r}\mapsto a_1^{j_1}\cdots a_r^{j_r}$$

是群$\hat{G}(\cong\mathbb{Z}/n_1\mathbb{Z}\oplus\cdots\oplus\mathbb{Z}/n_r\mathbb{Z})$与群$G=C_{n_1}\times\cdots\times C_{n_r}$的同构. □

例3 5阶循环群$C_5=\langle a\mid a^5=1\rangle$的特征群为

$$\hat{G}_5=\langle\chi^i\mid 0\leqslant i\leqslant 5\rangle$$

其中$\chi(a)=\omega$, $\omega=e^{2\pi i/5}$. 从而全部特征取值如下表所示：

	1	a	a^2	a^3	a^4
$\chi_0=\chi^0$	1	1	1	1	1
χ	1	ω	ω^2	ω^3	ω^4
χ^2	1	ω^2	ω^4	ω	ω^3
χ^3	1	ω^3	ω	ω^4	ω^2
χ^4	1	ω^4	ω^3	ω^2	ω

例4 (2,2)型Abel群$C_2\times C_2=\langle a,b\mid a^2=b^2=1, ab=ba\rangle$的特征群为$\hat{G}=\{\chi_0,\chi_1,\chi_2,\chi_1\chi_2\}$，其值为：

	1	a	b	ab
χ_0	1	1	1	1
χ_1	1	−1	1	−1
χ_2	1	1	−1	−1
$\chi_1\chi_2$	1	−1	−1	1

定理 4.6(正交关系)　设 G 为 n 阶 Abel 群,则:

(a) $\displaystyle\sum_{g\in G}\chi(g)=\begin{cases}n,如果\ \chi=\chi_0\\0,否则\end{cases}$;

(b) $\displaystyle\sum_{\chi\in G}\chi(g)=\begin{cases}n,如果\ g=1_G\\0,否则\end{cases}$.

证明　(a)显然 $\sum\limits_{g\in G}\chi_0(g)=\sum\limits_{g\in G}1=|G|=n$. 如果 $\chi\neq\chi_0$,则存在 $b\in G$,使得 $\chi(b)\neq1$,于是

$$\sum_{g\in G}\chi(g)=\sum_{g\in G}\chi(bg)=\sum_{g\in G}\chi(b)\chi(g)=\chi(b)\sum_{g\in G}\chi(g)$$

但是 $\chi(b)\neq1$,从而必然 $\sum\limits_{g\in G}\chi(g)=0$.

(b)显然 $\sum\limits_{\chi\in\hat{G}}\chi(1)=\sum\limits_{\chi\in\hat{G}}1=|\hat{G}|=|G|=n$. 如果 $g\neq1$,令 $G'=\langle g\rangle$ 为元素 g 生成的 G 之子群,则 $|G'|>1$,于是 $|G/G'|<n$. 令 $H=\{\chi\in\hat{G}\mid\chi(g)=1\}$,则对于每个 $\chi\in H$,同态 $\chi:G\to\mathbb{C}^*$ 的核 $\ker\chi\supseteq G'$,从而自然诱导出商群 G/G' 的特征 $\tilde{\chi}:G/G'\to\mathbb{C}^*$,并且对于 H 中两个不同的特征 χ 和 χ',$\tilde{\chi}$ 与 $\tilde{\chi}'$ 也不相同. 但是 G/G' 的特征共有 $|G/G'|$ 个,这就表明

$$|H|\leqslant|(G/G')^\wedge|=|G'/G|<n=|G|=|\hat{G}|$$

于是 $H\subsetneq\hat{G}$,从而存在 $\psi\in\hat{G}$,使得 $\psi(g)\neq1$,于是

$$\sum_{\chi\in\hat{G}}\chi(g)=\sum_{\chi\in\hat{G}}\psi\chi(g)=\sum_{\chi\in\hat{G}}\psi(g)\chi(g)=\psi(g)\sum_{\chi\in\hat{G}}\chi(g)$$

由于 $\psi(g)\neq1$,因此必然 $\sum\limits_{\chi\in\hat{G}}\chi(g)=0$. □

定义 4　加法群 $\mathbb{Z}/m\mathbb{Z}$ 的每个特征 λ 叫作**模 m 加法特征**. 由于 $\mathbb{Z}/m\mathbb{Z}$ 是 m 阶循环群,从而它的特征群也是 m 阶循环群. 其生成元可取为 $\lambda:\mathbb{Z}/m\mathbb{Z}\to\mathbb{C}^*$,$\lambda(1)=\zeta_m$. 从而模 m 加法特征群为 $\{\lambda^a\mid0\leqslant a\leqslant m-1\}$,其中 $\lambda^a(n)=\mathrm{e}^{2\pi ina/m}=\zeta_m^{an}(\bar{n}\in\mathbb{Z}/m\mathbb{Z})$.

乘法群 $(\mathbb{Z}/m\mathbb{Z})^*$ 的每个特征叫作**模 m 乘法特征**,通常也称作**模 m 的**

Dirichlet **特征**,简称作**模 m 的 D-特征**. 从定理 4.5 的证明可知,为了决定模 m 的全部 D-特征,我们只需弄清有限 Abel 群$(\mathbb{Z}/m\mathbb{Z})^*$的结构. 这是初等数论的内容. 详言之,设 $m=p_1^{\alpha_1}\cdots p_r^{\alpha_r}$ 为 m 的素因子分解式,则由中国剩余定理知道

$$(\mathbb{Z}/m\mathbb{Z})^*\cong(\mathbb{Z}/p_1^{\alpha_1}\mathbb{Z})^*\times\cdots\times(\mathbb{Z}/p_r^{\alpha_i}\mathbb{Z})^*$$

而$(\mathbb{Z}/p^n\mathbb{Z})^*$的结构为:

(a)当 $p\geqslant 3, n\geqslant 1$ 时$(\mathbb{Z}/p^n\mathbb{Z})^*$是 $\varphi(p^n)$ 阶循环群,其生成元 g 可取为模 p^n 的任何一个原根.

(b)$(\mathbb{Z}/2\mathbb{Z})^*=\{1\}$,$\{\mathbb{Z}/4\mathbb{Z}\}^*=\{\pm 1\}$(2 阶循环群),而当 $n\geqslant 3$ 时,$(\mathbb{Z}/2^n\mathbb{Z})^*=\langle -1\rangle\times\langle 5\rangle$,其中 -1 和 5 分别生成$(\mathbb{Z}/2^n\mathbb{Z})^*$的 2 阶和 2^{n-2} 阶循环子群.

由此完全决定了乘法群$(\mathbb{Z}/m\mathbb{Z})^*$的结构,然后不难写出全部 $\varphi(m)$ 个模 m 的 D-特征.

例 5 $(\mathbb{Z}/4\mathbb{Z})^*=\{\pm 1\}$,从而模 4 有两个 D-特征:$\chi_0$ 和 χ_1.

	1	$-1(=3)$
χ_0	1	1
χ_1	1	-1

例 6 $(\mathbb{Z}/8\mathbb{Z})^*=\langle -1\rangle\times\langle +5\rangle$,而 -1 和 5 均生成 2 阶循环群. 从而模 8 有 4 个 D-特征:$\chi_0,\chi_1,\chi_2,\chi_3=\chi_1\chi_2$.

	1	$-1=7$	5	$-5=3$
χ_0	1	1	1	1
χ_1	1	-1	1	-1
χ_2	1	1	-1	-1
$\chi_1\chi_2=\chi_3$	1	-1	-1	1

例 7 $(\mathbb{Z}/5\mathbb{Z})^*=\langle 3\rangle$,即是由模 5 的原根 3 生成的 4 阶循环群. 从而模 5 的 4 个 D-特征为 χ_0,χ,χ^2 和 χ^3,其中 $\chi(3)=i=\sqrt{-1}$.

	1	3	$3^2=4$	$3^3=2$
χ^0	1	1	1	1
χ	1	i	-1	$-$i
χ^2	1	-1	1	-1
$\overline{\chi_0}=\chi^3$	1	$-$i	-1	i

定义 5　设 χ 为模 m 的 D－特征，由于 $\chi(-1)^2=\chi(1)=1$，从而 $\chi(-1)=\pm 1$. 如果 $\chi(-1)=1$，称 χ 为**偶特征**；如果 $\chi(-1)=-1$，称 χ 为**奇特征**.

引理 6　设 χ 是模 m 的 D－特征，$d|m$，则下列 3 个条件彼此等价.

(a) 存在模 d 的 D－特征 χ'，使得 $(m,a)=1$（从而 $(d,a)=1$）时，$\chi(a)=\chi'(a)$；

(b) $(a,m)=1, a\equiv 1 \pmod d \Rightarrow \chi(a)=1$；

(c) $(a,m)=(a',m)=1, a\equiv a' \pmod d \Rightarrow \chi(a)=\chi(a')$.

证明　(a)⇒(b)⇒(c) 是显然的. 剩下只需再证 (c)⇒(a). 我们如下定义一个函数 χ'：若 $(a,d)=1$，则存在 $a'\in\mathbb{Z}$，使得 $a'\equiv a \pmod d$ 并且 $(a',m)=1$（令 $q=\prod\limits_{\substack{p|m\\p\nmid d}}p$，取 $a'=a+qd$ 即为所求）. 如果条件 (c) 成立，则我们可以定义函数 $\chi'(a)=\chi(a')$. 易知这是模 d 的 D－特征，并且当 $(a,m)=1$ 时，$\chi'(a)=\chi(a')=\chi(a)$. □

定义 6　如果引理 6 中的条件成立，并且 d 是 m 的真因子（即 $d|m, 1\leqslant d<m$），则称 χ 是模 m 的**非本原** D－特征. 因为 χ 是由 χ' **诱导**出来的，而 χ' 有比 χ 小的模，否则，如果不存在 m 的真因子 d 使得引理 6 中的条件成立，便称 χ 是模 m 的**本原** D－特征. 而满足引理 6 中条件的最小正数 d 称作特征 χ 的**导子**（conductor，德文 Führer），记为 $\mathrm{cond}(\chi)$.

引理 7　设 χ 为模 m 的 D－特征，$\mathrm{cond}(\chi)=d$，则 χ 是由模 d 的某个本原 D－特征诱导出来的.

证明　根据定义 6 可知 χ 可由模 d 的某个 D－特征 χ' 诱导出来. 即 $(a,m)=1$ 时，$\chi(a)=\chi'(a)$. 如果 χ' 不是模 d 本原特征，则存在 d 的真因子 d' 和模 d' 的 D－特征 χ''，使得 $(a,d)=1$ 时 $\chi'(a)=\chi''(a)$. 于是当 $(a,m)=1$（从而 $(a,d)=1$）时，$\chi(a)=\chi''(a)$. 即 χ 也是由 χ'' 诱导出来的. 但是 χ'' 具有模 $d'<d$，这就与 $\mathrm{cond}(\chi)=d$ 相矛盾，从而 χ' 必为模 d 的本原 D－特征. □

比如:前面给出模 8 的 4 个 D－特征中,χ_2 和 χ_3 是模 8 的本原特征:$\text{cond}(\chi_2)=\text{cond}(\chi_3)=8$,而 χ_1 是由模 4 本原特征"$\chi(1)=1,\chi(-1)=-1$"诱导出来的,从而 $\text{cond}(\chi_1)=4$. 最后,主特征 χ_0 的导子必为 1.

最后我们来计算将模 m 加法特征与乘法特征放在一起的一个和式——Gauss 和,它在数论中起着重要的作用. 设 λ 和 χ 分别是模 m 的加法特征与 D－特征. 为方便起见,当$(m,a)>1$ 时,我们规定 $\chi(a)=0$.

定义 7 $G(\lambda,\chi)=\sum_{n=0}^{m-1}\lambda(n)\chi(n)$ 叫作**模 m 的 Gauss 和**. 由于模 m 的加法特征均有形式 $\lambda_k(n)=e^{2\pi ikn/m}(0\leqslant k\leqslant m-1)$,从而 Gauss 和也可写成

$$G(k,\chi)=\sum_{n=0}^{m-1}\chi(n)e^{2\pi ikn/m}$$

注记 我们在第三章中计算过和式 $G_p(r)=\sum_{n=1}^{p-1}\left(\frac{n}{p}\right)e^{2\pi irn/p}$,这是一个模 p 的 Gauss 和,因为$\left(\frac{n}{p}\right)=\chi(n)$为模 p 的 D－特征.

定理 4.7 (a)若$(k,m)=1$,则 $G(k,\chi)=\overline{\chi}(k)G(1,\chi)$.

(b)若 χ 为模 m 的本原 D－特征,则$|G(1,\chi)|=\sqrt{m}$,并且当$(k,m)>1$ 时,$G(k,\chi)=0$.

证明 (a)如果$(k,m)=1$,则

$$\begin{aligned}G(k,\chi)&=\sum_{n=0}^{m-1}\chi(n)e^{\frac{2\pi ikn}{m}}=\sum_{n=0}^{m-1}\overline{\chi}(k)\chi(nk)e^{2\pi ikn/m}\\&=\overline{\chi}(k)\sum_{n=0}^{m-1}\chi(n)e^{2\pi in/m}=\overline{\chi}(k)G(1,\chi)\end{aligned}$$

(b)如果$(k,m)=d>1$,令 $k=k'd,m=m'd$,则 $m'<m$. 由于 χ 是模 m 本原 D－特征,由引理 6 可知存在 $r\in\mathbb{Z},r\equiv1(\bmod m'),(r,m)=1$,而 $\chi(r)\neq1$. 于是

$$\begin{aligned}G(k,\chi)&=\sum_{n=0}^{m-1}\chi(n)e^{2\pi ink'/m'}=\sum_{\lambda=0}^{m'-1}e^{2\pi ik'\lambda/m'}\sum_{\substack{n=0\\n\equiv\lambda(\bmod m')}}^{m-1}\chi(n)\\&=\sum_{\lambda=0}^{m'-1}e^{2\pi ik'\lambda/m'}\sum_{\substack{n=0\\n\equiv\lambda(\bmod m')}}^{m-1}\chi(nr)\\&=\chi(r)\sum_{\lambda=0}^{m'-1}e^{2\pi ik'\lambda/m'}\sum_{\substack{n=0\\n\equiv\lambda(\bmod m')}}^{m-1}\chi(n)=\chi(r)G(k,\chi)\end{aligned}$$

但是 $\chi(r)\neq1$,从而 $G(k,\chi)=0$. 另一方面

$$|G(1,\chi)|^2=G(1,\chi)\overline{G(1,\chi)}=G(1,\chi)\sum_{n=0}^{m-1}\overline{\chi}(n)e^{-2\pi in/m}$$

$$
\begin{aligned}
&= \sum_{n=0}^{m-1} G(n,\chi) e^{-2\pi i n/m} \\
&= \sum_{n,n'=0}^{m-1} \chi(n') e^{(2\pi i n' n - 2\pi i n)/m} \\
&= \sum_{n'=0}^{m-1} \chi(n') \sum_{n=0}^{m-1} e^{2\pi i n(n'-1)/m} \\
&= m\chi(1) = m
\end{aligned}
$$

从而$|G(1,\chi)| = \sqrt{m}$. □

2.3 Dirichlet L 函数

设χ为模m的 D－特征. 当$(m,n)>1$时规定$\chi(n)=0$. 如下定义一个 D－级数

$$L(s,\chi) = \sum_{n=1}^{\infty} \chi(n) n^{-s}$$

称作 Dirichlet L 函数. 当$\chi \neq \chi_0$时由于$\{\chi(n) \mid n=1,2,\cdots\}$的部分和是发散并且有界的(习题12),从而$L(s,\chi)$的收敛横坐标为$\sigma_0=0$,而绝对收敛横坐标显然为$\sigma_1=1$. 于是它在半平面$\mathrm{Re}(s)>0$内定义了一个正则函数. 由于特征$\chi$是完全积性的,于是当$\mathrm{Re}(s)>\sigma_1=1$时有 Euler 乘积展开

$$
\begin{aligned}
L(s,\chi) &= \prod_{p} (1-\chi(p)p^{-s})^{-1} \\
&= \prod_{p \nmid m} (1-\chi(p)p^{-s})^{-1} \quad (\mathrm{Re}(s)>1)
\end{aligned}
$$

如果 cond $\chi = m' \mid m$,并且χ是由模m'的本原 D－特征χ'诱导出来的(引理6),则

$$
\begin{aligned}
L(s,\chi) &= \prod_{p \nmid m} (1-\chi(p)p^{-s})^{-1} = \prod_{p \nmid m} (1-\chi'(p)p^{-s})^{-1} \\
&= \prod_{p} (1-\chi'(p)p^{-s})^{-1} \cdot \prod_{p \mid m} (1-\chi'(p)p^{-s}) \\
&= L(s,\chi') \cdot \prod_{p \mid m} (1-\chi'(p)p^{-s})
\end{aligned}
$$

于是$L(s,\chi)$和$L(s,\chi')$只相差一个有限乘积. 所以只需研究对本原D－特征的L函数即可. 特别对于模m的主特征χ_0,我们有

$$L(s,\chi_0) = \zeta(s) \prod_{p \mid m} (1-p^{-s})$$

与$\zeta(s)$一样,为了将$L(s,\chi)$延拓到整个复平面上,需要利用函数方程.

定理 4.8 设χ为模N的本原D－特征. 令

$$\delta(\chi) = \delta = \begin{cases} 0, 若\ \chi(-1)=1 \\ 1, 若\ \chi(-1)=-1 \end{cases}$$

$$\xi(s,\chi)=\left(\frac{N}{\pi}\right)^{s/2}\Gamma\left(\frac{s+\delta}{2}\right)L(s,\chi)$$

则 $L(s,\chi)$ 可以解析延拓到整个复平面上并且满足如下的函数方程

$$\xi(s,\chi)=\frac{G(1,\chi)}{\mathrm{i}^{\delta}\sqrt{N}}\xi(1-s,\overline{\chi})$$

证明 基本工具仍是 Poisson 求和公式. 我们分两种情况考虑.

(a) χ 为偶特征. 即 $\chi(-1)=1$，此时 $\delta=0$. 由于

$$\left(\frac{N}{\pi}\right)^{s/2}\Gamma(s/2)n^{-s}=\int_0^{\infty}\mathrm{e}^{-n^2\pi x/N}x^{s/2-1}\mathrm{d}x$$

从而当 $\mathrm{Re}(s)=\sigma>1$ 时

$$\begin{aligned}\xi(s,\chi)&=\left(\frac{N}{\pi}\right)^{s/2}\Gamma(s/2)\sum_{n=1}^{\infty}\chi(n)n^{-s}\\&=\int_0^{\infty}x^{s/2-1}\left(\sum_{n=1}^{\infty}\chi(n)\mathrm{e}^{-n^2\pi x/N}\right)\mathrm{d}x\\&=\frac{1}{2}\int_0^{\infty}x^{s/2-1}\psi(x,\chi)\mathrm{d}x\end{aligned}$$

其中 $\psi(x,\chi)=\sum_{-\infty}^{\infty}\chi(n)\mathrm{e}^{-n^2\pi x/N}$. 于是

$$\begin{aligned}G(1,\overline{\chi})\psi(x,\chi)&=\sum_{n=-\infty}^{\infty}G(1,\overline{\chi})\chi(n)\mathrm{e}^{-n^2\pi x/N}\\&=\sum_{m=1}^{N}\overline{\chi}(m)\sum_{n=-\infty}^{\infty}\mathrm{e}^{-\frac{n^2\pi x}{N}+2\pi\mathrm{i}\frac{mn}{N}}\end{aligned}\qquad(*)$$

在 Poisson 公式中取 $f(t)=\mathrm{e}^{-\frac{t^2\pi x}{N}+2\pi\mathrm{i}\frac{mt}{N}}$，则其 Fourier 系数为

$$a_n=\int_{-\infty}^{\infty}\mathrm{e}^{-\frac{t^2\pi x}{N}+2\pi\mathrm{i}\frac{mt}{N}-2\pi\mathrm{i}nt}\mathrm{d}t=\sqrt{\frac{N}{x}}\mathrm{e}^{-\frac{\pi}{Nx}(m-nN)^2}$$

于是由 Poisson 公式可知(从式(*))

$$\begin{aligned}G(1,\overline{\chi})\psi(x,\chi)&=\sum_{m=1}^{N}\overline{\chi}(m)\sqrt{\frac{N}{x}}\sum_{n=-\infty}^{\infty}\mathrm{e}^{-\frac{\pi}{Nx}(nN+m)^2}\\&=\sqrt{\frac{N}{x}}\sum_{l=-\infty}^{\infty}\overline{\chi}(l)\mathrm{e}^{-\frac{\pi l^2}{Nx}}\\&=\sqrt{\frac{N}{x}}\psi(x^{-1},\overline{\chi})\end{aligned}$$

从而

$$\xi(s,\chi)=\frac{1}{2}\int_1^{\infty}x^{s/2-1}\psi(x,\chi)\mathrm{d}x+\frac{1}{2}\int_1^{\infty}x^{-s/2-1}\psi(x^{-1},\chi)\mathrm{d}x$$

$$= \frac{1}{2}\int_1^{\infty} x^{s/2-1}\psi(x,\chi)\mathrm{d}x + \frac{1}{2}\frac{\sqrt{N}}{G(1,\overline{\chi})}\int_1^{\infty} x^{\frac{1-s}{2}-1}\psi(x,\overline{\chi})\mathrm{d}x$$

但是上式右边的积分对于任何 $s\in\mathbb{C}$ 均收敛,并且当 χ 为模 m 本原 D-特征时,$|G(1,\overline{\chi})|=\sqrt{N}\neq 0$. 这就将 $\xi(s,\chi)$ 从而将 $L(s,\chi)$ 解析延拓到整个复平面上,并且

$$\xi(1-s,\overline{\chi}) = \frac{1}{2}\int_1^{\infty} x^{\frac{1-s}{2}-1}\psi(x,\overline{\chi})\mathrm{d}x + \frac{1}{2}\frac{\sqrt{N}}{G(1,\chi)}\int_1^{\infty} x^{s/2-1}\psi(x,\chi)\mathrm{d}x$$

$$= \frac{\sqrt{N}}{G(1,\chi)}\xi(s,\chi)$$

其中用到公式 $G(1,\chi)G(1,\overline{\chi})=N\chi(-1)$.

(b)若 χ 为奇特征,即 $\chi(-1)=-1$,此时 $\delta(\chi)=1$. 而

$$\left(\frac{N}{\pi}\right)^{\frac{1}{2}(s+1)}\Gamma\left(\frac{1}{2}(s+1)\right)n^{-s} = \int_0^{\infty} n\mathrm{e}^{-\frac{n^2\pi x}{N}}x^{\frac{1}{2}s-1/2}\mathrm{d}x$$

从而

$$\left(\frac{N}{\pi}\right)^{\frac{1}{2}(s+1)}\Gamma\left(\frac{1}{2}(s+1)\right)L(s,\chi)$$

$$=\frac{1}{2}\int_0^{\infty}\psi_1(x,\chi)x^{\frac{1}{2}(s-1)}\mathrm{d}x$$

其中 $\psi_1(x,\chi) = \sum_{n=-\infty}^{\infty} n\chi(n)\mathrm{e}^{-n^2\pi x/N}$. 由 Poisson 公式可得到

$$\sum_{n=-\infty}^{\infty}\mathrm{e}^{-n^2\pi y+2\pi\mathrm{i}n\alpha} = y^{-1/2}\sum_{n=-\infty}^{\infty}\mathrm{e}^{-(n+\alpha)^2\pi/y}\quad(y\neq 0)$$

对 α 微商给出

$$2\pi\mathrm{i}\sum_{n=-\infty}^{\infty} n\mathrm{e}^{-n^2\pi y+2\pi\mathrm{i}n\alpha} = -2\pi y^{-3/2}\sum_{n=-\infty}^{\infty}(n+\alpha)\mathrm{e}^{-(n+\alpha)^2\pi/y}$$

因此($y=x/N,\alpha=m/N$)

$$\sum_{n=-\infty}^{\infty} n\mathrm{e}^{-\frac{n^2\pi x}{N}+\frac{2\pi\mathrm{i}mn}{N}} = \mathrm{i}\left(\frac{N}{x}\right)^{3/2}\sum_{n=-\infty}^{\infty}\left(n+\frac{m}{N}\right)\mathrm{e}^{-\pi(n+\frac{m}{N})^2N/x}$$

由此可得到 $G(1,\overline{\chi})\psi_1(x,\chi)=\mathrm{i}N^{1/2}x^{-3/2}\psi_1(x^{-1},\overline{\chi})$. 从而

$$\xi(s,\chi) = \frac{1}{2}\left[\int_1^{\infty}\psi_1(x,\chi)x^{-(1-s)/2}\mathrm{d}x + \frac{1}{2}\frac{\mathrm{i}\sqrt{N}}{G(1,\overline{\chi})}\int_1^{\infty}\psi_1(x,\overline{\chi})x^{-s/2}\mathrm{d}x\right]$$

于是又将 $L(s,\chi)$ 解析延拓到整个复平面上,并且由

$$G(1,\chi)\cdot G(1,\overline{\chi})=\chi(-1)N=-N$$

即可证得

$$\xi(1-s,\overline{\chi})=\frac{\mathrm{i}\sqrt{N}}{G(1,\chi)}\xi(s,\chi)$$ □

引理 8 设 χ 为模 N 本原 D－特征,则对任意 $t\in\mathbb{R}$,$L(1+\mathrm{i}t,\chi)\neq 0$.

证明 与证明引理 5 相仿,当 $\sigma>1$,$s=\sigma+\mathrm{i}t$ 时

$$\begin{aligned}\log L(s,\chi)&=-\sum_p\log(1-\chi(p)p^{-s})\\&=\sum_p\sum_{m=1}^{\infty}\chi(p)^m/mp^{ms}\end{aligned}$$

从而

$$\begin{aligned}&\zeta^3(\sigma)L^4(\sigma+\mathrm{i}t,\chi)L(\sigma+2\mathrm{i}t,\chi^2)\\&=\exp\Big[\sum_p\sum_{m=1}^{\infty}\frac{3+4(\chi(p)p^{-t\mathrm{i}})^m+(\chi(p)p^{t\mathrm{i}})^{2m}}{mp^{m\sigma}}\Big]\end{aligned}$$

由于$|\chi(p)p^{-t\mathrm{i}}|=1$,从而可令 $\chi(p)p^{-t\mathrm{i}}=\mathrm{e}^{t\theta}$. 于是

$$\begin{aligned}\mathrm{Re}(3+4(\chi(p)p^{-t\mathrm{i}})^m+(\chi(p)p^{-t\mathrm{i}})^{2m})&=3+4\cos m\theta+\cos 2m\theta\\&=2(\cos m\theta+1)^2\geqslant 0\end{aligned}$$

因此

$$\begin{aligned}&|\zeta^3(\sigma)L^4(\sigma+\mathrm{i}t,\chi)L(\sigma+2\mathrm{i}t,\chi^2)|\\&=\exp\Big(\sum_p\sum_{m=1}^{\infty}\frac{2(\cos m\theta+1)^2}{mp^{m\sigma}}\Big)\geqslant 1\end{aligned}\qquad(*)$$

如果 $t\neq 0$ 或者 $t=0$ 而 $\chi^2\neq\chi_0$,则 $1+2\mathrm{i}t$ 不是 $L(s,\chi^2)$的极点. 又知 1 为 $\zeta^3(s)$ 的 3 阶极点. 如果 $s=1+\mathrm{i}t$ 为 $L(s,\chi)$的零点,则 $L^4(s,\chi)$在 $s=1+\mathrm{i}t$ 处至少有 4 阶零点. 从而当 $\sigma+\mathrm{i}t\to 1+\mathrm{i}t$ 时,式($*$)左边→0 而右边≥1,这就导致矛盾. 于是当 $t\neq 0$ 或者 $t=0$ 而 $\chi^2\neq\chi_0$ 时,$L(1+\mathrm{i}t,\chi)\neq 0$.

如果 $t=0$ 并且 $\chi^2=\chi_0$,这时 χ 为实特值(即 χ 只取值 ±1). 我们考虑($\mathrm{Re}(s)>1$)

$$\begin{aligned}\zeta(s)L(s,\chi)&=\prod_p(1-p^{-s})^{-1}(1-\chi(p)p^{-s})^{-1}\\&=\prod_{\chi(p)=0}(1-p^{-s})^{-1}\prod_{\chi(p)=1}(1-p^{-s})^{-2}\cdot\\&\quad\prod_{\chi(p)=-1}(1-p^{-2s})^{-1}\\&=\prod_{\chi(p)=0}(1+p^{-s}+p^{-2s}+\cdots)\cdot\\&\quad\prod_{\chi(p)=1}(1+2p^{-s}+3p^{-2s}+\cdots)\cdot\end{aligned}$$

$$\prod_{\chi(p)=-1}(1+p^{-2s}+p^{-4s}+\cdots)$$
$$=\sum_{n=1}^{\infty}\rho(n)n^{-s}$$

可知$\rho(n)\geqslant 0$,并且$\rho(n^2)\geqslant 1$. 如果$L(1,\chi)=0$,则$\zeta(s)L(s,\chi)$在$\mathrm{Re}(s)>0$中正则. 根据定理4.2,$\sum\rho(n)n^{-s}$对于$\sigma>0$收敛. 但是在$s=1/2$处

$$\sum_{n=1}^{\infty}\rho(n)n^{-1/2}\geqslant\sum_{n=1}^{\infty}\rho(n^2)n^{-1}\geqslant\sum_{n=1}^{\infty}n^{-1}=\infty$$

这就导致矛盾. □

引理9 设χ是模N本原D-特征,$N\geqslant 2$,则$L(s,\chi)$是整个复平面上的解析函数. 并且$s=-\delta(\chi)-2n(n=0,1,2,\cdots)$是$L(s,\chi)$的单零点,叫作$L(s,\chi)$的平凡零点. 需$L(s,\chi)$的其他零点均在带状区域$0<\mathrm{Re}(s)<1$之内.

证明 由$N\geqslant 2$而χ是模N本原特征,可知$\chi\neq\chi_0$. 由函数方程得到

$$L(s,\chi)=\left(\frac{N}{\pi}\right)^{-s/2+(1-s)/2}\frac{\Gamma\left(\frac{1-s+\delta}{2}\right)}{\Gamma\left(\frac{s+\delta}{2}\right)}\cdot L(1-s,\bar{\chi})\frac{G(1,\chi)}{\mathrm{i}^{\delta}\sqrt{N}}\qquad(*)$$

注意$|G(1,\chi)/\mathrm{i}^{\delta}\sqrt{N}|=1$. 当$\mathrm{Re}(s)>0$时$L(s,\chi)$没有奇点. 当$\mathrm{Re}(s)\leqslant 0$时,由Gamma函数的性质知上式右边无极点,从而$L(s,\chi)$无极点,于是$L(s,\chi)$是整个复平面上的解析函数. 当$\mathrm{Re}(s)>1$时$L(s,\chi)$有收敛的Euler乘积展开式. 从而$L(s,\chi)\neq 0$,而当$\mathrm{Re}(s)<0$时,考虑式($*$)右边可知$L(s,\chi)$的零点只有$\frac{s+\delta}{2}=0,-1,-2,\cdots$时,即$s=-\delta-2n(n=0,1,2,\cdots)$,并且它们均是单零点(包括$s=0$的情形,因为已证了$L(1,\bar{\chi})\neq 0$). 进而,引理7表明$L(s,\chi)$在$s=1+\mathrm{i}t(t\neq 0)$处无零点,从而由函数方程可知在$s=\mathrm{i}t(t\neq 0)$处也无零点. 从而非平凡零点均在$0<\mathrm{Re}(s)<1$之内. □

注记 所谓**广义**Riemann**猜想**即是:对于每个模$N\geqslant 2$本原D-特征,$L(s,\chi)$的非平凡零点均在直线$\mathrm{Re}(s)=\frac{1}{2}$之上!

2.4 Dirichlet级数在负整数处的值,Bernoulli数

定理4.9 假设$a_n\in\mathbb{C}(n=1,2,\cdots)$,并且级数$F(s)=\sum_{n=1}^{\infty}a_nn^{-s}$的收敛横

坐标 $\sigma_0<+\infty$. 令 $f(t)=\sum\limits_{n=1}^{\infty}a_n\mathrm{e}^{-nt}$, 则 $f(t)$ 在 $t>0$ 时收敛,并且:

(a)若 $t\to 0$ 时 $f(t)$ 有如下的渐近展开:$f(t)\sim b_0+b_1t+b_2t^2+\cdots$(即意味着:对每个 N 均有 $f(t)=\sum\limits_{0\leqslant n<N}b_nt^n+O(t^N)$, $t\to 0$), 则 $F(s)$ 可以解析延拓成整个复平面上的全纯函数,并且 $F(-n)=(-1)^nn!\ b_n(n=0,1,2,\cdots)$.

(b)如果 $f(t)$ 在 $t\to 0$ 时有如下的渐近展开 $f(t)\sim\frac{b_{-1}}{t}+b_0+b_1t+\cdots$,则 $F(s)$ 可以解析延拓到整个复平面上, $F(s)-\frac{b_{-1}}{s-1}$ 为全纯函数,并且仍有 $F(-n)=(-1)^nn!\,b_n(n=0,1,2,\cdots)$.

证明 由于 $\sigma_0<+\infty$,可知 $A(N)=\sum\limits_{n=1}^{N}a_n=O(N^{\delta_0+\varepsilon})$(定理4.1). 从而 $a_n=A(n)-A(n-1)=O(n^{\delta_0+\varepsilon})$,由此即知

$$f(t)=\sum_{n=1}^{\infty}a_n\mathrm{e}^{-nt}$$

在 $t>0$ 时收敛. 考虑($\mathrm{Re}(s)>\sigma_0+1$)

$$\begin{aligned}\Gamma(s)F(s)&=\int_0^{\infty}t^{s-1}\mathrm{e}^{-t}\sum_{n=1}^{\infty}a_nn^{-s}\mathrm{d}t=\int_0^{\infty}t^{s-1}\sum_{n=1}^{\infty}a_n\mathrm{e}^{-nt}\mathrm{d}t\\&=\int_0^{\infty}t^{s-1}f(t)\,\mathrm{d}t=\int_1^{\infty}+\int_0^1\end{aligned}$$

由 $f(t)$ 的解析特性知积分 $\int_1^{\infty}$ 在整个 s 平面上全纯. 另一方面,由 $f(t)=\sum\limits_{n<N}b_nt^n+O(t^N)$, 可知

$$\int_0^1f(t)t^{s-1}\mathrm{d}t=\sum_{n<N}\frac{b_n}{s+n}+\int_0^1(f(t)-\sum_{n<N}b_nt^n)t^{s-1}\mathrm{d}t$$

当 $\mathrm{Re}(s)>-N$ 时,后边积分收敛,从而

$$\Gamma(s)F(s)=\sum_{n<N}\frac{b_n}{s+n}+G(s)\qquad(*)$$

$G(s)$ 在 $\mathrm{Re}(s)>-N$ 中正则. 由于 N 可取充分大的整数,从而 $F(s)$ 由此解析延拓到整个复平面上.

(a)若 $f(t)\sim b_0+b_1t+b_2t^2+\cdots(t\to 0)$,则式(*)右边在 $s=0,-1,-2,\cdots$ 有一阶极点,而 $\Gamma(s)$ 也恰好如此. 因此 $F(s)$ 在整个复平面上全纯,并且

$$F(-n)=b_n/\operatorname*{res}_{s=-n}\Gamma(s)=(-1)^nn!\,b_n\quad(n=0,1,2,\cdots)$$

(b)若 $f(t)\sim\frac{b_{-1}}{t}+b_0+b_1t+\cdots(t\to 0)$, 则式(*)右边第1项为

$b_{-1}/(s-1)$,而$\Gamma(1)=1$,从而$F(s)-b_{-1}/(s-1)$在整个复平面上全纯,并且仍有

$$F(-n)=b_n/\operatorname*{res}_{s=-n}\Gamma(s)=(-1)^n n!\,b_n\quad(n=0,1,2,\cdots)\qquad\square$$

现在我们用此定理求$\zeta(s)$和$L(s,\chi)$在$s=n(n=0,-1,-2,\cdots)$处的值.这些值用 Bernoulli 数和广义 Bernoulli 数来表达.我们先介绍这些数.

定义 8　由下面 Taylor 展开式定义的系数B_n叫作 **Bernoulli 数**

$$\frac{t}{e^t-1}=\sum_{n=0}^{\infty}\frac{B_n}{n!}t^n$$

B_n的前几个值为:

n	0	1	2	3	4	5	6	7	8	9	10	11	12	13	14
B_n	1	$-\frac{1}{2}$	$\frac{1}{6}$	0	$-\frac{1}{30}$	0	$-\frac{1}{42}$	0	$-\frac{1}{30}$	0	$\frac{5}{66}$	0	$-\frac{691}{2\,730}$	0	$\frac{7}{6}$

对于$n\geqslant 0$,$B_n(x)=\sum_{k=0}^{n}\binom{n}{k}B_{n-k}x^k$叫作 **Bernoulli 多项式**.例如:$B_0(x)=1,B_1(x)=x-\frac{1}{2},B_2(x)=x^2-x+\frac{1}{6},B_3(x)=x^3-\frac{3}{2}x^2+\frac{1}{2}x,\cdots$.

最后,设χ是模N的 D-特征,定义广义 Bernoulli 数为

$$B_{n,\chi}=N^{n-1}\sum_{m=1}^{N}\chi(m)B_n\left(\frac{m}{N}\right)$$

其中$B_n\left(\frac{m}{N}\right)$为 Bernoulli 多项式$B_n(x)$在$x=\frac{m}{N}$处的值.

定理 4.10(Bernoulli 数的基本性质)

(a)形式地定义$(1+B)^n=\sum_{k=0}^{n}\binom{n}{k}B_k$,则当$n\geqslant 2$时$(1+B)^n=B_n$.从而得到递归公式

$$-nB_{n-1}=B_0+\binom{n}{1}B_1+\cdots+\binom{n}{n-2}B_{n-2}\quad(n\geqslant 2)$$

由此可知$B_n\in\mathbb{Q}$.

(b)$\frac{te^{xt}}{e^t-1}=\sum_{n=0}^{\infty}\frac{B_n(x)}{n!}t^n,\frac{t}{e^{Nt}-1}\sum_{m=1}^{N}\chi(m)e^{mt}=\sum_{n=0}^{\infty}\frac{B_{n,\chi}}{n!}t^n(\chi\neq\chi_0$时).

(c)$B_1=-1/2$,而当$2\nmid n\geqslant 3$时,$B_n=0$.

若$\chi\neq\chi_0,n\geqslant 1$,则$\delta(\chi)+n\equiv 1(\bmod 2)$时$B_{n,\chi}=0$.

证明

(a)由 B_n 的定义即知

$$\begin{aligned} t &= \left(\sum_{n=0}^{\infty} t^n/n!\right)\left(\sum_{n=0}^{\infty} \frac{B_n}{n!}t^n\right) - \sum_{n=0}^{\infty} \frac{B_n}{n!}t^n \\ &= \sum_{n=0}^{\infty} t^n \sum_{k+l=n} \frac{B_k}{k!\,l!} - \sum_{n=0}^{\infty} \frac{B_n}{n!}t^n \\ &= \sum_{n=0}^{\infty} \frac{t^n(1+B)^n}{n!} - \sum_{n=0}^{\infty} \frac{B_n}{n!}t^n \end{aligned}$$

比较 t^n 的系数,便知当 $n\geqslant 2$ 时,$B_n=(1+B)^n$. 由此不难得到(a)中的其他结论.

(b)
$$\begin{aligned} \sum_{n=0}^{\infty} \frac{B_n(x)}{n!}t^n &= \sum_{n=0}^{\infty} \frac{t^n}{n!}\sum_{k=0}^{n}\binom{n}{k}B_k x^{n-k} \\ &= \sum_{n=0}^{\infty} \sum_{k+l=n} \frac{B_k t^k}{k!}\frac{x^l t^l}{l!} \\ &= \left(\sum_{k=1}^{\infty} \frac{B_k}{k!}t^k\right)\left(\sum_{l=1}^{\infty} \frac{1}{l!}(xt)^l\right) = \frac{te^{xt}}{e^t-1} \end{aligned}$$

$$\begin{aligned} \sum_{n=0}^{\infty} \frac{B_{n,\chi}}{n!}t^n &= \sum_{n=0}^{\infty} \frac{t^n}{n!}N^{n-1}\sum_{m=1}^{N}\chi(m)B_n\left(\frac{m}{N}\right) \\ &= \frac{1}{N}\sum_{m=1}^{N}\chi(m)\sum_{n=0}^{\infty} \frac{B_n\left(\frac{m}{N}\right)}{n!}(tN)^n \\ &= \frac{1}{N}\sum_{m=1}^{N}\chi(m)\frac{Nte^{mt}}{e^{Nt}-1} \\ &= \frac{t}{e^{Nt}-1}\sum_{m=1}^{N}\chi(m)e^{mt} \end{aligned}$$

(c)
$$2\sum_{\substack{n=0\\ 2\nmid n}}^{\infty} \frac{B_n}{n!}t^n = \sum_{n=0}^{\infty} \frac{B_n}{n!}t^n - \sum_{n=0}^{\infty} \frac{B_n}{n!}(-t)^n = \frac{t}{e^t-1} - \frac{-t}{e^{-t}-1} = -t$$

于是 $B_1=-1/2$,而当 $2\nmid n\geqslant 3$ 时,$B_n=0$. 对于广义 Bernoulli 数,当 $\chi(-1)=1$ 时

$$\begin{aligned} 2\sum_{\substack{n=0\\ 2\nmid n}}^{\infty} \frac{B_{n,\chi}}{n!}t^n &= \sum_{n=0}^{\infty} \frac{B_{n,\chi}}{n!}t^n - \sum_{n=0}^{\infty} \frac{B_{n,\chi}}{n!}(-t)^n \\ &= \frac{t}{e^{Nt}-1}\left(\sum_{m=1}^{N}\chi(m)e^{mt} - \sum_{m=1}^{N}\chi(m)e^{-mt}\right) \\ &= \frac{t}{e^{Nt}-1}\left(\sum_{m=1}^{N}\chi(m)e^{mt} - \sum_{m=1}^{N}\chi(-m)e^{mt}\right) = 0 \end{aligned}$$

因此在 $\chi(-1)=1$ 而 $2\nmid n$ 时,$B_{n,\chi}=0$. 同样可证在 $\chi(-1)=-1$ 而 $2\mid n$ 时

$B_{n,\chi}=0.$ □

现在我们求 $\zeta(s)$ 和 $L(s,\chi)$ 在负整数处的值. 我们同时(不用函数方程)给出它们在整个复平面上的解析延拓.

定理4.11 (a)令 $\zeta(s)=\sum\limits_{n=1}^{\infty}n^{-s}(\mathrm{Re}(s)>1)$,则 $\zeta(s)-\dfrac{1}{s-1}$ 可解析延拓成整个复平面上的全纯函数,并且 $\zeta(0)=-1/2$,而当 $n\geqslant 1$ 时,$\zeta(-n)=-\dfrac{B_{n+1}}{n+1}$.

(b)设 χ 为模 N 的 D-特征,则

$$L(s,\chi)=\sum_{n=0}^{\infty}\chi(n)n^{-s}\quad(\mathrm{Re}(s)>1)$$

可解析延拓成整个复平面上的亚纯函数. 进而,若 $\chi\neq\chi_0$,则 $L(s,\chi)$ 在整个复平面上全纯. 而 $\chi=\chi_0$ 时只有 $s=1$ 是 $L(s,\chi_0)$ 的极点并且是单极点,$\operatorname*{res}\limits_{s=1}L(s,\chi_0)=\varphi(N)/N$. 最后

$$L(-n,\chi)=-\frac{B_{n+1,\chi}}{n+1}\quad(n=0,1,2,\cdots)$$

证明

(a)在定理4.8中取 $F(s)=\zeta(s)$,则 $a_n\equiv 1$. 于是

$$f(t)=\sum_{n=1}^{\infty}a_n\mathrm{e}^{-nt}=\frac{1}{\mathrm{e}^t-1}\sim\frac{1}{t}+\sum_{n=0}^{\infty}\frac{B_{n+1}}{(n+1)!}t^n\quad(t\to 0)$$

从而由定理4.8即得(a)中的结论.

(b)在定理4.8中取 $a_n=\chi(n)$. 这时

$$\begin{aligned}f(t)&=\sum_{n=1}^{\infty}\chi(n)\mathrm{e}^{-nt}=\sum_{m=1}^{N}\chi(m)\sum_{n=0}^{\infty}\mathrm{e}^{-(m+nN)t}\\&=\sum_{m=1}^{N}\chi(m)\frac{\mathrm{e}^{-mt}}{1-\mathrm{e}^{-Nt}}\\&=\sum_{m=1}^{N-1}\chi(m)\Big(\sum_{k=0}^{\infty}(-1)^k\frac{m^k}{k!}t^k\Big)\Big(\sum_{r=0}^{\infty}\frac{(-1)^rB_r}{r!}(Nt)^{r-1}\Big)\\&=\sum_{m=1}^{N-1}\chi(m)\sum_{k,r=0}^{\infty}\frac{(-1)^{k+r}m^kN^{r-1}B_r}{k!r!}t^{k+r-1}\end{aligned}$$

当 $t\to 0$ 时,$f(t)$ 渐近展开式中 t^n 项的系数为

$$b_n=\sum_{m=1}^{N-1}\chi(m)\sum_{\substack{k,r\geqslant 0\\k+r=n+1}}\frac{(-1)^{n+1}m^kN^{r-1}B_r}{k!r!}\quad(n=-1,0,1,\cdots)$$

当 $n=-1$ 时

$$b_{-1} = \frac{1}{N}\sum_{m=1}^{N-1}\chi(m) = \begin{cases} 0, \chi \neq \chi_0 \text{ 时} \\ \varphi(N)/N, \chi = \chi_0 \text{ 时} \end{cases}$$

而当 $n \geqslant 0$ 时

$$\begin{aligned} b_n &= \frac{(-1)^{n+1}}{(n+1)!}N^n \sum_{m=1}^{N}\chi(m)\sum_{k=0}^{n+1}\binom{n+1}{k}\left(\frac{m}{N}\right)^k B_{n+1-k} \\ &= \frac{(-1)^{n+1}}{(n+1)!}N^n \sum_{m=1}^{N}\chi(m)B_{n+1}\left(\frac{m}{N}\right) \\ &= \frac{(-1)^{n+1}}{(n+1)!}B_{n+1,\chi} \end{aligned}$$

于是由定理4.8即知

$$L(-n,\chi) = (-1)^n n!\, b_n = -\frac{B_{n+1,\chi}}{n+1} \quad (n=0,1,2,\cdots)$$

并且(b)中其他结论也是对的. □

习　题

1. 利用函数方程计算 $\zeta(0)$ 和 $\zeta(-1)$.
2. 求证:(a) $\xi(s) = \frac{1}{2}s(s-1)\pi^{-s/2}\Gamma(s/2)\zeta(s)$ 是复平面上的全纯函数,并且 $\xi(s) = \xi(1-s)$.

   (b) $\xi(s)$ 的全部零点均在带状区域 $0 < \mathrm{Re}(s) < 1$ 之内,并且零点对于直线 $\mathrm{Im}(s)=0$(实轴)和 $\mathrm{Re}(s)=\frac{1}{2}$ 均是对称的.
3. 求证:当 $n=1,3,5,7,\cdots$ 时 $\zeta(1-2n)<0$,而当 $n=2,4,6,8,\cdots$ 时,$\zeta(1-2n)>0$.
4. 设 H 是有限Abel群 G 的子群. 求证:$H^{\perp} = \{\chi \in \hat{G} \mid \chi(H)=1\}$ 是 $\hat{G}$ 的子群,并且 $H^{\perp}$ 同构于 G/H.
5. (正交关系的矩阵形式). 设 $G=\{g_1,\cdots,g_n\}$ 为有限Abel群, $\hat{G}=\{\chi_1,\cdots,\chi_n\}$. $\boldsymbol{A}=(a_{ij})$ 为 n 阶复方阵,$a_{ij}=\chi_i(g_i)$. 求证:$\boldsymbol{A}^*\boldsymbol{A}=\boldsymbol{A}\boldsymbol{A}^*=n\boldsymbol{I}_n$,其中 $\boldsymbol{A}^*=(\overline{a}_{ij})$ 而 $\boldsymbol{I}_n$ 为 n 阶单位方阵.
6. 设 $G=\{g_1,\cdots,g_n\}$ 为 n 阶Abel群,$\{a_{g_1},\cdots,a_{g_n}\}$ 为 n 个复数. 定义 n 阶复方阵 $\boldsymbol{A}(\alpha_{ij})$,其中 $\alpha_{ij}=a_{g_ig_j}(1\leqslant i,j\leqslant n)$. 求证

$$\det \boldsymbol{A} = \prod_{\chi\in\hat{G}}\Big(\sum_{g\in G}a_g\chi(g)\Big)$$

7. (a)对于 $n=4$ 和6,用上题计算

$$A_n=\begin{bmatrix} a_0 & a_1 & a_2 & \cdots & a_{n-1} \\ a_{n-1} & a_0 & a_1 & \cdots & a_{n-2} \\ \vdots & \vdots & \vdots & & \vdots \\ a_1 & a_2 & a_3 & \cdots & a_0 \end{bmatrix}$$

的行列式；

(b)计算$\begin{bmatrix} a_0 & a_1 & a_2 & a_3 \\ a_1 & a_0 & a_3 & a_2 \\ a_2 & a_3 & a_0 & a_1 \\ a_3 & a_2 & a_1 & a_0 \end{bmatrix}$的行列式.

8. 对于 $m=3,7,12$,写出模 m 的全部加法特征和 D－特征.

9. 设 p 为奇素数,求证:Legendre 符合$\left(\frac{-}{p}\right):(\mathbb{Z}/p\mathbb{Z})^{\times}\to\{\pm 1\}$是模 p 的 D－特征,并且是模 m 唯一的非平凡实特征. 如果 χ 为$(\mathbb{Z}/p\mathbb{Z})^{\times}$的特征群的生成元,试问$\left(\frac{-}{p}\right)$为 χ 的多少次方?

10. 当 $m\geqslant 3$ 时,求证:在模 m 的 D－特征中,奇特征与偶特征各占一半.

11. 设 χ 为模 m 的 D－特征并且 $\chi\neq\chi_0$. 对于$(m,a)>1$,规定 $\chi(a)=0$. 求证:对于任意 $a,b\in\mathbb{Z}$,均有$\left|\sum\limits_{n=a}^{b}\chi(n)\right|\leqslant\varphi(m)/2$.

12. $m\geqslant 3$,求证(左边求和过模 m 的全部奇 Dirichlet 特征)

$$\sum_{\substack{\chi \\ \chi(-1)=-1}}\chi(n)=\begin{cases}\frac{1}{2}\varphi(m), & \text{当 } n\equiv 1(\bmod m)\text{ 时}\\ -\frac{1}{2}\varphi(m), & \text{当 } n\equiv -1(\bmod m)\text{ 时}\\ 0, & \text{否则}\end{cases}$$

13. (a)若 χ 为模 m 的偶 Dirichlet 特征,$\chi\neq\chi_0$,则 $\sum\limits_{a=0}^{m-1}\chi(a)a=0$;

(b)若 χ 为模 m 的奇 Dirichlet 特征,则 $\sum\limits_{a=1}^{m-1}\chi(a)a^2=m\sum\limits_{a=1}^{m-1}\chi(a)a$.

14. (a)列出模 10 的全部 D－特征. 求出它们的导子. 试问哪些是本原的?

(b)列出 $\mathrm{cond}(\chi)=3$ 的全部模 9 的 D－特征 χ.

15. 以 $f(m)$ 表示模 m 的本原 D－特征个数,求证:

(a)$f(m)$是积性数论函数(参考第 19 题);

(b)$f(p^n)=\varphi(p^n)-\varphi(p^{n-1})$;

(c) $f(m)=0 \Leftrightarrow m\equiv 2 \pmod 4$.

16. (有限 Fourier 变换)假设 $a_1,\cdots,a_m,c_1,\cdots,c_m\in\mathbb{C}$,则

$$c_\lambda=\sum_{n=1}^{m}a_n e^{2\pi i n\lambda/m}\ (1\leqslant\lambda\leqslant m)\Leftrightarrow a_\mu=\frac{1}{m}\sum_{n=1}^{m}c_\lambda e^{\frac{-2\pi i n\mu}{m}}\quad(1\leqslant\mu\leqslant m)$$

17. 设 $f(x)\in\mathbb{Z}[x]$.

(a)以 $N_m(n)$ 表示同余方程 $f(x)\equiv n\pmod m$ 的模 m 解的个数. 求证

$$N_m(n)=\frac{1}{m}\sum_{\lambda=0}^{m-1}\sum_{x=0}^{m-1}e^{2\pi i(f(x)-n)\lambda/m}$$

(b)以 $N_M(n)$ 表示方程 $f(x)=n,|x|\leqslant M$ 的有理整数解的个数. 求证

$$N_M(n)=\int_0^1\sum_{x=-M}^{M}e^{2\pi i(f(x)-n)y}\,dy$$

以上两个公式是解析数论中指数和方法的起点.

18. (a)设 p 为奇素数. $f(x)=(ax+b)x,a,b\in\mathbb{Z}$. $(a,p)=(b,p)=1$. 求证

$$\sum_{x=1}^{p-1}\left(\frac{f(x)}{p}\right)=-\left(\frac{a}{p}\right)$$

(b)设 p 为奇素数,$\alpha,\beta\in\{\pm1\}$. 定义

$$S(\alpha,\beta)=\left\{x\,|\,1\leqslant x\leqslant p-2,\left(\frac{x}{p}\right)=\alpha,\left(\frac{x+1}{p}\right)=\beta\right\}$$

求证

$$N(\alpha,\beta)=\frac{1}{4}\sum_{x=1}^{p-2}\left(1+\alpha\left(\frac{x}{p}\right)\right)\left(1+\beta\left(\frac{x+1}{p}\right)\right)$$

(c)求证

$$N(1,1)=\frac{1}{4}\left(p-4-\left(\frac{-1}{p}\right)\right)$$

$$N(1,-1)=1+N(1,1)$$

$$N(-1,-1)=N(-1,1)=\frac{1}{4}\left(p-2+\left(\frac{-1}{p}\right)\right)$$

19. 设 $m=p_1^{\alpha_1}\cdots p_r^{\alpha_r}$ 是 $m\geqslant 2$ 的素因子分解式. 求证:每个模 m 的 D－特征均可唯一地写成 $\chi=\chi_1\cdots\chi_r$,其中 χ_i 为模 $p_i^{\alpha_i}$ 的 D－特征$(1\leqslant i\leqslant r)$,进而,$\chi$ 为模 m 的本原 D－特征$\Leftrightarrow$每个 χ_i 均是模 $p_i^{\alpha_i}$ 的本原 D－特征$(1\leqslant i\leqslant k)$.

20. 设 χ 为模 4(唯一的)本原 D－特征. 试计算 $L(1,\chi)$ 和 $L(0,\chi)$.

21. 求证:当 $n\geqslant 1$ 时,$B_{4n}<0,B_{4n-2}>0$.

22. 求证:$1^n+2^n+\cdots+N^n=\frac{1}{n+1}(B_{n+1}(N+1)-B_{n+1})$,其中 $B_{n+1}(N+1)$ 是 Bernoulli 多项式 $B_{n+1}(x)$ 在 $x=N+1$ 处的取值.

23. 当 $k \geqslant 1$ 时,求证:$\zeta(2k) = (-1)^{k+1}\frac{(2\pi)^{2k}B_{2k}}{2\cdot(2k)!}$.

24. 设 χ 为模 m 的 D-特征,$\chi \neq \chi_0$,求证: $L(0,\chi) = -\frac{1}{m}\sum_{n=1}^{m}\chi(n)n$.

25. 设 χ 为模 m 的本原 D-特征,求证:$G(1,\chi)G(1,\overline{\chi}) = \chi(-1)m$.

26. 设 G 为 fg 阶 Abel 群,a 为 G 中一个 f 阶元素,则

$$\prod_{\chi \in \hat{G}}(1 - \chi(a)x) = (1 - x^f)^g$$

§3　Dedekind zeta 函数 $\zeta_K(s)$

3.1　留数公式

现在我们将 Dirichlet 和 Riemann 开创的解析方法用于代数数论. 对于代数数论中的许多本质性问题(如本书第五章中关于素理想分解和密度问题,第六章中的类数问题,以及类域论的建立,等等),解析方法都做出了重要的贡献.

仿照域$\mathbb{Q}$上的 Riemann zeta 函数 $\zeta(s) = \sum_{n=1}^{\infty} n^{-s}$, Dedekind 对于每个代数数域 K,定义了 Dirichlet 级数

$$\zeta_K(s) = \sum_{\mathfrak{a}} N(\mathfrak{a})^{-s}$$

其中 $\mathfrak{a}$ 过数域 K 的全部非零整理想,$N(\mathfrak{a}) = N_{K/\mathbb{Q}}(\mathfrak{a})$,称 $\zeta_K(s)$ 为数域 K 的 Dedekind zeta 函数. 如果以 a_n 表示 O_K 中范为 n 的整理想个数,则 $\zeta_K(s) = \sum_{n=1}^{\infty} a_n n^{-s}$, 从而 $\zeta_K(s)$ 不过是数论函数 a_n 的 Dirichlet 级数. 按照前面的研究程度,下一步自然需要考查 $\zeta_K(s)$ 的解析特性. 我们先来证明它的收敛横坐标 $\sigma_0 \leqslant 1$.

定理 4.12

(a) 级数 $\zeta_K(s) = \sum_{\mathfrak{a}} N(\mathfrak{a})^{-s}$ 有如下性质:

(P) 在 $\mathrm{Re}(s) > 1$ 中收敛,并且在半平面 $\mathrm{Re}(s) > 1$ 的每个紧子集中一致绝对收敛(从而在 $\mathrm{Re}(s) > 1$ 中定义出正则函数).

(b) 当 $\mathrm{Re}(s) > 1$ 时,无穷乘积 $\prod_{\mathfrak{p}}(1 - N(\mathfrak{p})^{-s})^{-1}$ 收敛,并且有 Euler 乘积展开式 $\zeta_K(s) = \prod_{\mathfrak{p}}(1 - N(\mathfrak{p})^{-s})^{-1}$, 其中 $\mathfrak{p}$ 过 O_K 的全部素理想.

证明

(a)令 $n=[K:\mathbb{Q}]$. 由于每个有理素数 p 在 K 中至多有 n 个素理想因子 $(g\leqslant\sum_{i=1}^{g}e_if_i\leqslant n)$, 从而当 $\sigma>1$ 时

$$\sum_{N(\mathfrak{p})\leqslant x}N(\mathfrak{p})^{-\sigma}\leqslant\sum_{p\leqslant x}\sum_{\mathfrak{p}|p}N(\mathfrak{p})^{-\sigma}\leqslant n\sum_{p\leqslant x}p^{-\sigma}\leqslant n\sum_{m\leqslant x}m^{-\sigma}$$

这就表明 D－级数 $\sum_{\mathfrak{p}}N(\mathfrak{p})^{-s}$ 有性质(P). 进而,当 $\sigma>1$ 时

$$\begin{aligned}\sum_{N(\mathfrak{p})\leqslant x}\sum_{m=1}^{\infty}N(\mathfrak{p})^{-m\sigma}&=\sum_{N(\mathfrak{p})\leqslant x}N(\mathfrak{p})^{-\sigma}(1-N(\mathfrak{p})^{-\sigma})^{-1}\\&\leqslant 2\sum_{N(\mathfrak{p})\leqslant x}N(\mathfrak{p})^{-\sigma}\end{aligned}$$

从而 $\sum_{\mathfrak{p}}\sum_{m=1}^{\infty}N(\mathfrak{p})^{-ms}$ 也有性质(P). 于是无穷乘积 $\prod_{\mathfrak{p}}(1-N(\mathfrak{p})^{-s})^{-1}$ 也有性质(P). 进而,由 O_K 中素理想唯一分解性质,可知当 $\sigma>1$ 时

$$\begin{aligned}\prod_{N(\mathfrak{p})\leqslant x}(1-N(\mathfrak{p})^{-\sigma})^{-1}&=\prod_{N(\mathfrak{p})\leqslant x}(1+N(\mathfrak{p})^{-\sigma}+N(\mathfrak{p})^{-2\sigma}+\cdots)\\&\geqslant\prod_{N(\mathfrak{a})\leqslant x}N(\mathfrak{a})^{-\sigma}\end{aligned}$$

这就证明了 $\zeta_K(s)=\sum_{\mathfrak{a}}N(\mathfrak{a})^{-s}$ 也有性质(P).

(b)我们已经证明了 $\prod_{\mathfrak{p}}(1-N(\mathfrak{p})^{-s})^{-1}$ 有性质(P). 另一方面

$$\prod_{N(\mathfrak{p})\leqslant x}(1-N(\mathfrak{p})^{-s})^{-1}=\sum_{N(\mathfrak{a})\leqslant x}N(\mathfrak{a})^{-s}+\sum_{N(\mathfrak{a})>x}{}'N(\mathfrak{a})^{-s}$$

从而当 $\mathrm{Re}(s)=\sigma>1$ 时

$$\begin{aligned}&\left|\prod_{N(\mathfrak{p})\leqslant x}(1-N(\mathfrak{p})^{-s})^{-1}-\sum_{N(\mathfrak{a})\leqslant x}N(\mathfrak{a})^{-s}\right|\\\leqslant&\sum_{N(\mathfrak{a})\geqslant x}N(\mathfrak{a})^{-\sigma}\to 0\quad(\text{当 }x\to\infty)\end{aligned}$$

这就证明了在 $\mathrm{Re}(s)>1$ 时,$\zeta_K(s)=\prod_{\mathfrak{p}}(1-N(\mathfrak{p})^{-s})^{-1}$. □

注记 记 C 是数域 K 的任意一个理想类,定义

$$\zeta_K(C,s)=\sum_{\mathfrak{a}\in C}N(\mathfrak{a})^{-s}=\sum_{n=1}^{\infty}a_n(C)n^{-s}$$

其中 $\mathfrak{a}$ 过理想类 C 中全部非零整理想,而 $a_n(C)$ 表示类 C 中范为 n 的整理想个数. 显然 $\zeta_K(s)=\sum_{C\in C(K)}\zeta_K(C,s)$,并且由于正项级数 $\sum_{n=1}^{\infty}a_n(C)n^{-s}$ 的系数小于 $\sum_{n=1}^{\infty}a_nn^{-s}=\zeta_K(s)$ 中相应的系数,从而由定理 4.1 知 $\zeta_K(C,s)$ 也有性质(P).

现在考虑$\zeta_K(C,s)$和$\zeta_K(s)$在$s=1$处的性状. 我们要证$s=1$为$\zeta_K(C,s)$和$\zeta_K(s)$的一阶极点,因此$\sigma_0=1$. 根据D-级数的一般理论,σ_0和$\zeta_K(C,s)$在$\sigma_0=1$的留数与部分和$\sum_{n=1}^{N}a_n(C)$的大小有关. 正是在这一点上,解析理论与代数数论发生了深刻的联系. 因为下面定理显示出,在$\sum_{n=1}^{N}a_n(C)$公式的主项中几乎包含了我们在本书第一部分得到的数域K的全部不变量,而定理的证明本身也显示出我们需要借助代数数论中多么广泛的知识.

定理 4.13 设C是代数数域K的一个理想类,$n=[K:\mathbb{Q}]$. 令

$$f(C,x)=\sum_{\substack{\mathfrak{a}\in C\\ N(\mathfrak{a})\leqslant x}}1=\sum_{n\leqslant x}a_n(C)$$

其中$\mathfrak{a}$过范小于或等于x并且属于类C的整理想,则当$x\to\infty$时

$$f(C,x)=\rho_K x+O(x^{1-\frac{1}{n}})$$

$$\rho_K=\frac{2^{r_2}(2\pi)^{r_2}R_K}{w_K\cdot\sqrt{|d(K)|}}$$

其中r_1和r_2分别是K到$\mathbb{C}$中的实嵌入个数和复嵌入对数,R_K和$d(K)$分别是K的 regulator 和判别式,w_K是K中单位根群W_K的阶.

证明 第一步(理想求和化为元素求和). 先在理想类C^{-1}中任取一个整理想$\mathfrak{B}$. 如果$\mathfrak{a}$为C中的整理想,则$\mathfrak{a}\mathfrak{B}=(\alpha)$,$\alpha\in\mathfrak{B}$. $N(\alpha)=N(\mathfrak{a})N(\mathfrak{B})\leqslant xN(\mathfrak{B})$. 反之,如果$\alpha\in\mathfrak{B}$,$N(\alpha)\leqslant xN(\mathfrak{B})$,则$\mathfrak{a}=(\alpha)\mathfrak{B}^{-1}$为整理想,并且$N(\mathfrak{a})=N(\alpha)N(\mathfrak{B})^{-1}\leqslant x$. 从而$f(C,x)$等于主理想集合$\{(\alpha)=\alpha O_K\mid\alpha\in\mathfrak{B},N(\alpha)\leqslant xN(\mathfrak{B})\}$中主理想个数. 由于$(\alpha)=(\beta)\Leftrightarrow\alpha/\beta\in U_K$,于是

$$f(C,x)=\#\{\alpha(\bmod U_K)\mid\alpha\in\mathfrak{B},N(\alpha)\leqslant xN(\mathfrak{B})\}\tag{1}$$

其中$\alpha(\bmod U_K)$表示在每个集合αU_K中取一个元素,而$\#A=|A|$. 设$\alpha_1,\cdots,\alpha_n$是 Abel 群$\mathfrak{B}$的一组基,则$\mathfrak{B}$中每个元素唯一地表示成$\alpha=\sum_{i=1}^{n}m_i\alpha_i$ ($m_i\in\mathbb{Z}$). 作映射

$$\varphi:\mathfrak{B}\to\mathbb{R}^n,\alpha=\sum_{i=1}^{n}m_i\alpha_i\mapsto(m_1,\cdots,m_n)\tag{2}$$

则$\varphi(\mathfrak{B})$为$\mathbb{R}^n$中的格,于是公式(1)可写成

$$f(C,x)=\#\{(x_1,\cdots,x_n)\in\mathbb{Z}^n\mid\alpha=\sum_{i=1}^{n}x_i\alpha_i(\bmod U_K)\quad 0<N(\alpha)\leqslant xN(\mathfrak{B})\}\tag{3}$$

第二步(处理单位群). 接下来要应用 Dirichlet 单位定理. 这个定理是说:

$U_K = W_K \times V_K$,其中 W_K 是 K 的单位根群,V_K 是秩 $r = r_1 + r_2 - 1$ 的自由 Abel 群,并且 V_K 以一组基本单位 $\varepsilon_1, \cdots, \varepsilon_r$ 为基. 考虑映射

$$K^* \xrightarrow{\sigma} \mathbb{R}^{*r_2} \times C^{*r_2} \xrightarrow{l} \mathbb{R}^{r_1+r_2}$$

其中 $\sigma(\alpha) = (\sigma_1(\alpha), \cdots, \sigma_{r_1+r_2}(\alpha))$($\sigma_1, \cdots, \sigma_{r_1+r_2}$是 K 到$\mathbb{C}$ 中的前 $r_1 + r_2$ 个嵌入),而

$$l(y_1, \cdots, y_{r_1+r_2}) = (n_1 \log|y_1|, \cdots, n_{r_1+r_2} \log|y_{r_1+r_2}|)$$

为对数映射,$n_i = 1(1 \leqslant i \leqslant r_1), 2(r_1 + 1 \leqslant i \leqslant r_1 + r_2)$. 我们已经知道:

(i)$\mathrm{Ker}(l \circ \sigma) = W_K$;

(ii)$l \circ \sigma(V_K)$为$\mathbb{R}^{r_1+r_2}$的超平面

$$H = \{(x_1, \cdots, x_{r_1+r_2}) \in \mathbb{R}^{r_1+r_2} \mid x_1 + \cdots + x_{r_1+r_2} = 0\}$$

中的格,并且此格以 $l \circ \sigma(\varepsilon_1), \cdots, l \circ \sigma(\varepsilon_r)$为基. 令

$$t = (n_1, \cdots, n_{r_1+r_2}) \in \mathbb{R}^{r_1+r_2}$$

显然 $t \notin H$. 从而 $t, l \circ \sigma(\varepsilon_1), \cdots, l \circ \sigma(\varepsilon_r)$形成实向量空间$\mathbb{R}^{r_1+r_2}$的一组基. 即

$$\mathbb{R}^{r_1+r_2} = \mathbb{R}t \oplus \mathbb{R}l \circ \sigma(\varepsilon_1) \oplus \cdots \oplus \mathbb{R}l \circ \sigma(\varepsilon_r)$$

对于每个 $\alpha \in K^\times = K - \{0\}$, $l \circ \sigma(\alpha) \in \mathbb{R}^{r_1+r_2}$,从而唯一地写成

$$l \circ \sigma(\alpha) = ct + \sum_{i=1}^{r} c_i l \circ \sigma(\varepsilon_i) \quad (c, c_i \in \mathbb{R})$$

而每个单位唯一地写成 $u = w\varepsilon_1^{a_1} \cdots \varepsilon_r^{a_r}$, $w \in W_K$, $a_i \in \mathbb{Z}$. 于是

$$l \circ \sigma(u\alpha) = ct + \sum_{i=1}^{r} (c_i + a_i) l \circ \sigma(\varepsilon_i)$$

这就表明,对于每个 $\alpha = \sum_{i=1}^{n} x_i \alpha_i \in \mathfrak{B} - \{0\}$, $x_i \in \mathbb{Z}$, 在 αU_K 中可选取恰好 w_K 个元素 $\alpha u w (w \in W_K)$,使得 $0 \leqslant c_i + a_i < 1 (1 \leqslant i \leqslant r)$. 从而式(3)又可化为

$$\begin{aligned} w_K f(C, x) = \#\{(x_1, \cdots, x_n) \in \mathbb{Z}^n \mid \alpha \\ = \sum_{i=1}^{n} x_i \alpha_i, 0 < N(\alpha) \\ \leqslant xN(\mathfrak{B}), l \circ \sigma(\alpha) = ct + \sum_{i=1}^{r} c_i l \circ \sigma(\varepsilon_i) \\ c, c_i \in \mathbb{R}, 0 \leqslant c_i \leqslant 1(1 \leqslant i \leqslant r)\} \end{aligned} \tag{4}$$

对于 $y = (y_1, \cdots, y_{r_1+r_2}) \in \mathbb{R}^{r_1} \times C^{r_2}$,我们定义

$$N(y) = |y_1 \cdots y_{r_1} y_{r_1+1}^2 \cdots y_{r_1+r_2}^2|$$

则

$$N(\sigma(\alpha)) = N(\sum_{i=1}^{n} x_i \sigma(\alpha_i))$$

注意当 $\alpha\in K$ 时，$N(\sigma(\alpha))$ 与普通的范 $N(\alpha)$ 一致. 又定义

$$\Gamma_0=\{(x_1,\cdots,x_n)\in\mathbb{R}^n\mid 0<N(\sum_{i=1}^{n}x_i\sigma(\alpha_i))\leqslant 1,$$

$$l(\sum_{i=1}^{n}x_i\sigma(\alpha_i))=ct+\sum_{i=1}^{r}c_il\circ\sigma(\varepsilon_i),0\leqslant c_i<1\}$$

这是 $\mathbb{R}^n$ 中一个形状良好的集合. 而由式(4)知 $w_K f(C,x)$ 不过是集合 $(xN(\mathfrak{B}))^{\frac{1}{n}}\Gamma_0$ 中整点 $(x_1,\cdots,x_n)$ 的个数. 当 $x\to\infty$ 时，$(xN(\mathfrak{B}))^{\frac{1}{n}}\Gamma_0$ 中整点个数相当于集合 $(xN(\mathfrak{B}))^{\frac{1}{n}}\Gamma_0$ 的体积

$$V((xN(\mathfrak{B}))^{\frac{1}{n}}\Gamma_0)=xN(\mathfrak{B})V(\Gamma_0)$$

的大小(每单位体积有一个整点!)，而误差的阶应当为 $(xN(\mathfrak{B}))^{\frac{1}{n}}\Gamma_0$ 的表面积的测度，即误差的阶应当为 $O(x^{\frac{1}{n}(n-1)})=O(x^{1-\frac{1}{n}})$. 因此我们有

$$w_K f(C,x)=xN(\mathfrak{B})V(\Gamma_0)+O(x^{1-\frac{1}{n}})\quad(x\to\infty\text{ 时})\tag{5}$$

第三步(计算 $V(\Gamma_0)$). 令

$$\sum_{i=1}^{n}x_i\sigma(\alpha_i)=(y_1,\cdots,y_{r_1},y_{r_1+1}+\mathrm{i}y_{r_1+r_2+1},\cdots,y_{r_1+r_2}+\mathrm{i}y_n)$$

即

$$y_k=\sum_{j=1}^{n}x_j\sigma_k(\alpha_j)\quad(1\leqslant k\leqslant r_1)$$

$$y_k+\mathrm{i}y_{r_2+k}=\sum_{j=1}^{n}x_j\sigma_k(\alpha_j)\quad(r_1+1\leqslant k\leqslant r_1+r_2)$$

则

$$\Gamma_0=\left\{(y_1,\cdots,y_n)\in\mathbb{R}^n\ \middle|\ \begin{array}{l}(\mathrm{i})0<|y_1\cdots y_{r_1}(y_{r_1+1}^2+y_{r_1+r_2+1}^2)\cdot\cdots\cdot\\ \quad(y_{r_1+r_2}^2+y_n^2)|\leqslant 1\\ (\mathrm{ii})(\log|y_1|,\cdots,\log|y_{r_1}|,\\ \quad\log(y_{r_1+1}^2+y_{r_1+r_2+1}^2),\cdots,\\ \quad\log(y_{r_1+r_2}^2+y_n^2))=ct+\\ \quad\sum_{i=1}^{r}c_il\circ\sigma(\varepsilon_i)(0\leqslant c_i<1,c\in\mathbb{R})\end{array}\right\}\tag{6}$$

再令 $\Gamma=\{(y_1,\cdots,y_n)\in\Gamma_0\mid y_i>0(1\leqslant i\leqslant r_1)\}$，则

$$V(\Gamma_0)=\int_{\Gamma_0}\mathrm{d}x_1\cdots\mathrm{d}x_n$$

$$= 2^{r_2}\int_{\Gamma} J\left(\frac{y_1,\cdots,y_n}{x_1,\cdots,x_n}\right)^{-1} \mathrm{d}y_1\cdots\mathrm{d}y_n \tag{7}$$

由于

$$\frac{\partial y_k}{\partial x_j} = \begin{cases} \sigma_k(\alpha_j), 1\leqslant k\leqslant r_1 \\ \mathrm{Re}(\sigma_k(\alpha_j)), r_1+1\leqslant k\leqslant r_1+r_2 \\ \mathrm{Im}(\sigma_k(\alpha_j)), r_1+r_2+1\leqslant k\leqslant n \end{cases}$$

即知 Jacobi 行列式为

$$\begin{aligned} J\left(\frac{y_1,\cdots,y_n}{x_1,\cdots,x_n}\right) &= 2^{-r_2}|\det(\sigma_i(\alpha_j))| = 2^{-r_2}d(\alpha_1,\cdots,\alpha_n)^{1/2} \\ &= 2^{-r_2}N(\mathfrak{B})|d(K)|^{1/2} \end{aligned}$$

从而由式(7)即知

$$V(\Gamma_0) = \frac{2^{r_1+r_2}}{N(\mathfrak{B})|d(K)|^{1/2}}V(\Gamma) \tag{8}$$

为了计算 $V(\Gamma)$，我们在$\mathbb{R}^n=\mathbb{R}^{r_1}\oplus\mathbb{C}^{r_2}$中引入极坐标

$$\rho_i = y_i \quad (1\leqslant i\leqslant r_1)$$

$$\rho_{r_1+j}(\cos\theta_j + \mathrm{i}\sin\theta_j) = y_{r_1+j} + \mathrm{i}y_{r_1+r_2+j} \quad (1\leqslant j\leqslant r_2)$$

于是

$$\Gamma = \left\{ (\rho_1,\cdots,\rho_{r_1+r_2},\theta_1,\cdots,\theta_{r_2}) \left| \begin{array}{l} \text{(i)}\,0\leqslant P=\rho_1\cdots\rho_{r_1}\cdot \\ \quad(\rho_{r_1+1}\cdots\rho_{r_1+r_2})^2\leqslant 1 \\ \text{(ii)}\log\rho_i = \dfrac{\log P}{n} + \\ \quad\displaystyle\sum_{j=1}^{r} c_j\log|\varepsilon_j^{(i)}|, 0\leqslant c_j\leqslant 1 \\ \text{(iii)}\,0\leqslant\theta_j<2\pi(1\leqslant j\leqslant r_2) \end{array} \right. \right\}$$

这里我们利用了 $c=\log P/n$(此式可由式(6)中条件(ii)得到). 不难看出

$$J\left[\frac{y_1,\cdots,y_n}{\rho_1,\cdots,\rho_{r_1+r_2},\theta_1,\cdots,\theta_{r_2}}\right] = \rho_{r_1+1}\cdots\rho_{r_1+r_2}$$

从而

$$\begin{aligned} V(\Gamma) &= \int_{\rho,\theta}\rho_{r_1+1}\cdots\rho_{r_1+r_2}\mathrm{d}\rho_1\cdots\mathrm{d}\rho_{r_1+r_2}\mathrm{d}\theta_1\cdots\mathrm{d}\theta_{r_2} \\ &= (2\pi)^{r_2}\int_{\rho}\rho_{r_1+1}\cdots\rho_{r_1+r_2}\mathrm{d}\rho_1\cdots\mathrm{d}\rho_{r_1+r_2} \end{aligned}$$

再将坐标$(\rho_1,\cdots,\rho_{r_1+r_2})$改成$(P,c_1,\cdots,c_r)$. 由于

$$\frac{\partial \rho_i}{\partial P}=\frac{\rho_i \partial \log \rho_i}{\partial P}=\frac{\rho_i}{nP} \quad (1 \leqslant i \leqslant r_1+r_2)$$

$$\frac{\partial \rho_i}{\partial c_j}=\frac{\rho_i \partial \log \rho_i}{\partial c_j}=\rho_i \cdot \log|\varepsilon_j^{(i)}| \quad (1 \leqslant i \leqslant r)$$

从而

$$J\left[\frac{\rho_1,\cdots,\rho_{r_1+r_2}}{P,c_1,\cdots,c_r}\right]$$

$$=\left|\det\begin{bmatrix} \frac{\rho_1}{nP},\cdots,\frac{\rho_{r_1+r_2}}{nP} \\ \rho_1\log|\varepsilon_1^{(1)}|,\cdots,\rho_{r_1+r_2}\log|\varepsilon_1^{(r_1+r_2)}| \\ \vdots \\ \rho_1\log|\varepsilon_r^{(1)}|,\cdots,\rho_{r_1+r_2}\log|\varepsilon_1^{(r_1+r_2)}| \end{bmatrix}\right|$$

$$=\frac{\rho_1\cdots\rho_{r_1+r_2}}{nP\cdot 2^{r_2}}R_K\cdot n$$

从而

$$\begin{aligned} V(\Gamma) &= (2\pi)^{r_2}\int_{0\leqslant P,c_1,\cdots,c_r\leqslant 1}\rho_1\cdots\rho_{r_1}\rho_{r_1+1}^2\cdots\rho_{r_1+r_2}^2\cdot\frac{R_K\cdot n}{nP\cdot 2^{r_2}}\mathrm{d}P\mathrm{d}c_1\cdots\mathrm{d}c_r \\ &= \pi^{r_2}R_K \end{aligned}$$

将此与式(5)和(8)放在一起,即得

$$f(c,x)=\frac{2^{r_1}(2\pi)^{r_2}R_K}{w_K|d(K)|^{1/2}}x+O(x^{1-\frac{1}{n}}) \quad (x\to\infty)$$ □

定理 4.14 $\zeta_K(C,s)$与$\zeta_K(s)$均可解析延拓到半平面$\mathrm{Re}(s)>1-\frac{1}{n}$中,并且它们仅在$s=1$处有单极点,其留数分别为

$$\operatorname*{res}_{s=1}\zeta_K(C,s)=\rho_K,\operatorname*{res}_{s=1}\zeta_K(s)=h_K\rho_K$$

证明 根据定理4.1,$\zeta_K(C,s)=\rho_K\zeta(s)+\sum_{n=1}^{\infty}(a_n(C)-\rho_K)n^{-s}$. 而当$N\to\infty$时

$$\sum_{n=1}^{\infty}(a_n(C)-\rho_K)=f(C,N)-\rho_K N=O(N^{1-\frac{1}{n}})$$

从而$\sum_{n=1}^{\infty}(a_n(C)-\rho_K)n^{-s}$在$\mathrm{Re}(s)>1-\frac{1}{n}$中正则. 而$\zeta(s)$在$s=1$有单极点,从而

$$\underset{s=1}{\text{res}}\,\zeta_K(C,s)=\rho_K\,\underset{s=1}{\text{res}}\,\zeta(s)=\rho_K$$

最后

$$\begin{aligned}\underset{s=1}{\text{res}}\,\zeta_K(s) &= \sum_{C\in C(K)}\underset{s=1}{\text{res}}\,\zeta_K(C,s) = \rho_K\sum_{C\in C(K)}1\\ &= \rho_K\,|\,C(K)\,| = \rho_K h_K\end{aligned}$$ □

至此我们把 $\zeta_K(C,s)$ 和 $\zeta_K(s)$ 解析延拓到 $\mathrm{Re}(s)>1-\frac{1}{n}$，为了进一步延拓到整个复平面上，我们也需要函数方程.

3.2 $\zeta_K(s)$ 的函数方程

定理 4.15

(a) $\zeta_K(s)=\sum\limits_{\mathfrak{a}}N(\mathfrak{a})^{-s}$ 可以解析延拓成整个复平面上的亚纯函数，并且只有 $s=1$ 是奇点（而且是单极点，留数为 $\rho_K h_K$）.

(b) 令

$$\Phi(s)=\left(\frac{|d(K)|}{4^{r_2}\pi^n}\right)^{s/2}\Gamma(s/2)^{r_1}\Gamma(s)^{r_2}\zeta_K(s)$$

则有函数方程

$$\Phi(s)=W\cdot\Phi(1-s)$$

其中 W 为（依赖于 K 的）复常数，并且 $|W|=1$.

证明大意 我们目前已经具备有证明此定理所需的全部知识和技巧. 但是计算过于复杂. 所以这里只扼要地介绍一下主要思想，完整的证明可见 E. Hecke 著名的《代数数论讲义》一书（*Vorlesungen über die Theorie der algebraischen Zahlen*，1923 年），或者 E. Landau 的书 *Einführung in die Elementare und Analytische Theorie der Algebraischen Zahlen und der Ideale*（1918 年，p. 55-77）.

事实上，对于每个理想类 $C\in C(K)$，均可给出 $\zeta_K(C,s)$ 的解析延拓和函数方程. 然后合并起来就得到 $\zeta_K(s)$ 的结果. 对于 $\zeta_K(C,s)$，首先像定理 4.13 证明的第一步那样，将理想求和化为元素求和

$$\begin{aligned}\zeta_K(C,s) &= \sum_{\mathfrak{a}\in C}N(\mathfrak{a})^{-s} = \sum_{\substack{\alpha\in\mathfrak{B}\\ \alpha(\mathrm{mod}\ U_k)}}(N(\alpha)N(\mathfrak{B})^{-1})^{-s}\\ &= N(\mathfrak{B})^s\sum_{\substack{\alpha\in\mathfrak{B}\\ \alpha(\mathrm{mod}\ U_k)}}N(\alpha)^{-s}\\ &= N(\mathfrak{B})^s\sum_{\substack{\alpha=x_1\alpha_1+\cdots+x_n\alpha_n(\mathrm{mod}\ U_k)\\ x_i\in\mathbb{Z}}}\prod_{i=1}^{n}(x_1\alpha_1^{(i)}+\cdots+x_n\alpha_n^{(i)})^{-s}\end{aligned}$$

$$= N(\mathfrak{B})^s \sum_{\substack{x_1,\cdots,x_n=-\infty \\ \alpha(\bmod U_k)}}^{\infty} \prod_{i=1}^{r_1} (x_1\alpha_1^{(i)} + \cdots + x_n\alpha_n^{(i)})^{-s} \cdot$$

$$\prod_{i=r_1+1}^{r_1+r_2} | x_1\alpha_1^{(i)} + \cdots + x_n\alpha_n^{(i)} |^{-2s}$$

其中 $\mathfrak{B}$ 为理想类 C^{-1} 中任意一个整理想，而 $\alpha_1,\cdots,\alpha_n$ 为加法群 $\mathfrak{B}$ 的一组基. 随后像定理 4.13 证明第二步那样，将 mod U_K 条件用 Dirichlet 单位定理加以改造(详情从略). 再对于上式右边乘积中的每个因子，像处理 $\zeta(s)$ 和 $L(s,\chi)$ 时一样借助于 Gamma 函数化为积分，具体来说，就是使用

$$\pi^{-s/2}\Gamma(s/2)(x_1\alpha_1^{(i)} + \cdots + x_n\alpha_n^{(i)})^{-s}$$

$$= \int_0^{\infty} e^{-\pi(x_1\alpha_1^{(i)}+\cdots+x_n\alpha_n^{(i)})^2 t} t^{3/2-1} dt \quad (1 \leqslant i \leqslant r_1)$$

$$\pi^{-s}\Gamma(s) | x_1\alpha_1^{(i)} + \cdots + x_n\alpha_n^{(i)} |^{-2s}$$

$$= \int_0^{\infty} e^{-\pi|x_1\alpha_1^{(i)}+\cdots+x_n\alpha_n^{(i)}|^2 t} t^{s-1} dt \quad (r_1 + 1 \leqslant i \leqslant r_1 + r_2)$$

于是

$$\pi^{-\frac{ns}{2}}\Gamma(s/2)^{r_1}\Gamma(s)^{r_2} \prod_{i=1}^{r_1} (x_1\alpha_1^{(i)} + \cdots + x_n\alpha_n^{(i)})^{-s} \cdot$$

$$\prod_{i=1}^{r_2} | x_1\alpha_1^{(i)} + \cdots + x_n\alpha_n^{(i)} |^{-2s}$$

$$= \int_0^{\infty}\cdots\int_0^{\infty} dt_1\cdots dt_{r_1+r_2} (t_1\cdots t_{r_1})^{s/2-1} (t_{r_1+1}\cdots t_{r_1+r_2})^{s-1} \cdot \sum_{x_1,\cdots,x_n=-\infty}^{\infty} e^{-\pi t Q(\bar{x})}$$

其中 $Q(\bar{x}) = Q(x_1,\cdots,x_n)$ 为 $x_1,\cdots,x_n$ 的一个二次型. 令

$$\theta(Q,t) = \sum_{x_1,\cdots,x_n=-\infty}^{\infty} e^{-\omega t Q(\bar{x})}$$

用高维的 Poisson 求和公式可得到

$$\theta(\tilde{Q},t^{-1}) = C \cdot \theta(Q,t)$$

其中 C 是一个相当复杂的常数(主要成分是代数数域上的 Gauss 和)，$\tilde{Q}$ 是与 Q 相联系的另一个二次型，$\tilde{Q}$ 和 Q 都是正定的二次型. 于是由积分公式将 $\zeta_K(s)$ 延拓到整个复平面上. 再利用 $\theta(Q,t)$ 的上述变换公式，经过相当冗长的计算，即得到定理中的函数方程. 其中常数 W 很复杂，但是可以计算出它的绝对值是 1. □

利用函数方程我们又可得到 $\zeta_K(s)$ 的零点特性与极点特性. 与前面 $\zeta(s)$ 和

$L(s,\chi)$一样,我们首先需要.

引理 10 $\zeta_K(1+\mathrm{i}t)\neq 0(t\in\mathbb{R})$.

证明 我们已经知道 $s=1$ 是 $\zeta_K(s)$ 的单极点. 而当 $t\neq 0$ 时,证明 $\zeta_K(1+\mathrm{i}t)\neq 0$几乎与证明 $\zeta(1+\mathrm{i}t)\neq 0$ 完全一样,只要把证明中的有理素数 p 均改成$N(\mathfrak{p})$即可. □

引理 11 (a)$\zeta_K(s)$只有 $s=1$ 为奇点,并且是留数为 $\rho_K h_K$ 的单极点;

(b)$\zeta_K(s)$在 $s=0$ 为 $r=r_1+r_2-1$ 阶零点,在 $s=-2,-4,-6,\cdots$处为 $r+1$ 阶零点,在 $s=-1,-3,-5,\cdots$处为 r_2 阶零点(以上均称作 $\zeta_K(s)$的平凡零点),而 $\zeta_K(s)$的其他零点均在区域 $0<\mathrm{Re}(s)<1$ 之中,并且关于直线 $\mathrm{Re}(s)=1/2$ 是对称的.

证明 利用定理4.15 中的函数方程,Gamma 函数的极点特性以及引理 1 即可证得全部结论,证明与对 $\zeta(s)$ 和 $L(s,\chi)$ 的做法完全一样. □

注记

(1)猜想对于每个数域 K,$\zeta_K(s)$的非平凡零点均在直线 $\mathrm{Re}(s)=1/2$ 之上. 这是通常 Riemann 猜想(对 $K=\mathbb{Q}$ 的情形)的推广. 目前还没有一个数域 K(甚至$\mathbb{Q}$)上能够解决这个猜想.

(2)关于 $\zeta_K(s)$人们还有许多猜想. 其中著名的 Artin 猜想是说:如果数域 K 是数域 L 的子域,则 $\zeta_L(s)/\zeta_K(s)$是整个复平面上的全纯函数. 根据引理 2,$\zeta_L(s)$和 $\zeta_K(s)$的单极点 $s=1$ 相互抵消. 因此 Artin 猜想相当于说:$\zeta_K(s)$的每个零点均是 $\zeta_L(s)$的零点,并且前者的阶数不超过后者的阶数. 从引理 2 又可看到,对于平凡零点这个结论是对的(换句话说,域 K 的 r 和 r_2 分别不超过域 L 的 r 和 r_2,从 r 和 r_2 的定义很容易证出这一点(习题)). 问题在于:对于 $\zeta_L(s)$ 和 $\zeta_K(s)$在带状区域 $0<\mathrm{Re}(s)<1$ 中的那些神秘的非平凡零点,是否也有同样的结论? 我们在本书最后一章中要证明,当 L 和 K 均是 Abel 数域的时候($L\supseteq K$),Artin 猜想是对的. 1946 年,Brauer 利用有限群表示理论证明了:如果 L/K 是数域的 Galois 扩张,并且 $\mathrm{Gal}(L/K)$是 Abel 群,则 Artin 猜想是对的,对于一般情形至今仍未解决.

(3)我们在§2 中计算出 $\zeta(s)$和 $L(s,\chi)$在 $s=0,-1,-2,\cdots$处的值. 当 K 为 Abel 数域时,我们在第六章要给出 $\zeta_K(s)$在 $s=0,-1,-2,\cdots$处的值. 对于任意的代数数域 K,近来人们有许多奇妙的猜想,将 $\zeta_K(n)(n=0,-1,-2,\cdots)$与某些微分流形的不变量联系起来,或者与代数 K-理论中的某些 K-群$K_n(O_K)$的结构发生关系. 这些猜想是代数数论与微分几何、调和分析、代数几何、自守函数理论等许多学科相互交织的产物，在当前是一个很活跃的领域. 对于全实的数域 K(即 $r_1=[K:\mathbb{Q}]$)，日本年轻而早逝的数学家新谷(Shintani)于 1978 年给出了计算 $\zeta_K(n)(n=0,-1,-2,\cdots)$ 的一个初等的公式，但是对于一般的数域 K，关于 $\zeta_K(s)$ 取值方面的研究还有许多空白.

(4)至于 $\zeta_K(s)$ 在正整数处的取值，最值得注意的是 $\zeta_K(s)$ 在 $s=1$ 的留数与域 K 的类数 h_K 相联系：$\operatorname*{res}_{s=1}\zeta_K(s)=\rho_K h_K$. 这就表明对 $\zeta_K(s)$ 的解析性质的研究会给出类数问题的结果. 目前研究最为透彻的是 Abel 数域的情形，是由 Hasse 和他的学生 Leopoldt 于 20 世纪 40 年代至 60 年代作出的. 其中最基本结果是 Hasse 对于 Abel 数域的类数解析公式. 这是我们在第六章中要介绍的主题.

习　题

1. 设 L/K 是数域的扩张. 求证：$r(L)\geqslant r(K)$，$r_2(L)\geqslant r_2(K)$，其中 $r(L)$ 和 $r_2(L)$ 分别表示数域 L 的不变量 $r=r_1+r_2-1$ 和 r_2.

2. 对于数域 K 中每个整理想 $\mathfrak{a}$，定义

$$\varphi(\mathfrak{a})=|(O_K/\mathfrak{a})^*|$$

$$d_m(\mathfrak{a})=\prod_{\mathfrak{B}|\mathfrak{a}}N(\mathfrak{B})^m\quad(\text{其中 }\mathfrak{B}\text{ 过 }\mathfrak{a}\text{ 的整理想因子})$$

$$\tilde{d}_m(\mathfrak{a})=\mathfrak{a}\text{ 分解成 }m\text{ 个整理想之积的方法数}$$

(因子次序不同看作是不同的分解)

$$\mu(\mathfrak{a})=\begin{cases}1, & \text{若 }\mathfrak{a}=O_K\\ (-1)^r, & \text{若 }\mathfrak{a}\text{ 为 }r\text{ 个不同素理想之乘积}\\ 0, & \text{否则}\end{cases}$$

求证：

(a) $\sum\limits_{\mathfrak{a}}\mu(\mathfrak{a})N(\mathfrak{a})^{-s}=\zeta_K(s)^{-1}$，$\sum\limits_{\mathfrak{a}}\tilde{d}_m(\mathfrak{a})N(\mathfrak{a})^{-s}=\zeta_K(s)^m$，

$\sum\limits_{\mathfrak{a}}d_m(\mathfrak{a})N(\mathfrak{a})^{-s}=\zeta_K(s)\zeta_K(s-m)$，

$\sum\limits_{\mathfrak{a}}\varphi(\mathfrak{a})N(\mathfrak{a})^{-s}=\zeta_K(s-1)/\zeta_K(s)$

(b) $\sum\limits_{\mathfrak{B}|\mathfrak{a}}\varphi(\mathfrak{B})=N(\mathfrak{a})$，$\sum\limits_{\mathfrak{B}|\mathfrak{a}}\dfrac{\mu(\mathfrak{B})}{N(\mathfrak{B})}=\dfrac{\varphi(\mathfrak{a})}{N(\mathfrak{a})}$

3. 对于数域 K 中每个整理想 $\mathfrak{a}$，定义

$$\Lambda_K(\mathfrak{a})=\begin{cases}\log N(\mathfrak{p}),\text{如果 }\mathfrak{a}=\mathfrak{p}^m,m\geqslant 1,\mathfrak{p}\text{ 为素理想}\\0, \quad\quad\quad \text{否则}\end{cases}$$

求证:当 $\mathrm{Re}(s)>1$ 时

$$\sum_{\mathfrak{a}}\Lambda_K(\mathfrak{a})N(\mathfrak{a})^{-s}=-\zeta'_K(s)/\zeta_K(s)$$

其中 ζ'_K 表示函数 $\zeta_K(s)$ 的导函数,特别对于通常的 Mongoldt 函数 $\Lambda_{(n)}$,我们有

$$\sum_{n=1}^{\infty}\Lambda(n)n^{-s}=-\zeta'(s)/\zeta(s)\quad(\mathrm{Re}(s)>1)$$

密度问题

第五章

我们在上一章介绍了复变函数的解析性质(Euler 乘积展开、解析延拓、函数方程、零点和极点特性等). 在历史上,这些函数的引进以及对解析性质的研究都具有数论目的. 黎曼 zeta 函数 $\zeta(s)$用来研究素数的分布,Dirichlet L - 函数 $L(s,\chi)$用来研究算术级数中素数的分布,而 Dedekind zeta 函数 $\zeta_K(s)$则用来研究数域 K 中具有各种性质的素理想的分布.

公元前 3 世纪欧几里得证明了素数有无穷多个,证明是很初等的,只用到算术基本定理:如果只有有限多个素数 p_1, $p_2,\cdots,p_n$,考虑正整数 $N=p_1p_2\cdots p_n+1$,它应当是一些素数的乘积,但是素数只有 $p_1,p_2,\cdots,p_n$,而它们均不是 N 的因子,这就导致矛盾. 如果我们定义数论函数

$$f(n)=\begin{cases}1,\text{若 } n \text{ 为素数}\\0,\text{否则}\end{cases}$$

则函数

$$\pi(x)=\sum_{n\leqslant x}f(n)=\sum_{p\leqslant x}1\quad(x\in\mathbb{R})$$

恰好是不超过 x 的素数个数. 素数有无穷多个相当于 $\pi(x)\to+\infty$(当 $x\to+\infty$ 时). 进而我们要问:素数在所有正整数中间的分布如何? 占有多大比例? 首先,对每个正整数 $n\geqslant 2$,数 $(n!)+2,(n!)+3,\cdots,(n!)+n$ 都不是素数,所以我们总有两个相距很远的素数,它们中间不再有素数. 另一方面,人们猜想有无限多个素数 p,使得 $p+2$ 也是素数,即两个素数距离只有 2(这个猜想至今未解决). 这表明素数在正整数中间的分布是很不规则的. 不超过 x 的正整数共有$[x]$个,$|x-[x]|\leqslant 1$. 而不超过 x 的素数共有 $\pi(x)$个. 于是$\frac{\pi(x)}{[x]}$就是区间$(1,x)$之内素数在正整数中所占的比例. 利用古典的希腊筛法可证明

$$\lim_{x\to\infty}\frac{\pi(x)}{[x]}=\lim_{x\to\infty}\frac{\pi(x)}{x}=0$$

这意味着素数在正整数中是稀疏的. 18 世纪至 19 世纪, Legendre 和 Gauss 等人基于大量手算结果猜想

$$\lim_{x\to\infty}\frac{\pi(x)}{\dfrac{x}{\log x}}=1 \tag{1}$$

(今后 $\log x$ 均指是自然对数). 这个猜想由两个法国数学家 J. Hadamard 和 C. J. dela Vallée Poussin 于 1896 年各自独立地证明,方法则完全是解析的,即利用 $\zeta(s)$ 和相当深刻的复变函数理论. 直到 1949 年,又有两个数学家 A. Selberg 和 P. Erdös 独立地给出不用复变函数理论的初等证明.

接下来人们考虑算术级数(即等差数列)中是不包含无穷多个素数. 设 k 和 l 为正整数, $k\geqslant 2$, 而 $1\leqslant l<k$. 则算术级数 $l,l+k,l+2k,\cdots$ 中每个数都有因子 (l,k). 所以当 $(l,k)\geqslant 2$ 时,这个算术级数当中至多有一个素数. 所以我们要假设 $(l,k)=1$. 对于固定的公差 $k\geqslant 2$, 满足 $1\leqslant l<k$, $(l,k)=1$ 的 l 共有 $\varphi(k)$ 个. 我们要问:这 $\varphi(k)$ 个算术级数 $\{l,l+k,l+2k,\cdots\}=\{n\geqslant 1: n\equiv l \pmod k\}$ 中是否都有无限多个素数? 对于一些特殊情形我们有初等解决方法. 例如对 $k=4$ 和 $l=3$ 的情形,可以用欧几里得方法证明满足 $p\equiv 3 \pmod 4$ 的素数 p 有无穷多个. 对一般情形, Dirichlet 引进了 L - 函数 $L(s,\chi)$, 其中 χ 是模 k 的特征. 利用 $L(s,\chi)$ 的解析性质可以肯定地回答上述问题. 确切地说,对于 $k\geqslant 2$, $(l,k)=1$, $1\leqslant l<k$, 我们用 $\pi(x;k,l)$ 表示满足 $p\leqslant x$, $p\equiv l \pmod k$ 的素数 p 的个数. 可以证明

$$\lim_{x\to\infty}\frac{\pi(x;k,l)}{\dfrac{x}{\log x}}=\frac{1}{\varphi(k)} \tag{2}$$

由此特别得到 $\pi(x;k,l)\to+\infty$ (当 $x\to\infty$ 时), 即算术级数 $A(k,l)=\{n\geqslant 1: n\equiv l \pmod k\}$ 中有无穷多素数. 并且式(2)表明对固定的 $k\geqslant 2$, 素数是平均地分配在 $\varphi(k)$ 个算术级数 $A(k,l)$ ($(l,k)=1, 1\leqslant l<k$) 之中. 1920 年,德国数学家 Landau 利用 Dedekind zeta 函数 $\zeta_K(s)$ 和同样的解析方法,证明了:对每个数域 K, 以 $\pi_K(x)$ 表示 O_K 中范不超过 x 的素理想个数,则

$$\lim_{x\to\infty}\frac{\pi_K(x)}{\dfrac{x}{\log x}}=1 \tag{3}$$

我们还需要研究具有特殊性质的素理想的分布问题. 比如设 L/K 为数域的伽罗瓦扩张. 由判别式定理知道 O_K 中素理想 $\mathfrak{p}$ 在 L 中分歧的只有有限多个. 如果 $\mathfrak{p}$ 在 L 中不分歧,则 $\mathfrak{p}O_L=\mathfrak{P}_1\mathfrak{P}_2\cdots\mathfrak{P}_g$, $N_{L/K}(\mathfrak{P}_i)=\mathfrak{p}^f$ $(1\leqslant i\leqslant g)$, $gf=$

$[L:K]$. 我们的问题是：对固定的(g,f)，上述分解模式的 $\mathfrak{p}$ 是否有无穷多个？这类问题的解决均采用解析方法. 本章中介绍如何用解析方法来解决这类问题，以及这些结果的数论应用.

§1 Dirichlet 密度

我们先从一个简单的例子讲起，看一下如何利用 Dirichlet L – 函数 $L(s,\chi)$ 的解析特性来证明算术级数中有无穷多个素数. 以下设

$$k\geqslant 2,1\leqslant l<k,(l,k)=1$$

$A(k,l)$表示算术级数 $\{l+kt \mid t\geqslant 0\}=\{n>0:n\equiv l(\bmod k)\}$. $\pi(x;k,l)=\sum\limits_{\substack{p\leqslant x\\ p\equiv l(\bmod k)}}1$ 表示集合 $A(k,l)$ 中不超过 x 的素数个数.

定理 5.1(Dirichlet) 设 $k\geqslant 2,1\leqslant l<k,(l,k)=1$，则算术级数 $A(k,l)$ 中有无穷多个素数.

证明 以 X 表示所有模 k 的 Dirichlet 特征组成的集合. 对每个 $\chi\in X$，当 $\mathrm{Re}(s)>1$时

$$\begin{aligned}\log L(s,\chi)&=\sum_p\log(1-\chi(p)p^{-s})^{-1}=\sum_p\sum_{m=1}^{\infty}\frac{\chi(p)^m}{m}p^{-ms}\\&=\sum_p\chi(p)p^{-s}+g_\chi(s)\end{aligned}$$

其中

$$g_\chi(s)=\sum_p\sum_{m=2}^{\infty}\frac{\chi(p)^m}{m}p^{-ms}$$

易知级数 $g_\chi(s)$在 $\mathrm{Re}(s)>\frac{1}{2}$中收敛，从而 $g_\chi(s)$在 $s=1$ 处连续. 另一方面，由特征的正交性质可知

$$\begin{aligned}\sum_{p\equiv l(\bmod k)}p^{-s}&=\frac{1}{\varphi(k)}\sum_{\chi\in X}\bar{\chi}(l)\sum_p\chi(p)p^{-s}\\&=\frac{1}{\varphi(k)}\Big(\sum_{\chi\in X}\bar{\chi}(l)\log L(s,\chi)-\sum_{\chi}\bar{\chi}(l)g_\chi(s)\Big)\end{aligned}$$

如果$\chi\neq\chi_0$，则 $L(s,\chi)$在 $s=1$ 处正则. 而

$$\log L(s,\chi_0)\sim\log\zeta(s)\sim-\log(s-1)\quad(\text{当 } s\to 1^+\text{时})$$

此外，$\sum\limits_{\chi}\bar{\chi}(l)g_\chi(s)$ 在$s=1$处正则. 因此

$$\sum_{p\in A(k,l)}p^{-s}=\sum_{p\equiv l(\bmod k)}p^{-s}\sim\frac{1}{\varphi(k)}(-\log(s-1))\quad(\text{当 } s\to 1^+\text{时})$$

这就表明当$s\to 1^+$时$\sum\limits_{p\in A(k,l)} p^{-s}\to +\infty$. 特别地,$A(k,l)$中包含无限多个素数. 证毕.

□

这个定理的证明给出

$$\lim_{s\to 1^+}\frac{\sum\limits_{p\in A(k,l)} p^{-s}}{-\log(s-1)}=\frac{1}{\varphi(k)} \tag{4}$$

由此启发出如下的一个概念:

定义 1 设K是代数数域,A是O_K的一个素理想集合. 如果极限

$$\lim_{s\to 1^+}\sum_{\mathfrak{p}\in A} N(\mathfrak{p})^{-s}/-\log(s-1)$$

存在,称此极限为素理想集合A的 **Dirichlet 密度**(简称作 D-密度),表示成$\delta(A)$.

例 1 取$K=\mathbb{Q}$,则整数环$\mathbb{Z}$中的非零素理想和素数是一一对应的. 由式(4)可知对每个$k\geqslant 2,1\leqslant l<k,(l,k)=1$,满足$p\equiv l(\bmod k)$的素数$p$组成的集合,其 D-密度为$\frac{1}{\varphi(k)}$.

由 D-密度的定义立刻推出如下性质:

引理 1 设K是代数数域,A和A'是O_K的两个素理想集合.

(1)如果A是有限集合,则$\delta(A)=0$. 换句话说,如果$\delta(A)$存在并且$\delta(A)>0$,则A为无限集合.

(2)若$A\subseteq A'$,并且$\delta(A)$和$\delta(A')$均存在,则$\delta(A)\leqslant\delta(A')$.

(3)若$\delta(A)$存在,则$0\leqslant\delta(A)\leqslant 1$.

(4)若$A\cap A'=\varnothing$,并且$\delta(A)$和$\delta(A')$均存在,则$\delta(A\cup A')$也存在,并且$\delta(A\cup A')=\delta(A)+\delta(A')$.

(5)记$A\Delta A'=(A\cup A')-(A\cap A')$. 如果$\delta(A)$存在并且$\delta(A\Delta A')=0$,则$\delta(A')$和$\delta(A'\cap A')$也存在并且均等于$\delta(A)$.

证明 (1)若A是有限集合,则$\sum\limits_{\mathfrak{p}\in A} N\mathfrak{p}^{-s}$有限. 但是当$s\to 1^+$时$-\log(s-1)\to+\infty$. 所以$\delta(A)=\lim\limits_{s\to 1^+}\sum\limits_{\mathfrak{p}\in A} N\mathfrak{p}^{-s}/-\log(s-1)=0$.

(2)由于$\sum\limits_{\mathfrak{p}\in A} N\mathfrak{p}^{-s}=\sum\limits_{\mathfrak{p}\in A'} N\mathfrak{p}^{-s}-\sum\limits_{\mathfrak{p}\in A'-A} N\mathfrak{p}^{-s}\leqslant\sum\limits_{\mathfrak{p}\in A'} N\mathfrak{p}^{-s}$(当$s>1$时). 从而$\delta(A)\leqslant\delta(A')$.

(3)显然$\delta(A)\geqslant 0$. 另一方面,以P表示O_K中全体素理想组成的集合,则由(2)可知$\delta(A)\leqslant\delta(P)$. 我们现在证明$\delta(P)=1$. 我们在上节已经证明

Dedekind zeta函数

$$\zeta_K(s)=\prod_{\mathfrak{p}\in P}(1-N\mathfrak{p}^{-s})^{-1}$$

在 $s=1$ 处有单极点,并且 $\zeta_K(s)\sim\rho_K(s-1)^{-1}(\rho_K\neq 0)$(当 $s\to 1^+$ 时). 从而 $\log\zeta_K(s)\sim-\log(s-1)$. 但是

$$\begin{aligned}\log\zeta_K(s)&=\sum_{\mathfrak{p}\in P}\log(1-N\mathfrak{p}^{-s})^{-1}=\sum_{\mathfrak{p}\in P}\sum_{m=1}^{\infty}\frac{N\mathfrak{p}^{-ms}}{m}\\&=\sum_{\mathfrak{p}\in P}N\mathfrak{p}^{-s}+\sum_{\mathfrak{p}\in P}\sum_{m=2}^{\infty}\frac{N\mathfrak{p}^{-ms}}{m}\end{aligned}$$

而右边第2项当 $s\to 1^+$ 时收敛,因此

$$\lim_{s\to 1^+}\frac{\sum\limits_{\mathfrak{p}\in P}N\mathfrak{p}^{-s}}{-\log(s-1)}=\lim_{s\to 1^+}\frac{\log\zeta_K(s)}{-\log(s-1)}=1$$

即 $\delta(P)=1$.

(4)当 $A\cap A'=\varnothing$ 时, $\sum\limits_{\mathfrak{p}\in A}N\mathfrak{p}^{-s}+\sum\limits_{\mathfrak{p}\in A'}N\mathfrak{p}^{-s}=\sum\limits_{\mathfrak{p}\in A\cup A'}N\mathfrak{p}^{-s}$,由此即知 $\delta(A\cup A')=\delta(A)+\delta(A')$.

(5)由于 $A\cap A'\subseteq A$ 并且 $A-(A\cap A')\subseteq A\Delta A'$. 根据D-密度的定义和 $\delta(A\Delta A')=0$,易知 $\delta(A\cap A')$ 存在并且等于 $\delta(A)$. 再由 $A\cap A'\subseteq A'$ 并且 $A'-(A\cap A')\subseteq A\Delta A'$,又知 $\delta(A')$ 存在并且等于 $\delta(A\cap A')=\delta(A)$.

注记 由引理1的证明可知,O_K 中所有素理想组成的集合其D-密度为1. 注意前面的式(3)是更强的结果. 因为若 A 是 O_K 的一个素理想集合,令 $\pi(x,A)$ 表示 A 中范不超过 x 的素理想的个数. 如果 $\lim\limits_{x\to\infty}\dfrac{\pi(x,A)}{\frac{x}{\log x}}=C(A)$,则可以证明 A 存在D-密度并且 $\delta(A)=C(A)$.(证明从略). 要想证明前面的式(1)(2)(3),还需要更精细的分析工具.

现在再给出计算D-密度的新的例子.

定理5.2 设 L/K 是数域的伽罗瓦扩张,$n=[L:K]$. 以 A 表示 O_K 中在 L 完全分裂的那些素理想 $\mathfrak{p}$ 组成的集合,则 $\delta(A)=\dfrac{1}{n}$.

证明 当 $s>1$ 时

$$\begin{aligned}\log\zeta_L(s)&=\sum_{\mathfrak{P}}N_{L/\mathbb{Q}}(\mathfrak{P})^{-s}+O(1)\\&=\sum_{\mathfrak{p}}\sum_{\mathfrak{P}|\mathfrak{p}}N_{L/\mathbb{Q}}(\mathfrak{P})^{-s}+O(1)\qquad(5)\end{aligned}$$

由于只有有限个 $\mathfrak{p}$ 在 L 中分歧,它们不影响对 $\delta(A)$ 的计算. 从而将它们排除之

后,我们有 $\mathfrak{p}=\mathfrak{P}_1\cdots\mathfrak{P}_g$, $gf=n$. 当 $f\geqslant 2$ 时, $N_{L/\mathbb{Q}}(\mathfrak{P})^{-s}=N_{K/\mathbb{Q}}(\mathfrak{p})^{-fs}\leqslant N_{K/\mathbb{Q}}(\mathfrak{p})^{-2s}$. 式(5)右边对应于 $f\geqslant 2$ 的那些项在 $s\geqslant 1$ 时一致收敛. 而当 $f=1$(即 $\mathfrak{p}\in A$)时, $\mathfrak{p}$ 有 n 个因子 $\mathfrak{P}$, $N_{L/\mathbb{Q}}(\mathfrak{P})=N_{K/\mathbb{Q}}(\mathfrak{p})$. 因此

$$\begin{aligned}\log\zeta_L(s)&=\sum_{\mathfrak{p}\in A}\sum_{\mathfrak{P}\mid\mathfrak{p}}N_{L/\mathbb{Q}}(\mathfrak{P})^{-s}+O(1)\\&=n\sum_{\mathfrak{p}\in A}N_{K/\mathbb{Q}}(\mathfrak{p})^{-s}+O(1)\end{aligned}$$

另一方面, $\log\zeta_L(s)=-\log(s-1)+O(1)$ $(s\to 1^+)$. 于是

$$\lim_{s\to 1^+}\frac{\sum\limits_{\mathfrak{p}\in A}N_{K/\mathbb{Q}}(\mathfrak{p})^{-s}}{-\log(s-1)}=\lim_{s\to 1^+}\frac{\frac{1}{n}\log\zeta_L(s)+O(1)}{\log\zeta_L(s)+O(1)}=\frac{1}{n}$$

即

$$\delta(A)=\frac{1}{n}$$ □

如果 L/K 不是伽罗瓦扩张,我们记 N 为 L 在 K 上的伽罗瓦闭包,即包含 L 的 K 之最小伽罗瓦扩域. 如果 $L=K(\alpha)$,并且 $f(x)\in K[x]$ 是 α 在 K 上的极小多项式,则 N 就是将 $f(x)$ 的所有根添加到 K 上得到的域. 也就是说, N 是 L 的所有 K-共轭域的并.

系 1 设 L/K 是数域的扩张, N 是 L 在 K 上的正规闭包,令 $A=\{O_K$ 中素理想 $\mathfrak{p}\mid\mathfrak{p}$ 在 L 中完全分裂$\}$,则

$$\delta(A)=1/[N:K]$$

证明 令 $A'=\{O_K$ 中素理想 $\mathfrak{p}\mid\mathfrak{p}$ 在 N 中完全分裂$\}$. 由于 $K\subseteq L\subseteq N$,可知对每个 $\sigma\in G=\mathrm{Gal}(N/K)$ 均有 $K\subseteq\sigma(L)\subseteq N$. 现设 $\mathfrak{p}\in A$,令 $\mathfrak{P}$ 为 N 中素理想, $\mathfrak{P}\mid\mathfrak{p}$. 由于 $\mathfrak{p}$ 在 L 中完全分裂,从而关于 $\mathfrak{P}$ 的分解域 $K_D\supseteq L$(为什么?). 同样地,对于每个 $\sigma\in G$, $\mathfrak{p}$ 在 $\sigma(L)$ 中也是完全分裂的(为什么?). 因此 $K_D\supseteq\sigma(L)$. 于是 $N\supseteq K_D\supseteq\bigcup\limits_{\sigma\in G}\sigma(L)=N$,从而 $K_D=N$. 这表明 $\mathfrak{p}$ 在 N 中完全分裂,即 $\mathfrak{p}\in A'$. 反之,若 $\mathfrak{p}\in A'$,即 $\mathfrak{p}$ 在 N 中完全分裂,从而在 L 中显然也完全分裂,因此 $\mathfrak{p}\in A$,这就表明 $A=A'$. 然后由定理 5.2 即知 $\delta(A)=\delta(A')=1/[N:K]$. □

设 K 为数域, A 和 A' 是 O_K 的两个素理想集合. 如果 $\delta(A\Delta A')=0$,即 A 和 A' 彼此不同的素理想组成 D-密度为 0 的集合,则称 A 和 A' **几乎相等**. 引理 1 表明,若 A 和 A' 几乎相等,如果 A, A', $A\cap A'$ 和 $A\cup A'$ 当中任何一个存在 D-密度,则其余 3 个也存在 D-密度,并且这 4 个集合的 D-密度相等(这是由于若 A 和 A' 几乎相等,则 A, A', $A\cap A'$ 和 $A\cup A'$ 当中任意两个都几乎相等).

系 2(Brauer) 设 L_1/K 和 L_2/K 均是数域的伽罗瓦扩张. 以 S_i 表示在 L_i 中完

全分裂的 O_K 中素理想构成的集合($i=1,2$). 如果 S_1 和 S_2 几乎相等,则 $L_1=L_2$.

证明 令 $L=L_1L_2$,则 L/K 也是伽罗瓦扩张. 以 S 表示在 L 完全分裂为 O_K 中素理想构成的集合. 我们在第二章证明了:O_K 的素理想 $\mathfrak{p}$ 在 L 中完全分裂当且仅当 $\mathfrak{p}$ 在 L_1 和 L_2 中均完全分裂. 这意味着 $S=S_1\cap S_2$. 由于假设 S_1 和 S_2 几乎相等,并且定理 5.2 表明 $\delta(S_i)=\frac{1}{[L_i:K]}(i=1,2)$,可知 $\delta(S)=\delta(S_i)(i=1,2)$ 即 $[L:K]=\delta(S)^{-1}=\delta(S_i)^{-1}=[L_i:K](i=1,2)$. 但是 $L\supseteq L_i$,于是 $L=L_i(i=1,2)$. 即 $L_1=L=L_2$. 证毕. □

注记 定理 5.2 表明,如果 L/K 是数域的伽罗瓦扩张,则 K 中存在相当多(D-密度为 $1/[L:K]$)的素理想 $\mathfrak{p}$ 在 L 中完全分裂. 而系 2 表明,这些完全分裂的素理想组成的集合也完全决定了伽罗瓦扩域 L.

现在我们将定理 5.2 及其系用于有限域上多项式的因子分解问题. 设 L/K 是数域的扩张,$L=K(\theta)$,$\theta\in O_L$,$f(x)\in O_K[x]$ 是 θ 在 K 上的极小多项式,则 $f(x)$ 是不可约的首 1 多项式,并且 $\deg f(x)=n=[L:K]$. 我们在第二章中看到,除了有限多个可能之外,对于 K 中每个在 L 中不分歧的素理想 $\mathfrak{p}$,$\mathfrak{p}O_L$ 在 O_L 中的分解型式(即 $\mathfrak{p}O_L=\mathfrak{P}_1\cdots\mathfrak{P}_g$ 的参数 g 和 $f_i=f(\mathfrak{P}_i|\mathfrak{p})(1\leqslant i\leqslant g)$,$\sum_{i=1}^{g}f_i=n$)与多项式 $f(x)$ 在有限域 $O_K/\mathfrak{p}$ 上的分解型式是一样的. 于是由定理 5.2 中关于 $\mathfrak{p}$ 的完全分裂性结果可以推得 $f(x)\pmod{\mathfrak{p}}$ 的完全分裂结果. 为简单起见我们只考虑 $K=\mathbb{Q}$ 的情形. 虽然对于一般情形其结果也是对的.

定义 3 设 $f(x)\in\mathbb{Z}[x]$ 是 $\mathbb{Z}$ 上的首 1 不可约 n 次多项式,p 为素数. 如果 $f(x)$ 在 p 元域 $\mathbb{Z}/p\mathbb{Z}$ 上分解成 n 个不同的一次因子之积(这相当于说 $f(x)$ 在 $\mathbb{Z}/p\mathbb{Z}$ 中有 n 个不同的根),则称 $f(x)$ **对于模 p 是完全分裂的**. 令 $S(f)=\{$素数 $p|f(x)$ 对模 p 完全分裂$\}$.

令 $\theta\in\mathbb{C}$ 为 $f(x)$ 的一个根,$K=\mathbb{Q}(\theta)$. 如果 $K/\mathbb{Q}$ 是伽罗瓦,Abel 或者循环扩张,则 $f(x)$ 也分别叫作**正规,Abel** 或者**循环多项式**.

根据上述素理想分解型式和多项式型式之间的关系,由定理 5.2 立即推出:

系 3 设 $f(x),g(x)\in\mathbb{Z}[x]$ 均是首 1 不可约正规多项式,$\alpha,\beta\in\mathbb{C}$ 分别是 $f(x)$ 和 $g(x)$ 的根. 如果 $S(f)$ 和 $S(g)$ 几乎相等,则

$$\deg f=\deg g$$

并且 $\mathbb{Q}(\alpha)=\mathbb{Q}(\beta)$. □

注记 系 3 中关于 f 和 g 均为"正规"多项式这一假定是不可去掉的.

Kronecker最早研究这一问题. Gassmann 于 1926 年证明存在两个 180 次(!)的不可约多项式 f 和 g,除了有限多个素数之外对于每个素数 p,$f(x)$ 和 $g(x)$ 模 p 均有相同的分解型式. 但是对 $f(x)$ 的每个根 $\alpha\in\mathbb{C}$ 和 $g(x)$ 的每个根 $\beta\in\mathbb{C}$,均有 $\mathbb{Q}(\alpha)\neq\mathbb{Q}(\beta)$. 1970 年 I. Gerst 给出更简单的例子:$f(x)=x^8-3\cdot 2^4$ 和 $g(x)=x^8-3^7$ 具有上述性质.

从系 1 立刻推得:

系 4 设 $f(x)\in\mathbb{Z}[x]$ 是首 1 不可约多项式,N 是 $f(x)$ 的分裂域,则 $\delta(S(f))=1/[N:\mathbb{Q}]$. □

同样地可以证得:

系 5 设 $f(x),g(x)\in\mathbb{Z}[x]$ 均是首 1 不可约多项式. $\alpha,\beta\in\mathbb{C}$ 分别为 $f(x)$ 和 $g(x)$ 的根. 如果 $\mathbb{Q}(\alpha)=\mathbb{Q}(\beta)$,则 $S(f)$ 和 $S(g)$ 几乎相等.

证明 事实上,令 $K=\mathbb{Q}(\alpha)=\mathbb{Q}(\beta)$. 我们已经知道,除了有限个之外的所有素数 p(即对所有 $p\nmid d(f)d(g)$ 的素数 p),p 在 K 中素理想分解的型式与 $f(x)$ 和 $g(x)$ 模 p 分解的型式均是相同的,这就表明 $S(f)\Delta S(g)$ 是有限集合. 特别地,$S(f)$ 和 $S(g)$ 几乎相等. □

例 2 可以证明 $f(x)=x^4+4x^3-4x^2-40x-56$ 和 $g(x)=x^4-8x^2-24x-20$ 均是 $\mathbb{Z}[x]$ 中不可约多项式,并且有相同的判别式:$d(f)=d(g)=-2^{12}\cdot 3^2\cdot 31$. 但是对于 $p=13\nmid d(f)d(g)$,$f(2)\equiv 0\pmod{13}$,而 $g(x)$ 在 $\mathbb{Z}/13\mathbb{Z}$ 中无根. 于是由系 5 的证明即知对于 $f(x)$ 的任一根 $\alpha\in\mathbb{C}$ 和 $g(x)$ 的任一根 $\beta\in\mathbb{C}$,均有 $\mathbb{Q}(\alpha)\neq\mathbb{Q}(\beta)$.

§2 Abel L-函数,Чеботарёв 密度定理

设 L/K 为数域的伽罗瓦扩张. 定理 5.2 表明,在 L 完全分裂的 O_K 中素理想全体具有 D-密度 $1/[L:K]$. 现在我们要提出更一般的问题:对每对正整数 f 和 g ($fg=[L:K]$),在 L 上分解模式为 (f,g) 的 O_K 中素理想全体的 D-密度是多少? 当 $f=1,g=[L:K]$ 时这就是完全分裂的情形.

我们先对 Abel 扩张情形给出解答,然后再考虑任意伽罗瓦扩张情形.

定理 5.3 设 L/K 是数域的 n 次 Abel 扩张. 对 $G=\mathrm{Gal}(L/K)$ 中每个自同构 σ,令

$$A(\sigma)=\left\{O_K\text{ 中素理想 }\mathfrak{p}:\mathfrak{p}\text{ 在 }L\text{ 上不分歧,并且}\left(\frac{L/K}{\mathfrak{p}}\right)=\sigma\right\}$$

则 $\delta(A(\sigma))=\frac{1}{n}$.

证明 为证明此定理我们需要构作适当的解析函数. 设 $\mathfrak{P}$ 和 $\mathfrak{p}$ 分别是 O_L 和 O_K 中的素理想, $\mathfrak{P}\mid\mathfrak{p}$. 令 $D_{\mathfrak{p}}$ 为 $\mathfrak{p}$ 对于 L/K 的分解群, $\overline{L}=O_L/\mathfrak{P}$, $\overline{K}=O_K/\mathfrak{p}$, 我们在第二章介绍了从 $D_{\mathfrak{p}}$ 到有限域扩张 $\overline{L}/\overline{K}$ 的伽罗瓦群的映射

$$D_{\mathfrak{p}}\to \mathrm{Gal}(\overline{L}/\overline{K}),\sigma\mapsto\overline{\sigma}$$

是群的满同态, 并且核为 $\mathfrak{p}$ 对 L/K 的惯性群 $I_{\mathfrak{p}}$. 我们取 $\mathrm{Gal}(\overline{L}/\overline{K})$ 中自同构 $\tau: x\mapsto x^{|\overline{K}|}$ (对 $x\in\overline{L}$) 的一个原象 $\sigma_{\mathfrak{p}}\in D_{\mathfrak{p}}$, 则 τ 的全部原象为 $\sigma_{\mathfrak{p}}I_{\mathfrak{p}}$. 令 $\hat{G}$ 为 Abel 群 $G=\mathrm{Gal}(L/K)$ 的特征群. 对每个特证 $\chi\in\hat{G}$, 定义

$$\chi(\mathfrak{p})=\chi(\sigma_{\mathfrak{p}})\cdot\frac{1}{e(\mathfrak{P}/\mathfrak{p})}\sum_{\sigma\in I_{\mathfrak{p}}}\chi(\sigma)=\frac{1}{|I_{\mathfrak{p}}|}\sum_{\sigma\in I_{\mathfrak{p}}}\chi(\sigma_{\mathfrak{p}}\sigma)$$

不难看出:

(Ⅰ) $\chi(\mathfrak{p})$ 与 τ 的原象 $\sigma_{\mathfrak{p}}$ 之选取方式无关.

(Ⅱ) 若 $I_{\mathfrak{p}}$ 不包含在 $\mathrm{Ker}\,\chi$ 之中, 则 χ 在 $I_{\mathfrak{p}}$ 上不是平凡特征. 由特征的正交关系可知 $\chi(\mathfrak{p})=0$.

(Ⅲ) 若 $I_{\mathfrak{p}}\subseteq\mathrm{Ker}\,\chi$, 则 $\chi(\mathfrak{p})=\chi(\sigma_{\mathfrak{p}})$.

(Ⅳ) 若 $\mathfrak{p}$ 在 L 中不分歧, 则 $I_{\mathfrak{p}}=\{1\}$, 而 τ 只有一个原象 $\left(\frac{L/K}{\mathfrak{p}}\right)$, 从而 $\chi(\mathfrak{p})=\chi\left(\left(\frac{L/K}{\mathfrak{p}}\right)\right)$.

现在将 χ 的定义完全积性地扩充到 O_K 的全部非零整理想上, 即对于 $\mathfrak{a}=\mathfrak{p}_1\cdots\mathfrak{p}_r$, 定义 $\chi(\mathfrak{a})=\chi(\mathfrak{p}_1)\cdots\chi(\mathfrak{p}_r)$. 现在可定义一个 Dirichlet 级数

$$L(s,\chi,L/K)=\sum_{\mathfrak{a}}\chi(\mathfrak{a})N(\mathfrak{a})^{-s}\tag{1}$$

其中求和为 $\mathfrak{a}$ 过 O_K 的全部非零整理想. 它叫作数域 Abel 扩张 L/K 关于特征 $\chi\in\hat{G}$ 的 Abel L-函数. 这个函数有如下性质:

(a) 由于 $|\chi(\mathfrak{a})|=0$ 或 1, 可知级数(1)在 $\mathrm{Re}(s)>1$ 中定义出正则函数, 由于 χ 是完全积性的, 所以有 Euler 乘积公式

$$L(s,\chi,L/K)=\prod_{\mathfrak{p}}(1-\chi(\mathfrak{p})N(\mathfrak{p})^{-s})^{-1}\quad(\mathrm{Re}(s)>1)$$

(b) $\prod_{\chi\in\hat{G}}L(s,\chi,L/K)=\zeta_L(s)\,(\mathrm{Re}(s)>1)$.

其中 $\zeta_L(s)$ 是 L 的 Dedekind zeta 函数

$$\zeta_L(s) = \prod_{\mathfrak{P}} (1 - N(\mathfrak{P})^{-s})^{-1} \quad (\operatorname{Re}(s) > 1)$$

由于(b)两边均有 Euler 展开,所以只需对 O_K 的每个素理想 $\mathfrak{p}$,证明对应 $\mathfrak{p}$ 的因子相等

$$\prod_{\chi \in \hat{G}} (1 - \chi(\mathfrak{p}) N(\mathfrak{p})^{-s}) = \prod_{\mathfrak{P} | \mathfrak{p}} (1 - N(\mathfrak{P})^{-s}) \tag{2}$$

根据前述性质(Ⅱ)和(Ⅲ),可知式(2)左边为

$$\prod_{\substack{\chi \in \hat{G} \\ \operatorname{Ker}\chi \supseteq I_{\mathfrak{p}}}} (1 - \chi(\mathfrak{p}) N(\mathfrak{p})^{-s}) = \prod_{\chi \in (G/I_{\mathfrak{p}})^{\wedge}} (1 - \chi(\sigma_{\mathfrak{p}}) N(\mathfrak{p})^{-s}) \tag{3}$$

令 $\mathfrak{p}O_L = (\mathfrak{P}_1 \cdots \mathfrak{P}_g)^e$,$efg = n$. 由于$|G/I_{\mathfrak{p}}| = fg$,而由 $\sigma_{\mathfrak{p}}$ 的取法知 $\sigma_{\mathfrak{p}}$ 在 $G/I_{\mathfrak{p}}$ 中阶为f. 所以式(3)右边等于$(1 - N(\mathfrak{p})^{-fs})^g$. 另一方面,$\mathfrak{p}$ 的因子有 g 个 $\mathfrak{P}_1, \cdots, \mathfrak{P}_g$,而 $N(\mathfrak{P})_g = \mathfrak{p}^f$. 于是式(2)右边也为$(1 - N(\mathfrak{p})^{-fs})^g$. 这就证明了(b).

(c)$L(s,\chi,L/K)$可以解析延拓到整个复平面上. 当$\chi \neq \chi_0$ 时 $L(s,\chi,L/K)$在整个复平面上是正则的(没有奇点). 而 $L(s,\chi_0,L/K) = \zeta_K(s)$只在 $s = 1$ 处有极点并且是单极点. 关于(c)的证明是不平凡的,要用到类域论. 这里证明从略.

有了以上准备,现在可以很容易证明定理 5.3. 我们要证

$$\lim_{s \to 1^+} \sum_{\mathfrak{p} \in A(\sigma)} N(\mathfrak{p})^{-s} / -\log(s-1) = \frac{1}{n} \tag{4}$$

令

$$T(s) = \frac{1}{n} \sum_{\chi \in \hat{G}} \chi(\sigma^{-1}) \log L(s, \chi, L/K)$$

由上面的(b)和(c),可知当$\chi \neq \chi_0$ 时,$L(1,\chi,L/K) \neq 0, \infty$. 因此

$$\lim_{s \to 1^+} T(s) / -\log(s-1) = \lim_{s \to 1^+} \frac{1}{n} \cdot \frac{\log \zeta_K(s)}{-\log(s-1)} = \frac{1}{n}$$

但是

$$\begin{aligned} T(s) &= \frac{1}{n} \sum_{\chi \in \hat{G}} \chi(\sigma^{-1}) \log \prod_{(\mathfrak{p})} (1 - \chi(\mathfrak{p}) N(\mathfrak{p})^{-s})^{-1} \\ &= \frac{1}{n} \sum_{\chi \in \hat{G}} \chi(\sigma^{-1}) \sum_{\mathfrak{p}} \log(1 - \chi(\mathfrak{p}) N(\mathfrak{p})^{-s})^{-1} \\ &= \frac{1}{n} \sum_{\chi \in \hat{G}} \chi(\sigma^{-1}) \sum_{\mathfrak{p}} \sum_{m=1}^{\infty} \frac{\chi(\mathfrak{p})^m N(\mathfrak{p})^{-ms}}{m} \\ &= \frac{1}{n} \sum_{\chi \in \hat{G}} \chi(\sigma^{-1}) \sum_{\mathfrak{p}} \chi(\mathfrak{p}) N(\mathfrak{p})^{-s} + g(s) \end{aligned}$$

$$= \frac{1}{n} \sum_{\mathfrak{p}} N(\mathfrak{p})^{-s} \sum_{\chi \in \hat{G}} \chi(\sigma^{-1}) \chi(\mathfrak{p}) + g(s)$$

其中 $g(s)$ 是对 $m \geqslant 2$ 求和部分，如同以前一样可知 $g(s)$ 在 $s=1$ 附近是有界的. 而除了有限个 $\mathfrak{p}$ 之外，均有 $\chi(\mathfrak{p}) = \chi\left(\left(\frac{L/K}{\mathfrak{p}}\right)\right)$. 由特征正交关系知

$$\sum_{\chi \in \hat{G}} \chi(\sigma^{-1}) \chi\left(\left(\frac{L/K}{\mathfrak{p}}\right)\right) = \begin{cases} n, \text{若 } \sigma = \left(\frac{L/K}{\mathfrak{p}}\right) \\ 0, \text{否则} \end{cases}$$

这就表明

$$T(s) = \sum_{\mathfrak{p} \in A(\sigma)} N(\mathfrak{p})^{-s} + g'(s)$$

其中 $g'(s)$ 在 $s=1$ 附近有界. 综合上述可知

$$\begin{aligned} \frac{1}{n} &= \lim_{s \to 1^+} T(s) / -\log(s-1) = \lim_{s \to 1^+} \sum_{\mathfrak{p} \in A(\sigma)} N(\mathfrak{p})^{-s} / -\log(s-1) \\ &= \delta(A(\sigma)) \end{aligned}$$

这就证明了定理 5.3. □

系 1 设 L/K 是 Abel 扩张，$fg = n = [L:K]$. 以 n_f 表示 $G = \mathrm{Gal}(L/K)$ 中 f 阶元素的个数，而

$$A = \{O_K \text{ 中素理想 } \mathfrak{p} : \mathfrak{p} \text{ 在 } L \text{ 中素理想分解型式为}(f,g)\}$$

则 $\delta(A) = \frac{n_f}{n}$.

证明 若 $\mathfrak{p}$ 在 L 中不分歧，则 $\mathfrak{p} \in A$ 当且仅当 $\left(\frac{L/K}{\mathfrak{p}}\right)$ 为 G 中 f 阶元素. 设 G 中 n_f 个 f 阶元素为 $\sigma_i (1 \leqslant i \leqslant n_f)$. 由定理 5.3 知 $\delta(A(\sigma_i)) = \frac{1}{n} (1 \leqslant i \leqslant n_f)$. 由于 A 是两两不相交的集合 $A(\sigma_i) (1 \leqslant i \leqslant n_f)$ 的并集，所以 $\delta(A) = \frac{n_f}{n}$. □

例 设 L/K 是数域的 Abel 扩张，并且 $G = \mathrm{Gal}(L/K)$ 为两个 2 阶循环群的直积，则 G 中有一个 1 阶元素和 3 个 2 阶元素. 所以 O_K 中满足 $\mathfrak{p}O_L = \mathfrak{P}_1 \mathfrak{P}_2$ 的全部素理想 $\mathfrak{p}$ 其 D－密度为 $\frac{3}{4}$. 而在 L 中完全分裂的全部 $\mathfrak{p}$ 具有 D－密度 $\frac{1}{4}$. 最后，在 L 中惯性的(即 $f=4$)全部 $\mathfrak{p}$ 具有 D－密度 0，因为 G 中没有 4 阶元素. 注意：一个 D－密度为 0 的集合不必为空集，它可以是有限集合甚至是无限集合. 但事实上对于本例中的情形，在 L 中惯性的 $\mathfrak{p}$ 是不存在的.（为什么？）

注记 (1)由定理 5.3 的(c)可知

$$\zeta_L(s)/\zeta_K(s) = \prod_{\chi \neq \chi_0} L(s, \chi, L/K)$$

是整个复平面上的正则函数. 换句话说,(利用类域论)可以证明 Artin 猜想对于 L/K 为 Abel 扩张的情形是成立的.

(2)定理 5. 1 是定理 5. 3 的一个特例. 因为在定理 5. 3 中取 $K = \mathbb{Q}, L = \mathbb{Q}(\zeta_k)$,则$[L:\mathbb{Q}] = \varphi(k)$,而

$$G = \mathrm{Gal}(L/\mathbb{Q}) = \{\sigma_l : (l,k) = 1, 1 \leqslant l < k\}$$

其中 $\sigma_l(\zeta_k) = \zeta_k^l$. 若 p 在 L 中不分歧(即 $p \nmid k$),我们已经知道$\left(\frac{L/K}{p}\right) = \sigma_p$,所以$\left(\frac{L/K}{p}\right) = \sigma_l \Leftrightarrow p \equiv l \pmod k$. 所以素数集合 $A = \{p : p \equiv l \pmod k\}$ 的 D-密度就是素数集合 $A' = \left\{p : \left(\frac{L/K}{p}\right) = \sigma_l\right\}$的 D-密度. 根据定理 5. 3,$\delta(A') = \frac{1}{\varphi(k)}$,从而$\delta(A) = \frac{1}{\varphi(k)}$.

(3)我们略去了定理 5. 2 的一部分证明,因为证明 Abel L-函数解析延拓和奇点特性时要用到类域论. 但是当 $K = \mathbb{Q}$ 时,我们可以不用类域论而只用 Kronecker-Weber 定理证明定理 5. 3. 因为若 $L/\mathbb{Q}$ 是 Abel 扩张,则 L 是分圆域 $\mathbb{Q}(\zeta_m)$的子域,其中 m 为域 L 的导子. 伽罗瓦群 $\mathrm{Gal}(\mathbb{Q}(\zeta_m)/\mathbb{Q})$自然同构于$(\mathbb{Z}/m\mathbb{Z})^\times$,如图 1.

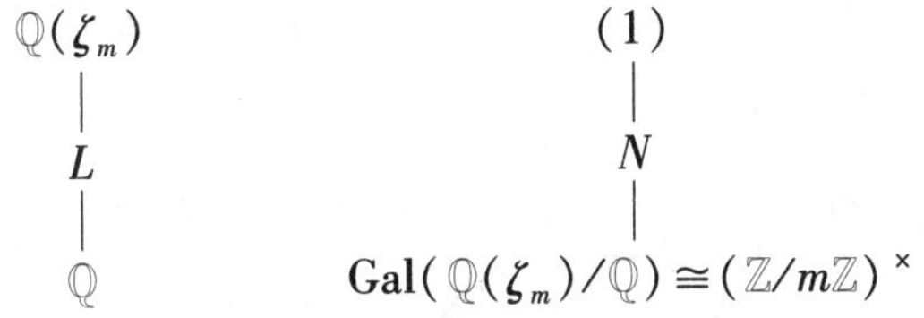

图 1

设 N 为 L 的固定子群,N 在$(\mathbb{Z}/m\mathbb{Z})^\times$中的象为 $\varphi(N)$,则 $G = \mathrm{Gal}(L/\mathbb{Q})$自然同构于$(\mathbb{Z}/m\mathbb{Z})^\times/\varphi(N)$(参见定理 2. 18 的证明和后面的注记 1). 若素数 p 在 L 中不分歧,我们不妨设$(p,m) = 1$(因为 m 的有限个素因子是 D-密度为 0 的集合,不影响以后的讨论). G 中每个元素 σ(即 L 的自同构)自然看成$(\mathbb{Z}/m\mathbb{Z})^\times$模 $\varphi(N)$的一个陪集,所以相当于模 m 的$|\varphi(N)|$个同余类. 注意$|\varphi(N)| = |N| = [\mathbb{Q}(\zeta_m):L] = \frac{\varphi(m)}{[L:\mathbb{Q}]}$. 如果$\left(\frac{L/\mathbb{Q}}{p}\right) = \sigma$,由于$\left(\frac{L/\mathbb{Q}}{p}\right) = \sigma_p$,所以这相当于 p 属于 σ 所对应的那$\frac{\varphi(m)}{[L:\mathbb{Q}]}$个模 m 同余类. 根据例,每个同余类中素数

的 D－密度为$\frac{1}{\varphi(m)}$. 所以满足$\left(\frac{L/\mathbb{Q}}{p}\right)=\sigma$的所有素数组成的集合，其 D－密度为$\frac{\varphi(m)}{[L:\mathbb{Q}]}\varphi(m)^{-1}=[L:\mathbb{Q}]^{-1}$. 这就是定理 5.3（对于 $K=\mathbb{Q}$ 的情形）.

现在讨论 L/K 为伽罗瓦扩张的情形. 这时，设 O_K 中素理想 $\mathfrak{p}$ 在 L 中不分歧，则 $\mathfrak{p}O_L=\mathfrak{P}_1\cdots\mathfrak{P}_g$，令 $\mathfrak{P}=\mathfrak{P}_1$，则每个 $\mathfrak{P}_i$ 均可写成 $\sigma(\mathfrak{P})$，（对某个 $\sigma\in G=\mathrm{Gal}(L/K)$）. 但是

$$\left(\frac{L/K}{\sigma(\mathfrak{P})}\right)=\sigma\left(\frac{L/K}{\mathfrak{P}}\right)\sigma^{-1}$$

于是$\left\{\left(\frac{L/K}{\mathfrak{P}_i}\right)\middle|1\leqslant i\leqslant g\right\}=\left\{\sigma\left(\frac{L/K}{\mathfrak{P}_i}\right)\sigma^{-1}\middle|\sigma\in G\right\}$，这是有限群 G 的一个共轭类，我们将这个共轭类表示成$\left(\frac{L/K}{\mathfrak{p}}\right)$，（当 L/K 为 Abel 扩张时，这个共轭类只含有一个元素，我们曾经把这个元素表示成$\left(\frac{L/K}{\mathfrak{p}}\right)$）.

定理 5.4（Чеботарёв） 设 L/K 是数域的伽罗瓦扩张，$G=\mathrm{Gal}(L/K)$. C 为 G 中一个共轭元素类，$|C|=c$. $A=\left\{O_K \text{ 中素理想 } \mathfrak{p}\mid\mathfrak{p} \text{ 在 } L \text{ 中不分歧并且}\left(\frac{L/K}{\mathfrak{p}}\right)=C\right\}$，则 $\delta(A)=c/n$，$n=[L:K]$.

证明 俄国数学家 Чеботарёв 原来的证明很复杂. 这里采用 1969 年 McCluer给出的简化证明. 首先需要下列引理.

引理 5 设 L/K 是数域的伽罗瓦扩张，$\mathfrak{P}$ 和 $\mathfrak{p}$ 分别是 O_L 和 O_K 中的（固定）素理想，$\mathfrak{P}\mid\mathfrak{p}$. $\mathfrak{p}$ 在 L 中不分歧. M 是 L/K 的中间域，并且对于 O_M 中每个素理想$\mathfrak{q}\mid\mathfrak{p}$，$\mathfrak{q}$ 在 L 中均是惯性的（从而 $\mathfrak{q}Q_L$ 为 O_L 中素理想）. 令$\left(\frac{L/K}{\mathfrak{P}}\right)=\sigma\in G=\mathrm{Gal}(L/K)$，则 $\mathfrak{p}$ 在 O_M 中共存在$[C_G(\sigma):H]$个素理想因子 $\mathfrak{q}$，使得$\left(\frac{L/K}{\mathfrak{q}Q_L}\right)=\sigma$. 其中 $C_G(\sigma)=\{\tau\in G\mid\tau\sigma=\sigma\tau\}$（$\sigma$ 在 G 中的中心化子），而 $H=\langle\sigma\rangle$（σ 在 G 中生成的循环子群）.

这是因为：从引理的假设可知，我们只需证明 O_L 中共有$[C_G(\sigma):H]$个$\mathfrak{P}'\mid\mathfrak{p}$使得$\left(\frac{L/K}{\mathfrak{P}'}\right)=\sigma$. 每个这种 $\mathfrak{P}'$均可写成$\tau(\mathfrak{P})$，$\tau\in G$. 而

$$\left(\frac{L/K}{\tau(\mathfrak{P})}\right)=\sigma\Leftrightarrow\tau\sigma\tau^{-1}=\sigma\Leftrightarrow\tau\in C_G(\sigma)$$

并且

$$\tau_1\mathfrak{P}=\tau_2\mathfrak{P}\Leftrightarrow\tau_2^{-1}\tau_1\mathfrak{P}=\mathfrak{P}\Leftrightarrow\tau_2^{-1}\tau_1\in D_{\mathfrak{P}}=\langle\sigma\rangle=H$$

由此即得引理.

现在证明定理5.4:这只需证明

$$\sum_{\left(\frac{L/K}{\mathfrak{p}}=C\right)} N(\mathfrak{p})^{-s} = -\frac{c}{n}\log(s-1)+o(\log(s-1)) \quad (\text{当 } s\to 1^+ \text{时})$$

取 $\sigma\in C, H=<\sigma>\subseteq G=\mathrm{Gal}(L/K)$. M 为 H 的固定子域,则 $\mathrm{Gal}(L/M)\cong H$,从而 L/M 为循环扩张. 由定理5.3知

$$\sum_{\left(\frac{L/M}{\mathfrak{q}}\right)=\sigma} N(\mathfrak{q})^{-s} = -\frac{1}{|H|}\log(s-1)+o(\log(s-1))$$

从而

$$\sum_{\substack{\mathfrak{q}|\mathfrak{p} \\ \left(\frac{L/M}{\mathfrak{q}}\right)=\sigma \\ f(\mathfrak{q}|\mathfrak{p})=1}} N(\mathfrak{p})^{-s} = -\frac{1}{|H|}\log(s-1)+o(\log(s-1))$$

对于使 $\left(\frac{L/M}{\mathfrak{q}}\right)=\sigma$ 和 $\mathfrak{q}|\mathfrak{p}$ 成立的每个 $\mathfrak{p}$,M 满足上面引理条件. 因为 $\left(\frac{L/M}{\mathfrak{q}}\right)=\sigma$,则分解群 $D_{\mathfrak{p}}=<\sigma>H\cong\mathrm{Gal}(L/M)$,从而 $\mathfrak{q}$ 在 L 中惯性. 若 $\mathfrak{q}'$ 为 M 中素理想并且 $\mathfrak{q}'|\mathfrak{p}$,则 $D_{\mathfrak{q}'}$ 与 $D_{\mathfrak{q}}$ 共轭,从而仍有 $|D_{\mathfrak{q}'}|=|\mathrm{Gal}(L/M)|$,而 $\mathfrak{q}'$ 在 L 中惯性. 于是由引理得出$\left(\text{注意}\left(\frac{L/M}{\mathfrak{q}}\right)=\sigma\Leftrightarrow\left(\frac{L/K}{\mathfrak{p}}\right)=c\right)$

$$[C_G(\sigma):H]\sum_{\left(\frac{L/K}{\mathfrak{p}}\right)=c} N(\mathfrak{p})^{-s} = -\frac{1}{|H|}\log(s-1)+o(\log(s-1))$$

于是

$$\sum_{\left(\frac{L/K}{\mathfrak{p}}\right)=c} N(\mathfrak{p})^{-s} = -\frac{1}{[C_G(\sigma):H]\cdot|H|}\log(s-1)+o(\log(s-1))$$

但是 $[C_G(\sigma):H]\cdot|H|=|C_G(\sigma)|=\frac{n}{c}$,这就表明 $\delta(A)=\frac{c}{n}$. □

我们可以把定理5.3的系1推广到任意伽罗瓦扩张的情形.

系 设 L/K 是数域的伽罗瓦扩张,$fg=n=[L:K]$. 以 n_f 表示 $G=\mathrm{Gal}(L/K)$ 中 f 阶元素的个数,令

$$A=\{O_K \text{ 的素理想 } \mathfrak{p}:\mathfrak{p} \text{ 在 } L \text{ 中分解型式为}(f,g)\}$$

则 $\delta(A)=\frac{n_f}{n}$.

证明 设 $\mathfrak{p}$ 在 L 中不分歧,则 $\mathfrak{p}$ 在 L 中分解型式为 (f,g) 当且仅当 G 的共轭元素类 $\left(\frac{L/K}{\mathfrak{p}}\right)$ 中所有元素的阶均为 f. 再由定理5.4即得此系.

习　　题

1. 设$f(x)$和$g(x)$为$\mathbb{Z}[x]$中不可约多项式,α和β分别是$f(x)$和$g(x)$在复数域中的一个根. 如果$\mathbb{Q}(\alpha)\subseteq\mathbb{Q}(\beta)$,求证:$S(f)$几乎包含$S(g)$,即素数集合$\{p:p\in S(g),p\notin S(f)\}$的D-密度为0.
2. 设$f_1(x),\cdots,f_r(x)$是$\mathbb{Z}[x]$中有限个多项式,并且次数均$\geqslant 1$. 求证:存在无限多个素数p,使得$f_1(x),\cdots,f_r(x)$模p均完全分裂.
3. 设L/K是数域的伽罗瓦扩张. 求证:O_K中有无限多个素理想$\mathfrak{p}$在L中惯性的充分必要条件为L/K是循环扩张(即伽罗瓦群$\mathrm{Gal}(L/K)$为循环群).
4. 计算素数集合$A=\{p:2$为模p的三次剩余$\}$和$A'=\{p:2$为模p的四次剩余$\}$的D-密度.
5. 设$f(x)$是$\mathbb{Z}[x]$中次数$\geqslant 2$的首1不可约多项式,求证:存在无限多素数p,使得$f(x)$在有限域$\mathbb{F}_p$中无根.

第六章 Abel 数域的类数公式

§1 Hasse 类数公式

我们现在展示解析理论在研究代数数域类数问题中的应用. 解析理论与类数问题的联系已经在第四章中给出,那就是

$$\lim_{s\to 1}(s-1)\zeta_K(s)=\frac{2^{r_1}(2\pi)^{r_2}R_Kh_K}{w_K|d(K)|^{1/2}}$$

此式右边出现的数域 K 中的诸量 $r_1,r_2,w_K,|d(K)|^{1/2}$ 通常容易求得. R_K 与基本单位组有关,是难求的量. 对于此式的左边,我们则希望 $\zeta_K(s)$ 有更好的表达式. 高斯对于二次域做了这件事,从而得到了二次域类数相当简单的公式. 后来,在研究费马问题的推动之下,Kummer 对于分圆域也给出了类数解析公式. 到了 20 世纪 30 年代之后,Hasse 对于一般的 Abel 数域给出类数解析公式,并且由此相当精细地研究了 Abel 域类数的各种问题. 其研究成果集中总结在他于 1952 年所写的《关于 Abel 域的类数》一书中.

对于 Abel 数域 K,$\zeta_K(s)$ 应当有好的表达式,这一点是不应当感到很奇怪的. 因为根据 Kronecker-Weber 定理,每个 Abel 数域均是分圆域的子域,而分圆域中有很简单的素理想分解规则. 设 $\mathbb{Q}(\zeta_m)$($m\not\equiv 2 \pmod 4$)是包含 Abel 数域 K 的最小分圆域,即 $m=\mathrm{cond}(K)$(域 K 的导子). 我们有如图 1 的伽罗瓦对应

$$\begin{array}{ccc}
\mathbb{Q}(\zeta_m) & \qquad\qquad & \{1\} \\
| & & | \\
K & & H \\
| & & | \\
\mathbb{Q} & & G=\mathrm{Gal}(\mathbb{Q}(\zeta_m)/\mathbb{Q})
\end{array}$$

图 1

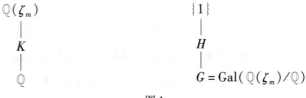

由于

$$G\cong(\mathbb{Z}/m\mathbb{Z})^*,\sigma_a\mapsto a(\bmod m),(a,m)=1,\sigma_a(\zeta_m)=\zeta_m^a$$

从而 H 同构于 $(\mathbb{Z}/m\mathbb{Z})^\times$ 的一个子群(我们今后常常把 H 和这个子群等同起来),而 $\mathrm{Gal}(K/\mathbb{Q})$ 同构于商群 $(\mathbb{Z}/m\mathbb{Z})^*/\mathrm{H}$(我们也常把这两者等同起来). 有限 Abel 群 $\mathrm{Gal}(K/\mathbb{Q})=(\mathbb{Z}/m\mathbb{Z})^*/H$ 的每个特征 χ 也叫作**域 K 的特征**,而 $(\mathbb{Z}/m\mathbb{Z})^*/H$ 的特征群也叫作 **K 的特征群**,表示成 $\hat{K}$. 于是 $\hat{K}$ 实际上是由全部在 H 上平凡的模 m 的 D-特征所构成的.

设 χ 为模 m 的 D-特征,则 χ 是由唯一决定的一个模 m' 的本原 D-特征所诱导出来的,其中 $m'=\mathrm{cond}(\chi)$,$m'\mid m$. 我们将诱导出 χ 的这个本原 D-特征表示成 χ^*.

如果 $\mathbb{Q}\subseteq K\subseteq L\subseteq\mathbb{Q}(\zeta_m)$,而 E_K 和 E_L 分别为 $G=\mathrm{Gal}(K/O)$ 对于 K 和 L 的固定子群,则 $E_K\subseteq E_L$,即伽罗瓦对应 $K\leftrightarrow E_K$ 是反序的(序指的是集合之间的包含关系). 由于 $\mathrm{Gal}(K/\mathbb{Q})\simeq G/E_K$,$\mathrm{Gal}(L/\mathbb{Q})\cong G/E_L$,可知它们的特征群之间有关系 $\hat{K}\subseteq\hat{L}$. 所以对应 $K\to\hat{K}$ 是保序的.

群 G 同构于 $(\mathbb{Z}/m\mathbb{Z})^\times$. 若 $m=p_1^{e_1}\cdots p_r^{e_r}$ 是 m 的素因子分解式,则有同构

$$(\mathbb{Z}/m\mathbb{Z})^\times\cong(\mathbb{Z}/p_1^{e_1}\mathbb{Z})^\times\times\cdots\times(\mathbb{Z}/p_r^{e_r}\mathbb{Z})^\times\quad(\text{直积})$$

所以每个模 m 的 D-特征唯一分解为 $\chi=\chi_{p_1}\cdots\chi_{p_r}$,其中 χ_{p_i} 是模 $p_i^{e_i}$ 的特征($1\leqslant i\leqslant r$). 易知 $f_\chi=f_{\chi_{p_1}}\cdots f_{\chi_{p_r}}$,这里 f_χ 表示特征 χ 的导子. 如果 p 不为 $p_i(1\leqslant i\leqslant r)$,则 χ_p 是主特征. 现在对 Abel 数域 K 和每个素数 p,定义如下一些特征集合

$$\hat{K}_p=\{\chi_p:\chi\in\hat{K}\}$$

$$Y=Y(K,p)=\{\chi\in\hat{K}:\chi^*(p)\neq0\}$$

$$Z=\{\chi\in Y:\chi^*(p)=1\}$$

易知它们均形成特征群,并且 $Z\subseteq Y\subseteq\hat{K}$. 下面引理表明:这些特征群可以刻画 p 在 K 中的分解型式.

引理 1 以 e,f,g 分别表示 p 在 Abel 数域 $K(\subseteq\mathbb{Q}(\zeta_m))$ 中的分歧指数,剩余类域次数和分解次数,则:

(1) $e=|\hat{K}_p|$,并且 p 在 K 中分歧当且仅当存在 $\chi\in\hat{K}$,使得 $\chi^*(p)=0$(即 $p\mid f_\chi$).

(2) Y 和 Z 分别是 p 对 K 的惯性域和分解域的特征群. 于是

$$e=[\hat{K}:Y],f=[Y:Z],g=|Z|$$

证明 (1)设 $m=p^ln,(p,n)=1,l\geqslant0$,则有如图 2 的域扩张

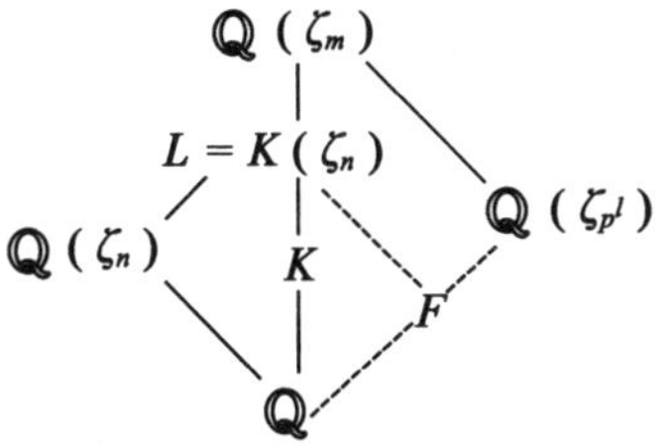

图 2

图中每个域的特征群均看成$\mathbb{Q}(\zeta_m)$的特征群(即模 m 的 D－特征群)的子群. 由于 L 是$\mathbb{Q}(\zeta_n)$和 K 的合成,而域到此域特征群之间的一一对应是保序的,所以$\hat{L}$是由$\mathbb{Q}(\zeta_n)^{\wedge}$ 和$\hat{K}$生成的特征群. 于是

$$\hat{L}=<(\mathbb{Z}/n\mathbb{Z})^{\times\wedge},\hat{K}>=(\mathbb{Z}/n\mathbb{Z})^{\times\wedge}\text{和}\hat{K}_p\text{ 的直积}$$

以 F 表示对应于 X_p 的域,即$\hat{F}=X_p$,则 $L=\mathbb{Q}(\zeta_n)F$,并且 $F\subseteq\mathbb{Q}(\zeta_{p^l})$. 对于$\mathbb{Q}(\zeta_m)$的每个子域 M,以 $e(M)$表示 p 在 M 中的分歧指数,则

$$\begin{aligned}
e&=e(K)=e(L)\quad(\text{因为 } e(\mathbb{Q}(\zeta_n))=1 \text{ 而 } L=\mathbb{Q}(\zeta_n)K)\\
&=e(F)\quad(\text{因为 } L=\mathbb{Q}(\zeta_n)F \text{ 而 } e(\mathbb{Q}(\zeta_n))=1)\\
&=[F:\mathbb{Q}]\quad(\text{因为 } F\subseteq\mathbb{Q}(\zeta_{p^l}),\text{从而 } p \text{ 在 } F \text{ 中完全分歧})\\
&=|\hat{F}|=|\hat{K}_p|
\end{aligned}$$

进而,p 在 K 中分歧$\Leftrightarrow|\hat{K}_p|=e\geqslant 2\Leftrightarrow$存在$\chi\in\hat{K}$,使得$\chi_p\neq\chi_0\Leftrightarrow$存在$\chi\in\hat{K}$,使得$\chi^*(p)=0$. 这就证明了(1).

(2)设 M 为 K 的任一子域. 由(1)可知

$$\begin{aligned}
p\text{ 在 } M \text{ 中不分歧}&\Leftrightarrow\text{对每个}\chi\in\hat{M},\text{均有}\chi^*(p)\neq 0\\
&\Leftrightarrow\hat{M}\subseteq Y
\end{aligned}$$

这就表明 Y 对应于 p 在 K 中的最大不分歧子域,即对应于 p 在 K 中的惯性域 K_I. 所以

$$Y=\hat{K}_I,e=[K:K_I]=[\hat{K}:\hat{K}_I]=[\hat{K}:Y]$$

进而,对每个$\chi\in Y$,由$\chi^*(p)\neq 0$ 可知$f_\chi|n$. 所以χ 是由一个确定的模 n 特征χ'所诱导的,并且$(\chi')^*=\chi^*$. 另一方面,$\mathbb{Q}(\zeta_n)$是 p 在$\mathbb{Q}(\zeta_m)$中的最大不分歧子域,所以 $K_I\subseteq\mathbb{Q}(\zeta_n)$. 以 K_D 表示 p 在 K 中的分解域,于是有如下的图 3

$$\begin{array}{ccc} \mathbb{Q}(\zeta_n) & \qquad & (1) \\ | & & | \\ K_I & & I \\ | & & | \\ K_D & & D \\ | & & | \\ \mathbb{Q} & & (\mathbb{Z}/n\mathbb{Z})^\times \end{array}$$

图 3

其中 I 和 D 分别为对应于 K_I 和 K_D 的 $(\mathbb{Z}/n\mathbb{Z})^\times$ 的子群. 而 K_I 看作 $\mathbb{Q}(\zeta_n)$ 的子域时,其特征群为 $Y' = \{\chi' : \chi \in Y\}$. 由于

$$\mathrm{Cal}(K_D/\mathbb{Q}) = (\mathbb{Z}/n\,\mathbb{Z})^\times/D \cong \frac{(\mathbb{Z}/n\,\mathbb{Z})^\times/I}{D/I}$$

从而对每个 $\chi' \in Y' = ((\mathbb{Z}/n\mathbb{Z})^\times/I)^\wedge$,

$$\begin{aligned} \chi' \text{为 } \mathrm{Gal}(K_D/\mathbb{Q}) \text{ 的特征} &\Leftrightarrow \chi'(D/I) = 1 \\ &\Leftrightarrow \chi'(p) = 1 \quad (\text{因为 } D/I \text{ 是由 } \sigma_p \text{ 生成的循环群}) \\ &\Leftrightarrow \chi^*(p) = 1 \Leftrightarrow \chi \in Z \end{aligned}$$

于是 $\hat{K}_D = Z$,所以 $f = [K_I:K_D] = [Y:Z]$ 并且 $g = |Z|$. 这就证明了引理. □

现在我们证明:对每个 Abel 数域 K, Dedekind zeta 函数 $\zeta_K(s)$ 是一些对本原特征的 Dirichlet L - 函数的乘积,令 m 为域 K 的导子,则 K 的特征 χ 都可看成模 m 的 D - 特征,从而 $L(s,\chi^*)$ 是 Dirichlet L - 函数.

定理 6.1(Hasse) 设 K 是 Abel 数域,则

$$\zeta_K(s) = \prod_{\chi \in \hat{K}} L(s,\chi^*) = \zeta(s) \prod_{\substack{\chi \in \hat{K} \\ \chi \neq \chi_0}} L(s,\chi^*)$$

即 Dedekind zeta 函数 $\zeta_K(s)$ 是一些对本原 D - 特征的 Dirichlet L - 函数之乘积.

证明 根据解析延拓原理,我们只要对 $\mathrm{Re}(s) > 1$ 的情形证明上式即可. 而在 $\mathrm{Re}(s) > 1$ 时,两边均有 Euler 乘积公式: $\zeta_K(s) = \prod_p \prod_{\mathfrak{p}|p} (1 - N(\mathfrak{p})^{-s})^{-1}$, $L(s,\chi^*) = \prod_p (1 - \chi^*(p)p^{-s})^{-1}$. 从而只需对每个有理素数 p 证明

$$\prod_{\mathfrak{p}|p} (1 - N(\mathfrak{p})^{-s}) = \prod_{\chi \in \hat{K}} (1 - \chi^*(p)p^{-s}) \tag{1}$$

即可. 设

$$pO_K = (\mathfrak{p}_1 \cdots \mathfrak{p}_g)^e, N(\mathfrak{p}_i) = p^f (1 \leqslant i \leqslant g)$$

$$efg = n = [K:\mathbb{Q}]$$

则式(1)左边为 $(1 - p^{-fs})^g$. 另一方面,利用引理 1 和其中的记号,可知当 $\chi \notin Y$

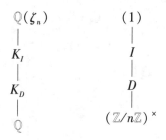

时，$\chi^*(p)=0$. 所以式(1)右边为 $\prod_{\chi\in Y}(1-\chi^*(p)p^{-s})$. 进而，$\chi\in\mathbb{Z}\Leftrightarrow\chi^*(p)=1$. 并且 Y/Z 是 f 阶循环群，从而 Y 对 Z 的每个陪集中的 g 个特征 χ，$\chi^*(p)$ 取值相同. 并且对不同陪集中的 f 个特征 $\chi_1,\cdots,\chi_f$，它们对应的本原特征 $\chi_1^*,\cdots,\chi_f^*$ 在 p 的取值分别为 $1,\zeta_f,\cdots,\zeta_f^{f-1}$. 因此

$$\begin{aligned}\prod_{\chi\in Y}(1-\chi^*(p)p^{-s}) &= \prod_{\chi\in Y/Z}(1-\chi^*(p)p^{-s})^g \\ &= \prod_{i=0}^{f-1}(1-\zeta_f^i p^{-s})^g = (1-p^{-fs})^g\end{aligned}$$

这就证明了式(1)，从而也完全证明了定理. □

定理4.14给出了 $\zeta_K(s)$ 与 K 的理想类数 h_K 的关系. 现在 $\zeta_K(s)$ 可以表成 Dirichlet L－函数的乘积，所以 h_K 可以用 Dirichlet 函数来表达.

系 设 K 为 Abel 数域，则

$$\rho_K h_K = \prod_{\substack{\chi\in\hat{K}\\ \chi\neq\chi_0}} L(1,\chi^*)$$

其中

$$\rho_K = \frac{2^{r_1}(2\pi)^{r_2}R_K}{w_K|d(K)|^{1/2}}$$

证明 定理4.14给出 $\rho_K h_K=\lim_{s\to1}\frac{\zeta_K(s)}{s-1}$. 而由定理6.1又知道

$$\zeta_K(s) = \prod_{\chi\in\hat{K}} L(s,\chi^*) = \zeta(s)\prod_{\substack{\chi\in\hat{K}\\ \chi\neq\chi_0}} L(s,\chi^*)$$

其中 $\zeta(s)=L(s,\chi_0)$ 是黎曼 zeta 函数. 我们知道当 $\chi\neq\chi_0$ 时，$\chi^*\neq\chi_0$，从而 $L(s,\chi^*)$ 在 $s=1$ 处正则. 而 $\lim_{s\to1}\frac{\zeta(s)}{s-1}=1$.

因此

$$\lim_{s\to1}\frac{\zeta_K(s)}{s-1} = \prod_{\substack{\chi\in\hat{K}\\ \chi\neq\chi_0}} L(1,\chi^*)$$

这就证明了系. □

现在的问题是将 $L(1,\chi^*)$ 表示成尽可能初等和便于计算的形式. 注意对每个 Dirichlet 特征 χ，$\chi(-1)^2=\chi((-1)^2)=\chi(1)=1$，从而 $\chi(-1)=\pm1$. 当 $\chi(-1)=1$ 时，χ 叫作**偶特征**，而 $\chi(-1)=-1$ 时，χ 叫作**奇特征**. 今后将看出，按照 χ 是奇特征还是偶特征，$L(1,\chi^*)$ 有不同形式的表达式. 首先我们指出特征 χ

的奇偶性的一个数论意义.

引理 2

(a) Abel 数域 K 为实域$\Leftrightarrow K$ 的特征均为偶特征.

(b) 若 K 为虚 Abel 数域,K_+ 为 K 的极大实子域,则 $[K:K_+]=2$,并且 $\hat{K}_+$ 即为 $\hat{K}$ 中全部偶特征所形成的子群.

证明

(a) 假设 $\mathrm{cond}(K)=m$,则有如图 4 的伽罗瓦对应

$$
\begin{array}{ccc}
\mathbb{Q}(\zeta_m) & \qquad & \{1\} \\
| & & | \\
K & & G \\
| & & | \\
\mathbb{Q} & & (\mathbb{Z}/m\mathbb{Z})^\times
\end{array}
$$

图 4

于是 $\mathrm{Gal}(K/\mathbb{Q})=(\mathbb{Z}/m\mathbb{Z})^\times/G$,而 $(\mathbb{Z}/m\mathbb{Z})^\times$ 中的 $-1\ (\mathrm{mod}\ m)$ 相当于复共轭自同构 $\sigma_{-1}(\zeta_m)=\zeta_m^{-1}=\bar{\zeta}_m$. 从而有:

K 为实域$\Leftrightarrow \sigma_{-1}$ 为 K 中恒等自同构$\Leftrightarrow -1\in G\Leftrightarrow -1$ 为 $(\mathbb{Z}/m\mathbb{Z})^\times/G$ 中的单位元素$\Leftrightarrow K$ 的每个特征(即 $(\mathbb{Z}/m\mathbb{Z})^\times/G$ 的每个特征)均为偶特征.

(b) 若 K 为虚 Abel 数域,则 K 中有奇特征,于是 $\hat{K}$ 中偶特征全体形成 $\hat{K}$ 的指数为 2 的子群. 此子群即是 $(\mathbb{Z}/m\mathbb{Z})^\times/<-1,G>$ 的特征群,而 $<-1,G>$ 的固定子域就是 K 的极大实子域 K_+,由此即得结论. □

由引理 2 我们有

$$\zeta_{K_+}(s)=\prod_{\chi\in\hat{K}_+}L(s,\chi^*)=\prod_{\substack{\chi\in\hat{K}\\ \chi(-1)=1}}L(s,\chi^*)=\zeta(s)\prod_{\substack{\chi\in\hat{K}\\ \chi(-1)=1\\ \chi\neq\chi_0}}L(s,\chi^*)$$

从而由定理 6.1 的系立刻得到:

引理 3 (a) 设 K 为 n 次实 Abel 域,则

$$R_K h_K\cdot\frac{2^{n-1}}{|d(K)|^{1/2}}=\prod_{\substack{\chi\in\hat{K}\\ \chi\neq\chi_0}}L(1,\chi^*)$$

(b) 设 K 为 n 次虚 Abel 域,则

$$R_K h_K\cdot\frac{2(\pi)^{n/2}}{w_K|d(K)|^{1/2}}=\prod_{\substack{\chi\in\hat{K}\\ \chi\neq\chi_0}}L(1,\chi^*)$$

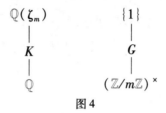

$$R_{K_+}h_{K_+}\cdot\frac{2^{n/2-1}}{|d(K_+)|^{1/2}}=\prod_{\substack{\chi_0\neq\chi\in\hat{K}\\ \chi(-1)=1}}L(1,\chi^*)\qquad\square$$

现在我们来计算 $L(1,\chi^*)$ 的值.

引理 4 设 χ 为模 m 本原 D－特征, $m\geqslant 3$, 则

$$L(1,\chi)=\begin{cases}-\dfrac{2G(1,\chi)}{m}\displaystyle\sum_{1\leqslant k<m/2}\bar{\chi}(k)\log\sin\frac{k\pi}{m} & \text{当}\chi(-1)=1\text{时}\\ \dfrac{\pi\mathrm{i}G(1,\chi)}{m^2}\displaystyle\sum_{k=1}^{m-1}\bar{\chi}(k)k=\frac{\pi\mathrm{i}G(1,\chi)}{m(\chi(2)-2)}\sum_{1\leqslant k<m/2}\bar{\chi}(k) & \text{当}\chi(-1)=-1\text{时}\end{cases}$$

其中 $G(k,\chi)=\sum\limits_{a=1}^{m-1}\chi(a)\zeta_m^{ak}$ 为 Gauss 和.

证明 记 $\omega=\zeta_m$, 当 $\mathrm{Re}(s)>1$ 时

$$\begin{aligned}L(s,\chi)&=\sum_{a=0}^{m-1}\chi(a)\sum_{\substack{n=1\\ n\equiv a(\mathrm{mod}\ m)}}^{\infty}n^{-s}\\&=\sum_{a=0}^{m-1}\chi(a)\sum_{n=1}^{\infty}\left(\frac{1}{m}\sum_{k=0}^{m-1}\omega^{(a-n)k}\right)n^{-s}\\&=\frac{1}{m}\sum_{k=0}^{m-1}G(k,\chi)\sum_{n=1}^{\infty}\omega^{-nk}n^{-s}\\&=\frac{G(1,\chi)}{m}\sum_{k=0}^{m-1}\bar{\chi}(k)\sum_{n=1}^{\infty}\omega^{-nk}n^{-s}\end{aligned}$$

(交换和号是由于级数的绝对收敛性). 但是 D－级数 $\sum\limits_{n=1}^{\infty}\omega^{-nk}n^{-s}$ 在 $\mathrm{Re}(s)>0$ 中正则, 从而它在 $s=1$ 处连续. 熟知它在 $s=1$ 处的值为 $-\log(1-\omega^{-k})$. 因此

$$\begin{aligned}L(1,\chi)&=-\frac{G(1,\chi)}{m}\sum_{k=0}^{m-1}\bar{\chi}(k)\log(1-\omega^{-k})\\&=-\frac{\chi(-1)G(1,\chi)}{m}\sum_{k=0}^{m-1}\bar{\chi}(k)\log(1-\omega^{k})\end{aligned}$$

当 $0<k<m$ 时

$$\log(1-\omega^k)=\log 2+\log\sin\frac{k\pi}{m}+\left(\frac{k}{m}-\frac{1}{2}\right)\pi\mathrm{i}$$

于是(由于 $\mathrm{cond}(\chi)=m\geqslant 3$ 从而 $\chi\neq\chi_0$)

$$L(1,\chi)=-\frac{\chi(-1)G(1,\chi)}{m}\sum_{k=1}^{m-1}\bar{\chi}(k)\left(\log\sin\frac{k\pi}{m}+\frac{k\pi\mathrm{i}}{m}\right)$$

当$\chi(-1)=1$时，$\sum \bar{\chi}(k)k=0$，而当$\chi(-1)=-1$时

$$\sum \bar{\chi}(k)\log \sin \frac{k\pi}{m}=0$$

(习题)，从而

$$L(1,\chi)=\begin{cases} -\dfrac{2G(1,\chi)}{m}\sum\limits_{1\leqslant k<m/2}\bar{\chi}(k)\log \sin \dfrac{k\pi}{m} \\ \qquad \chi(-1)=1\text{时} \\ \dfrac{\pi i G(1,\chi)}{m^2}\sum\limits_{k=1}^{m-1}\bar{\chi}(k)k, \chi(-1)=-1\text{时} \end{cases}$$

最后再由下面引理5，即得到引理4的全部结果.

引理5 设χ为模m的本原奇特性，则

$$\sum_{k=1}^{m-1}\chi(k)k=\frac{m}{\bar{\chi}(2)-2}\sum_{1\leqslant k<m/2}\chi(k)$$

证明 如果$2\nmid m$，则

$$\begin{aligned} -\sum_{0<k<m}\chi(k)k &= -\sum_{\substack{k=0\\2\mid k}}^{m}(\chi(k)k+\chi(m-k)(m-k)) \\ &= -\sum_{0<k<m/2}\chi(2k)2k+\sum_{0<k<m/2}\chi(2k)(m-2k) \\ &= \chi(2)\sum_{0<k<m/2}(m-4k)\chi(k) \end{aligned}$$

因此

$$-\bar{\chi}(2)\sum_{0<k<m}\chi(k)k=\sum_{0<k<m/2}(m-4k)\chi(k) \tag{1}$$

另一方面

$$\begin{aligned} -\sum_{0<k<m}\chi(k)k &= -\sum_{0<k<m/2}\chi(k)k-\sum_{0<k<m/2}\chi(m-k)(m-k) \\ &= -\sum_{0<k<m/2}\chi(k)k+\sum_{0<k<m/2}\chi(k)(m-k) \\ &= \sum_{0<k<m/2}(m-2k)\chi(k) \end{aligned}$$

将此式与式(1)合在一起，即为

$$\sum_{0<k<m}\chi(k)k=\frac{m}{\bar{\chi}(2)-2}\sum_{0<k<m/2}\chi(k)$$

如果$4\mid m$，则$\chi(2)=0$，并且$\chi(k+m/2)=-\chi(k)\ (0<k<m/2)$（这是因为：由$(m/2+1)^2\equiv\frac{m}{4}\cdot m+m+1\equiv 1 \pmod m$可知$\chi\left(\frac{m}{2}+1\right)=\pm 1$. 如果$\chi\left(\frac{m}{2}+1\right)=$

1,则由于对每个奇数 k 均有 $\left(\frac{m}{2}+1\right)k \equiv m/2+k \pmod m$,从而 $\chi(m/2+k)=\chi(k)$. 于是导出矛盾 $m=\mathrm{cond}(\chi) \mid m/2$. 因此 $\chi(m/2+1)=-1$,从而对于每个奇数 k 均有 $\chi(k+m/2)=-\chi(k)$. 而对偶数 k 此式当然也是对的,因两边均为 0). 于是

$$\begin{aligned}\sum_{0<k<m}\chi(k)k &= \sum_{0<k<m/2}\chi(k)k+\sum_{0<k<m/2}\chi(k+m/2)(k+m/2)\\ &= \sum_{0<k<m/2}\chi(k)k-\sum_{0<k<m/2}\chi(k)(k+m/2)\\ &= -\frac{m}{2}\sum_{0<k<m/2}\chi(k)\end{aligned}$$

即引理 5 对 $4\mid m$ 情形也成立. □

将引理 4 代入引理 3 就得到:

引理 6 以 f_χ 表示 D-特征 χ 的导子,则:

(a)对于 n 次实 Abel 数域 K

$$R_K h_K=|d(K)|^{1/2}\prod_{\chi_0\neq\chi\in\hat{K}}\frac{1}{\sqrt{f_\chi}}\left|\sum_{1\leqslant k<f_\chi/2}\chi(k)\log\sin\frac{k\pi}{f_\chi}\right|$$

(b)对于 n 次虚 Abel 数域 K

$$R_{K_+}h_{K_+}=|d(K_+)|^{1/2}\prod_{\substack{\chi_0\neq\chi\in\hat{K}\\ \chi(-1)=1}}\frac{1}{\sqrt{f_\chi}}\left|\sum_{1\leqslant k<f_\chi/2}\chi(k)\log\sin\frac{k\pi}{f_\chi}\right|$$

$$\begin{aligned}\frac{R_K H_K}{R_{K_+}h_{K_+}} &= \frac{w_K}{2}|d(K)/d(K_+)|^{\frac{1}{2}}\prod_{\substack{\chi\in\hat{K}\\ \chi(-1)=-1}}\frac{1}{f_\chi^{\frac{3}{2}}}\left|\sum_{k=1}^{f_\chi-1}\chi(k)k\right|\\ &= \frac{w_K}{2}|d(K)/d(K_+)|^{\frac{1}{2}}\prod_{\substack{\chi\in\hat{K}\\ \chi(-1)=-1}}\frac{1}{\sqrt{f_\chi}\,|\chi(2)-2|}\cdot\left|\sum_{1\leqslant k<f_\chi/2}\chi(k)\right|\end{aligned}$$

我们仍然可以将上面诸式右边做进一步化简. 为此,我们需要第四章所介绍的 $L(s,\chi)$ 和 $\zeta_K(s)$ 的函数方程. 它们可导出 $d(K)$ 和 f_χ 之间一个简单而奇妙的关系,就是著名的 Hasse 判别式——导子公式.

引理 7(Hasse,判别式——导子公式)设 K 为 Abel 数域,则

$$\prod_{\chi\in\hat{K}}f_\chi=|d(K)|$$

证明 将公式 $\zeta_K(s)=\prod_{\chi\in\hat{K}}L(s,\chi^*)$ 两边的 D-级数均应用各自的函数方程. 由 $\zeta_K(s)$ 的函数方程不难算出,若令

$$\Phi_K(s)=\begin{cases}|d(K)|^{s/2}(\pi^{-s/2}\Gamma(s/2))^n\zeta_K(s),\text{若 } K \text{ 为实域}\\ |d(K)|^{s/2}(\pi^{-s/2}\Gamma(s/2))^{n/2}\left(\pi^{-s/1}\Gamma\left(\frac{1+s}{2}\right)\right)^{n/2}\zeta_K(s),\text{若 } K \text{ 为虚域}\end{cases}$$

则 $|\Phi_K(s)|=|\Phi_K(1-s)|$. 这里我们使用了公式

$$\Gamma(s)=\Gamma(s/2)\Gamma\left(\frac{1+s}{2}\right)\cdot 2^{s-1}/\sqrt{\pi}$$

另一方面,由 L - 函数的函数方程可知,若令 χ 为模 f_χ 的本原特征,而

$$\Phi(s,\chi)=\begin{cases}f_\chi^{s/2}(\pi^{-s/2}\Gamma(s/2))L(s,\chi),\text{若 }\chi(-1)=1\\ f_\chi^{s/2}\left(\pi^{-s/2}\Gamma\left(\frac{1+s}{2}\right)\right)L(s,\chi),\text{若 }\chi(-1)=-1\end{cases}$$

则 $|\Phi(s,\chi)|=|\Phi(1-s,\chi)|$. 现在由 $\zeta_K(s)=\prod\limits_{\chi\in\hat{K}}L(s,\chi^*)$ 即知

$$\left|\Phi_K(s)\Big/\prod_{\chi\in\hat{K}}\Phi(s,\chi)\right|=\left|d(K)\Big/\prod_\chi f_\chi\right|^{s/2}$$

但是左边将 s 改为 $1-s$ 时是不变的. 于是右边也应如此. 但这只有 $|d(K)|=\prod\limits_\chi f_\chi$ 的时候才可能. □

最后,将引理 7 和引理 6 放在一起,我们就给出 Hasse 于 20 世纪 30 年代建立的:

定理 6.2(Hasse, Abel 域类数解析公式)

(a)若 K 为 n 次实 Abel 域,则

$$R_Kh_K=\prod_{\chi_0\neq\chi\in\hat{K}}\left|\sum_{1\leqslant k<f_\chi/2}\chi(k)\log\sin\frac{k\pi}{f_\chi}\right|$$

(b)若 K 为 n 次虚 Abel 域,则

$$R_{K_+}h_{K_+}=\prod_{\substack{\chi_0\neq\chi\in\hat{K}\\ \chi(-1)=1}}\left|\sum_{1\leqslant k<f_\chi/2}\chi(k)\log\sin\frac{k\pi}{f_\chi}\right|$$

$$\frac{R_Kh_K}{R_{K_+}h_{K_+}}=\frac{w_K}{2}\prod_{\substack{\chi\in\hat{K}\\ \chi(-1)=-1}}\frac{1}{f_\chi}\left|\sum_{k=1}^{f_\chi-1}\chi(k)k\right|$$

$$=\frac{w_K}{2}\prod_{\substack{\chi\in\hat{K}\\ \chi(-1)=-1}}\frac{1}{|\chi(2)-2|}\left|\sum_{1\leqslant k<f_\chi/2}\chi(k)\right|$$ □

在以下两节里,我们要对于最早研究类数问题的两种数域——二次域和分圆域给出更简单的类数公式和进一步的结果与猜想.

§2 二次域的类数公式

根据上节的理论,为了得到二次域 K 的类数公式,我们需要决定域 K 的特征群 $\hat{K}$. 由于 $\mathrm{Gal}(K/\mathbb{Q})$ 为二元群,K 只有一个非平凡特征,我们暂时将它记为 $\lambda(\neq\chi_0)$. 显然 $\lambda^2=\chi_0$. 令 $K=\mathbb{Q}(\sqrt{d})$,d 无平方因子. 我们已经证明了 $\mathrm{cond}(K)=|d(K)|$. 因此 λ 可看作是模 $|d(K)|$ 的 D-特征. 于是 $\zeta_K(s)=\zeta(s)\cdot L(s,\lambda^*)$. 对于因子 $L(s,\lambda^*)$,我们需要知道:

(a) λ 的导子 f_λ 是什么?

(b) 能否给出 D-特征 λ 的明显表达式?

问题(a)容易解决:利用判别式——导子公式(引理7),对于二次域 $K=\mathbb{Q}(\sqrt{d})$ 则为 $f_\lambda=|d(K)|$. 因此 λ 应当是模 $|d(K)|$ 的本原特征,为了回答问题(b),我们需要二次域中的素理想分解定律. 如下定义 $\chi_K(p)$:

(i) 对于奇素数 p,令

$$\chi_K(p)=\begin{cases}\left(\dfrac{d(K)}{p}\right)=\left(\dfrac{d}{p}\right), & \text{如果 } p\nmid d\\ 0, & \text{如果 } p\mid d\end{cases}$$

(ii) $$\chi_K(2)=\begin{cases}1, & \text{若 } d\equiv 1\pmod 8\\ -1, & \text{若 } d\equiv 5\pmod 8.\\ 0, & \text{否则}\end{cases}$$

根据第二章所述,有理素数 p 在二次域 $K=\mathbb{Q}(\sqrt{d})$ 中分解规律为:

分歧:$p=\mathfrak{p}^2$,如果 $\chi_K(p)=0$(即 $p\mid d(K)$);

完全分裂:$p=\mathfrak{p}_1\mathfrak{p}_2$,$\mathfrak{p}_1\neq\mathfrak{p}_2$,如果 $\chi_K(p)=1$;

惯性:$p=\mathfrak{p}$,如果 $\chi_K(p)=-1$.

现在我们将 χ_K 完全积性地将定义域扩充到全体自然数集合上. 换句话说,如果 $n=p_1^{\alpha_1}\cdots p_s^{\alpha_s}$,定义 $\chi_K(n)=\chi_K(p_1)^{\alpha_1}\cdots\chi_K(p_s)^{\alpha_s}$. 由于 $|\chi_K(n)|=0$ 或者 1,从而 D-级数 $\sum\limits_{n=1}^{\infty}\chi_K(n)n^{-s}$ 在 $\mathrm{Re}(s)>1$ 中定义出正则函数,并且有 Euler 展开

$$\sum_{n=1}^{\infty}\chi_K(n)n^{-s}=\prod_p(1-\chi_K(p)p^{-s})^{-1}\quad(\mathrm{Re}(s)>1)$$

引理 8 $\lambda=\chi_K$.

证明 我们已经知道 $\zeta_K(s)=\zeta(s)\sum\limits_{n=1}^{\infty}\lambda(n)n^{-s}$. 根据 D-级数的唯一性

定理,我们只需再证明 $\zeta_K(s) = \zeta(s)\sum_{n=1}^{\infty}\chi_K(n)n^{-s}(\mathrm{Re}(s)>1)$ 即可. 由于上式两边均有 Euler 乘积展开,从而只需对于每个有理素数 p 证明

$$\prod_{\mathfrak{p}|p}(1-N(\mathfrak{p})^{-s}) = (1-p^{-s})(1-\chi_K(p)p^{-s}) \qquad (*)$$

即可. 事实上

$$\text{式}(*)\text{左边} = \begin{cases} 1-p^{-s} & (\text{若 } p \text{ 分歧}) \\ (1-p^{-s})^2 & (\text{若 } p \text{ 完全分裂}) \\ (1-p^{-2s}) & (\text{若 } p \text{ 惯性}) \end{cases}$$

$$= \left.\begin{matrix} (1-p^{-s})(1-0\cdot p^{-s}) \\ (1-p^{-s})(1-p^{-s}) \\ (1-p^{-s})(1-(p^{-s})) \end{matrix}\right\} = \text{式}(*)\text{右边}$$

于是证明了引理 8.

现在很容易给出二次域的类数公式:

定理 6.3

(a) 设 K 为虚二次域并且 $K\neq\mathbb{Q}(\sqrt{-1})$ 和 $\mathbb{Q}(\sqrt{-3})$,则

$$h_K = \frac{1}{|d(K)|}\sum_{k=1}^{|d(K)|}\chi_K(k)k = \frac{1}{2-\chi_K(2)}\left|\sum_{1\leqslant k<\frac{|d(K)|}{2}}\chi_K(k)\right|$$

(b) 对于实二次域 K,令 $\varepsilon>1$ 为 K 的基本单位,则

$$h_K = \frac{1}{\log\varepsilon}\left|\sum_{1\leqslant k<\frac{|d(K)|}{2}}\chi_K(k)\log\sin\frac{\pi k}{|d(K)|}\right|$$

证明

(a) 对于虚二次域 $K=\mathbb{Q}(\sqrt{-d})$,$d>0$,$r=r_1+r_2-1=0$,从而 $R_K=1$. 并且当 $|d(K)|>4$ 时,$w_K=2$. (对于 $|d(K)|\leqslant 3$,则 $K=\mathbb{Q}(\sqrt{-1})$ 和 $\mathbb{Q}(\sqrt{-3})$,我们在第三章中已经知道它们类数均为 1). 然后由定理 6.2 和引理 8 即得(a)中类数公式.

(b) 对于实二次域 K,$w_K=2$,$r=1$,$R_K=\log\varepsilon$,从而由定理 6.2 和引理 8 即得(b)中类数公式. □

例 1 $K=\mathbb{Q}(\sqrt{-5})$,$|d(K)|=20$,$\chi_K(2)=0$,χ_K 为模 20 的本原 D-特征. 由 χ_K 的定义算出:χ_K(偶数)$=0$,$\chi_K(1)=\chi_K(9)=1$,$\chi_K(3)=\left(\frac{-5}{3}\right)=1$,$\chi_K(5)=0$,$\chi_K(7)=\left(\frac{-5}{7}\right)=1$. 于是 $h_K=\frac{1}{2}|\chi(1)+\chi(3)+\chi(7)+\chi(9)|=2$.

例 2 $K=\mathbb{Q}(\sqrt{2})$, $|d(K)|=8$, $\chi_K(2)=0$, $\chi_K(1)=1$, $\chi_K(3)=-1$. 基本单位为 $\varepsilon=1+\sqrt{2}$. 于是

$$h_K=\frac{1}{\log(1+\sqrt{2})}\left|\chi(1)\log\sin\frac{\pi}{8}+\chi(3)\log\sin\frac{3\pi}{8}\right|$$

$$=\log\left[\frac{\sin\frac{3\pi}{8}}{\sin\frac{\pi}{8}}\right]\Big/\log(1+\sqrt{2})$$

即

$$(1+\sqrt{2})^{h_K}=\sin\frac{3\pi}{8}\Big/\sin\frac{\pi}{8}=1+2\cos\frac{\pi}{4}=1+\sqrt{2}$$

从而 $h_K=1$.

在 Боревич 和 Шафаревич 的书《数论》(俄文, 1964 年)中列出了 $\mathbb{Q}(\sqrt{-a})$, $1\leqslant a\leqslant 500$ 和 $\mathbb{Q}(\sqrt{d})$, $1\leqslant d\leqslant 500$ 的类数表, 下面是其中的一部分.

(Ⅰ)虚二次域 $\mathbb{Q}(\sqrt{-a})$, $1\leqslant a\leqslant 100$.

a	1	2	3	5	6	7	10	11	13	14	15	17	19	21	22	23	26	29	30	31
h	1	1	1	2	2	1	2	1	2	4	2	4	1	4	2	3	6	6	4	3

a	33	34	35	37	38	39	41	42	43	46	47	51	53	55	57	58	59	61	62	65
h	4	4	2	2	6	4	8	4	1	4	5	2	6	4	4	2	3	6	8	8

a	66	67	69	70	71	73	74	77	78	79	82	83	85	86	87	89	91	93	94	95	97
h	8	1	8	4	7	4	10	8	4	5	4	3	4	10	6	12	2	4	8	8	4

(Ⅱ)实二次域 $\mathbb{Q}(\sqrt{d})$ $(2\leqslant d\leqslant 101)$. $\varepsilon>1$ 表示基本单位, $\omega=\frac{1+\sqrt{d}}{2}$ (如果 $d\equiv 1\pmod 4$), $\omega=\sqrt{d}$ (如果 $d\equiv 2,3\pmod 4$).

d	2	3	5	6	7	10	11	13	14	15	17
h	1	1	1	1	1	2	1	1	1	2	1
ε	$1+\omega$	$2+\omega$	ω	$5+2\omega$	$8+3\omega$	$3+\omega$	$10+3\omega$	$1+\omega$	$15+4\omega$	$4+\omega$	$3+2\omega$

d	19	21	22	23	26	29	30	31
h	1	1	1	1	2	1	2	1
ε	$170+39\omega$	$2+\omega$	$197+42\omega$	$24+5\omega$	$5+\omega$	$2+\omega$	$11+2\omega$	$1\,520+273\omega$

d	33	34	35	37	38	39	41	42
h	1	2	2	1	1	2	1	1
ε	$19+8\omega$	$35+6\omega$	$6+\omega$	$5+2\omega$	$37+6\omega$	$25+4\omega$	$27+10\omega$	$13+2\omega$

d	43	46	47	51	53	55	57
h	1	1	1	2	1	2	1
ε	$2\,482+531\omega$	$24\,335+3\,588\omega$	$48+7\omega$	$50+7\omega$	$3+\omega$	$89+12\omega$	$131+40\omega$

d	58	59	61	62	65	66	67
h	2	1	1	1	2	2	1
ε	$99+13\omega$	$530+69\omega$	$17+5\omega$	$63+8\omega$	$7+2\omega$	$65+8\omega$	$48\,842+5\,967\omega$

d	69	70	71	73	74	77	78
h	1	2	1	1	2	1	2
ε	$11+3\omega$	$251+30\omega$	$3\,480+413\omega$	$943+250\omega$	$43+5\omega$	$4+\omega$	$53+6\omega$

d	79	82	83	85	86	87	89
h	3	4	1	2	1	2	1
ε	$80+9\omega$	$9+\omega$	$82+9\omega$	$4+\omega$	$10\,405+1\,122\omega$	$28+3\omega$	$447+106\omega$

d	91	93	94	95	97	101
h	2	1	1	2	1	1
ε	$1\,574+165\omega$	$13+2\omega$	$2\,143\,295+221\,064\omega$	$39+4\omega$	$5\,035+1\,138\omega$	$9+2\omega$

利用二次域的类数公式,我们可以对类数的下界给出一些估计(习题 6).关于二次域的类数问题,Gauss 有两个著名的猜想:

(1)只有有限多个虚二次域类数为 1;

(2)存在着无限多个类数为 1 的实二次域.

关于猜想(1),Gauss 本人计算出当 $K=\mathbb{Q}(\sqrt{-d})$,$d=1,2,3,7,11,19,43,67$ 和 163 时,$h_K=1$. 他预言只有这九个虚二次域的类数为 1. 1934 年,Heilbronn 证明了猜想(1),确切地说,Heilbronn 证明了:当 $d>163$ 时至多还有一个虚二次域类数为 1. 至于这个例外的域是否存在,是一个长期未解决的问题. 一直到

1967 年才由英国数学家 Baker 和美国数学家 Stark 独立地解决:那个例外的域是不存在的. 换句话说,类数为 1 的虚二次域只有 Gauss 发现的那 9 个. 另一方面,关于 Gauss 猜想(2),人们至今未能解决. 实二次域比虚二次域类数问题要困难,其主要原因是类数公式中多了一个因子 $\log \varepsilon$.

关于二次域类数的估计问题,对于实二次域

$$K=\mathbb{Q}(\sqrt{d}) \quad (d>0)$$

华罗庚证明了 $h_K<\sqrt{d}$. 这个结果本质上已是最好的可能,因为在另一方面,人们证明了:对于每个 $\varepsilon>0$,均存在无限多个实二次域 $K=\mathbb{Q}(\sqrt{d})$ 使得 $h_K>d^{\frac{1}{2}-\varepsilon}$. 对于虚二次域 $K=\mathbb{Q}(\sqrt{d})$ $(d<0)$,类似地证明了当 $|d|>\mathrm{e}^{24}$ 时,$h_K\leqslant\frac{1}{3}|d|^{1/2}\log|d|$. 并且对每个 $\varepsilon>0$,当 $|d|$ 充分大时,均有 $h_K>|d|^{1/2-\varepsilon}$.

§3　分圆域的类数公式,Kummer 的结果

我们已经说过多次,在历史上是 Kummer 研究 Fermat 猜想导致对分圆域的类数做深入的研究,这是代数数论的一个重要的源头. Kummer 关于分圆域类数问题的最主要研究结果为:

(Ⅰ)以 h_p 表示分圆域 $\mathbb{Q}(\zeta_p)$ 的类数(p 为奇素数). 如果 $p\nmid h_p$,则 Fermat 方程 $x^p+y^p=z^p$ 没有非平凡的有理整数解.

(Ⅱ)以 h_p^+ 表示 $\mathbb{Q}(\zeta_p)$ 的极大实子域 $\mathbb{Q}(\zeta_p+\zeta_p^{-1})$ 的类数,则 $h_p^+\mid h_p$. 整数 h_p^+ 和 $h_p^-=h_p/h_p^+$ 分别叫作类数 h_p 的第二因子和第一因子.

(Ⅲ)$p\mid h_p\Leftrightarrow p\mid h_p^-\Leftrightarrow p$ 至少除尽 Bernoulli 数 $B_2,B_4,\cdots,B_{p-3}$ 中一个的分子.

我们在第三章的末尾已经谈到(Ⅰ),并且对于 Fermat 方程的第一种情形给出了证明. 本小节的目的是讲述(Ⅱ)和(Ⅲ),这就依赖于分圆域的类数公式. 为了简单起见,我们只考虑分圆域 $K=\mathbb{Q}(\zeta_p)$(p 为奇素数). 这时 $w_K=2p$. 于是由定理 6.2 给出:

定理 6.4　设 h_p 和 p_p^+ 分别是 $\mathbb{Q}(\zeta_p)$ 和 $\mathbb{Q}(\zeta_p+\zeta_p^{-1})$ 的类数,R_p 和 R_p^+ 分别是它们的 regulator,则:

(a)
$$R_p^+h_p^+ = \prod_{\substack{\chi\neq\chi_0\\ \chi(-1)=1}}\left|\sum_{k=1}^{(p-1)/2}\chi(k)\log\sin\frac{k\pi}{p}\right|$$

其中 χ 过模 p 的 $\frac{p-3}{2}$ 个非主偶特征.

(b) $$\frac{R_p h_p}{R_p^+ h_p^+} = p^{-\frac{p-3}{2}} \prod_{\chi(-1)=-1} \left| \sum_{k=1}^{p-1} \chi(k) k \right|$$
$$= p \prod_{\chi(-1)=-1} \frac{1}{|\chi(2)-2|} \left| \sum_{k=1}^{(p-1)/2} \chi(k) \right|$$

其中χ过模 p 的$\frac{p-1}{2}$个奇特征. □

我们在第三章证明了 $R_p = R_p^+ \cdot 2^{\frac{p-3}{2}}$,从而由定理 6.4 的(b)立刻得到:

系 $$h_p^- = (2p)^{-\frac{p-3}{2}} \prod_{\chi(-1)=-1} \left| \sum_{k=1}^{p-1} \chi(k) k \right|$$
$$= 2^{-\frac{p-3}{2}} \cdot p \prod_{\chi(-1)=-1} \left(\frac{1}{|\chi(2)-2|} \left| \sum_{k=1}^{(p-1)/2} \chi(k) \right| \right)$$

现在我们用类数公式证明:

定理 6.5 $h_p^- \in \mathbb{Z}$.

证明 模 p 的 $p-1$ 个 D－特征形成一个循环群,其生成元为χ,$\chi(g^t) = \zeta_{p-1}^t (0 \leqslant t \leqslant p-2)$,其中 g 是模 p 的一个原根. 于是,模 p 的全部奇特征为$\left\{ \chi^{2l+1} \mid 0 \leqslant l \leqslant \frac{p-3}{2} \right\}$. 特别地,$\prod_{k=1}^{p-1} \chi(k) k$ 均是分圆域$\mathbb{Q}(\zeta_{p-1})$中的整数,从而

$$B = \prod_{\chi(-1)=-1} \sum_{k=1}^{p-1} \chi(k) k$$

也是$\mathbb{Q}(\zeta_{p-1})$中整数,即 $B \in \mathbb{Z}[\zeta_{p-1}]$. 如果我们能够证明$(2p)^{\frac{p-3}{2}} \mid B$,则$(2p)^{-\frac{p-3}{2}} B$为整数. 但是

$$(2p)^{-\frac{p-3}{2}} B = \pm h_p^- = \pm h_p / h_p^+ \in \mathbb{Q}$$

这就表明 $h_p/h_p^+ \in \mathbb{Z}$,即 $h_p^- \in \mathbb{Z}$. 因此我们只需证明在$\mathbb{Z}[\zeta_{p-1}]$中$(2p)^{\frac{p-3}{2}} \mid B$ 即可.

以 g_s 表示 g^s 对于模 p 的最小正剩余,则

$$\sum_{k=1}^{p-1} \chi^{2l+1}(k) k = \sum_{s=0}^{p-2} \chi^{2l+1}(g^s)^{-1} g_s$$
$$= \sum_{s=0}^{p-2} g_s \zeta_{p-1}^{(2l+1)s} = F(\zeta_{p-1}^{2l+1})$$

其中

$$F(x) = \sum_{s=0}^{p-2} g_s x^s \in \mathbb{Z}[x]$$

于是

$$B = F(\zeta_{p-1}) F(\zeta_{p-1}^3) \cdots F(\zeta_{p-1}^{p-2})$$

我们现在分两步证明$(2p)^{\frac{p-3}{2}}|B$.

(Ⅰ)证明$2^{\frac{p-3}{2}}B$:当$2\nmid k$时,在$\mathbb{Q}(\zeta_{p-1})$中

$$\begin{aligned}F(\zeta_{p-1}^{k}) &= \sum_{s=0}^{(p-3)/2}(g_s\zeta_{p-1}^{ks}+g_{\frac{p-1}{2}+s}\zeta_{p-1}^{k(\frac{p-1}{2}+s)})\\ &= \sum_{s=0}^{(p-3)/2}(g_s-g_{\frac{p-1}{2}+s})\zeta_{p-1}^{ks}\\ &= \sum_{s=0}^{(p-3)/2}\zeta_{p-1}^{ks}(g_s-(p-g_s))\\ &= \sum_{s=0}^{(p-3)/2}\zeta_{p-1}^{ks}(\bmod 2)\end{aligned}$$

从而

$$\begin{aligned}F(\zeta_{p-1}^{k})(1-\zeta_{p-1}^{k}) &\equiv \sum_{s=0}^{(p-3)/2}\zeta_{p-1}^{ks}(1-\zeta_{p-1}^{k})\\ &= 1-\zeta_{p-1}^{k\cdot\frac{p-1}{2}}=2\equiv 0(\bmod 2)\end{aligned}$$

于是

$$\begin{aligned}&2^{\frac{p-1}{2}}\mid \prod_{s=0}^{(p-3)/2}F(\zeta_{p-1}^{2s+1})(1-\zeta_{p-1}^{2s+1})\\ &=B(1-\zeta_{p-1})(1-\zeta_{p-1}^{3})\cdots(1-\zeta_{p-1}^{p-2})\end{aligned}$$

但是

$$\prod_{k=1}^{p-2}(1-\zeta_{p-1}^{k})=(x^{p-1}-1)'|_{x=1}=p-1$$

$$\prod_{k=1}^{(p-3)/2}(1-\zeta_{p-1}^{2k})=\prod_{s=0}^{(p-3)/2}(1-\zeta_{\frac{p-1}{2}}^{k})=(x^{\frac{p-1}{2}}-1)'|_{x=1}=\frac{p-1}{2}$$

从而$(1-\zeta_{p-1})(1-\zeta_{p-1}^{3})\cdots(1-\zeta_{p-1}^{p-2})=(p-1)\Big/\frac{p-1}{2}=2$,这就证明了$2^{\frac{p-3}{2}}|B$.

(Ⅱ)证明$p^{\frac{p-3}{2}}|B$:我们需要考虑p在分圆域$\mathbb{Q}(\zeta_{p-1})$中的素理想分解.由于p对于模$(p-1)$的阶为1.从而由分圆域中素理想分解规律(第二章)可知p在$K=\mathbb{Q}(\zeta_{p-1})$中完全分裂.即

$$pO_K=\mathfrak{p}_1\cdots\mathfrak{p}_g,g=\varphi(p-1)$$

取$\mathfrak{p}=\mathfrak{p}_i$,则:

(a)$0,1,\zeta_{p-1},\cdots,\zeta_{p-1}^{p-2}$两两模$\mathfrak{p}$不同余(若$\zeta_{p-1}^{i}-\zeta_{p-1}^{j}\in\mathfrak{p},0\leqslant i<j\leqslant p-2$,则$1-\zeta_{p-1}^{j-i}\in\mathfrak{p}$.但是$\sum\limits_{k=1}^{p-2}(1-\zeta_{p-1}^{k})=p-1$,于是$p-1\in\mathfrak{p}|p$,这显然不可能).由于$N(\mathfrak{p})=p^f=p$,从而$\{0,1,\zeta_{p-1},\zeta_{p-1}^{2},\cdots,\zeta_{p-1}^{p-2}\}$就是$\mathbb{Z}[\zeta_{p-1}]$模$\mathfrak{p}$的完全代表

系.

(b) $1-\zeta_{p-1}^{k}g\in\mathfrak{p}_i$（对某个 $i,1\leqslant i\leqslant r$）$\Leftrightarrow(k,p-1)=1$. 这是因为：由于 $0\equiv 1-g^{p-1}=\prod_{k=1}^{p-2}(1-\zeta_{p-1}^{k}g)\pmod p$，从而对于每个 $\mathfrak{p}\mid p$，均有一个 $1-\zeta_{p-1}^{k}g$，使得 $1-\zeta_{p-1}^{k}g\in\mathfrak{p}$. 根据(a)可知，对于每个固定的 $\mathfrak{p}$，也只有一个这样的 $1-\zeta_{p-1}^{k}g$. 进而，若 $(k,p-1)=d$，则

$$1\equiv\zeta_{p-1}^{k}g\pmod{\mathfrak{p}}\Rightarrow\mathfrak{p}\mid g^{\frac{p-1}{d}}-1\Rightarrow p\mid g^{\frac{p-1}{d}}-1$$
$$\Rightarrow p-1\left|\frac{p-1}{d}\right.\Rightarrow d=1$$

从而若 $1-\zeta_{p-1}^{k}g\in\mathfrak{p}$，则必然 $(k,p-1)=1$. 但是满足 $(k,p-1)=1,1\leqslant k\leqslant p-1$ 的 $1-\zeta_{p-1}^{k}g$ 共有 $\varphi(p-1)$ 个，而 $\mathfrak{p}_i$ 也是 $\varphi(p-1)=g$ 个. 这就表明对于每个 $(k,p-1)=1$ 的 k，均恰好有 p 在 $\mathbb{Q}(\zeta_{p-1})$ 中的一个素理想因子 $\mathfrak{p}$，使得 $1-\zeta_{p-1}^{k}g\in\mathfrak{p}$. 我们不妨对 p 的素理想因子重新加以标记，使得

$$(p)=\prod_{\substack{1\leqslant k\leqslant p-1\\(k,p-1)=1}}\mathfrak{p}_k,\mathfrak{p}_k\mid(1-\zeta_{p-1}^{k}g)$$

现在回到我们的问题上来，即要证 $p^{\frac{p-3}{2}}\mid B$. 在 $\mathbb{Z}[\zeta_{p-1}]$ 中

$$\begin{aligned}F(\zeta_{p-1}^{k})(1-g\zeta_{p-1}^{k})&\equiv\sum_{s=0}^{p-2}(g\zeta_{p-1}^{k})^{s}(1-g\zeta_{p-1}^{k})\\&=1-(g\zeta_{p-1}^{k})^{p-1}\equiv1-g^{p-1}\\&\equiv0\pmod p\end{aligned}$$

当 $(k,p-1)>1$ 时，由(b)知对每个 $l,(l,p-1)=1$，均有 $\mathfrak{p}_l\nmid(1-g\zeta_{p-1}^{k})$. 从而 $p\mid F(\zeta_{p-1}^{k})$. 而当 $(k,p-1)=1$ 时，如果 $(l,p-1)=1,l\neq k$，则也有 $\mathfrak{p}_l\nmid(1-g\zeta_{p-1}^{k})$. 于是

$$p\mathfrak{p}_k^{-1}=\prod_{\substack{1\leqslant l\leqslant p-1\\(l,p-1)=1\\l\neq k}}\mathfrak{p}_l\mid F(\zeta_{p-1}^{k})$$

从而 $B=F(\zeta_{p-1})F(\zeta_{p-1}^{3})\cdots F(\zeta_{p-1}^{p-2})$ 可被

$$p^{\frac{p-1}{2}}\prod_{(k,p-1)=1}\mathfrak{p}_k^{-1}=p^{\frac{p-3}{2}}$$

除尽. 这就完全证明了定理. □

为了介绍 Kummer 的结果(Ⅲ)，我们需要关于 Bernoulli 数的一些重要的性质. 我们在第四章中给出了 Bernoulli 数 B_n，广义 Bernoulli 数 $B_{n,\chi}$ 和 Bernoulli 多项式 $B_n(x)$ 的定义. 它们之间有如下的关系

$$B_n(x) = \sum_{i=0}^{n}\binom{n}{i}B_i x^{n-i}$$

$$B_{n,\chi} = f^{n-1}\sum_{a=1}^{f}\chi(a)B_n\left(\frac{a}{f}\right) \quad (\chi \text{ 为模 } f \text{ 的 D－特征})$$

$$B_n = B_{n,\chi_0} \quad (\text{当 } n \geqslant 2 \text{ 时})$$

引理 9 设χ为模f的 D－特征.

(a)对于每个正整数 $F\equiv 0(\bmod f)$,均有

$$B_{n,\chi} = F^{n-1}\sum_{a=1}^{F}\chi(a)B_n\left(\frac{a}{F}\right)$$

(b)(von Staudt-Clausen)设 n 为正偶数,则

$$B_n + \sum_{p-1\mid n}\frac{1}{p} \in \mathbb{Z}$$

(c)设 n 为正偶数并且 $n\leqslant p-3$,(p 为奇素数),则

$$\sum_{a=1}^{p-1}a^n \equiv pB_n(\bmod p^2)$$

证明

(a)根据定义我们有

$$\sum_{n=0}^{\infty}B_n(x)\frac{t^n}{n!} = \frac{te^{xt}}{e^t-1}, \sum_{n=0}^{\infty}B_{n,\chi}\frac{t^n}{n!} = \sum_{a=1}^{f}\frac{\chi(a)te^{at}}{e^{ft}-1}$$

从而

$$\begin{aligned}&\sum_{n=0}^{\infty}F^{n-1}\sum_{a=1}^{F}\chi(a)B_n\left(\frac{a}{F}\right)\frac{t^n}{n!}\\ &= \sum_{a=1}^{F}\chi(a)\frac{te^{(a/F)Ft}}{e^{Ft}-1} = \sum_{b=1}^{f}\sum_{c=0}^{g-1}\chi(b)\frac{te^{(b+cf)t}}{e^{fgt}-1}\\ &= \sum_{b=1}^{f}\chi(b)\frac{te^{bt}}{e^{ft}-1} = \sum_{n=0}^{\infty}B_{n,\chi}\frac{t^n}{n!}\end{aligned}$$

由此即得(a).

(b)我们只需证明:对每个素数 p 均有 $p\nmid pB_n$ 的分母,并且

$$pB_n \equiv \begin{cases}-1(\bmod p), \text{当 } p-1\mid n \text{ 时}\\ 0(\bmod p), \text{当 } p-1\nmid n \text{ 时}\end{cases} \qquad (*)$$

设 $n=2m$. 当 $m=1$ 时,$B_2=\frac{1}{6}=1-\frac{1}{2}-\frac{1}{3}$,易知式($*$)对于 $m=1$ 成立. 现在对 m 归纳. 假设式($*$)对于 $n=2,4,\cdots,2m-2$ 均成立,由(a)($f=1,F=p$),我们有

$$
\begin{aligned}
pB_{2m} &= pB_{2m,\chi_0} = p^{2m}\sum_{a=1}^{p}B_{2m}\left(\frac{a}{p}\right)\\
&= p^{2m}\sum_{a=1}^{p}\sum_{j=0}^{2m}\binom{2m}{j}B_j\cdot\left(\frac{a}{p}\right)^{2m-j}\\
&= \sum_{a=1}^{p}\sum_{j=0}^{2m}\binom{2m}{j}(pB_j)a^{2m-j}p^{j-1}\quad\text{（再利用归纳假设）}\\
&\equiv \sum_{a=1}^{p}(pB_0a^{2m}p^{-1}+2mpB_1a^{2m-1}+pB_{2m}p^{2m-1})\pmod p
\end{aligned}
$$

由于 $B_0=1, B_1=-\dfrac{1}{2}, 2mpB_1=-mp\equiv 0\pmod p$，于是由上式可知

$$
\begin{aligned}
(1-p^{2m-1})pB_{2m} &\equiv \sum_{a=1}^{p}a^{2m}\\
&\equiv \begin{cases} p-1\pmod p, & \text{若}(p-1)\mid 2m\\ 0\quad\pmod p, & \text{若}(p-1)\nmid 2m\end{cases}
\end{aligned}
$$

由于 $1-p^{2m-1}\equiv 1\pmod p$，这就表明 $pB_{2m}\in\mathbb{Z}/p\mathbb{Z}$，并且

$$
pB_{2m}\equiv\begin{cases}-1\pmod p, & \text{若}(p-1)\mid 2m\\ \ \ 0\pmod p, & \text{若}(p-1)\nmid 2m\end{cases}
$$

(c)因为

$$
\begin{aligned}
\sum_{n=0}^{\infty}(B_n(k)-B_n(0))\frac{t^n}{n!} &= \frac{t(\mathrm{e}^{kt}-1)}{\mathrm{e}^t-1}\\
&= t(1+\mathrm{e}^t+\mathrm{e}^{2t}+\cdots+\mathrm{e}^{(k-1)t})\\
&= t+t\sum_{n=0}^{\infty}(1+2^n+\cdots+(k-1)^n)\frac{t^n}{n!}
\end{aligned}
$$

从而当 $n,k\geqslant 1$ 时

$$
\begin{aligned}
\sum_{a=1}^{k-1}a^n &= \frac{1}{n+1}(B_{n+1}(k)-B_{n+1}(0))\\
&= \frac{1}{n+1}(B_{n+1}(k)-B_{n+1})
\end{aligned}
$$

从而

$$
\begin{aligned}
\sum_{a=1}^{p-1}a^n &= \frac{1}{n+1}(B_{n+1}(p)-B_{n+1})\\
&= \frac{1}{n+1}\sum_{k=0}^{n}\binom{n+1}{k}B_kp^{n+1-k}\\
&\equiv \frac{1}{n+1}\binom{n+1}{n}B_np
\end{aligned}
$$

$$\equiv pB_n(\bmod p^2)$$

现在我们讲述 Kummer 的结果(Ⅲ).

定理 6.6 $p\mid h_p^- \Leftrightarrow$存在 $k\in\{2,4,\cdots,p-3\}$,使得 p 除尽 B_k 的分子.

证明 我们在定理 6.5 的证明中曾经得到如下的理想恒等式

$$(h_p^-) = \left(\frac{B}{p^{(p-3)/2}}\right) = \prod_{k=1,3,\cdots,p-2}\frac{F(\zeta_{p-1}^k)\mathfrak{p}_k}{p}$$

$$(\text{其中}(k,p-1)>1\text{ 时规定 }\mathfrak{p}_k=1)$$

于是

$$\begin{aligned}
p\mid h_p^- = \pm B/p^{(p-3)/2} &\Leftrightarrow \mathfrak{p}_{p-2}\mid p^{-(p-3)/2}B\\
&\Leftrightarrow \text{存在 } k\in\{1,3,\cdots,p-2\},\text{使得 } \mathfrak{p}_{p-2}\mid F(\zeta_{p-1}^k)\mathfrak{p}_k p^{-1}\\
&\quad (\text{因为 } F(\zeta_{p-1}^k)\mathfrak{p}_k p^{-1}\text{ 为整理想})\\
&\Leftrightarrow \text{存在 } k\in\{1,3,\cdots,p-2\},\text{使得 } \mathfrak{p}_{p-2}^2\mid F(\zeta_{p-1}^k)\mathfrak{p}_k\\
&\Leftrightarrow \text{存在 } k\in\{1,3,\cdots,p-4\},\text{使得 } \mathfrak{p}_{p-2}^2\mid F(\zeta_{p-1}^k) \qquad (1)
\end{aligned}$$

最后一式是因为 $\zeta_{p-1}^{p-2}g\equiv 1(\bmod \mathfrak{p}_{p-2})$,从而

$$F(\zeta_{p-1}^{p-2}) \equiv \sum_{s=0}^{p-2}(\zeta_{p-1}^{p-2}g)^s \equiv p-1 \equiv -1(\bmod \mathfrak{p}_{p-2})$$

因此 $\mathfrak{p}_{p-2}^2 \nmid F(\zeta_{p-1}^{p-2})\mathfrak{p}_{p-2}$.

现在我们取模 p 原根 g,使得 $g^{p-1}\equiv 1(\bmod p^2)$(设 g_0 为任一模 p 原根,则 $g_0+lp(l\in\mathbb{Z})$ 均为模 p 原根. 取 l 使得 $g_0^{p-2}l\equiv\dfrac{g_0^{p-1}-1}{p}(\bmod p)$,则 $g=g_0+lp$ 即为所求). 这时

$$0\equiv 1-g^{p-1} = \prod_{k=0}^{p-2}(1-\zeta_{p-1}^k g)(\bmod p^2)$$

与定理 6.5 证明中所做的一样,可以得到:当 $(k,p-1)=1$ 时,$\mathfrak{p}_k^2\mid 1-\zeta_{p-1}^k g$. 特别取 $k=p-2$,则 $\zeta_{p-1}\equiv g(\bmod \mathfrak{p}_{p-2}^2)$. 于是

$$F(\zeta_{p-1}^k) = \sum_{s=0}^{p-2}g_s\zeta_{p-1}^{sk} \equiv \sum_{s=0}^{p-2}g_s g^{sk}(\bmod \mathfrak{p}_{p-2}^2)$$

从而

$$\mathfrak{p}_{p-2}^2 \mid F(\zeta_{p-1}^k) \Leftrightarrow \sum_{s=0}^{p-2}g_s g^{sk} = 0(\bmod p^2) \qquad (2)$$

但是 $g_s\equiv g^s+pa_s(\bmod p^2)$,$0\leqslant s\leqslant p-2$,$a_s\in\mathbb{Z}$. 升到 $k+1$ 次幂($k=1,3,\cdots,p-4$),则

$$g_s^{k+1}\equiv g^{(k+1)s}+(k+1)g^{sk}pa_s$$

$$\equiv g^{s(k+1)} + (k+1)g^{sk}(g_s - g^s)$$
$$\equiv (k+1)g_s g^{sk} - kg^{s(k+1)} \pmod{p^2} \qquad (3)$$

由于 $k+1 \leqslant p-3$,因此 $g^{k+1} \not\equiv 1 \pmod p$ 而 $g^{p-1} \equiv 1 \pmod{p^2}$,从而

$$\sum_{s=0}^{p-2} g^{s(k+1)} = g^{(p-1)(k+1)} - 1/g^{k+1} - 1 \equiv 0 \pmod{p^2}$$

于是由式(3)可知

$$\sum_{n=0}^{p-1} n^{k+1} = \sum_{s=0}^{p-2} g_s^{k+1} \equiv (k+1) \sum_{s=0}^{p-2} g_s g^{sk} \pmod{p^2}$$

再由式(1)和(2)即知

$$p \mid h_p^- \Leftrightarrow \text{存在 } k \in \{2,4,\cdots,p-3\}\text{,使得 } p^2 \left| \sum_{n=1}^{p-1} n^k \right.$$

但是由引理 9 知道 $p \nmid B_k$ 的分母(因为 $k \leqslant p-3$,$(p-1) \nmid k$)并且 $\sum_{n=1}^{p-1} n^k \equiv pB_k \pmod{p^2}$,从而 $p^2 \left| \sum_{n=1}^{p-1} n^k \Leftrightarrow p \right| B_k$ 的分子. 这就给出最后结果:

$p \mid h_p^- \Leftrightarrow$ 存在 $k \in \{2,4,\cdots,p-3\}$,使得 $p \mid B_k$ 的分子. □

注记

(1)定理6.6 相当于 Kummer 结果(Ⅲ)的一半. 另一半是 $p \mid h_p^- \Leftrightarrow p \mid h_p = h_p^- h_p^+$,这相当于说:$p \mid h_p^+ \Rightarrow p \mid h_p^-$. 为了证明这一点我们需要局部域的进一步的知识. 事实上 Vandiver 猜想:对每个奇素数 p 均有 $p \nmid h_p^+$. 这个猜想对于 $p < 125\ 000$ 均已验证是对的. 但是目前人们还不清楚对于每个奇素数 p 这是否均成立.

(2)如果 $p \nmid h_p$(即 $p \nmid h_p^-$),Kummer 称这种 p 为正规素数,而当 $p \mid h_p$ 时称 p 为不正规素数. Kummer 本人计算了在 100 以内只有 3 个不正规素数:$p=37$,59 和 67. 从 Fermat 猜想的角度看(p 正规则 $x^p + y^p = z^p$ 无非平凡整数解),自然希望正规素数愈多愈好. 但是目前人们反而证明了不正规素数有无穷多个,而正规素数是否有无穷多个,现在既没有被肯定也没有被否定. 虽然通过大量的计算(Wagstaff 于 1978 年计算出 125 000 以内的全部不正规素数)人们倾向于认为正规素数也有无穷多个,甚至于从概率论上的考虑,猜想:正规素数和不正规素数的比例分别各占 $e^{-1/2} \approx 61\%$ 和 $1 - e^{-1/2} \approx 39\%$.

(3)Kummer 当年通过手算发现:当 $p \to +\infty$ 时,h_p^+ 增长较慢,但是 h_p^- 增长飞快. 由于 $h_p = h_p^+ h_p^-$,自然会提出如下的问题:

(A)类数为 1 的分圆域是否只有有限多个?

(B)当 $p \to +\infty$ 时,h_p^+ 和 h_p^- 的性状如何?

1976 年，Masley 和 Montgomery 完全解决了问题(A). 他们证明了：分圆域 $\mathbb{Q}(\zeta_m)$ 的类数 $h_m = 1 \Leftrightarrow m = 3,4,5,7,8,9,11,12,13,15,16,17,19,20,21,24,25,27,28,32,33,35,36,40,44,45,48,60,84$(共 29 个). 证明中综合性地利用了代数工具和解析工具. Washington 将证明做了更好的整理，写成书 *Introduction to Cyclotomic Fields* 的第 11 章. 差不多与此同时，Masley(1976 年)决定出 $h_m \leqslant 10\,751$的全部 m(!). 如果 $h_m = 2 \Leftrightarrow m = 39,56$；$h_m = 3 \Leftrightarrow m = 23,52,72$，等等.

至于问题(B)，关于 h_p^+ 的性状是一个很难的数论问题. 其困难主要来自于很难求 $\mathbb{Q}(\zeta_p)$ 的基本单位系，从而不知道 Regulator 值. 目前人们甚至猜不出 h_p^+ ($p \to +\infty$ 时)的发展规律. Masley 猜想 $h_p^+ < p$，但是 1982 年 Washington 在广义 Riemann 猜想之下证明了对于 $p = 11\,290\,018\,777$，这个猜想是不对的. 对于 h_p^-，Hummer 有如下一个著名猜想

$$h_p^- \sim 2p\left(\frac{p}{4\pi^2}\right)^{\frac{p-1}{4}} = 2p\left(\frac{p}{39.478\,4\cdots}\right)^{\frac{p-1}{4}} \quad (\text{当 } p \to +\infty \text{ 时})$$

这一猜想至今未能证明.

下面是对于 $p \leqslant 127$ 的 h_p^+ 和 h_p^- 值.(如果广义 Riemann 猜想成立，可以证明对于每个素数 $p < 163$，均有 $h_p^+ = 1$. 但是已知 $h_{163}^+ = 4$.)

p	3	5	7	11	13	17	19	23	29	31	37	41	43	47	53
h_p^+	1	1	1	1	1	1	1	1	1	1	1	1	1	1	1
h_p^-	1	1	1	1	1	1	1	3	8	9	37	11^2	211	$5 \cdot 139$	4 889

p	59	61	67	71	73	79
h_p^+	1	1	1	1	1	1
h_p^-	$3 \cdot 59 \cdot 233$	$41 \cdot 1\,861$	$67 \cdot 12\,739$	$7^2 \cdot 79\,241$	$89 \cdot 134\,353$	$5 \cdot 53 \cdot 377\,911$

p	83	89	97	101
h_p^-	$3 \cdot 279\,405\,653$	$113 \cdot 118\,401\,449$	$577 \cdot 3\,457 \cdot 206\,209$	$5^5 \cdot 101 \cdot 601 \cdot 18\,701$

p	103	107	109
h_p^-	$5 \cdot 103 \cdot 1\,021 \cdot 17\,247\,691$	$3 \cdot 743 \cdot 9\,859 \cdot 2\,886\,593$	$17 \cdot 1\,009 \cdot 9\,431\,866\,153$

p	113	127
h_p^-	$2^3 \cdot 17 \cdot 11\,853\,470\,598\,257$	$5 \cdot 13 \cdot 43 \cdot 547 \cdot 883 \cdot 3\,079 \cdot 626\,599$

分圆域(及其子域)的类数，类群和单位群结构，以及其他数论性质的研

究，一直是代数数论一个富有成果的分支，并且与模形式理论，代数几何(特别是椭圆曲线的算术理论)，p-adic 分析，代数 K－理论以及群表示理论交织在一起，构成当前数学研究中极为活跃的边缘性领域. 目前关于分圆域的近代理论已有两种好的参考书(见附录 B).

习　题

1. 求证：

(a) 如果 χ 为模 m 偶特征，且 $\chi \neq \chi_0$，则 $\sum_{k=1}^{m-1} \chi(k)k = 0$；

(b) 如果 χ 为模 m 奇特征，则 $\sum_{k=1}^{m-1} \chi(k) \log \sin \frac{k\pi}{m} = 0$.

2. 设 K 是分圆域 $\mathbb{Q}(\zeta_p)$ 的子域(p 为奇素数)，$n = [K:\mathbb{Q}]$，求证：$|d(K)| = p^{n-1}$. 又若 K 为虚域，则 $|d(K_+)| = p^{n/2-1}$.

3. (a) 设 K 是分圆域 $\mathbb{Q}(\zeta_p)$ 的二次子域(p 为奇素数)，则 K 为实二次域 $\Leftrightarrow p \equiv 1 \pmod 4$；

(b) 更一般地，设 K 是分圆域 $\mathbb{Q}(\zeta_p)$ 的 n 次子域(p 为奇素数). 求证：$p \equiv 1 \pmod n$，并且 K 为实域 $\Leftrightarrow p \equiv 1 \pmod{2n}$.

4. 用二次域的类数解析公式计算 $\mathbb{Q}(\sqrt{3})$，$\mathbb{Q}(\sqrt{6})$，$\mathbb{Q}(\sqrt{-6})$，$\mathbb{Q}(\sqrt{-23})$ 的类数.

5. 在实二次域 K 中，求证：$V = \prod_{1 \leqslant k < |d(K)|/2} \left(\sin \frac{k\pi}{|d(K)|}\right)^{\chi_K(k)}$ 是 K 中单位. 进而，如果以 U_0 表示单位群 $U(K)$ 中由 V 和 -1 生成的乘法子群，求证：$h(K) = [U(K):U_0]$.

6. 对于虚二次域 $K = \mathbb{Q}(\sqrt{-d})$，$d > 3$. $D = |d(K)|$. 求证：

(a) $h(K) \leqslant \frac{1}{D} \sum_{\substack{1 \leqslant k < D/2 \\ (k,D)=1}} (D - 2k) = \frac{\varphi(D)}{2} - \frac{2}{D} \sum_{\substack{1 \leqslant k < D/2 \\ (k,D)=1}} k$；

(b) 当 $-d \equiv 1 \pmod 4$ 时，$h(K) < d/4$；

当 $-d \equiv 2$ 或者 $3 \pmod 4$ 时，$h(K) < d/2$.

7. 设 p 为奇素数并且 $p \equiv 1 \pmod 4$. $\varepsilon > 1$ 为实二次域 $K = \mathbb{Q}(\sqrt{p})$ 的基本单位. 求证：

(a) $\eta = \prod_{\substack{0<b<p \\ \left(\frac{b}{p}\right)=-1}} \sin \frac{\pi b}{p} \Big/ \prod_{\substack{0<a<p \\ \left(\frac{a}{p}\right)=1}} \sin \frac{\pi a}{p}$ 为 K 中单位；

(b) $\eta = \varepsilon^{2h(k)}$ 或者 $\eta = \varepsilon^{-2h(k)}$；

(c) $\varepsilon \geqslant \frac{1}{2}(1+\sqrt{5})$；

(d) $\prod_{1 \leqslant m < p} \sin \frac{\pi m}{p} = \frac{p}{2^{p-1}}$；

(e) $h(K) < p$.

8. 以 g_s 表示 g^s 模 p 的最小非负剩余，其中 p 为素数而 g 是模 p 的一个原根. $m = \frac{p-1}{2}$. h_p^- 为分圆域$\mathbb{Q}(\zeta_p)$的类数第一因子. 求证

$$h_p^- = (2p)^{-(m-1)} \left| \det(g_{m+i+j} - g_{i+j})_{0 \leqslant i,j < m-1} \right|$$

9. 计算 h_7^-.

10. 证明：$p = 37$ 为非正规素数.

第三部分

局 部 域 理 论

第七章 赋值和赋值域

§1 从例子谈起：p 进赋值

在有理数域$\mathbb{Q}$，实数域$\mathbb{R}$ 和复数域$\mathbb{C}$ 中，我们用绝对值来衡量两个数距离的远近和数的大小. 绝对值的最基本性质有如下 3 条：

(1) $|a|\geqslant 0$，并且 $|a|=0$ 当且仅当 $a=0$；

(2) $|ab|=|a|\cdot|b|$；

(3) $|a+b|\leqslant|a|+|b|$（三角形不等式，即三角形两边之和大于第三边）.

我们要问：衡量数的大小和两个数距离的远近是否只有通常绝对值这唯一的标准？也就是说，满足以上 3 条性质的实值函数是否只有通常绝对值$|\ |$？20 世纪初，德国数学家 Hensel 发现在有理数域$\mathbb{Q}$ 中有无穷多种定义"绝对值"的方法，即衡量有理数的大小有无穷多本质上不同的标准. 这些不同的"绝对值"成为 20 世纪研究数论和代数几何的重要工具，近半个世纪以来，也逐步成为其他数学领域甚至物理学的重要解析工具. 现在我们介绍 Hensel 给出的这些"绝对值".

设 p 为素数，对每个非零整数 a，都可唯一表示成

$$a=p^l\cdot a',(a',p)=1\quad(l\geqslant 0)$$

我们记为 $p^l\parallel a$（这意味着 $p^l|a$ 并且 $p^{l+1}\nmid a$，即 l 是使 $p^l|a$ 的最大指数）. 我们记

$$v_p(a)=l\quad(l\in\mathbb{Z},l\geqslant 0)$$

并且规定 $v_p(0)=\infty$（这意味着：对任意正整数 l，均有 $p^l|0$），则我们有函数

$$v_p:\mathbb{Z}\rightarrow\mathbb{N}\cup\{\infty\}$$

其中$\mathbb{N}$表示非负整数集合. 容易证明函数 v_p 满足以下 3 条性质:有:对 $a,b\in\mathbb{Z}$,有:

(1′) $v_p(a)=\infty$ 当且仅当 $a=0$;

(2′) $v_p(ab)=v_p(a)+v_p(b)$;

(3′) $v_p(a+b)\geqslant\min(v_p(a),v_p(b))$.

这里我们规定:对每个 $a\in\mathbb{Z}$, $\infty>a$, $(\infty)+a=(\infty)+(\infty)=\infty$. 现在对每个有理数 $\alpha=\frac{a}{b}(a,b\in\mathbb{Z},b\neq 0)$,定义

$$v_p(\alpha)=v_p(a)-v_p(b)$$

由性质(2′)可知这个定义与 α 表成整数相除 $\frac{a}{b}$ 的方法无关(若 $\frac{a}{b}=\frac{c}{d}$,则 $ad=cb$, $v_p(a)+v_p(d)=v_p(c)+v_p(b)$. 因此 $v_p(a)-v_p(b)=v_p(c)-v_p(d)$). 于是我们定义了函数

$$v_p:\mathbb{Q}\to\mathbb{Z}\cup\{\infty\}$$

并且这个函数仍满足上述 3 个性质(1′)(2′)和(3′). 比如说对性质(3′),任意两个有理数总可表示成公分母形式: $\alpha=\frac{a}{c}$, $\beta=\frac{b}{c}$,其中 $a,b,c\in\mathbb{Z}$, $c\neq 0$. 于是

$$\begin{aligned}v_p(\alpha+\beta)&=v_p\left(\frac{a+b}{c}\right)=v_p(a+b)-v_p(c)\\&\geqslant\min\{v_p(a),v_p(b)\}-v_p(c)\\&\geqslant\min\{v_p(a)-v_p(c),v_p(b)-v_p(c)\}\\&=\min\{v_p(\alpha),v_p(\beta)\}\end{aligned}$$

现在取任意实数 γ_p 满足 $0<\gamma_p<1$,定义

$$|\alpha|_p=\gamma_p^{v_p(\alpha)}\quad(\alpha\in\mathbb{Q})$$

(规定 $\gamma_p^{\infty}=0$),则 $|\ |_p$ 为函数

$$|\ |_p:\mathbb{Q}\to\mathbb{R}_{\geqslant 0}\quad(\mathbb{R}_{\geqslant 0}\text{表示非负实数集合})$$

并且性质(1′)(2′)(3′)变成了:对 $\alpha,\beta\in\mathbb{Q}$,有:

(1) $|\alpha|_p\geqslant 0$,并且 $|\alpha|_p=0$ 当且仅当 $\alpha=0$;

(2) $|\alpha\beta|_p=|\alpha|_p\cdot|\beta|_p$;

(3) $|\alpha+\beta|_p\leqslant\max(|\alpha|_p,|\beta|_p)$(超距不等式).

由于 $\max(|\alpha|_p,|\beta|_p)\leqslant|\alpha|_p+|\beta|_p$,可知超距不等式可推出三角形不等式. 这就表明 $|\ |_p$ 可以作为有理数域$\mathbb{Q}$中衡量数大小和距离的标准,即满足本节开始的 3 条性质. 我们称 $|\ |_p$ 为有理数域$\mathbb{Q}$的 p **进赋值**,而 v_p 叫作 p **进指数赋值**.

例 1 取 $p=3$, $\gamma_3=\frac{1}{3}$,则

$$|3|_3=\frac{1}{3},|2|_3=\gamma_3^0=1,\left|\frac{2}{3}\right|_3=\gamma_3^{-1}=3$$

$$|3-0|_3=\frac{1}{3},|3-2|_3=|1|_3=1$$

这表明对于3进赋值,$\frac{2}{3}$大于2,而2又大于3. 3与0的3进距离比3与2的3进距离要小. 也就是说:一个有理数被3^l除尽的l愈大,则3进赋值愈小,而3进指数赋值愈大.

这种赋值所以叫作p进(p-adic)的赋值,是与数的p进展开有关. 每个正整数a都可以p进位方式展开成

$$a=c_0+c_1p+c_2p^2+\cdots+c_rp^r=(c_0c_1\cdots c_r)_p$$

其中$c_0,c_1,\cdots,c_r$均为整数,并且$0\leqslant c_i\leqslant p-1(i=0,1,\cdots,r)$. 如果$c_0=c_1=\cdots=c_{l-1}=0$,而$c_l\geqslant1$,则易知$p^l\parallel a$,于是$v_p(a)=l,|a|_p=\gamma^l(0<\gamma<1)$.

例2 若$p=3$,则$16=1+2\cdot3+3^2=(121)_3,90=3^2+3^4=(00101)_3$. 于是$v_3(16)=0<v_3(90)=2$. 从而$|16|_3>|90|_3$.

两个正整数相加可用它们的p进展开来做,逐位相加,并且超过p时向右进位. 例如$23=(212)_3$和$10=(101)_3$相加的算式为

$$\begin{array}{rcccc} & 2 & 1 & 2 & \\ + & 1 & 0 & 1 & \\ \hline & 0 & 2 & 0 & 1 \end{array}$$

即$23+10=(0201)_3=2\cdot3+3^2=33$. 而乘法也类似进行

$$\begin{array}{cccccc} & & & 1 & 0 & 1 \\ \times & & & 2 & 1 & 2 \\ \hline & & & 2 & 0 & 2 \\ & & 1 & 0 & 1 & \\ & 2 & 0 & 2 & & \\ \hline & 2 & 1 & 1 & 2 & 2 \end{array}$$

于是$23\times10=(21122)_3=2+3+9+2\cdot3^3+2\cdot3^4=230$.

为了把负整数作p进展开,要引进"无限"的p进展开式. 首先

$$\begin{aligned}-1&=(p-1)+(-p)=(p-1)+p(-1)\\&=(p-1)+p(p-1-p)\\&=(p-1)+(p-1)p+p^2(-1)\\&=(p-1)+(p-1)p+p^2(p-1-p)\end{aligned}$$

$$
\begin{aligned}
&= \cdots = (p-1) + (p-1)p + (p-1)p^2 + \\
&\quad (p-1)p^3 + \cdots + (p-1)p^n + \cdots \\
&= (p-1, p-1, p-1, \cdots)_p
\end{aligned} \tag{1}
$$

即 p 进展开所有位是 $p-1$ 无限循环下去，简记成 $(\overline{\dot{(p-1)}})_p$. 这也可以用减法 $-1=0-1$ 来作（逐位相减，不够减时从右边借一位）

$$
\begin{array}{rl}
0 = & (\;0,\;\; 0\;\; 0\;\; \cdots\;\; 0\;\; \cdots)_p \\
-)\quad 1 = & (\;1,\;\; 0\;\; 0\;\; \quad\;\; 0\;\; \cdots)_p \\
\hline
-1 = & (p-1, p-1, p-1, \cdots p-1, \cdots)_p
\end{array}
$$

一般地，若 a 为正整数，$a = c_l p^l + c_{l+1} p^{l+1} + \cdots + c_r p^r$ 为 a 的 p 进展开，$c_l \geqslant 1$，则

$$
\begin{array}{rlcccccccc}
 & 0 = (0\cdots 0 & 0 & 0 & \cdots & 0 & 0 & 0 & \cdots)_p \\
-) & a = (0\cdots 0 & c_l & c_{l+1} & \cdots & c_r & 0 & 0 & \cdots)_p \\
\hline
 & -a = (\underbrace{0\cdots 0}_{l个} & p-c_l & p-1-c_{l+1} & \cdots & p-1-c_r & p-1 & p-1 & \cdots)_p
\end{array}
$$

因此 $-a = (\underbrace{0\cdots 0}_{l个}, p-c_l, p-1-c_{l+1}, \cdots, p-1-c_r, \overline{\dot{p-1}})_p$. 事实上，我们可从此式的右边展开算出

$$
\begin{aligned}
&(\underbrace{0\cdots 0}_{l个}, p-c_l, p-1-c_{l+1}, \cdots, p-1-c_r, \overline{\dot{p-1}})_p \\
&= p^l(p-c_l) + p^{l+1}(p-1-c_{l+1}) + \cdots + p^r(p-1-c_r) + \\
&\quad p^{r+1}(p-1) + p^{r+2}(p-1) + \cdots \\
&= p^l + (p-1)(p^l + p^{l+1} + \cdots) - (c_l p^l + c_{l+1} p^{l+1} + \cdots + c_r p^r) \\
&= p^l + p^l(p-1)(1 + p + p^2 + \cdots) - a \\
&= p^l + p^l(-1) - a = -a
\end{aligned}
$$

现在可以对任意非零有理数 α 作 p 进展开. 首先由式(1)知 $-\dfrac{1}{p-1}$ 的 p 进展开为

$$
-\frac{1}{p-1} = (111\cdots)_p = (\dot{1})_p
$$

更一般地，对每个正整数 n

$$
\begin{aligned}
-\frac{1}{p^n-1} &= \frac{1}{1-p^n} = 1 + p^n + p^{2n} + p^{3n} + \cdots \\
&= (\underbrace{\dot{1}0\cdots\dot{0}}_{n-1个})_p
\end{aligned}
$$

其中 $(\dot{1}0\cdots\dot{0})_p$ 表示 $10\cdots 0$ 这 n 位无限循环下去. 于是对每个正整数 a，$0 \leqslant$

$a\leqslant p^n-1$，$a=c_0+c_1p+\cdots+c_{n-1}p^{n-1}$是 a 的 p 进展开，则

$$\begin{aligned}-\frac{a}{p^n-1}&=a\cdot\left(-\frac{1}{p^n-1}\right)\\&=(c_0+c_1p+\cdots+c_{n-1}p^{n-1})(1+p^n+p^{2n}+\cdots)\\&=(\dot{c}_0c_1\cdots\dot{c}_{n-1})_p\end{aligned}$$

一般地，每个非零有理数可写成 $\alpha=\frac{a}{b}$，其中 $a,b\in\mathbb{Z}$，$b\geqslant1$. 如果 $v_p(a)=l$，$v_p(b)=s$，则 $a=p^la'$，$b=p^sb'$，其中 $(a',p)=(b',p)=1$. 而 $\alpha=p^{l-s}\cdot\frac{a'}{b'}$·我们化为对$\frac{a'}{b'}$作 p 进展开. 记

$$\frac{a'}{b'}=\left[\frac{a'}{b'}\right]+\left\{\frac{a'}{b'}\right\}$$

其中对实数 δ，$[\delta]$表示 δ 的整数部分，即不超过 δ 的最大整数. 而$\left\{\frac{a'}{b'}\right\}$为 δ 的分数部分，$0\leqslant\left\{\frac{a'}{b'}\right\}<1$. 例如$[3]=3$，$\{3\}=0$，$[-2.5]=-3$，$\{-2.5\}=0.5$. 我们已知整数$\left[\frac{a'}{b'}\right]$如何作 p 进展开，只需再考虑$\left\{\frac{a'}{b'}\right\}$，它可表示成$\frac{c}{b'}$，其中 $b',c\in\mathbb{Z}$，$b'\geqslant1$，$0\leqslant c<b'$. 由于$(b',p)=1$，可知存在正整数 s，使得 $p^s\equiv1\pmod{b'}$. 记 $p^s-1=b'm$（m 为正整数）. 于是

$$\frac{c}{b'}=\frac{cm}{p^s-1}=-\frac{cm}{1-p^s}$$

由 $0\leqslant c<b'$可知 $0\leqslant cm<b'. m=p^s-1$. 所以 cm 的 p 进展开为 $cm=c_0+c_1p+\cdots+c_{s-1}p^{s-1}$. 因此

$$\begin{aligned}\frac{cm}{1-p^s}&=(c_0+c_1p+\cdots+c_{s-1}p^{s-1})(1+p^s+p^{2s}+\cdots)\\&=(\dot{c}_0c_1\cdots\dot{c}_{s-1})_p\end{aligned}$$

由此可算出$\left\{\frac{a'}{b'}\right\}=\frac{c}{b'}=-\frac{cm}{1-p^s}$的 p 进展开，加上整数$\left[\frac{a'}{b'}\right]$，就得到 $\alpha=\frac{a}{b}=p^{l-s}\cdot\frac{a'}{b'}$的 p 进展开. 这是从某位开始无限循环的

$$\alpha=c_tp^t+c_{t+1}p^{t+1}+\cdots+c_np^n+\cdots\quad(0\leqslant c_i<p-1)$$

起始位 $c_t(\geqslant1)$的下标 t 为整数，可能是负整数. 事实上 $t=v_p(\alpha)$.

例 3 将 $-\frac{7}{15}$作 3 进展开.

解 $-\frac{7}{15}=\frac{1}{3}\left(-\frac{7}{5}\right)$, $-\frac{7}{5}=-2+\frac{3}{5}$,由于 $3^4\equiv 1\pmod 5$, $3^4-1=5\cdot 16$,于是

$$\frac{3}{5}=-\frac{3\cdot 16}{1-3^4}=-(0121)_3\cdot(1+3^4+3^8+\cdots)$$
$$=-(\dot{0}12\dot{1})_3=(02\dot{0}12\dot{1})_3$$

而 $-2=-(2\dot{0})_3=(1\dot{2})_3$,从而

$$-\frac{7}{5}=(-2)+\frac{3}{5}=(1\dot{2})_3+(02\dot{0}12\dot{1})_3=(1\dot{1}01\dot{2})_3$$

最后

$$-\frac{7}{15}=\frac{1}{3}(1\dot{1}01\dot{2})_3=(1.\dot{1}01\dot{2})_3$$
$$=3^{-1}+3^0+3^2+2\cdot 3^3+3^4+3^6+2\cdot 3^7+\cdots$$

我们可以验算

$$(1.\dot{1}01\dot{2})_3=\frac{1}{3}\cdot(1\dot{1}01\dot{2})_3=\frac{1}{3}[1+3\cdot(\dot{1}01\dot{2})_3]$$
$$=\frac{1}{3}+\frac{(1012)_3}{1-3^4}=\frac{1}{3}-\frac{64}{80}=\frac{1}{3}-\frac{4}{5}=-\frac{7}{15}$$

对于每个固定的素数 p,用 p 进指数赋值常常比 p 进赋值更为方便,因为 v_p 的定义不使用 $\gamma_p(0<\gamma_p<1)$,而 p 进赋值 $|\alpha|_p=\gamma_p^{v_p(\alpha)}$ 依赖于 γ_p 的选取. 但是对 γ_p 的不同选取,即设 $0<\gamma,\gamma'<1$,则 $\gamma'=\gamma^{\lambda}$,其中 λ 为正实数. 于是对两个 p 进赋值

$$|\alpha|_p=\gamma^{v_p(\alpha)} \text{和} |\alpha|_p'=(\gamma')^{v_p(\alpha)}=\gamma^{\lambda v_p(\alpha)}$$

则 $|\alpha|_p'=|\alpha|_p^{\lambda}$. 尽管 $|\alpha|_p'$ 和 $|\alpha|_p$ 的值不同,但是当 $|\alpha|_p$ 很小时 $|\alpha|_p'$ 也很小. 对于 $\alpha,\beta\in\mathbb{Q}$,则 $|\alpha|_p<|\beta|_p$ 当且仅当 $|\alpha|_p'<|\beta|_p'$(因为 $\lambda>0$). 从比较大小和远近的观点,$|\ |_p$ 和 $|\ |_p'$ 给出同样的标准,即它们给出有理数域本质上同一个赋值,或者更确切地说,给出 $\mathbb{Q}$ 上的同一个拓扑结构. 但是对不同的素数 p 和 q, $|\ |_p$ 和 $|\ |_q$ 为本质上不同的赋值,因为被 p 整除和被 q 整除是相互独立的性质. 例如 $|3|_3<|5|_3$,但是 $|3|_5>|5|_5$.

我们把 $\mathbb{Q}$ 上通常的绝对值 $|\ |$ 记成 $|\ |_\infty$. 它是与每个 $|\ |_p$(p 为素数)均本质不同的. 所以在 $\mathbb{Q}$ 上有无穷多个本质不同的赋值 $|\ |_p(p=2,3,5,\cdots,\infty)$. 下面引理表明所有这些赋值有联系.

引理 1(乘积公式) 对每个素数 p,取 $\gamma_p=\frac{1}{p}$,则对每个非零有理数 α

$$\prod_{p} |\alpha|_p = 1$$

其中 p 过所有素数和 ∞.

证明 每个非零有理数可表示成

$$\alpha = \pm p_1^{a_1} \cdots p_s^{a_s}$$

其中 $p_1, \cdots, p_s$ 是不同的素数,而 $a_1, \cdots, a_s$ 为整数. 于是 $v_{p_i}(\alpha) = a_i (1 \leqslant i \leqslant s)$,而对其余素数 $p(p \neq p_i (1 \leqslant i \leqslant s))$, $v_p(\alpha) = 0$. $|\alpha|_p = 1$. 这表明引理中的乘积只有有限项

$$\prod_{p} |\alpha|_p = |\alpha|_\infty \cdot \prod_{i=1}^{s} |\alpha|_{p_i} = |\alpha|_\infty \cdot \prod_{i=1}^{s} p_i^{-a_i}$$
$$= |\alpha| \cdot \left| \frac{1}{\alpha} \right| = 1$$

注记 引理 1 表明:对有理数 α,我们不能求出另一个有理数 $\beta (\neq \alpha)$,使得每个 $|\alpha - \beta|_p (p = 2, 3, 5, \cdots, \infty)$ 都很小. 但是对有限个赋值可以做到(这叫逼近定理),我们今后将在更一般的情形下证明这件事(§2).

习　　题

1. 对于 $p = 2, 3, 5, 7$,将 $\frac{7}{6}$ 作 p 进展开.

2. 求 $(13.\dot{1}\dot{2})_5$ 和 $(1\dot{0}02\dot{1})_3$ 所表示的有理数.

3. 设 p 为素数. 有理数 α 叫作 p 进整数,是指 $v_p(\alpha) \geqslant 0$. 求证:

 (1) 所有 $\mathbb{Q}$ 中的 p 进整数形成 $\mathbb{Q}$ 的一个子环,表示成 $\mathbb{Z}_{(p)}$,叫作 $\mathbb{Q}$ 中的 p 进整数环,且 $\mathbb{Z}_{(p)}$ 真包含 $\mathbb{Z}$.

 (2) $\mathbb{Z}$ 是所有 $\mathbb{Z}_{(p)}$ 的交,即 $\mathbb{Z} = \bigcap_{p} \mathbb{Z}_{(p)}$,其中 p 过所有素数.

 (3) 环 $\mathbb{Z}_{(p)}$ 中元素 α 在 $\mathbb{Z}_{(p)}$ 中可逆的充分必要条件是 $v_p(\alpha) = 0$. 环 $\mathbb{Z}_{(p)}$ 中全体不可逆元素形成一个理想 M,并且 M 是唯一的极大理想. 商环 $\mathbb{Z}_{(p)}/M$ 为 p 元有限域 $\mathbb{F}_p$.

 (4) 求证:M 是 $(\mathbb{Z}_p)$ 的主理想,并且 $\mathbb{Z}_{(p)}$ 的每个理想都有形式 $M^n (n = 0, 1, 2, \cdots)$. 进而,商环 $\mathbb{Z}_{(p)}/M^n$ 同构于 $\mathbb{Z}/p^n\mathbb{Z}$.

§2　赋值和赋值域

现在我们开始叙述任意域上的赋值理论.

定义 1　设 F 为域. 函数 $\varphi: F \to \mathbb{R}_{\geqslant 0}$ 叫作域 F 的一个**赋值**,是指满足如下 3 个条件:对于 $a, b \in F$,有:

(1) $\varphi(a) = 0$ 当且仅当 $a = 0$;

(2) $\varphi(ab) = \varphi(a)\varphi(b)$;

(3) 存在常数 $c > 0$,使得:若 $\varphi(a) < 1$,则 $\varphi(1 + a) < c$.

若 φ 是域 F 的赋值,则 F 叫具有赋值 φ 的赋值域,表示成 (F, φ).

注意:(A) 条件(3)与上节的三角形不等式和超距不等式稍有不同. 我们以后会看到它们之间的联系.

(B) 由条件(1)可知 $\varphi(F^{\times}) \subseteq \mathbb{R}_{>0}$. 再由条件(2)知 φ 是乘法群 $F^{\times}$ 到正实数乘法群中的群同态. 特别地

$$\varphi(1) = 1, \varphi\left(\frac{a}{b}\right) = \frac{\varphi(a)}{\varphi(b)} \quad (b \in F^{\times})$$

如果 a 是域 F 中 n 次单位根 $(n \geqslant 1)$,则 $a^n = 1$. 因此 $\varphi(a)^n = \varphi(a^n) = \varphi(1) = 1$. 但是 $\varphi(a)$ 为正实数,可知由 $\varphi(a)^n = 1$ 必然 $\varphi(a) = 1$. 特别地 $\varphi(-1) = 1$. 于是 $\varphi(-a) = \varphi(a)$.

(C) 当条件(1)和(2)成立时,条件(3)等价于

(3′) $\varphi(a + b) \leqslant c \cdot \max(\varphi(a), \varphi(b))$.

事实上,不妨设 $\varphi(a) \geqslant \varphi(b)$. 若 $\varphi(a) = 0$,则 $\varphi(b) = 0$,从而 $a = b = 0$. 于是(3′)显然成立. 若 $\varphi(a) \neq 0$,则 $a \neq 0$. 由条件(2)和(3)以及 $\varphi\left(\frac{b}{a}\right) \leqslant 1$ 得到

$$\begin{aligned}\varphi(a + b) &= \varphi(a) \cdot \varphi\left(1 + \frac{b}{a}\right) \leqslant c\varphi(a) \\ &= c \cdot \max(\varphi(a), \varphi(b))\end{aligned}$$

这就证明了条件(3′). 反之若条件(3′)成立,则当 $\varphi(a) \leqslant 1$ 时,$\varphi(1 + a) \leqslant c \cdot \max(\varphi(1), \varphi(a)) = c$. 这就推出条件(3).

于是,可用条件(1)(2)和(3′)作为赋值的定义.

例 1　对于任意域 F,φ 把 F 中非零元素均映成 1,而 $\varphi(0) = 0$,则 φ 是域 F 的赋值. 这叫 F 的**平凡赋值**. 今后我们所谈的赋值均指**非平凡赋值**.

设 F 为有限域,φ 为 F 的赋值,由于有限域 F 中非零元素 a 均是单位根,所以 $\varphi(a) = 1$. 换句话说,有限域只有平凡赋值.

有理数域、实数域和复数域中的通常绝对值都是(非平凡)赋值,其中条件(3)或(3′)中的常数可取 $c=2$. 这个赋值今后表示成 $|\ |_\infty$. 有理数域上的 p 进赋值(p 为素数)的 c 可取为 1.

按照赋值定义中的常数 c 是否可取为 1,我们把赋值分成两大类. 以后会看出这两类赋值有很大区别.

定义 2 设 (F,φ) 为赋值域. 如果条件(3)或(3′)中常数 c 可取为 1(即超距不等式成立),称 φ 是**非阿赋值**,而 (F,φ) 叫作**非阿赋值域**. 否则,即 c 只能取大于 1 的实数,则 φ 叫作**阿基米德赋值**,而 (F,φ) 叫作**阿基米德赋值域**.

例如对每个素数 p,有理数域的 p 进赋值为非阿赋值. 而通常的绝对值 $|\ |_\infty$ 不满足超距不等式. 所以 $|\ |_\infty$ 是阿基米德赋值.

下面引理用来判别一个赋值何时是非阿的.

引理 2 域 F 的赋值 φ 是非阿的,当且仅当对每个整数 n, $\varphi(n\cdot 1_F)\leqslant 1$. ($1_F$ 表示域 F 的幺元素)

证明 我们把 F 中元素 $n\cdot 1_F$ 简记为 n. 若 φ 为非阿赋值,则对每个正整数 n

$$\begin{aligned}\varphi(n)&\leqslant\max(\varphi(1),\varphi(n-1))\\&\leqslant\max(\varphi(1),\varphi(1),\varphi(n-2))\leqslant\cdots\\&\leqslant\max(\varphi(1),\varphi(1),\cdots,\varphi(1))=1\end{aligned}$$

并且 $\varphi(-n)=\varphi(n)\leqslant 1$, $\varphi(0)=0<1$. 于是对每个整数 n,均有 $\varphi(n)\leqslant 1$. 现在设对每个 $n\in\mathbb{Z}$ 均有 $\varphi(n)\leqslant 1$. 我们来证 φ 是非阿的. 由条件(3′)知存在 $c>0$,使得

$$\varphi(a+b)\leqslant c(\varphi(a)+\varphi(b))$$

由此可归纳出:对 F 中任意 2^l 个元素 $a_1,a_2,\cdots,a_{2^l}$

$$\varphi(a_1+a_2+\cdots+a_{2^l})\leqslant c^l(\varphi(a_1)+\varphi(a_2)+\cdots+\varphi(a_{2^l}))$$

对每个正整数 $n\geqslant 2$,存在正整数 l,使得 $2^{l-1}<n\leqslant 2^l$. 令 $a_{n+1}=a_{n+2}=\cdots=a_{2^l}=0$,则

$$\begin{aligned}\varphi(a_1+\cdots+a_n)&=\varphi(a_1+\cdots+a_{2^l})\\&\leqslant c^l(\varphi(a_1)+\cdots+\varphi(a_{2^l}))\\&=c^l(\varphi(a_1)+\cdots+\varphi(a_n))\end{aligned}$$

于是对 F 中任意元素 a 和 b,以及任意正整数 m

$$\varphi(a+b)^m=\varphi((a+b)^m)=\varphi\Big(\sum_{i=0}^{m}\binom{m}{i}a^ib^{m-i}\Big)$$

$$\leqslant c^{l}\sum_{i=0}^{m}\varphi\left(\binom{m}{i}a^{i}b^{m-i}\right)\quad(\text{其中 }2^{l-1}<(m+1)\leqslant 2^{l})$$

$$\leqslant c^{l}\sum_{i=0}^{m}\varphi(a)^{i}\varphi(b)^{m-i}\quad\left(\text{由于}\binom{m}{i}\in\mathbb{Z},\varphi\left(\binom{m}{i}\right)\leqslant 1\right)$$

$$\leqslant c^{l}(m+1)\cdot\max(\varphi(a)^{m},\varphi(b)^{m})$$

于是

$$\varphi(a+b)\leqslant(c^{l}(m+1))^{\frac{1}{m}}\cdot\max(\varphi(a),\varphi(b))$$

令 $m\to+\infty$,由 $2^{l-1}<(m+1)\leqslant 2^{l}$ 易知 $(c^{l}(m+1))^{\frac{1}{m}}\to 1$. 所以上式取极限得到 $\varphi(a+b)\leqslant\max(\varphi(a),\varphi(b))$,即超距不等式成立. 所以 φ 是非阿赋值.

注记 (1)若 (F,φ) 是赋值域,则对 F 的每个子域 E,φ 在 E 上的限制 $\varphi|_E$ 一定是 E 的赋值. 我们称 $\varphi|_E$ 是赋值 φ 在 E 的**限制**,而 φ 称 $\varphi|_E$ 在大域 F 上的**扩充**. 由引理 2 易知,φ 是域 F 的非阿赋值当且仅当 φ 在 F 的某个子域上的限制为非阿赋值. 由引理 2 还可推出,特征为素数的域只能有非阿赋值.

(2)如果 φ 为域 F 的一个赋值,则对每个正实数 α,φ^{α}(定义为 $\varphi^{\alpha}(x)=\varphi(x)^{\alpha}$)也是 F 的赋值. 其中条件(3)和(3′)中的常数若对 φ 取为 c,则对 φ^{α} 可取为 c^{α}. 所以 φ 和 φ^{α} 或者均是非阿的,或者均是阿基米德的. 我们要说明 φ 和 φ^{α} 没有本质的区别. 为了清楚地说明这件事,我们要弄清赋值 φ 给出的域 F 的拓扑结构.

从拓扑学中知道,一个集合 S 叫作**拓扑空间**,是指 S 有一个子集族 O 满足以下 3 条性质(叫作**开集公理**,O 中每个子集叫作**开集**):

(1)空集 $\varnothing$ 和 S 均为开集(即均属于 O);

(2)任意多个开集的并集也是开集;

(3)有限多个开集的交集也是开集.

一个拓扑空间 S 叫作**豪斯多夫拓扑空间**,是指 S 中任意两个不同元素 a 和 b,均有开集 A 和 B 分别包含 a 和 b,并且 A 和 B 不相交.

引理 3 设 (F,φ) 是赋值域. 对于 $a\in F,\varepsilon>0$,集合

$$U(a,\varepsilon)=\{x\in F\mid\varphi(a-x)<\varepsilon\}$$

叫作以 a 为中心以 ε 为半径的**开球**. 由任意多个开球作成的并集

$$\bigcup_{i\in I}U(a_i,\varepsilon_i)$$

叫作域 F 中的开集,则所有这些开集构成的集族满足拓扑空间的开集公理. 并且 F 对于由这个开集族定义的拓扑是豪斯多夫拓扑空间(域 F 的这个拓扑叫作 φ-拓扑,表示成 $T(\varphi)$).

证明 将赋值 φ 改成赋值 $\varphi^{\alpha}(\alpha>0)$,则对 φ 的开球 $U(a,\varepsilon)$ 就是对 φ^{α} 的

开球 $U(a,\varepsilon^{\alpha})$，所以 φ 和 φ^{α} 给出同样的开集族（从而给出同样的拓扑）. 我们在下面要补证：存在 $\alpha>0$，使得赋值 φ^{α} 满足三角形不等式（引理 4）. 所以我们不妨一开始就假定 φ 满足三角形不等式：$\varphi(a+b)\leqslant\varphi(a)+\varphi(b)$. 现在证上述开集族满足 3 条开集公理. 由

$$\varnothing=\bigcup_{i\in\varnothing}U(a_i,\varepsilon_i),F=\bigcup_{a\in F}U(a,1)$$

可知空集 $\varnothing$ 和 F 为开集. 由集族的定义即知公理(2)成立. 最后，设 $U_1=U(x,\varepsilon)$ 和 $U_2=U(y,\eta)$ 是两个开球. 若 U_1 和 U_2 不相交，则 $\varnothing=U_1\cap U_2$ 是开集. 若 $U_1\cap U_2$ 相交，对每个 $a\in U_1\cap U_2$，由三角形不等式可知当 $0<\varepsilon_a<\min\{\varepsilon-\varphi(a-x),\eta-\varphi(a-y)\}$ 时，$U(a,\varepsilon_a)\subseteq U_1\cap U_2$. 于是

$$U_1\cap U_2=\bigcup_{a\in U_1\cap U_2}U(a,\varepsilon_a)$$

是开集. 这表明任意两个开球的交集为开集. 进而，由于

$$\left(\bigcup_i U(a_i,\varepsilon_i)\right)\cap\left(\bigcup_j U(b_j,\eta_j)\right)=\bigcup_{i,j}\left(U(a_i,\varepsilon_i)\cap(b_j,\eta_j)\right)$$

可知任意两个开集的交集也是开集. 从而任意有限多个开集的交集也是开集. 这就证明了开集的 3 条公理.

最后证 F 的拓扑 $T(\varphi)$ 是豪斯多夫的. 设 a 和 b 是 F 中不同元素，则 $\varepsilon=\varphi(a-b)>0$. 用三角形不等式可知开球 $U_1=U(a,\varepsilon/2)$ 和 $U_2=U(b,\varepsilon/2)$ 分别包含 a 和 b，并且 U_1 和 U_2 不相交. 因此 $T(\varphi)$ 是豪斯多夫拓扑. □

现在我们补证：

引理 4 设 φ 是域 F 的赋值，则存在正实数 α，使得赋值 φ^{α} 满足三角形不等式.

证明 若 φ 是非阿的，则 φ 满足超距不等式，从而满足三角形不等式. 若 φ 是阿基米德的，则赋值定义中的 $c>1$. 于是可取 $\alpha>0$，使得 $c^{\alpha}=2$. 从而赋值 $\psi=\varphi^{\alpha}$ 满足 $\psi(a+b)\leqslant2\max(\psi(a),\psi(b))$. 我们现在证明 ψ 满足三角形不等式.

由 $\psi(a+b)\leqslant2\max(\psi(a),\psi(b))$ 可知

$$\psi(a_1+\cdots+a_{2^l})\leqslant2^l\cdot\max(\psi(a_1),\cdots,\psi(a_{2^l}))$$

对整数 $m\geqslant1$，存在 $l\geqslant1$，使得 $2^{l-1}<m\leqslant2^l$. 取 $a_{m+1}=\cdots=a_{2^l}=0$，则

$$\begin{aligned}\psi(a_1+\cdots+a_m)&\leqslant2^l\cdot\max(\psi(a_1),\cdots,\psi(a_m))\\&\leqslant2m\cdot\max(\psi(a_1),\cdots,\psi(a_m))\end{aligned}$$

特别地，$\psi(n)\leqslant2n\cdot\max(\psi(1),\cdots,\psi(1))=2n$. 并且对任意 $a,b\in F$

$$\begin{aligned}\psi(a+b)^n&=\psi((a+b)^n)=\psi\left(\sum_{i=0}^{n}\binom{n}{i}a^ib^{n-i}\right)\\&\leqslant2(n+1)\cdot\max_{0\leqslant i\leqslant n}\left\{\psi\left(\binom{n}{i}a^ib^{n-i}\right)\right\}\end{aligned}$$

$$\leqslant 4(n+1)\cdot\max_{0\leqslant i\leqslant n}\left\{\binom{n}{i}\psi(a)^{i}\psi(b)^{n-i}\right\}$$
$$\leqslant 4(n+1)\sum_{i=0}^{n}\binom{n}{i}\psi(a)^{i}\psi(b)^{n-i}$$
$$=4(n+1)(\psi(a)+\psi(b))^{n}$$

于是 $\psi(a+b)\leqslant(4(n+1))^{\frac{1}{n}}(\psi(a)+\psi(b))$. 令 $n\to\infty$ 即得三角形不等式.

□

注记 (1)由上述证明知赋值 φ 和 $\varphi^{\alpha}(\alpha>0)$ 给出域 F 的同一拓扑结构. 并且总可取 $\alpha>0$,使得 φ^{2} 满足三角形不等式. 所以在§1 中我们把三角形不等式作为赋值定义和本节的定义没有本质的区别.

(2)由三角形不等式可知,若 (F,φ) 为赋值域,则域的诸运算对于 F 的拓扑 $T(\varphi)$ 都是连续运算,从而是**拓扑域**.

定义 3 设 T_1 和 T_2 是集合 S 的两个拓扑. 如果对每个元素 $a\in S$ 和 T_2 中包含 a 的每个开集 O_2,均有 T_1 中包含 a 的开集 O_1,使得 $O_1\subseteq O_2$,则称拓扑 T_1 比 T_2 **细**,表示成 $T_1\geqslant T_2$. 如果 $T_1\geqslant T_2$ 和 $T_2\geqslant T_1$ 同时成立,则称拓扑 T_1 和 T_2 等价,表示成 $T_1\sim T_2$. 这是 S 的所有拓扑结构的等价关系. 在拓扑学中,彼此等价的拓扑认为是一样的,它们给出集合 S 上同样的拓扑结构.

设 φ_1 和 φ_2 是域 F 的两个赋值. 如果它们在 F 中给出的拓扑是等价的,即 $T(\varphi_1)\sim T(\varphi_2)$,则称赋值 φ_1 和 φ_2 等价. 这是 F 上全部赋值的等价关系.

例 2 设 φ 是域 F 的平凡赋值. 即 $\varphi(0)=0$,而 $a\in F^{\times}$ 时 $\varphi(a)=1$,则 $U(a,1/2)=\{x\in F\mid\varphi(x-a)<1/2\}=\{a\}$. 即对于域 F 的拓扑 $T(\varphi)$,每个元素都是开集. 所以 F 的每个子集都是开集. 这是 F 的最细的拓扑,叫作 F 的**离散拓扑**.

一般来说,判别集合 S 上两个拓扑是否等价是不容易的. 但是下面定理表明,判别域 F 上由两个赋值定义的拓扑是否等价是相当容易的.

定理 7.1 设 φ_1 和 φ_2 是域 F 的两个赋值,则下面 3 个论断彼此等价:

(1)φ_1 和 φ_2 等价;

(2)对每个 $a\in F$,$\varphi_1(a)<1$ 当且仅当 $\varphi_2(a)<1$;

(3)存在实数 $\alpha>0$,使得 $\varphi_2=\varphi_1^{\alpha}$.

证明 (1)⇒(2):由(1)可知 $T(\varphi_1)\geqslant T(\varphi_2)$. 如果 $\varphi_1(a)<1$,则当 $n\to\infty$ 时,$\varphi_1(a^n)=\varphi_1(a)^n\to 0$. 即序列 $\{a^n\}(n=0,1,2,\cdots)$ 对于拓扑 $T(\varphi_1)$ 极限为 0. 由拓扑学知,对于比 $T(\varphi_1)$ 更粗的拓扑 $T(\varphi_2)$,$\{a^n\}$ 也以 0 为极限. 于是 $\varphi_2(a)<1$. 同样地,由 $T(\varphi_2)\geqslant T(\varphi_1)$ 可知:若 $\varphi_2(a)<1$,则 $\varphi_1(a)<1$.

(2)⇒(3):由 $\varphi_1(a)<1\Leftrightarrow\varphi_2(a)<1$ 可知

$$\varphi_1(a)>1\Leftrightarrow\varphi_1(a^{-1})<1\Leftrightarrow\varphi_2(a^{-1})<1\Leftrightarrow\varphi_2(a)>1$$

于是 $\varphi_1(a)=1\Leftrightarrow\varphi_2(a)=1$. 所以若 φ_1 为平凡赋值,则 φ_2 也为平凡赋值,即 $\varphi_1=\varphi_2$. 现设 φ_1 不平凡,即存在 $x\in F$,使得 $\varphi_1(x)>1$. 从而 $\varphi_2(x)>1$. 记 $\alpha=\dfrac{\log\varphi_2(x)}{\log\varphi_1(x)}>0$.

对于 F 中任意元素 a,若 $\varphi_1(a)>1$,则 $\varphi_2(a)>1$. 于是

$$\varphi_1(a)=\varphi_1(x)^{t_1},\varphi_2(a)=\varphi_2(x)^{t_2}$$

其中

$$t_i=\frac{\log\varphi_i(a)}{\log\varphi_i(x)}>0\quad(i=1,2)$$

我们现在证明 $t_1=t_2$. 如果 $t_1\neq t_2$,不妨设 $t_1<t_2$,则存在有理数 $m/n(m,n$ 均为正整数),使得 $t_1<m/n<t_2$. 于是 $\varphi_1(a)=\varphi_1(x)^{t_1}<\varphi_1(x)^{\frac{m}{n}}$. 所以 $\varphi_1(a^n/x^m)<1$. 所以 $\varphi_2(a^n/x^m)<1$,即 $\varphi_2(a)<\varphi_2(x)^{\frac{m}{n}}<\varphi_2(x)^{t_2}=\varphi_2(a)$. 这一矛盾表明 $t_1=t_2$. 于是

$$\frac{\log\varphi_1(a)}{\log\varphi_1(x)}=t_1=t_2=\frac{\log\varphi_2(a)}{\log\varphi_2(x)}$$

这可写成

$$\frac{\log\varphi_2(a)}{\log\varphi_1(a)}=\frac{\log\varphi_2(x)}{\log\varphi_1(x)}=\alpha>0$$

这就表明对每个满足 $\varphi_1(a)>1$ 的元素 $a\in F$,均有 $\varphi_2(a)=\varphi_1(a)^\alpha$. 如果 $\varphi_1(a)<1(a\neq0)$,则 $\varphi_1(a^{-1})>1$. 于是也有

$$\varphi_2(a)=\varphi_2(a^{-1})^{-1}=(\varphi_1(a^{-1}))^{-\alpha}=\varphi_1(a)^\alpha$$

最后当 $\varphi_1(a)=1$ 时,$\varphi_2(a)=1$. 从而也有 $\varphi_2(a)=\varphi_1(a)^\alpha$. 这就表明 $\varphi_2=\varphi_1^\alpha$.

(3)⇒(1):我们已经证明了当 $\varphi_2=\varphi_1^\alpha(\alpha>0)$ 时,$T(\varphi_1)=T(\varphi_2)$. 从而 φ_2 和 φ_1 等价. □

注记 由上述定理可知平凡赋值只能与自己等价. 它给出域 F 的离散拓扑. 所以非平凡赋值给出的域 F 的拓扑是非离散拓扑.

定义 4 域 F 的每个非平凡赋值等价类叫作域 F 的一个**素除子**(prime divisor).

设 P 是域 F 的一个素除子. 若 $\varphi\in P$,则由上述定理知 P 中所有赋值为 $\varphi^\alpha(\alpha>0)$. 它们给出 F 的同一个拓扑. 这个拓扑也记成 $T(P)$. 而赋值域(F,φ)

也记成(F,P). 若φ是非阿的,则P中所有赋值$\varphi^{\alpha}(\alpha>0)$都是非阿的,这时称$P$是**非阿素除子**. 类似地可谈**阿基米德素除子**. 引理4表明:域F的每个素除子中均有赋值满足三角形不等式. 而非阿素除子中每个(非阿)赋值满足更强的超距不等式$\varphi(a+b)\leqslant\max(\varphi(a),\varphi(b))$. 这使得非阿赋值和非阿赋值域有许多特别性质. 下面是其中一个基本性质:

引理5 设(F,φ)是非阿赋值域.

(1)若$a,b\in F,a\neq b$,则$\varphi(a+b)=\max(\varphi(a),\varphi(b))$.

(2)若$n\geqslant 2,a_1,\cdots,a_n\in F,a_1+\cdots+a_n=0$,则在$\varphi(a_1),\cdots,\varphi(a_n)$当中至少有两个达到它们的最大值.

证明 (1)不妨设$\varphi(a)>\varphi(b)$,则由$a=(a+b)+(-b)$可知$\varphi(a)\leqslant\max(\varphi(a+b),\varphi(b))$,从而$\varphi(a)\leqslant\varphi(a+b)$. 但另一方面,$\varphi(a+b)\leqslant\max(\varphi(a),\varphi(b))=\varphi(a)$. 于是$\varphi(a+b)=\varphi(a)=\max(\varphi(a),\varphi(b))$.

(2)若$\varphi(a_1),\cdots,\varphi(a_n)$当中只有一个等于它们的最大值. 不妨设$\varphi(a_1)>\varphi(a_i)(2\leqslant i\leqslant n)$,则

$$\varphi(a_1)>\max_{2\leqslant i\leqslant n}\{\varphi(a_i)\}\geqslant\varphi(a_2+\cdots+a_n)=\varphi(-a_1)=\varphi(a_1)$$

这就导致矛盾. □

注记 设a,b,c是F中3个不同元素,φ是F的非阿赋值. 如果$\varphi(a-b)\neq\varphi(b-c)$,则$\varphi(a-c)$必等于$\varphi(a-b)$和$\varphi(b-c)$当中最大的一个. 几何上这可说成:非阿赋值域中每个三角形都是等腰三角形.

设$S=U(a,r)$是以$a\in F$为中心以$r(>0)$为半径的开球. b是S中任意一点(即$\varphi(a-b)<r$),则对S中所有点x,$\varphi(b-x)\leqslant\max(\varphi(b-a),\varphi(a-x))<r$. 这表明$S$中所有的点都是球$S$的中心(即$S=U(b,r)$)!

在§1我们给出了有理数域$\mathbb{Q}$的许多赋值. 对每个素数p,所有p进赋值$|\ |_p^{\alpha}(\alpha>0)$构成一个非阿赋值等价类. 为节省符号,这个非阿素除子也记成p. 不同的p代表$\mathbb{Q}$的不同素除子. 此外,通常绝对值的等价类$|\ |_{\infty}^{\alpha}(\alpha>0)$形成一个阿基米德素除子,表示成$\infty$. 我们要证明:以上给出了有理数域$\mathbb{Q}$的全体素除子. 换句话说,我们要证明:

定理7.2 有理数域$\mathbb{Q}$的每个非平凡赋值均可表示为$|\ |_p^{\alpha}$,其中$\alpha>0$,p为素数或∞.

证明 设φ是$\mathbb{Q}$的非平凡赋值. 如果φ是非阿的,则对每个$n\in\mathbb{Z}$,$\varphi(n)\leqslant 1$(引理2). 由于φ非平凡,故存在$b\in\mathbb{Z},b\neq 0$,使得$\varphi(b)<1$. 令

$$A=\{b\in\mathbb{Z}\mid\varphi(b)<1\}$$

由 φ 的非阿性质易知 A 是环 $\mathbb{Z}$ 的非零素理想. 于是 $A=p\mathbb{Z}$,其中 p 为素数. 令 $\gamma=\varphi(p)$,由 $p\in A$ 可知 $0<\gamma<1$. 而 $\mathbb{Q}$ 中非零有理数均可表示为

$$\alpha=p^k\cdot\frac{a}{b}\quad(k\in\mathbb{Z},a,b\in\mathbb{Z},(a,b,p)=1)$$

由于 $a,b\notin p\mathbb{Z}$,可知 $\varphi(a)=\varphi(b)=1$. 于是 $\varphi(\alpha)=\varphi(p)^k=\gamma^{v_p(\alpha)}$,即 φ 是 p 进赋值.

现设 φ 是阿基米德赋值,必要时将 φ 改成与之等价的赋值,不妨设 φ 满足三角形不等式. 于是对每个正整数 n,$\varphi(n)\leqslant n$. 设 n 和 n' 均为大于 1 的整数,则 n' 有 n 进展开

$$n'=a_0+a_1n+\cdots+a_kn^k$$

其中 $k\geqslant 0$,$a_i\in\mathbb{Z}$,$0\leqslant a_i\leqslant n-1\,(0\leqslant i\leqslant k)$ 并且 $a_k\geqslant 1$. 于是

$$\begin{aligned}\varphi(n')&\leqslant a_0+a_1\varphi(n)+\cdots+a_k\varphi(n)^k\\&<n(1+\varphi(n)+\cdots+\varphi(n)^k)\\&\leqslant n(k+1)\max(1,\varphi(n)^k)\end{aligned}$$

由 $n'\geqslant a_kn^k\geqslant n^k$ 可知 $k\leqslant\log n'/\log n$,所以

$$\varphi(n')<n\left(\frac{\log n'}{\log n}+1\right)\cdot\max(1,\varphi(n)^{\frac{\log n'}{\log n}})$$

从而对每个正整数 r

$$\varphi(n')^r=\varphi(n'^r)<n\left(\frac{r\log n'}{\log n}+1\right)\max(1,\varphi(n)^{\frac{r\log n'}{\log n}})$$

两边开 r 次方得到

$$\varphi(n')<\left[n\left(\frac{r\log n'}{\log n}+1\right)\right]^{\frac{1}{r}}\max(1,\varphi(n)^{\frac{\log n'}{\log n}})$$

令 $r\to+\infty$,给出

$$\varphi(n')\leqslant\max(1,\varphi(n)^{\frac{\log n'}{\log n}})$$

由于 φ 是阿基米德赋值,故存在正整数 $n'\geqslant 2$,使得 $\varphi(n')>1$. 于是对每个 $n\geqslant 2$,均有 $\varphi(n')\leqslant\varphi(n)^{\frac{\log n'}{\log n}}$. 所以 $\varphi(n)>1$,并且 $\varphi(n')^{\frac{1}{\log n'}}\leqslant\varphi(n)^{\frac{1}{\log n}}$. 由于 n' 和 n 的对称性. 可知对所有整数 $n,n'\geqslant 2$,均有

$$\varphi(n')^{\frac{1}{\log n'}}=\varphi(n)^{\frac{1}{\log n}}>1$$

从而 $\varphi(n)^{\frac{1}{\log n}}$ 为常数(>1),它的对数 $\dfrac{\log\varphi(n)}{\log n}$ 也为常数 $\alpha>0$. 这表明对每个整数 $n\geqslant 2$,均有 $\varphi(n)=n^{\alpha}=|n|_{\infty}^{\alpha}$. 由此易知对每个有理数 a,均有 $\varphi(a)=|a|_{\infty}^{\alpha}$,即 $\varphi=|\ |_{\infty}^{\alpha}$. □

本节最后介绍域 F 中有限个彼此不等价赋值的独立性和逼近定理.

定理 7.3（独立性） 设 $n\geqslant 2$，$\varphi_1,\cdots,\varphi_n$ 是域 F 中彼此不等价的非平凡赋值，则对每个 $k(1\leqslant k\leqslant n)$，均存在 $a\in F$，使得 $\varphi_k(a)>1$，而当 $l\neq k$ 时 $\varphi_l(a)<1$.

证明 不妨设 $k=1$. 我们对 n 归纳. 当 $n=2$ 时，由于 φ_1 和 φ_2 不等价，根据定理 7.1 可知存在 $b,c\in F$，使得 $\varphi_1(b)<1,\varphi_2(b)\geqslant 1,\varphi_1(c)\geqslant 1,\varphi_2(c)<1$. 令 $a=cb^{-1}$，可知 $\varphi_1(a)>1,\varphi_2(a)<1$. 现设定理对 $n-1$ 成立 $(n\geqslant 3)$，则存在 b，$c\in F$，使得

$$\varphi_1(b)>1,\varphi_2(b)<1,\cdots,\varphi_{n-1}(b)<1,\varphi_1(c)\geqslant 1,\varphi_n(c)<1$$

如果 $\varphi_n(b)\leqslant 1$，令 $a=b^rc$ 并且 r 充分大，就可使

$$\varphi_1(a)>1,\varphi_2(a)<1,\cdots,\varphi_n(a)<1$$

如果 $\varphi_n(b)>1$，令 $a=cb^r/(1+b^r)$ 并且 r 充分大，则可达到同样目的. □

定理 7.4（逼近定理） 设 $\varphi_1,\cdots,\varphi_n$ 是域 F 的有限个彼此不等价的非平凡赋值，$a_1,\cdots,a_n\in F$，则对每个 $\varepsilon>0$，均存在 $a\in F$，使得 $\varphi_i(a-a_i)<\varepsilon(1\leqslant i\leqslant n)$.

证明 由定理 7.3 知对每个 $k(1\leqslant k\leqslant n)$ 均存在 $b_k\in F$，使得 $\varphi_k(b_k)>1$，$\varphi_l(b_k)<1$（当 $l\neq k$ 时）. 于是当 $r\to+\infty$ 时，对拓扑 $T(\varphi_k)$，$b_k^r/(1+b_k^r)\to 1$. 而对拓扑 $T(\varphi_l)(l\neq k)$，$b_k^r/(1+b_k^r)\to 0$. 现在令

$$a=\sum_{k=1}^{n}a_kb_k^r/(1+b_k^r)$$

并且取 r 充分大，则 a 即为所求. □

习 题

1. 设 φ 为域 F 的赋值，σ 是域 F 的自同构. 求证：φ^σ 也是域 F 的赋值，这里 φ^σ 定义为

$$\varphi^\sigma(a)=\varphi(\sigma(a))\quad(a\in F)$$

并且 φ 是非阿赋值当且仅当 φ^σ 是非阿赋值.

2. 对于下列情形，试问域 F 的赋值 φ_1 和 φ_2 是否等价：

(A) $F=\mathbb{Q}(\sqrt{-1})$，$\varphi_1=|\ |_\infty$，$\varphi_2=\varphi_1^\sigma$，其中 σ 为复共轭自同构.

(B) $F=\mathbb{Q}(\sqrt{2})$，$\varphi_1=|\ |_\infty$，$\varphi_2=\varphi_1^\sigma$，其中 σ 为 F 的自同构，$\sigma(a+b\sqrt{2})=a-b\sqrt{2}(a,b\in\mathbb{Q})$.

3. 设 $\varphi_1,\cdots,\varphi_n$ 是域 F 的有限个彼此不等价的非阿赋值，$a_1,\cdots,a_n\in F^\times$，则存在 $a\in F^\times$，使得 $\varphi_i(a)=\varphi_i(a_i)(1\leqslant i\leqslant n)$.

4. 求有理数 α,使得 $v_2\left(\alpha-\frac{1}{3}\right)\geqslant 2$,$v_3\left(\alpha-\frac{1}{2}\right)\geqslant 3$ 并且 $|\alpha-1|_\infty<\frac{1}{2}$.

§3 离散赋值域

本节对非阿赋值域,特别是对一类特殊的非阿赋值域——离散赋值域做进一步研究,超距不等式 $\varphi(a+b)\leqslant\max(\varphi(a),\varphi(b))$ 使得非阿赋值域有许多特别的性质.

设 (F,φ) 是非阿赋值域,对每个 $a\in F^\times$,令

$$v(a)=-\log\varphi(a),\text{即}\ \varphi(a)=\mathrm{e}^{-v(a)}$$

而令 $v(0)=\infty$,则 v 是从 F 到集合 $\mathbb{R}\cup\{\infty\}$ 的映射,并且非阿赋值 φ 的 3 条性质可转化成 v 的如下 3 条性质:对 $a,b\in F$,有:

(1)$v(a)=\infty$ 当且仅当 $a=0$;

(2)$v(ab)=v(a)+v(b)$;

(3)$v(a+b)\geqslant\min(v(a),v(b))$.

我们把满足这 3 条性质的 v 叫作域 F 的**指数赋值**. 反过来,给了 F 的指数赋值 v,则对每个实数 $\gamma(0<\gamma<1)$,$\varphi(a)=\gamma^{v(a)}$ 是 F 的非阿赋值. 所以 F 的非阿赋值和指数赋值相互对应,从而一个非阿赋值域也可写成 (F,v),进而,若 $\varphi_1(a)=\gamma^{v_1(a)}$,$\varphi_2(a)=\gamma^{v_2(a)}$,则 $\varphi_1=\varphi_2^\alpha\Leftrightarrow v_1=\alpha v_2$. 所以若把域 F 的两个指数赋值 v_1 和 v_2 等价定义为存在正实数 α,使得 $v_1=\alpha v_2$,那么等价的赋值对应等价的指数赋值. 所以域 F 的一个非阿素除子也可说成是一个指数赋值等价类.

设 P 是域 F 的非阿素除子,v 是 P 中的一个指数赋值. 由指数赋值的性质(2)可知

$$v:F^\times\to\mathbb{R}$$

是乘法群 $F^\times$ 到实数加法群 $\mathbb{R}$ 的同态,所以集合 $v(F^\times)$ 为 $\mathbb{R}$ 的加法子群.

定义 5 非阿指数赋值 v 叫作离散的,是指 $v(F^\times)$ 是 $\mathbb{R}$ 的离散子群 $\gamma\mathbb{Z}$,其中 γ 是某个正实数.

若 v 是离散的,则与之等价的每个指数赋值 $\alpha v(\alpha>0)$ 也是离散的(因为 $\alpha v(F^\times)=\alpha\gamma\mathbb{Z}$). 所以把 v 所在的非阿素除子 P 也叫作离散的,并且 P 中的非阿赋值 φ 也叫作离散的,而域 F(更确切地说应当是 (F,P),(F,φ) 或者 (F,v))叫作**离散赋值域**. 注意:只有对非阿素除子和非阿(指数)赋值才有离散素除子和离散(指数)赋值概念,它与"平凡赋值给出离散拓扑"这一命题中的"离散"是两件不同的事情.

设 v 为域 F 的离散指数赋值,则 $v(F^{\times})=\gamma\mathbb{Z}(\gamma>0)$. 取 $v'=\gamma^{-1}v$ 为与 v 等价的指数赋值,则 $v'(F^{\times})=\mathbb{Z}$. 我们把 v'叫作离散素除子 P 中的**标准指数赋值**,通常表示成 v_P,比如说:§1 中在有理数域$\mathbb{Q}$ 的 p 进指数赋值 v_p 就是标准的离散指数赋值,因为 $v_p(\mathbb{Q}^{\times})=\mathbb{Z}$.

下面是非阿赋值域的一个重要性质:

引理 6 设(F,P)是非阿赋值域,φ 和 v 分别是素除子 P 中的赋值和指数赋值,令

$$O=\{a\in F\mid\varphi(a)\leqslant 1\}=\{a\in F\mid v(a)\geqslant 0\}$$
$$\mathfrak{p}=\{a\in F\mid\varphi(a)<1\}=\{a\in F\mid v(a)>0\}$$
$$U=O-\mathfrak{p}=\{a\in F\mid\varphi(a)=1\}=\{a\in F\mid v(a)=0\}$$

则 O 是 F 的子环,$\mathfrak{p}$ 为环 O 的素理想,U 是环 O 的单位群,并且 F 是 O 的商域(即 F 中元素均可表示为 O 中两个元素的商).

证明 由超距不等式可知 O 是环,其余可由定义直接推出.

注记 (1)设 φ_1 和 φ_2 是素除子 P 中两个赋值,则 $\varphi_1(a)\leqslant 1\Leftrightarrow\varphi_2(a)\leqslant 1$. 因此由 φ_1 和 φ_2 定义出同一个环 O,即 O 只是非阿素除子 P 的特性. 同样地,$\mathfrak{p}$ 和 U 也是素除子 P 的特性,我们把 O,$\mathfrak{p}$ 和 U 分别叫作 F 对于非阿素除子 P 的**赋值环,素理想和单位群**,而 O 有时也表示成 O_P.

(2)由于 $O=\mathfrak{p}\cup U$,$\mathfrak{p}\cap U=\varnothing$,可知 $\mathfrak{p}$ 事实上为环 O 的**唯一极大理想**,所以 O 是局部环,特别地,$O/\mathfrak{p}$ 是域,叫作 F 在 P 的**剩余类域**,表示成$\overline{F}$.

例 1 设 p 为素数,则非阿赋值域$(\mathbb{Q},v_p)$的赋值环,素理想和单位群分别为

$$O=O_p=\{\alpha\in\mathbb{Q}\mid v_p(\alpha)\geqslant 0\}=\{\alpha=m/n\mid m,n\in\mathbb{Z},(p,n)=1\}$$
$$\mathfrak{p}=\{\alpha\in\mathbb{Q}\mid v_p(\alpha)>0\}=\{\alpha=m/n\mid m,n\in\mathbb{Z},p\nmid n,p\mid m\}=pO$$
$$U=\{\alpha\in\mathbb{Q}\mid v_p(\alpha)=0\}=\{\alpha=m/n\mid m,n\in\mathbb{Z},(mn,p)=1\}=O-pO$$

而剩余类域为 $O/\mathfrak{p}\cong\mathbb{Z}/p\mathbb{Z}$($p$ 元域).

离散赋值域的结构 设(F,P)为离散赋值域,φ 和 v 分别为 P 中的非阿赋值和标准指数赋值. 于是 $v(F^{\times})=\mathbb{Z}$,从而存在元素 $\pi\in F^{\times}$,使得 $v(\pi)=1$. 这样的元素 π 叫作 F(对于 P)的**素元**,F 中不同的素元彼此相差一个单位因子$\left(\pi'\text{为素元}\Leftrightarrow v(\pi')=1\Leftrightarrow v\left(\frac{\pi'}{\pi}\right)=0\Leftrightarrow\frac{\pi'}{\pi}\in U\right)$,不难看出 $\pi\in\mathfrak{p}$,并且 $\mathfrak{p}=\pi O$. 所以 $\mathfrak{p}$ 是环 O 中的主理想,更一般的,设 A 为 O 中的非零理想,令

$$r=\min\{v(a)\mid 0\neq a\in A\}$$

由 $A\neq(0)$可知 $r\geqslant 0$,并且存在 $a\in A$,使得 $v(a)=r$,于是 $\pi^r/a\in U$,从而 $\pi^r\in$

$aU\subseteq A$，即 $\pi^r O\subseteq A$. 反之，对每个 $b\in A$，$v(b)\geqslant r$，所以 $v(b/\pi^r)\geqslant 0$，即 $b/\pi^r\in O$，从而 $b\in\pi^r O$. 于是 $A\subseteq\pi^r O$. 这就证明了 O 的每个非零理想均是主理想 $A=\pi^r O=\mathfrak{p}^r(r=0,1,2,\cdots)$. 这些理想（对不同的 r）彼此不同，并且全体构成零元素 0 的一组基本开集系. 由于

$$\mathfrak{p}^r=\{a\in F\mid v(a)\geqslant r\}=\{a\in F\mid v(a)>r-1\}$$

可知对于拓扑 $T(P)$，每个理想 $\mathfrak{p}^r$ 都是又开又闭的，所以离散赋值域的拓扑是**全不连通**的，即 F 的每个点都是一个连通分支.

F 中每个非零元素 a 均可表示成

$$a=\pi^r u,r=v(a)\quad(u\in U)$$

所以乘法群 $F^\times$ 是由 π 生成的自由循环群 $<\pi>$ 和单位群 U 的直积.

F 的分式理想是指 F 的一个子集 M，并且存在 $a\in F^\times$，使得 aM 为 O 的非零理想，由上述知 $aM=\pi^n O(n\geqslant 0)$，令 $a=\pi^r u(r\in\mathbb{Z},u\in U)$，则

$$M=a^{-1}\pi^n O=u^{-1}\pi^{n-r}O=\pi^{n-r}O=\mathfrak{p}^{n-r}$$

其中 $n-r\in\mathbb{Z}$，反之，对每个 $m\in\mathbb{Z}$，$\mathfrak{p}^m=\pi^m O$ 都是 F 的分式理想（因为 $\pi^{-m}\mathfrak{p}^m=O$）. 这就表明：F 的全部分式理想为 $\mathfrak{p}^n(n\in\mathbb{Z})$，并且 $\mathfrak{p}^n$ 为 O 的理想当且仅当 $n\geqslant 0$.

离散赋值域 F 的加法结构　我们上面给出 F 的一个加法子群链

$$F\supset\cdots\supset\mathfrak{p}^{-2}\supset\mathfrak{p}^{-1}\supset\mathfrak{p}^0=O\supset\mathfrak{p}\supset\mathfrak{p}^2\supset\cdots\supset(0)$$

不难看出，对任意两个整数 r 和 s，映射

$$\mathfrak{p}^r\to\mathfrak{p}^s,a\mapsto\pi^{s-r}a$$

是加法群同构（事实上这是拓扑群同构，即上述映射是连续的）. 另一方面，设 $r\in\mathbb{Z}$ 而 n 为非负整数，则映射

$$f:\mathfrak{p}^r\to O/\mathfrak{p}^n,a\mapsto a\pi^{-r}(\bmod\ \mathfrak{p}^n)$$

为加法群满同态，并且

$$a\in\mathrm{Ker}(f)\Leftrightarrow a\pi^{-r}\in\mathfrak{p}^n\Leftrightarrow v(a\pi^{-r})\geqslant n$$
$$\Leftrightarrow v(a)\geqslant r+n\Leftrightarrow a\in\mathfrak{p}^{n+r}$$

于是 $\mathrm{Ker}(f)=\mathfrak{p}^{n+r}$，所以有加法群同构

$$\mathfrak{p}^r/\mathfrak{p}^{r+n}\cong O/\mathfrak{p}^n\quad(r,n\in\mathbb{Z},n\geqslant 0)$$

特别地，$\mathfrak{p}^r/\mathfrak{p}^{r+1}\cong O/\mathfrak{p}=\overline{F}$. 如果 $\overline{F}$ 是有限域 $\mathbb{F}_q$，则

$$[\mathfrak{p}^r:\mathfrak{p}^{r+n}]=[\mathfrak{p}^r:\mathfrak{p}^{r+1}][\mathfrak{p}^{r+1}:\mathfrak{p}^{r+2}]\cdots[\mathfrak{p}^{r+n-1}:\mathfrak{p}^{r+n}]$$
$$=[O:\mathfrak{p}]^n=|\overline{F}|^n=q^n$$

特别地，对每个 $n\geqslant 1$，$|O/\mathfrak{p}^n|=q^n$.

对于 $a,b\in F,r\in\mathbb{Z}$,我们用同余式

$$a\equiv b(\bmod\ \mathfrak{p}^r)$$

表示 $a-b\in\mathfrak{p}^r$(即 $v(a-b)\geqslant r$),当 $r\geqslant1$ 时,这与通常环 O 中理想 $\mathfrak{p}^r$ 的同余符号的含义是一致的.

$F^\times$ 的乘法结构 乘法拓扑群 $F^\times$ 有如下一些子群:$U_0=U$,而对 $r\geqslant1$

$$\begin{aligned}U_r&=1+\mathfrak{p}^r=\{a\in F^\times\mid v(a-1)\geqslant r\}\\&=\{a\in F^\times\mid v(a-1)>r-1\}\end{aligned}$$

(请验证 U_r 是子群),于是我们有 $F^\times$ 的乘法子群链

$$F^\times\supset U_0\supset U_1\supset\cdots\supset\{1\}$$

它们形成 1 的又开又闭的基本开集系,所以乘法群 $F^\times$ 也是全不连通拓扑群.

引理 7 (1) $F^\times/U_0\cong\mathbb{Z}$(整数加法群);

(2) $U_0/U_1\cong\overline{F}^\times$(乘法群);

(3) 当 $r\geqslant1$ 时,$U_r/U_{r+1}\cong\overline{F}$(加法群).

证明 (1)考虑标准指数赋值映射

$$v:F^\times\to\mathbb{Z},a\mapsto v(a)$$

由 $v(\pi)=1$ 可知这是群的满同态. $\mathrm{Ker}(v)=U_0$,于是 $F^\times/U_0\cong\mathbb{Z}$.

(2)注意 $\overline{F}=O/\mathfrak{p}$,$U=O-\mathfrak{p}$. 考虑映射

$$f:U_0\to\overline{F}^\times,a\mapsto\overline{a}\quad(\overline{a}\text{表示 }a(\bmod\ \mathfrak{p}))$$

这是乘法满同态,并且

$$a\in\mathrm{Ker}(f)\Leftrightarrow\overline{a}=\overline{1}\Leftrightarrow a\equiv1(\bmod\ \mathfrak{p})\Leftrightarrow a\in U_1$$

从而 $U_0/U_1\cong\overline{F}^\times$.

(3)考虑映射

$$f:U_r=1+\mathfrak{p}^r\to\overline{F},1+\pi^ra\mapsto\overline{a}\quad(a\in O)$$

由于 $r\geqslant1$,可知对 $a,b\in O$

$$\begin{aligned}f((1+\pi^ra)(1+\pi^rb))&=f(1+\pi^r(a+b+\pi^rab))\\&=\overline{a+b+\pi^rab}=\overline{a+b}\\&=f(1+\pi^ra)+f(1+\pi^rb)\end{aligned}$$

从而 f 是群同态,并且显然是满同态,进而对 $a\in O$

$$\begin{aligned}1+\pi^ra&\in\mathrm{Ker}(f)\Leftrightarrow\overline{a}=\overline{o}\Leftrightarrow a\\&\in\mathfrak{p}\Leftrightarrow1+\pi^ra\in1+\mathfrak{p}^{r+1}=U_{r+1}\end{aligned}$$

从而 $U_r/U_{r+1}\cong\overline{F}$. □

注记 如果$\overline{F}$为有限域$\mathbb{F}_q$,则当$r\geqslant 1$时

$$\begin{aligned}|U_0/U_r| &= |U_0/U_1|\cdot|U_1/U_2|\cdots|U_{r-1}/U_r|\\ &=(q-1)q^{r-1}\end{aligned}$$

对于$r\geqslant 1,a,b\in F^{\times}$,我们用符号

$$a\equiv b(\bmod^{\times}\mathfrak{p}^r)$$

表示$a/b\in U_r\left(即\ v\left(\dfrac{a}{b}-1\right)\geqslant 1\right)$. 并且规定

$$a\equiv b(\bmod^{\times}\mathfrak{p}^0)$$

表示$a/b\in U_0=U$(即$v(a)=v(b)$).

习　　题

1. 设F为域,$F(x)$是域F上关于x的有理函数域,$F[x]$是域上关于x的多项式环.
   (1)设$p=p(x)$为$F[x]$中最高项系数为1的d次不可约多项式($d\geqslant 1$),对$F[x]$中每个非零多项式$a=a(x)$,令$p^n\parallel a$(即$p^n|a,p^{n+1}\nmid a$). 我们定义$v_p(a)=n$,而对每个非零有理函数$\alpha=a(x)/b(x)$($a(x),b(x)\in F[x]$,$b(x)\neq 0$),定义$v_p(\alpha)=v_p(a(x))-v_p(b(x))$. 再令$v_p(o)=\infty$. 求证:$v_p$是域$F(x)$的标准离散指数赋值.
   (2)描述离散赋值域$(F(x),v_p)$的赋值环O,素理想$\mathfrak{p}$和单位群U. 证明$\overline{F(x)}=O/\mathfrak{p}\cong F(\theta)$,其中$\theta$是$p(x)$在$F$的代数闭包中的一个根(从而$[F(\theta):F]=d$),$v_p$所在的$F(x)$的素除子也简记为$p$.
2. $F,F(x),F[x]$如前题所示,对每个非零有理函数$\alpha=a(x)/b(x)$($a(x),b(x)\in F[x],b(x)\neq 0$),定义

$$v_\infty(\alpha)=\deg b(x)-\deg a(x)$$

   其中$\deg f(x)$表示多项式$f(x)$的次数,并且规定$v_\infty(0)=\infty$,$\deg(0)=-\infty$.
   (1)求证:v_∞是域$F(x)$的标准离散指数赋值,$\dfrac{1}{x}$为对v_∞的一个素元,v_∞所在的素除子也记为∞.
   (2)描述离散赋值域$(F(x),v_\infty)$的赋值环O,素理想$\mathfrak{p}$和单位群U. 证明:$O/\mathfrak{p}\cong F$.
   (3)证明:对$F[x]$中不同的首1不可约多项式p_1和p_2,v_{p_1}和v_{p_2}不等价,并且也和v_∞不等价.

3. 设 v 为域 F 的指数赋值,其赋值环和素理想分别为 O 和 $\mathfrak{p}$,$\overline{F}=O/\mathfrak{p}$.

(1)对于多项式 $f(x)=a_0+a_1x+\cdots+a_nx^n\in F[x]$,定义

$$\bar{v}(f)=\min_{0\leqslant i\leqslant n}\{v(a_i)\}$$

对于 $\alpha=f/g\in F(x)$ $(f,g\in F[x],g\neq 0)$,定义 $\bar{v}(\alpha)=\bar{v}(f)-\bar{v}(g)$. 求证:$\bar{v}$ 是域 $F(x)$ 的指数赋值,并且 $\bar{v}$ 在 F 上的限制就是 v.

(2)设 $f(x)$ 是 $O[x]$ 中的首 1 多项式,$f(x)=g(x)h(x)$,其中 $g(x)$ 和 $h(x)$ 均是 $F[x]$ 中的首 1 多项式,求证:$g(x),h(x)\in O[x]$.

(3)多项式 $f(x)\in O[x]$ 叫作**本原的**,是指 $\bar{v}(f)=0$. 求证:两个本原多项式的乘积仍是本原多项式.

(4)试刻画 $F(x)$ 对于 $\bar{v}$ 的赋值环 O' 和素理想 $\mathfrak{p}'$. 证明 $O'/\mathfrak{p}'\cong\overline{F}(x)$.

(5)设 $f(x)$ 是 $O[x]$ 中首 1 多项式,则:$f(x)$ 在 $O[x]$ 中不可约 $\Leftrightarrow f(x)$ 在 $F[x]$ 中不可约.

(6)(Eisenstein 判别法)设 $f(x)=x^n+a_{n-1}x^{n-1}+\cdots+a_0\in O[x]$,$a_0,\cdots,a_{n-1}\in\mathfrak{p}$,并且 a_0 不是 $\mathfrak{p}$ 中两个元素之积. 求证:$f(x)$ 在 $F[x]$ 中不可约.

4. 设 (F,v) 是离散赋值域,v 为标准指数赋值,π 为一个素元,$r\geqslant 1$. 如果

$$a=\pi^{v(a)}\varepsilon,b=\pi^{v(b)}\eta\quad(\varepsilon,\eta\in U)$$

则 $a\equiv b(\mathrm{mod}^{\times}\mathfrak{p}^r)\Leftrightarrow v(a)=v(b)$ 并且 $\varepsilon\equiv\eta(\mathrm{mod}\ \mathfrak{p}^r)$.

5. 设 (F,P) 是离散赋值域,O 和 $\mathfrak{p}$ 为其赋值环和素理想,域 $\overline{F}=O/\mathfrak{p}$ 的特征为素数 p,$r\geqslant 1$.

(1)若 $a,b\in O$,$a\equiv b(\mathrm{mod}\ \mathfrak{p}^r)$,则对每个 $s\geqslant 0$

$$a^{p^s}\equiv b^{p^s}(\mathrm{mod}\ \mathfrak{p}^{r+s})$$

(2)若 $a,b\in F^{\times}$,$a\equiv b(\mathrm{mod}^{\times}\mathfrak{p}^r)$,则对每个 $s\geqslant 0$

$$a^{p^s}\equiv b^{p^s}(\mathrm{mod}^{\times}\mathfrak{p}^{r+s})$$

§4　分歧指数和剩余类域次数

以上研究了同一个域中不同赋值的分类(素除子). 本节研究域 E 和它的子域 F 的赋值和素除子之间的联系. 当 E/F 是有限(代数)扩张,并且均是非阿赋值域时,我们要研究 E 和 F 在赋值结构上的联系.

设 F 是域 E 的子域,φ 和 ψ 分别是域 E 和 F 的赋值,如果 $\psi=\varphi|_F$,我们称 ψ 是 φ 在 F 的**限制**,而 φ 叫作 ψ 到 E 的**扩充**,并表示成 $(F,\psi)\subseteq(E,\varphi)$,叫作**赋值域的扩张**. 由 §2 可知,$\varphi$ 和 ψ 或者同时为非阿的,或者同时是阿基米德

的，我们还可证明：

引理 8 设$(F,\psi)\subseteq(E,\varphi)$是赋值域的代数扩张，则：$\psi$ 为平凡赋值当且仅当 φ 为平凡赋值.

证明 若 φ 平凡，则 ψ 显然平凡. 现在设 ψ 是平凡赋值，即对每个 $a\in F^{\times}$，$\psi(a)=1$，则 ψ 和 φ 均是非阿的. 我们用反证法证明 φ 为 E 的平凡赋值，若不然，则存在 $\alpha\in E^{\times}$，使得 $\varphi(\alpha)>1$. 由于 E/F 是代数扩张，从而有

$$\alpha^{n}+a_1\alpha^{n-1}+\cdots+a_n=0\quad(a_i\in F,1\leqslant i\leqslant n,n\geqslant 1)$$

但是 $\varphi(a_i)=\psi(a_i)=0$ 或 1，可知 $\varphi(\alpha^{n})$ 比上式左边其余项的赋值都大，这就与引理 5 相矛盾. □

以下设 E/F 是域的代数扩张. 设 φ_1 和 φ_2 为 E 的非平凡赋值. 由上面引理知它们在 F 的限制 ψ_1 和 ψ_2 也是非平凡的. 如果 φ_1 和 φ_2 等价$(\varphi_2=\varphi_1^{\alpha})$，则 ψ_1 和 ψ_2 也等价$(\psi_2=\psi_1^{\alpha})$，从而 E 的一个素除子 Q 中所有赋值在 F 的限制属于 F 的同一个素除子 P. 我们称 P 为 Q 的**限制**，Q 为 P 的**扩充**，表示成 $P=Q|_F$，$(F,P)\subseteq(E,Q)$，而且 P 和 Q 或者均为非阿素除子，或者均是阿基米德素除子.

本节以下设$(F,P)\subseteq(E,Q)$是非阿赋值域的**有限扩张**（从而 E/F 是代数扩张）. 以 O_E，$\mathfrak{p}_E$ 表示(E,Q)的赋值环和素理想，O_F 和 $\mathfrak{p}_F$ 是(F,P)的赋值环和素理想，则$\overline{E}=O_E/\mathfrak{p}_E$ 和$\overline{F}=O_F/\mathfrak{p}_F$ 分别是(E,Q)和(F,P)的剩余类域，由 $O_F\subseteq O_E$ 和 $\mathfrak{p}_F=\mathfrak{p}_E\cap O_F$，可知$\overline{F}$可看成$\overline{E}$的子域，下面引理 9 要证$\overline{E}/\overline{F}$是有限扩张. 另一方面，设 v 是 Q 中一个指数赋值，则 $v(F^{\times})$ 为 $v(E^{\times})$ 的加法子群，易知$[v(E^{\times}):v(F^{\times})]$和 v 在 Q 中选取方式无关，我们也要证明$[v(E^{\times}):v(F^{\times})]$是有限的.

定义 6 设$(F,P)\subseteq(E,Q)$是非阿赋值域的有限扩张，v 为 Q 中一个指数赋值. 称

$$f=f(Q/P)=[\overline{E}:\overline{F}]$$

为 Q 对 P 的**剩余类域次数**，而

$$e=e(Q/P)=[v(E^{\times}):v(F^{\times})]$$

为 Q 对 P 的**分歧指数**.

由定义易知，若$(F,P)\subseteq(E,Q)\subseteq(K,R)$是非阿赋值域的有限扩张，则

$$e(R/P)=e(R/Q)e(Q/P),f(R/P)=f(R/Q)f(Q/P)$$

引理 9 设$(F,P)\subseteq(E,Q)$为非阿赋值域的有限扩张，v 为 Q 中一个指数赋值，则：

(1) 如果 $w_1,\cdots,w_r\in O_E$，并且 $\overline{E}$ 中元素 $\overline{w}_1,\cdots,\overline{w}_r$ 是 $\overline{F}$ - 线性无关的，则对于 $a_1,\cdots,a_r\in F$，必然有

$$v(a_1w_1+\cdots+a_rw_r)=\min_{1\leqslant i\leqslant r}\{v(a_i)\}$$

特别地，$w_1,\cdots,w_r$ 是 F - 线性无关的. 于是 $f(Q/P)\leqslant[E:F]$.

(2) 如果 $\pi_0,\cdots,\pi_s\in E^\times$，并且 $v(\pi_j)(0\leqslant j\leqslant s)$ 是 $v(E^\times)$ 对于 $v(F^\times)$ 的陪集代表元素，则对 $b_0,\cdots,b_s\in F$

$$v(b_0\pi_0+\cdots+b_s\pi_s)=\min_{0\leqslant j\leqslant s}\{v(b_j\pi_j)\}$$

特别地，$\pi_0,\cdots,\pi_s$ 是 F - 线性无关的，于是 $e(Q/P)\leqslant[E:F]$.

证明 (1) 不妨设 $a_i(1\leqslant i\leqslant r)$ 不全为零，并且不妨设 $v(a_1)=\min\limits_{1\leqslant i\leqslant r}\{v(a_i)\}$，则 $v(a_1)<\infty$，并且 $a_i/a_1\in O_F(1\leqslant i\leqslant r)$. 从而 $\alpha=w_1+\dfrac{a_2}{a_1}w_2+\cdots+\dfrac{a_r}{a_1}w_r\in O_E$. 由于 $\overline{w}_1,\cdots,\overline{w}_r$ 是 $\overline{F}$ - 线性无关的，可知

$$\overline{\alpha}=\overline{w}_1+\overline{\left(\frac{a_2}{a_1}\right)}\overline{w}_2+\cdots+\overline{\left(\frac{a_r}{a_1}\right)}\overline{w}_r\neq 0\in\overline{E}$$

于是 $\alpha\in O_E-\mathfrak{p}_E$，即 $v(\alpha)=0$，从而

$$\begin{aligned}v(a_1w_1+\cdots+a_rw_r)&=v(a_1)+v(\alpha)=v(a_1)\\&=\min_{1\leqslant i\leqslant r}\{v(a_i)\}\end{aligned}$$

由此即知 $f(Q/P)=(\overline{E}:\overline{F})\leqslant[E:F]$.

(2) 令 $\beta=b_0\pi_0+\cdots+b_s\pi_s$，先设 $b_j(0\leqslant j\leqslant s)$ 均不为 0，则 $v(b_j\pi_s)<\infty\ (0\leqslant j\leqslant s)$，我们证明 $v(b_j\pi_j)(0\leqslant j\leqslant s)$ 彼此不同. 因若 $i\neq j$ 而 $v(b_i\pi_i)=v(b_j\pi_j)$，则

$$v(\pi_i)-v(\pi_j)=v(\pi_i/\pi_j)=v(b_j/b_i)\in v(F^\times)$$

这与 $v(\pi_i)$ 和 $v(\pi_j)$ 属于 $v(E^\times)$ 对 $v(F^\times)$ 的不同陪集相矛盾. 于是 $v(\beta)=\min\limits_{0\leqslant j\leqslant s}\{v(b_j\pi_j)\}$. 若某些 b_j 为 0，则 $\beta=\sum\limits_{b_j\neq 0}b_j\pi_j$. 而由上述证明知

$$v(\beta)=\min_{b_j\neq 0}\{v(b_j\pi_j)\}=\min_{0\leqslant j\leqslant s}\{v(b_j\pi_j)\}$$

上面引理可以改进为：

引理 10 设 $(E,Q)\supseteq(F,P)$ 是非阿赋值域的有限扩张，则 $e(Q/P)f(Q/P)\leqslant[E:F]$.

证明 取 v 为 Q 中一个指数赋值，记

$$e=e(Q/P)=[v(E^\times):v(F^\times)]$$

$$f=f(Q/P)=[\overline{E}:\overline{F}]$$

则存在 $w_1,\cdots,w_f\in O_E$，使得$\overline{w}_1,\cdots,\overline{w}_f$是$\overline{F}$－线性无关的，又存在 $\pi_0,\cdots,\pi_{e-1}\in E^\times$，使得 $v(\pi_j)(0\leqslant j\leqslant e-1)$为 $v(E^\times)$对 $v(F^\times)$的陪集完全代表系. 我们要证 $w_i\pi_j(1\leqslant i\leqslant f,0\leqslant j\leqslant e-1)$是 F－线性无关的，从而 $ef\leqslant[E:F]$. 为此，我们只需证明：对任意 $a_{ij}\in F(1\leqslant i\leqslant f,0\leqslant j\leqslant e-1)$，有

$$v(\sum_{i,j}a_{ij}w_i\pi_j)=\min_{i,j}\{v(a_{ij}\pi_j)\}$$

不妨设 a_{ij}不全为 0，令

$$J=\{j\mid 0\leqslant j\leqslant e-1,\text{存在 } i,\text{使得 } a_{ij}\neq 0\}$$

则 J 不是空集，并且

$$\sum_{i,j}a_{ij}w_i\pi_j=\sum_{j\in J}\pi_j\sum_i a_{ij}w_i$$

由引理 9 知当 $j\in J$ 时

$$\begin{aligned}v(\sum_i a_{ij}w_i\pi_j)&=v(\pi_j)+v(\sum_i a_{ij}w_i)\\&=v(\pi_j)+\min_i\{v(a_{ij})\}\end{aligned}$$

于是对 J 中不同的 j，上式右边的值属于 $v(E^\times)$对 $v(F^\times)$的不同陪集，从而彼此不同. 所以

$$\begin{aligned}v(\sum_{ij}a_{ij}w_i\pi_j)&=v(\sum_{j\in J}\pi_j\sum_i a_{ij}w_i)\\&=\min_{j\in J}\{v(\pi_j)\}+\min_i\{v(a_{ij})\}\\&=\min_{i,j}\{v(a_{ij}\pi_j)\}\end{aligned}$$

再进一步改进则有：

定理 7.5 设$(E,Q_i)\supseteq(F,P)(1\leqslant i\leqslant g)$是非阿赋值域的有限扩张，其中 $Q_1,\cdots,Q_g$ 为 P 到 E 的不同扩充素除子，则 $\sum_{i=1}^{g}e(Q_i/P)f(Q_i/P)\leqslant[E:F]$.

证明 不妨设 P 非平凡，从而 Q 也非平凡，令 O 和 $\mathfrak{p}$ 是 F 对 P 的赋值环和素理想，O_i 和 $\mathfrak{p}_i$ 为 E 对 Q_i 的赋值环和素理想$(1\leqslant i\leqslant g)$. 取 $\varphi\in P,\varphi^{(i)}\in Q_i$，使得 $\varphi^{(i)}|_F=\varphi(1\leqslant i\leqslant g)$. 令

$$\psi:O\to\overline{F}=O/\mathfrak{p},\psi^{(i)}:O_i\to\overline{E}^{(i)}=O_i/\mathfrak{p}_i\quad(1\leqslant i\leqslant g)$$

均是环的自然满同态，则 $\psi^{(i)}|_O=\psi$. 记

$$e_i=e(Q_i/P),f_i=f(Q_i/P)\quad(1\leqslant i\leqslant g)$$

我们像引理 10 中那样取

$$\{w_\nu^{(i)}\in O_i\mid 1\leqslant\nu\leqslant f_i\},\{\pi_\mu^{(i)}\in E^\times\mid 0\leqslant\mu\leqslant e_i-1\}$$

使得 $\psi^{(i)}(w_\nu^{(i)})\in\overline{E}^{(i)}(1\leqslant\nu\leqslant f_i)$是$\overline{F}$－线性无关的，而 $\varphi^{(i)}(\pi_\mu^{(i)})(0\leqslant\mu\leqslant e_i-$

1) 为 $\varphi^{(i)}(E^{\times})$ 对于 $\varphi(F^{\times})$ 的陪集完全代表系，我们只需证明下列 $\sum_{i=1}^{g} e_i f_i$ 个元素

$$\{w_\nu^{(i)}\pi_\mu^{(i)} \mid 1\leqslant i\leqslant g, 1\leqslant \nu\leqslant f_i, 0\leqslant \mu\leqslant e_i - 1\}$$

是 F - 线性无关的，若不然，则有不全为 0 的一组元素 $a_{\nu\mu}^{(i)}\in F$，使得

$$\sum_{i,\nu,\mu} a_{\nu\mu}^{(i)} w_\nu^{(i)}\pi_\mu^{(i)} = 0$$

不妨设

$$\varphi(a_{10}^{(1)}) = \max_{i,\nu,\mu}\{\varphi(a_{\nu\mu}^{(i)})\}$$

则 $\varphi(a_{10}^{(1)})\neq 0$. 由引理 10 的证明可知

$$\begin{aligned} M &= \varphi^{(1)}\Big(\sum_{\nu,\mu} a_{\nu\mu}^{(1)} w_\nu^{(1)}\pi_\mu^{(1)}\Big) = \max_{\nu,\mu}\{\varphi^{(1)}(\alpha_{\nu\mu}^{(1)}\pi_\mu^{(1)})\} \\ &\geqslant \varphi^{(1)}(a_{10}^{(1)}\pi_0^{(1)}) > 0 \end{aligned}$$

我们要适当选取 $w_\nu^{(i)}$ $(2\leqslant i\leqslant g, 1\leqslant\nu\leqslant f_i)$，使得对任意 ν 和 μ 均有

$$\varphi^{(1)}(a_{\mu\nu}^{(1)} w_\nu^{(1)}\pi_\mu^{(i)}) < M \quad (2\leqslant i\leqslant g). \tag{$*$}$$

这时

$$\begin{aligned} 0 &= \varphi^{(1)}(0) = \varphi^{(1)}\Big(\sum_{i,\nu,\mu} a_{\nu\mu}^{(i)} w_\nu^{(i)}\pi_\mu^{(i)}\Big) \\ &= \varphi^{(1)}(a_{10}^{(1)} w_1^{(1)}\pi_0^{(1)}) = M > 0 \end{aligned}$$

这个矛盾即证明了定理. 为了选取满足式($*$)的 $w_\nu^{(i)}$，要用逼近定理 7.4，令

$$N = \min_{\substack{i,\mu \\ i\neq 1}} \varphi^{(1)}(\pi_0^{(1)})/\varphi^{(1)}(\pi_\mu^{(i)})$$

我们只要使 $\{w_\nu^{(i)} \mid 2\leqslant i\leqslant g, 1\leqslant\nu\leqslant f_i\}$ 满足

$$\varphi^{(1)}(w_\nu^{(i)}) < N \quad (2\leqslant i\leqslant g, 1\leqslant \nu\leqslant f_i)$$

即可. 因为这时对 $i\geqslant 2$

$$\begin{aligned} \varphi^{(1)}(a_{\nu\mu}^{(i)} w_\nu^{(i)}\pi_\mu^{(i)}) &< N\cdot\varphi^{(1)}(\pi_\mu^{(1)}/\pi_0^{(1)})\varphi^{(1)}(a_{10}^{(1)}\pi_0^{(1)}) \\ &\leqslant N\cdot N^{-1}\cdot M = M \end{aligned}$$

但是，若原先选取的为 $\{\widetilde{w}_\nu^{(i)}\}$，则对每个固定的 $i\geqslant 2$ 和 ν，由逼近定理可知存在 $w_\nu^{(i)}\in E$，使得

$$\varphi^{(i)}(\widetilde{w}_\nu^{(i)} - w_\nu^{(i)}) < 1, \varphi^{(1)}(w_\nu^{(i)}) < N \quad (2\leqslant i\leqslant g)$$

由第 1 式和 $\psi^{(i)}(w_\nu^{(i)}) = \psi^{(i)}(\widetilde{w}_\nu^{(i)})$. 从而新的 $\{w_\nu^{(i)}\}$ 即为所求. □

第八章 完备化和赋值的扩充

§1 完备赋值域

设(F,P)是赋值域,$\varphi\in P$,则F对于P-拓扑是豪斯多夫拓扑空间. 如果这个拓扑空间不是完备的,则在拓扑学中可以将F完备化为拓扑空间$\hat{F}$. 我们在本节中要证明:$\hat{F}$仍是域,并且素除子P唯一地扩充成$\hat{F}$的一个素除子$\hat{P}$.

在拓扑学中,将豪斯多夫拓扑空间X完备化,通常是用X中的柯西序列来实现的.

定义1 设(F,P)是赋值域,$\varphi\in P$. F中序列$\{a_n\}=\{a_1,a_2,\cdots,a_n,\cdots\}$叫作**柯西序列**,是指对每个$\varepsilon>0$,都存在自然数$N$,使得$m,n>N$时,$\varphi(a_m-a_n)<\varepsilon$.

F中序列$\{a_n\}$叫作收敛于$a\in F$,是指对每个$\varepsilon>0$,均存在自然数N,使得$m>N$时,$\varphi(a_m-a)<\varepsilon$. 这表成$\lim\limits_{n\to\infty}a_n=a$.

由于P的所有赋值给出F的同一拓扑,所以上述定义与φ在P中的选取方式无关,即为拓扑域(F,P)的性质.

如果F中每个柯西序列均收敛于F中某个元素,则(F,P)叫作**完备**赋值域,或者称域F是P-**完备**的.

$(\hat{F},\hat{P})$叫作(F,P)的**完备化**,是指:

(1)$(\hat{F},\hat{P})\supseteq(F,P)$;

(2)$(\hat{F},\hat{P})$完备;

(3)F在$\hat{F}$中稠密.

例1 $(\mathbb{Q},\infty)$不是完备的赋值域,即$\mathbb{Q}$对于通常的绝对值不是完备的,而$\mathbb{Q}$对∞的完备化为$(\mathbb{R},\infty)$. 又如,熟知$(\mathbb{C},\infty)$是完备赋值域.

在拓扑学中我们知道,每个豪斯多夫拓扑空间 X 都存在本质上唯一的完备化$\hat{X}$. 所谓本质上唯一是指:X 的两个完备化拓扑空间是同胚的,对于赋值域我们有类似结果.

定理 8.1 设(F,P)是赋值域,则:

(1)存在(F,P)是完备化赋值域.

(2)若赋值域$(\widetilde{F},\widetilde{P})$和$(\hat{F},\hat{P})$都是$(F,P)$的完备化,则存在唯一的 F - 同构 $\sigma:\hat{F}\to\widetilde{F}$,使得 $\sigma(\hat{P})=\widetilde{P}$.

证明 (1)(存在性)像拓扑学中所做的,以 R 表示 F 的全部柯西序列所构成的集合,在 R 中定义

$$\{a_n\}\pm\{b_n\}=\{a_n\pm b_n\},\{a_n\}\cdot\{b_n\}=\{a_nb_n\}$$

不难验证,R 对于上述运算形成交换环. 固定 P 中一个赋值 φ,并且设 φ 满足三角形不等式. 由$|\varphi(a)-\varphi(b)|\leqslant\varphi(a-b)$可知若$\{a_n\}$是 F 中柯西序列,则 $\lim\varphi(a_n)$存在. 定义映射

$$\hat{\varphi}:R\to\mathbb{R},\{a_n\}\mapsto\lim\varphi(a_n)$$

不难验证:

(i)$\hat{\varphi}(\{a_n\})\geqslant 0$;

(ii)$\hat{\varphi}(\{a_n\}\cdot\{b_n\})=\hat{\varphi}(\{a_n\})\hat{\varphi}(\{b_n\})$;

(iii)$\hat{\varphi}(\{a_n\}+\{b_n\})\leqslant\hat{\varphi}(\{a_n\})+\hat{\varphi}(\{b_n\})$.

由性质(ii)可知映射$\hat{\varphi}$是环的同态. 因此

$$\begin{aligned}K=\mathrm{Ker}\,\hat{\varphi}&=\{\{a_n\}\in R\mid\lim\varphi(a_n)=0\}\\&=\{\{a_n\}\in R\mid a_n\to 0\}\end{aligned}$$

是 R 中的理想,并且是 R 中的唯一极大理想. 从而$\hat{F}=R/K$是域,并且$\hat{\varphi}$诱导出映射

$$\hat{\varphi}:\hat{F}\to\mathbb{R}$$

由上述性质(i)(ii)和(iii)可知$\hat{\varphi}$是域$\hat{F}$的赋值,记$\hat{\varphi}$所在的素除子为$\hat{P}$. 于是$(\hat{F},\hat{P})$是赋值域. 像在拓扑学中那样,将 F 中元素 a 等同于$\hat{F}$中常数序列$\{a\}$,则 F 可看成$\hat{F}$的子域,并且$\hat{F}$是 F 的拓扑空间完备化(即$\hat{F}$对$\hat{\varphi}$ - 拓扑完备,并且 F 在$\hat{F}$中稠密),而且$\hat{\varphi}|_F=\varphi$,所以赋值域$(\hat{F},\hat{P})$是(F,P)的完备化.

(2)(唯一性)设$(\widetilde{F},\widetilde{P})$是$(F,P)$的另一个完备化赋值域. 对于$\hat{\alpha}\in\hat{F}$,存在

$a_n \in F$,使得在$\hat{F}$中 $\lim a_n = \hat{\alpha}$. 所以$\{a_n\}$为 F 中柯西序列,从而在$\widetilde{F}$中有极限 $\lim a_n = \widetilde{\alpha}$,作映射

$$\sigma: \hat{F} \to \widetilde{F}, \sigma(\hat{a}) = \widetilde{\alpha}$$

易知这个映射是可定义的(即$\widetilde{\alpha}$与 a_n 的选取方式无关),并且 σ 为域的 F-同构. 取$\hat{\varphi} \in \hat{P}, \widetilde{\varphi} \in \widetilde{P}$,则对于$\hat{\alpha} \in \hat{F}$,取 $a_n \in F$,使得 $\lim a_n = \hat{a}$(在$\hat{F}$中),则

$$\hat{\varphi}(\hat{\alpha}) < 1 \Leftrightarrow \lim a_n^n = 0(\text{在 } F \text{ 中}) \Leftrightarrow \widetilde{\varphi}(\widetilde{\alpha}) = \widetilde{\varphi}(\sigma(\hat{\alpha})) < 1$$

这就表明 $\sigma(\hat{P}) = \widetilde{P}$. □

定理 8.2　设赋值域$(\hat{F},\hat{P})$是(F,P)的完备化,P(从而$\hat{P}$)是非阿素除子,则:

(1) $e(\hat{P}/P) = f(\hat{P}/P) = 1$,特别地,$P$ 是离散的$\Leftrightarrow\hat{P}$是离散的.

(2)以$\hat{O}$表示$\hat{F}$对$\hat{P}$的赋值环,O 对 F 对 P 的赋值环,则$\hat{O}$是 O 在$\hat{F}$中的拓扑闭包.

证明　(1)令$\hat{v} \in \hat{P}, v = \hat{v}|_F \in P$. 对于$0 \neq \alpha \in \hat{F}$,存在$0 \neq a \in F$,使得$\hat{v}(a-\alpha) > \hat{v}(\alpha)$,于是 $v(a) = \hat{v}(a) = \hat{v}(\alpha)$. 这表明$\hat{v}(\hat{F}^{\times}) = v(F^{\times})$,即 $e(\hat{P}/P) = 1$. 类似地,设$\bar{\alpha}$为$(\hat{F},\hat{P})$的剩余类域中非零元素,$\alpha \in \hat{O}$,则存在 $a \in F$,使得$\hat{v}(a-\alpha) > 0$. 但是$\hat{v}(\alpha) = 0$,从而 $v(a) = 0$. 于是 $a \in O \subseteq \hat{O}$, $a - \alpha \in \hat{\mathfrak{p}}$,因此$\bar{a} = \bar{\alpha}$. 这就表明 $f(\hat{P}/P) = 1$.

(2)令$\hat{\varphi} \in \hat{P}$满足三角形不等式,$\varphi = \hat{\varphi}|_F \in P$. 由$|\varphi(a) - \varphi(b)| \leqslant \varphi(a-b)$可知 φ 是拓扑空间(F,φ)到实数拓扑空间$(\mathbb{R},\infty)$的(一致)连续函数,所以若 $a_n \in O$, $\lim a_n = \alpha \in \hat{F}$,则$\hat{\varphi}(\alpha) = \lim \varphi(a_n) \leqslant 1$,即 $\alpha \in \hat{O}$. 反之,对$\hat{O}$中每个元素 α,存在 $a_n \in F$,使得 $\lim a_n = \alpha$. 由于$\hat{\varphi}(\alpha) \leqslant 1$,可知对充分大的 n 均有$\hat{\varphi}(\alpha - a_n) < \hat{\varphi}(\alpha)$,从而 $\varphi(a_n) = \hat{\varphi}(a_n) = \hat{\varphi}(\alpha) \leqslant 1$,即对充分大的 n, $a_n \in O$. 这就证明了$\hat{O}$是 O 的拓扑闭包.

现在讨论完备赋值域的结构. 首先我们要证明,完备的阿基米德赋值域本质上只有两个:实数域和复数域(对赋值$|\ |_\infty$). 证明很初等,但很有技巧性. 先证一个简单引理作为准备.

引理 1　(1)设 φ 是复数域$\mathbb{C}$ 的赋值,并且 $\varphi|_{\mathbb{R}} = |\ |$(通常绝对值),则 φ 在$\mathbb{C}$ 上也为$|\ |$.

(2)设$(\mathbb{R},|\ |)\subseteq(F,\varphi)$是赋值域扩张,则$F=\mathbb{R}$或$\mathbb{C}$,并且$\varphi=|\ |$.

证明 (1)记$\mathrm{i}=\sqrt{-1}$,则$\varphi(\mathrm{i})=1$(因为$\mathrm{i}^4=1$).从而对复数$\alpha=a+\mathrm{i}b$ $(a,b\in\mathbb{R})$

$$\varphi(a+\mathrm{i}b)\leqslant\varphi(a)+\varphi(b)=|a|+|b|$$
$$\leqslant\sqrt{2}\,|\sqrt{a^2+b^2}|=\sqrt{2}\,|\alpha|$$

对每个$0\neq\alpha\in\mathbb{C}$,令$f(\alpha)=\varphi(\alpha)/|\alpha|$,则$0<f(\alpha)\leqslant\sqrt{2}$.于是$0<f(\alpha)=f(\alpha^n)^{\frac{1}{n}}\leqslant 2^{\frac{1}{2n}}$.令$n\to\infty$,则$0<f(\alpha)\leqslant 1$.但是又有$0<f(\alpha^{-1})=f(\alpha)^{-1}\leqslant 1$,即$f(\alpha)\geqslant 1$,所以$f(\alpha)=1$,即对每个$\alpha\in\mathbb{C}$,$\varphi(\alpha)=|\alpha|$.

(2)我们只需证明$F/\mathbb{R}$是代数扩张(因为熟知$\mathbb{R}$的代数扩域只有$\mathbb{R}$和$\mathbb{C}$,再由(1)知$\varphi=|\ |$).即要证F中元素ξ在$\mathbb{R}$上均是代数的.为此作映射

$$f:\mathbb{C}\to\mathbb{R},f(\alpha)=\varphi(\xi^2-(\alpha+\bar{\alpha})\xi+\alpha\bar{\alpha})$$

其中$\bar{\alpha}$表示α的复共轭.我们只需证明存在$\alpha\in\mathbb{C}$,使得$f(\alpha)=0$(于是$\xi^2-(\alpha+\bar{\alpha})\xi+\alpha\bar{\alpha}=0$,即$\xi$在$\mathbb{R}$上代数).

函数f取非负实数值.由

$$|f(\alpha_1)-f(\alpha_2)|\leqslant\varphi[(\alpha_1\bar{\alpha}_1-\alpha_2\bar{\alpha}_2)+(\alpha_2+\bar{\alpha}_2)\xi-(\alpha_1+\bar{\alpha}_1)\xi]$$
$$\leqslant|\alpha_1\bar{\alpha}_1-\alpha_2\bar{\alpha}_2|+\varphi(\xi)|\alpha_2+\bar{\alpha}_2-\alpha_1-\bar{\alpha}_1|$$

可知f是连续函数,而且由

$$f(\alpha)\geqslant\varphi(\alpha\bar{\alpha})-\varphi[(\alpha+\bar{\alpha})\xi]-\varphi(\xi)^2$$
$$=|\alpha|^2-\varphi(\xi)|\alpha+\bar{\alpha}|-\varphi(\xi)^2$$

可知$\lim\limits_{|\alpha|\to\infty}f(\alpha)=+\infty$.所以$f(x)$在$\mathbb{C}$上达到它的最小值$m\geqslant 0$.我们只要证明$m=0$.如果$m>0$,则

$$S=\{\alpha\in\mathbb{C}\,|\,f(\alpha)=m\}$$

是$\mathbb{C}$的有界闭集.令α_0为S中绝对值最大者,对于$0<\varepsilon<m$,以α,β表示实系数多项式$x^2-(\alpha_0+\bar{\alpha})x+\alpha_0\bar{\alpha}_0+\varepsilon$的两个复根,则$\alpha\beta=\alpha_0\bar{\alpha}_0+\varepsilon$.所以$|\alpha|$或$|\beta|$大于$|\alpha_0|$.不妨设$|\alpha|>|\alpha_0|$,则$\alpha\notin S$,从而$f(\alpha)>m$.对$n\geqslant 1$,令$G(x)=[x^n+(\alpha_0+\bar{\alpha}_0)x+\alpha_0\bar{\alpha}_0]^n-(-\varepsilon)^n$,则$G(\alpha)=0$.设$G(x)$的$2n$个复根为$\beta_1,\cdots,\beta_{2n}$,其中$\beta_1=\alpha$,则

$$G(x)=\prod_{i=1}^{2n}(x-\beta_i)=\prod_{i=1}^{2n}(x-\bar{\beta}_i)$$

$$G(x)^2=\prod_{i=1}^{2n}(x^2-(\beta_i+\bar{\beta}_i)x+\beta_i\bar{\beta}_i)$$

于是

$$\varphi(G(\xi)^2) = \prod_{i=1}^{2n} f(\beta_i) \geqslant f(\alpha) m^{2n-1}$$

另一方面,$\varphi(G(\xi)) \leqslant f(\alpha_0)^n + \varepsilon^n = m^n + \varepsilon^n$. 于是$f(\alpha) m^{2n-1} \leqslant m^n + \varepsilon^n$. 令 $\varepsilon \to 0$ 就给出矛盾$f(\alpha) \leqslant m$. □

定理 8.3(Ostrowski) 设(F,P)是完备的阿基米德赋值域,则 F 同构于$\mathbb{R}$或$\mathbb{C}$,并且在这种同构之下,P 是素除子∞.

证明 由于阿基米德赋值域 F 的特征为0,所以 F 有子域$\mathbb{Q}$,而$\mathbb{Q}$ 只有唯一的阿基米德赋值∞,于是 $P|_{\mathbb{Q}} = \infty$,即$(\mathbb{Q},\infty) \subseteq (F,P)$. 由于 F 是完备的,所以 F 有子域同构于$(\mathbb{Q},\infty)$的完备化$(\mathbb{R},\infty)$. 再由引理 1 即得. □

现在考虑完备非阿赋值域的结构,我们只讨论完备离散赋值域,因为今后只涉及这种完备非阿赋值域.

定理 8.4 设(F,P)是完备离散赋值域,v 是 P 中标准指数赋值,π 为赋值环 O 中的一个素元,R 是 O 对素理想 $\mathfrak{p}$ 的陪集完全代表系,并且 $0 \in R$(即取 0 作为陪集 $\mathfrak{p}$ 的代表元),则 F 的每个非零元素 b 均可唯一表成(π-adic 展开)

$$b = \sum_{n=r}^{\infty} a_n \pi^n \quad (a_n \in R, n \geqslant r, a_r \neq 0)$$

其中 $r = v_P(b)$.

证明 设 $r = v(b)$,则 $v(b/\pi^r) = 0$,于是 $0 \neq \overline{(b/\pi^r)} \in \overline{F} = O/\mathfrak{p}$,于是存在 $0 \neq a_r \in R$,使得$\overline{(b/\pi^r)} = \overline{a_r}$. 所以$(b/\pi^r) - a_r \in \mathfrak{p} = \pi O$,即

$$b - a_r \pi^r \in \pi^{r+1} O$$

于是又存在 $a_{r+1} \in R$,使得

$$(b - a_r\pi^r)/\pi^{r+1} \equiv a_{r+1} (\bmod\ \mathfrak{p}), b - a_r\pi^r - a_{r+1}\pi^{r+1} \in \pi^{r+2} O$$

如此继续下去,即知

$$b - (a_r\pi^r + a_{r+1}\pi^{r+1} + \cdots + a_{r+s}\pi^{r+s}) \in \pi^{r+s+1} O \quad (a_i \in R)$$

令 $s \to +\infty$,则 $b = \lim\limits_{s\to\infty} \sum_{n=r}^{r+s} a_n \pi^n = \sum_{n=r}^{\infty} a_n \pi^n$.

唯一性:若又有

$$b = \sum_{n=s}^{\infty} b_n \pi^n \quad (b_n \in R, b_s \neq 0)$$

则 $r = v(b) = s$. 于是$0 = \sum_{n=r}^{\infty} (a_n - b_n)\pi^n$. 如果 $a_r \neq b_r$,则因 a_r 和 b_r 是 R 中不同元素,因此 $a_r - b_r \in U$,即 $v(a_r - b_r) = 0$. 而

$$\infty = v(0) = v\left(\sum_{n=r}^{\infty}(a_n - b_n)\pi^n\right) = v((a_r - b_r)\pi^r) = r$$

这个矛盾表明 $a_r = b_r$，于是 $0 = \sum_{n=r+1}^{\infty}(a_n - b_n)\pi^n$，从而又有 $a_{r+1} = b_{r+1}$. 如此下去即知对每个 $n \geqslant r$，均有 $a_n = b_n$. □

系 在定理 8.4 的假定下，若 $\overline{F}$ 是有限域，则对每个 $r \in \mathbb{Z}$，$\mathfrak{p}^r$ 是 F 的紧加法子群.

证明 由于 $\mathfrak{p}^r \to O, a \mapsto a\pi^{-r}$ 是同胚映射，可知只需对 O 证明紧性即可. 由 $\overline{F} = O/\mathfrak{p}$ 有限可知 R 是有限集合($|R| = |\overline{F}|$)，而

$$\begin{aligned} O &= \{\alpha \in F \mid v(\alpha) \geqslant 0\} \\ &= \{\alpha = a_0 + a_1\pi + a_2\pi^2 + \cdots \mid a_i \in R\} \end{aligned}$$

设 $\{\alpha_n\}$ 为 O 中任意序列，由于 R 是有限集，可知 $\{\alpha_n\}$ 有无限子列，其 π-adic 展开有相同的 a_0. 同样地，这个子列又有无限子列，其展开式有相同的 a_1. 如此下去，即得到一个子列收敛于 $a_0 + a_1\pi + a_2\pi^2 + \cdots \in O$，从而 O 是紧集. □

定理 8.5 设 (F, P) 是离散赋值域，π 是其赋值环 O 中的素元，R 为 O 对 $\mathfrak{p}$ 的陪集完全代表系. $0 \in R$，$(\hat{F}, \hat{P})$ 是 (F, P) 的完备化，则 π 也是 $\hat{F}$ 的赋值环中的素元，R 也是 $\hat{O}$ 对 $\hat{\mathfrak{p}}$ 的陪集完全代表系，所以 $\hat{F}$ 中每个元素唯一表成 π-adic 展开

$$\alpha = \sum_{n=r}^{\infty} a_n\pi^n \quad (a_n \in R, n \geqslant r, a_r \neq 0)$$

其中 $r = \hat{v}(\alpha)$，$\hat{v}$ 为 $\hat{P}$ 中标准指数赋值.

证明 由 $f(\hat{P}/P) = 1$ 可知 $\hat{O}/\hat{\mathfrak{p}} = O/\mathfrak{p}$，所以 R 也是 $\hat{O}$ 对 $\hat{\mathfrak{p}}$ 的陪集完全代表系. 由 $1 = e(\hat{P}/P) = [\hat{v}(\hat{F}^\times) : v(F^\times)]$ 可知 $\hat{v}(\pi) = v(\pi) = 1$，即 π 也是 $\hat{O}$ 中素元. 其余由定理 8.4 推出. □

注记 若 $\overline{F}$ 是有限域，定义 O 中理想 $\mathfrak{p}^r$ 的范为

$$N(\mathfrak{p}^r) = |O/\mathfrak{p}^r| = |O/\mathfrak{p}|^r = |\overline{F}|^r$$

则 $N(\mathfrak{p}^r) = N(\mathfrak{p})^r$. 另一方面，由定理 8.5 知集合

$$\{a_0 + a_1\pi + \cdots + a_{r-1}\pi^{r-1} \mid a_i \in R\}$$

同时是 $O/\mathfrak{p}^r$ 和 $\hat{O}/\hat{\mathfrak{p}}^r$ 的完全代表系. 因此 $O/\mathfrak{p}^r \cong \hat{O}/\hat{\mathfrak{p}}^r$. 特别地，$N(\mathfrak{p}^r) = N(\hat{\mathfrak{p}}^r)$.

环 $O/\mathfrak{p}^r$ 和 $\hat{O}/\hat{\mathfrak{p}}^r$ 也有相同的单位群，元素个数为

$$\Phi(\mathfrak{p}^r) = \Phi(\hat{\mathfrak{p}}^r) = N(\mathfrak{p}^r) - N(\mathfrak{p}^{r-1}) = (N(\mathfrak{p}) - 1)N(\mathfrak{p})^{r-1}$$

其中 $N\mathfrak{p}=|\overline{F}|$.

下面举两个完备离散赋值域的例子.

例 1 对每个素数 p,我们以 $\mathbb{Q}_p$ 表示有理数域 $\mathbb{Q}$ 对于 p 进赋值的完备化,叫作 p **进(数)域**. $\mathbb{Q}_p$ 中元素叫作 p **进数**. 以 $\mathbb{Z}_p$ 表示 $\mathbb{Q}_p$ 的赋值环,叫作 p **进整数环**,$\mathbb{Z}_p$ 中元素叫作 p **进整数**. $\mathbb{Z}_p$ 的素理想(唯一极大理想)为 $p\mathbb{Z}_p$(p 是素元),剩余类域为 $\mathbb{Z}_p/p\mathbb{Z}_p\cong\mathbb{Z}/p\mathbb{Z}$($p$ 元域). 于是可取 $R=\{0,1,\cdots,p-1\}$. v_p 和 $|\ |_p$ 到 $\mathbb{Q}_p$ 的扩充仍记为 v_p 和 $|\ |_p$. 每个 p 进数可唯一表示成

$$\alpha=\sum_{n=l}^{\infty}a_np^n\quad(l\in\mathbb{Z},0\leqslant a_n\leqslant p-1,a_l\neq 0)$$

其中 $l=v_p(\alpha)$,并且 α 是 p 进整数的充分必要条件 $l\geqslant 0$. $\mathbb{Q}_p$ 是完备离散赋值域,剩余类域为有限域,所以 $\mathbb{Z}_p$ 和它的所有分式理想 $p^l\mathbb{Z}_p(l\in\mathbb{Z})$ 都是紧集.

对于 $\mathbb{Q}$ 的无限素除子 ∞,其完备化 $\mathbb{R}$(实数域)也表示成 $\mathbb{Q}_\infty$.

例 2 设 F 为域,$p=p(x)$ 是 $F[x]$ 中首 1 不可约 d 次多项式($d\geqslant 1$). $k=F(x)$ 对于素除子 p(第 7 章 §3 习题 1)的完备化表示成 k_p. 它的剩余类域为 $F[x]/(p(x))$,从而可以取 $R=\{f(x)\in F[x]\mid \deg f<d\}$. p 为 k_p 中素元,从而 k_p 中非零元素唯一表示成

$$\alpha=\sum_{n=l}^{\infty}a_np^n\quad(l=v_p(\alpha)\in\mathbb{Z},a_n\in R,a_l\neq 0)$$

k_p 是完备离散赋值域. 若 F 为有限域 $\mathbb{F}_q$(q 元域),则 $\overline{F}=\mathbb{F}_q(x)/(p(x))\cong\mathbb{F}_q^d$ 也是有限域,这时 k_p 的赋值环和分式理想都是紧集.

对于 $k=F(x)$ 的无限素除子 ∞(第 7 章 §3 习题 2,∞ 是非阿离散素除子),以 k_∞ 表示 k 对 ∞ 的完备化,则 $\frac{1}{x}$ 为素元,剩余类域为 F. k_∞ 中非零元素可唯一表示为(取 $R=F$)

$$\alpha=\sum_{n=l}^{\infty}a_nx^{-n}\quad(l=v_\infty(\alpha),a_n\in F,a_l\neq 0)$$

所以 $k_\infty=F\left(\left(\frac{1}{x}\right)\right)$(域 F 上以 $\frac{1}{x}$ 为未定元的形式幂级数域).

习　题

1. 设 $f(x)\in\mathbb{Z}[x]$,求证:$f(x)=0$ 在 $\mathbb{Z}_p$ 中有根 $\Leftrightarrow$ 对每个 $n\geqslant 1$,同余方程 $f(x)\equiv 0\pmod{p^n}$ 均有整数解.

2. 设(F,φ)是非阿赋值域，$a_n, a \in F$.

(1)若 $a_n \to a \neq 0$，则对充分大的 n，$\varphi(a_n) = \varphi(a)$.

(2)$\{a_n\}$对 φ - 拓扑为柯西序列$\Leftrightarrow (a_{n+1} - a_n) \to 0$.

(3)如果(F,φ)是完备的，则 $\sum_{n=1}^{\infty} a_n$ 收敛 $\Leftrightarrow a_n \to 0$.

注记 习题 2 表明，在完备非阿赋值域中判别序列和级数是否有极限，比在阿基米德赋值的情形要简单，这是由于超距不等式的缘故.

§2 Hensel 引理，牛顿逼近和牛顿折线

由上节可知，在完备赋值域中可以使用分析工具(连续函数、取极限等). 本节要介绍完备非阿赋值域的重要的特殊性质.

设(F,P)为非阿赋值域，v 是 P 中一个指数赋值. O 和 $\mathfrak{p}$ 为其赋值环和素理想. 正则映射

$$O \to \overline{F} = O/\mathfrak{p}, a \mapsto \overline{a}$$

诱导出多项式环的同态

$$O[x] \to \overline{F}[x], f(x) = \sum a_n x^n \mapsto \overline{f}(x) = \sum \overline{a}_n x^n$$

如果$\overline{f}(x) \neq 0$，称$f(x)$为 $O[x]$中的**本原**多项式. 对于 $F[x]$中多项式$f(x) = a_0 + a_1 x + \cdots + a_n x^n$，令

$$\overline{v}(f) = \min\{v(a_0), v(a_1), \cdots, v(a_n)\}$$

可以证明$\overline{v}$是 $F(x)$的指数赋值并且$\overline{v}|_F = v$，但是我们今后不需要这个事实，而只用$\overline{v}$的上述定义. 下面结果是从$\overline{F}$提升到 O 的重要工具.

定理 8.6(Hensel 引理) 设(F,P)是完备非阿赋值域，$f(x)$为 $O[x]$中本原多项式. 如果 $\overline{f}(x)$在$\overline{F}[x]$中分解成$\overline{f}(x) = G(x)H(x)$，其中 $G(x), H(x)$是$\overline{F}[x]$中互素的多项式，则存在 $g(x), h(x) \in O[x]$，使得:

(1)$f(x) = g(x)h(x)$;

(2)$\overline{g}(x) = G(x), \overline{h}(x) = H(x)$;

(3)$\deg g(x) = \deg G(x)$.

证明 令 $s = \deg f, r = \deg G(x)$，则 $\deg \overline{f} \leqslant s, \deg H(x) \leqslant s - r$. 证明用逐次用逼近法. 首先，我们总可取 $g_1, h_1 \in O[x]$，使得

$$\overline{g}_1 = G, \overline{h}_1 = H, \deg g_1 = \deg G, \deg h_1 = \deg H$$

由于$(G,H)=1$,于是存在$a(x),b(x)\in O[x]$,使得$\bar{a}G+\bar{b}H=1$,从而$f-g_1h_1$和ag_1+bh_1-1均属于$\mathfrak{p}[x]$. 令

$$\varepsilon=\min\{\bar{v}(f-g_1h_1),\bar{v}(ag_1+bh_1-1)\}$$

则$\varepsilon>0$. 如果$\varepsilon=+\infty$,则$f=g_1h_1$便证明完毕. 以下设$0<\varepsilon<\infty$. 取$\pi\in O$,使得$v(\pi)=\varepsilon$. 于是

$$f\equiv g_1h_1(\bmod \pi),\bar{g}_1=G$$

$$\bar{h}_1=H,\deg g_1=\deg G=r,\deg h_1\leqslant s-r$$

现在我们对$i=1,2,\cdots$递归地构作$g_i(x),h_i(x)\in O[x]$,使得:

(1′)$f\equiv g_ih_i(\bmod \pi^i)$;

(2′)$g_i\equiv g_{i-1}(\bmod \pi^{i-1}),h_i\equiv h_{i-1}(\bmod \pi^{i-1})$(当$i\geqslant 2$时);

(3′)$\deg g_i=\deg G=r,\deg h_i\leqslant s-r$.

前面已构作出这样的g_1和h_1. 现在设$g_{n-1},h_{n-1}(n\geqslant 2)$满足此条件,我们来构作$g_n$和$h_n$. 由(2′)可知应当有

$$g_n(x)=g_{n-1}(x)+\pi^{n-1}u(x)$$

$$h_n(x)=h_{n-1}(x)+\pi^{n-1}v(x) \tag{1}$$

其中$u(x),v(x)$为$O[x]$中待定的多项式. 由于$2n-2\geqslant n$,所以

$$f\equiv g_nh_n(\bmod \pi^n)$$

$$\Leftrightarrow f\equiv g_{n-1}h_{n-1}+\pi^{n-1}(g_{n-1}v+h_{n-1}u)(\bmod \pi^n)$$

$$\Leftrightarrow w\equiv g_{n-1}v+h_{n-1}u(\bmod \pi) \tag{2}$$

其中

$$w=\frac{f-g_{n-1}h_{n-1}}{\pi^{n-1}}\in O[x]$$

由于$ag_1+bh_1\equiv 1(\bmod \pi)$可知$wag_1+wbh_1\equiv w(\bmod \pi)$. 现在我们用下式决定$u(x)$

$$wb=q(x)g_1(x)+u(x),\deg u(x)<\deg g_1=r$$

由于$G(x)$的最高次项系数不为0,所以$g_1(x)$的最高次项系数属于$U=O-\mathfrak{p}$. 由此可知$u(x)\in O[x]$,而且

$$(wa+qh_1)g_1+uh_1\equiv w(\bmod \pi)$$

将多项式$wa+qh_1$中被π除尽(即属于πO)的系数均改成0,所得新的多项式叫作$v(x)$,则$v(x)\in O[x]$,并且

$$vg_1+uh_1\equiv w(\bmod \pi) \tag{3}$$

由归纳假设知$g_1\equiv g_{n-1},h_1\equiv h_{-1}(\bmod \pi)$,从而$vg_{n-1}+uh_{n-1}\equiv w(\bmod \pi)$. 再由

式(2)知$f\equiv g_nh_n(\bmod \pi^n)$,即式(1′)对$i=n$成立. 而由(1)可知(2′)对$i=n$成立. 由$\deg u<r$和式(1)可知$\deg g_n=\deg g_{n-1}=r$. 最后,由$\deg \overline{w}\leqslant s$,$\deg \overline{u}\overline{h}_1\leqslant s$,$\deg \overline{g}_1=\deg G=r$和式(3)知$\deg \overline{v}\leqslant s-r$. 由$v(x)$的构作方式知$\deg v\leqslant s-r$. 再由式(1)可知$\deg h_n\leqslant s-r$. 于是式(3′)对$i=n$也成立.

由式(2′)可知$\lim g_n$和$\lim h_n$存在,并且它们的极限$g(x)$,$h(x)$均属于$O[x]$. 易知$g(x)$,$h(x)$满足定理中的3个条件. □

Hensel引理有许多应用,比如说:

定理8.7 设(F,P)是完备非阿赋值域,v是P中一个指数赋值.

(1)若$f(x)=a_0+a_1x+\cdots+a_nx^n$为$F[x]$中$n$次不可约多项式,则$\overline{v}(f)=\min\{v(a_0),v(a_n)\}$.

(2)若$f(x)=x^n+b_1x^{n-1}+\cdots+b_n$为$F[x]$中不可约多项式,则$f(x)\in O[x]\Leftrightarrow b_n\in O$.

(3)若$f(x)$为$O[x]$中首1不可约多项式,则$\overline{f}(x)$为$\overline{F}[x]$中某个不可约多项式的方幂.

(4)设$f(x)\in O[x]$,$\alpha\in\overline{F}$为$\overline{f}(x)$的单根,则存在元素$a\in O$,使得$\overline{a}=\alpha$并且$f(a)=0$. ($\overline{f}(x)$在$\overline{F}=O/\mathfrak{p}$中的单根均可提升成$f(x)$在$O$中的根)

证明 (1)必要时将$f(x)$乘以F中非零元素,可使得$f(x)\in O[x]$并且$\overline{v}(f)=0$. 我们只需证明$v(a_0)=0$或者$v(a_n)=0$. 如果$v(a_0)$和$v(a_n)$均为正实数,即$a_0,a_n\in\mathfrak{p}$,由于$\overline{v}(f)=0$,可知存在$r(1\leqslant r\leqslant n-1)$,使得

$$v(a_r)=0,v(a_{r+1}),\cdots,v(a_n)>0$$

于是$\overline{f}(x)=G(x)H(x)$,其中$G(x)=\overline{f}(x)$,$H(x)=1$,$\deg G=r$. 由Hensel引理知$f(x)=g(x)h(x)$,其中$g(x),h(x)\in O[x]$,$\deg g=r$,$\deg h=n-r\geqslant 1$. 这与$f(x)$在$F[x]$中的不可约性相矛盾.

(2)由(1)直接推出.

(3)用反证法. 若$\overline{f}(x)$在$\overline{F}[x]$中有两个不同的不可约首1多项式因子(次数均$\geqslant 1$),则$\overline{f}(x)=GH$,其中$G,H\in\overline{F}[x]$,$\deg G,\deg H\geqslant 1$,$(G,H)=1$. 然后由Hensel引理推出$f(x)$在$O[x]$中可约.

(4)由条件知$\overline{f}(x)=GH$,$G(x)=x-\alpha$. 由α为$\overline{f}(x)$的单根可知$(G,H)=1$,再由Hensel引理知$f=gh$,其中$g,h\in O[x]$,g为首1多项式,于是$g(x)=x-a$,$a\in O$. 由$\overline{g}=G$可知$\overline{a}=\alpha$,而$f(a)=g(a)h(a)=0$. □

定理 8.8　设(F,P)是完备非阿赋值域,并且$\overline{F}=O/\mathfrak{p}$是$q$元有限域$\mathbb{F}_q$,则$O$中必存在$q-1$次本原单位根$a$. 令$T=\{0,1,a,a^2,\cdots,a^{q-2}\}$,如果$P$是离散素除子,$\pi$是$F$的一个素元,则$F$中非零元素$\alpha$均可唯一表示成

$$\alpha = \sum_{n=r}^{\infty} c_n \pi^n \quad (c_n \in T, c_r \neq 0)$$

其中$r=v_P(\alpha)$.

证明　考虑多项式$f(x)=x^{q-1}-1\in O[x]$,则$\overline{f}(x)$在$\overline{F}=\mathbb{F}_q$中的$q-1$个根就是$\mathbb{F}_q$的全体非零元素$1,b,b^2,\cdots,b^{q-2}$,其中$b$是$q-1$阶乘法循环群$\mathbb{F}_q^{\times}$的生成元. 由定理8.7的(4)可知$b$可以提升成$f(x)$的一个根$a\in O,\overline{a}=b$. 由于$b$是$q-1$次本原单位根,可知$a$也是$q-1$次本原单位根. 并且$\overline{a}^l=b^l(0\leqslant l\leqslant q-2)$和0恰好是$\overline{F}=\mathbb{F}_q$的$q$个不同元素. 于是$T$为$O$对于$\mathfrak{p}$的陪集完全代表系. 再由定理8.4即得$\alpha$的展开式.

注记　我们知道,p进数域$\mathbb{Q}_p$中非零元素α可以唯一表示成

$$\alpha = \sum_{n=r}^{\infty} c_n p^n \quad (0 \leqslant c_n \leqslant p-1, c_r \geqslant 1)$$

其中$r=v_p(\alpha)$. 由于$\overline{\mathbb{Q}}_p=\mathbb{Z}/p\mathbb{Z}=\mathbb{F}_p$,由定理8.8知$\mathbb{Z}_p$中存在$p-1$次本原单位根$a$. 令$T=\{0,1,a,a^2,\cdots,a^{p-2}\}$,则$\alpha$也可以唯一表示成

$$\alpha = \sum_{n=r}^{\infty} a_n p^n \quad (a_n \in T, a_r \neq 0)$$

利用Hensel引理,常常可以把$\overline{f}(x)$在$\overline{F}$中的根提升成$f(x)$在O中的根. 下面定理则给出求$f(x)$根的一种有效的方法,它是通常实数域$\mathbb{R}=\mathbb{Q}_\infty$中的牛顿逐次逼近法在完备非阿赋值域中的模拟.

定理 8.9(牛顿逼近)　设(F,φ)为完备非阿赋值域,$f(x)\in O[x]$,$a_0\in O$. 如果

$$0<\varphi(f(a_0)/f'(a_0)^2)=r<1$$

令

$$a_{i+1}=a_i-\frac{f(a_i)}{f'(a_i)} \quad (i=0,1,2,\cdots) \tag{4}$$

则:

(1)极限$\lim a_n=\alpha\in O$存在,并且$f(\alpha)=0$.

(2)$\varphi(\alpha-a_0)\leqslant\varphi\left(\dfrac{f(a_0)}{f'(a_0)}\right)\leqslant\varphi\left(\dfrac{f(a_0)}{f'(a_0)^2}\right)=r$.

证明 我们对 $i\geqslant 0$ 归纳证明：

(A) $\varphi(a_i)\leqslant 1$（于是 $a_i\in O$）；

(B) $\varphi(a_{i+1}-a_i)=\varphi\left(\dfrac{f(a_i)}{f'(a_i)}\right)\leqslant\varphi\left(\dfrac{f(a_i)}{f'(a_i)^2}\right)\leqslant r^{2^i}$；

(C) $\varphi(a_i-a_0)\leqslant\varphi\left(\dfrac{f(a_0)}{f'(a_0)}\right)\leqslant r.$

在证明中还得到 $\varphi(f'(a_{i+1}))=\varphi(f'(a_i))(=\varphi(f'(a_0))\neq 0)$（下面式(6)，于是递归公式(4)可以定义.

由假设知(A)(B)和(C)对 $i=0$ 成立. 现在设它们对 i 成立，则由(A)和(B)对 i 成立可知(A)对 $i+1$ 成立. 又由于 a_i 和$\dfrac{f(a_i)}{f'(a_i)}$均属于 O，可知

$$\begin{aligned}\varphi(f(a_{i+1}))&=\varphi\left(f\left(a_i-\frac{f(a_i)}{f'(a_i)}\right)\right)\\&=\varphi\left(f(a_i)-f'(a_i)\cdot\frac{f(a_i)}{f'(a_i)}+M\left(\frac{f(a_i)}{f'(a_i)}\right)^2\right)\\&\qquad(\text{Taylor 展开},M\in O)\\&=\varphi\left(M\left(\frac{f(a_i)}{f'(a_i)}\right)^2\right)\leqslant\varphi\left(\frac{f(a_i)}{f'(a_i)}\right)^2\end{aligned}\tag{5}$$

$$f'(a_{i+1})=f'\left(a_i-\frac{f(a_i)}{f'(a_i)}\right)=f'(a_i)+M'\frac{f(a_i)}{f'(a_i)}\quad(M'\in O)$$

于是

$$\frac{f'(a_{i+1})}{f'(a_i)}=1+M'\frac{f(a_i)}{f'(a_i)^2}.$$

由于式(B)对 i 成立，可知

$$\varphi\left(\frac{f'(a_{i+1})}{f'(a_i)}\right)=1\tag{6}$$

从而$f'(a_{i+1})=f'(a_0)\neq 0$，并且由式(5)和(6)可知

$$\begin{aligned}\varphi\left(\frac{f(a_{i+1})}{f'(a_{i+1})^2}\right)&\leqslant\varphi\left(\frac{f(a_i)}{f'(a_i)}\right)^2\varphi(f'(a_{i+1}))^{-2}\\&=\varphi\left(\frac{f(a_i)}{f'(a_i)^2}\right)^2\leqslant r^{2^{i+1}}\end{aligned}\tag{7}$$

从而(B)对于 $i+1$ 成立，并且由式(7)可知

$$\varphi\left(\frac{f(a_{i+1})}{f'(a_{i+1})^2}\right)\leqslant\varphi\left(\frac{f(a_i)}{f'(a_i)^2}\right)$$

再由式(6)可知

$$\varphi\left(\frac{f(a_{i+1})}{f'(a_{i+1})}\right)\leqslant\varphi\left(\frac{f(a_i)}{f'(a_i)}\right)\leqslant\cdots\leqslant\varphi\left(\frac{f(a_0)}{f'(a_0)}\right)$$

即

$$\varphi(a_{i+1}-a_i)\leqslant\varphi(a_i-a_{i-1})\leqslant\cdots\leqslant\varphi(a_1-a_0)$$

从而

$$\begin{aligned}\varphi(a_{i+1}-a_0)&\leqslant\max\{\varphi(a_{i+1}-a_i),\varphi(a_i-a_{i-1}),\cdots,\varphi(a_1-a_0)\}\\&\leqslant\varphi(a_1-a_0)=\varphi\left(\frac{f(a_0)}{f'(a_0)}\right)\end{aligned}$$

即式(C)对 $i+1$ 成立. 这就证明了(A)(B)和(C)对所有 $i\geqslant 0$ 均成立.

由(A)和(B)知$\{a_i\}$为 O 中柯西序列. 由于 O 是紧的,从而 $\lim a_i=\alpha\in O$. 将(B)取极限 $i\to\infty$ 可知$f(\alpha)=0$. 再对式(C)令 $i\to\infty$,即有 $\varphi(\alpha-a_0)\leqslant\varphi\left(\frac{f(a_0)}{f'(a_0)}\right)$. □

采用指数赋值,则上面定理可以改述成:

定理 8.10 设(F,v)是完备非阿赋值域,$f(x)\in O[x]$. 如果存在 $a\in O$,使得 $2v(f'(a))<v(f(a))$,则$f(x)$在 O 中有根.

作为定理 8.10 的一个应用,我们证明:

定理 8.11 (1)设 p 为奇素数,$\alpha\in\mathbb{Q}_p^\times$,$v_p(\alpha)=n$,$\alpha=p^n\cdot u$,$u=c_0+c_1p+c_2p^2+\cdots$,$0\leqslant c_i\leqslant p-1$,$c_0\neq 0$,则:

(1)u 为$\mathbb{Q}_p^\times$ 中平方元素$\Leftrightarrow n$ 为偶数并且$\left(\frac{c_0}{p}\right)=1$.

(2)设 $\alpha\in\mathbb{Q}_2^\times$,$v_2(\alpha)=n$,$\alpha=2^n\cdot u$,则

$$\alpha\text{ 为}\mathbb{Q}_2^\times\text{ 中平方元素}\Leftrightarrow n\text{ 为偶数并且 }u\equiv 1\pmod 8$$

证明 (1)若 $\alpha=\beta^2$,$\beta\in\mathbb{Q}_p^\times$,则 $n=v_p(\alpha)=2v_p(\beta)$. 于是 $n=2m$ 为偶数,并且 $v_p(\beta p^{-m})=0$,于是 $\beta p^{-m}\equiv l\not\equiv 0\pmod p$,从而 $c_0\equiv u=\alpha p^{-n}=(\beta p^{-m})^2\equiv l^2\pmod p$,即$\left(\frac{c_0}{p}\right)=1$. 反之,若 $n=2m$ 为偶数并且$\left(\frac{c_0}{p}\right)=1$,则存在 $l\in\mathbb{Z}$,使得 $c_0\equiv l^2\not\equiv 0\pmod p$. 考虑多项式$f(x)=x^2-u$,则

$$f(l)=l^2-u\equiv l^2-c_0\equiv 0\pmod p$$

于是 $v_p(f(l))\geqslant 1$,而 $2v_p(f'(l))=2v_p(2l)=0$. 由定理 8.10 可知 $u=a^2$,$a\in\mathbb{Q}_p^\times$,于是 $\alpha=(ap^m)^2$,$ap^m\in\mathbb{Q}_p^\times$.

(2)若 $\alpha=\beta^2$,$\beta\in\mathbb{Q}_2^\times$,则 $n=v_2(\alpha)=2v_2(\beta)$. 于是 $n=2m$ 为偶数并且

$v_2(\beta 2^{-m}) = 0.$ 于是 $\beta 2^{-m} \equiv 1 (\bmod 2)$，从而 $u \equiv \alpha \cdot 2^{-n} = (\beta 2^{-m})^2 \equiv 1 (\bmod 8).$ 反之若 $n = 2m$ 为偶数并且 $u \equiv 1 (\bmod 8)$，考虑多项式 $f(x) = x^2 - u$，则

$$f(1) = 1 - u \equiv 0 (\bmod 8)$$

因此 $v_2(f(1)) \geqslant 3$，而 $2v_2(f'(1)) = 2v_2(2) = 2.$ 由定理 8.10 可知 $u = a^2, a \in \mathbb{Q}_2^{\times},$ 从而 $\alpha = (a2^m)^2, a2^m \in \mathbb{Q}_2^{\times}.$

注记 定理 8.11 可用来决定 p 进数域 $\mathbb{Q}_p$ 的全部二次扩域. 和有理数域的情形一样，$\mathbb{Q}_p$ 是特征为 0 的域. 所以 $\mathbb{Q}_p$ 的二次扩域均可表示成 $\mathbb{Q}_p(\sqrt{\alpha})$，其中 α 为 $\mathbb{Q}_p^{\times}$ 中非平方元素，即 $\alpha \notin \mathbb{Q}_p^{\times^2}.$ 并且 $\mathbb{Q}_p(\sqrt{\alpha}) = \mathbb{Q}_p(\sqrt{\beta})$ 当且仅当 $\alpha/\beta \in \mathbb{Q}_p^{\times^2}.$ 因此，$\mathbb{Q}_p$ 的二次扩域的个数等于 $\mathbb{Q}_p^{\times}/\mathbb{Q}_p^{\times^2}$ 中的元素个数减 1. 根据定理 8.11，可知 $\mathbb{Q}_p^{\times}$ 对 $\mathbb{Q}_p^{\times^2}$ 的陪集代表元系可取为 $\{1, c, p, pc\}$，其中 c 是模 p 的任一个非平方剩余 $\left(\text{即 } c \in \mathbb{Z}, \left(\dfrac{c}{p}\right) = -1\right).$ 于是 $\mathbb{Q}_p$ 只有 3 个二次扩域 $\mathbb{Q}_p(\sqrt{c})$，$\mathbb{Q}_p(\sqrt{p})$ 和 $\mathbb{Q}_p(\sqrt{cp}).$

若 $p = 2$，由定理 8.11 可知 $\mathbb{Q}_2^{\times}$ 对 $\mathbb{Q}_2^{\times^2}$ 的陪集完全代表系可取为 $\{1, 3, 5, 7, 2, 6, 10, 14\}.$ 所以 $\mathbb{Q}_2$ 共有 7 个二次扩域 $\mathbb{Q}_2(\sqrt{c})$，其中 $c = 3, 5, 7, 2, 6, 10, 14.$

在完备的阿基米德赋值域 $(\mathbb{R}, |\ |)$ 和 $(\mathbb{C}, |\ |)$ 中，由多项式的系数来决定根的大小通常是困难的. 但是在完备非阿赋值域 (F, v) 中，有一种独特的方法做这件事. 设 Ω 是域 F 的代数闭包，我们在下节要证明 v 在 Ω 中有唯一的扩充（定理 8.15 的注记），仍记为 v，设

$$f(x) = a_0 + a_1 x + \cdots + a_n x^n \in F[x] \quad (a_0 a_n \neq 0)$$

平面上的点集 $S = \{(i, v(a_i)) \mid 0 \leqslant i \leqslant n\}$ 的下凸包络线（即它是一条折线，其所有顶点都是 S 中点，而 S 中其他点均在此折线的上方，如图 1 所示）叫作 $f(x)$ 的牛顿折线. 此折线的斜率从左到右是递增的.

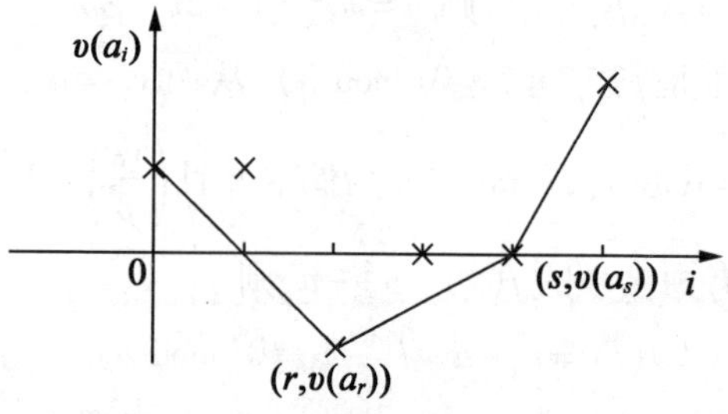

图 1

定理 8.12 设 $(r, v(a_r))$ 到 $(s, v(a_s))$ 是 $f(x) \in F[x]$ 的牛顿折线上的一条线段 $(s > r)$，斜率为 $-m$，则：

(1)$f(x)$在Ω中恰好有$s-r$个根$\alpha_1,\cdots,\alpha_{s-r}$,使得$v(\alpha_1)=\cdots=v(\alpha_{s-r})=m$.

(2)$f_m(x)=\prod\limits_{i=1}^{s-r}(x-\alpha_i)\in F[x]$,从而$f_m(x)$是$f(x)$在$F[x]$中的一个因子.

证明 不妨设$a_n=1$,即$f(x)$为首1多项式,$f(x)=\prod\limits_{i=1}^{n}(x-\alpha_i)$,$\alpha_i\in\Omega$.令

$$v(\alpha_1)=\cdots=v(\alpha_{s_1})=m_1$$
$$v(\alpha_{s_1+1})=\cdots=v(\alpha_{s_2})=m_2$$
$$\vdots$$
$$v(\alpha_{s_t+1})=\cdots=v(\alpha_n)=m_{t+1}$$

其中$m_1<m_2<\cdots<m_{t+1}$,则

$$v(a_n)=v(1)=0$$
$$v(a_{n-1})\geqslant\min_{1\leqslant i\leqslant n}\{v(a_i)\}=m_1$$
$$(\text{因为}-a_{n-1}=\alpha_1+\cdots+\alpha_n)$$
$$v(a_{n-2})\geqslant\min_{i\neq j}\{v(\alpha_i\alpha_j)\}=2m_1$$
$$\vdots$$
$$v(a_{n-s_1})=\min_{i_1<\cdots<i_s}\{v(\alpha_{i_1}\cdots\alpha_{i_s})\}=v(\alpha_1\cdots\alpha_{s_1})=s_1m_1$$

(这是由于$\pm a_{n-s}=\sum\limits_{i_1<\cdots<i_s}\alpha_{i_1}\cdots\alpha_{i_s}$,而右边和式中只有一项$\alpha_1\cdots\alpha_{s_1}$的指数赋值为最小值$s_1m_1$).类似地

$$v(a_{n-s_1-1})\geqslant s_1m_1+m_2$$
$$v(a_{n-s_1-2})\geqslant s_1m_1+2m_2$$
$$\vdots$$
$$v(a_{n-s_2})=s_1m_1+(s_2-s_1)m_2$$
$$\vdots$$
$$v(a_0)=v(\alpha_1\cdots\alpha_n)=s_1m_1+(s_2-s_1)m_2+\cdots+(n-s_t)m_{t+1}$$

由这些等式和不等式不难看出,$f(x)$的牛顿折线的诸顶点为

$$(n,0),(n-s_1,s_1m_1),(n-s_2,s_1m_1+(s_2-s_1)m_2),\cdots$$
$$(0,s_1m_1+(s_2-s_1)m_2+\cdots+(n-s_t)m_{t+1})$$

顶点$(n,0)$和$(n-s_1,s_1m_1)$之间线段的斜率为$\dfrac{0-s_1m_1}{n-(n-s_1)}=-m_1$,对应着$f(x)$有指数赋值为$m_1$的$s_1$个根;顶点$(n-s_1,s_1m_1)$和$(n-s_2,s_1m_1+(s_2-s_1)m_2)$

之间线段的斜率为 $-m_2$，对应着 $f(x)$ 有指数赋值为 m_2 的 s_2-s_1 个根；…. 由此即证明了(1).

(2)我们对 $\deg f=n$ 归纳. 当 $n=1$ 时命题显然成立. 现设 $\deg f=n$. 如果牛顿折线只是一条线段，则命题也显然成立. 否则记 $s_0=0, s_{t+1}=n$，则 $t\geqslant 1$. 令

$$f_j(x)=\prod_{i=s_j+1}^{s_{j+1}}(x-\alpha_i)\quad(0\leqslant j\leqslant t)$$

则 $f(x)=\prod_{j=0}^{t}f_j(x)$. 设 $g(x)$ 是 α_1 在 F 上的最小多项式，则 $g|f$. 我们在下节要证明(定理 8.15)：若 Ω 中元素 α 和 β 是 F - 共轭的(即它们在 F 上有同一个最小多项式)，则 $v(\alpha)=v(\beta)$. 由此即知在 $\Omega[x]$ 中 $g|f_0$. 令 $g_1(x)=f_0/g\in\Omega[x]$，则 $f/g=g_1\cdot\prod_{j=1}^{t}f_j\in F[x]$. 由于 $\deg f/g<n$，由归纳假设可知 $g_1, f_j(1\leqslant j\leqslant t)$ 均属于 $F[x]$，从而 $f_0=g_1g$ 也属于 $F[x]$. □

注记 由定理 8.12(2)可知，若对某个 i，$s_i-s_{i-1}=1$，即 $f(x)\in F[x]$ 只有一个根 α 的指数赋值为 m_i，则 α 必然属于 F. 举两个例子：

例 1 让我们用牛顿折线法证明定理 8.8，即设 (F,v) 是完备非阿赋值域，并且 $\overline{F}=O/\mathfrak{p}$ 为有限域 $\mathbb{F}_q$，我们来证 O 中必存在 $q-1$ 次本原单位根. 为此要考虑 $f(x)=x^{q-1}-1\in O[x]$. 设 p 为 q 的素因子($q=p^n$). 于是 $p=0\in\overline{F}=O/\mathfrak{p}=\mathbb{F}_q$，从而 $p\in\mathfrak{p}$. 对 $q-1$ 阶乘法循环群 $\overline{F}^{\times}=\mathbb{F}_q^{\times}$ 的生成元 b，存在 $a\in O$，使得 $\overline{a}=b$，于是 $a^{q-1}\equiv b^{q-1}=1(\bmod\ \mathfrak{p})$，而

$$\begin{aligned}f(x-a)&=(x-a)^{q-1}-1\equiv\frac{(x-a)^q}{x-a}-1\equiv\frac{x^q-a^q}{x-a}-1\\&\equiv x^{q-1}+ax^{q-2}+\cdots+a^{q-2}x+(a^q-1)(\bmod\ \mathfrak{p})\end{aligned}$$

但是 $a\notin\mathfrak{p}$，从而 $v(a^i)=0(0\leqslant i\leqslant q-2)$，而 $v(a^q-1)>0$. 这表明 $f(x-a)$ 的牛顿折线如图 2 所示，即折线最左边线段的两端为 $(0,v(a^q-1))$ 和 $(1,0)$. 这表明 $f(x-a)$ 恰有一个根 α，$v(\alpha)=v(a^q-1)>0$. 于是 $\alpha\in F$，从而 $f(x)$ 在 F 中有根 $\alpha+a$. 由于 $\overline{\alpha+a}=\overline{a}=b$，可知 $\alpha+a$ 是 F 中的 $q-1$ 次本原单位根.

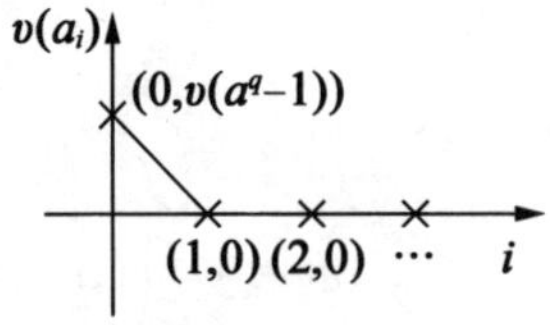

图 2

例 2 研究 $f(x)=a_3x^3+a_2x^2+a_1x+a_0=x^3-x^2-2x-8$ 在 $\mathbb{Q}_2$ 中的根.(注意：$f(x)$ 是 $\mathbb{Q}[x]$ 中不可约多项式)

解 $(i,v_2(a_i))(i=0,1,2,3)$ 分别为 $(0,3)$，$(1,1)$，$(2,0)$ 和 $(3,0)$，于是牛顿折线有 3 条边如图 3 所示，斜率分别为 $-2,-1,0$. 所以 $f(x)$ 的 3 个根 α_1，

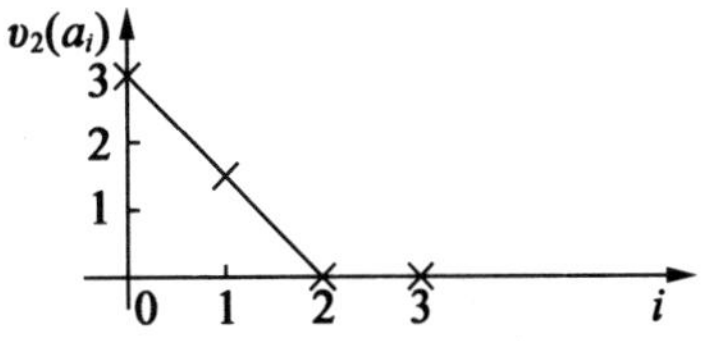

图 3

α_2,α_3 都在$\mathbb{Q}_2$中，并且$v_2(\alpha_1)=2, v_2(\alpha_2)=1, v_2(\alpha_3)=0$. 我们可以用牛顿逼近法求这些根的近似值. 以下记 $v=v_2$. 根据定理 8.10，如果存在 $a\in\mathbb{Z}_2$，使得 $v(f(a))>2v(f'(a))$，则存在 $c\in\mathbb{Z}_2$，使得 $f(c)=0$，并且 $v(c-a)\geqslant v(f(a)/f'(a))$.

取 $a=0$，则 $v(f(0))=3>2=2v(f'(0))$. 从而由 $a=0$ 逐次逼近得到的根 c 满足 $v(c-0)\geqslant v(f(0)/f'(0))=2$. 于是 $c=\alpha_1$. 迭代程序为

$$a_0=0, v(\alpha_1-0)\geqslant 2$$

$$a_1=a_0-\frac{f(a_0)}{f'(a_0)}=-4, v_2(\alpha_1+4)\geqslant 3$$

所以 $\alpha_1=2^2+\cdots$. 如果取 $a=20$，则 $v(f(20))=7>2, v(f'(20))=2$. 可知从 $a_0=20$出发迭代出根 α_1，并且 $v(\alpha_1-20)\geqslant v\left(\frac{f(20)}{f'(20)}\right)=6$. 于是 $\alpha_1=2^2+2^4+0\cdot 2^5+\cdots$. 类似地，从 $a_0=1$ 出发迭代出 α_3，$v(\alpha_3-87)\geqslant 7$，于是 $\alpha_3=1+2+2^2+2^4+2^6+\cdots$，而从 $a_0=22$ 出发得到 $v(\alpha_2-22)\geqslant 6$，从而 $\alpha_2=2+2^2+2^4+0\cdot 2^5+\cdots$.

习　题

1. 用牛顿折线法证明定理 8.11.
2. 对每个整数 a，$1\leqslant a\leqslant p-1$（$p$ 为素数），令 $c_n=a^{p^n}$. 求证：(1) $\{c_n\}_n$ $(n=0,1,2,\cdots)$是$\mathbb{Q}_p$ 中柯西序列.
   (2) $\lim c_n=\alpha$ 是$\mathbb{Q}_p$ 中的 $p-1$ 次单位根，并且 $\alpha\equiv a \pmod p$. 由此可知$\mathbb{Q}_p$ 中存在 $p-1$ 次本原单位根.
3. 求证：多项式$f(x)=1+x^2+\frac{1}{3}x^3+3x^4$ 在$\mathbb{Q}_3$ 中有根 α，使得 $v_3(\alpha)=-2$. 求一个有理数 a，使得 $v_3(\alpha-a)\geqslant 2$.
4. 设(F,v)是完备离散赋值域，v 是标准指数赋值. $f(x)=x^n+a_{n-1}x^{n-1}+\cdots+a_0\in O[x]$，其中 O 为 F 的赋值环，$n\geqslant 1$. 求证：
   (1) 若$f(x)$的牛顿折线是从$(0,v(a_0))$到$(n,0)$的一条线段，并且 $v(a_0)$是和 n 互素的正整数，则$f(x)$在 $F[x]$中不可约.
   (2)（Eisenstein 判别法）若 $v(a_i)\geqslant 1$ $(1\leqslant i\leqslant n-1)$，$v(a_0)=1$，则$f(x)$在

$F[x]$中不可约.

5. (1)设 p 为奇素数,则 -1 为$\mathbb{Q}_p$ 中平方元素当且仅当 $p\equiv 1 \pmod 4$.

(2)计算 -1 在$\mathbb{Q}_5$ 中的平方根(精确到5-adic 展开的第4位).

6. 设 p 为素数,W_p 是$\mathbb{Z}_p$ 中 $p-1$ 个 $p-1$ 次单位根构成的乘法循环群. $U_p=\mathbb{Z}_p-p\mathbb{Z}_p$ 是 p 进单位(乘法)群. 对每个 $r\geqslant 1$,令

$$U_p^{(r)}=\{u\in U_p \mid v_p(1-u)\geqslant r\}=1+p^r\mathbb{Z}_p$$

(这是 U_p 的乘法子群). 求证:

(1)当 $p\geqslant 3$ 时,$U_p=W_p\times U_p^{(1)}$(直积);

(2)$U_2=\{\pm 1\}\times U_2^{(2)}$(直积).

§3　赋值的扩充(完备情形)

设 E/F 是域的有限(次)扩张,我们要讨论的问题是:F 的每个素除子 P 到 E 有哪些扩充素除子? 本节研究(F,P)是完备赋值域的情形. 对于这种情形,结论很简单:P 到 E 只有唯一的扩充 P_E,(E,P_E)仍是完备赋值域,并且 P_E 可以有明确的刻画.

如果 P 是阿基米德素除子. 由定理8.3知(F,P)为$(\mathbb{R},\infty)$或者$(\mathbb{C},\infty)$. 由于$\mathbb{C}$ 是代数封闭的,所以 E/F 只能是$\mathbb{R}/\mathbb{R}$,$\mathbb{C}/\mathbb{R}$ 或者$\mathbb{C}/\mathbb{C}$. 并且 E 和 F 的素除子均为∞,所以上述结论成立. 以下设(F,P)是完备的非阿赋值域.

我们可以像数域扩张的情形那样,对于域的任意有限扩张 E/F 定义范映射 $N=N_{E/F}$. 设$[E:F]=n$. 取向量空间 E 的一组 F-基 $\omega_1,\cdots,\omega_n$,则 E 中每个元素都唯一表示成 $a_1\omega_1+\cdots+a_n\omega_n(a_i\in F)$. 于是对每个 $\alpha\in E$

$$\alpha\begin{pmatrix}\omega_1\\ \vdots\\ \omega_n\end{pmatrix}=\boldsymbol{M}\begin{pmatrix}\omega_1\\ \vdots\\ \omega_n\end{pmatrix}$$

其中 $\boldsymbol{M}$ 是元素属于 F 的 n 阶方阵. 定义 $N(\alpha)=N_{E/F}(\alpha)$为 $\boldsymbol{M}$ 的行列式$|\boldsymbol{M}|$. 易知这个定义与基 $\omega_1,\cdots,\omega_n$ 的选取方式无关. 并且范映射 $N=N_{E/F}:E\to F$ 有如下性质:

(1)$N(\alpha)=0\Leftrightarrow\alpha=0$;

(2)$N(\alpha\beta)=N(\alpha)N(\beta)$;

(3)若 $\alpha\in F$,则 $N(\alpha)=\alpha^n$.

如果 F(从而 E)是特征零域,则 E/F 是单扩张,即 $E=F(\theta)$. 令 $f(x)\in F[x]$是 θ 在 F 上的最小多项式,则 $f(x)$为 $F[x]$中 n 次不可约多项式. $f(x)$在

F 的代数闭包中有 n 个不同的根 $\theta_1,\cdots,\theta_n$. 这时可以证明范映射可以表成另一种形式：由于 $1,\theta,\cdots,\theta^{n-1}$ 是 E 对 F 的一组基，从而 E 中元素可唯一表示成 $\alpha=a_0+a_1\theta+\cdots+a_{n-1}\theta^{n-1}$. 我们有

$$N_{E/F}(\alpha)=\prod_{i=1}^{n}(a_0+a_1\theta_i+\cdots+a_{n-1}\theta_i^{n-1})$$

这个表达式和代数数域的情形一致.

定理 8.13(存在性)　设 (F,P) 为完备非阿赋值域，O_F 为 F 对 P 的赋值环，$\varphi\in P$, E/F 为域的 n 次扩张，$N=N_{E/F}$.

(1) 对每个 $\alpha\in E$，令

$$\varphi_E(\alpha)=\varphi(N(\alpha))^{\frac{1}{n}}\geqslant 0$$

则 φ_E 是 E 的(非阿)赋值，并且是 φ 的扩充(即 $\varphi_E|_F=\varphi$).

(2) φ 为离散赋值 $\Leftrightarrow\varphi_E$ 为离散赋值.

(3) 设 φ_E 的素除子为 P_E, E 对 P_E 的赋值环为 O_E，则 O_E 是 O_F 在 E 中的整闭包，并且 $O_F=O_E\cap F$.

证明　(1) 当 $\alpha\in F$ 时，$\varphi_E(\alpha)=\varphi(N(\alpha))^{\frac{1}{n}}=\varphi(\alpha^n)^{\frac{1}{n}}=\varphi(\alpha)$. 所以 $\varphi_E|_F=\varphi$. 再证 φ_E 为 E 的赋值. 易知

$$\varphi_E(\alpha)=0\Leftrightarrow N(\alpha)=0\Leftrightarrow\alpha=0$$

$$\varphi_E(\alpha\beta)=\varphi_E(\alpha)\varphi_E(\beta)$$

所以只需证明对每个 $\alpha\in E$, $\varphi_E(\alpha)\leqslant 1\Rightarrow\varphi_E(1+\alpha)\leqslant 1$.

设 $f(x)=x^d+a_1x^{d-1}+\cdots+a_d\in F[x]$ 是 α 在 F 上的最小多项式，则 $N(\alpha)=\pm a_d^m$, $m=\dfrac{n}{d}=[E:F(\alpha)]$. 于是

$$\varphi_E(\alpha)\leqslant 1\Leftrightarrow\varphi(N(\alpha))\leqslant 1\Leftrightarrow\varphi(a_d)\leqslant 1\Leftrightarrow a_d\in O_F$$

由于 $f(x)$ 在 $F[x]$ 中不可约，由 Hensel 引理可知 $a_1,\cdots,a_d$ 均属于 O_F，即 $f(x)\in O_F[x]$. 注意 $g(x)=f(x-1)\in O_F[x]$ 是 $\alpha+1$ 在 F 上的最小多项式，而

$$N(1+\alpha)=(\pm g(0))^m=(\pm f(1))^m\in O_F$$

从而 $\varphi_E(1+\alpha)\leqslant 1$，这就表明 φ_E 是非阿赋值.

(2) 由于 $\log\varphi_E(\alpha)=\dfrac{1}{n}\log\varphi(N(\alpha))$. 可知此式一边取离散值，则另一边亦然.

(3) 我们在证明(1)时已得到

$$\alpha\in O_E\Leftrightarrow\varphi_E(\alpha)\leqslant 1\Leftrightarrow\alpha\text{ 在 }F\text{ 上的最小多项式属于 }O_F[x]$$
$$\Leftrightarrow\alpha\text{ 在 }O_F\text{ 上整}$$

从而 O_E 为 O_F 在 E 中的整闭包. 最后 $O_F=F\cap O_E$ 显然成立. □

现在证明素除子扩充的唯一性，我们知道，E 的不同素除子给出 E 的不同拓扑结构. 为证扩充的唯一性，只需证明 F 的 φ - 拓扑到 E 的所有扩充都给出 E 的同一拓扑即可.

定义 2 设 (F,φ) 是非阿赋值域，F 上的向量空间 X 叫作对 φ 的**赋范空间**，是指存在映射 $\| \ \|: X \to \mathbb{R}$ 满足(对 $a \in F, \xi, \eta \in X$)：

(i) $\|\xi\| \geqslant 0$，并且 $\|\xi\| = 0 \Leftrightarrow \xi = 0$；

(ii) $\|a\xi\| = \varphi(a)\|\xi\|$；

(iii) $\|\xi+\eta\| \leqslant \|\xi\| + \|\eta\|$.

这时，$\|\xi\|$ 叫作 ξ 的**范**.

例 1 设 $(E,\varphi_E) \supset (F,\varphi)$ 是非阿赋值域的扩张. 令 $\varphi_E = \| \ \|$，则 E 是 F 上对 φ 的赋范空间.

例 2 设 (F,φ) 是非阿赋值域，则 F 上每个有限维向量空间 X 均可如下作成 (F,φ) 上的赋范空间. 取 X 的一组 F - 基 $\omega_1,\cdots,\omega_n$. 对 X 中元素 $\alpha = \sum_{i=1}^{n} a_i\omega_i (a_i \in F)$ 定义

$$\|\xi\| = \max_{1\leqslant i\leqslant n}\{\varphi(a_i)\}$$

不难验证 $\| \ \|$ 是 X 的范. 并且若 (F,φ) 完备，则 X 对于由 $\| \ \|$ 所诱导的拓扑是完备拓扑空间.

下面是泛函分析中的一个熟知结果.

引理 2 设 (F,φ) 是完备非阿赋值域，X 是 F 上有限维(n 维)向量空间. $\| \ \|$ 是例 2 中定义的范. $| \ |$ 是 X 对于 (F,φ) 的任意范，则存在常数 $D_1, D_2 > 0$，使得对每个 $\xi \in X$

$$D_1\|\xi\| \leqslant |\xi| \leqslant D_2\|\xi\|$$

并且 X 对于 $| \ |$ 也是完备的.

(换句话说，X 对于 (F,φ) 的任意两个范诱导出 X 上同样的拓扑.)

证明 取 $D_2 = |\omega_1| + \cdots + |\omega_n|$，则由三角形不等式知

$$|\xi| \leqslant \sum_{i=1}^{n}\varphi(a_i)|\omega_i| \leqslant \max_{1\leqslant i\leqslant n}(\varphi(a_i))D_2 = D_2\|\xi\|$$

下面对 n 归纳证明 $D_1 > 0$ 的存在性，当 $n=1$ 时，$X = F$，命题显然成立. 现设命题对 $n-1$ 成立. 以 Y_i 表示 $\omega_1,\cdots,\omega_{i-1},\omega_{i+1},\cdots,\omega_n$ 张成的 X 的子空间，则 $| \ |$ 也为 Y_i 上的范. 由归纳假设，Y_i 对于 $| \ |$ 完备，从而 Y_i 为 X 的闭子空间，于是 $\bigcup_{i=1}^{n}(Y_i+\omega_i)$ 是 X 的闭集. 但是 $0 \notin Y_i+\omega_i (1\leqslant i\leqslant n)$，所以存在 $D_1 > 0$，使得

$$|\eta_i+\omega_i| \geqslant D_1 \quad (\text{对每个 } \eta_i \in Y_i, 1\leqslant i\leqslant n)$$

设$0 \neq \alpha = a_1\omega_1 + \cdots + a_n\omega_n \in X$. 令$\varphi(a_r) = \max\limits_{1 \leqslant i \leqslant n}\{\varphi(a_i)\}$，则$0 \neq \varphi(a_r) = \|\alpha\|$，$a_r \neq 0$，于是$a_r^{-1}\alpha \in Y_r + \omega_r$，从而

$$|\alpha a_r^{-1}| \geqslant D_1, |\alpha| \geqslant \varphi(a_r)D_1 = D_1\|\alpha\|$$

因此命题对n成立. 这表明$|\ |$和$\|\ \|$是等价的拓扑. 由X对$\|\ \|$完备可知对$|\ |$也完备. □

定理 8.14(唯一性) 设(F,φ)是完备非阿赋值域，则定理8.13中的φ_E是φ到E的唯一扩充，并且(E,φ_E)是完备的.

证明 设φ_1和φ_2是φ到E的两个扩充，则它们都是向量空间E对于(F,φ)的范. 由引理2可知E的φ_1拓扑和φ_2拓扑是等价的，从而φ_1和φ_2等价. 于是存在$s>0$，使得$\varphi_1 = \varphi_2^s$. 但是

$$\varphi = \varphi_1|_F = \varphi_2^s|_F = \varphi_2|_F^s = \varphi^s$$

可知$s=1$，即$\varphi_1 = \varphi_2$. 最后由引理2知E对于φ_E拓扑是完备的. □

定理 8.15 设(F,φ)是完备赋值域，E/F为有限伽罗瓦扩张，φ_E是φ到E的(唯一)扩充. 如果E中元素α和β是F-共轭的，则$\varphi_E(\alpha) = \varphi_E(\beta)$.

证明 α和β是F-共轭元素，是指存在E的F-自同构σ，使得$\sigma(\alpha) = \beta$. 由于$\varphi_E \circ \sigma$也是E的赋值并且为φ的扩充. 由唯一性知$\varphi_E \circ \sigma = \varphi_E$. 即$\varphi_E(\alpha) = \varphi_E(\sigma(\alpha)) = \varphi_E(\beta)$. □

注记 设(F,φ)是完备赋值域，Ω是F的代数闭包，则φ到Ω存在唯一扩充. 这是因为：对每个$\alpha \in \Omega$，均存在F的有限扩域E，使得$a \in E$(如取$E = F(\alpha)$). 令φ_E是φ到E的唯一扩充，定义$\varphi_\Omega(a) = \varphi_E(a)$. 不难证明$\varphi_\Omega(a)$与域$E$的取法无关. φ_Ω为域Ω的赋值，并且是φ到Ω的唯一扩充.

下面是完备离散赋值域扩张的基本结果：

定理 8.16 设$(F,P) \subseteq (E,Q)$是完备离散赋值域的有限扩张，$n = [E:F]$. 令v_P和v_Q分别是素除子P和Q中的标准指数赋值(即$v_P(F^\times) = v_Q(E^\times) = \mathbb{Z}$)，则：

(1)对于$a \in F$，$v_Q(a) = e(Q/P)v_P(a)$；

(2)$e(Q/P)f(Q/P) = n$；

(3)对于$\alpha \in E$，$v_P(N_{E/F}(\alpha)) = f(Q/P)v_Q(\alpha)$.

证明 简记$e = e(Q/P)$，$f = f(Q/P)$，$N = N_{E/F}$.

(1)令$v' = v_Q|_F$，则v'和v_P等价，所以$v' = sv_P(s>0)$，设π为F中的素元，则$v'(\pi) = sv_P(\pi) = s \in v'(F^\times)$，并且$v'(F^\times) = s\mathbb{Z}$. 但是$e = [v_Q(E^\times):$

$v_Q(F^\times)] = [\mathbb{Z}: v'(F^\times)] = [\mathbb{Z}: s\mathbb{Z}] = s$,因此 $v' = ev_P$.

(2)以 O_E 和 O_F 分别表示 E 和 F 的赋值环,$\overline{E}$和$\overline{F}$为相应的剩余类域. 令 $\omega_1,\cdots,\omega_f \in O_E$,使得$\overline{\omega}_1,\cdots,\overline{\omega}_f$ 是$\overline{E}$的一组$\overline{F}$-基,令 π 为 E 中的素元,则 $1,\pi,\pi^2,\cdots,\pi^{e-1}$为 $v_Q(E^\times)$对于 $v_Q(F^\times)$的陪集完全代表系,我们证明

$$O_E = \bigoplus_{\substack{1\leqslant i\leqslant f\\ 0\leqslant j\leqslant e-1}} \omega_i\pi^j O_F \quad \text{(加法群的直和)} \qquad (*)$$

由于 E 和 F 分别是 O_E 和 O_F 的商域,可由此推出 $E = \bigoplus_{i,j}\omega_i\pi^j F$. 于是 $ef = [E:F] = n$.

现在证明直和分解($*$). 令 $L = \sum_{i=1}^{f}\omega_i O_F$,则 $O_E = L + \pi O_E$($\supseteq$:显然,$\subseteq$:令$\alpha\in O_E$,则$\overline{\alpha} = \overline{a}_1\,\overline{\omega}_1 + \cdots + \overline{a}_f\,\overline{\omega}_f, a_i \in O_F$,于是 $\alpha - (a_1\omega_1 + \cdots + a_f\omega_f) \in \pi O_E$). 从而

$$\begin{aligned} O_E &= L + \pi(L + \pi O_E) = L + \pi L + \pi^2 O_E \\ &= L + \pi L + \cdots + \pi^{e-1}L + \pi^e O_E \end{aligned}$$

令 $M = L + \pi L + \cdots + \pi^{e-1}L = \sum_{i,j}\omega_i\pi^j O_F$. 由于 $\omega_i\pi^j O_F$ 中元素 α 均有 $v_Q(\alpha) \equiv j \pmod e$. 所以 $M = \bigoplus_{i,j}\omega_i\pi^j O_F$ 为直和. 我们只需再证 $M = O_E$. 设 π_F 是 F 中素元,则

$$\begin{aligned} O_E &= M + \pi^e O_E = M + \pi_F O_E \\ &= M + \pi_F M + \cdots + \pi_F^{r-1}M + \pi_F^r O_E \quad (r\geqslant 1) \end{aligned} \qquad (**)$$

但是对每个 $l\geqslant 1$,$\pi_F^l L \subseteq L$,从而

$$\pi_F^l M = \pi_F^l(L + \pi L + \cdots + \pi^{e-1}L) \subseteq M$$

再由式($**$)可知 $O_E = M + \pi_F^r O_E$(对每个 $r\geqslant 1$). 这表明 M 在 O_E 中稠密. 另一方面,O_F 为 F 中闭集,可知 $M = \bigoplus_{i,j}\omega_i\pi^j O_F$ 为 O_E 中闭集. 于是 $M = O_E$.

(3)设 $v_Q = -\log\circ\varphi_Q$,其中 φ_Q 为 Q 中赋值. 令 $\varphi_Q|_F = \varphi_P$,现在 F 上有$ev_P = -\log\circ\varphi_P$. 但是 $\varphi_Q(\alpha) = \varphi_P(N(\alpha))^{\frac{1}{n}}$. 因此

$$\begin{aligned} v_Q(\alpha) &= \frac{1}{n}(-\log\circ\varphi_P(N(\alpha))) \\ &= \frac{e}{n}v_P(N(\alpha)) = \frac{1}{f}v_P(N(\alpha)) \end{aligned}$$

习　　题

1. 设 E 是 $\mathbb{Q}_p$ 的有限扩张，v_p 为 $\mathbb{Q}_p$ 的标准指数赋值，v 为 v_P 到 E 的唯一的扩充. 求证：

(1) 对于 $x\in E$，当 $v(x)>\frac{1}{p-1}$ 时，级数

$$\exp(x)=1+x+\frac{x^2}{2!}+\cdots+\frac{x^n}{n!}+\cdots$$

收敛，并且当 $n\geqslant 2$ 时，$v\left(\frac{x^n}{n!}\right)>v(x)$. 于是

$$v(x)=v(\exp(x)-1)$$

(2) 若 $x,y\in E$，$v(x)>\frac{1}{p-1}$，$v(y)>\frac{1}{p-1}$，则

$$\exp(x+y)=\exp(x)\exp(y)$$

(3) 当 $x\in E$，$v(x)>0$ 时，级数

$$\log(1+x)=x-\frac{x^2}{2}+\frac{x^3}{3}-\cdots+(-1)^{n+1}\frac{x^n}{n}+\cdots$$

收敛. 如果 $v(x)>\frac{1}{p-1}$，则当 $n\geqslant 2$ 时，$v\left(\frac{x^n}{n}\right)>v(x)$. 于是 $v(\log(1+x))=v(x)$.

(4) 若 $x,y\in E$，$v(x-1)>0$，$v(y-1)>0$，则

$$\log(xy)=\log x+\log y$$

(5) 若 $x\in E$，$v(x)>\frac{1}{p-1}$，则

$$\exp(\log(1+x))=1+x,\ \log(\exp(x))=x$$

特别当 $r\geqslant\left[\frac{e}{p-1}\right]+1$ 时，映射

$$\log: U_r\to\mathfrak{p}_E^r,\ \exp:\mathfrak{p}_E^r\to U_r=1+\mathfrak{p}_E^r$$

给出乘法群 U_r 和加法群 $\mathfrak{p}_E^r$ 之间互逆的群同构，其中 $\mathfrak{p}_E$ 是 E 有素理想，而 $e=e(\mathfrak{p}_E/p)$.

(6) 群同态 $f: U_1=1+\mathfrak{p}_E\to E$，$x\mapsto\log x$ 的核为 $\operatorname{Ker} f=\{\alpha\in E\mid$ 存在 $n\geqslant 0$，使得 $\alpha^{p^n}=1\}$.

2. 对于 $\mathbb{Q}_p$ 的所有二次扩域 E，计算 $E/\mathbb{Q}_p$ 的分歧指数和剩余类域次数.

3. 设 $(F,P)\subseteq(E,Q)$ 是完备离散赋值域的有限扩张. 求证：

(1) $\mathfrak{p}_F O_E=\mathfrak{p}_E^e, e=e(Q/P)$.

(2) 对于整数 $m\geqslant 0$,试问 O_F 中理想 $\mathfrak{p}_E^m\cap O_F=?$

(3) 若 A 为 O_E 中的理想,如何刻画由集合 $N(A)=\{N_{E/F}(\alpha)\mid\alpha\in A\}$ 在 O_F 中生成的理想?

§4 不分歧扩张和完全分歧扩张

本节中设 $(F,P_F)\subseteq(E,P_E)$ 是完备离散赋值域的有限扩张. 以 $O_E,\mathfrak{p}_E$ 表示 E 的赋值环和素理想, $O_F,\mathfrak{p}_F$ 表示 F 的赋值环和素理想,而 $\overline{E}=O_E/\mathfrak{p}_F$ 和 $\overline{F}=O_F/\mathfrak{p}_F$ 分别表示 E 和 F 的剩余类域. 令 $e=e(P_E/P_F), f=f(P_E/P_F)$,则 $ef=n=[E:F]$. 如果 $e=1$(从而 $f=n$),称 E/F 为不分歧扩张. 如果 $f=1$(从而 $e=n$),称 E/F 为完全分歧扩张. 本节要刻画这些扩张的结构.

定理 8.17 (1) 设 E/F 是不分歧扩张. 如果 $\overline{E}=\overline{F}(\alpha_0)$,取元素 $\alpha\in O_E$,使得 $\overline{\alpha}=\alpha_0$,则 $E=F(\alpha)$,并且若 $f(x)$ 是 α 在 F 上的极小多项式,则 $\overline{f}(x)$ 是 $\overline{\alpha}$ 在 $\overline{F}$ 上的极小多项式.

(2) 若 $E=F(\alpha),\alpha\in O_E,g(x)$ 是 $O_F[x]$ 中首 1 多项式, $g(\alpha)=0$. 如果 $\overline{g}(x)$(在 $\overline{F}$ 的代数闭包 $\overline{\Omega}$ 中)没有重根,则 E/F 是不分歧扩张.

证明 (1) 设 $f(x)$ 是 α 在 F 上的极小多项式. 由于 $\alpha\in O_F$,从而 $f(x)$ 是 $O_F[x]$ 中首 1 多项式,并且 $\deg\overline{f}(x)=\deg f, \overline{f}(\alpha_0)=\overline{f}(\overline{\alpha})=0$. 于是

$$\deg\overline{f}\geqslant[\overline{f}(\alpha_0):\overline{F}]=[\overline{E}:\overline{F}]=[E:F]$$
$$\deg f=[F(\alpha):F]\leqslant[E:F]$$

但是 $\deg\overline{f}=\deg f$. 这就表明上面的不等式均为等式. 即 $E=F(\alpha)$, $\deg\overline{f}=[\overline{F}(\overline{\alpha}):\overline{F}]$,所以 $\overline{f}(x)$ 为 $\overline{\alpha}$ 在 F 上的极小多项式.

(3) 不妨设 $g(x)$ 是 α 在 F 上的极小多项式,则 $\overline{g}(\overline{\alpha})=0$. 由于 $g(x)$ 在 F 上不可约,因此 $\overline{g}(x)$ 必为 $\overline{F}[x]$ 中某个不可约多项式的方幂(Hensel 引理). 但是 $\overline{g}(x)$ 无重根,从而 $\overline{g}(x)$ 必为 $\overline{F}[x]$ 中不可约多项式. 于是

$$\begin{aligned}[E:F]&=[F(\alpha):F]=\deg g(x)=\deg\overline{g}\\&=[\overline{F}(\overline{\alpha}):\overline{F}]\leqslant[\overline{E}:\overline{F}]\leqslant[E:F]\end{aligned}$$

这就表明 $[E:F]=[\overline{E}:\overline{F}]$,即 E/F 是不分歧扩张. □

引理 3 设 $F\subseteq E$ 是完备离散赋值域的有限扩张,并且 $\overline{F}$ 是有限域.

(1)对于 $F\leqslant M\leqslant E$,则 E/F 不分歧当且仅当 E/M 和 M/F 均不分歧.

(2)若 K/F 是有限扩张,E/F 不分歧,则 KE/K 不分歧.

(3)若 E_1/F,E_2/F 均不分歧,则 E_1E_2/F 不分歧.

证明 (1)由定义易知 $e(E/F)=e(E/M)e(M/F)$. 由此即推出结论.

(2)由 E/F 不分歧可知 $E=F(\alpha)$,其中 $\alpha\in O_E$,并且对于 α 在 F 上的极小多项式 $f(x)$,$\bar{f}(x)$ 是 $\bar{F}[x]$ 中不可约多项式(定理 8.17 的(1)). 由于 $\bar{F}$ 是有限域,可知 $\bar{f}(x)$(在 $\bar{F}$ 的代数闭包中)没有重根. 于是 $KE=KF(\alpha)=K(\alpha)$,$f(x)\in O_F[x]\subseteq O_K[x]$,$\bar{f}(x)\in\bar{F}[x]\subseteq\bar{K}[x]$ 没有重根,所以由定理 8.17 的(2)即知 KE/K 不分歧.

(3)由(2)知 E_1E_2/E_1 不分歧,再由(1)即知 E_1E_2/F 不分歧. □

引理 3 可用于 $F=\mathbb{Q}_p$(p 进数域)的情形. 因为 $\mathbb{Q}_p$ 的剩余类域 $\mathbb{Z}_p/p\mathbb{Z}_p\cong\mathbb{Z}/p\mathbb{Z}$ 是有限域 $\mathbb{F}_p$. 以下固定 $\mathbb{Q}_p$ 的一个代数闭包 Ω_p. $\mathbb{Q}_p$ 的有限扩张均是指 Ω_p 的子域.

定理 8.18 (1)设 α 是 Ω_p 中的 l 次本原单位根,并且 l 与 p 互素. 以 n 表示满足 $p^n\equiv1\pmod l$ 的最小正整数,则 $\mathbb{Q}_p(\alpha)$ 是 $\mathbb{Q}_p$ 的 n 次不分歧扩张,并且这是伽罗瓦扩张,其伽罗瓦群 $\mathrm{Gal}(\mathbb{Q}_p(\alpha)/\mathbb{Q}_p)$ 是由自同构 σ 生成的 n 次循环群,其中 $\sigma(\alpha)=\alpha^p$.

(2)对每个 $n\geqslant1$,$\mathbb{Q}_p$ 都存在唯一的 n 次不分歧扩张.

(3)设 $E/\mathbb{Q}_p$ 是有限扩张,则存在中间域 F,使得 $F/\mathbb{Q}_p$ 为不分歧,而 E/F 是完全分歧.

证明 (1)由于 α 是 $f(x)=x^l-1\in\mathbb{Z}_p[x]$ 的根,并且由 $(l,p)=1$ 可知 $\bar{f}(x)$ 在 $\mathbb{F}_p[x]$ 中没有重根. 于是 $\mathbb{Q}_p(\alpha)/\mathbb{Q}_p$ 不分歧. 有限域 $\mathbb{F}_p(\bar{\alpha})/\mathbb{F}_p$ 的扩张次数等于使 $\bar{\alpha}^{p^n}=\bar{\alpha}$ 成立的最小正整数 n,而由 $\bar{f}(x)$ 没有重根可知 $\bar{\alpha}$ 仍是 l 次本原单位根. 因此 n 即为满足 $p^n\equiv1\pmod l$ 的最小正整数. 于是 $[\mathbb{Q}_p(\alpha):\mathbb{Q}_p]=[\mathbb{F}_p(\bar{\alpha}):\mathbb{F}_p]=n$. 进而,$\alpha$ 的某个共轭元素仍是 l 次本原单位根,从而必为 α^m,其中 $(m,l)=1$. 于是 α 的共轭元素均属于 $\mathbb{Q}_p(\alpha)$,即 $\mathbb{Q}_p(\alpha)/\mathbb{Q}_p$ 为伽罗瓦扩张. 设 τ 是伽罗瓦群中的元素,则 $\tau(\alpha)=\alpha^m$,其中 $(m,l)=1$. 由 τ 诱导出有限域 n 次扩张 $\mathbb{F}_p(\bar{\alpha})/\mathbb{F}_p$ 的自同构 $\bar{\tau}$,其中 $\bar{\tau}(\bar{\alpha})=\bar{\alpha}^m$. 但是 $\mathbb{F}_p(\bar{\alpha})/\mathbb{F}_p$ 的伽罗瓦群是由 $\alpha\mapsto\alpha^p$ 生成的 n 阶循环群,于是 $\bar{\alpha}^m=\bar{\alpha}^{p^t}(0\leqslant t\leqslant n-1)$. 但是 α^m 和 α^{p^t} 都是 $\mathbb{Q}_p(\alpha)$ 中的 p^n-1 次单位根,而所有 p^n-1 次单位根加上 0 应当是 $\mathbb{Q}_p(\alpha)$ 的赋值环对其素理想的陪集完全代表系. 所以由 $\bar{\alpha}^m=\bar{\alpha}^{p^t}$ 可知 $\alpha^m=\alpha^{p^t}$. 这就表明自同构 τ 只有 n 个可能性:$\tau(\alpha)=\alpha^{p^t}(0\leqslant t\leqslant n-1)$. 但是 $\mathbb{Q}_p(\alpha)/\mathbb{Q}_p$ 应当有 $n=[\mathbb{Q}_p(\alpha):\mathbb{Q}_p]$ 个自同构,因

此$\tau_t(\alpha)=\alpha^{p^t}(0\leqslant t\leqslant n-1)$都是$\mathbb{Q}_p(\alpha)/\mathbb{Q}_p$的自同构. 从而整个伽罗瓦群是由$\tau_1$ $(\tau_1(\alpha)=\alpha^p)$生成的$n$阶循环群.

(2)对每个$n\geqslant 1$,取α为Ω_p中的p^n-1次本原单位根($x^{p^n-1}-1$在Ω_p中没有重根,全部p^n-1个根应当是乘法循环群,其生成元就是p^n-1次本原单位根). 由(1)知$\mathbb{Q}_p(\alpha)$即是$\mathbb{Q}_p$的n次不分歧扩张. 再证唯一性:若E和F均是$\mathbb{Q}_p$的n次不分歧扩张,则$\overline{E}$和$\overline{F}$均是$\mathbb{F}_p$的n次扩张,于是$\overline{E}=\overline{F}$. 由引理3知$EF$也为$\mathbb{Q}_p$的不分歧扩张. 于是$[EF:\mathbb{Q}_p]=[\overline{EF}:\mathbb{F}_p]=[\overline{E}\,\overline{F}:\mathbb{F}_p]=[\overline{E}:\mathbb{F}_p]=n$. 所以$[EF:F]=[EF:\mathbb{Q}_p]/[F:\mathbb{Q}_p]=1$,即$EF=F$,因此$E\subseteq F$. 再由$[E:\mathbb{Q}_p]=[F:\mathbb{Q}_p]$可知$E=F$. 这就表明对每个$n\geqslant 1$,$\mathbb{Q}_p$恰好存在唯一的$n$次不分歧扩张.

(3)以F表示E中所有对$\mathbb{Q}_p$不分歧的子域的合成,则$F/\mathbb{Q}_p$不分歧. 易知E/F完全分歧. □

例1 对$\mathbb{Q}_p$的每个二次扩域K,$ef=2=[K:\mathbb{Q}_p]$. 所以或者$e=1,f=2$(不分歧),或者$e=2,f=1$(完全分歧). 当$p\geqslant 3$时,$\mathbb{Q}_p$共有3个二次扩域$\mathbb{Q}(\sqrt{a})$,其中$a=c,cp$和p,而$1\leqslant c\leqslant p-1$,$\left(\dfrac{c}{p}\right)=-1$. 由于$x^2-c$在$\mathbb{F}_p$中不可约,可知$\mathbb{Q}_p(\sqrt{c})$是$\mathbb{Q}_p$的不分歧扩张,由唯一性知$\mathbb{Q}_p(\sqrt{p})$和$\mathbb{Q}_p(\sqrt{cp})$是$\mathbb{Q}_p$的完全分歧扩张.

当$p=2$时,$\mathbb{Q}_2$共有7个二次扩域$\mathbb{Q}(\sqrt{a})$,其中$a=3,5,7,2,6,10,14$. $\mathbb{Q}_2$的二次扩张应当是添加$2^2-1=3$次本原单位根,即添加x^2+x+1的根$\omega=\dfrac{1}{2}(-1+\sqrt{-3})$. 所以$\mathbb{Q}_2(\omega)=\mathbb{Q}_2(\sqrt{-3})=\mathbb{Q}_2(\sqrt{5})$是$\mathbb{Q}_2$的不分歧扩张. 而$\mathbb{Q}_2$的其余6个二次扩域均是完全分歧的. 这些域的完全分歧性也可由下面定理得出.

现在刻画完全分歧扩张.

定理8.19 设E/F是完备离散赋值域的有限扩张,π是E的一个素元.

(1)若E/F是完全分歧的,则$E=F(\pi)$,并且π在F上的最小多项式为Eisenstein多项式.

(2)反之,若$E=F(\alpha)$,并且α在F上的最小多项式是Eisenstein多项式,则E/F是完全分歧扩张,并且α是E的一个素元.

证明 (1)π在F上的最小多项式为$O_F[x]$中多项式$f(x)=x^m+a_1x^{m-1}+a_2x^{m-2}+\cdots+a_m$. 以$v_F$和$v_E$分别表示$F$和$E$中的标准指数赋值,$v$是$v_F$在$F$的代数闭包$\Omega_p$中的(唯一)扩充,则$1=v_E(\pi)=nv(\pi)$,其中$n=[E:F]$. 设

$\pi_1,\cdots,\pi_m$是$f(x)$的m个根$(\pi_1=\pi)$，则$v(\pi_i)(1\leqslant i\leqslant m)$均相等. 于是

$$v_F(a_m)=v(a_m)=v(\pi_1)+\cdots+v(\pi_m)=mv(\pi)=\frac{m}{n}$$

但是$v_F(a_m)\in\mathbb{Z}$. 因此$m\geqslant n$. 另一方面，$n=[E:F]\geqslant[F(\pi):F]=m$. 这表明$n=m$并且$E=F(\pi)$. 由于$a_i$是$\pi_1,\cdots,\pi_m$的初等对称函数，而$v(\pi_i)=v(\pi)>0$，因此$v_F(a_i)=v(a_i)>0$，即$v_F(a_i)\geqslant 1(1\leqslant i\leqslant m)$. 再由$v_F(a_m)=\frac{m}{n}=1$，即知$f(x)$是 Eisenstein 多项式.

(2)设$E=F(\alpha)$，α在F上的最小多项式$f(x)=x^n+a_1x^{n-1}+\cdots+a_n$是 Eisenstein 多项式，即$v_F(a_i)\geqslant 1(1\leqslant i\leqslant n)$，$v_F(a_n)=1$，$f(x)$的牛顿折线即是从$(n,v_F(1))=(n,0)$到$(0,v_F(a_n))=(0,1)$的连线，可知$v(\alpha)=\frac{1}{n}$. 从而$e(E/F)=[v(E^\times):v_F(F^\times)]\geqslant\left[\frac{1}{n}\mathbb{Z}:\mathbb{Z}\right]=n$. 这就表明$e(E/F)=n$，即$E/F$完全分歧. 而$v_E(\alpha)=e(E/F)v(\alpha)=n\cdot\frac{1}{n}=1$，从而$\alpha$为$E$的素元. □

例 2 当p为奇素数时，x^2-cp和x^2-p均是 Eisenstein 多项式$\left(1\leqslant c\leqslant p-1,\left(\frac{c}{p}\right)=-1\right)$. 所以$\mathbb{Q}_p(\sqrt{p})$和$\mathbb{Q}_p(\sqrt{cp})$都是$\mathbb{Q}_p$的完全分歧扩张. 对于$p=2$，同样可知$\mathbb{Q}_2(\sqrt{a})\ (a=2,6,10,14)$是$\mathbb{Q}_2$的完全分歧扩张. 进而对$\mathbb{Q}_2(\sqrt{3})$和$\mathbb{Q}_2(\sqrt{7})$，我们有$\mathbb{Q}_2(\sqrt{3})=\mathbb{Q}_2(1+\sqrt{3})$，$\mathbb{Q}_2(\sqrt{7})=\mathbb{Q}_2(1+\sqrt{7})$. 而$1+\sqrt{3}$和$1+\sqrt{7}$在$\mathbb{Q}_2$上的极小多项式$x^2-2x-2$和$x^2-2x-6$都是对$p=2$的 Eisenstein 多项式. 所以$\mathbb{Q}_2(\sqrt{3})$和$\mathbb{Q}_2(\sqrt{7})$也是$\mathbb{Q}_2$的完全分歧扩张.

例 3(分圆扩张) 设p为素数，$n=p^l\cdot m$，$l\geqslant 1(p,m)=1$. 令α为Ω_p中n次本原单位根，$F=\mathbb{Q}_p(\alpha)$. 我们计算$F/\mathbb{Q}_p$的分歧指数e和剩余类域次数f，而$[F:\mathbb{Q}_p]=ef$.

令$M_1=\mathbb{Q}_p(\beta)$，其中$\beta=\alpha^{p^l}$是m次本原单位根，则M_1是$F/\mathbb{Q}_p$的中间域. 由$(p,m)=1$可知$M_1/\mathbb{Q}_p$是不分歧扩张，$[M_1:\mathbb{Q}_p]=s$，其中s是满足$p^s\equiv 1(\bmod m)$的最小正整数. 另一方面，

$$\begin{array}{c} F \\ / \\ M_1 \\ \backslash \\ \mathbb{Q}_p \end{array}$$

$\gamma=\alpha^m$为p^l次本原单位根，而$F=\mathbb{Q}_p(\alpha)=\mathbb{Q}_p(\beta,\gamma)=M_1(\gamma)$. 由$M_1/\mathbb{Q}_p$不分歧可知$p$仍为$M_1$的素元，而$\gamma$是$f(x)=\frac{x^{p^l}-1}{x^{p^{l-1}}-1}$的根. $\gamma-1$是多项式

$$g(x)=\frac{(x+1)^{p^l}-1}{(x+1)^{p^{l-1}}-1}$$

的根. 但是 $g(x)$ 的首项系数为 1,其余系数均被 p 除尽,而常数项 $g(0)$ 为 p. 可知 $g(x)$ 是 $M_1[x]$ 中的 Eisenstein 多项式. 这表明 $F=M_1(\gamma)=M_1(\gamma-1)$ 是 M_1 的 $p^{l-1}(p-1)$ 次完全分歧扩张. 于是 $F/\mathbb{Q}_p$ 是 $p^{l-1}(p-1)s$ 次扩张, $f=s$, $e=p^{l-1}(p-1)$. F 中存在 $t=p^s-1$ 次本原单位根 ζ, $T=\{0,1,\zeta,\cdots,\zeta^{t-1}\}$ 是 F 的赋值环对素理想的陪集完全剩余系,而 $\gamma-1$ 为 F 的素元. 所以 F 中非零元素 δ 可唯一表示成

$$\delta=\sum_{i=\lambda}^{\infty}c_i(\gamma-1)^i \quad (c_i\in T, c_\lambda\neq 0)$$

其中 $\lambda=v_F(\delta)$.

习　题

1. 设 E/F, K/F 为完备离散赋值域的有限扩张,并且 $\overline{F}$ 是有限域.
   (1) 若 E/F 完全分歧, K/F 不分歧,则 EK/K 完全分歧.
   (2) 若 K/F 和 E/F 均完全分歧,试问 KE/F 是否完全分歧?
   (3) 若 $F\subseteq K\subseteq E$, K/F 和 E/K 均完全分歧,则 E/F 完全分歧.
2. 计算 $\mathbb{Q}_2(\sqrt{3},\sqrt{7})$ 和 $\mathbb{Q}_2(\sqrt{3},\sqrt{2})$ 对于 $\mathbb{Q}_2$ 的分歧指数和剩余类域次数.
3. 设 F 是完备离散赋值域, $\alpha\in F$, $v_F(\alpha)=0$, $\overline{F}$ 是特征为素数 p 的有限域. n 是与 p 互素的正整数,则 $F(\sqrt[n]{\alpha})$ 是 F 的不分歧扩张.
4. 设 F 是完备离散赋值域, $\alpha\in F$, $v_F(\alpha)\geqslant 1$. 设 n 是与 $v_F(\alpha)$ 互素的正整数. 求证: $F(\sqrt[n]{\alpha})$ 是 F 的 n 次完全分歧扩张.

§5　数域和它的局部化

我们已经知道有理数域 $\mathbb{Q}$ 的全部赋值: $\mathbb{Q}$ 的全部素除子(赋值等价类)是所有的素数和 ∞, ∞ 对应 $\mathbb{Q}$ 中通常的阿基米德赋值,而每个素除子 p 对应非阿的 p 进赋值. $\mathbb{Q}$ 对 ∞ 的完备化是实数域 $\mathbb{R}=\mathbb{Q}_\infty$,而对每个素数 p, $\mathbb{Q}$ 对 p 进赋值的完备化是 p 进数域 $\mathbb{Q}_p$, p 是离散素除子,它的赋值环

$$\mathbb{Z}_p=\{\alpha\in\mathbb{Q}_p \mid v_p(\alpha)\geqslant 0\}=\{\alpha\in\mathbb{Q}_p \mid |\alpha|_p\leqslant 1\}$$

叫作 p 进整数环, $\mathbb{Z}_p$ 中元素叫 p 进整数. $\mathbb{Z}_p$ 是 $\mathbb{Z}$ 在 $\mathbb{Q}_p$ 中对于 p 进拓扑的闭包,

并且是紧集. 剩余类域$\mathbb{Z}_p/p\mathbb{Z}_p$ 为有限域$\mathbb{F}_p$.

本节要对任意代数数域 K,决定 K 的所有赋值和赋值等价类(素除子). 由于 K 的素除子在$\mathbb{Q}$ 的限制均是$\mathbb{Q}$ 的素除子,所以问题相当于:$\mathbb{Q}$ 的每个素除子到 K 都有哪些扩充?

先看$\mathbb{Q}$ 的阿基米德赋值$|\ |$到代数数域 K 有哪些扩充. 设 φ 是$|\ |$到 K 的一个扩充,则 φ 仍为阿基米德赋值. K 对 φ 的完备化 K_φ 是完备的阿基米德赋值域. 而这种域只有$(\mathbb{R},\infty)$和$(\mathbb{C},\infty)$. 所以问题在于有多少种方法将 K 看成$\mathbb{R}$ 或$\mathbb{C}$ 的子域. 这个问题在本书一开始就解决了. 设 $K=\mathbb{Q}(\alpha)$,$[K:\mathbb{Q}]=n$,则 α 在$\mathbb{Q}$ 上的极小多项式为$\mathbb{Q}[x]$中 n 次不可约多项式$f(x)$. $f(x)$在$\mathbb{C}$ 中有 n 个不同的根. $\alpha_1,\cdots,\alpha_{r_1},\alpha_{r_1+1},\cdots,\alpha_n$,其中 $\alpha_1,\cdots,\alpha_{r_1}$ 为实根,后 $2r_2$ 个是 r_2 对复根:$\alpha_{r_1+j}=\overline{\alpha}_{r_1+r_2+j}(1\leqslant j\leqslant r_2)$,$r_1+2r_2=n$($\overline{\alpha}$表示 α 的复共轭),则 K 有 r_1 个实嵌入和 r_2 对复嵌入

$$\sigma_i:K\hookrightarrow\mathbb{R},\sigma_i(\alpha)=\alpha_i\quad(1\leqslant i\leqslant r_1)$$

$$\sigma_i:K\hookrightarrow\mathbb{C},\sigma_i(\alpha)=\alpha_i\quad(r_1+1\leqslant i\leqslant n)$$

$$\sigma_{r_1+j}=\overline{\sigma}_{r_1+r_2+j}\quad(1\leqslant j\leqslant r_2)$$

所以$\mathbb{Q}$ 中赋值$|\ |$到 K 只能有以下的扩充 $\varphi_i(1\leqslant i\leqslant n)$

$$\varphi_i:K\to\mathbb{R}_{\geqslant 0},\varphi_i(\gamma)=|\sigma_i(\gamma)|\quad(1\leqslant i\leqslant n,\gamma\in K)$$

再看一下这 n 个阿基米德赋值是否有等价的. 由于它们均为有理数域上$|\ |$的扩充,所以若 φ_i 和 φ_j 等价(即 $\varphi_i=\varphi_j^c,c>0$),则必然相等($c=1$). 现在设 $\varphi_i=\varphi_j(1\leqslant i,j\leqslant n)$,则对每个有理数 a

$$\begin{aligned}|\alpha_i-a|&=|\sigma_i(\alpha)-\sigma_i(a)|=|\sigma_i(\alpha-a)|\\&=\varphi_i(\alpha-a)=\varphi_j(\alpha-a)=|\alpha_j-a|\end{aligned}$$

这就表明 α_i 和 α_j 与每个有理数的距离均相等. 由于$|\ |$是复数域上的连续函数,而$\mathbb{Q}$ 在$\mathbb{R}$ 中稠密,可知 α_i 和 α_j 与每个实数的距离均相等. 即 α_i 和 α_j 关于实数轴对称,从而 $\alpha_i=\overline{\alpha}_j$. 于是 $\sigma_i=\overline{\sigma}_j$. 这就表明 $\varphi_1,\cdots,\varphi_{r_1+r_2}$是$\mathbb{Q}$ 中阿基米德赋值到 K 的彼此不同的扩充,而 $\varphi_{r_1+r_2+j}=\varphi_{r_1+j}(1\leqslant j\leqslant r_2)$. 这就证明了如下结果.

定理 8.20　设 n 次代数数域 K 在复数域$\mathbb{C}$ 中共有 r_1 个实嵌入 $\sigma_1,\cdots,\sigma_{r_1}$ 和 r_2 对复嵌入 $\sigma_{r_1+1},\cdots,\sigma_{r_1+2r_2}(r_1+2r_2=n)$,$\sigma_{r_1+j}=\overline{\sigma}_{r_1+r_2+j}(1\leqslant j\leqslant r_2)$,则 K 共有 r_1+r_2 个阿基米德素除子$\infty_1,\cdots,\infty_{r_1+r_2}$. 以 φ_i 表示∞_i 中的赋值,并且是$\mathbb{Q}$ 中$|\ |$的扩充,则

$$\varphi_i(\alpha)=|\sigma_i(\alpha)|\quad(\alpha\in K)$$

K 对于素除子$\infty_i(1\leqslant i\leqslant r_1)$的完备化为$(\mathbb{R},|\ |)$,而 K 对于素除子$\infty_i(r_1+1\leqslant$

$i\leqslant r_1+r_2$)的完备化为($\mathbb{C}$,| |).

称∞_i($1\leqslant i\leqslant r_1$)为$K$的**实**素除子,$\infty_i$($r_1+1\leqslant i\leqslant r_1+r_2$)为$K$的**复**素除子.

现在决定代数数域K的非阿素除子. 仿照有理数域中的p进赋值,我们可以构作域K的非阿赋值. 设O_K是K的整数环,P是O_K的非零素理想. 对每个非零元素$\alpha\in K$,以$v_P(\alpha)$表示理想αO_K作素理想分解时P的指数. 而令$v_P(0)=\infty$,则v_P是从K到$\mathbb{Z}\cup\{\infty\}$的映射,并且满足指数赋值的3条性质:对于$\alpha,\beta\in K$,有:

(1)$v_P(\alpha)=\infty$当且仅当$\alpha=0$;

(2)$v_P(\alpha\beta)=v_P(\alpha)+v_P(\beta)$;

(3)$v_P(\alpha+\beta)\geqslant\min(v_P(\alpha),v_P(\beta))$.

前2条性质是显然的. 而第3条是由于$(\alpha+\beta)O_K\subseteq\alpha O_K+\beta O_K$,而$\alpha O_K+\beta O_K$作素理想分解时$P$的指数为$\min(v_P(\alpha),v_P(\beta))$. 于是$v_P(\alpha+\beta)\geqslant\min(v_P(\alpha),v_P(\beta))$. v_P叫作域K的P**进指数赋值**. 对每个γ_P,$0<\gamma_P<1$,令$|\alpha|_P=\gamma^{v}P^{P(\alpha)}$($|0|_P=0$),则$|\ |_P$是域$K$的非阿赋值,并且对$\gamma_P$的不同的选取,这些$P$**进赋值**是彼此等价的,它们组成一个素除子,这个素除子也表示成P. 对于O_K的不同非零素理想P和Q,$|\ |_P$和$|\ |_Q$不等价,从而给出不同的素除子. 由于$v_P(K^{\times})=\mathbb{Z}$,可知这些非阿素除子都是离散的. K中满足$v_P(\pi)=1$的元素π都是P进素除子的素元(例如取$\pi\in P-P^2$). 赋值环$O_{(P)}$和它的唯一极大理想M_P为

$$O_{(P)}=\{\alpha\in K\,|\,v_P(\alpha)\geqslant 0\}=\{\alpha\in K\,|\,|\alpha|_P\leqslant 1\}$$
$$M_P=\{\alpha\in K\,|\,v_P(\alpha)\geqslant 1\}=\{\alpha\in K\,|\,|\alpha|_P<1\}=\pi O_{(P)}$$

根据定义,K的整数环O_K是$O_{(P)}$的子环,并且$M_P\cap O_K=P$. 于是有域的单同态

$$O_K/P\hookrightarrow O_{(P)}/M_P \tag{1}$$

从而K对于P进赋值的剩余类域(即上式右边)有子域O_K/P. 设$\mathbb{Z}\cap P=p\mathbb{Z}$,其中$p$为素数,则$K$的素除子$P$在有理数域$\mathbb{Q}$上的限制为素除子$p$. 而素除子$P$对$p$的剩余类域次数$f_P$为

$$f_P=[O_{(P)}/M_P:\mathbb{Z}/p\mathbb{Z}]\geqslant[O_K/P:\mathbb{Z}/p\mathbb{Z}]=f(P/p)$$

另一方面,v_P和v_p分别为K的P进标准指数赋值和$\mathbb{Q}$的p进标准指数赋值. 我们有$v_P|_{\mathbb{Q}}=e_Pv_p$,其中e_P是素除子P对p的分歧指数. 若以$e(P/p)$表示素理想P对p的分歧指数,即pO_K的素理想分解中P的指数为$e(P/p)$,则$v_P(p)=e(P/p)$. 而$e_Pv_p(p)=e_P$,这就表明$e_P=e(P/p)$.

设
$$pO_K = P_1^{e_1}\cdots P_g^{e_g}$$
是 pO_K 的素理想分解式，其中 $P_1,\cdots,P_g$ 为 O_K 的不同非零素理想，$e_i = e(P_i/p)\geqslant 1(1\leqslant i\leqslant g)$，则 K 的素除子 $P_1,\cdots,P_g$ 彼此不同，且均为$\mathbb{Q}$ 的素除子 p 的扩充. 由第七章定理 7.5. 我们有

$$\sum_{i=1}^{g} e_{P_i} f_{P_i} \leqslant [K:\mathbb{Q}]$$

但是上面已证 $e_{P_i} = e(P_i/p)$，$f_{P_i} \geqslant f(P_i/p)$. 于是又有

$$\sum_{i=1}^{g} e_{P_i} f_{P_i} \geqslant \sum_{i=1}^{g} e(P_i/p)f(P_i/p) = [K:\mathbb{Q}]$$

这就表明 $f_{P_i} = f(P_i/p)(1\leqslant i\leqslant g)$，从而式(1)是域的同构，即 K 对素除子 P 的剩余类域同构于 $O_K/P = \mathbb{F}_{p^f}$，其中 $f = f(P/p)$. 并且由第七章定理 7.5 和 $\sum_{i=1}^{g} e_{P_i} f_{P_i} = [K:\mathbb{Q}]$ 可知 $P_1,\cdots,P_g$ 就是$\mathbb{Q}$ 的素除子 p 到 K 的全部扩充. 由于 K 的每个非阿素除子都是$\mathbb{Q}$ 的某个非阿素除子的扩充. 这就证明了下面的结果：

定理 8.21　(1) K 的所有非阿素除子即是全部 P 进素除子(其中 P 过 O_K 的全体非零素理想).

(2)对每个素数 p，以 $P_1,\cdots,P_g$ 表示环 O_K 中理想 pO_K 的全体素理想因子，则$\mathbb{Q}$ 的素除子 p 到 K 的全部扩充素除子为 $P_1,\cdots,P_g$. 并且素除子 P_i 对 p 的分歧指数和剩余类域次数就是第一章中定义的素理想 P_i 对 p 的分歧指数 $e(P_i/p)$ 和剩余类域次数 $f(P_i/p)$. □

定义 3　对于代数数域 K 的每个素除子 P，以 K_P 表示 K 对于素除子 P 的完备化，叫作(K 对 P 的)**局部域**.

若 P 是阿基米德素除子，则 P 为实素除子时 $K_P = \mathbb{R}$，而 P 为复素除子时，$K_P = \mathbb{C}$. 对于非阿素除子的情形，我们有以下结果：

定理 8.22　设 K 是代数数域，$n = [K:\mathbb{Q}]$，$K = \mathbb{Q}(\alpha)$，$\alpha \in O_K$，$f(x) = x^n + c_1x^{n-1} + \cdots + c_n \in \mathbb{Z}[x]$ 是 α 在$\mathbb{Q}$ 上的最小多项式，则对每个素数 p，有：

(1) $f(x)$ 在$\mathbb{Q}_p$ 上分解成 g 个不可约多项式之乘积
$$f(x) = f_1(x)\cdots f_g(x)$$
其中 $f_i(x)(1\leqslant i\leqslant g)$ 是$\mathbb{Z}_p[x]$ 中不同的首 1 多项式. 而 g 为 p 在 O_K 中的不同素理想因子 $P_1,\cdots,P_g$ 的个数. 令 $n_i = \deg f_i(x)$，则 $n_1 + \cdots + n_g = n$.

(2)记 α_i 为 $f_i(x)$ 在$\mathbb{Q}_p$ 的代数闭包 Ω_p 中的一个根，则 K 对于素除子 $P_i(1\leqslant i\leqslant g)$ 的局部化为(同构于)
$$K_{P_i} \cong \mathbb{Q}_p(\alpha_i) \quad (1\leqslant i\leqslant g)$$

并且$\mathbb{Q}_p(\alpha_i)$对于$\mathbb{Q}_p$的分歧指数和剩余类域次数分别为$e(P_i/p)$和$f(P_i/p)$，而$e(P_i/p)f(P_i/p)=n_i$.

证明 $f(x)$可以分解成$\mathbb{Q}_p[x]$中首1不可约多项式乘积. 所以可设$f_1(x),\cdots,f_g(x)$是$\mathbb{Q}_p[x]$中首1不可约多项式. 由于$f(x)$在$\mathbb{Q}[x]$中不可约，所以$f(x)$在$\mathbb{Q}$的任何扩域中都没有重根. 特别地，$\mathbb{Q}\subset\mathbb{Q}_p\subset\Omega_p$. 所以$f(x)$在$\Omega_p$中没有重根. 因此$f_i(x)(1\leqslant i\leqslant g)$是$\mathbb{Q}_p[x]$中不同的首1不可约多项式. 将$\mathbb{Q}$和$\mathbb{Q}_p$的$p$进赋值$v_p$唯一地扩充成$\Omega_p$中指数赋值$v$. 由于$f(x)$是$\mathbb{Z}_p[x]$中首1多项式，可知对于$f(x)$在$\Omega_p$中的每个根$\theta$，$v(\theta)\geqslant 0$（因为$\theta^n+c_1\theta^{n-1}+\cdots+c_n=0$，$v(c_i)\geqslant 0$. 如果$v(\theta)<0$，则等式左边诸项只有$v(\theta^n)$最小，这不可能）. 所以$f_i(x)$的系数作为一些根的初等对称函数，其指数赋值$\geqslant 0$，但是这些系数属于$\mathbb{Q}_p$，从而必然属于$\mathbb{Z}_p$，即$f_i(x)$均是$\mathbb{Z}_p[x]$中首1不可约多项式.

由于$\mathbb{Q}\subset\mathbb{Q}_p\subset\Omega_p$，$\Omega_p$代数封闭，$\alpha$在$\mathbb{Q}$上代数，所以$K=\mathbb{Q}(\alpha)$可作为$\Omega_p$的子域. 设$P$是$p$在$O_K$中的素理想因子，则局部域$K_P$包含$K=\mathbb{Q}(\alpha)$和$\mathbb{Q}_p$，从而包含$\mathbb{Q}_p(\alpha)$. 由于$f(\alpha)=0$，所以$\alpha$在$\mathbb{Q}_p$上的极小多项式为某个$f_i(x)$. 以$\alpha_i$表示$f_i(x)$在$\Omega_p$中的一个根，则$K_P\supseteq\mathbb{Q}_p(\alpha_i)$. 但是$\mathbb{Q}_p(\alpha_i)$对于素除子$P$是完备的，所以$K_P\cong\mathbb{Q}_p(\alpha_i)$.

如果α_i和α_i'是同一个$f_i(x)$的两个根，则$K=\mathbb{Q}(\alpha)$嵌到$L=\mathbb{Q}_p(\alpha_i)$和$L'=\mathbb{Q}_p(\alpha_i')$中分别以$\alpha\mapsto\alpha_i$和$\alpha\mapsto\alpha_i'$的方式. 由于$\alpha_i$和$\alpha_i'$在$\mathbb{Q}_p$上有同样的极小多项式$f_i(x)$，$[L:\mathbb{Q}_p]=[L':\mathbb{Q}_p]=\deg f_i=n_i$. 若以$v$和$v'$表示$v_P$到$L$和$L'$的（唯一）扩充，则对每个$K$中元素$h(\alpha)$（其中$h(x)\in\mathbb{Q}[x]$）

$$\begin{aligned}v(h(\alpha))=v(h(\alpha_i))&=\frac{1}{n_i}v_P(N_L/\mathbb{Q}_p(h(\alpha_i)))\\&=\frac{1}{n_i}v_P(N_{L'}/\mathbb{Q}_p(h(\alpha_i')))\\&=v'(h(\alpha_i'))=v'(h(\alpha_i))\end{aligned}$$

这表明v和v'在K上给出同样的赋值. 所以$\mathbb{Q}$上p进素除子到K的扩充至多有$\hat{g}$个，即至多是由$\mathbb{Q}_p(\alpha_i)(1\leqslant i\leqslant g)$诱导出的素除子.

对每个$\mathbb{Q}_p(\alpha_i)$，我们有如下的域扩张图4. 以P_i表示$\mathbb{Q}_p(\alpha_i)$的赋值在K上限制素除子，则$\mathbb{Q}_p(\alpha_i)=K_{P_i}$，而$P_i$是$pO_K$在$O_K$中的素理想因子，以$\hat{P}_i$表示$\mathbb{Q}_p(\alpha_i)$的素除子，$p$和$\hat{p}$表示$\mathbb{Q}$和$\mathbb{Q}_p$的$p$进素除子. 由定理8.2知

图4

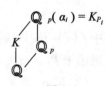

$$e(\hat{P}_i/p)=e(\hat{P}_i/P_i)e(P_i/p)=e(P_i/p)$$

$$e(\hat{P}_i/p)=e(\hat{P}_i/\hat{p})e(\hat{p}/p)=e(\hat{P}_i/\hat{p})$$

这就表明 $e(P_i/p)=e(\hat{P}_i/\hat{p})$. 同样可证 $f(P_i/p)=f(\hat{P}_i/\hat{p})$. 于是

$$\sum_{i=1}^{g} e(P_i/p)f(P_i/p) = \sum_{i=1}^{g} e(\hat{P}_i/\hat{p})f(\hat{P}_i/\hat{p}) = \sum_{i=1}^{g} n_i = n$$

再由定理 8.21 便知 $P_i(1\leqslant i\leqslant g)$ 是 K 的不同素除子. 从而 $f(x)$ 在 $\mathbb{Q}_p[x]$ 中的不可约因子个数 g 等于 pO_K 在 O_K 中素理想因子的个数. □

例 1 决定 $K=\mathbb{Q}(\sqrt[3]{2})$ 的全部素除子.

解 以 ω 表示复数域中的 3 次本原单位根. 则 $\alpha=\sqrt[3]{2}$ 的共轭元素为 $\alpha,\alpha\omega$ 和 $\alpha\omega^2$. $f(x)=x^3-2$ 是 α 在 $\mathbb{Q}$ 上的极小多项式. $1,\alpha,\alpha^2\in O_K$. 计算判别式

$$\operatorname{disc}(1,\alpha,\alpha^2)=\begin{vmatrix}1&1&1\\ \alpha&\omega\alpha&\omega^2\alpha\\ \alpha^2&\omega^2\alpha^2&\omega\alpha^2\end{vmatrix}^2=\alpha^6\begin{vmatrix}1&1&1\\1&\omega&\omega^2\\1&\omega^2&\omega\end{vmatrix}^2$$

$$=4\begin{vmatrix}3&1&1\\0&\omega&\omega^2\\0&\omega^2&\omega\end{vmatrix}^2=36\cdot\begin{vmatrix}\omega&\omega^2\\ \omega^2&\omega\end{vmatrix}^2$$

$$=36(\omega^2+\omega-2)=-108$$

可知域 K 的判别式 $d(K)$ 是 $-108=-2^2\cdot 3^2$ 的因子, 并且 $-108/d(K)$ 是整数的平方. 可知 $d(K)$ 必有因子 3, 即 3 在 K 中分歧. 而当 $p\geqslant 5$ 时, p 在 K 中不分歧.

(1) 对于 $p=3$, $K=\mathbb{Q}(\alpha)=\mathbb{Q}(\alpha+1)$, 而 $\alpha+1$ 的极小多项式 $f(x-1)=(x-1)^3-2=x^3-3x^2+3x-3$ 是 $\mathbb{Q}_3[x]$ 中的 Eisenstein 多项式. 从而 $\mathbb{Q}_3(\alpha)=\mathbb{Q}_3(\alpha+1)$ 是 $\mathbb{Q}_3$ 的 3 次完全分歧扩张. 因此 $3O_K=P^3$, $e(P/3)=3$, $f(P/3)=1$. v_3 到 K 有唯一的扩充 v_P. 对于 K 中元素 $\gamma=a+b\alpha+c\alpha^2(a,b,c\in\mathbb{Q})$

$$v_P(\gamma)=\frac{1}{3}v_3(N_{K/\mathbb{Q}}(\gamma))$$

其中

$$N_{K/\mathbb{Q}}(\gamma)=(a+b\alpha+c\alpha^2)(a+b\alpha\omega+c\alpha^2\omega^2)(a+b\alpha\omega^2+c\alpha^2\omega)$$
$$=a^3+b^3+c^3-3abc$$

(2) 对于 $p=2$, $f(x)=x^3-2$ 是 $\mathbb{Q}_2[x]$ 中的 Eisenstein 多项式. 所以也有

$2O_K=P^3$（完全分歧）. v_2 在 K 中只有一个扩充 v_P，$v_P(\gamma)=\frac{1}{3}v_2(a^3+b^3+c^3-3abc)$.

以下设 $p\geqslant 5$.

（3）若 $p\equiv 2(\bmod 3)(p\geqslant 5)$，则 $\mathbb{F}_p^\times$ 是 $p-1$ 阶循环群. 由于 $3\nmid(p-1)$，可知 $\mathbb{F}_p^\times$ 中每个元素都是另一元素的立方，特别地，2 是模 p 的三次剩余，即存在整数 s，使得 $s^3\equiv 2(\bmod p)$. 从而对于 $f(x)=x^3-2$，有

$$\begin{aligned}v_p(f(s))&=v_p(s^3-2)\geqslant 1>0=2\cdot v_p(3\cdot s^2)\\&=2\cdot v_p(f'(s))\end{aligned}$$

由 Hensel 引理知 $f(x)$ 在 $\mathbb{Z}_p$ 中有根 θ. 而 $f(x)$ 在 Ω_p 中另两个根为 $\theta\omega$ 和 $\theta\omega^2$，其中 ω 是 Ω_p 中的 3 次本原单位根. 由于 $\beta\in\mathbb{Q}_p$，可知

$$\beta\omega\in\mathbb{Q}_p\Leftrightarrow\omega\in\mathbb{Q}_p\Leftrightarrow\mathbb{Q}_p(\omega)=\mathbb{Q}_p$$

但是 $[\mathbb{Q}_p(\omega):\mathbb{Q}_p]$ 等于满足 $p^f\equiv 1(\bmod 3)$ 的最小正整数 f. 由 $p\equiv 2(\bmod 3)$ 可知 $f=2$，这表明 $\omega\notin\mathbb{Q}_p$，所以 $f(x)=x^3-2$ 在 $\mathbb{Q}_p$ 中只有一个根 θ，即 $f(x)$ 在 $\mathbb{Q}_p[x]$ 中分解成两个不可约多项式 $(x-\theta)$ 和 $x^2+\theta x+\theta^2$ 的乘积. 由于 p 在 K 中不分歧，可知

$$pO_K=PQ,e(P/p)=e(Q/p)=1,f(P/p)=1,f(Q/p)=2$$

$$K_P=\mathbb{Q}_p(\theta)=\mathbb{Q}_p,K_Q=\mathbb{Q}_p(\theta\omega)\quad(\text{为}\mathbb{Q}_p\text{的二次扩域})$$

v_p 在 K 中有两个扩充 v_P 和 v_Q，对于 K 中元素 $\gamma=a+b\alpha+c\alpha^2(a,b,c\in\mathbb{Q})$

$$\begin{aligned}v_P&=v_p(a+b\theta+c\theta^2)\\v_Q&=\frac{1}{2}v_p(a+b\theta\omega+c\theta^2\omega^2)(a+b\theta\omega^2+c\theta^2\omega)\\&=\frac{1}{2}v_p(a^2+b^2\theta^2+c^2\theta^4-ab\theta-ac\theta^2-bc\theta^3)\end{aligned}$$

（4）设 $p\equiv 1(\bmod 3)$. 这时 $\mathbb{Q}_p$ 中有 3 次本原单位根 ω. 如果 2 是模 p 的三次剩余，由 Hensel 引理知 $f(x)=x^3-2$ 在 $\mathbb{Q}_p$ 中有根 θ，从而另外两个根 $\theta\omega,\theta\omega^2$ 也属于 $\mathbb{Q}_p$. 于是在 $\mathbb{Q}_p[x]$ 中 x^3-2 分解为 $(x-\theta)(x-\theta\omega)(x-\theta\omega^2)$. 所以

$$pO_K=P_1P_2P_3,e(P_i/p)=f(P_i/p)=1\quad(1\leqslant i\leqslant 3)$$

其中 P_1,P_2,P_3 是素除子 p 在 K 中 3 个不同的扩充. $K_{P_i}=\mathbb{Q}_p(1\leqslant i\leqslant 3)$. 以 $v_{P_i}(1\leqslant i\leqslant 3)$ 表示 v_p 在 K 中 3 个不同的扩充，则对于 K 中元素 $\gamma=a+b\alpha+c\alpha^2$ $(a,b,c\in\mathbb{Q})$

$$\begin{aligned}v_{P_1}(\gamma)&=v_p(a+b\theta+c\theta^2)\\v_{P_2}(\gamma)&=v_p(a+b\theta\omega+c\theta^2\omega^2)\\v_{P_3}(\gamma)&=v_p(a+b\theta\omega^2+c\theta^2\omega)\end{aligned}$$

如果 2 不是模 p 的三次剩余，则 $f(x)=x^3-2$ 在 $\mathbb{Q}_p[x]$ 中不可约. 这时 $pO_K=P, e(P/p)=1, f(P/p)=3, v_p$ 在 K 中有唯一扩充 $v_P, K_P=\mathbb{Q}_p(\alpha)$ 是 $\mathbb{Q}_p$ 的 3 次扩域. 对于 K 中元素 $\gamma=a+b\alpha+c\alpha^2(a,b,c\in\mathbb{Q})$

$$v_P(\gamma)=\frac{1}{3}v_p(a^3+b^3+c^3-3abc)$$

现在决定 $K=\mathbb{Q}(\sqrt[3]{2})$ 的阿基米德素除子. 由于 x^3-2 在复数域中有一个实根 $\alpha=\sqrt[3]{2}$ 和一对复根 $\alpha\omega,\alpha\omega^2$. 所以 K 有一个实的素除子 ∞_1 和一个复的素除子 ∞_2. $K_{\infty_1}=\mathbb{R}, K_{\infty_2}=\mathbb{C}$. 素除子 ∞_1 和 ∞_2 中分别有 $\mathbb{Q}$ 中通常赋值 $|\ |$ 的扩充 $|\ |_1$ 和 $|\ |_2$，其中对 K 中元素 $\gamma=a+b\alpha+c\alpha^2(a,b,c\in\mathbb{Q})$

$$\begin{aligned}
|\gamma|_1 &= |\gamma| \\
|\gamma|_2 &= |(a+b\alpha\omega+c\alpha^2\omega^2)(a+b\alpha\omega^2+c\alpha^2\omega)|^{\frac{1}{2}} \\
&= |a^2+b^2\alpha^2+c^2\alpha^4-ab\alpha-ac\alpha^2-bc\alpha^3|^{\frac{1}{2}} \\
&= |a+b\alpha\omega+c\alpha^2\omega^2|
\end{aligned}$$

习　题

1. 对每个二次数域 $K=\mathbb{Q}(\sqrt{d})$，决定 $\mathbb{Q}$ 的阿基米德赋值 $|\ |$ 和所有 p 进指数赋值 v_P 在 K 中的全部扩充.
2. 设 K 是代数数域，p 为素数，P 是 pO_K 在 O_K 中的一个素理想因子. O_P 为局部域 K_P 的赋值环，即 $O_P=\{\alpha\in K_P | v_P(\alpha)\geqslant 0\}$. 求证：$O_P$ 是 $\mathbb{Z}_p$ 在 K_P 中的整闭包，即对每个 $\alpha\in K_P$，$\alpha\in O_P\Leftrightarrow\alpha$ 在 $\mathbb{Z}_p$ 上整.（即 α 是 $\mathbb{Z}_p[x]$ 中某个首 1 多项式的根）
3. 决定 $\mathbb{Q}$ 的指数赋值 v_5 到域 $K=\mathbb{Q}(\sqrt{2},\sqrt{-1})$ 的所有扩充，决定 $\mathbb{Q}$ 的阿基米德赋值 $|\ |$ 到 K 的所有扩充.
4. 设 K 是 $\mathbb{Q}_p$ 的有限次完全分歧扩张，π 是 K 的一个素元. 求证：K 的赋值环为 $\mathbb{Z}_p[\pi]$.
5. 设 K 是 $\mathbb{Q}_p$ 的 n 次不分歧扩张，O 是 K 的赋值环. 求证：O 中存在 p^n-1 次本原单位根 α，并且 $O=\mathbb{Z}_p[\alpha]$.

第九章 应用举例

代数数论已有 200 多年的历史. 我们已经介绍了前 100 余年代数数论的基本内容. 关于近代代数数论的发展将在本书最后的附录中做一个综述. 本章就前面讲过的代数数论内容,挑选一些应用的例子. 其中某些应用是在组合数学和通信方面,另一些则仍是在数论中的应用(费马猜想、有限域上代数方程的解,二次型). 代数数论在许多领域有深刻广泛的应用,这里所挑选的材料,均属于不需要花很多篇幅来介绍应用领域的专门知识. 事实上,代数数论在通信编码和现代密码学中有重要的应用,由于需要较多的专门知识,只好割爱. 本节的主要目的是希望通过这些例子,使读者能够把代数数论作为各种领域的理论性和应用性研究的有效工具.

§1 关于费马猜想的 Kummer 定理(第 2 种情形)

本节中要证明:

定理 9.1 设 p 是奇素数,并且 $p\nmid h_p$,其中 h_p 为分圆域 $\mathbb{Q}(\zeta_p)$ 的理想类数,则 $x^p+y^p=z^p$ 没有正整解(x,y,z).

我们在第三章末尾已证明了第 1 种情形,即不存在解满足 $p\nmid xyz$. 现在要证第 2 种情形,即不存在解满足 $p\mid xyz\neq 0$. 这种情形的证明更加困难. 需要局部域的知识.

和第 1 种情形一样,我们不妨设 x,y,z 两两互素. 我们可以像 Kummer 那样证明更一般的结果.

定理 9.2 设 p 为奇素数,$p\nmid h_p$,则方程 $x^p+y^p=z^p$ 没有解(x,y,z),使得 $x,y,z\in\mathbb{Z}[\zeta_p]$,$(1-\zeta_p)\mid xyz\neq 0$,并且 x,y,z 在 $\mathbb{Z}[\zeta_p]$ 中两两互素.

证明 假如方程 $x^p+y^p=z^p$ 具有满足定理 9.2 条件的解,

我们不妨设$(1-\zeta_p)\mid z$(因为若$(1-\zeta_p)\mid x$,可考虑方程$y^p+(-z)^p=(-x)^p$).于是x和y均与$(1-\zeta)$互素(以后ζ_p简记为ζ).令$z=(1-\zeta)^m z_0$,其中$m\geqslant 1$而z_0与$(1-\zeta)$互素$(z_0\in\mathbb{Z}[\zeta])$,则$x^p+y^p=(1-\zeta)^{mp}z_0^p$,其中$x,y,z_0\in\mathbb{Z}[\zeta]$,$(1-\zeta)\nmid xyz_0\neq 0$,并且$x,y,z_0$在$\mathbb{Z}[\zeta]$中彼此互素.现在我们证明这是不可能的.即我们要证明:对$\mathbb{Z}[\zeta]$中任何单位ε和正整数m,方程

$$x^p+y^p=\varepsilon(1-\zeta)^{pm}z_0^p \tag{1}$$

不可能有解满足条件:

$(*)$:$x,y,z_0\in\mathbb{Z}[\zeta]$,$(1-\zeta)\nmid xyz_0\neq 0$.

如果不然,我们令m是最小正整数.使得形如(1)的方程有满足条件$(*)$的解.记$K=\mathbb{Q}(\zeta)(\zeta=\zeta_p)$,则$O_K=\mathbb{Z}[\zeta]$,$pO_K=\mathfrak{p}^{p-1}$,其中$\mathfrak{p}=(1-\zeta)$.由条件$(*)$知理想$\mathfrak{a}=(z_0)$与$\mathfrak{p}$互素.将式(1)写成理想形式则为

$$\prod_{k=0}^{p-1}(x+\zeta^k y)=\mathfrak{p}^{pm}\mathfrak{a}^p \tag{2}$$

由于$pm>0$,可知式(2)右边至少有一个k使得$\mathfrak{p}\mid(x+\zeta^k y)$.由于$(x+\zeta^k y)-(x+\zeta^i y)=y(\zeta^k-\zeta^i)\equiv 0(\bmod 1-\zeta)$,可知式(2)右边每个因子$(x+\zeta^k y)$都被$\mathfrak{p}$除尽.于是

$$a_k=\frac{x+\zeta^k y}{1-\zeta}\in O_K \quad (0\leqslant k\leqslant p-1)$$

进而,当$0\leqslant k<i\leqslant p-1$时,由于$y$和$\mathfrak{p}=(1-\zeta)$互素,可知

$$V_{\mathfrak{p}}(a_k-a_l)=V_{\mathfrak{p}}\left(\frac{\zeta^k-\zeta^i}{1-\zeta}y\right)=V_{\mathfrak{p}}\left(\frac{1-\zeta^{i-k}}{1-\zeta}\right)=0$$

这表明$a_k(0\leqslant k\leqslant p-1)$模$\mathfrak{p}$彼此不同余.但是$O_K/\mathfrak{p}\cong\mathbb{F}_p$,从而$a_k(0\leqslant k\leqslant p-1)$就是$O_K/\mathfrak{p}$的完全代表系.于是恰有一个$k$,使得$a_k\equiv 0(\bmod\ \mathfrak{p})$,即$V_{\mathfrak{p}}(x+\zeta^k y)\geqslant 2$.必要时将$\zeta^k y$作为$y$,我们不妨设$k=0$,即$V_{\mathfrak{p}}(x+y)\geqslant 2$,而对$1\leqslant k\leqslant p-1$,$a_k\neq 0(\bmod\ \mathfrak{p})$,即$V_{\mathfrak{p}}(x+\zeta^k y)=1$.于是式(2)左边被$\mathfrak{p}^{p+1}$除尽,从而$pm\geqslant p+1$,即$m\geqslant 2$.并且

$$\begin{aligned}V_{\mathfrak{p}}(x+y)&=pm-\sum_{k=1}^{p-1}V_{\mathfrak{p}}(x+\zeta^k y)\\&=pm-(p-1)=p(m-1)+1\end{aligned}$$

令$\mathfrak{m}=(x)+(y)$为理想(x)和(y)的最大公因子.由于x和y均与$\mathfrak{p}=(1-\zeta)$互素,可知$\mathfrak{p}\nmid m$.但是

$$\mathfrak{p}\mathfrak{m}\mid(x+\zeta^k y)(1\leqslant k\leqslant p-1),\mathfrak{p}^{p(m-1)+1}\mathfrak{m}\mid(x+y)$$

所以

$$(x+y)=\mathfrak{p}^{p(m-1)+1}\mathfrak{m}\mathfrak{c}_0 \tag{3}$$

$$(x+\zeta^k y)=\mathfrak{p}\mathfrak{m}\mathfrak{c}_k \quad (1\leqslant k\leqslant p-1) \tag{4}$$

其中 $\mathfrak{c}_0,\mathfrak{c}_1,\cdots,\mathfrak{c}_{p-1}$ 均是 O_K 中的整理想. 而式(2)给出

$$\mathfrak{m}^l\mathfrak{c}_0\mathfrak{c}_1\cdots\mathfrak{c}_{p-1}=\mathfrak{a}^l \tag{5}$$

我们现在证明 $\mathfrak{c}_k(0\leqslant k\leqslant p-1)$ 两两互素. 假如 $\mathfrak{c}_i$ 和 $\mathfrak{c}_k(0\leqslant i<k\leqslant p-1)$ 有公共素理想因子 $\mathfrak{q}$, 则 $\mathfrak{q}\neq\mathfrak{p}$, 于是由式(3)和(4)知 $\mathfrak{p}\mathfrak{q}\mathfrak{m}$ 除尽 $x+\zeta^i y$ 和 $x+\zeta^k y$. 从而 $\mathfrak{p}\mathfrak{q}\mathfrak{m}$ 除尽 $x+\zeta^i y-(x+\zeta^k y)=\zeta^k(\zeta^{i-k}-1)y$. 于是 $\mathfrak{q}\mathfrak{m}$ 除尽 y. 所以 $\mathfrak{q}\mathfrak{m}$ 也除尽 $x+\zeta^i y-\zeta^i y=x$, 这就与 $\mathfrak{m}$ 是 (x) 和 (y) 的最大公因子相矛盾. 于是 $\mathfrak{c}_k(0\leqslant k\leqslant p-1)$ 两两互素. 由式(5)即知每个 $\mathfrak{c}_k$ 都是某个整理想的 p 次方, 即

$$\mathfrak{c}_k=\mathfrak{a}_k^p \quad (0\leqslant k\leqslant p-1)$$

于是式(3)和(4)变成

$$(x+y)=\mathfrak{p}^{p(m-1)+1}\mathfrak{m}\mathfrak{a}_0^p \tag{6}$$

$$(x+\zeta^k y)=\mathfrak{p}\mathfrak{m}\mathfrak{a}_k^p \quad (1\leqslant k\leqslant p-1) \tag{7}$$

由于 $\mathfrak{p}=(1-\zeta)$ 是主理想, 将式(6)和式(7)相除, 便知 $(\mathfrak{a}_k\mathfrak{a}_0^{-1})^p$ 是主分式理想. 由于假定 p 除不尽 K 的理想类数 h_p, 可知 $\mathfrak{a}_k\mathfrak{a}_0^{-1}$ 为 $K=\mathbb{Q}(\zeta)$ 中的主分式理想, 即

$$\mathfrak{a}_k\mathfrak{a}_0^{-1}=(\alpha_k/\beta_k) \quad (1\leqslant k\leqslant p-1) \tag{8}$$

其中 $\alpha_k,\beta_k\in O_K=\mathbb{Z}[\zeta]$. 由于 $\mathfrak{a}_k$ 和 $\mathfrak{a}_o$ 均与 $\mathfrak{p}$ 互素, 我们总可使 α_k,β_k 均与 $1-\zeta$ 互素. 于是由式(6)和(7)得到 O_K 中元素的等式

$$(x+\zeta^k y)(1-\zeta)^{p(m-1)}=(x+y)\left(\frac{\alpha_k}{\beta_k}\right)^p\varepsilon_k \quad (1\leqslant k\leqslant p-1) \tag{9}$$

其中 ε_k 为 O_K 中单位. 将等式

$$(x+\zeta y)(1+\zeta)-(x+\zeta^2 y)=\zeta(x+y)$$

乘以 $(1-\zeta)^{p(m-1)}$, 再用式(9)得到

$$\begin{aligned}&\zeta(1-\zeta)^{p(m-1)}(x+y)\\&=(x+\zeta y)(1+\zeta)(1-\zeta)^{p(m-1)}-(x+\zeta^2 y)(1-\zeta)^{p(m-1)}\\&=(1+\zeta)(x+y)\left(\frac{\alpha_1}{\beta_1}\right)^p\varepsilon_1-(x+y)\left(\frac{\alpha_2}{\beta_2}\right)^p\varepsilon_2\end{aligned}$$

于是

$$(\alpha_1\beta_2)^p-\frac{\varepsilon_2}{\varepsilon_1(1+\zeta)}(\alpha_2\beta_1)^p$$

$$=\frac{\zeta}{\varepsilon_1(1+\zeta)}(1-\zeta)^{p(m-1)}(\beta_1\beta_2)^p$$

注意到$1+\zeta=\dfrac{1-\zeta^2}{1-\zeta}$为$O_K$中单位,所以上式表明方程

$$X^p+\varepsilon_0 Y^p=\varepsilon'(1-\zeta)^{p(m-1)}Z^p \tag{10}$$

有解$(X,Y,Z)=(\alpha_1\beta_2,\alpha_2\beta_1,\beta_1\beta_2)$,其中$\varepsilon_0=-\dfrac{\varepsilon_2}{\varepsilon_1(1+\zeta)}$和$\varepsilon'=\dfrac{\zeta}{\varepsilon_1(1+\zeta)}$为$O_K$中单位,而$\alpha_1\beta_2,\alpha_2\beta_1,\beta_1\beta_2$均是与$1-\zeta$互素的$O_K$中元素. 由于已证$m\geqslant 2$,可知$p(m-1)\geqslant p$. 式(10)给出

$$(\alpha_1\beta_2)^p+\varepsilon_0(\alpha_2\beta_1)^p\equiv 0 \pmod{\mathfrak{p}^p}$$

即$\varepsilon_0\equiv w^p \pmod{\mathfrak{p}^p}$,其中$w\in O_K$. 由于$N(\mathfrak{p})=p$,可知$0,1,\cdots,p-1$是$O_K/\mathfrak{p}$的完全代表系集合,即存在有理数$a$,使得$w\equiv a \pmod{\mathfrak{p}}$,再由$(p)=\mathfrak{p}^{p-1}$不难证明$w^p\equiv a^p \pmod{\mathfrak{p}^p}$. 于是$\varepsilon_0\equiv a^p \pmod{\mathfrak{p}^p}$. 利用下面的Kummer引理(引理1),推出$\varepsilon_0$是$O_K$中某个单位$\eta$的$p$次方,即$\varepsilon_0=\eta^p$. 于是方程(10)变成

$$X^p+(\eta Y)^p=\varepsilon'(1-\zeta)^{p(m-1)}Z^p$$

这是一个与方程(1)类似的方程,由上述知此方程具有满足条件(＊)的解,这就与m的最小性相矛盾. 这个矛盾表明定理9.2是正确的,从而也证明了定理9.1.

我们在以上证明的最后使用了下述结果:

引理1(Kummer)　设p是奇素数,并且$p\nmid h_p$(其中h_p为$K=\mathbb{Q}(\zeta_p)$的理想类数). 如果ε是O_K中单位,并且存在有理数a使得$\varepsilon\equiv a \pmod{p}$,则存在$O_K$中单位$\eta$使得$\varepsilon=\eta^p$.

本节的其余部分的目的是证明这个引理. 我们采用p-adic分析方法. 以下记$\zeta=\zeta_p$. 素数p在分圆域$K=\mathbb{Q}(\zeta)$中完全分歧:$pO_K=\mathfrak{p}^{p-1}$,$\mathfrak{p}=(1-\zeta)$. 考虑局部域$K_{\mathfrak{p}}$,则$K_{\mathfrak{p}}/\mathbb{Q}_p$是$p-1$次完全分歧扩张,$1-\zeta$为素元. 我们现在要给出$K_{\mathfrak{p}}$的另一个素元$\lambda$.

引理2　在$K_{\mathfrak{p}}$中有素元λ满足

$$\lambda^{p-1}=-p,\lambda\equiv\zeta-1 \pmod{\mathfrak{p}^2}$$

并且满足以上条件的素元λ是唯一的.

证明　由$V_{\mathfrak{p}}(p)=p-1$可知$\dfrac{-p}{(1-\zeta)^{p-1}}=\alpha$是$O_{\mathfrak{p}}$中单位,这里$O_{\mathfrak{p}}=\{\alpha\in K_{\mathfrak{p}}\mid V_{\mathfrak{p}}(\alpha)\geqslant 0\}$为$K_{\mathfrak{p}}$的整数环. 但是

$$\begin{aligned}\frac{p}{(1-\zeta)^{p-1}}&=\prod_{i=1}^{p-1}(1-\zeta^i)/(1-\zeta)^{p-1}=\prod_{i=1}^{p-1}\frac{1-\zeta^i}{1-\zeta}\\&=\prod_{i=1}^{p-1}(1+\zeta+\zeta^2+\cdots+\zeta^{i-1})\end{aligned}$$

$$\equiv \prod_{i=1}^{p-1} i \equiv -1 (\bmod \mathfrak{p})$$

其中用到$\zeta \equiv 1(\bmod \mathfrak{p})$和$(p-1)! \equiv -1(\bmod p)$. 于是$\alpha \equiv 1(\bmod \mathfrak{p})$. 考虑多项式$f(x) = x^{p-1} - \alpha \in O_{\mathfrak{p}}[x]$,则

$$V_{\mathfrak{p}}(f(1)) > 0 = 2 \cdot V_{\mathfrak{p}}(f'(1))$$

由 Hensel 引理知$f(x)$在$O_{\mathfrak{p}}$中有解,即存在$\gamma \in O_{\mathfrak{p}}$,使得$\gamma^{p-1} = \alpha$. 令$\lambda_1 = \gamma(\zeta-1)$,则$\lambda_1^{p-1} = \gamma^{p-1}(\zeta-1)^{p-1} = \alpha(\zeta-1)^{p-1} = -p$. 并且$\frac{\lambda_1}{\zeta-1} = \gamma$. 方程$x^{p-1} = -p$的全部解为$\lambda_1\theta^t(0 \leqslant t \leqslant p-2)$其中$\theta$为$O_{\mathfrak{p}}$中一个$p-1$次本原单位根(事实上$\theta$属于$O_{\mathfrak{p}}$的子环$\mathbb{Z}_p$). 由于$K_{\mathfrak{p}}/\mathbb{Q}_p$完全分歧,剩余类域$O_{\mathfrak{p}}/\mathfrak{p}O_{\mathfrak{p}}$等于$\mathbb{Z}_p/p\mathbb{Z}_p \cong \mathbb{F}_p$,从而$\{0,\theta,\theta^2,\cdots,\theta^{p-2},1\}$是$O_{\mathfrak{p}}$模$\mathfrak{p}$的完全代表系. 所以存在唯一的$t(0 \leqslant t \leqslant p-2)$,使得$\gamma \equiv \theta^t (\bmod \mathfrak{p})$. 取$\lambda = \lambda_1\theta^{-t}$,则$\frac{\lambda}{\zeta-1} = \gamma\theta^{-t} \equiv 1(\bmod \mathfrak{p})$,于是$\lambda \equiv \zeta - 1(\bmod \mathfrak{p}^2)$. 这就证明了素元$\lambda$的唯一性. □

由上述引理可知$K_{\mathfrak{p}} = \mathbb{Q}_p(\lambda)$,$O_{\mathfrak{p}} = \mathbb{Z}_p[\lambda]$,而$1,\lambda,\cdots,\lambda^{p-2}$是$O_{\mathfrak{p}}$的一组$\mathbb{Z}_p$-基. 伽罗瓦群$\mathrm{Gal}(K_{\mathfrak{p}}/\mathbb{Q}_p)$是由$\sigma$生成的$p-1$阶循环群,其中$\sigma(\lambda) = \theta\lambda$. 于是对于 2 阶子群$\{I,\sigma^m\}$的固定子域为$\mathbb{Q}_p(\lambda^2)$,其中$m = \frac{p-1}{2}$. 并且$K = \mathbb{Q}(\zeta_p)$的极大实子域$K^+ = \mathbb{Q}(\zeta + \bar{\zeta})$包含在$\mathbb{Q}_p(\lambda^2)$之中. 事实上,$p$在$K^+$中是$m$次完全分歧,$pO_{K^+} = \mathfrak{q}^m$,$\mathfrak{q}O_K = \mathfrak{p}^2$. 而$\mathbb{Q}_p(\lambda^2)$就是$K^+$对于$\mathfrak{q}$的完备化$K_{\mathfrak{q}}^+$. 我们用$O_{\mathfrak{q}}^+$表示$K_{\mathfrak{q}}^+ = \mathbb{Q}_p(\lambda^2)$的整数环,则$O_{\mathfrak{q}}^+ = \mathbb{Z}_p[\lambda^2]$,即$1,\lambda^2,\lambda^4,\cdots,\lambda^{2(m-1)}$是$O_{\mathfrak{q}}^+$的一组$\mathbb{Z}_p$-基(因为$K_{\mathfrak{q}}^+/\mathbb{Q}_p$是$m$次完全分歧扩张,而$\lambda^2$是$K_{\mathfrak{q}}^+$的一个素元). 于是$O_{\mathfrak{q}}^+$中元素均唯一表示成

$$\alpha = \sum_{i=0}^{m-1} \alpha_i \lambda^{2i} \quad (\alpha_i \in \mathbb{Z}_p)$$

我们用T表示关于$\mathbb{Q}_p(\lambda^2)/\mathbb{Q}_p$的迹函数,则

$$\begin{aligned} T(\alpha) &= \sum_{j=0}^{m-1} \sigma^j(\alpha) = \sum_{i=0}^{m-1} \alpha_i \sum_{j=0}^{m-1} \sigma^j(\lambda)^{2i} \\ &= \sum_{i=0}^{m-1} \alpha_i \lambda^{2i} \sum_{j=0}^{m-1} \theta^{2ij} = m\alpha_0 \end{aligned}$$

如果令

$$M = \{\alpha \in O_{\mathfrak{q}}^+ \mid T(\alpha) = 0\}$$

这是$O_{\mathfrak{q}}^+$的一个$\mathbb{Z}_p$-子模,由上式可知

$$M=\{\sum_{i=1}^{m-1}\alpha_i\lambda^{2i}\mid\alpha_i\in\mathbb{Z}_p\}=\bigoplus_{i=1}^{m-1}\lambda^{2i}\mathbb{Z}_p$$

即 $\lambda^2,\lambda^4,\cdots,\lambda^{2(m-1)}$ 是 M 的一组 $\mathbb{Z}_p$ - 基. 我们的下一个目的是给出 M 的另一组 $\mathbb{Z}_p$ - 基.

令 $\eta=\zeta_{2p}$,则 η 是 K 中的单位根. 对每个整数 $k(2\leqslant k\leqslant m)$,定义

$$\theta_k=\frac{\eta^k-\overline{\eta}^k}{\eta-\overline{\eta}}=\frac{\zeta_{2p}^k-\zeta_{2p}^{-k}}{\zeta_{2p}-\zeta_{2p}^{-1}}=\frac{\zeta^k-1}{\zeta-1}\eta^{1-k}$$

由第 1 个表达式知 θ_k 是实数,可知 $\theta_k\in K^+\subseteq\mathbb{Q}_p(\lambda^2)$. 由最后的表达式可知 θ_k 是 $O_{\mathfrak{q}}^+$ 中单位,即 $V_{\mathfrak{p}}(\theta_k)=V_{\mathfrak{q}}(\theta_k)=0$.

现在使用定义在 $K_{\mathfrak{p}}$ 中的 p-adic 指数函数 exp 和 p-adic 对数函数 log

$$\exp(\alpha)=\sum_{n=0}^{\infty}\frac{\alpha^n}{n!}\quad(\alpha\in O_{\mathfrak{p}},V_{\mathfrak{p}}(\alpha)\geqslant 2)$$

$$\log(1+\alpha)=\sum_{n=1}^{\infty}(-1)^{n+1}\frac{\alpha^n}{n}\quad(\alpha\in O_{\mathfrak{p}},V_{\mathfrak{p}}(\alpha)\geqslant 1)$$

熟知当 $V_{\mathfrak{p}}(\alpha)\geqslant 2$ 时

$$\exp\cdot\log(1+\alpha)=1+\alpha,\log\cdot\exp(\alpha)=\alpha$$

对于 $2\leqslant k\leqslant m$, θ_k 是 O_{K^+} 中单位. 由于 $O_{K^+}/\mathfrak{q}$ 是 p 元域,所以存在整数 $a(1\leqslant a\leqslant p-1)$,使得 $\theta_k\equiv a(\bmod\ \mathfrak{q})$,于是 $\theta_k^{p-1}\equiv a^{p-1}\equiv 1(\bmod\ \mathfrak{q})$. 所以可定义 $\log\theta_k^{p-1}\in O_{\mathfrak{q}}^+$. 进而,我们可以等同于 $\mathrm{Gal}(K^+/\mathbb{Q})$ 和 $\mathrm{Gal}(K^{\mathfrak{q}}/\mathbb{Q}_p)$,从而对于 K^+ 中元素 α,对于 $K^+/\mathbb{Q}$ 和 $K_{\mathfrak{q}}/\mathbb{Q}_p$ 有同样的迹映射(均表成 $T(\alpha)$)和范映射(均表成 $N(\alpha)$). 特别因为 $\theta_k(2\leqslant k\leqslant m)$ 均是 O_{K^+} 中单位,所以 $N(\theta_k)=\pm 1$. 于是

$$T(\log\theta_k^{p-1})=\log(N\theta_k^{p-1})=\log 1=0$$

这就表明 $\log\theta_k^{p-1}\in M(2\leqslant k\leqslant m)$. 现在我们证明:

引理 3 如果 $p\nmid h_p$,则 $\log\theta_k^{p-1}(2\leqslant k\leqslant m)$ 是 M 的一组 $\mathbb{Z}_p$ - 基.

证明 由于 $\lambda^2,\lambda^4,\cdots,\lambda^{2(m-1)}$ 是 M 的一组 $\mathbb{Z}_p$ - 基,并且 $\log\theta_k^{p-1}\in M(2\leqslant k\leqslant m)$,可知

$$\log\theta_k^{p-1}=\sum_{i=1}^{m-1}b_{ki}\lambda^{2i}\quad(2\leqslant k\leqslant m)$$

其中 $b_{ki}\in\mathbb{Z}_p$. 为证引理,我们只需证明 $\mathbb{Z}_p$ 上的 $m-1$ 阶方阵

$$\boldsymbol{B}=(b_{ki})\quad(2\leqslant k\leqslant m,1\leqslant i\leqslant m-1)$$

是 $\mathbb{Z}_p$ 中可逆方阵,即要证行列式 $\det(\boldsymbol{B})$ 是 p-adic 单位. 为了证明这件事,我们要用 log 和 exp 的如下近似函数

$$L(1+x)=\sum_{n=1}^{p-1}(-1)^{n+1}\frac{x^n}{n},E(x)=\sum_{n=0}^{p-1}\frac{x^n}{n!}$$

这两个函数有以下一些性质.

性质 1　若 $x \in O_{\mathfrak{p}}, V_{\mathfrak{p}}(x) \geqslant 1$, 则 $E(x) \equiv 1 \pmod{\mathfrak{p}}$; 若 $V_{\mathfrak{p}}(x) \geqslant 2$, 则 $L(1+x) \equiv \log(1+x) \pmod{\mathfrak{p}^p}$.

证明　第 1 个同余式是由于当 $n \geqslant 1$ 时

$$\begin{aligned} V_{\mathfrak{p}}\left(\frac{x^n}{n!}\right) &= V_{\mathfrak{p}}(x^n) - V_{\mathfrak{p}}(n!) \\ &= nV_{\mathfrak{p}}(x) - (p-1)V_p(n!) \\ &\geqslant n - (p-1)\left(\left[\frac{n}{p}\right] + \left[\frac{n}{p^2}\right] + \cdots\right) \\ &> n - n(p-1)\left(\frac{1}{p} + \frac{1}{p^2} + \cdots\right) \\ &\geqslant n - n(p-1)\frac{1}{p-1} \geqslant 0 \end{aligned}$$

第 2 个同余式是由于 $\log(1+x) - L(1+x) = \sum_{n=p}^{\infty} (-1)^{n+1}\frac{x^n}{n}$, 而当 $V_{\mathfrak{p}}(x) \geqslant 2$, $n \geqslant p$时

$$V_{\mathfrak{p}}\left(\frac{x^n}{n}\right) \geqslant 2n - (p-1)V_p(n) \geqslant p$$

性质 2　$E(x)E(y) = E(x+y) + F(x,y)$, $L(1+x+y+xy) = L(1+x) + L(1+y) + G(x,y)$, 其中 $F(x,y), G(x,y) \in \mathbb{Z}_l[x,y]$, 并且 $F(x,y)$ 和 $G(x,y)$ 中每个单项式的次数均 $\geqslant p$.

证明　作为形式幂级数我们有

$$\begin{aligned} &\left(E(x) + \sum_{n \geqslant p} \frac{x^n}{n!}\right)\left(E(y) + \sum_{m \geqslant p} \frac{y^m}{m!}\right) \\ &= \exp(x) \cdot \exp(y) \\ &= \exp(x+y) = E(x+y) + \sum_{k \geqslant p} \frac{(x+y)^k}{k!} \end{aligned}$$

于是

$$\begin{aligned} F(x,y) &= E(x) \cdot E(y) - E(x+y) \\ &= -E(x)\sum_{m \geqslant p} \frac{y^m}{m!} - E(y)\sum_{n \geqslant p} \frac{x^n}{n!} - \sum_{n,m \geqslant p} \frac{x^n y^m}{n!m!} + \sum_{k \geqslant p}\sum_{n+m=k} \frac{x^n y^m}{n!m!} \\ &= \Big(-\sum_{\substack{0 \leqslant n \leqslant p-1 \\ m \geqslant p}} - \sum_{\substack{n \geqslant p \\ 0 \leqslant m \leqslant p-1}} - \sum_{\substack{n \geqslant p \\ m \geqslant p}} + \sum_{\substack{n,m \geqslant 0 \\ n+m \geqslant p}}\Big) \frac{x^n y^m}{n!m!} \\ &= \sum_{\substack{0 \leqslant n,m \leqslant p-1 \\ n+m \geqslant p}} \frac{x^n y^m}{n!m!} \end{aligned}$$

当 $0\leqslant n,m\leqslant p-1$ 时,$\frac{1}{n!\ m!}\in\mathbb{Z}_p$,所以 $F(x,y)\in\mathbb{Z}_p[x,y]$,并且 $F(x,y)$ 的每个单项式的次数均 $\geqslant p$. 类似地

$$\begin{aligned}
&L(1+x)+\sum_{n\geqslant p}(-1)^{n+1}\frac{x^n}{n}+L(1+y)+\sum_{m\geqslant p}(-1)^{m+1}\frac{y^m}{m}\\
&=\log(1+x)+\log(1+y)\\
&=\log(1+x+y+xy)\\
&=L(1+x+y+xy)+\sum_{k\geqslant p}(-1)^{k+1}\frac{(x+y+xy)^k}{k}
\end{aligned}$$

于是

$$\begin{aligned}
G(x,y)&=L(1+x)+L(1+y)-L(1+x+y+xy)\\
&=\sum_{k\geqslant p}(-1)^{k+1}\frac{(x+y+xy)^k}{k}-\\
&\quad\sum_{n\geqslant p}(-1)^{n+1}\frac{x^n}{n}-\sum_{m\geqslant p}(-1)^{m+1}\frac{y^m}{m}
\end{aligned}$$

由此即知 $G(x,y)$ 的每个单项式的次数均 $\geqslant p$. 现在证明所有单项式 $x^Ay^B(A+B\geqslant p)$ 的系数均属于$\mathbb{Z}_p$. 由上式右边易知 x^A 和 y^B 的系数均为 0,以下设 $A,B\geqslant 1$. 这时,$G(x,y)$ 中 x^Ay^B 的系数即是

$$\begin{aligned}
&\sum_{k\geqslant p}(-1)^{k+1}\frac{(x+y+xy)^k}{k}\\
&=\sum_{k\geqslant p}\frac{(-1)^{k+1}}{k}\sum_{a+b+c=k}\binom{k}{a,b,c}x^{a+c}y^{b+c}
\end{aligned}$$

中 x^Ay^B 的系数

$$\gamma(A,B)=\sum_{k\geqslant p}\frac{(-1)^{k+1}}{k}\sum_{\substack{a+b+c=k\\a+c=A\\b+c=B}}\binom{k}{a,b,c}\quad(A,B\geqslant 1)$$

其中$\binom{k}{a,b,c}=\frac{k!}{a!\ b!\ c!}$. 由求和条件可知 $C=A+B-k,a=k-B,b=k-A$. 因此

$$\begin{aligned}
\gamma(A,B)&=\sum_{k\geqslant p}\frac{(-1)^{k+1}}{k}\binom{k}{k-B,k-A,A+B-k}(=\gamma(B,A))\\
&=\sum_{k=p}^{A+B}\frac{(-1)^{k+1}}{k}\binom{k}{k-B}\binom{B}{k-A}\\
&=\sum_{k=p}^{A+B}\frac{(-1)^{k}}{k}\binom{k}{B}\binom{B}{k-A}
\end{aligned}$$

如果 $1\leqslant B\leqslant p-1$，则上式右边等于

$$\sum_{k=p}^{A+B}\frac{(-1)^{k+1}}{B}\binom{k-1}{B-1}\binom{B}{k-A}\in\mathbb{Z}_p$$

由于 $\gamma(A,B)=\gamma(B,A)$，从而 $1\leqslant A\leqslant p-1$ 时也有 $\gamma(A,B)\in\mathbb{Z}_p$. 最后若 $A,B\geqslant p$，则当 $k<p$ 或 $k>A+B$ 时 $\binom{k}{B}\binom{B}{k-A}=0$. 因此

$$\begin{aligned}\gamma(A,B) &= \sum_{k=0}^{\infty}\frac{(-1)^{k+1}}{B}\binom{k-1}{B-1}\binom{B}{k-A}\\ &= \sum_{k}\frac{(-1)^{k+1}}{B}\binom{k-1}{k-B}\binom{B}{A+B-k}\\ &= \frac{1}{B}\sum_{k}\binom{-B}{k-B}\binom{B}{A+B-k}\\ &= \frac{1}{B}\binom{0}{A}=0\end{aligned}$$

这就表明 $G(x,y)\in\mathbb{Z}_p[x,y]$.

性质 3 $L(E(x))=x+H(x)$，其中 $H(x)\in\mathbb{Z}_p[x]$，并且每个单项式的次数均 $\geqslant p$.

证明 $L(E(x))=\sum_{m=1}^{p-1}(-1)^{m+1}\frac{1}{m}\left(\sum_{n=0}^{p-1}\frac{x^n}{n!}\right)^m$，由于分母均与 p 互素，并且这是次数 $\leqslant(p-1)^2$ 的多项式，因此 $L(E(x))\in\mathbb{Z}_p[x]$，于是 $H(x)=L(E(x))-x\in\mathbb{Z}_l[x]$. 进而

$$\begin{aligned}x &= \log(\exp(x)) = \log\Big(E(x)+\sum_{m\geqslant p}\frac{x^m}{m!}\Big)\\ &= \log E(x)+\log\Big(1+E(x)^{-1}\sum_{m\geqslant p}\frac{x^m}{m!}\Big)\\ &= L(E(x))+\sum_{n\geqslant p}(-1)^{n+1}\frac{1}{n}\Big(\sum_{m=1}^{p-1}\frac{x^m}{m!}\Big)^n+\\ &\quad\sum_{n\geqslant 1}(-1)^{n+1}\frac{1}{n}\Big(E(x)^{-1}\sum_{m\geqslant p}\frac{x^m}{m!}\Big)^n\end{aligned}$$

可知 $H(x)$ 的每个单项式的次数均 $\geqslant p$.

性质 4 $E(\lambda)^p\equiv 1\pmod{\mathfrak{p}^{2p-1}}$，当 $k\geqslant 1$ 时 $E(k\lambda)\equiv E(\lambda)^k\pmod{\mathfrak{p}^p}$

$$L(\zeta)\equiv\lambda\pmod{\mathfrak{p}^p}$$

证明 $E(x)=1+xg(x)$，$g(x)=1+\frac{x}{2!}+\cdots+\frac{x^{p-2}}{(p-1)!}$，于是

$$E(x)^p=1+\binom{p}{1}xg(x)+\cdots+\binom{p}{p-1}(x^{p-1}g(x)^{p-1}+x^pg(x)^p)$$

$$=1+ph(x)+x^p g(x)^p$$

其中 $h(x)\in\mathbb{Z}_l[x]$. 另一方面,由性质 2 知

$$E(x)^p=E(px)+x^p M(x),M(x)\in\mathbb{Z}_l[x]$$

可知

$$\begin{aligned}ph(x)&=E(x)^p-1-x^p g(x)^p\\&=E(px)-1+x^p(M(x)-g(x)^p)\\&=\sum_{n=1}^{p-1}\frac{(px)^n}{n!}+x^p H(x)\end{aligned}$$

其中 $H(x)=M(x)-g(x)^p\in\mathbb{Z}_p[x]$. 由此可知 $H(x)\equiv0(\bmod p)$. 从而

$$h(x)=\sum_{n=1}^{p-1}\frac{p^{n-1}x^n}{n!}+x^p G(x),G(x)=\frac{1}{p}H(x)\in\mathbb{Z}_p[x]$$

代入 $x=\lambda$ 即知 $h(\lambda)\equiv\lambda(\bmod \mathfrak{p}^p)$,从而 $ph(\lambda)\equiv p\lambda(\bmod \mathfrak{p}^{2p-1})$. 由 $g(\lambda)\equiv 1(\bmod \mathfrak{p})$,可知 $g(\lambda)^p\equiv1(\bmod \mathfrak{p}^p)$. 从而 $\lambda^p g(\lambda)^p\equiv\lambda^p(\bmod \mathfrak{p}^{2p})$. 最后由 $\lambda^{p-1}+p=0$ 给出

$$\begin{aligned}E(\lambda)^p&=1+ph(\lambda)+\lambda^p g(\lambda)^p\\&\equiv1+p\lambda+\lambda^p\equiv1(\bmod \mathfrak{p}^{2p-1})\end{aligned}$$

这就证明了第 1 式. 现在证第 2 式. 由性质 2 知 $E(k\lambda)\equiv E(\lambda)^k(\bmod \mathfrak{p}^p)$. 从而只需证明 $E(\lambda)\equiv\zeta(\bmod \mathfrak{p}^p)$. 由引理 2 知 $\zeta\equiv1+\lambda(\bmod \mathfrak{p}^2)$,而 $E(\lambda)\equiv1+\lambda(\bmod \mathfrak{p}^2)$. 因此 $\zeta^{-1}E(\lambda)\equiv1(\bmod \mathfrak{p}^2)$. 记 $\zeta^{-1}E(\lambda)=1+\lambda^2\gamma,\gamma\in O_{\mathfrak{p}}$,则

$$\begin{aligned}E(\lambda)^p&=(1+\lambda^2\gamma)^p\\&=1+\binom{p}{1}\lambda^2\gamma+\cdots+\binom{p}{p-1}\lambda^{2(p-1)}\gamma^{p-1}+\lambda^{2p}\gamma^p\end{aligned}$$

再由第 1 式知

$$\gamma\left(p\lambda^2+\frac{p(p-1)}{2}\lambda^4\gamma+\cdots+\lambda^{2p}\gamma^{p-1}\right)\equiv0(\bmod \mathfrak{p}^{2p-1})$$

于是 $\gamma\equiv0(\bmod \mathfrak{p}^{p-2})$,即 $\zeta^{-1}E(\lambda)\equiv1(\bmod \mathfrak{p}^p)$. 这就证明了第 2 式. 最后,由性质 3 可知 $L(E(\lambda))\equiv\lambda(\bmod \mathfrak{p}^p)$. 再由 $E(\lambda)\equiv\zeta(\bmod \mathfrak{p}^p)$ 即得第 3 式 $L(\zeta)\equiv\lambda(\bmod \mathfrak{p}^p)$.

有了以上准备,我们来证明引理 3. 对于

$$\theta_k=\frac{\zeta^k-1}{\zeta-1}\eta^{1-k}\quad(\eta=\zeta_{2p},2\leqslant k\leqslant m=\frac{p-1}{2})$$

由性质 2 可知 $\log\theta_k^{p-1}\equiv L(\theta_k^{p-1})(\bmod \mathfrak{p}^p)$. 但是

$$\theta_k^p=(1+\zeta+\cdots+\zeta^{k-1})^l(-1)^{1-k}\equiv k^p(-1)^{1-k}(\bmod \mathfrak{p}^p)$$

可知

$$\theta_k^{p-1}\equiv\theta_k^{-1}k(-1)^{k-1}\equiv\frac{\zeta-1}{\lambda}\left(\frac{\zeta^k-1}{k\lambda}\right)^{-1}\zeta^{\frac{(k-1)(p+1)}{2}}\pmod{\mathfrak{p}^{p-1}}$$

由性质 2 得到

$$L(\theta_k^{p-1})\equiv L\left(\frac{\zeta-1}{\lambda}\right)-L\left(\frac{\zeta^k-1}{k\lambda}\right)+\frac{(k-1)(p+1)}{2}L(\zeta)\pmod{\mathfrak{p}^{p-1}}$$

又由性质 4 知

$$\frac{\zeta^k-1}{k\lambda}\equiv\frac{E(k\lambda)-1}{k\lambda}\pmod{\mathfrak{p}^{p-1}}\quad(1\leqslant k\leqslant m)$$

所以

$$L(\theta_k^{p-1})\equiv L\left(\frac{E(\lambda)-1}{\lambda}\right)-\frac{\lambda}{2}-L\left(\frac{E(k\lambda)-1}{k\lambda}\right)+\frac{k\lambda}{2}\pmod{\mathfrak{p}^{p-1}}\qquad(*)$$

现在我们利用由下式定义的 Bernoulli 数

$$\frac{x}{\mathrm{e}^x-1}=\sum_{n\geqslant 0}\frac{B_n}{n!}x^n,B_0=1$$

$$B_1=-\frac{1}{2},B_{2k+1}=0\quad(k\geqslant 1\text{ 时})$$

从而

$$\frac{\mathrm{e}^x}{\mathrm{e}^x-1}-\frac{1}{2}-\frac{1}{x}=\sum_{k\geqslant 1}\frac{B_{2k}}{(2k)!}x^{2k-1}$$

积分此式得到

$$\log\frac{\mathrm{e}^x-1}{x}-\frac{x}{2}=\sum_{k\geqslant 1}\frac{B_{2k}}{(2k)!2k}x^{2k}$$

再由性质 2 即知

$$\begin{aligned}&L\left(\frac{E(x)-1}{x}\right)-\frac{x}{2}\\&=\sum_{k=1}^{m-1}\frac{B_{2k}}{(2k)!2k}x^{2k}+x^{p-1}R(x)\quad(R(x)\in\mathbb{Z}_p[x])\end{aligned}$$

代入 $x=k\lambda$ 给出

$$L\left(\frac{E(k\lambda)-1}{k\lambda}\right)-\frac{k\lambda}{2}\equiv\sum_{i=1}^{m-1}\frac{B_{2i}k^{2i}\lambda^{2i}}{(2i)!2i}\pmod{\mathfrak{p}^{p-1}}$$

再代入式(*)给出

$$L(\theta_k^{p-1})\equiv\sum_{i=1}^{m-1}\frac{B_{2i}(1-k^{2i})\lambda^{2i}}{(2i)!2i}\pmod{\mathfrak{p}^{p-1}}$$

这就表明

$$b_{ki}\equiv\frac{B_{2i}(1-k^{2i})}{(2i)!\ 2i}\pmod{p}\quad\left(2\leqslant k\leqslant m=\frac{p-1}{2},1\leqslant i\leqslant m-1\right)$$

于是对于方阵 $\boldsymbol{B}=(b_{ki})$

$$\det \boldsymbol{B} \equiv \prod_{i=1}^{m-1} \frac{(-1)^{m-1}B_{2i}}{(2i)!2i} \begin{vmatrix} 2^2-1 & 2^4-1 & \cdots & 2^{p-3}-1 \\ 3^2-1 & 3^4-1 & \cdots & 3^{p-3}-1 \\ \vdots & \vdots & & \vdots \\ m^2-1 & m^4-1 & \cdots & m^{p-3}-1 \end{vmatrix} \pmod p$$

易知右边行列式的值为 $\prod\limits_{1\leqslant s<r\leqslant m}(r^2-s^2)=\prod\limits_{1\leqslant s<r\leqslant m}(r+s)(r-s)\not\equiv 0 \pmod p$. 而由 $p\nmid h_p$ 可知 $V_p(B_{2i})=0(1\leqslant i\leqslant m-1)$. 这就表明 $\det \boldsymbol{B}$ 是 p-adic 单位. 这就完成了引理 3 的证明. □

现在来证 Kummer 引理 1. 根据引理 3, $\log \theta_k^{p-1}(2\leqslant k\leqslant m)$ 是 $\mathbb{Z}_p$ − 线性无关的,从而也是 $\mathbb{Z}$ − 线性无关的. 这就表明 $\theta_k(2\leqslant k\leqslant m)$ 对于乘法生成秩 $m-1$ 的自由阿贝尔群 C. 但是 θ_k 均为 K 中的单位,而由 Dirichlet 单位定理, K 的单位群 U 的秩也是$\frac{p-1}{2}-1=m-1$,从而子群 C 对 U 的指数 $[U:C]$ 有限. 从而对于每个单位 $\varepsilon\in U$,均存在正整数 d,使得 $\varepsilon^d\in C$,即

$$\varepsilon^d=\prod_{k=2}^{m}\theta_k^{d_k}\quad (d_k\in\mathbb{Z}) \qquad (**)$$

如果 $\varepsilon\equiv a \pmod p$,其中 $a\in\mathbb{Z}, p\nmid a$,我们证明 ε 必为实单位. 这是因为, ε 必可表示为 $\varepsilon=\varepsilon_1\zeta^k$,其中 ε_1 是实单位. 由于 p 在 K^+ 中完全分歧: $p=\mathfrak{q}^m, \mathfrak{q}=\mathfrak{p}^2$. 而 $O_K^+/\mathfrak{q}\cong\mathbb{Z}/p\mathbb{Z}$,可知存在整数 $b\in\mathbb{Z}, p\nmid b$,使得 $\varepsilon_1\equiv b \pmod{\mathfrak{p}^2}$. 进而 $\zeta\equiv 1+\lambda \pmod{\mathfrak{p}^2}$,于是

$$a\equiv\varepsilon=\varepsilon_1\zeta^k\equiv b(1+\lambda)^k\equiv b(1+k\lambda) \pmod{\mathfrak{p}^2}$$

这就表明 $k\equiv 0 \pmod{\mathfrak{p}}$,于是 $p\mid k$,从而 $\varepsilon=\varepsilon_1\zeta^k=\varepsilon_1$ 是实单位. 现在我们不妨设 $\varepsilon>0$(因为我们的目的是要证明 $\varepsilon=\eta^p$,而这等价于 $(-\varepsilon)=(-\eta)^p$). 由于

$$\theta_k=\frac{\zeta_{2p}^k-\zeta_{2p}^{-k}}{\zeta_{2p}-\zeta_{2p}^{-1}}=\frac{\sin\frac{k\pi}{p}}{\sin\frac{\pi}{p}}\quad \left(2\leqslant k\leqslant m=\frac{p-1}{2}\right)$$

也均是正数. 所以在式(∗∗)中,我们不妨设 $l, d_2, \cdots, d_m$ 是没有公共素因子的整数. 由 $\varepsilon\equiv a \pmod p$ 可知 $\varepsilon^{p-1}\equiv a^{p-1}\equiv 1 \pmod p$,于是 $\log \varepsilon^{p-1}\equiv 0 \pmod p$. 从而$\frac{1}{p}\log \varepsilon^{p-1}\in M$. 根据引理 3 可知

$$\log \varepsilon^{p-1} = \sum_{k=2}^{m} pc_k \log \theta_k^{p-1} \quad (C_k \in \mathbb{Z}_p)$$

再由式(* *)可知

$$\sum_{k=2}^{m} d_k \log \theta_k^{p-1} = l \cdot \log \varepsilon^{p-1} = \sum_{k=2}^{m} lpc_k \log \theta_k^{p-1}$$

所以 $d_k = lpc_k (2 \leqslant k \leqslant m)$. 由于 $c_k \in \mathbb{Z}_p$，可知 $p \mid d_k (2 \leqslant k \leqslant m)$. 由式(* *)即知 $\varepsilon^l = \varepsilon_1^p$，其中 ε_1 是 K 中的单位. 由于 $d, d_2, \cdots, d_k$ 没有公共素因子，可知 $p \nmid l$. 于是存在整数 u 和 v，使得 $lu + pv = 1$. 最后得到

$$\varepsilon = \varepsilon^{lu+pv} = (\varepsilon_1^u \varepsilon^v)^p$$

这就完成了 Kummer 引理 1 的证明. □

关于 Kummer 结果(定理 9.1)的上述证明取自波列维奇和沙弗列维奇《数论》一书.

§2　有限域上多项式的零点

设$\mathbb{F}_q$ 是 n 元有限域，$q = p^s$，其中 p 为素数，$s \geqslant 1$. 对于 $f = f(x_1, \cdots, x_n) \in \mathbb{F}_q[x_1, \cdots, x_n]$，如果 $f(c_1, \cdots, c_n) = 0$，$c_i \in \mathbb{F}_q$，则称 $(x_1, \cdots, x_n) = (c_1, \cdots, c_n)$ 是多项式 f 在$\mathbb{F}_q$ 中的**零点**. 如果 f 没有常数项，即 $f(0, \cdots, 0) = 0$. 我们称 $(0, \cdots, 0)$ 为 f 的**平凡零点**，而其他零点 $(c_1, \cdots, c_n)$ (即 $f(c_1, \cdots, c_n) = 0$，$c_1, \cdots, c_n$ 不全为 0)叫作 f 在$\mathbb{F}_q$ 中的**非平凡零点**. 设 $f_1, \cdots, f_r$ 均属于$\mathbb{F}_q[x_1, \cdots, x_n]$，如果

$$f_i(c_1, \cdots, c_n) = 0 \quad (1 \leqslant i \leqslant r)$$

则称 $(c_1, \cdots, c_n)$ 是 $f_1, \cdots, f_r$ 的**公共零**点. 有限域理论的一个基本问题是：对于$\mathbb{F}_q[x_1, \cdots, x_n]$中多项式或多项式组，如何判别它一定有零点或公共零点？我们以 $N_q(f_1, f_2, \cdots, f_r)$ 表示 $f_1, f_2, \cdots, f_r$ 在$\mathbb{F}_q$ 中的公共零点个数. 我们的问题归结于：何时 $N_q(f_1, \cdots, f_r) \geqslant 1$？对于一些特殊情形，可以给出 $N_q(f_1, \cdots, f_r)$ 的简单表达式. 但对一般情形下这是困难的. 详情可参见 R. Lidl，H. Niederreiter. *Finite Fields* 一书的第 6 章.

1909 年，Dickson 猜想：如果 $f(x_1, \cdots, x_n) \in \mathbb{F}_q[x_1, \cdots, x_n]$ 并且无常数项. 则当 $\deg f < n$ 时，f 在$\mathbb{F}_q$ 中必有非平凡零点. 这个猜想于 1936 年由 Chevalley 和 Warning 证明. Warning 事实上得到了如下更强的结果：

定理 9.3(Warning)　设 $f(x_1, \cdots, x_n) \in \mathbb{F}_q[x_1, \cdots, x_n]$，$q = p^s$，$\deg f < n$，则 $p \mid N_q(f)$. 特别若 f 无常数项，则 f 的非平凡零点至少有 $p-1(\geqslant 1)$ 个.

证明　记 $F(x_1, \cdots, x_n) = 1 - f(x_1, \cdots, x_n)^{q-1}$，则对 $c_1, \cdots, c_n \in \mathbb{F}_q$

$$F(c_1,\cdots,c_n)=\begin{cases}1,\text{如果} f(c_1,\cdots,c_n)=0\\0,\text{如果} f(c_1,\cdots,c_n)\in\mathbb{F}_q^\times\end{cases}$$

于是我们得到$N_q(f)$的一个表达式

$$N_q(f)=\sum_{a_1,\cdots,a_n\in\mathbb{F}_q}F(a_1,\cdots,a_n)\tag{1}$$

我们将此式两边看成$\mathbb{F}_q$中的元素. 注意$\deg F=(q-1)\deg f<n(q-1)$. 所以对多项式$F(x_1,\cdots,x_n)$展开的每个单项式$cx_1^{k_1}x_2^{k_2}\cdots x_n^{k_n}(c\in\mathbb{F}_q)$,均有$k_1+k_2+\cdots+k_n<n(q-1)$. 从而必有$i$,使得$0\leqslant k_i\leqslant q-2$. 不妨设$0\leqslant k_1\leqslant q-2$. 如果$1\leqslant k_1\leqslant q-2$,则式(1)右边对于这个单项式的求和为

$$\sum_{a_1,\cdots,a_n\in\mathbb{F}_q}ca_1^{k_1}\cdots a_n^{k_n}=c\sum_{a_2,\cdots,a_n\in\mathbb{F}_q}a_2^{k_2}\cdots a_n^{k_n}\cdot\sum_{a_1\in\mathbb{F}_q}a_1^{k_1}\tag{2}$$

由于$\mathbb{F}_q^\times$是由元素α生成的$q-1$阶循环群. 所以当$1\leqslant k\leqslant q-2$时$\alpha^k\neq1$,$\alpha^{q-1}=1$. 于是

$$\sum_{a\in\mathbb{F}_q^\times}a^k=\sum_{a\in F_q^\times}a^k=\sum_{i=0}^{q-2}(\alpha^i)^k=\sum_{i=0}^{q-2}(\alpha^k)^i=\frac{1-\alpha^{q-1}}{1-\alpha^k}=0$$

这就表明式(2)为0,当$k_1=0$时,则式(2)左边为

$$\begin{aligned}\sum_{a_1,\cdots,a_n\in\mathbb{F}_q}ca_2^{k_2}\cdots a_n^{k_n}&=c\sum_{a_2,\cdots,a_n\in\mathbb{F}_q}a_2^{k_2}+a_n^{k_n}\cdot\sum_{a_1\in F_q}1\\&=cq\sum_{a_2,\cdots,a_n\in\mathbb{F}_q}a_2^{k_2}\cdots a_n^{k_n}=0\end{aligned}$$

这是因为在$\mathbb{F}_q$中$q=0$. 于是对F的每个单项式的求和均为0,所以式(1)右边为0. 从而$N_q(f)$看成$\mathbb{F}_q$中元素为0. 由于$\mathbb{F}_q$是特征p的域而$N_q(f)$是非负整数. 所以$p\mid N_q(f)$. 进而,若f无常数项,则f有平凡零点. 于是$p\mid N_q(f)\geqslant1$,所以$N_q(f)\geqslant p$. 因此f的非平凡零点至少有$p-1$个. □

这个结果很容易推广到多项式组公共零点的情形.

定理 9.4 设$f_1,\cdots,f_r\in\mathbb{F}_q[x_1,\cdots,x_n]$,$q=p^s$, $\sum_{i=1}^{r}\deg f_i<n$,则$p\mid N_q(f_1,\cdots,f_r)$. 特别当$f_1,\cdots,f_r$均没有常数项时,$f_1,\cdots,f_r$在$\mathbb{F}_q$中的非平凡零点至少有$p-1(\geqslant1)$个.

证明 令$F=(1-f_1^{q-1})\cdots(1-f_r^{q-1})$,则

$$N_q(f_1,\cdots,f_r)=\sum_{a_1,\cdots,a_n\in\mathbb{F}_q}F(a_1,\cdots,a_n)$$

以下证明与定理9.3相仿. □

1964年,J. Ax采用Dwork的p-adic分析方法将上述结果做了重大的改进:在定理9.4的假定之下

$$q^{\lambda} \mid N_q(f_1,\cdots,f_r),\lambda = \left\lceil \frac{n-\sum\limits_{i=1}^{r}\deg f_i}{\sum\limits_{i=1}^{r}\deg f_i} \right\rceil (\geqslant 1)$$

这里对实数 $\alpha>0$，$\lceil \alpha \rceil$表示满足 $n\geqslant\alpha$ 的最小整数 n. 1971 年，N. Katz 又把上述结果进一步改进为

$$q^{\mu} \mid N_q(f_1,\cdots,f_r),\mu = \left\lceil \frac{n-\sum\limits_{i=1}^{r}\deg f_i}{\max\limits_{1\leqslant i\leqslant r}\deg f_i} \right\rceil$$

Katz 的证明使用了深刻的代数几何知识. 1989 年，万大庆对于 Katz 的结果给了一个简单的证明，发表在 Amer. Jour. Math. 1989，111：1-8. 证明中用到 Gauss 和在分圆域中素理想分解的一个深刻结果，而证明的其余部分则是复杂而初等的计算和估计. 在介绍万大庆的证明之前我们先定义 Gauss 和. 这里的定义和第四章 §2 中高斯和的定义本质上是一致的.

令 $\zeta_m=\mathrm{e}^{\frac{2\pi\mathrm{i}}{m}}\in\mathbb{C}$. 考虑分圆域 $K=\mathbb{Q}(\zeta_{p(q-1)})$，$q=p^f$，$p$ 是素数，则我们有如下的分圆域扩张图 1

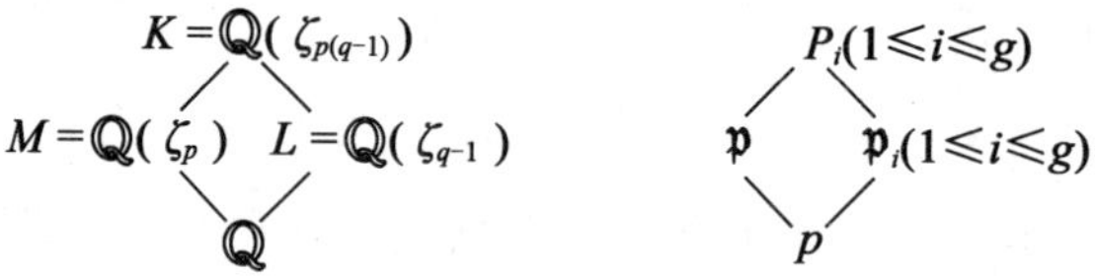

图 1

素数 p 在 M,L,K 中的素理想分解为

$$pO_M=\mathfrak{p}^{p-1},\mathfrak{p}=(\zeta_p-1)\text{，完全分歧}$$

$$pO_L=\mathfrak{p}_1\cdots\mathfrak{p}_g,f(\mathfrak{p}_i/p)=f(1\leqslant i\leqslant g),g=\frac{\varphi(q-1)}{f}$$

$$pO_K=(P_1\cdots P_g)^{p-1},\mathfrak{p}_i=P_i^{p-1}(1\leqslant i\leqslant g),f(P_i/\mathfrak{p}_i)=1$$

记 $P=P_1$. 由于 $f=f(P/p)$，可知 $O_K/P=\mathbb{Z}[\zeta_{p(q-1)}]/P$ 是有限域 $\mathbb{F}_{p^f}=\mathbb{F}_q$. 对每个 $\alpha\in O_K$，我们以 $\bar{\alpha}$ 表示 α 在 O_K/P 中的象，从而 $\bar{\alpha}$ 也是 $\mathbb{F}_q$ 中元素. 令

$$T=\{0,1,\zeta_{q-1},\zeta_{q-1}^2,\cdots,\zeta_{q-1}^{q-2}\},T^*=T-\{0\}$$

熟知 T 中所有元素在 O_K/P 中的象彼此不同. 因此

$$\mathbb{F}_q=\overline{T}=\{0,1,\bar{\zeta}_{q-1},\cdots,\bar{\zeta}_{q-1}^{q-2}\}$$

我们用 S 表示 $\mathbb{F}_q$ 对于 $\mathbb{F}_p$ 的迹映射，即

$$S(\alpha)=\alpha+\alpha^p+\alpha^{p^2}+\cdots+\alpha^{p^{f-1}}\quad(\alpha\in\mathbb{F}_q)$$

则 $S(\alpha^p)=S(\alpha), S(\alpha+\beta)=S(\alpha)+S(\beta)$. 再定义映射

$$\psi: O_K \to <\zeta_p>, \psi(x)=\zeta_p^{S(\bar{x})} \quad (x \in O_K)$$

则 $\psi(x+y)=\psi(x)\psi(y)$, $\sum_{x\in T}\psi(x)=0$. 我们要定义的 Gauss 和为

$$g(j) = \sum_{x\in T^*} x^j\psi(x) = \sum_{x\in T^*} x^j\zeta_p^{S(\bar{x})} \in \mathbb{Z}[\zeta_{p(q-1)}] \quad (j \in \mathbb{Z})$$

易知当 $j\equiv i \pmod{q-1}$ 时, $g(j)=g(i)$. 所以共有 $q-1$ 个 Gauss 和 $g(j)$ $(0\leqslant j\leqslant q-2)$. 下面是 Gauss 和的基本性质:

定理 9.5 (1) $g(0)=-1$, 而对于 $1\leqslant j\leqslant q-2$

$$g(j)\overline{g(j)}=q, g(j)g(-j)=(-1)^j q, g(pj)=g(j)$$

(2) 如果 $i+j\not\equiv 0 \pmod{q-1}$, 则

$$\frac{g(i)g(j)}{g(i+j)} = \sum_{x\in T} x^i[1-x]^j \in \mathbb{Z}[\zeta_{q-1}]$$

这里对 $\alpha\in O_K$, 以 $[\alpha]$ 表示 T 中唯一元素, 使得 $\overline{[\alpha]}=\bar{\alpha}$. 并且对任意整数 n, 均规定 $0^n=0$.

证明 (1) $g(0) = \sum_{x\in T^*}\psi(x) = \sum_{x\in T}\psi(x)-\psi(0) = -1$, 而对 $1\leqslant j\leqslant q-2$,

$$\begin{aligned} g(j)\,\overline{g(j)} &= \sum_{a,b\in T^\times}\left(\frac{a}{b}\right)^j\psi(a-b) \\ &= \sum_{b,c\in T^*} c^j\psi(bc-b) \\ &= \sum_{b\in T^*}\psi(0) + \sum_{1\neq c\in T^*} c^j \sum_{b\in T^*}\psi(b(c-1)) \\ &= q-1+\sum_{1\neq c\in T^*} c^j\sum_{d\in T^*}\psi(d) \\ &= q-1+(-1)(-1) = q \end{aligned}$$

$$\begin{aligned} g(j)g(-j) &= \sum_{a,b\in T^*}\left(\frac{a}{b}\right)^j\psi(a+b) = \sum_{b,c\in T^*} c^j\psi(b(c+1)) \\ &= \sum_{b\in T^*}(-1)^j + \sum_{(-1)\neq c\in T^*} c^j\sum_{d\in T^*}\psi(d) \\ &= (-1)^j(q-1)+(-[1]^j)(-1) = (-1)^j q \end{aligned}$$

$$\begin{aligned} g(pj) &= \sum_{x\in T^*} x^{pj}\psi(x) \\ &= \sum_{y\in T^*} y^j\psi(\sqrt[p]{y}) = \sum_{y\in T^*} y^j\psi(y) = g(j) \end{aligned}$$

$$\begin{aligned} (2)\, g(i+j)\sum_{b\in T} b^i[1-b]^j &= \sum_{a,b\in T} a^{i+j}b^i[1-b]^j\psi(a) \\ &= \sum_{a,b\in T}(ab)^i[a-ab]^j\psi(a) \end{aligned}$$

$$= \sum_{\substack{a \in T^* \\ \alpha \in T}} \alpha^i [a - \alpha]^j \psi(a)$$

$$= \sum_{a, \alpha \in T} \alpha^i [a - \alpha]^j \psi(a) - \sum_{\alpha \in T} \alpha^i [-\alpha]^j$$

$$= \sum_{\alpha, \beta \in T} \alpha^i \beta^j \psi(\alpha + \beta) - (-1)^j \sum_{\alpha \in T^*} \alpha^{i+j}$$

$$= \sum_{\alpha, \beta \in T} \alpha^i \beta^j \psi(\alpha) \psi(\beta)$$

$$(\text{由于 } i + j \not\equiv 0 (\operatorname{mod} q - 1), \sum_{\alpha \in T^*} \alpha^{i+j} = 0)$$

$$= g(i) g(j)$$

由 $g(j) \in \mathbb{Z}[\zeta_{p(q-1)}]$ 可知 $g(j)$ 是分圆域 $K = \mathbb{Q}(\zeta_{p(q-1)})$ 中的代数整数. 再由 $g(j)\overline{g(j)} = q$ 可知理想 $g(j) O_K$ 的素理想因子一定是 p 在 O_K 中的素理想因子 $P_1, \cdots, P_g$. 即

$$g(j) O_K = P_1^{e_1} \cdots P_g^{e_g}$$

其中 $e_i = V_{P_i}(g(j))(1 \leqslant i \leqslant g)$. 下面定理给出 $V_P(g(j))$ 的值, $P = P_1$. 由于伽罗瓦群 $\mathrm{Gal}(K/\mathbb{Q})$ 的元素可以把 P 变成任何 P_i. 利用自同构可算出所有 e_i 值. 但是本节中只用到 $V_P(g(j))$.

定理 9.6(Stickelberger) 记 $s(j) = V_P(g(-j))(0 \leqslant j \leqslant q-2)$, $q = p^f$, 整数 j 的 p 进展开为 $j = a_0 + a_1 p + \cdots + a_{f-1} p^{f-1}$, 则

$$s(j) = a_0 + a_1 + \cdots + a_{f-1}$$

证明 当 $j = 0$ 时, $V_P(g(0)) = V_P(-1) = 0 = s(0)$, 所以定理对 $j = 0$ 成立. 以下设 $1 \leqslant j \leqslant q-2$. 当 $i + j \not\equiv 0(\operatorname{mod}(q-1))$ 时, 由定理 9.5 的(2)知 $M = g(-i) g(-j) / g(-(i+j))$ 是代数整数. 当 $i + j \equiv 0(\operatorname{mod}(q-1))$ 时, $M = -g(-i) g(-j)$ 也是代数整数. 所以 $s(i) + s(j) - s(i+j) = V_P(M) \geqslant 0$, 即

$$s(i) + s(j) \geqslant s(i+j) \tag{2}$$

再由 $g(j) g(-j) = [-1]^j q = [-1]^j p^f$ 可知

$$\begin{aligned} s(j) + s(q-1-j) &= f V_P(p) \\ &= f \cdot e(P/p) V_P(p) = f(p-1) \end{aligned}$$

于是

$$\begin{aligned} \sum_{j=1}^{q-2} s(j) &= \frac{1}{2} \sum_{j=1}^{q-2} (s(j) + s(q-1-j)) \\ &= \frac{1}{2}(p-1)(q-2) f \end{aligned} \tag{3}$$

现在证明 $s(1) = 1$. 由于 p 在 $M = \mathbb{Q}(\zeta_p)$ 中完全分歧: $pO_M = \mathfrak{p}^{p-1}$, $\mathfrak{p} = \pi O_M$,

$\pi=\zeta_p-1$，而 $\mathfrak{p}$ 在 K 中不分歧. 从而 π 是 K 对于 P 的素元，即 $V_P(\pi)=1$. 于是

$$\begin{aligned} g(-1) &= \sum_{x\in T^*} x^{-1}\zeta_p^{s(\bar{x})} = \sum_{x\in T^*} x^{-1}(1+\pi)^{s(\bar{x})} \\ &\equiv \sum_{x\in T^*} x^{-1}(1+\pi s(\bar{x}))\pmod{P^2} \\ &\equiv \pi\sum_{x\in T^*} x^{-1}s(\bar{x})\pmod{P^2} \\ &\equiv \pi\sum_{x\in T^*} x^{-1}(x+x^p+\cdots+x^{p^{f-1}})\pmod{P^2} \\ &\equiv \pi\sum_{x\in T^*}1\equiv\pi(q-1)\equiv-\pi\pmod{P^2} \end{aligned}$$

这就表明 $s(1)=V_P(g(-1))=V_P(\pi)=1$. 再由式(2)可知对于 $1\leqslant j\leqslant p-1$，$s(j)\leqslant js(1)=j$. 从而对 $j=a_0+a_1p+\cdots+a_{f-1}p^{f-1}$

$$\begin{aligned} s(j) &\leqslant s(a_0)+s(a_1p)+\cdots+s(a_{f-1}p^{f-1}) \\ &= s(a_0)+s(a_1)+\cdots+s(a_{f-1}) \\ &\leqslant a_0+a_1+\cdots+a_{f-1} \end{aligned}$$

于是由式(3)便有

$$\begin{aligned} \frac{1}{2}(p-1)(q-2)f &= \sum_{j=1}^{q-2} s(j) \\ &\leqslant \sum_{a_0,\cdots,a_{f-1}=0}^{p-1}(a_0+\cdots+a_{f-1})-f(p-1) \\ &= f\sum_{a_0,\cdots,a_{f-1}=0}^{p-1} a_0-f(p-1) \\ &= f\left(p^{f-1}\frac{p(p-1)}{2}-(p-1)\right) \\ &= \frac{1}{2}(p-1)(q-2)f \end{aligned}$$

所以上面的不等式均是等式. 于是 $s(j)=a_0+a_1+\cdots+a_{f-1}$. □

现在我们回到有限域上多项式的零点问题上来，介绍 Katz 结果的证明.

定理 9.7(Katz)　设 $f_1,\cdots,f_r\in\mathbb{F}_q[x_1,\cdots,x_n]$，$d_i=\deg f_i$，$d_1+\cdots+d_r<n$，则 $q^\mu\mid N_q(f_1,\cdots,f_r)$，其中

$$\mu=\left\lceil\frac{n-\sum\limits_{i=1}^{r}d_i}{\max\limits_{1\leqslant i\leqslant r}d_i}\right\rceil$$

证明(万大庆)　我们前面给出映射

$$\psi : O_K \to <\zeta_p>, \psi(x) = \zeta_p^{s(\bar{x})}$$

其中$\bar{x} \in O_K/P = \mathbb{F}_q$,所以这个映射也可看成

$$\psi : \mathbb{F}_q \to <\zeta_p>, \psi(x) = \zeta_p^{s(x)}$$

其中 s 是$\mathbb{F}_p$ 到$\mathbb{F}_p$ 的迹映射. 由于

$$\sum_{y \in \mathbb{F}_q} \psi(yu) = \begin{cases} 0, 若\ u \in \mathbb{F}_q^\times \\ q, 若\ u = 0 \end{cases}$$

由此可知

$$q^r N_q(f_1, \cdots, f_r) = \sum_{\substack{x_1, \cdots, x_n \in \mathbb{F}_q \\ y_1, \cdots, y_r \in \mathbb{F}_q}} \prod_{i=1}^{r} \psi(y_i f_i(x_1, \cdots, x_n))$$

我们以 N 表示非负整数集合. 对于 $a = (a_1, \cdots, a_n) \in N^n$,我们把 $x_1^{a_1} \cdots x_n^{a_n}$简写成 X^a. 并且记

$$|a| = \max_{1 \leqslant i \leqslant n} a_i$$

$$W(i) = \{w(i) \in N^n \mid |w(i)| \leqslant d_i\} \quad (1 \leqslant i \leqslant r)$$

则 $W(i)$是 N^n 的有限子集合. 而多项式$f_i(x_1, \cdots, x_n)$可以展开成

$$f_i(x_1, \cdots, x_n) = \sum_{w(i) \in W(i)} a(w(i)) X^{w(i)} \quad (a(w(i)) \in \mathbb{F}_q, 1 \leqslant i \leqslant r)$$

于是

$$q^r N_q(f_1, \cdots, f_r) = \sum_{\substack{X \in \mathbb{F}_q^n \\ Y \in \mathbb{F}_q^r}} \prod_{i=1}^{r} \prod_{w(i) \in W(i)} \psi(a(w(i)) y_i X^{w(i)}) \tag{4}$$

其中 $Y = (y_1, \cdots, y_r)$. 现在我们利用前述结果,即把$\mathbb{F}_q$ 看成

$$\mathbb{F}_q = \{\bar{a} \mid a \in T = \{0, 1, \zeta_{q-1}, \cdots, \zeta_{q-1}^{q-2}\}\}$$

其中$\bar{a}$是 a 在$\mathbb{Z}[\zeta_{p(q-1)}]/P$ 中的象. 记

$$T^* = T - \{0\} = \{1, \zeta_{q-1}, \zeta_{q-1}^2, \cdots, \zeta_{q-1}^{q-2}\}$$

我们现在求一个多项式

$$P(U) = \sum_{m=0}^{q-1} c(m) U^m \in \mathbb{C}[U] \tag{5}$$

使得对每个 $t \in T, P(t) = \zeta_p^{T(\bar{t})}$. 由于 $P(U)$有 q 个系数,所以它由在 T 上的取值所完全决定. 事实上,由关于 $c(m)(0 \leqslant m \leqslant q-1)$的线性方程组

$$\sum_{m=0}^{q-1} c(m) t^m = \zeta_p^{T(\bar{t})} \quad (t \in T)$$

可知:当 $1 \leqslant j \leqslant q-2$ 时,对于前面定义的 Gauss 和 $g(w^{-j})$,有

$$-g(w^{-j}) = \sum_{t \in T^*} t^{-j} \zeta_p^{T(\bar{t})}$$

$$\begin{aligned}&= \sum_{m=0}^{q-1} c(m) \sum_{t \in T^*} t^{m-j} \\ &= (q-1)c(j)\end{aligned}$$

$$\begin{aligned}0 &= \sum_{t \in T} \zeta_p^{T(\bar{t})} = \sum_{m=0}^{q-1} c(m) \sum_{t \in T} t^m \\ &= qc(0) + (q-1)c(q-1)\end{aligned}$$

$$\begin{aligned}-1 &= \sum_{t \in T^*} \zeta_p^{T(\bar{t})} = \sum_{m=0}^{q-1} c(m) \sum_{t \in T^*} t^m \\ &= (q-1)(c(0) + c(q-1))\end{aligned}$$

由此即知

$$c(0) = 1, c(q-1) = -\frac{q}{q-1}$$

$$c(j) = -\frac{g(w^{-j})}{q-1} \quad (1 \leqslant j \leqslant q-2) \tag{6}$$

而式(4)又可表示成

$$q^r N_q(f_1, \cdots, f_r) = \sum_{\substack{t \in T^n \\ t' \in T^r}} \prod_{i=1}^{r} \prod_{w(i) \in W(i)} P([a(w(i))] t'_i t^{w(i)})$$

其中 $t' = (t'_1, \cdots, t'_r)$,而对 $\alpha \in \mathbb{F}_q = O_K/P$,$[\alpha]$表示 T 中唯一元素,使得$\overline{[\alpha]} = \alpha$.
利用式(5)又有

$$\begin{aligned}q^r N_q(f_1, \cdots, f_r) &= \sum_{\substack{t \in T^n \\ t' \in T^r}} \prod_{i=1}^{r} \prod_{w(i) \in W(i)} \sum_{m_i(w(i))=0}^{q-1} c(m_i(w(i))) \cdot \\ &\quad [a(w(i))]^{m_i(w(i))} (t'_i)^{m_i(w(i))} t^{m_i(w(i))w(i)} \\ &= \sum_{m \in M} \{ \prod_{i=1}^{r} \prod_{w(i) \in W(i)} [a(w(i))]^{m_i(w(i))} \} \cdot \\ &\quad \{ \prod_{i=1}^{r} \prod_{w(i)} c(m_i(w(i))) \} \{ \sum_{t \in T^n} t^{e(m)} \sum_{t' \in T^r} (t')^{e'(m)} \}\end{aligned} \tag{7}$$

其中 M 是全部映射

$$m: W(1) \times \cdots \times W(r) \to \{0, 1, \cdots, q-1\}^r$$

$$(w(1), \cdots, w(r)) \mapsto (m_1(w(1)), \cdots, m_r(w(r)))$$

组成的集合. 而

$$e(m) = \sum_{i=1}^{r} \sum_{w(i) \in W(i)} m_i(w(i)) \quad (w(i) \in N^n)$$

$$e'(m) = (e'_1, \cdots, e'_r) \in N^r, e'_i = \sum_{w(i) \in W(i)} m_i(w(i))$$

如果 $q-1$ 不能除尽 $e(m)$ 和 $e'(m)$ 的所有分量，则

$$\sum_{t\in T^n} t^{e(m)} \sum_{t'\in T^r} (t')^{e'(m)} = 0$$

以下设 $q-1$ 除尽 $e(m)$ 和 $e'(m)$ 的所有分量. 如果以 s_1 和 s_2 分别表示 $e(m)$ 和 $e'(m)$ 中非零分量的个数，则

$$\sum_{t\in T^n} t^{e(m)} \sum_{t'\in T^r} (t')^{e'(m)} = (q-1)^{s_1+s_2} q^{n+r-s_1-s_2} \tag{8}$$

我们有估计（因非零系数 $\geqslant q-1$）

$$s_1(q-1) \leqslant \sum_{i=1}^{r} \sum_{w(i)\in W(i)} m_i(w(i)) \mid w(i) \mid$$

$$\leqslant \sum_{i=1}^{r} d_i \sum_{w(i)} m_i(w(i)) = \sum_{i=1}^{r} d_i e'_i$$

设 $e'_1,\cdots,e'_{s_2}\neq 0, e'_{s_2+1}=\cdots=e'_r=0$，则（令 $d=\max\limits_{1\leqslant i\leqslant s_2} d_i$）

$$s_1(q-1) \leqslant \sum_{i=1}^{s_2} d_i e'_i \leqslant d\left(\sum_{i=1}^{s_2} e'_i\right) - \sum_{i=1}^{s_2} (d-d_i)e'_i$$

$$\leqslant d\left(\sum_{i=1}^{s_2} e'_i\right) - (q-1)\sum_{i=1}^{s_2}(d-d_i)$$

从而

$$\frac{s_1 + s_2 d - \sum\limits_{i=1}^{s_2} d_i}{d} \leqslant \frac{1}{q-1} \sum_{i-1}^{s_2} e'_i$$

但是右边为整数，于是

$$\left\lceil \frac{s_1 + s_2 d - \sum\limits_{i=1}^{s_2} d_i}{d} \right\rceil (q-1) \leqslant \sum_{i=1}^{s_2} e'_i$$

$$= \sum_{i=1}^{s_2} \sum_{w(i)} m_i(w(i)) \tag{9}$$

对于 $x=(x_1,\cdots,x_l)\in N^l$，记 $<x> = (<x_1>,\cdots,<x_l>)$，其中 $<x_i>$ 表示 $x_i(\bmod q-1)$ 的最小非负剩余，则

$$\sum_{t\in T^n} t^{e(m)} \sum_{t'\in T^r} (t')^{e'(m)} = \sum_{t} t^{p^j e(m)} \sum_{t'} (t')^{p^j e'(m)}$$

$$= \sum_{t} t^{<p^j e(m)>} \sum_{t'} (t')^{<p^j e'(m)>}$$

于是由式(9)可知

$$f(q-1)\left\lceil \frac{s_1+s_2d-\sum_{i=1}^{s_2}d_i}{d}\right\rceil$$

$$\leqslant f\sum_{i=1}^{s_2}\sum_{w(i)}<p^jm_i(w(i))> \quad (0\leqslant j\leqslant f-1)$$

$$\leqslant \sum_{i=1}^{s_2}\sum_{w(i)}\sum_{j=0}^{f-1}p^js(m_i(w(i)))$$

其中 $s(\alpha)$ 表示整数 $\alpha=a_0+a_1p+\cdots+a_lp^l$ 的 p 进展开的数字和 $s(\alpha)=a_0+a_1+\cdots+a_l$. 记 $B=\left\lceil \frac{s_1+s_2d-\sum_{i=1}^{s_2}d_i}{d}\right\rceil$,则

$$f(p-1)B\leqslant \sum_{i=1}^{s_2}\sum_{w(i)}s(m_i(w(i)))$$

$$\leqslant \sum_{i=1}^{r}\sum_{w(i)}s(m_i(w(i)))$$

$$=\sum_{i=1}^{r}\sum_{w(i)}V_P(c(m_i(w(i))))$$

（根据定理9.6和式(6)） (10)

由于 $V_P(q)=fV_P(p)=f(p-1)$,从公式(7)(8)和(10)可知

$$rf(p-1)+V_P(N_q(f_1,\cdots,f_r))\geqslant f(p-1)B' \quad (11)$$

其中

$$B'=\min_{\substack{0\leqslant s_1\leqslant n\\0\leqslant s_2\leqslant r}}\min_{1\leqslant i_1<\cdots<i_{s_2}\leqslant r}\left\{\left\lceil\frac{s_1-\sum_{j=1}^{s_2}d_{i_j}}{\max\limits_{1\leqslant j\leqslant s_2}d_{i_j}}\right\rceil+n+r-s_1\right\}$$

$$=\min_{0\leqslant s_2\leqslant r}\min_{1\leqslant i_1<\cdots<i_{s_2}\leqslant r}\left\{\left\lceil\frac{n-\sum_{j=1}^{s}d_{i_j}}{\max\limits_{1\leqslant j\leqslant s_2}d_{i_j}}\right\rceil+r\right\}$$

易知若 $1\leqslant d_1\leqslant d_2\leqslant\cdots\leqslant d_{t+1}, n\geqslant d_1+\cdots+d_{t+1}$,则

$$\frac{n-(d_1+\cdots+d_t)}{d_t}\geqslant\frac{n-(d_1+\cdots+d_{t+1})}{d_{t+1}}$$

由此即知 $B'=\left\lceil\frac{n-\sum_{j=1}^{r}d_j}{\max\limits_{1\leqslant j\leqslant r}d_j}\right\rceil+r$. 再由式(11)可知

$$V_P(N_q(f_1,\cdots,f_r))\geqslant f(p-1)\mu$$

由于 $e(P/p)=p-1$, $N_q(f_1,\cdots,f_r)$ 是整数,从而

$$V_p(N_q(f_1,\cdots,f_r))\geqslant f\mu$$

于是 $q^{\mu}=p^{f\mu}\mid N_q(f_1,\cdots,f_r)$. 这就完成了 Katz 定理的证明. □

1995 年,O. Moreno 和 C. J. Moreno(Amer. Jour. Math.,1995,117:241-244)又对 Katz 定理做了改进.

定义 1 设 $m\geqslant 2$, $d=a_0+a_1m+\cdots+a_tm^t(0\leqslant a_i<m)$ 是整数 $d\geqslant 0$ 的 m 进展开. 记

$$s_m(d)=a_0+a_1+\cdots+a_t.$$

对于 $d=(d_1,\cdots,d_n)\in N^n$,定义单项式 $X^d=x_1^{d_1}\cdots x_n^{d_n}$ 的 m - **进次数**为

$$w_m(X^d)=s_m(d_1)+\cdots+s_m(d_n)$$

最后,对每个多项式 $f=f(x_1,\cdots,x_n)=\sum\limits_{d}c(d)X^d\in\mathbb{F}_q[x_1,\cdots,x_n]$,定义 f 的 m - **进次数**为

$$w_m(f)=\max_{c(d)\neq 0}w_m(X^d)$$

Moreno-Moreno 的结果是说:在定理 9.7 的条件下,结果可以改进为($q=p^f$)

$$p^{\mu}\mid N_q(f_1,\cdots,f_r),\mu=\left\lceil f\left(\frac{n-\sum\limits_{i=1}^{r}w_p(f_i)}{\max\limits_{1\leqslant i\leqslant r}w_p(f_i)}\right)\right\rceil$$

由于 $w_p(f_i)$ 通常小于 $\deg f_i$,所以这个结果比 Katz 的结果有所改进. 事实上,将 Moreno 的证明稍加变化,我们可以得到更一般的结果.

定理 9.8(冯克勤) 设 $f_i(x_1,\cdots,x_n)\in\mathbb{F}_q[x_1,\cdots,x_n](1\leqslant i\leqslant r)$, $q=p^f$, $f=ab$,其中 a 和 b 均为正整数,则 $p^{\mu}\mid N_q(f_1,\cdots,f_r)$,其中

$$\mu=a\left\lceil b\frac{n-\sum\limits_{i=1}^{r}w_{p^a}(f_i)}{\max\limits_{1\leqslant i\leqslant r}w_{p^a}(f_i)}\right\rceil$$

(当 $a=1$, $b=f$ 时,此即为 Moreno 的结果. 当 $a=f$, $b=1$ 时,易知这相当于 Katz 的结果.)

证明 证明基于如下的预备性引理:

引理 4 在定理 9.8 的假定下,存在 rb 个 $\mathbb{F}_m$ 上的多项式($m=p^a$)

$${}_iG_j={}_iG_j(y_1,\cdots,y_{nb})\in\mathbb{F}_m[y_1,\cdots,y_{nb}]\quad(1\leqslant i\leqslant r,1\leqslant j\leqslant b)$$

使得

$$N_q(f_1,\cdots,f_r)=N_m({}_iG_j\mid 1\leqslant i\leqslant r,1\leqslant j\leqslant b\},\deg{}_iG_j\leqslant w_m(f_i))$$

引理 4 的证明 $[\mathbb{F}_q:\mathbb{F}_m]=b$. 以 $\mu_1,\cdots,\mu_b$ 表示$\mathbb{F}_q$ 的一组$\mathbb{F}_m$ - 基,则$\mathbb{F}_q$ 上的变量 $x_j(1\leqslant j\leqslant n)$可表示为

$$x_j=\sum_{i=1}^{b}\mu_i z_i^{(j)}\quad (1\leqslant j\leqslant n)$$

其中 $z_i^{(j)}$ 是$\mathbb{F}_m$ 上的变量. f_i 的每个单项式 $\alpha X^d=\alpha x_1^{d_1}\cdots x_n^{d_n}(\alpha\in\mathbb{F}_q)$则可表示成

$$\alpha x_1^{d_1}\cdots x_n^{d_n}=\alpha\Big(\sum_{i=1}^{b}\mu_i z_i^{(1)}\Big)^{d_1}\cdots\Big(\sum_{i=1}^{b}\mu_i z_i^{(n)}\Big)^{d_n}\tag{12}$$

以 $d_1=c_1m^{j_1}+c_2m^{j_2}+\cdots+c_lm^{j_l}(1\leqslant c_i\leqslant m-1,j_1<j_2<\cdots<j_l)$表示 d_1 的 m 进展开. 由于 $z_i^{(1)}(1\leqslant i\leqslant b)$取值于$\mathbb{F}_m$,所以 $z_i^{(1)m}$ 和 $z_i^{(1)}$ 在$\mathbb{F}_m$ 上是同一个函数. 多项式 g 和 h 若在$\mathbb{F}_m$ 上为同样的映射,我们叫作 g 和 h 在$\mathbb{F}_m$ 上等价,表示成 $g\sim h$. 于是 $z_i^{(1)m}\sim z_i^{(1)}$. 所以

$$\Big(\sum_{i=1}^{b}\mu_i z_i^{(1)}\Big)^{d_1}=\prod_{\lambda=1}^{l}\Big(\sum_{i=1}^{b}\mu_i z_i^{(1)}\Big)^{c_\lambda m^{j_\lambda}}\sim\prod_{\lambda=1}^{l}\Big(\sum_{i=1}^{b}\mu_i^{m^{j_\lambda}}z_i^{(1)}\Big)^{c_\lambda}\tag{13}$$

式(13)右边多项式的次数为 $c_1+c_2+\cdots+c_\lambda=s_m(d_1)$. 由式(12)可知 αX^d 在$\mathbb{F}_m$ 上等价于以 $z_i^{(j)}(1\leqslant i\leqslant b,1\leqslant j\leqslant n)$为变量并且次数为 $s_m(d_1)+\cdots+s_m(d_n)=w_m(X^d)$的多项式. 把$\{z_i^{(j)}\mid 1\leqslant i\leqslant b,1\leqslant j\leqslant n\}$改写成$\{y_1,\cdots,y_{nb}\}$,将$f_i$ 的每个单项式都按式(12)展开,然后按式(13)化成与之$\mathbb{F}_m$ - 等价的形式,再将属于$\mathbb{F}_q$ 的系数用基$\mu_1,\cdots,\mu_b$ 表示. 可知$f_i(x_1,\cdots,x_n)$最后化成

$$\sum_{j=1}^{b}{}_iG_j(y_1,\cdots,y_{nb})\mu_j$$

其中${}_iG_j$ 均是系数属于$\mathbb{F}_m$ 的多项式,而 $\deg{}_iG_j\leqslant w_m(f_i)$. 由于$\{\mu_1,\cdots,\mu_b\}$为$\mathbb{F}_q$ 的一组$\mathbb{F}_m$ - 基,易知 $N_q(f_1,\cdots,f_r)=N_m(\{{}_iG_j\})$. 这就证明了引理 4. □

现在由 Katz 的结果很容易推出定理 9.8:由定理 9.7 我们知道

$$m^\lambda=p^{a\lambda}\mid N_m(\{{}_iG_j\})$$

其中

$$a\lambda=a\left\lceil\frac{nb-\sum\limits_{i,j}\deg{}_iG_j}{\max\limits_{i,j}\deg{}_iG_j}\right\rceil\geqslant a\left\lceil\frac{nb-b\sum\limits_{i=1}^{r}w_m(f_i)}{\max\limits_{1\leqslant i\leqslant r}w_m(f_i)}\right\rceil=\mu$$

因此 $p^\mu\mid N_m(\{{}_iG_j\})=N_q(f_1,\cdots,f_r)$. 这就完成了定理 9.8 的证明. □

例 取 $q=3^4,f=f(x_1,\cdots,x_5)=\sum\limits_{i=1}^{5}x_i^{20}\in\mathbb{F}_q[x_1,\cdots,x_5]$.

由 $20=2+2\cdot3^2$ 可知 $w_3(f)=s_3(20)=2+2=4$. Moreno 的结果给出

$3^A \mid N_q(f)$，其中 $A=\left\lceil 4\cdot\frac{5-4}{4}\right\rceil=1$. Katz 的结果给出平凡的结论. 如果取 $a=b=2$，则定理 9.8 得出 $3^B \mid N_q(f)$，其中

$$B=2\left\lceil 2\cdot\frac{5-s_9(20)}{s_9(20)}\right\rceil=2\left\lceil 2\cdot\frac{5-4}{4}\right\rceil=2$$

关于有限域上零点个数的这些改进，在特征和与指数和的估计和编码理论中近年来有许多重要的应用.

习　题

1. 设 $\alpha_1,\cdots,\alpha_n$ 是 $\mathbb{F}_{q^n}$ 对 $\mathbb{F}_q$ 的一组基. 证明

$$f(x_1,\cdots,x_n)=\prod_{i=0}^{n-1}(\alpha_1^{q^i}x_1+\cdots+\alpha_n^{q^i}x_n)$$

是系数属于 $\mathbb{F}_q$ 的 n 次多项式，并且方程 $f(x_1,\cdots,x_n)$ 在 $\mathbb{F}_q$ 中只有平凡解 $(x_1,\cdots,x_n)=(0,\cdots,0)$. 这表明：定理 9.3 中的条件 $\deg f<n$ 不能再改进.

2. 设 $f(x_1,\cdots,x_n)\in\mathbb{F}_q[x_1,\cdots,x_n]$，$\deg f=d$，则 $N_q(f)\leqslant dq^{n-1}$.

3. 以 Ω_d 表示 $\mathbb{F}_q[x_1,\cdots,x_n]$ 中所有次数 $\leqslant d$ 的多项式组成的集合（包括常数多项式），$d\geqslant 1$.

以 $|\Omega_d|$ 表示 Ω_d 中多项式的个数. 证明

$$\frac{1}{|\Omega_d|}\sum_{f\in\Omega_d}N_q(f)=q^{n-1}. \text{其中 } |\Omega_d|=\binom{n+d}{d}$$

4. 定义函数 $v,\psi:\mathbb{F}_q\to\mathbb{Z}$，其中 q 为奇数，而

$$V(x)=\begin{cases}-1, & \text{若 } x\in\mathbb{F}_q^\times\\ q-1, & \text{若 } x=0\end{cases}$$

$$\psi(x)=\begin{cases}1, & \text{若 } x \text{ 为 } \mathbb{F}_q \text{ 中平方元素}\\ -1, & \text{否则}\end{cases}$$

求证：对于 $a_1,a_2\in\mathbb{F}_q^\times$，$b\in\mathbb{F}_q$，方程 $a_1x^2+a_2y^2=b$ 在 $\mathbb{F}_q$ 中的解数为 $q+V(b)\psi(-a_1a_2)$. 特别地，此方程一定有解. 并且当 $b\neq 0$ 时，此方程至少有 $q-1$ 个解.

5. 设 $q=p^f$，其中 p 是奇素数. 求证：对每个正整数 k，方程 $x^2=y^{2k}$ 在 $\mathbb{F}_q$ 中的解数均为 $2q-1$.

6. 证明：若 $q\equiv 3 \pmod 8$，则方程 $y^2=2(x^2+1)^2$ 在 $\mathbb{F}_q$ 中无解.

§3 有理数域上的二次型

设$f(x_1,\cdots,x_n)$是有理数为系数的多项式. 数论的一个重要课题是研究方程$f(x_1,\cdots,x_n)=0$的有理数解(是否存在有理数解? 解数有限还是无限? 求出全部有理数解,等等). 当f是一次多项式时($f(x_1,\cdots,x_n)=a_1x_1+\cdots+a_nx_n+a,a_i,a\in\mathbb{Q}$)问题是容易的. 接下来考虑$n$元二次方程

$$f(x_1,\cdots,x_n)=\sum_{i,j=1}^{n}a_{ij}x_ix_j+\sum_{i=1}^{n}a_ix_i+b=0\quad(a_{ij},a_i,b\in\mathbb{Q})\tag{1}$$

我们不妨设$a_{ij}=a_{ji}$(否则,将a_{ij}和a_{ji}都改用$\frac{a_{ij}+a_{ji}}{2}$),于是$\boldsymbol{A}=(a_{ij})$是有理数域$\mathbb{Q}$上的n阶对称方阵. 记$\boldsymbol{a}=(a_1,\cdots,a_n)\in\mathbb{Q}^n$($\mathbb{Q}$上$n$维空间中的向量),$\boldsymbol{x}=(x_1,\cdots,x_n)$,则方程(1)可写成

$$\boldsymbol{xAx}^{\mathrm{T}}+\boldsymbol{ax}^{\mathrm{T}}+b=0\tag{2}$$

其中$\boldsymbol{x}^{\mathrm{T}}$表示向量$\boldsymbol{x}$的转置.

设$\boldsymbol{C}$是$\mathbb{Q}$上任意n阶可逆方阵,我们作变量代换$\boldsymbol{x}=\boldsymbol{yC}$($\boldsymbol{y}=(y_1,\cdots,y_n)$),则$\boldsymbol{y}=\boldsymbol{xC}^{-1}$(注意$\boldsymbol{C}^{-1}$也是$\mathbb{Q}$上$n$阶可逆方阵).

方程(2)变成同类型的方程

$$\boldsymbol{yCAC}^{\mathrm{T}}\boldsymbol{y}^{\mathrm{T}}+\boldsymbol{aC}^{\mathrm{T}}\boldsymbol{y}^{\mathrm{T}}+b=0\tag{3}$$

其中$\boldsymbol{CAC}^{\mathrm{T}}$仍是$\mathbb{Q}$上对称方阵. 如果方程(2)有有理解$(x_1,\cdots,x_n)=(c_1,\cdots,c_n)$,$c_i\in\mathbb{Q}$,则$\boldsymbol{y}=(c_1,\cdots,c_n)\boldsymbol{C}^{-1}$是方程(3)的一组有理解,反之亦然. 所以这两个方程的有理数解之间存在着一一对应. 我们称这两个方程是$\mathbb{Q}$-等价的.

线性代数的一个基本结果是说:对于每个$\mathbb{Q}$上的n阶对称方阵$\boldsymbol{A}$,均存在$\mathbb{Q}$上n阶可逆方阵$\boldsymbol{C}$,使得$\boldsymbol{CAC}^{\mathrm{T}}$变成对角方阵

$$\boldsymbol{A}'=\begin{pmatrix}a'_{11}&&\\&\ddots&\\&&a'_{nn}\end{pmatrix}\quad(a'_{ii}\in\mathbb{Q})$$

所以方程(2)$\mathbb{Q}$-等价于下面更简单的形式

$$a'_{11}x_1^2+\cdots+a'_{nn}x_n^2+a'_1x_1+\cdots+a'_nx_n+b'=0\tag{4}$$

如果$a'_{11}=0$,则当$a'_1=0$时式(4)变成$x_2,\cdots,x_n$的方程;而当$a'_1\neq0$时,式(4)左边成为x_1的一次函数

$$a'_1x_1=-(a'_{22}x_2^2+\cdots+a'_{nn}x_n^2+a'_2x_2+\cdots+a'_nx_n+b')=g(x_2,\cdots,x_n)$$

将$x_2,\cdots,x_n$取成任意有理数$c_2,\cdots,c_n$,然后令$c_1=\frac{g(c_2,\cdots,c_n)}{a'_1}$,就得到方程(4)的一组有理解$(x_1,\cdots,x_n)=(c_1,\cdots,c_n)$,并且这样就给出方程(4)的全部有理

解. 所以今后我们设 $a'_{ii}(1\leqslant i\leqslant n)$ 均不为零. 这相当于说 $\boldsymbol{A}'$ 是可逆方阵. 由于 $\boldsymbol{A}'=\boldsymbol{C}\boldsymbol{A}\boldsymbol{C}^{\mathrm{T}}$ 而 $\boldsymbol{C}$ 可逆,从而这也相当于说 $\boldsymbol{A}$ 是可逆方阵(即 $\boldsymbol{A}$ 的行列式 $|\boldsymbol{A}|\neq 0$).

现在设 $a'_{ii}\neq 0(1\leqslant i\leqslant n)$. 我们还可把方程(4)的一次项消去.

令

$$y_i=x_i+\frac{a'_i}{2a'_{ii}}\quad(1\leqslant i\leqslant n)\tag{5}$$

则

$$\begin{aligned}a'_{ii}x_i^2+a'_ix_i&=a'_{ii}\left(y_i-\frac{a'_i}{2a'_{ii}}\right)^2+a'_i\left(y_i-\frac{a'_i}{2a'_{ii}}\right)\\&=a'_{ii}y_i^2-\frac{a_i'^2}{4a'_{ii}}\end{aligned}$$

从而方程(4)又 $\mathbb{Q}$ – 等价于方程

$$a'_{11}y_1^2+\cdots+a'_{nn}y_n^2=a\tag{6}$$

其中 $a=\sum\limits_{i=1}^{n}\frac{a_i'^{2}}{4a'_{ii}}-b'$.

所以今后我们不失一般性,主要研究方程

$$a_1x_1^2+\cdots+a_nx_n^2=a\tag{7}$$

其中 $a_1,\cdots,a_n\in\mathbb{Q}^{\times},a\in\mathbb{Q}$. 我们把二次型 $a_1x_1^2+\cdots+a_nx_n^2$ 也简记作 $<a_1,\cdots,a_n>$.

如果 $\boldsymbol{C}$ 是 $\mathbb{Q}$ 上的 n 阶可逆方阵,使得

$$\boldsymbol{C}\begin{pmatrix}a_1&&\\&\ddots&\\&&a_n\end{pmatrix}\boldsymbol{C}^{\mathrm{T}}=\begin{pmatrix}a'_1&&\\&\ddots&\\&&a'_n\end{pmatrix}$$

则称二次型 $<a_1,\cdots,a_n>$ 和 $<a'_1,\cdots,a'_n>$ 是 $\mathbb{Q}$ – **等价**,表示成 $<a_1,\cdots,a_n>\sim<a'_1,\cdots,a'_n>$. 这是一个等价关系.

如果 $a=0$,则方程(7)有平凡解 $(x_1,\cdots,x_n)=(0,\cdots,0)$. 我们要研究 $a_1x_1^2+\cdots+a_nx_n^2=0$ 是否有非零解. 所以引入以下的定义:

定义 2 对于非零有理数 a. 如果方程(7)有有理数,我们称二次型 $<a_1,\cdots,a_n>$ **表示** a. 如果 $a_1x_1^2+\cdots+a_nx_n^2=0$ 有非零有理解 $(x_1,\cdots,x_n)=(c_1,\cdots,c_n)$(即 $c_i\in\mathbb{Q}$ 并且至少有一个 $c_i\neq 0$),则称二次型 $<a_1,\cdots,a_n>$ **表示** 0.

我们的问题是:

1. 二次型 $<a_1,\cdots,a_n>$ 可以表示哪些有理数 a? 即方程(7)对哪些 a 存在有理解(当 $a=0$ 时要求是非零解)?

2. 如何判别二次型 $<a_1,\cdots,a_n>$ 和 $<a'_1,\cdots,a'_n>$ 是 $\mathbb{Q}$ – 等价的?

一般的,对于每个多项式$f(x_1,\cdots,x_n)\in\mathbb{Q}[x_1,\cdots,x_n]$,如果方程$f(x_1,\cdots,x_n)=0$存在有理数解$(x_1,\cdots,x_n)=(c_1,\cdots,c_n)$,则这组解也是局部域$\mathbb{Q}_p$中的解,其中$p$可为所有素数和$\infty$,这是因为$\mathbb{Q}_p$是$\mathbb{Q}$的扩域.人们自然要问:反过来,如果方程$f(x_1,\cdots,x_n)=0$在每个局部域$\mathbb{Q}_p$($p$为所有素数和$\infty$)中都有解(在不同局部域$\mathbb{Q}_p$中可能有不同的解),是否能保证$f(x_1,\cdots,x_n)=0$具有有理解?下面的例子表明在一般情况下这是不对的.

例1 $f(x)=(x^2-13)(x^2-17)(x^2-221)$. $f(x)=0$在$\mathbb{Q}_\infty=\mathbb{R}$中有根$x=\sqrt{13}$, $\sqrt{17}$和$\sqrt{221}$.由$17\equiv1\pmod 8$可知$17\in\mathbb{Q}_2^{\times2}$(Hensel引理),即方程在$\mathbb{Q}_2$中有根$\sqrt{17}$.对于$p=13$, $17\equiv2^2\pmod{13}$,于是$17\in\mathbb{Q}_{13}^{\times2}$,即方程在$\mathbb{Q}_{13}$中有根$\sqrt{17}$.对于$p=17$, $13\equiv8^2\pmod{17}$.所以方程在$\mathbb{Q}_{17}$中有根$\sqrt{13}$.最后设p是13和17以外的奇素数.如果13或17是模p的二次剩余,则方程在$\mathbb{Q}_p$中有根$\sqrt{13}$或$\sqrt{17}$.如果13和17均是模p的二次非剩余,则$221=13\cdot17$是模p的二次剩余.于是方程在$\mathbb{Q}_p$中有根$\sqrt{221}$.综合上述,可知方程$f(x)=0$在每个局部域$\mathbb{Q}_p$中都有解,但是它显然不存在有理解.

p进数域$\mathbb{Q}_p$的概念于20世纪初由Hensel引进30年之后,德国数学家Hasse证明了:对于二次型的情形,由所有局部性质可以推出相应的“整体”性质,确切地说,他证明了如下的美妙结果:

定理9.9 (Hasse局部-整体原则) 设$a_i,a_i'\in\mathbb{Q}^\times(1\leqslant i\leqslant n)$,有:

(1)对每个非零有理数a,二次型$\langle a_1,\cdots,a_n\rangle$在$\mathbb{Q}$中表示$a$,当且仅当$\langle a_1,\cdots,a_n\rangle$在每个$\mathbb{Q}_p$中表示$a$(即对每个素数$p$和$p=\infty$,方程$a_1x_1^2+\cdots+a_nx_n^2=a$在$\mathbb{Q}_p$中均有解).

(2)二次型$\langle a_1,\cdots,a_n\rangle$在$\mathbb{Q}$中表示0,当且仅当$\langle a_1,\cdots,a_n\rangle$在每个$\mathbb{Q}_p$中表示0(即$a_1x_1^2+\cdots+a_nx_n^2=0$在每个$\mathbb{Q}_p$($p$为所有素数和$\infty$)中都有非零解).

(3) $\langle a_1,\cdots,a_n\rangle$和$\langle a_1',\cdots,a_n'\rangle$是$\mathbb{Q}$-等价,当且仅当对每个素数$p$(和$p=\infty$),它们都是$\mathbb{Q}_p$-等价,即存在$\mathbb{Q}_p$上$n$阶可逆对称方阵$\boldsymbol{C}_p$,使得

$$\boldsymbol{C}_p\begin{pmatrix}a_1&&\\&\ddots&\\&&a_n\end{pmatrix}\boldsymbol{C}_p^{\mathrm{T}}=\begin{pmatrix}a_1'&&\\&\ddots&\\&&a_n'\end{pmatrix}$$

我们略去这个定理的证明.有兴趣的读者可参见:J. P. Serre. A Course in Arithmetic,1973(中译本《数论教程》,冯克勤译,上海科学技术出版社,1980).

初看起来,我们把一个有理数域上的数论问题归结为无穷多个局部域上的相应数论问题,似乎是把事情弄得更复杂了.但事实并非如此,像通常情形那样,局部域上的问题比数域上要简单,而且对每个具体的二次型,我们只需考查

有限多个局部域即可. 现在我们来看在局部域$\mathbb{Q}_p$ 上如何解决二次型的等价和表示数的问题.

首先注意,若 $a_1=a_1'\beta^2$,其中 $\beta\in\mathbb{Q}^\times$,则 $<a_1,\cdots,a_n>\sim<a_1',\cdots,a_n'>$(令 $x_1'=\beta x_1$ 而其余变量保持不变). 所以 $a_1,\cdots,a_n$ 均可以任意乘上一个非零有理数的平方. 其次,设 $a=a'\beta^2,\beta\in\mathbb{Q}^\times$,则方程 $a_1x_1^2+\cdots+a_nx_n^2=a'$ 的解$(c_1,\cdots,c_n)$和方程 $a_1x_1^2+\cdots+a_nx_n^2=a$ 的解$(\beta c_1,\cdots,\beta c_n)$是一一对应的. 即二次型 $<a_1,\cdots,a_n>$表示 a 当且仅当它表示 a'. 因此,我们常常把 $a_1,\cdots,a_n$ 和 a 看成乘法商群$\mathbb{Q}^\times/\mathbb{Q}^{\times 2}$中的元素. 特别地,我们总可把 a_i 和 a 取成无平方因子的整数. 类似地,在研究局部域$\mathbb{Q}_p$ 上二次型问题时,也可把 a_i 和 a 看成$\mathbb{Q}_p^\times/\mathbb{Q}_p^{\times 2}$中元素. 当 $p=\infty$ 时,$\mathbb{R}^\times/\mathbb{R}^{\times 2}$只有两个元素(可表示成 ±1),而$\mathbb{Q}_2^\times/\mathbb{Q}_p^{\times 2}=\{1,3,5,7,2,6,10,14\}=\{\pm1,\pm3,\pm2,\pm6\}$. 最后对奇素数 p,$\mathbb{Q}_p^\times/\mathbb{Q}_p^{\times 2}=\{1,c,p,cp\}$,其中 c 是模 p 的任意一个二次非剩余. 所以在局部域$\mathbb{Q}_p$ 上,a_i 和 a 只存在有限个选取方式. 从而对每个固定的 n,二次型 $<a_1,\cdots,a_n>$在局部域上本质上只有有限多个. 这件事在$\mathbb{Q}_\infty=\mathbb{R}$ 上是熟知的,即在实数域上每个实系数(非退化)二次型均等价于 $<1,\cdots,1,-1,\cdots,-1>$,其中有 s 个 1 和 t 个 -1,$s+t=n$.(注意:将 $a_1,\cdots,a_n$ 作任意置换,得到的二次型与 $<a_1,\cdots,a_n>$等价)而且前述几个问题在$\mathbb{Q}_\infty=\mathbb{R}$ 上很容易解决:设 $a_1,\cdots,a_n$ 为非零实数,有:

(1)对每个非零实数 a,二次型 $<a_1,\cdots,a_n>$在$\mathbb{R}$ 上表示 a,当且仅当存在某个 a_i 与 a 同符号(即 $aa_i>0$).

(2)二次型 $<a_1,\cdots,a_n>$在$\mathbb{R}$ 上表示 0,当且仅当存在 i 和 j,使得 $a_i>0$,$a_j<0$(即 $s,t\geqslant1$).

(3) $<a_1,\cdots,a_n>$和 $<a_1',\cdots,a_n'>$是$\mathbb{R}-$等价的,当且仅当它们的 s 值相同,即 $a_i(1\leqslant i\leqslant n)$中为正数的个数等于 $a_i'(1\leqslant i\leqslant n)$中为正数的个数(于是两个二次型的 $t=n-s$ 也相等).

当 p 为素数时,在非阿贝尔局部域$\mathbb{Q}_p$ 上的这些问题则采用了不同的解决方式,其工具叫作 Hilbert 符号. 以下设 p 为素数或∞.

定义 3 设 $a,b\in\mathbb{Q}_p^\times$. 定义 Hilbert 符号

$$(a,b)_p=\begin{cases}1,\text{如果二次型}<a,b>\text{表示 }1\\-1,\text{否则}\end{cases}$$

如上所述,我们可以把 a,b 看成$\mathbb{Q}_p^\times/\mathbb{Q}_p^{\times 2}$ 中的元素. 从而 Hilbert 符号可以看成映射

$$(\ ,\ )_p:\mathbb{Q}_p^\times/\mathbb{Q}_p^{\times 2}\times\mathbb{Q}_p^\times/\mathbb{Q}_p^{\times 2}\to\{\pm1\}$$

例如对$\mathbb{Q}_\infty=\mathbb{R}$,$R^\times/\mathbb{R}^{\times 2}=\{\pm1\}$. 由定义易知

$$(1,1)_\infty=(1,-1)_\infty=(-1,1)_\infty=1,(-1,-1)_\infty=-1$$

对于素数 p,计算 $(a,b)_p$ 可以基于 Hilbert 符号的以下性质:

定理 9.10　设 p 为素数,$a',a,b,b'\in\mathbb{Q}_p^\times$.

(1) $(a,b)_p=(b,a)_p$;

(2) $(aa',b)_p=(a,b)_p(a',b)_p$;

(3) $(a,-a)_p=1$,并且当 $1-a\neq 0$ 时,$(a,1-a)_p=1$.

注记　由定义即知(1)成立.(2)的证明从略.由(2)可知 $(a,1)_p=1$(这也可由定义直接推出).由(1)和(2)可知 $(a,bb')_p=(a,b)_p(a,b')_p$.$(a,-a)_p=1$ 的证明也容易,即要证 $ax^2-ay^2=1$ 在 $\mathbb{Q}_p$ 中有解.将方程写成 $(x+y)(x-y)=a^{-1}$.我们可取 $x+y=1,x-y=a^{-1}$,即 $x=\frac{1+a^{-1}}{2},y=\frac{1-a^{-1}}{2}$ 为方程的解.证明 $(a,1-a)_p=1$ 也很容易,因为方程 $ax^2+(1-a)y^2=1$ 有解 $x=y=1$.

由以上这些性质可以推出计算 $(a,b)_p$ 的明显公式.

定理 9.11　设 p 为素数,$a=p^\alpha u,b=p^\beta v$,其中 α 和 β 为 0 或 1,u 和 v 是与 p 互素的整数.

(1) 当 $p\geqslant 3$ 时

$$(a,b)_p=(-1)^{\alpha\beta\varepsilon(p)}\left(\frac{u}{p}\right)^\beta\left(\frac{v}{p}\right)^\alpha$$

(2) $(a,b)_2=(-1)^{\varepsilon(u)\varepsilon(v)+\alpha w(v)+\beta w(u)}$.

其中对奇数 u,$\varepsilon(u)=\frac{u-1}{2},w(u)=\frac{u^2-1}{8}$.而 $\left(\frac{u}{p}\right)$ 为 Legendre 符号,即

$$\left(\frac{u}{p}\right)=\begin{cases}1,\text{若 } u \text{ 为模 } p \text{ 二次剩余}\\-1,\text{若 } u \text{ 为模 } p \text{ 二次非剩余}\end{cases}$$

证明　(1) 当 $p\geqslant 3$ 时,由定理可知:若 u 和 v 是与 p 互素的整数,则

$$(u,v)_p=1,(p,u)_p=\left(\frac{u}{p}\right)\tag{8}$$

我们可以只记住这两个公式,因为由它们和定理 9.10 可给出一般公式(为方便起见 $(a,b)_p$ 简写为 (a,b))

$$\begin{aligned}(a,b)&=(p^\alpha u,p^\beta v)=(p^\alpha,p^\beta)(p^\alpha,v)(u,p^\beta)(u,v)\\&=(p,p)^{\alpha\beta}(p,v)^\alpha(p,u)^\beta=(p,-1)^{\alpha\beta}\left(\frac{u}{p}\right)^\beta\left(\frac{v}{p}\right)^\alpha\\&=\left(\frac{-1}{p}\right)^{\alpha\beta}\left(\frac{u}{p}\right)^\beta\left(\frac{v}{p}\right)^\alpha=(-1)^{\alpha\beta\varepsilon(p)}\left(\frac{u}{p}\right)^\beta\left(\frac{v}{p}\right)^\alpha\end{aligned}$$

最后一个等式是因为熟知有 $\left(\frac{-1}{p}\right)=(-1)^{\varepsilon(p)}$.

我们可以用 Hensel 引理来证明式(8)中的两个公式.先证 $(p,u)_p=\left(\frac{u}{p}\right)$.

如果$(p,u)_p=1$,则方程 $px^2+uy^2=1$ 在$\mathbb{Q}_p$ 中有解$(x,y)=(c,d)$. 于是 $pc^2+ud^2-1=0$. 从而 $V_p(pc^2)$, $V_p(ud^2)$, $V_p(-1)$当中必有两个达到最小值. 但是 $V_p(pc^2)=1+2V_p(c)$为奇数, $V_p(ud^2)=2V_p(d)$和 $V_p(-1)=0$ 为偶数. 所以必然 $V_p(d)=0$ 并且 $V_p(c)\geqslant 0$(即 $d,c\in\mathbb{Z}_p$). 于是 $pc^2+ud^2-1\equiv 0 \pmod p$,即 $ud^2\equiv 1 \pmod p$. 这表明$\left(\frac{u}{p}\right)=1$. 反之,如果$\left(\frac{u}{p}\right)=1$,则存在整数 d', $1\leqslant d'\leqslant p-1$,使得 $d'^2u\equiv 1 \pmod p$. 由 Hensel 引理可知存在 $d\in\mathbb{Z}_p$,使得 $d^2u=1$. 于是$(x,y)=(0,d)$就是 $px^2+uy^2=1$ 的解. 从而$(p,u)_p=1$,这就表明$(p,u)_p=\left(\frac{u}{p}\right)$.

再证$(u,v)_p=1$. 我们先证 $ux^2+vy^2=1$ 在$\mathbb{F}_p$ 中有解. 当 x 过$\mathbb{F}_p$ 时, x^2 共取$\frac{p+1}{2}$个值($\frac{p-1}{2}$)个模 p 二次剩余加上 0,所以$\mathbb{F}_p$ 的子集合 $A=\{ux^2\mid x\in\mathbb{F}_p\}$共有$\frac{p+1}{2}$个元素. 同样地, $\mathbb{F}_p$ 的子集合 $B=\{1-vy^2\mid y\in\mathbb{F}_p\}$也有$\frac{p+1}{2}$个元素. 由于这两个子集合元素数之和$\frac{p+1}{2}+\frac{p+1}{2}=p+1$ 超过了$\mathbb{F}_p$ 中元素个数 p,可知 A 和 B 必有公共元素,所以存在 $c,d\in\mathbb{F}_p$,使得 $uc^2=1-vd^2$. 即方程 $ux^2+vy^2=1$ 在$\mathbb{F}_p$ 中有解$(x,y)=(c,d)$. 换句话说,我们证明了:存在整数 c,d,使得 $uc^2+vd^2-1\equiv 0 \pmod p$. 进而,由此同余式易知 c 和 d 不能同时被 p 除尽. 不妨设$c\not\equiv 0 \pmod p$. 考虑多项式 $f(x)=ux^2+vd^2-1$,则 $V_p(f(c))\geqslant 1$, $V_p(f'(c))=V_p(2uc)=0$. 由 Hensel 引理可知存在 $c'\in\mathbb{Z}_p$,使得 $uc'^2+vd^2-1=0$,于是方程 $ux^2+vy^2=1$ 在$\mathbb{Q}_p$ 中有解$(x,y)=(c',d)$. 所以$(u,v)_p=1$.

综合上述,我们证明了(1).

(2)类似地用 Hensel 引理可得(u,v 为奇数)

$$(2,u)_2=(-1)^{w(u)}$$
$$(u,v)_2=(-1)^{\varepsilon(u)\varepsilon(v)}$$

而$(2,2)_2=(2,-1)_2=1$. 然后由此可得到定理中的一般公式.

现在我们可以介绍属 P 域上二次型等价的判别法. 我们需要寻找二次型等价的不变量.

设 F 为$\mathbb{Q}$ 或者$\mathbb{Q}_p$, $a_i,b_i\in F^\times$ $(1\leqslant i\leqslant n)$. 如果二次型 $f=<a_1,\cdots,a_n>$ 和 $g=<b_1,\cdots,b_n>$ 是 F-等价的,则存在 F 上 n 阶可逆方阵 $\boldsymbol{C}$,使得

$$\boldsymbol{C}\begin{pmatrix}a_1 & & \\ & \ddots & \\ & & a_n\end{pmatrix}\boldsymbol{C}^{\mathrm{T}}=\begin{pmatrix}b_1 & & \\ & \ddots & \\ & & b_n\end{pmatrix}$$

两边取行列式得到 $a_1\cdots a_n|c|^2=b_1\cdots b_n$，其中 $|C|\in F^\times$. 如果把 $a_1\cdots a_n$ 看成 $F^\times/F^{\times 2}$中的元素，表示成 $d(f)$. 则 $d(f)=d(g)$. 换句话说，$d(f)$是二次型f的 F－等价不变量.

设$f=<a_1,\cdots,a_n>$，对每个素数 p，定义

$$\varepsilon_p(f)=\prod_{1\leqslant i<j\leqslant n}(a_i,a_j)_p$$

可以证明 $\varepsilon(f)$是二次型的$\mathbb{Q}_p$－等价不变量. 并且还可以证明：

定理9.12　设 $a_i,b_i\in\mathbb{Q}_p^\times$（其中 p 为素数），$1\leqslant i\leqslant n$，则二次型$f=<a_1,\cdots,a_n>$和 $g=<b_1,\cdots,b_n>$是$\mathbb{Q}_p$－等价的，当且仅当 $d(f)=d(g)$ 并且 $\varepsilon_p(f)=\varepsilon_p(g)$（这里 $d(f)$，$d(g)$看成$\mathbb{Q}_p^\times/\mathbb{Q}_p^{\times 2}$ 中元素）.

由定理9.12 和定理9.9 的(3)，我们便得到：

定理9.13　设 $a_i,b_i\in\mathbb{Q}^\times$（$1\leqslant i\leqslant n$），则二次型$f=<a_1,\cdots,a_n>$和 $g=<b_1,\cdots,b_n>$是$\mathbb{Q}$－等价的，当且仅当下列3个条件成立：

(1)作为$\mathbb{Q}^\times/\mathbb{Q}^{\times 2}$中元素有 $d(f)=d(g)$；

(2)对每个素数 p，$\varepsilon_p(f)=\varepsilon_p(g)$；

(3)$s(f)=s(g)$，其中 $s(f)$表示 $a_1,\cdots,a_n$ 当中正实数个数.

例2　试问$f=<-21,6,14>$和 $g=<-1,105,105>$是否$\mathbb{Q}$－等价.

解　(1)$d(f)=-3^2\cdot 2^2\cdot 7^2=-1$，$d(g)=-1$，所以 $d(f)=d(g)$.

(2)$s(f)=s(g)=2$.

(3)对每个素数 p，以下$(a,b)_p$ 简记为(a,b)

$$\varepsilon_p(g)=(-1,105)(-1,105)(105,105)=(-1,105)$$

$$\begin{aligned}\varepsilon_p(f)&=(-21,6)(-21,14)(6,14)=(-21,21)(6,14)\\&=(6,14)=(2,2)(2,7)(3,2)(3,7)\\&=(2,-1)(3,-1)(6,7)=(3,-1)(-1,7)=(-1,21)\end{aligned}$$

所以需要验证是否对每个素数 p，$(-1,105)_p=(-1,21)_p$，而这相当于$(-1,5)_p=1$. 当 $p\neq 2,5$ 时，$(-1,5)_p=1$. 而$(-1,5)_5=(\frac{-1}{5})=1$，$(-1,5)_2=(-1)^{\varepsilon(-1)\varepsilon(5)}=1$. 这就表明对每个素数 p，均有 $\varepsilon_p(f)=\varepsilon_p(g)$. 从而定理9.13 的3 个条件均满足. 因此$<-21,6,14>$和$<-1,105,105>$是$\mathbb{Q}$－等价的.

由定理9.13 可推出一个重要结果：Witt 消去定理. 通常这个定理是先由代数或几何方法证出来，作为推出其他结果的重要工具.

定理9.14（Witt 消去定理）　设 $a_i,b_i\in\mathbb{Q}^\times$（$1\leqslant i\leqslant n$），对于 $1\leqslant s\leqslant n-1$，如果$<a_1,\cdots,a_n>$和$<b_1,\cdots,b_n>$是$\mathbb{Q}$－等价，$<a_1,\cdots,a_s>$和$<b_1,\cdots,b_s>$是$\mathbb{Q}$－等价，则$<a_{s+1},\cdots,a_n>$和$<a_{s+1},\cdots,b_n>$是$\mathbb{Q}$－等价.

证明　记$f=<a_{s+1},\cdots,a_n>$，$g=<b_{s+1},\cdots,b_n>$. 由题设知在$\mathbb{Q}^\times/\mathbb{Q}^{\times 2}$中

$a_1\cdots a_n=b_1\cdots b_n,a_1\cdots a_s=b_1\cdots b_s$，从而 $a_{s+1}\cdots a_n=b_{s+1}\cdots b_n$，即 $d(f)=d(g)$. 进而，$s(f)=s(g)$ 也容易证明. 最后，由题设知对每个素数 p，以 (a,b) 表示 $(a,b)_p$，则

$$\prod_{1\leqslant i<j\leqslant n}(a_i,a_j)=\prod_{1\leqslant i<j\leqslant n}(b_i,b_j)$$
$$\prod_{1\leqslant i<j\leqslant s}(a_i,a_j)=\prod_{1\leqslant i<j\leqslant s}(b_i,b_j)$$

从而

$$\prod_{i=1}^{s}\prod_{j=s+1}^{n}(a_i,a_j)\cdot\prod_{s+1\leqslant i<j\leqslant n}(a_i,a_j)$$
$$=\prod_{i=1}^{s}\prod_{j=s+1}^{n}(b_i,b_j)\cdot\prod_{s+1\leqslant i<j\leqslant n}(b_i,b_j) \tag{9}$$

但是

$$\prod_{i=1}^{s}\prod_{j=s+1}^{n}(a_i,a_j)=(a_1\cdots a_s,a_{s+1}\cdots a_n)=(b_1\cdots b_s,b_{s+1}\cdots b_n)$$
$$=\prod_{i=1}^{s}\prod_{j=s+1}^{n}(b_i,b_j)$$

由此及式(9)即知对每个素数 p，$\varepsilon_p(f)=\varepsilon_p(g)$. 于是 f 和 g 是 $\mathbb{Q}$ – 等价的.

现在讨论局部域上的二次型何时表示 0.

定理 9.15 设 p 为素数，f 是 $\mathbb{Q}_p$ 上 n 变量（非退化）二次型. $\varepsilon=\varepsilon_p(f)$，$d=d(f)\in\mathbb{Q}_p^\times/\mathbb{Q}_p^{\times 2}$，则 f 在 $\mathbb{Q}_p$ 上表示 0 当且仅当下列条件之一成立（记 $(a,b)_p$ 为 (a,b)）：

(1) $n=2$ 而 $d=-1$；

(2) $n=3$ 而 $(-1,-d)=\varepsilon$；

(3) $n=4$ 而 $d\neq 1$，或者 $d=1$ 并且 $\varepsilon=(-1,-1)$；

(4) $n\geqslant 5$.

特别地，变量数 $\geqslant 5$ 的 $\mathbb{Q}_p$ 上任意（非退化）二次型在 $\mathbb{Q}_p$ 上均表示 0，即对每个素数 p，对任意的 $a_i\in\mathbb{Q}_p^\times\ (1\leqslant i\leqslant 5)$，方程 $a_1x_1^2+\cdots+a_5x_5^2=0$ 均在 $\mathbb{Q}_p$ 中有非零解.

证明 (1) 设 $f=\langle a_1,a_2\rangle$. 若 f 表示 0，则 $a_1b^2+a_2c^2=0$，其中 $b,c\in\mathbb{Q}_p$，并且 b 和 c 不全为 0，从而 b 和 c 均不为零. 于是在 $\mathbb{Q}_p^\times/\mathbb{Q}_p^{\times 2}$ 中 $a_1=-a_2(c/b)^2=-a_2$. 从而 $d=d(f)=a_1a_2=-a_2^2=-1$. 反之，若 $d=a_1a_2=-1$，则 $a_2=-a_1$，于是 $f=\langle a_1,a_2\rangle\sim\langle a_1,-a_1\rangle$，但是 $\langle a_1,-a_1\rangle$ 可表示 0（$a_1x^2-a_1y^2=0$ 有解 $(x,y)=(1,1)$）. 所以 f 也表示 0.

(2) 若 $f=\langle a_1,a_2,a_3\rangle$ 可表示 0，则 $a_1x_1^2+a_2x_2^2+a_3x_3^2=0$ 有非零解. 如果 $x_1=0$，则 $\langle a_2,a_3\rangle$ 表示 0，由 (1) 知 $a_2=-a_3$. 于是 $d(f)=a_1a_2a_3=-a_1$. 而

$$\begin{aligned}\varepsilon(f) &= (a_1,a_2)(a_1,a_3)(a_2,a_3)\\ &= (a_1,a_2a_3)(-a_3,a_3)\\ &= (a_1,-1) = (-1,-d(f))\end{aligned}$$

如果 $x_3\neq 0$,则 $-a_1a_3x_1^2-a_2a_3x_2^2=a_3^2x_3^2$,于是 $<-a_1a_3, -a_2a_3>$ 可表示 1. 由 Hilbert 符号的定义知 $(-a_1a_3, -a_2a_3)=1$.

但是

$$\begin{aligned}(-a_1a_3, -a_2a_3) &= (-1,-1)(-1,a_1)(-1,a_2)(a_3,a_3)\times\\ &\quad (a_1,a_2)(a_1,a_3)(a_2,a_3)\\ &= (-1,-1)(-1,a_1a_2a_3)(a_1,a_2)(a_1,a_3)(a_2,a_3)\\ &= (-1,-d(f))\cdot\varepsilon(f)\end{aligned}$$

从而也有 $(-1,-d(f))=\varepsilon(f)$.

反之,若 $(-1,-d(f))=\varepsilon(f)$,由上面推理知 $(-a_1a_3, -a_2a_3)=1$,从而 $-a_1a_3A^2-a_2a_3B^2=1$,其中 $A,B\in\mathbb{Q}_p$. 于是 $a_1(a_3A)^2+a_2(a_3B)^2+a_3=0$,这说明 $<a_1,a_2,a_3>$ 表示 0.

对于 $n=4$ 和 $n\geqslant 5$ 的情形证明要复杂些. 此处从略.

最后介绍局部域 $\mathbb{Q}_p$ 上二次型何时表示 $a\in\mathbb{Q}_p^\times$. 下面引理表明,这个问题与二次型表示 0 有密切关系.

引理 5 设 F 为 $\mathbb{Q}$ 或者 $\mathbb{Q}_p$(其中 p 为素数或 ∞). $f=<a_1,\cdots,a_n>$, $a_i\in F^\times$.

(1) 如果 f 在 F 上可以表示 $b\in F^\times$,则存在 $b_2,\cdots,b_n\in F^\times$,使得 $f\sim<b, b_2,\cdots,b_n>$($\sim$ 表示 F-等价).

(2) 若 f 在 F 上可以表示 0,则 f 在 F 上可以表示 F 中任何非零元素.

(3) f 在 F 上表示 $a\in F^\times$ 当且仅当 $<a_1,\cdots,a_n,-a>$ 在 F 上可以表示 0.

证明 (1) 这是线性代数的一个熟知事实:如果 $a_1c_1^2+\cdots+a_nc_n^2=b$, $c_i\in F$,则存在 F 上 n 阶可逆方阵 $\boldsymbol{C}$ 以 $(c_1,\cdots,c_n)$ 为 $\boldsymbol{C}$ 的第 1 行,使得

$$\boldsymbol{C}\begin{pmatrix}a_1 & & \\ & \ddots & \\ & & a_n\end{pmatrix}\boldsymbol{C}^{\mathrm{T}}$$

为对角方阵. 易知这个对角方阵的第 1 个元素为 b.

(2) 我们对 n 归纳. 由于 $<a_1>$ $(a_1\in F^\times)$ 不能表示 0,所以我们从 $n=2$ 开始,若 $<a_1,a_2>$ 表示 0,由定理 9. 15 可知 $a_1=-a_2$. 但是 $<-a_2,a_2>$ 可表示 $F^\times$ 中任何数. 于是定理对 $n=2$ 成立. 现在设 $n\geqslant 3$, $<a_1,\cdots,a_n>$ 表示 0. 则 $a_1c_1^2+\cdots+a_{n-1}c_{n-1}^2+a_nc_n^2=0$,其中 $c_i\in F$,并且 $c_1,\cdots,c_n$ 不全为 0,如果 $c_n=0$,则 $<a_1,\cdots,a_{n-1}>$ 表示 0,由归纳假设知 $<a_1,\cdots,a_{n-1}>$ 可表示 F 中任何元素,从而 $<a_1,\cdots,a_n>$ 也是如此. 如果 $c_n\neq 0$,则 $<a_1,\cdots,a_{n-1}>$ 表示 $-a_n$. 由(1)知 $<a_1,\cdots,a_{n-1}>\sim<-a_n,b_1,\cdots,b_{n-2}>$. 从而 $f=<a_1,\cdots,a_n>\sim<-a_n,$

$b_1,\cdots,b_{n-2},a_n> = g$. 但是 $<-a_n,a_n>$ 可表示 F 中任何元素,所以 g 也是如此,于是 f 也是如此.

(3)若 $<a_1,\cdots,a_n>$ 表示 $a\in F^\times$,则 $a_1c_1^2+\cdots+a_nc_n^2-a=0$,其中 $c_i\in F$. 于是 $a_1x_1^2+\cdots+a_nx_n^2-ax_{n+1}^2=0$ 有解 $(x_1,\cdots,x_{n+1})=(c_1,\cdots,c_n,1)$. 即 $<a_1,\cdots,a_n,-a>$ 表示 0,反之,若 $<a_1,\cdots,a_n,-a>$ 表示 0,则 $a_1c_1^2+\cdots+a_nc_n^2-ac_{n+1}^2=0$,其中 $c_i\in F$ 并且 $c_1,\cdots,c_{n+1}$ 不全为 0. 如果 $c_{n+1}\neq 0$,则由上式即知 $<a_1,\cdots,a_n>$ 表示 a. 如果 $c_{n+1}=0$,则上式表明 $<a_1,\cdots,a_n>$ 表示 0,由(2)知 $<a_1,\cdots,a_n>$ 可表示 F 中任何元素. 特别地,它可以表示 a. □

利用引理 5 的(3)和定理 9.15,不难推出如下结果,读者可自行练习.

定理 9.16 设 p 为素数,$f=<a_1,\cdots,a_n>$,$a_i\in\mathbb{Q}_p^\times(1\leqslant i\leqslant n)$. $d=d(f)\in\mathbb{Q}_p^\times/\mathbb{Q}_p^{\times 2}$,$\varepsilon=\varepsilon_p(f)$. 对于 $a\in\mathbb{Q}_p^\times$,f 在 $\mathbb{Q}_p$ 上表示 a 当且仅当下列条件之一成立:

(1)$n=1,a=d$;

(2)$n=2,(a,-d)=\varepsilon$;

(3)$n=3,a\neq -d$,或者 $a=-d$ 并且 $(-1,-d)=\varepsilon$;

(4)$n\geqslant 4$.

特别地当 $n\geqslant 4$ 时,f 在 $\mathbb{Q}_p$ 上可表示 $\mathbb{Q}_p$ 中任何非零元素.

例 3 设 p 为素数. $\mathbb{Q}_p$ 上 4 变量的二次型 f 不表示 0,当且仅当 $f\mathbb{Q}_p$ - 等价于 $<1,-a,-b,ab>$,其中 a 和 b 是 $\mathbb{Q}_p^\times$ 中满足 $(a,b)_p=-1$ 的任意元素(例如当 $p\geqslant 3$ 时)可取 $a=p$,而 b 是模 p 的二次非剩余,而 $p=2$ 时可取 $a=2,b=3$. 进而,所有这样的 f 都是彼此 $\mathbb{Q}_p$ - 等价的.

证明 根据定理 9.15,f 不表示 0 当且仅当 $d(f)=1$ 并且 $\varepsilon_p(f)=-(-1,-1)_p$. 但是 $d(f)$ 和 $\varepsilon_p(f)$ 决定了 f 的等价类(定理 9.12),所以这样的 f 至多有一个等价类. 现设 $(a,b)_p=-1$,考查 $f=<1,-a,-b,ab>$. 易知 $d(f)=1$ 而(记 $(a,b)_p$ 为 (a,b))由 $(a,b)=-1$,知

$$\begin{aligned}\varepsilon_p(f)&=(-a,-b)(-a,ab)(-b,ab)\\&=(-a,-b)(-a,b)(-b,a)\\&=(-a,-1)(-b,a)=-(-a,-1)(-1,a)\\&=-(-1,-1)\end{aligned}$$

所以 $<1,-a,-b,ab>$ 不表示 0.

注记 根据定理 9.16,f 可以表示 $\mathbb{Q}_p$ 中任何非零元素. 从而我们得到一个二次型的例子:它可以表示任何非零元素,但是不表示 0.

习　题

1. 设 p 为素数或 ∞；$a,b\in\mathbb{Q}^\times$. 求证：$(a,b)_p=1$ 当且仅当在 $K=\mathbb{Q}_p(\sqrt{a})$ 中存在元素 α，使得 $a=N_k/\mathbb{Q}_p(\alpha)$.
2. 设 $a,b,c\in\mathbb{Q}^\times$. 求证：$<a,b>$ 和 $<c,cab>$ 是 $\mathbb{Q}$－等价的当且仅当 $<a,b>$ 在 $\mathbb{Q}$ 上可表示 c.
3. (乘积公式)设 $a,b\in\mathbb{Q}^\times$. 求证：$\prod\limits_p(a,b)_p=1$，其中 p 过所有素数和 ∞.
4. 设 n 为正整数. 求证：方程 $2x^2-6y^2+15z^2=n$ 没有有理数解，当且仅当 $n\equiv 5 \pmod 8$ 或者 $n=5m$，其中 $m\equiv\pm1 \pmod 5$.
5. 试问二次型 $<-1,3,5>$ 和 $<1,7,-105>$ 在 $\mathbb{Q}$ 上是否等价？
6. 设 $a_i\in\mathbb{Q}^\times(1\leqslant i\leqslant5)$ 并且这 5 个数有正有负. 求证：对每个有理数 a，$<a_1,a_2,a_3,a_4,a_5>$ 在 $\mathbb{Q}$ 上均可表示 a.
7. 设 $a_i\in\mathbb{Q}^\times(1\leqslant i\leqslant4)$，并且这 4 个数有正有负，则对每个非零有理数 a，方程 $a_1x_1^2+a_2x_2^2+a_3x_3^2+a_4x_4^2=a$ 均有有理数解.
8. 证明：对每个有理数 a，方程 $x^2+2y^2+5z^2-10w^2=a$ 均有有理数解 $(x,y,z,w)\neq(0,0,0,0)$.
9. 设 p,q,r,s 是不同的奇素数，并且 $pqrs\not\equiv1 \pmod 8$，求证：方程 $px^2+qy^2-rz^2-sw^2=0$ 有有理数解 $(x,y,z,w)\neq(0,0,0,0)$.
10. (Legendre)设 a,b,c 是两两互素的非零整数，并且有正有负. 求证：方程 $ax^2+by^2+cz^2=0$ 有有理数解 $(x,y,z)\neq(0,0,0)$ 的充分必要条件是：存在整数 A,B,C，使得
$$-ab\equiv C^2 \pmod c,\ -bc\equiv A^2 \pmod a,\ -ca\equiv B^2 \pmod b$$
11. 试问对哪些非零有理数 a，方程 $3x^2-5y^2=a$ 具有有理数解？

§4　p 进 分 析

我们学过许多在阿基米德完备域 $\mathbb{R}$ 和 $\mathbb{C}$ 中的分析学知识(微积分、实变函数、复变函数…). 本节要介绍 p 进分析，即在特征 0 的非阿局部域(p 进数域 $\mathbb{Q}_p$ 和它的扩域)中对于非阿拓扑的微积分. p 进分析起源于数论，现在已应用于许多数学学科的物理中. 本节只限于介绍 p 进分析在数论中的某些应用. 我们着重于介绍 p 进分析的主要思想，就一些基本方面(连续性、幂级数展开、解析性、积分学等)是沿着实分析的思想平行地展开. 但是非阿拓扑具有比三角形不等

式更强的"超距"特性:$|x+y|_p \leqslant \max(|x|_p,|y|_p)$,所以 p 进分析与实分析有很大的区别. 许多结果没有给出完整的证明,因为与通常的微积分一样,详细的证明和推导需要繁杂的演算. 我们只想对 p 进分析做一个初步的引导,有兴趣的读者可进一步参看以下书籍:

1. N. Koblitz, *p*-adic number, *p*-adic analysis, and Zeta functions, GTM 58(第二版),1984.

2. A. F. Monna, Analyse non-archimédienne, 1970.

3. Y. Amice, Les nombres *p*-adiques, 1975.

4. P. Monsky, *p*-adic analysis and Zeta functions, 1970.

关于 p 进分析在分圆域理论中的应用可见:

5. L. C. Washington, Introduction to Cyclotomic Fieds, GTM 83, 1982.

我们的基本对象是 p 进数域 $\mathbb{Q}_p$ 和它的所有代数扩张. 所以我们要考虑 $\mathbb{Q}_p$ 的代数闭包 $\mathbb{Q}_p^{ac}$,而 $\mathbb{Q}_p$ 的每个代数扩张都是 $\mathbb{Q}_p^{ac}$ 的子域. 在阿基米德情形,$\mathbb{Q}_\infty=\mathbb{R}$ 的代数闭包是 $\mathbb{R}$ 的二次扩域 $\mathbb{C}$,并且 $\mathbb{C}$ 对复拓扑是完备的. 对于非阿情形,可以证明 $\mathbb{Q}_p^{ac}$ 是 $\mathbb{Q}_p$ 的无限次扩张(因为对每个 $n\geqslant 1$,$\mathbb{Q}_p$ 均存在 n 次不分歧扩张),并且 $\mathbb{Q}_p^{ac}$ 对于 p 进拓扑不是完备的. 所以我们还需把 $\mathbb{Q}_p^{ac}$ 完备化成域 C_p,可以证明 C_p 是代数封闭的,所以我们的所有活动都在 C_p 中进行,因为在 C_p 中既可以解代数方程(代数封闭性)又可以取极限(完备性). $\mathbb{Q}_p$ 中的赋值 $|\ \ |_p$ 和指数赋值 V_p 在 C_p 上有唯一的扩充,仍记为 $|\ \ |_p$ 和 V_p. C_p 起着通常复数域 $\mathbb{C}$ 的作用.

在非阿完备域 F($\mathbb{Q}_p$,$\mathbb{Q}_p$ 的有限扩域或者 C_p)中,柯西序列可以取极限,并且极限仍属于 F. 按照定义,F 中的序列 $a_1,a_2,\cdots,a_n,\cdots$ 叫作柯西序列,是指对每个 $\varepsilon>0$,都有 N,使得当 $n,m\geqslant N$ 时都有 $|a_n-a_m|_p\leqslant\varepsilon$. 但是对于非阿拓扑,判断柯西序列要更为简单:

$a_1,a_2,\cdots,a_n\cdots$ 是柯西序列,当且仅当对 $n\to\infty$ 时 $|a_{n+1}-a_n|\to 0$(请大家利用超距性自行证明).

所以级数 $S_n=\sum\limits_{i=1}^{n}a_i(n=1,2,3,\cdots)$ 是收敛的,当且仅当 $\lim\limits_{n\to\infty}|a_n|_p=0$,即 $\lim\limits_{n\to\infty}a_n=0$. 在实分析中这显然是不对的.

接下来就要考虑连续函数. 对于实拓扑情形早已熟悉的连续函数,在非阿拓扑中均需严格审查. 有些基本情形是一致的,例如:连续函数之和或乘积仍是连续函数,多项式为连续函数,等等. 但是在第七章已经看到,对数函数和指数函数在 $\mathbb{Q}_p$ 上就有不同的特性

设 S 和 H 是完备距离空间,则函数 $f:S\to H$ 叫作在点 $x\in S$ 处连续,是指对任意 $\varepsilon>0$,均存在 $\delta>0$,使得当 $y\in S$,$d_S(x-y)<\delta$ 时便有 $d_H(f(x),f(y))<$

ε. 如果f在S的每个点均连续,则f就叫从S到H的连续函数. 这就是连续函数的定义. 但是真正考查函数的连续性,或者构作出连续函数,常常用下面更实用的方法.

引理6 设S和H是完备距离空间,d_S和d_H为它们的距离函数. A是S的一个稠密子集. 如果函数$f:A\to H$满足如下性质:对于每个$\varepsilon>0$,均有$\delta>0$,使得当$x,y\in A,d_S(x,y)<\delta$时就有$d_H(f(x),f(y))<\varepsilon$. 则$f$可以唯一地扩充成从$S$到$H$的一个连续函数. 即存在唯一的连续函数$F:S\to H$,使得$F|_A=f$.

证明概要 由于A是S的稠密子集,对每个$a\in S$,存在A中序列$\{a_n\}$,使得$\lim a_n=a$. 由假设条件可知$\{f(a_n)\}$是H中的柯西序列,从而$\lim f(a_n)=\alpha$,并且$\alpha\in H$. 我们定义$F(a)=\alpha$(这要验证α不依赖于$\{a_n\}$的选取方式). 再用标准的方式证明如此定义的$F:S\to H$是连续函数并且$F|_A=f$. 关于唯一性是因为:若F'也有此性质,则$F'-F$在A上取值为0,从而由A在S中稠密可知$F'-F$在S上也取值为0,即$F=F'$.

现在我们用这个引理来定义从$\mathbb{Z}_p$到$\mathbb{Q}_p$(或C_p)的连续函数. 由于$\mathbb{Z}$甚至非负整数集合N都是$\mathbb{Z}_p$的稠密子集,所以从一个满足引理要求的映射$f:\mathbb{Z}\to\mathbb{Q}_p$或$N\to\mathbb{Q}_p$,便可构作一个连续函数$F:\mathbb{Z}_p\to\mathbb{Q}_p$.

第1个例子是指数函数. 即我们想对固定的$\alpha\in\mathbb{Q}_p$,试图定义一个连续函数$f(x)=\alpha^x(x\in\mathbb{Z}_p)$,使得对正整数$n$,$f(n)=\alpha^n$就是$n$个$\alpha$相乘. 而$\alpha^{-n}=(\alpha^n)^{-1}$,$\alpha^0=1$. 这并不总是可以作出的. 例如取$\alpha=p$,对于$p$进拓扑,则当$n\to+\infty$时,$p^n\to 0$. 但是对$f(x)=p^x$,$f(p^n)=p^{p^n}\to 0$而$f(0)=p^0=1\neq 0$. 又如对每个整数$a$,$2\leqslant a\leqslant p-1$,考虑函数$f(x)=a^x$,我们知道$f(p^n)=a^{p^n}(n\to+\infty)$极限存在,并且极限$\alpha$是$\mathbb{Z}_p$中一个$p-1$次单位根,满足$\alpha=a(\bmod p)$. 由于$2\leqslant a\leqslant p-1$,可知$\alpha\neq 1=f(0)$.

以下我们设V_p是$\mathbb{Q}_p$中标准指数赋值,即$V_p(p)=1$. 而$|\ \ |_p$标准化为$|\alpha|_p=(\frac{1}{p})^{V_p(\alpha)}$. 我们知道$\mathbb{Z}_p$有唯一极大理想$p\mathbb{Z}_p$,集合$\mathbb{Z}_p-p\mathbb{Z}_p$中的元素都是环$\mathbb{Z}_p$中单位,叫作$p$**进单位**,记$U_p=\mathbb{Z}_p-p\mathbb{Z}_p$,这是乘法群. 现在取$\alpha\in 1+p\mathbb{Z}_p=\{x\in\mathbb{Z}_p|V_p(x-1)\geqslant 1\}$,则

$$\alpha=1+\beta p\quad(\beta\in\mathbb{Z}_p)$$

对每个非负整数$s\in N$,$\alpha^N=(1+\beta p)^N\in 1+p\mathbb{Z}_p$. 于是我们有映射

$$f:N\to 1+p\,\mathbb{Z}_p,f(s)=\alpha^s$$

如果$s,s'\in N$,并且$V_p(s-s')\geqslant M$,则$s'=s+p^M s''(s''\in\mathbb{Z})$. 不妨设$s'\geqslant s$(即$s''\geqslant 0$),则

$$V_p(\alpha^s-\alpha^{s'})=V_p(\alpha^s)+V_p(1-\alpha^{p^M s''})\geqslant V_p(1-\alpha^{p^M s''})$$

但是

$$\alpha^{p^{M}s''}=(1+\beta p)^{p^{M}s''}\equiv 1(\bmod p^{M+1})$$

所以 $V_p(\alpha^s-\alpha^{s'})\geqslant M+1$. 这就表示 f 满足引理 6 中的条件. 于是 f 可定义出 N 的闭包 $\mathbb{Z}_p$ 到 $1+p\mathbb{Z}_p$ 的一个连续函数

$$f:\mathbb{Z}_p\to 1+p\,\mathbb{Z}_p, f(s)=\alpha^s$$

(其中 $\alpha\in 1+p\mathbb{Z}_p$). 由上面推导可知,对于 $s=a_0+a_1p+\cdots,a_np^n+\cdots(0\leqslant a_i\leqslant p-1)$,如果取正整数 $s'=a_0+a_1p+\cdots+a_{N-1}p^{N-1}$,则 $\alpha^{s'}$(s'个 α 相乘)就是 α^s 的近似值,并且精确到 p 进展开的第 p^N – 位. 性质 $\alpha^{s+s'}=\alpha^s\cdot\alpha^{s'}$ 和 $\alpha^{-s}=(\alpha^s)^{-1}$ 在 $s,s'\in N$ 时成立. 由函数的连续性可知在 $\mathbb{Z}_p$ 中也成立.

更一般地,如果 $\alpha\in U_p$,则 $\alpha^{p-1}\in 1+p\mathbb{Z}_p$. 我们对每个 $a=0,1,2,\cdots,p-2$,考虑集合

$$A_a=a+(p-1)N=\{a+(p-1)n\mid n=0,1,2,\cdots\}$$

易知每个 A_a 仍是 $\mathbb{Z}_p$ 的稠密子集. 我们考虑函数

$$f_a:A_a\to\mathbb{Z}_p, f_a(a+(p-1)n)=\alpha^{a+(p-1)n}=\alpha^a\cdot(\alpha^{p-1})^n$$

如果 $V_p((a+(p-1)n)-(a+(p-1)n'))=V_p((p-1)(n-n'))\geqslant M$,则 $V_p(n-n')\geqslant M$. 由 $\alpha^{p-1}\in 1+p\mathbb{Z}_p$ 可知 $V_p(f_a(a+(p-1)n)-f_a(a+(p-1)n'))\geqslant M+1$. 于是 f_a 满足引理 6 的条件. 所以对每个 $\alpha\in U_p$,我们构作了 $p-1$ 个不同的 p-adic 连续函数

$$f_a:\mathbb{Z}_p\to\mathbb{Z}_p\quad(a=0,1,2,\cdots,p-2)$$

f_a 在 A_a 上是通常意义上的指数函数,即对于 $s\in A_a$,$f_a(s)=\alpha^s$ 为 s 个 α 相乘. 当 $1\leqslant a\leqslant p-2$ 时,指数函数的性质 $f_a(s+s')=f_a(s)f_a(s')$ 不必成立. 因为当 $s,s'\in A_a$ 时,$s+s'\notin A_a$. 所以虽然 α^s 和 $\alpha^{s'}$ 分别是 s 个和 s'个 α 相乘,但是 $\alpha^{s+s'}$ 不是 $s+s'$个 α 相乘. 可是当 $a=0$ 时,$f_0(s+s')=f_0(s)f_0(s')$ 在 A_0 上成立,由连续性可知在 $\mathbb{Z}_p$ 上也成立.

第 2 个例子为 $f(x)=\binom{x}{n}\frac{1}{n!}x(x-1)\cdots(x-n+1)$. 多项式是从 $\mathbb{Z}_p$ 到 $\mathbb{Q}_p$ 的连续函数. 但是当 x 取正整数值时,$\binom{x}{n}\in\mathbb{Z}\subseteq\mathbb{Z}_p$. 由连续性即知 $\binom{x}{n}$ 实际上是从 $\mathbb{Z}_p$ 到 $\mathbb{Z}_p$ 的连续函数. 这些连续函数在 p-adic 分析中起着基本作用. 在实分析中,闭区间[0,1]上的连续函数可以用多项式来逼近,从而展开为幂级数的形式 $\sum a_nx^n$, 即 $\{x^n\mid n=0,1,2,\cdots\}$ 形成[0,1]上连续实函数的一组基. 下面结果表明 $\left\{\binom{x}{n}\mid n=0,1,2,\cdots\right\}$ 是紧集 $\mathbb{Z}_p$ 上连续函数空间的一组基.

Mahler **定理**　设 K 是 $\mathbb{Q}_p$ 的有限扩张,O_K 是 K 的整数环,即 $O_K=\{x\in K\mid V_p(x)\geqslant 0\}$,则每个连续函数 $f:\mathbb{Z}_p\to O_K$ 都可唯一地表示成 $f(x)=\sum\limits_{n\geqslant 0}a_n\binom{x}{n}$,

其中 $a_n \in O_K, a_n \to 0$.

证明 当 $x \in \mathbb{Z}_p$ 时，$V_p\left(\binom{x}{n}\right) \geqslant 0$，而 $a_n \to 0$，从而 $a_n\binom{x}{n} \to 0$，所以级数 $f(x) = \sum a_n\binom{x}{n}$ 收敛，并且是连续函数. 一个初等的演算可推出：对每个 $m \geqslant 0$

$$a_m = \sum_{i=0}^{m} (-1)^{m-i}\binom{m}{i} f(i)$$

由此即证得展开式的唯一性. 证明每个连续函数都可表示成定理中形式则比较困难. 此处从略. □

尽管我们有 Mahler 定理，但是也像实分析中那样，常常用幂级数来定义连续函数. 设

$$f(x) = \sum_{n \geqslant 0} a_n x^n \in C_p[[x^n]]$$

是系数属于 C_p 的幂级数，对每个 $\alpha \in C_p$，$\sum a_n\alpha^n$ 收敛当且仅当 $|a_n\alpha^n|_p \to 0$. 和实分析的情形一样，令 $r = (\overline{\lim_{n\to\infty}} |a_n|_p^{\frac{1}{n}})^{-1}$，则当 $|\alpha|_p < r$ 时 $\sum a_n\alpha^n$ 收敛，而当 $|\alpha|_p > r$ 时级数发散，并且 $f(x) = \sum a_n x^n$ 是开球

$$D(r^-) = \{x \in C_p \mid |\alpha|_p < r\}$$

中的连续函数. r 叫作此幂级数的**收敛半径**. 进而，对于 $f'(x) = \sum_{n \geqslant 1} na_n x^{n-1}$，由于 $|na_n|_p \leqslant |a_n|_p$，可知 $f'(x)$ 在 $D(r^-)$ 中仍是连续函数. 所以 $f(x)$ 在 $D(r^-)$ 中是无限次可微的解析函数.

现在举两个经典的幂级数的例子.

例 1 p-adic 指数函数

$$\exp(x) = \sum_{n \geqslant 0} \frac{x^n}{n!}$$

在复分析的情形，$r = \lim_{n\to\infty} (n!)^{\frac{1}{n}} = +\infty$，从而 $\exp(x)$ 是整个复平面上的解析函数. 但是对 p-adic 情形，$\left|\frac{1}{n!}\right|_p$ 可以很大. 事实上，熟知

$$V_p(n!) = \left[\frac{n}{p}\right] + \left[\frac{n}{p^2}\right] + \cdots < \frac{n}{p-1}$$

另一方面，若 $p^a \leqslant n < p^{a+1}$，则

$$\begin{aligned} V_p(n!) &> \frac{n}{p} + \frac{n}{p^2} + \cdots + \frac{n}{p^a} - a \\ &= \frac{n}{p-1} - a - \frac{np^{-a}}{p-1} > \frac{n-p}{p-1} - \frac{\log n}{\log p} \end{aligned}$$

于是

$$\frac{n-p}{p-1}-\frac{\log n}{\log p}<V_p(n!)<\frac{n}{p-1}$$

即$\lim\limits_{n\to\infty}\frac{1}{n}V_p(n!)=\frac{1}{p-1}$,而$|ni|_p^{\frac{1}{n}}\to p^{-\frac{1}{p-1}}$. 这就表明 $\exp(x)$的收敛半径为 $p^{-\frac{1}{p-1}}$(回忆:我们定义$|p|_p=\frac{1}{p}$).

例 2 p-adic 对数函数

$$\log_p(1+x)=\sum_{n\geqslant 1}\frac{(-1)^{n+1}}{n}x^n$$

在实分析中. 它的收敛半径为 1,因为 $\lim n^{\frac{1}{n}}=1$. 对于 p-adic 情形,由于 n 至多被$\frac{\log n}{\log p}$个 p 除尽,所以$0\leqslant V_p(n)\leqslant\frac{\log n}{\log p}$,$\lim\frac{1}{n}V_p(n)=0$,即 $\log_p(1+x)$的收敛半径也为 1.

现在把 exp 和 $\log_p$ 限制在$\mathbb{Q}_p$ 中,则 $\exp(x)$是 $q\mathbb{Z}_p$ 中的解析函数,其中

$$q=\begin{cases}4,若\ p=2\\ p,若\ p\geqslant 3\end{cases}$$

并且 $\exp(q\mathbb{Z}_p)\subseteq 1+p\mathbb{Z}_p$. 而 $\log_p(1+x)$是 $p\mathbb{Z}_p$ 中的解析函数,并且 $\log_p(1+p\mathbb{Z}_p)\subseteq q\mathbb{Z}_p$,进而,这两者是互逆的

$$q\mathbb{Z}_p\underset{\log_p}{\overset{\exp}{\rightleftharpoons}}1+p\mathbb{Z}_p$$

即 $\exp.\log_p(1+x)=1+x(x\in p\mathbb{Z}_p)$,$\log_p\exp(x)=x(x\in q\mathbb{Z}_p)$. 并且加法群 $q\mathbb{Z}_p$ 和乘法群 $1+p\mathbb{Z}_p$ 同构,因为我们有

$$\exp(x+y)=\exp(x)\cdot\exp(y)\quad(x,y\in q\mathbb{Z}_p)$$

$$\log_p[(1+x)(1+y)]$$
$$=\log_p(1+x)+\log_p(1+y)\quad(x,y\in p\mathbb{Z}_p)$$

这些公式的证明都可这样来作:它们在实分析中是对的,所以作为形式幂级数也是对的,所以现在在 p-adic 的收敛区域内也是对的. 乘法群$\mathbb{Q}_p^\times$ 有如下的直积分解

$$\mathbb{Q}_p^\times=\langle p\rangle\times W\times(1+p\mathbb{Z}_p),U_p=W\times(1+p\mathbb{Z}_p)$$

其中$\langle p\rangle$是由 p 生成的无限循环群,W 是$\mathbb{Z}_p$ 中的 $p-1$ 次单位根形成的群. 以 ζ 表示其中满足 $\zeta\equiv 1(\mathrm{mod}\ p)$的 $p-1$ 次本原单位根,则$\mathbb{Q}_p^\times$ 中元素 α 可唯一表示成

$$\alpha=p^n\zeta^i\langle\alpha\rangle\quad(n\in\mathbb{Z},0\leqslant i\leqslant p-2,\langle\alpha\rangle\in 1+p\mathbb{Z}_p)\qquad(1)$$

其中 $n=V_p(\alpha)$. 我们定义 $\log_p\alpha=\log_p\langle\alpha\rangle$(即规定 $\log_p p=\log_p\zeta=0$). 这就把 $\log_p$ 定义到整个$\mathbb{Q}_p^\times$ 上,并且仍满足 $\log_p(\alpha\beta)=\log_p\alpha+\log_p\beta$.

现在对 $\alpha\in U_p$,可以定义函数

$$<\alpha>^x = \exp(x\log_p <\alpha>) = \exp(x\log_p \alpha)$$

由于 $\log_p(\alpha) \in q\mathbb{Z}_p$，所以 $<\alpha>^x = \exp(x\log_p \alpha)$ 是 $\{x \in C_p \mid |x|_p < qp^{-\frac{1}{p-1}}\}$ 中的连续函数. 当 $n \in \mathbb{Z}$ 时，$<\alpha>^n$ 就是通常的意义，而在 $n \equiv 0 \pmod{p-1}$ $(p \geqslant 3)$ 和 $n \equiv 0 \pmod 2$ $(p=2)$ 时，$<\alpha>^n = \alpha^n$.

现在我们看一下黎曼 zeta 函数

$$\zeta(s) = \sum_{n \geqslant 1} n^{-s}$$

是否有 p-adic 的模拟. 当 $s>1$ 时，此级数对通常的实拓扑是收敛的. 但是对于 p-adic 拓扑它是发散的，因为 $n=p^l$ 时，$V_p(n^{-s}) = -sl \to -\infty$，$(l \to \infty$ 时$)$，即 $|n^{-s}|_p = p^{sl}$ 可以很大. 所以我们把级数中满足 $p \mid n$ 的那些项去掉，即令

$$\begin{aligned}\zeta^*(s) &= \sum_{\substack{n \geqslant 1 \\ p \nmid n}} n^{-s} = \prod_{\substack{q \\ q \neq p}} (1-q^{-s})^{-1} \\ &= (1-p^{-s})\zeta(s) \quad (s>1)\end{aligned}$$

其中 q 过 p 以外的所有素数. 我们来看 $\zeta^*(s)$ 是否有 p-adic 模拟. 也就是说，是否有一个定义在 $\mathbb{Z}_p$ 上的函数，使得此函数在 $\mathbb{Z}$ 的某个子集上其值与 $\zeta^*(s)$ 相同. 我们在第六章把 $\zeta(s)$ 解析开拓到整个复平面上，并且它在负整数处的取值是有理数

$$\zeta(-2k)=0, \zeta(1-2k) = -\frac{B_{2k}}{2k} \quad (k=1,2,\cdots)$$

其中 B_{2k} 为有理数. 于是

$$\zeta^*(-2k)=0$$

$$\zeta^*(1-2k) = -(1-p^{2k-1})\frac{B_{2k}}{2k} \quad (k=1,2,\cdots)$$

19 世纪中期，Kummer 研究了 Bernoulli 数 B_{2k} 的如下同余性质：设 $N \geqslant 1$，$2k \not\equiv 0 \pmod{p-1}$，$2k \equiv 2k' \pmod{(p-1)p^N}$，则 $-(1-p^{2k-1})\dfrac{B_{2k}}{2k} \equiv -(1-p^{2k'-1})\dfrac{B_{2k'}}{2k'}$ $(\bmod\ p^{N+1})$. 并且此式两边的数均属于 $\mathbb{Z}_p$.

现在设 $p \geqslant 5$，对每个正整数 a，$1 \leqslant a \leqslant \dfrac{p-3}{2}$，定义集合

$$\begin{aligned}C_a &= \{1-(2a+(p-1)b) \mid b=0,1,2,\cdots\} \\ &= 1-2a-(p-1)N\end{aligned}$$

每个 C_a 都是 $\mathbb{Z}_p$ 的稠密子集合. $\dfrac{p-3}{2}$ 个集合 C_a 彼此不相交. 如果我们考虑 $\zeta^*(s)$ 在 C_a 上的限制，则 Kummer 结果是说：对每个 $1-2k \in Ca$，$\zeta^*(1-2k) \in \mathbb{Z}_p$，并且若 $1-2k, 1-2k' \in C_a$，$V_p((1-2k)-(1-2k')) = V_p(2k'-2k) \geqslant N$，则 $V_p(\zeta^*(1-2k) - \zeta^*(1-2k')) \geqslant N+1$. 这正好表明函数 $\zeta^*(s): C_a \to \mathbb{Z}_p$ 满足引

理6的条件. 从而可以唯一扩充成 p-adic 连续函数 $\zeta_p^{(a)}(s):\mathbb{Z}_p\to\mathbb{Z}_p$. 于是我们对每个 $p\geqslant5$, 有 $\frac{p-3}{2}$ 个 p-adic 连续函数 $\zeta_p^{(a)}(s)\left(a=1,2,\cdots,\frac{p-3}{2}\right)$, 其中 $\zeta_p^{(a)}(s)$ 和 $\zeta^*(s)$ 在 C_a 上是同样的函数(取值在 $\mathbb{Q}\cap\mathbb{Z}_p$ 中, $\zeta_p^{(a)}(s)$ 和 $\zeta^*(s)$ 的值分别看成属于 $\mathbb{Z}_p$ 和 $\mathbb{Q}$). 对于 $p=2$ 和 3 也可作出类似的 $\zeta_p^{(a)}(s)$. 这些函数叫作 p-adic zeta 函数, 是1964年 Leopoldt 和久保田(Kubota)构作的.

类似地可以构作 p-adic L - 函数. 这里我们只叙述结果.

定理 9.17 设 p 为素数, χ 是导子为 f 的本原 Dirichlet 特征, $q=p$(当 $p\geqslant3$ 时), $q=4$(当 $p=2$ 时). 对每个正整数 F, $q\mid F$, $f\mid F$, 定义

$$L_p(s,\chi)=\frac{1}{F(s-1)}\sum_{\substack{a=1\\ p\nmid a}}^{F}\chi(a)<a>^{1-s}\times$$

$$\sum_{j\geqslant0}\binom{1-s}{j}\left(\frac{F}{a}\right)^j B_j\in C_p \tag{2}$$

则当 χ 不是主特征时, $L_p(s,\chi)$ 是 $D=\{s\in C_p\mid |s|_p<qp^{-\frac{1}{p-1}}\}$ 中的解析函数. 当 χ 是主特征时, $L_p(s,\chi)$ 在 $s=1$ 处为单级点, 留数为 $1-\frac{1}{p}$(即 $\lim\limits_{s\to1}(s-1)L_p(s,\chi)=1-\frac{1}{p}$), 而在 $S\in D$, $s\neq1$ 时均解析. 并且对每个正整数 n, $(p-1)\mid n$

$$L_p(1-n,\chi)=-(1-\chi(p)p^{n-1})\frac{B_{n,\chi}}{n} \tag{3}$$

注记 (1)我们需要做一些解释. 对于每个模 f 的 Dirichlet 特征 χ, $\chi(a)$ 或为0或为 f 次单位根. 由于单位根在 $\mathbb{Q}$ 上是代数元素, 从而在 $\mathbb{Q}_p$ 上也是代数元素. 于是 $\chi(a)$ 可看成 C_p 中元素. 式(2)中的 $<a>$ 由式(1)定义, 为 $1+p\mathbb{Z}_p$ 中元素, 于是式(2)右边(如果收敛的话)属于 C_p.

(2)我们在第六章知道, 对于模 f 的 Dirichlet 本原特征 χ, 通常的 L - 函数为

$$L(s,\chi)=\sum_{n\geqslant1}\chi(n)n^{-s}=\prod_p(1-\chi(p)p^{-s})^{-1}\quad(s>1)$$

去掉 $p\mid n$ 的求和项, 则有

$$L^*(s,\chi)=\sum_{\substack{n\geqslant1\\ p\nmid n}}\chi(n)n^{-s}=\prod_{\substack{q\\ q\neq p}}(1-\chi(q)q^{-s})^{-1}$$

$$=(1-\chi(p)p^{-s})L(s,\chi)$$

它在负整数处的值为

$$L^*(1-n,\chi)=-(1-x(p)p^{n-1})\frac{B_{n,\chi}}{n}\quad(n=1,2,\cdots)$$

其中 $B_{n,\chi}$ 是第六章中定义的广义 Bernoulli 数. 所以 $L_p(s,\chi)$ 和 $L^*(s,\chi)$ 在集合

$1-(p-1)\mathbb{N}=\{1-(p-1)k \mid k=1,2,\cdots\}$ 上取值相同. 我们称 $L_p(s,\chi)$ 为 p-adic L - 函数.

对于通常的 L - 函数,第七章给出了计算 $L(1,\chi)$ 的公式,并且阿贝尔域 K 的类数 $h(K)$ 可以表示成一些 $L(1,\chi)$ 的乘积. 在 p-adic 情形有与之类似的下述结果.

定理 9.18 设 K 为 n 次实阿贝尔域,$\hat{K}$ 是域 K(即伽罗瓦群 $\mathrm{Gal}(K/\mathbb{Q})$)的特征群,则

$$\frac{2^{n-1}h(K)R_p(K)}{\sqrt{d(K)}}=\prod_{1\neq\chi\in\hat{K}}\left(1-\frac{\chi^*(p)}{p}\right)^{-1}L_p(1,\chi^*) \tag{4}$$

其中 χ^* 表示与 χ 对应的本原特征,$R_p(K)$ 与 $R(K)$ 的定义相仿,但属于 $\mathbb{C}_p$,叫作域 K 的 p-adic regulator. 而对于本原的偶特征 $\chi\neq1$(注意:对于实阿贝尔域 K,$\hat{K}$ 中的特征均是偶特征)

$$L_p(1,\chi)=-\left(1-\frac{\chi(p)}{p}\right)\frac{\tau(\chi)}{f}\sum_{a=1}^{f}\overline{\chi}(a)\log_p(1-\zeta^a) \tag{5}$$

这里 f 为 χ 的导子,ζ 是 C_p 中一个 f 次本原单位根,$\log_p$ 是 p-adic 对数,$\tau(\chi)=\sum_{a=1}^{f}\chi(a)\zeta^a$ 是高斯和.

代数数域 K 的类数 $h(K)$ 是正整数. 如果用通常的类数公式来计算,涉及许多超越数 $\log(1-\zeta^a)$ 和 $R(K)$. 在复数域中按复拓扑计算 $h(K)$ 和它的近似值通常比较困难. 但是用p-adic类数公式(4)和计算 $L(1,\chi)$ 的公式(5),则比较容易计算 $h(K)$ 的 p-adic 近似值. 比如说要判别是否 $p^l \mid h$,利用通常的类数公式,如果只知道 h 的阿基米德近似值,我们往往得不出任何结论. 但是用 p-adic 类数公式,我们计算时可以把 $V_p(\alpha)\geqslant l$ 的诸项 α 去掉(因为 $p^l \mid \alpha$). 而看剩下的 p-adic 近似值是否被 p^l 除尽. 所以,用 p-adic 类数公式来研究类数整除性是比较方便的. 比如说,利用 p-adic L 函数的解析特性和式(4),可以很容易证明第六章中关于分圆域类数的 Kummer 结果.

现在我们讲述构作 p-adic L - 函数的第 2 种方法:p-adic 积分. 这是 Mazur 于 20 世纪 70 年代给出的. 为了叙述简单起见,我们以 $\mathbb{Q}_p$ 上的积分为例. 但是首先要回忆一下实数域$\mathbb{R}$ 上通常的积分是如何定义的.

设 μ 是$[0,1]$上的一个测度,这意味着:对$[0,1]$的每个(可测)子集合 M,$\mu(M)$是非负实数,并且满足如下的加性:

若 $M_i(i\in I)$ 为$[0,1]$的任意多个(可测)子集合,并且彼此不相交,则 $\mu(\bigcup_{i\in I}M_i)=\sum_{i\in I}\mu(M_i)$.

这时,对于$[0,1]$上任意连续函数 $f(x)$,我们把$[0,1]$分成一些小的区间

$I_1=[x_0,x_1], I_2=[x_1,x_2],\cdots,I_n=[x_{n-1},x_n]$，其中 $0=x_0<x_1<\cdots<x_n=1$. 取 $x_i'\in[x_{i-1},x_i](1\leqslant i\leqslant n)$，然后考虑

$$\sum_{i=1}^{n} f(x'_i)\mu(I_i)$$

当区间分得愈来愈细时，它趋于极限，这个极限值就是 $f(x)$ 对于测度 μ 在 $[0,1]$ 上的积分，表示成 $\int_0^1 f(x)\mathrm{d}\mu(x)$.

现在考虑$\mathbb{Q}_p$，我们把紧开子集$\mathbb{Z}_p$ 类比于前面的闭区间$[0,1]$. 更一般的，对每个 $a\in\mathbb{Q}_p$，$N\in\mathbb{Z}$，我们把子集合

$$a+(p^N)=a+p^N\mathbb{Z}_p=\{x\in\mathbb{Q}_p \mid V_p(x-a)\geqslant N\}$$

叫作$\mathbb{Q}_p$ 的一个**区间**，N 叫作此区间的**级别**. 例如$\mathbb{Z}_p=0+(p^0)$. 每个区间都是紧开子集，下面引理表明它们在 p-adic 拓扑中起着基本作用.

引理 7 $\mathbb{Q}_p$ 的每个紧开子集都是彼此不相交的有限个区间的并集，并且可使这些区间有相同的级别.

证明 设 U 为$\mathbb{Q}_p$ 的一个紧开子集. 由于 U 是开集，所以对每个 $a\in U$，都有充分大的 N_a，使得 $a\in a+(p^{N_a})\subseteq U$. 于是 U 被区间族$\{a+(p^{N_a})\mid a\in U\}$所覆盖. 由于 U 是紧的，所有 U 必被其中有限个区间所覆盖. 设这有限个区间为$a_i+(p^{N_i})(1\leqslant i\leqslant n)$. 记 $N=\max\{N_1,\cdots,N_n\}$. 不难验证，每个区间 $a_i+(p^{N_i})$ 是 p^{N-N_i}个区间 $a_i+jp^{N_i}+(p^N)(0\leqslant j\leqslant p^{N-N_i}-1)$ 的并集. 于是 U 被有限个级别均为 N 的区间所覆盖. 但是对于任意两个级数为 N 的区间 $a+(p^N)$ 和 $b+(p^N)$，如果它们有公共元素 c，则 $V_p(a-c)\geqslant N$，$V_p(b-c)\geqslant N$. 从而

$$V_p(a-b)\geqslant\min\{V_p(a-c),V_p(b-c)\}\geqslant N \tag{6}$$

所以对每个 $x\in\mathbb{Q}_p$，由式(6)可知

$$\begin{aligned}x\in b+(p^N)&\Leftrightarrow V_p(x-b)\geqslant N\\&\Leftrightarrow V_p(x-a)\geqslant N\Leftrightarrow x\in a+(p^N)\end{aligned}$$

于是 $a+(p^N)=b+(p^N)$. 这表明级别为 N 的两个区间或者不相交，或者相等. 所以将覆盖 U 的有限个级别 N 的区间当中去掉重复的区间，剩下的仍为 U 的覆盖，并且这些区间彼此不相交.

现在于$\mathbb{Q}_p$ 上引进(p-adic)测度概念.

定义 4 设 X 是$\mathbb{Q}_p$ 的紧开子集，μ 是一个映射，它把 X 的每个紧开子集 U 映成$\mathbb{Q}_p$ 中元素 $\mu(U)$. 我们称 μ 是 X 上的一个 p-adic **分布**，是指满足如下的可加性：若 U 为有限个紧开子集 $U_i(1\leqslant i\leqslant n)$ 的并集，并且 U_i 彼此不相交，则

$$\mu(U)=\sum_{i=1}^{n}\mu(U_i)$$

X 上的 p-adic 分布 μ 叫作 p-adic **测度**，是指存在实数 B，使得对 X 的每个

紧开子集 U,均有 $|\mu(U)|_p \leqslant B$.

注记 (1)为了验证 p-adic 分布 μ 是否为测度,只需对每个 X 中的区间 $I = a+(p^N)$,验证是否有 $|\mu(I)|_p \leqslant B$ 即可. 因为 X 的每个紧开子集 U 都是有限个区间 $I_i(1\leqslant i\leqslant n)$ 的并集,并且 I_i 彼此不相交. 由 μ 的可加性即知,若 $|\mu(I_i)|_p \leqslant B(1\leqslant i\leqslant n)$,则

$$|\mu(U)|_p = \left|\sum_{i=1}^{n}\mu(I_i)\right|_p \leqslant \max_{1\leqslant i\leqslant n}\{|\mu(I_i)|_p\} \leqslant B$$

(2)每个 N 级区间 $a+(p^N)$ 是 p 个彼此不相交的 $N+1$ 级区间 $a+jp^N+(p^{N+1})(0\leqslant j\leqslant p-1)$ 的并集,如果 μ 满足可加性,则对每个 $a\in\mathbb{Q}_p$ 和 $N\in\mathbb{Z}$,都有

$$\mu(a+(p^N)) = \sum_{j=0}^{p-1}\mu(a+jp^N+(p^{N+1})) \tag{7}$$

利用引理 7 则可得到下面结果.

定理 9.19 设 X 是 $\mathbb{Q}_p$ 的一个紧开子集,μ 是把 X 中每个区间 I 映射为 $\mathbb{Q}_p$ 中元素 $\mu(I)$ 的一个映射. 如果式(7)对于 X 中每个区间 $a+(p^N)$ 均成立,则 μ 可唯一扩充成 X 的一个 p-adic 分布. 并且若存在实数 B,使得对 X 中每个区间 I,均有 $|\mu(I)|_p \leqslant B$,则 μ 是 X 上的 p-adic 测度.

证明大意 对于 X 的每个紧开子集 U,由引理 7 知 U 是有限个彼此不相交的同级别区间 $I_i(1\leqslant i\leqslant n)$ 之并集. 而 μ 在这些区间 I_i 上已有定义. 我们令 $\mu(U) = \sum_{i=1}^{n}\mu(I_i)$. 如果式(7)成立,则可证明这个定义与 $\{I_1,\cdots,I_n\}$ 的选取方式无关. 从而 $\mu(U)$ 只是 U 的函数. 再由引理 7 可证明 μ 的可加性和唯一性. 最后的结论在前面注记(1)中已作说明. □

定理 9.19 可用来构作 p-adic 分布和 p-adic 测度.

例 1 取 $X=\mathbb{Z}_p$,则 $\mathbb{Z}_p$ 中每个区间有形式 $a+(p^N)$,其中 $a\in\mathbb{Z}_p$,$N\geqslant 0$. 我们定义

$$\mu(a+(p^N)) = p^{-N} \in \mathbb{Q}_p$$

于是 $\mu(\mathbb{Z}_p)=\mu(0+(p^0))=1$,而所有级别为 N 的区间 I 均有 $\mu(I)=p^{-N}$. 因此

$$\sum_{j=0}^{p-1}\mu(a+jp^N+(p^{N+1})) = \sum_{j=0}^{p-1}p^{-(N+1)} = p^{-N}$$

即式(7)成立. 由定理 9.19 知 μ 可扩充成 $\mathbb{Z}_p$ 上的一个 p-adic 分布,叫作 Haar 分布,表示成 μ_H. 当 $N\to+\infty$ 时,$|\mu_H(a+(p^N))|_p = |p^{-N}|_p = p^N \to \infty$. 可知 μ_H 不是 p-adic 测度.

例 2 对 $\mathbb{Z}_p$ 中一个固定的元素 a,定义如下的 μ:对 $\mathbb{Z}_p$ 的每个紧开子集 U

$$\mu(U) = \begin{cases}1, & \text{若 } a\in U\\ 0, & \text{否则}\end{cases}$$

易知这是$\mathbb{Z}_p$ 的 p-adic 测度,叫作 Dirac 测度.

现在我们给出一批有趣的 p-adic 分布和测度.

例 3(Bernoulli 分布)　我们知道 Bernoulli 数 B_k 可由下式定义

$$\frac{x}{e^x-1}=\sum_{k=0}^{\infty}\frac{B_k}{k!}x^k$$

其中 $B_k\in\mathbb{Q}\subseteq\mathbb{Q}_p$. 而 Bernoulli 多项式 $B_k(t)$ 由下式定义

$$\frac{xe^{tx}}{e^x-1}=\sum_{k=0}^{\infty}\frac{B_k(t)}{k!}x^k$$

其中 $B_k(t)\in\mathbb{Q}[t]\subseteq\mathbb{Q}_p[t]$.

例如 $B_0(t)=1,B_1(t)=t-\frac{1}{2},B_2(t)=t^2-t+\frac{1}{6},B_3(t)=t^3-\frac{3}{2}t^2+\frac{1}{2}t$, 等等. 易知 $B_k=B_k(0)$. 现在对$\mathbb{Z}_p$ 中每个区间 $a+(p^N)(a\in\mathbb{Z},0\leqslant a\leqslant p^N-1,N\geqslant 0)$,令

$$\mu_{B,k}(a+(p^N))=p^{N(k-1)}B_k(\frac{a}{p^N})\in\mathbb{Q}$$
$$\subseteq\mathbb{Q}_p\quad(k=0,1,2,\cdots)$$

这里 $B_k\left(\frac{a}{p^N}\right)$是 $B_k(t)$在 $t=\frac{a}{p^N}$处的值. 我们来验证它满足公式(7),即要证

$$\mu_{B,k}(a+(p^N))=\sum_{b=0}^{p-1}\mu_{B,k}(a+bp^N+(p^{N+1}))$$

而这又相当于

$$p^{N(k-1)}B_k\left(\frac{a}{p^N}\right)=p^{(N+1)(k-1)}\sum_{b=0}^{p-1}B_k\left(\frac{a+bp^N}{p^{N+1}}\right)$$

令 $\alpha=\frac{a}{p^{N+1}}$,可知上式相当于

$$B_k(p\alpha)=p^{k-1}\sum_{b=0}^{p-1}B_k(\alpha+\frac{b}{p})\tag{8}$$

由 Bernoulli 多项式的定义知

$$\begin{aligned}p^{k-1}\sum_{k=0}^{\infty}\frac{x^k}{k!}\sum_{b=0}^{p-1}B_k(\alpha+\frac{b}{p})&=p^{k-1}\sum_{b=0}^{p-1}\frac{xe^{(\alpha+\frac{b}{p})x}}{e^x-1}\\&=p^{k-1}\frac{xe^{\alpha x}}{e^x-1}\sum_{b=0}^{p-1}e^{\frac{b}{p}x}=p^{k-1}\frac{xe^{\alpha x}}{e^x-1}\cdot\frac{e^x-1}{e^{x/p}-1}\\&=p^k\frac{\left(\frac{x}{p}\right)e^{(p\alpha)x/p}}{e^{x/p}-1}=p^k\sum_{k=0}^{\infty}\frac{B_k(p\alpha)}{k!}\left(\frac{x}{p}\right)^k\end{aligned}$$

比较上式两边 x^k 的系数就得到式(8). 这就表明,对每个 $k=0,1,2,\cdots,\mu_{B,k}$都

可以扩充成$\mathbb{Z}_p$ 上的 p-adic 分布，叫作 Bernoulli 分布，例如

$$\mu_{B,0}(a+(p^N))=p^{-N}\text{，从而为 Haar 分布 }\mu_H$$

$$\mu_{B,1}(a+(p^N))=B_1(\frac{a}{p^N})=\frac{a}{p^N}-\frac{1}{2}$$

$$\mu_{B,2}(a+(p^N))=p^NB_2(\frac{a}{p^N})=p^N(\frac{a^2}{p^{2N}}-\frac{a}{p^N}+\frac{1}{6})$$

其中 $N\geqslant 0, a\in\mathbb{Z}, 0\leqslant a\leqslant p^N-1$.

不难看出，所有的 $\mu_{B,k}(k\geqslant 0)$ 都不是 p-adic 测度. 但是用它们可以构作出一批 p-adic 测度来. 首先注意，若 μ_1 和 μ_2 均为 X 上的 p-adic 分布，则对于 α_1，$\alpha_2\in\mathbb{Q}_p$，$\alpha_1\mu_1+\alpha_2\mu_2$ 也是 X 上的 p-adic 分布，其中 $(\alpha_1\mu_1+\alpha_2\mu_2)(U)=\alpha_1\mu_1(U)+\alpha_2\mu_2(U)$.

现在设 $k\geqslant 1$，$\alpha\in\mathbb{Z}$，使得 $\alpha\neq 1$ 并且 $\alpha\not\equiv 0\pmod p$. 对于$\mathbb{Z}_p$ 的每个紧开子集 U，则 αU 也是紧开子集. 定义

$$\mu_{k,\alpha}(U)=\mu_{B,k}(U)-\alpha^{-k}\mu_{B,k}(\alpha U) \tag{9}$$

定理 9.20 $\mu_{k,\alpha}$是$\mathbb{Z}_p$ 上的 p-adic 测度.

证明 先考虑 $k=1$ 情形，我们要证对每个区间 $a+(p^N)(N\geqslant 0, a\in\mathbb{Z}, 0\leqslant a<p^N)$，$|\mu_{1,\alpha}(a+(p^N))|_p\leqslant 1$. 以$[b]_N$ 表示整数 b 模 p^N 的最小非负剩余. 由定义可知

$$\begin{aligned}\mu_{1,\alpha}(a+(p^N)) &= \frac{a}{p^N}-\frac{1}{2}-\alpha^{-1}\left(\frac{[\alpha a]_N}{p^N}-\frac{1}{2}\right)\\ &= \frac{\alpha^{-1}-1}{2}+\frac{a}{p^N}-\alpha^{-1}\left(\frac{\alpha a}{p^N}-\left[\frac{\alpha a}{p^N}\right]\right)\\ &= \frac{1}{\alpha}\left[\frac{\alpha a}{p^N}\right]+\frac{\alpha^{-1}-1}{2}\end{aligned}$$

由于 $\alpha^{-1}\in\mathbb{Z}_p$，可知当 $p\geqslant 3$ 时，上式右边属于$\mathbb{Z}_p$，而当 $p=2$ 时，$\alpha^{-1}-1\equiv 0\pmod 2$，从而上式右边也属于$\mathbb{Z}_2$. 因此$|\mu_{1,\alpha}(a+(p^N))|_p\leqslant 1$.

对于 $k\geqslant 2$ 的情形，下面结果给出 $\mu_{k,\alpha}$和 $\mu_{1,\alpha}$之间的关系，它可以看作是通常测度情形公式 $d(x^k)=kx^{k-1}dx$ 的 p-adic 类比.

引理 8 以 d_k 表示 Bernoulli 多项式 $B_k(t)$所有系数分母的最小公倍数，则对$\mathbb{Z}_p$ 的每个区间 $a+(p^N)$，均有

$$d_k\mu_{k,\alpha}(a+(p^N))\equiv d_kka^{k-1}\mu_{1,\alpha}(a+(p^N))\pmod{p^N} \qquad \square$$

这个引理的证明只是按定义进行 mod p^N 的近似演算，我们把它留给读者. 由这个引理我们知道

$$\begin{aligned}|\mu_{k,\alpha}(a+(p^N))|_p &\leqslant \max\{|d_k^{-1}p^N|_p, |ka^{k-1}\mu_{1,\alpha}(a+(p^N))|_p\}\\ &\leqslant \max\{|d_k^{-1}|_p, 1\}\end{aligned}$$

而右边是只依赖于 k 的常数. 所以每个 $\mu_{k,\alpha}$ 都是 p-adic 测度.

有了 X 上的 p-adic 测度 μ, 我们就可以定义 X 上连续函数对测度 μ 的 p-adic积分. 对于每个连续函数 $f:X\to\mathbb{Q}_p$, 我们作"黎曼和"

$$\sum_{\substack{0\leqslant a<p^N\\ a+(p^N)\subseteq X}} f(x_{a,N})\mu(a+(p^N))$$

其中 $x_{a,N}\in a+(p^N)$. 就像通常积分的情形一样, 利用 μ 是 p-adic 测度, 即 $|\mu(a+(p^N))|_p\leqslant B$, 可以证明当 $N\to+\infty$ 时, 上面的求和有 p-adic 极限, 并且此极限不依赖于点 $x_{a,N}$ 的选取方式. 这个极限就是 X 上连续函数 f 对于测度 μ 的 p-adic 积分, 表示成 $\int_X f\mu$.

定理 9.21 对每个 $k\geqslant 1$ 和 $\mathbb{Z}_p$ 的紧开子集 X

$$\int_X \mu_{k,\alpha} = k\int_X x^{k-1}\mu_{1,\alpha}$$

证明 由引理 8 可知

$$\begin{aligned}\int_X \mu_{k,\alpha} &= \sum_{\substack{0\leqslant a<p^N\\ a+(p^N)\subseteq X}} \mu_{k,\alpha}(a+(p^N))\\ &\equiv k\sum_{\substack{0\leqslant a<p^N\\ a+(p^N)\subseteq X}} a^{k-1}\mu_{1,\alpha}(a+(p^N))\,(\mathrm{mod}\ p^{N-V_p(d_k)})\end{aligned}$$

令 $N\to+\infty$, 即得 $\int_X \mu_{k,\alpha} = k\int_X x^{k-1}\mu_{1,\alpha}$.

作为 p-adic 积分的一个应用, 我们现在证明 Bernoulli 数 B_n 的 3 个基本的整除性质. 根据定义有

$$\mu_{B,k}(\mathbb{Z}_p)=\mu_{B,k}(0+(p^0))=B_k(0)=B_k\quad(k\geqslant 1)$$

$$\mu_{B,k}(p\,\mathbb{Z}_p)=\mu_{B,k}(0+(p))=p^{k-1}B_k$$

于是 $\mu_{B,k}(U_p)=\mu_{B,k}(\mathbb{Z}_p)-\mu_{B,k}(p\mathbb{Z}_p)=(1-p^{k-1})B_k$. 现在取 $\alpha\in\mathbb{Z}, \alpha\neq 1, \alpha\not\equiv 0(\mathrm{mod}\ p)$, 则 $\alpha U_p=U_p$. 于是

$$\begin{aligned}\mu_{k,\alpha}(U_p)&=\mu_{B,k}(U_p)-\alpha^{-k}\mu_{B,k}(\alpha U_p)\\ &=(1-\alpha^{-k})(1-p^{k-1})B_k\end{aligned}$$

由于 $\mu_{k,\alpha}(U_p)=\int_{U_p}\mu_{k,\alpha}=k\int_{U_p}x^{k-1}\mu_{1,\alpha}$, 所以对 $k\geqslant 1$

$$\frac{1}{\alpha^{-k}-1}\int_{U_p}x^{k-1}\mu_{1,\alpha}=(1-p^{k-1})\left(-\frac{B_k}{k}\right)\qquad(10)$$

特别地, 右边与 α 的选取方式无关.

定理 9.22 设 $k,k'\geqslant 1$, p 为素数.

(1) 若 $p-1\nmid k$, 则 $\frac{B_k}{k}\in\mathbb{Z}_p$.

(2) 若 $p-1\nmid k$, $k\equiv k'(\mathrm{mod}(p-1)p^N)$, 则

$$(1-p^{k-1})\frac{B_k}{k}\equiv(1-p^{k'-1})\frac{B_k{}'}{k'}(\mathrm{mod}\ p^{N+1})$$

(3)若 $p-1\mid k$ 并且 k 为偶数,则 $pB_k\equiv-1(\mathrm{mod}\ p)$.

证明 (1)由 $p-1\nmid k$ 可知 $p\geqslant3$. 取 $\alpha\in\mathbb{Z}$,使得 α 是模 p 的原根,即为 $p-1$ 阶乘法循环群 $\mathbb{F}_p^{\times}$ 的生成元. 由 $p-1\nmid k$ 可知 $\alpha^{-k}\not\equiv1(\mathrm{mod}\ p)$. 对 $k=1$,则 $\frac{B_1}{1}\equiv-\frac{1}{2}\in\mathbb{Z}_p$. 而 $k\geqslant2$ 时,由式(10)可知

$$\left|\frac{B_k}{k}\right|_p=\left|\frac{1}{\alpha^{-k}-1}\right|_p\cdot\left|\frac{1}{1-p^{k-1}}\right|_p\cdot\left|\int_{U_p}x^{k-1}\mu_{1,\alpha}\right|_p \tag{11}$$

当 $x\in U_p$ 时,$|x^{k-1}|_p=1$. 而对 U_p 的每个紧开子集 U,我们已经证明了 $|\mu_{1,\alpha}(U)|_p\leqslant1$. 由后面的习题可知 $\left|\int_{U_p}x^{k-1}\mu_{1,\alpha}\right|_p\leqslant1$. 而式(11)右边前两个因子均为 1,于是 $\left|\frac{B_k}{k}\right|_p\leqslant1$,即 $\frac{B_k}{k}\in\mathbb{Z}_p$.

(2)由式(10)可知我们需要证明

$$(\alpha^{-k}-1)^{-1}\int_{U_p}x^{k-1}\mu_{1,\alpha}\equiv(\alpha^{-k'}-1)^{-1}\int_{U_p}x^{k'-1}\mu_{1,\alpha}(\mathrm{mod}\ p^{N+1}) \tag{12}$$

由条件 $p-1\nmid k$ 表明 $p\geqslant3$. 仍取 α 为模 p 的原根,则 $\alpha^{-k}-1,\alpha^{-k'}-1\in U_p$,并且由 $k\equiv k'(\mathrm{mod}(p-1)p^N)$ 可知 $\alpha^{k-k'}\equiv1(\mathrm{mod}\ p^{N+1})$. 于是

$$\begin{aligned}&(\alpha^{-k}-1)^{-1}-(\alpha^{-k'}-1)^{-1}\\&=(\alpha^{-k}-1)^{-1}(\alpha^{-k'}-1)^{-1}(\alpha^{-k'}-\alpha^{-k})\\&\equiv0(\mathrm{mod}\ p^{N+1})\end{aligned} \tag{13}$$

同样地,当 $x\in U_p$ 时,$x^{k-1}\equiv x^{k'-1}(\mathrm{mod}\ p^{N+1})$. 于是

$$\int_{U_p}x^{k-1}\mu_{1,\alpha}\equiv\int_{U_p}x^{k'-1}\mu_{1,\alpha}(\mathrm{mod}\ p^{N+1}) \tag{14}$$

由式(13)和(14)即得式(12).

(3)$p=2$ 的情形留给读者. 这里只证 $p\geqslant3$ 情形. 这次我们取 $\alpha=1+p$,则

$$pB_k=\frac{-kp}{\alpha^{-k}-1}(1-p^{k-1})^{-1}\int_{U_p}x^{k-1}\mu_{1,\alpha}$$

记 $d=V_p(k)$,则

$$\alpha^{-k}-1=(1+p)^{-k}-1\equiv-kp(\mathrm{mod}\ p^{d+2})$$

于是 $-kp/(\alpha^{-k}-1)\equiv1(\mathrm{mod}\ p)$. 又由 $k\geqslant2$ 可知 $(1-p^{k-1})^{-1}\equiv1(\mathrm{mod}\ p)$. 于是 $pB_k\equiv\int_{U_p}x^{k-1}\mu_{1,\alpha}(\mathrm{mod}\ p)$. 对于 $x\in U_p$,由 $p-1\mid k$ 可知 $x^{k-1}\equiv x^{-1}(\mathrm{mod}\ p)$. 从而

$$pB_k \equiv \int_{U_p} x^{k-1}\mu_{1,\alpha} \equiv \int_{U_p} x^{-1}\mu_{1,\alpha} (\bmod p)$$

对应于积分 $\int_{U_p} x^{-1}\mu_{1,\alpha}$ 的“黎曼和”为

$$\begin{aligned}
&\sum_{\substack{a=1\\ p\nmid a}}^{p^N-1} a^{-1}\mu_{1,\alpha}(a+(p^N))\\
&= \sum_{\substack{a=1\\ p\nmid a}}^{p^N-1} a^{-1}(1-\alpha^{-1})\left(\frac{a}{p^N}-\frac{1}{2}\right) \quad (\alpha = p+1)\\
&= \frac{p}{1+p}\sum_{\substack{a=1\\ p\nmid a}}^{p^N-1} (p^{-N}-\frac{1}{2a})\\
&\equiv p(p^N-p^{N-1})/p^N \equiv -1(\bmod p)
\end{aligned}$$

于是 $pB_k \equiv -1(\bmod p)$

注记 由定理9.22的(1)和(3)可知当 k 为偶数时, B_k 有如下的部分分式展开

$$B_k + \sum_{p-1\mid k} \frac{1}{p} \in \mathbb{Z}$$

最后我们对本节前部分构作的 p-adic zeta 函数 $\zeta_p^{(a)}(s)\left(a=1,2,\cdots,\frac{p-3}{2}\right)$ 给出 p-adic 积分表达式. 我们知道当 $1-2k \in C_a = 1-2a-(p-1)N$ 时, $\zeta_p^{(a)}(1-2k) = -(1-p^{2k-1})\frac{B_{2k}}{2k}$. 对于 $x \in U_p$, 我们有连续函数

$$f^{(a)}:\mathbb{Z}_p \to \mathbb{Z}_p, f^{(a)}(x) = x^{2a+(p-1)x-1}$$

于是我们有 p-adic 积分

$$F^{(a)}(s) = \int_{U_p} x^{2a+(p-1)s-1}\mu_{1,\alpha}$$

又取 $\alpha \in \mathbb{Z}, \alpha \neq 1, \alpha \not\equiv 0(\bmod p)$, 则 $G^{(a)}(s) = (\alpha^{-(2a+(p-1)s)}-1)^{-1}$ 也是 $\mathbb{Z}_p$ 上连续函数. 但是当 $n \in N$ 时

$$F^{(a)}(n)G^{(a)}(n) = (1-p^{l-1})\left(-\frac{B_l}{l}\right) = \zeta_p^{(a)}(1-l)$$

其中 $l = 2a+(p-1)n$. 这就表明

$$\begin{aligned}
\zeta_p^{(a)}(1-2a-(p-1)s) &= F^a(s)G^{(a)}(s)\\
&= (\alpha^{-(2a+(p-1)s)}-1)^{-1}\int_{U_p} x^{2a+(p-1)s-1}\mu_{1,\alpha} \quad (s \in \mathbb{Z}_p)
\end{aligned}$$

用类似方法, 我们也可以得到 p-adic L 函数 $L_p(s,\chi)$ 的 p-adic 积分表达式.

综合上述, 我们在本节中介绍了 p-adic 分析中的两种方法: 插值方法(由函数在特殊点取值定义 p-adic 连续函数和解析函数)和 p-adic 积分方法. 这两种

方法在现代数论研究中都是基本的 p-adic 分析工具.

习　题

1. 设 S 是$\mathbb{Q}_p$ 的子集合,$f,g:S\to\mathbb{Q}_p$ 均是 p-adic 连续函数,求证: $f\pm g$ 和 fg 也是 p-adic 连续函数. 又若对每个 $s\in S,f(s)\neq 0$,则 $1/f$ 也是 p-adic 连续函数.
2. 设 $a\in\mathbb{Q}_p^\times$,$V(a)\neq 0$. 证明:$\mathbb{Z}$ 上的函数 $f(n)=a^n$ 不能扩充成$\mathbb{Z}_p$ 上的 p-adic 连续函数. 对于 $a\in U_p$ 但是 $a\not\equiv 1 \pmod p$,你是否有办法定义出$\mathbb{Z}_p$ 上一个 p-adic连续函数f,使得当 $n\in N$ 时,$f(n)=a^n$(n 个 a 相乘)?
3. 试计算 p-adic 对数的近似值
$$\log_7(-6)\pmod{7^4},\log_2 25\pmod{2^{12}}$$
4. (Dieudonne-Dwork)设$f(x)\in 1+x\mathbb{Q}_p[[x]]$. 求证
$$f(x)\in 1+x\,\mathbb{Z}_p[[x]]\Leftrightarrow\frac{f(x^p)}{(f(x))^p}\in 1+p\,\mathbb{Z}_p[[x]]$$
5. (Artin-Hasse)求证: $\exp\left(\sum\limits_{n=0}^{\infty}\frac{x^{p^n}}{p^n}\right)\in\mathbb{Z}_p[[x]]$.
6. 设 $m\in\mathbb{Z},m\geqslant 1$. $S_m(n)=1^m+2^m+\cdots+(n-1)^m$,$B_k$ 为 Bernoulli 数.

   (1) $S_m(n)=\frac{1}{m+1}\sum\limits_{k=0}^{m}\binom{m+1}{k}B_k n^{m+1-k}$.

   (2)设 p 为奇素数,m 为偶数,$2\leqslant m\leqslant p-1$,则 $pB_m\equiv S_m(p)\pmod{p^2}$.

   (3)设 p 为奇素数,则
$$S_{\frac{p-1}{2}}\left(\frac{p-1}{2}\right)\equiv 2\left(\left(\frac{2}{p}\right)-2\right)B_{\frac{p+1}{2}}\pmod p$$
   其中$\left(\frac{2}{p}\right)$为 Legendre 符号,即$\left(\frac{2}{p}\right)=(-1)^{\frac{p^2-1}{8}}$.
7. 设μ 为$\mathbb{Z}_p$ 上的 p-adic 分布,$\mu(\mathbb{Z}_p)=1$,并且具有平移不变性质:对每个 $a\in\mathbb{Z}_p$ 和$\mathbb{Z}_p$ 的紧开子集 U,$\mu(U)=\mu(a+U)$. 求证:μ 必为 Haar 分布 μ_H.
8. 若 μ 是$\mathbb{Z}_p$ 上的 p-adic 分布,$\alpha\in\mathbb{Z}_p$. 对$\mathbb{Z}_p$ 的每个紧开子集 U,定义
$$\mu_1(U)=\mu(\alpha+U),\mu_2(U)=\mu(\alpha U)$$
   求证:μ_1 和 μ_2 也是$\mathbb{Z}_p$ 上的 p-adic 分布.
9. 设 X 为$\mathbb{Z}_p$ 的紧开子集,μ 为 X 上的 p-adic 测度,并且对 X 的每个紧开子集 U,均有$|\mu(U)|_p\leqslant B$.

   (1)设$f:X\to\mathbb{Q}_p$ 是 p-adic 连续函数. 如果对每个 $x\in X$,均有$|f(x)|_p\leqslant A$,则 $\left|\int_X f\mu\right|_p\leqslant AB$.

   (2)设$f,g:X\to\mathbb{Q}_p$ 均是 p-adic 连续函数. 如果对每个 $x\in X$,均有$|f(x)-$

$g(x)|_p \leqslant \varepsilon$,则$|\int_X f\mu - \int_X g\mu|_p \leqslant \varepsilon B$.

§5 组合数学

数论用于组合数学的范围很广,其功能主要有两个方面,一个是利用数论工具估计各种组合结构的最佳程度,判别哪些组合结构是不存在的. 另一个则是利用数论工具具体构作出所需要的组合结构. 本节中我们举两个例子以表明代数数论的这两种功能. 这两个例子是组合设计和 Bent 函数.

5.1 组合设计

定义 5 设 $X=\{x_1,\cdots,x_v\}$ 是 v 元集合,$X_1,\cdots,X_b$ 是 X 的 b 个不同的子集合. 我们称这 b 个子集组成一个参数为(b,v,k,r)的**组合构图**,是指满足以下两个条件(用$|S|$表示集合 S 的元素个数):

(1) $|X_i|=k(1\leqslant i\leqslant b)$,即每个 X_i 都是 k 元子集.

(2) 每个 x_i 都恰好在 r 个 X_j 之中$(1\leqslant i\leqslant v)$.

每个子集 X_j 叫作一个区组(block),X 中元素 x_i 叫作一个品种(variety). 这种历史上沿用的名称来源于统计学中的试验方案设计.

每个区组有 k 个品种,b 个区组共有 bk 个品种,但是每个品种在其中都出现 r 次. 于是我们得到参数关系

$$vr=bk \tag{1}$$

特别当 $v=b$ 时,$k=r$. 这时称作参数为(v,k)的**对称组合构图**.

组合构图只是考虑到各种因素的均衡选择. 如果还要考虑不同因素的交互影响,便有如下方案:

定义 6 一个参数为(b,v,k,r)的组合构图叫作**不完全平衡区组设计**(Balanced Incomplete Block Design,简称作 BIBD),是指 $v\geqslant k\geqslant 2$,并且对 X 中任意两个不同的品种 x_i 和 x_j,它们均恰好同时出现在 λ 个区组 X_j 之中.

包含品种 x_1 的区组共有 r 个. 而对于其中每个区组,x_1 都与其余 $k-1$ 个品种共处于这个区组. 另一方面,x_1 与 x_1 之外的 $v-1$ 个品种每个都共处于 λ 个区组. 于是我们有

$$r(k-1)=\lambda(v-1) \tag{2}$$

由式(1)和(2)可知 b 和 r 由参数 v,k,λ 所决定. 所以通常对于 BIBD 只列出参数(v,k,λ). 当 $b=v$(从而 $k=r$)时,BIBD 也叫作**对称**的,这时 $k(k-1)=\lambda(v-1)$.

例 1 令 $X=\mathbb{F}_7=\{0,1,2,3,4,5,6\}$. $X_0=\{0,1,3\}$ 而 $X_i=\{i,1+i,3+i\}=i+X_0(0\leqslant i\leqslant 6)$. 即 7 个区组为

$$X_0=\{0,1,3\},X_1=\{1,2,4\},X_2=\{2,3,5\},X_3=\{3,4,6\}$$
$$X_4=\{4,5,0\},X_5=\{5,6,1\},X_6=\{6,0,2\}$$

这是一个对称 BIBD,参数为

$$b=v=7\quad(7\text{ 个品种},7\text{ 个区组})$$
$$k=r=3\quad(\text{每区组有 3 个品种},\text{每品种在 3 个区组中})$$
$$\lambda=1\quad(\text{任意两个不同品种均恰好同时在一个区组中})$$

利用有限域上的仿射几何和射影几何,可以构作出许多 BIBD. 又如:对每个素数 $p\equiv3\pmod 4$. 取 $X=\mathbb{F}_p$,$X_0=\{a\mid 1\leqslant a\leqslant p-1,\left(\frac{a}{p}\right)=1\}$,则可以证明

$$X_i=i+X_0\quad(0\leqslant i\leqslant p-1)$$

是参数为 $(v,k,\lambda)=(p,\frac{p-1}{2},\frac{p-3}{4})$ 的对称 BIBD. 前面的例子就是 $p=7$ 的情形.

现在的问题是:对于满足条件 $k(k-1)=\lambda(v-1)$ 的正整数 v,k,λ,是否一定存在参数为 (v,k,λ) 的对称 BIBD? 利用本章 §3 的二次型结果,我们还能给出对称 BIBD 存在的另一些必要条件.

设 $X=\{x_1,\cdots,x_v\}$ 为 v 个品种组成的集合,$X_1,\cdots,X_v$ 构成参数为 (v,k,λ) 的对称 BIBD. 我们如下定义一个 v 阶实方阵 $\boldsymbol{C}=(c_{ij})(1\leqslant i,j\leqslant v)$,其中

$$c_{ij}=\begin{cases}1,\text{若 } x_i\in X_j\\0,\text{否则}\end{cases}$$

令

$$\boldsymbol{CC}^{\mathrm{T}}=\boldsymbol{A}=(a_{ij})$$

由对称 BIBD 的定义不难看出

$$a_{ij}=\sum_{k=1}^{v}c_{ik}c_{jk}=\begin{cases}k,\text{若 } i=j\\\lambda,\text{若 } i\neq j\end{cases}$$

于是

$$\boldsymbol{CC}^{\mathrm{T}}=\boldsymbol{A}=\begin{pmatrix}k & & \\ & \ddots & \lambda\\ \lambda & & k\end{pmatrix}=(k-\lambda)\boldsymbol{I}_v+\lambda\boldsymbol{E}_v$$

其中 $\boldsymbol{I}_v$ 为 v 阵单位方阵,$\boldsymbol{E}_v$ 是 v 阶全 1 方阵. 易算出 $\boldsymbol{A}$ 的行列式为 $|\boldsymbol{A}|=(k-\lambda)^{v-1}(k+(v-1)\lambda)=k^2(k-\lambda)^{v-1}$. 我们以下设 $k>\lambda$. (当 $k=\lambda$ 时,由 $k(k-1)=\lambda(v-1)$ 知 $k=v$,即 $X_i=X(1\leqslant i\leqslant v)$,这是平凡的区组设计. 于是

$$0<k^2(k-\lambda)^{v-1}=|\boldsymbol{A}|=|\boldsymbol{CC}^{\mathrm{T}}|=|\boldsymbol{C}|^2$$

v 为偶数时,$(k-\lambda)$ 一定为平方数. 所以对 (v,k,λ) 为参数的对称 BIBD,我们有

以下两个必要条件：

(A)$k(k-1)=\lambda(v-1)(0<\lambda<k<v)$；

(B)若 v 为偶数，则$(k-\lambda)$为平方数.

例如：$(v,k,\lambda)=(46,10,2)$满足条件(A)，但是不满足条件(B)，所以这种参数的对称 BIBD 不存在. 现在我们将方阵 $\boldsymbol{A}=(k-\lambda)\boldsymbol{I}_v+\lambda\boldsymbol{E}_v$ 化成对角阵. 易验证，令

$$\boldsymbol{D}=\begin{pmatrix}1 & 1 & 1 & \cdots & 1 & 1\\ 1 & -1 & 0 & \cdots & 0 & 0\\ 1 & 1 & -2 & \cdots & 0 & 0\\ \vdots & \vdots & \vdots & & \vdots & \vdots\\ 1 & 1 & 1 & \cdots & 1 & -(v-1)\end{pmatrix}$$

则

$$\begin{aligned}\boldsymbol{CC}^{\mathrm{T}}&=\boldsymbol{DAD}^{\mathrm{T}}=(k-\lambda)\boldsymbol{DD}^{\mathrm{T}}+\lambda\boldsymbol{DE}_v\boldsymbol{D}^{\mathrm{T}}\\ &=(k-\lambda)\begin{pmatrix}v & & & & \\ & 2 & & & \\ & & 2\cdot 3 & & \\ & & & \ddots & \\ & & & & v(v-1)\end{pmatrix}+\lambda\begin{pmatrix}v^2 & 0 & \cdots & 0\\ 0 & & & \\ \vdots & & \boldsymbol{0} & \\ 0 & & & \end{pmatrix}\\ &=\begin{pmatrix}k^2v & & & & \\ & 2(k-\lambda) & & & \\ & & 2\cdot 3(k-\lambda) & & \\ & & & \ddots & \\ & & & & (v-1)v(k-\lambda)\end{pmatrix}=\boldsymbol{M}\end{aligned}$$

这就表明 $\boldsymbol{I}_v$(v 阶单位方阵)和对角阵 $\boldsymbol{M}$ 是$\mathbb{Q}$-等价的. 根据§3 可知，对每个素数 p，应当

$$\varepsilon_p(\boldsymbol{M})=\varepsilon_p(\boldsymbol{I}_v)=1$$

我们现在计算 $\varepsilon_p(\boldsymbol{M})$(记$(a,b)_p$ 为(a,b))

$$\begin{aligned}\varepsilon_p(\boldsymbol{M})&=\prod_{i=2}^{v}(k^2v,(i-1)i(k-\lambda))\cdot\\ &\quad\prod_{2\leqslant i<j\leqslant v}((i-1)i(k-\lambda),(j-1)j(k-\lambda))\\ &=(v,v(k-\lambda)^{v-1})\prod_{2\leqslant i\leqslant v-1}((i-1)i(k-\lambda),\prod_{i+1\leqslant j\leqslant v}(j-1)j(k-\lambda))\\ &=(v,-(k-\lambda)^{v-1})\prod_{2\leqslant i\leqslant v-1}((i-1)i(k-\lambda),iv(k-\lambda)^{v-i})\\ &=(v,-(k-\lambda)^{v-1})\prod_{2\leqslant i\leqslant v-1}[(k-\lambda,i)((i-1)i(k-\lambda),v)\times\end{aligned}$$

$$\begin{aligned}&((i-1)i(k-\lambda),k-\lambda)^{v-i}]\\ =&(v,-(k-\lambda)^{v-1})(k-\lambda,(v-1)!)(v(k-\lambda),v)\times\\ &\prod_{2\leqslant i\leqslant v-1}((i-1)i(k-\lambda),k-\lambda)^{v-i}\end{aligned}$$

当 v 为偶数时,条件(B)表明 $k-\lambda$ 是完全平方,由此可算出 $\varepsilon_p(\boldsymbol{M})=1$. 以下设 v 为奇数,这时

$$\begin{aligned}\varepsilon_p(\boldsymbol{M})&=(v,-1)(k-\lambda,(v-1)!)(-(k-\lambda),v)\times\\ &\quad\prod_{i=2,4,\cdots,v-1}(-(i-1)i,k-\lambda)\\ &=(k-\lambda,v!)(k-\lambda,(-1)^{\frac{v-1}{2}}(v-1)!)\\ &=(k-\lambda,(-1)^{\frac{v-1}{2}}v)\end{aligned}$$

但是

$$\begin{aligned}1&=(\frac{k-\lambda}{v\lambda}+1,-\frac{k-\lambda}{v\lambda})=(\frac{k^2}{v\lambda},-\frac{k-\lambda}{v\lambda})\\ &=(v\lambda,-v\lambda(k-\lambda))=(v\lambda,k-\lambda)\end{aligned}$$

因此 $(k-\lambda,v)=(k-\lambda,\lambda)$. 于是

$$\varepsilon_p(\boldsymbol{M})=(k-\lambda,(-1)^{\frac{v-1}{2}}\lambda)$$

这就得到第 3 个必要条件,即若参数 (v,k,λ) 的对称 BIBD 存在. 则:

(C)当 v 为奇数时,对每个素数 p, $(k-\lambda,(-1)^{\frac{v-1}{2}}\lambda)_p=1$.

例如对于 $(v,k,\lambda)=(43,7,1)$,满足条件(A)但不满足条件(C),因为 $(k-\lambda,(-1)^{\frac{v-1}{2}}\lambda)_3=(6,-1)_3=(3,-1)_3=(\frac{-1}{3})=-1$. 所以参数为 $(v,k,\lambda)=(43,7,1)$ 的对称 BIBD 是不存在的.

一类特殊的对称 BIBD 叫作**有限射影平面**,改用几何语言,有限集合 X 中的元素叫作**点**, $X_1,\cdots,X_v$ 是 X 的子集合,每个 X_i 叫作**线**. 元素 v_i 属于 X_j,叫作"点 v_i 在线 X_j 上"或"线 X_j 过点 x_i".

定义 7 有限集 X 的 v 个子集合 $X_1,\cdots,X_v$ 叫作一个有限射影平面,是指它满足以下 3 个条件:

(1) X 的每两个不同点都恰好在一条线上;

(2)每两条不同的线都恰好有一个公共点;

(3) X 中存在 4 个点,使其中任 3 点都不共线.

可以证明:所有的线都包含同样多个点. 令 $|X_j|=n+1(1\leqslant j\leqslant v)$,则每个点都恰好在 $n+1$ 条线上. 这就表明这是一个对称的 BIBD,参数为 $k=n+1$, $\lambda=1$. 于是 $n(n+1)=\lambda(v-1)=v-1$,所以 $v=n^2+n+1$. 这样的有限射影平面叫作 n **阶射影平面**,它是参数 $(v,k,\lambda)=(n^2+n+1,n+1,1)$ 的对称 BIBD.

图 2 是一个 2 阶射影平面 X 共有 7 个点: A,B,C,A',B',C',O. 共有七条

线：AOA'，BOB'，COC'，$AC'B$，$BA'C$，$CB'A$，以及虚线画出的 $A'B'C'$. 利用有限域可以对任何素数 p 和 $m\geqslant 1$ 构作出 p^m 阶射影平面. 目前也只对这样的阶构作出有限射影平面. 另一方面，由于 n 阶射影平面是 $(v,k,\lambda)=(n^2+n+1,n+1,1)$ 的对称 BIBD. 条件(C)表明(注意 $v=n^2+n+1$ 必为奇数)：

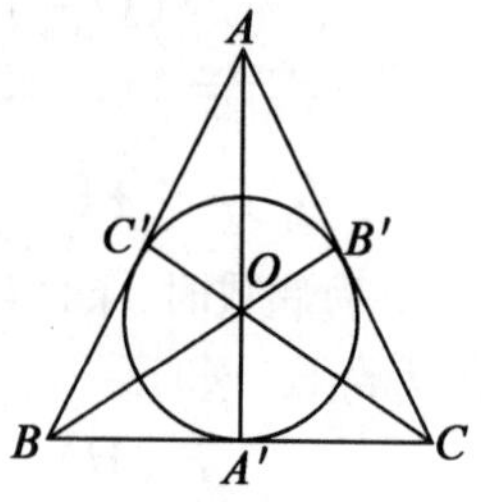

图 2

(C′)若对某个素数 p，$(n,-1)_p^{\frac{n(n+1)}{2}}=-1$，则 n 阶射影平面不存在. 即若 $n\equiv 1,2 \pmod 4$，并且对某个素数 p，$(n,-1)_p=-1$，则 n 阶射影平面不存在. 特别若 $p\equiv 3 \pmod 4$，则 $2p$ 阶射影平面是不存在的(因为 $(2p,-1)_p=-1$).

由条件(C′)知阶为 $n=6,14,21,22$ 的射影平面不存在，而 $n=2,3,4,5,7,8,9,11,13,\cdots$ 的 n 阶射影平面存在. 1987 年，三位数学家借助于计算机证明了 10 阶射影平面不存在. 12 阶有限射影平面的存在性至今未解决，人们倾向于认为：当 $n\neq p^m$ 时，n 阶射影平面均不存在.

5.2 Bent 函数

设 m 和 n 为正整数，即 $Z_m=\mathbb{Z}/m\mathbb{Z}$. 对于函数

$$f:Z_m^n\to Z_m$$

和 $y=(y_1,\cdots,y_n)\in Z_m^n$，令 f 的 Fourier 变换为

$$F(y)=\sum_{x\in Z_m^n}\zeta_m^{f(x)-x\cdot y}$$

其中 $x\cdot y=x_1y_1+\cdots+x_ny_n\in Z_m$. $|F(y)|^2$ 的平均值为

$$\begin{aligned}\frac{1}{m^n}\sum_{y\in Z_m^n}|F(y)|^2&=\frac{1}{m^n}\sum_{y\in Z_m^n}\sum_{x,x'\in Z_m^n}\zeta_m^{f(x)-f(x')+y(x'-x)}\\&=\frac{1}{m^n}\sum_{x,x'}\zeta_m^{f(x)-f(x')}\sum_{y\in Z_m^n}\zeta_m^{y(x'-x)}\\&=\sum_{x\in Z_m^n}1=m^n\end{aligned}$$

当 $|F(y)|^2(y\in Z_m^n)$ 均相等(从而等于 m^n)时，称 f 为**广义 bent 函数**. 也就是说：

定义 8 $f:Z_m^n\to Z_m$ 叫作参数为 $[m,n]$ 的**广义 bent 函数**，是指对每个 $y\in Z_m^n$

$$|F(y)|=\left|\sum_{x\in Z_m^n}\zeta_m^{f(x)-x\cdot y}\right|=m^{\frac{n}{2}}$$

对于 $m=2$ 情形由 Rothaus 于 1976 年提出这个概念，叫作 bent 函数. 推广到任意 m 是 1985 年的事情(Kumar, Scholtz, Welch. Generalized bent functions and their properties, Jour. Combinatorial Theory(A), 1985, 40:90-107). 这种函数近年来在通信和密码方面有很多应用. 研究课题是：

(1)对于哪些 m 和 n,参数为[m,n]的广义 bent 函数是存在的?

(2)如何具体构作出参数为[m,n]的广义 bent 函数?

(3)参数为[m,n]的广义 Bent 函数共有多少个?如何分类?

我们主要介绍前两个问题. 目前对于 n 为偶数或者 $m\not\equiv 2 \pmod 4$ 的时候,均已经具体构作出参数[m,n]的广义 bent 函数. 剩下的情形为:

(Ⅰ)n 为奇数并且 $m\equiv 2 \pmod 4$.

对于这种情形,利用分圆域的知识可以证明出若存在 s 使得 $2^s\equiv -1\left(\bmod \frac{m}{2}\right)$,则参数为[$m,n$]的广义 bent 函数是不存在的. 利用二次域的类数性质还可以得到新的不存在性结果. 现在就介绍这些结果.

先介绍构造性结果. 首先讨论 n 为偶数的情形. 令 $n=2k$. 对于 $x=(x_1,\cdots,x_n)\in Z_m^n$,我们令

$$x'=(x_1,\cdots,x_k)\in Z_m^k, x''=(x_{k+1},\cdots,x_n)\in Z_m^k.$$

定理 9.23 设 $n=2k$,则对于任意函数 $g:Z_m^k\to Z_m$, $f(x)=x_1'\cdot x_1''+g(x_1')$ $(x\in Z_m^n)$是参数[m,n]的广义 bent 函数.

证明 我们要证对每个 $y\in Z_m^n$, $|F(y)|=m^k$. 事实上,

$$\begin{aligned}F(y) &= \sum_{x\in Z_m^n}\zeta_m^{f(x)-x\cdot y} = \sum_{x',x''\in Z_m^n}\zeta_m^{x'\cdot x''+g(x')-x'\cdot y'-x''\cdot y''}\\ &= \sum_{x'}\zeta_m^{g(x')-x'\cdot y'}\sum_{x''}\zeta_m^{x''\cdot(x'-y'')} = m^k\zeta_m^{g(y'')-y''\cdot y'}\end{aligned}$$

所以 $|F(y)|=m^k$.

其次考虑 $m\not\equiv 2 \pmod 4$ 的情形. 首先有:

引理 9 如果有参数为[m,n]和[m,n']的广义 bent 函数,则有参数为[$m,n+n'$]的广义 bent 函数.

证明 设 g 和 g' 分别是参数为[m,n]和[m,n']的广义 bent 函数,可验证

$$f(x_1,\cdots,x_{n+n'})=g(x_1,\cdots,x_n)+g'(x_{n+1},\cdots,x_{n+n'})$$

是参数为[$m,n+n'$]的广义 bent 函数.

于是,对 $m\not\equiv 2 \pmod 4$,为了证明参数[m,n](对任意 $n\geqslant 1$)广义 bent 函数存在,我们只需证明参数[$m,1$]广义 bent 函数存在,即要证存在 $f:Z_m\to Z_m$,使得对每个 $y\in Z_m$

$$|F(y)|=\left|\sum_{x\in Z_m}\zeta_m^{f(x)-xy}\right|=\sqrt{m}$$

对于 $m\not\equiv 2 \pmod 4$ 我们分几种情形分别考虑.

定理 9.24 若 m 为奇数,则存在参数为[$m,1$]的广义 bent 函数.

证明 考虑函数 $f:Z_m\to Z_m$, $f(x)=x^2$,则对 $y\in Z_m$

$$F(y)=\sum_{x=0}^{m-1}\zeta_m^{x^2-xy}=\sum_{x=0}^{m-1}\zeta_m^{4x^2-4xy}\quad(\text{注意 } m \text{ 为奇数})$$

$$= \sum_{x=0}^{m-1} \zeta_m^{(2x-y)^2-y^2} = \zeta_m^{-y^2} \sum_{x=0}^{m-1} \zeta_m^{x^2}$$

于是 $|F(y)| = |\sum_x \zeta_m^{x^2}|$. 但是

$$|\sum_{x \in Z_m} \zeta_m^{x^2}|^2 = \sum_{x,y \in Z_m} \zeta_m^{x^2-y^2} = \sum_{x,y \in Z_m} \zeta_m^{(x+y)(x-y)} = \sum_{c,d \in Z_m} \zeta_m^{cd}$$

$$= m + \sum_{0 \neq c \in Z_m} \sum_{d \in Z_m} \zeta_m^{cd} = m$$

从而 $|F(y)| = |\sum_x \zeta_m^{x^2}| = \sqrt{m}$. 即 f 是广义 bent 函数. □

对于 $m \equiv 0 \pmod 4$ 的情形,采用精细的组合方法,也可构作出参数 $[m,1]$ 的广义 bent 函数. 由于我们主要对数论的应用有兴趣,此处从略. 这样,对于任意 $n \geqslant 1$ 和 $m \not\equiv 2 \pmod 4$ 的情形均存在参数 $[m,n]$ 的广义 bent 函数. 从而剩下的情形为(Ⅰ),即 n 为奇数并且 $m \equiv 2 \pmod 4$. 对这种情形有如下的结果:

定理 9.25(1985,Kumar-Scholtz-Welch) 设 n 为奇数,$m \equiv 2 \pmod 4$. 如果存在 $s \geqslant 1$,使得 $2^s \equiv -1 \pmod{\frac{m}{2}}$,则不存在参数 $[m,n]$ 的广义 bent 函数.

证明 由定义知:若存在参数 $[m,n]$ 的广义 bent 函数 f,则对每个 $y \in Z_m^n$

$$\alpha = F(y) = \sum_{x \in Z_m^n} \zeta_m^{f(x)-x \cdot y} \in \mathbb{Z}[\zeta_m] = \mathbb{Z}[\zeta_k]$$

并且 $\alpha \bar{\alpha} = m^n$. 其中 $k = \frac{m}{2}$ 为奇数. 考虑域的扩张图 3

$$\begin{array}{ccc} L = \mathbb{Q}(\zeta_k) & \{1\} & \\ | & | & \\ K & D & p \\ | & | & | \\ \mathbb{Q} & G \cong (\mathbb{Z}/k\mathbb{Z})^{\times} & 2 \end{array}$$

图 3

则 $L/\mathbb{Q}$ 的伽罗瓦群 $G = \{\sigma_a \mid 1 \leqslant a \leqslant k, (a,k) = 1\}$ 同构于 $(\mathbb{Z}/k\mathbb{Z})^{\times}$. 由于 $(k,2) = 1$,可知 2 在 $L = \mathbb{Q}(\zeta_k)$ 中不分歧. 于是 $2O_L = p_1 \cdots p_g$,其中 $g = \frac{\varphi(k)}{f}$,而 f 是满足 $2^f \equiv 1 \pmod k$ 的最小正整数 f. 由假设知存在 $s \geqslant 1$,使得 $2^s \equiv -1 \pmod k$. 令 $p = p_1$,2 在 L 中的分解群为

$$D = \{\sigma \in G \mid \sigma(p) = P\}$$

并且 D 是由 σ_2 生成的 f 阶循环群. 由于 $\sigma_2^s = \sigma_{2^s} = \sigma_{-1}$,可知 $\sigma_{-1} \in D$,即 $\sigma_{-1}(p) = p$. 令 $V_p(\alpha) = t \in \mathbb{Z}$,则

$$V_p(\bar{\alpha}) = V_p(\sigma_{-1}(\alpha)) = V_{\sigma_{-1}(p)}(\alpha) = V_p(\alpha) = t$$

从而 $V_p(\alpha \bar{\alpha}) = 2t$ 是偶数. 但是 $\alpha \bar{\alpha} = m^n$ 而 $V_p(m^n) = nV_p(2k) = nV_p(2) = n$ 是

奇数,这就导致矛盾. 所以参数$[m,n]$的广义 bent 函数不存在. □

现在我们把满足$2^s\equiv -1 \pmod{k}$的奇数k具体刻画出来,$k=1$显然满足此条件. 而当$k\geqslant 3$时,令

$$k=p_1^{e_1}\cdots p_l^{e_l}$$

其中$p_1,\cdots,p_l$为不同的奇素数,$e_i\geqslant 1(1\leqslant i\leqslant l)$. 由中国剩余定理知

$$2^s\equiv -1 \pmod{k} \Leftrightarrow 2^s\equiv -1 \pmod{p_i^{e_i}} \quad (1\leqslant i\leqslant l) \tag{3}$$

我们用$i(p)$表示 2 模p的阶,即$i(p)$是满足$2^f\equiv 1 \pmod{p}$的最小正整数f. 易知对每个$e\geqslant 1$,2 模p^e的阶为$i(p)\cdot p^{\lambda}(\lambda\geqslant 0)$. 我们记$I(p)=V_2(i(p))$ $(=V_2(i(p)p^{\lambda}))$. 由初等数论不难证明:

存在$s\geqslant 1$,使得$2^s\equiv -1 \pmod{k} \Leftrightarrow I(p_i)(1\leqslant i\leqslant l)$是相同的正整数.

当$p\equiv 3,5,7 \pmod{8}$时,易知$I(p)$分别为 1,2 和 0. 由此不难得到:

引理 10 设k为奇数,则存在$s\geqslant 1$,使得$2^s\equiv -1 \pmod{k}$当且仅当下列条件之一成立:

(1)$k=\prod\limits_{i=1}^{l}p_i^{e_i}$,$p_i\equiv 1 \pmod{8}(1\leqslant i\leqslant l)$,并且$I(p_i)(1\leqslant i\leqslant l)$是同样的正整数.

(2)$k=\prod\limits_{i=1}^{l}p_i^{e_i}$,$p_i\equiv 3 \pmod{8}(1\leqslant i\leqslant l)$或者$p_i\equiv 5 \pmod{8}(1\leqslant i\leqslant l)$.

(3)$k=\prod\limits_{i=1}^{l}p_i^{e_i}\cdot\prod\limits_{j=1}^{s}p_j'^{f_j}$,$p_i\equiv 3 \pmod{8}(1\leqslant i\leqslant l)$,$p'_j\equiv 1 \pmod{8}$并且$I(p_j')=1(1\leqslant j\leqslant s)$.

(4)$k=\prod\limits_{i=1}^{l}p_i^{e_i}\cdot\prod\limits_{j=1}^{s}p_j'^{f_j}$,$p_i\equiv 5 \pmod{8}(1\leqslant i\leqslant l)$,$p'_j\equiv 1 \pmod{8}$并且$I(p'_j)=2(1\leqslant j\leqslant s)$.

于是,当k满足上述条件之一时,对每个奇数n,参数$[2k,n]$的广义 bent 函数都不存在(包括$k=1$).

下面将给出广义 bent 函数不存在的一些新结果. 我们需要做一些准备. 仍设k为正奇数,$k\geqslant 3$,$L=\mathbb{Q}(\zeta_k)$,K是 2 在L中的分解域,对应的分解群D是由σ_2生成的f阶循环群,f是 2 模k的阶.

引理 11 如果$\alpha\in O_L$,$\alpha\bar{\alpha}=2^n$,则存在$\beta\in O_L$,使得$\beta^2\in O_K$并且$\beta\bar{\beta}=2^n$. 进而若f为奇数,则$\beta\in O_K$.

证明 由于σ_2固定 2 在O_L中的所有素理想因子,从$\alpha\bar{\alpha}=2^n$可知$\alpha O_L=\sigma_2(\alpha)O_L$. 所以$\sigma_2(\alpha)=\alpha\cdot\varepsilon$,其中$\varepsilon\in U_L$($O_L$的单位群). 对每个$\sigma\in G=\mathrm{Gal}(L/\mathbb{Q})$

$$\sigma(\alpha)\overline{\sigma(\alpha)}=\sigma(\alpha\bar{\alpha})=2^n,\sigma\sigma_2(\alpha)=\sigma(\alpha\varepsilon)=\sigma(\alpha)\sigma(\varepsilon)$$

于是

$$\begin{aligned}2^n&=\sigma\sigma_2(\alpha)\cdot\overline{\sigma\sigma_2(\alpha)}=\sigma(\alpha)\sigma(\varepsilon)\cdot\overline{\sigma(\alpha)\sigma(\varepsilon)}\\&=2^n\sigma(\varepsilon)\overline{\sigma(\varepsilon)}\end{aligned}$$

即对每个 $\sigma\in G$, $|\sigma(\varepsilon)|=1$. 因此 ε 是 L 中的单位根. 即 $\varepsilon=\pm\delta$,其中 $\delta=\zeta_k^i$. 令 $\beta=\alpha\delta^{-1}$,则 $\beta\bar{\beta}=\alpha\bar{\alpha}=2^n$,并且

$$\sigma_2(\beta)=\sigma_2(\alpha)\sigma_2(\delta)^{-1}=\alpha\varepsilon\delta^{-2}=\pm\alpha\delta^{-1}=\pm\beta$$

于是 $\sigma_2(\beta^2)=\beta^2$,但是 σ_2 是循环群 $D=\mathrm{Gal}(L/K)$ 的生成元. 所以 $\beta^2\in O_K$. 进而若 $f=[L:K]$ 是奇数,再由 $\beta\in O_L$ 可知 $\beta\in O_K$. □

定理 9.26(冯克勤,1998) 设 p 为素数,$p\equiv 7(\mathrm{mod}\ 8)$,$k=p^l(l\geqslant 1)$,$f$ 为 2 模 k 的阶,$s=\frac{\varphi(p^l)}{2f}(=\frac{g}{2})$. 以 λ 表示最小奇整数,使得

$$x^2+py^2=2^{\lambda+2}$$

有整数解(x,y),则对于奇的正整数 n,如果 $\lambda>sn$,则不存在参数为$[2k,n]$的广义 bent 函数.

证明 如果存在参数为$[2k,n]$的广义 Bent 函数,则对于 $L=\mathbb{Q}(\zeta_k)$,存在 $\xi\in O_L$,使得 $\xi\bar{\xi}=(2k)^n=2^np^{ln}$. p 在 L 中完全分歧,$p=P^{\varphi(k)}$,其中 $P=(1-\zeta_k^i)O_L(p\nmid i)$.

因此

$$V_P(\xi)=V_P(\bar{\xi})=\frac{1}{2}V_P(\xi\bar{\xi})=\frac{1}{2}V_P(p^{ln})=\frac{ln}{2}\varphi(k)\tag{4}$$

另一方面,令

$$\eta=\prod_{\substack{1\leq i<k/2\\p\nmid i}}(1-\zeta_k^i)^{ln}\in O_L$$

则 $\eta O_L=P^{\frac{ln\varphi(k)}{2}}$,因此 $\alpha=\frac{\xi}{\eta}\in O_L$(由式(4)),并且

$$\alpha\bar{\alpha}=\xi\bar{\xi}/\eta\bar{\eta}=2^np^{ln}\Big(\prod_{\substack{1\leq i<k\\p\nmid i}}(1-\zeta_k^i)\Big)^{-ln}=2^n$$

由于 $p\equiv 7(\mathrm{mod}\ 8)$,$\left(\frac{2}{p}\right)=1$,可知 2 模 $k(=p^l)$的阶 f 是奇数. 根据引理 11 即知存在 $\beta\in O_K$,使得 $\beta\bar{\beta}=2^n$,这里 K 是 2 在 L 中的分解域,$[L:K]=f$ 为奇数. 记 $E=\mathbb{Q}(\sqrt{-p})$为 L 的唯一的二次子域,由于$[L:K]$是奇数,可知 $E\subseteq K$,并且 $[K:E]=\frac{1}{2}[K:\mathbb{Q}]=\frac{g}{2}=s$,而 s 为奇数(因为 $s=\frac{g}{2}\Big|\frac{\varphi(p^l)}{2}$,而$\frac{\varphi(p^l)}{2}=\frac{p-1}{2}\cdot$

p^{l-1}是奇数). 令 $\gamma = N_{K/E}(\beta) \in O_E$,则 $\gamma\bar{\gamma} = N_{K/E}(\beta\bar{\beta}) = N_{K/E}(2^n) = 2^{sn}$. 于是$\gamma = \frac{1}{2}(A + B\sqrt{-p})$,其中 $A,B \in \mathbb{Z}$. 所以

$$A^2 + pB^2 = 4\gamma\bar{\gamma} = 2^{sn+2}$$

由 λ 的定义即知 $\lambda \leqslant sn$. 因此当 $\lambda > sn$ 时,不存在参数$[2p^l, n]$的广义 bent 函数. □

注记 (1)设 p 为固定的奇素数. 对每个 $l \geqslant 1$,以 f_l 表示 2 模 p^l 的阶,而令 $g_l = \varphi(p^l)/f_l$. 不难看出,如果 $2^{p-1} \not\equiv 1 \pmod{p^2}$,则对每个 $l \geqslant 1$,$f_l = p^{l-1}f_1$,从而 $g_l = \frac{\varphi(p^l)}{f_l} = \frac{p^{l-1}(p-1)}{p^{l-1}f_1} = \frac{p-1}{f_1}$. 初等数论中已经知道:在所有奇素数 $p < 6 \times 10^9$ 当中,除了 $p = 1\ 093$ 和 3 511 之外,均满足 $2^{p-1} \not\equiv 1 \pmod{p^2}$. 所以对这些素数 p 我们只需计算 g_1,而对所有 $l \geqslant 1$,$g_l = g_1$. 从而有相同的 $s = \frac{g}{2}$值.

(2)定理 9. 26 中 λ 的定义是初等的,但是有如下的代数数论意义. 按照定义,λ 是最小的奇整数,使得 $x^2 + py^2 = 2^{\lambda+2}$有整数解$(x,y) = (A,B)$. 这时 A 和 B 必为奇数. 于是 $\delta = \frac{1}{2}(A + B\sqrt{-p}) \in O_E(E = \mathbb{Q}(\sqrt{-p}))$. 并且 $\delta\bar{\delta} = 2^m$. 由 $p \equiv 7 \pmod 8$可知2 在 E 中分裂,即 $2O_E = P\bar{P}$,$P \neq \bar{P}$. 由 λ 的极小性易知 $\delta O_E = P^\lambda$ 或者 $\bar{P}^\lambda$. 即 P^λ 是主理想. 换句话说,λ 是理想类$[P]$的阶. 从而 λ 是域 E 的理想类数 $h(-p)$的因子. 由高斯的 genus 理论可知 $h(-p)$为奇数. 另一方面,$2^{\lambda+2} = A^2 + PB^2 > P$,这给出下界 $\lambda > \frac{\log p}{\log 2} - 2$. 特别在 $p \equiv 7 \pmod 8$,$p \neq 7$ 时,$\lambda \geqslant 3$. 所以当 $h(-p)$是素数的时候,$\lambda = h(-p)$.

例 2 200 以内共有 11 个素数$p \equiv 7 \pmod 8$. 对于这些素数 p,$2s = g$ 的值,$h(-p)$以及 λ 的值列表如下:

p	7	23	31	47	71	79	103	127	151	191	199
$g = 2s$	2	2	6	2	2	2	2	18	10	2	2
$h(-p)$	1	3	3	5	7	5	5	5	7	13	9
λ	1	3	3	5	7	5	5	5	7	13	9

其中 $g = \frac{\varphi(p)}{f}$,而 f 是 2 模 p 的阶. 类数 $h(-p)$可以查表. 而 λ 的计算:对 $p =$

199，$\lambda \mid h(-199)=9$，并且 $\lambda > \frac{\log 199}{\log 2}-2>3$，于是 $\lambda=9$. 对表中其余 p，$h(-p)$ 为素数(或 1)，于是 $\lambda=h(-p)$.

由定理 9.26 可知，对于 $p=23,47,71,79,103,191$ 和 199，$s=1$，所以若奇数 n 小于 λ，则对每个 $l\geqslant 1$ 均不存在参数 $[2p^l,n]$ 的广义 Bent 函数. 对于 $p=151$，$s=5$，$\lambda=7$. 从而对所有 $l\geqslant 1$，不存在参数 $[2\cdot 151^l,1]$ 的广义 Bent 函数.

由前面的注记可知定理 9.26 有以下的推论.

系 1 设 $p\equiv 7 \pmod 8$，$p\neq 7$，$2^{p-1}\not\equiv 1 \pmod{p^2}$，并且 2 模 p 的阶为 $f=\frac{p-1}{2}$，则当奇数 n 小于 λ 时，对每个 $l\geqslant 1$ 均不存在参数 $[2p^l,n]$ 的广义 Bent 函数.

系 2 设 $p\equiv 7 \pmod 8$，$p\neq 7$，$2^{p-1}\not\equiv 1 \pmod p$，并且 $\mathbb{Q}(\sqrt{-p})$ 的类数 $h(-p)$ 为素数，f 为 2 模 p 的阶，$s=\frac{p-1}{2f}$，则奇数 n 小于 $h(-p)/s$ 时，对每个 $l\geqslant 1$ 均不存在参数 $[2\cdot p^l,n]$ 的广义 Bent 函数.

根据同样的思想，对于 $k=p^lp^s$ $(p\equiv 3 \pmod 4, p\equiv 5 \pmod 8)$ 的某些情形，也可证明关于广义 Bent 函数不存在的新结果.

20 世纪的数论:皇后与仆人

结语

1900 年,希尔伯特(Hilbert)在巴黎举行的第二届国际数学家大会上提出了 23 个著名的数学问题,其中有 4 个属于代数数论范围. 下面试图以这 4 个问题为线索,扼要地介绍 20 世纪代数数论的发展.

(1)希尔伯特第 12 问题是:对于每个代数数域 K,如何明显构作 K 的最大阿贝尔扩域 K^{ab}? 在理论上,K^{ab} 是 K(在$\mathbb{C}$ 中)的所有有限阿贝尔扩域的合成,这是 K 的无限扩张. 我们需要对每个代数数域 K,用 K 的某种性质来刻画 K 的所有的有限阿贝尔扩张. 本书第二章中提到,19 世纪末德国人克罗内克(Kronecker)和韦伯(Weber)证明了,有理数域$\mathbb{Q}$ 的每个有限阿贝尔扩张 L 都是某个分圆域$\mathbb{Q}(\zeta_m)$的子域,所以$\mathbb{Q}$ 的最大阿贝尔扩域$\mathbb{Q}^{ab}$就是所有分圆域的合成,即

$$\mathbb{Q}^{ab}=\bigcup_{m\geqslant 3}\mathbb{Q}(\zeta_m)=\mathbb{Q}(e^{2\pi ia}:a\in\mathbb{Q})$$

换句话说,$\mathbb{Q}^{ab}$是在$\mathbb{Q}$ 上添加乘法群$\mathbb{C}^{\times}$的全部有限阶元素(即单位根)而得到的域,也就是添加周期为 1 的函数 $e^{2\pi ix}$在所有有理数点 $x\in\mathbb{Q}$ 的值而得到的域. 希尔伯特第 12 问题是说:对于任意代数数域 K,是否有类似地方式明显地构作出 K^{ab}? 1920 年,在德国工作的日本数学家高木贞治建立了**类域论**,用 K 的"广义"类群来刻画 K 的所有有限阿贝尔扩张. 在这个理论的指导下,不久对于所有虚二次域 $K=\mathbb{Q}(\sqrt{-d})$ $(d>0)$明显构作出 K^{ab},它是将 K 添加某种双周期函数(椭圆模函数)在特殊点的值而得到的域. 除了有理数域和虚二次域之外,对于其他数域 K 目前仍不知如何明显构作最大阿贝尔扩域 K^{ab}.

(2)希尔伯特第 11 问题是问代数数域 K 上多元二次型 $f(x_1,\cdots,x_k)=\sum_{i,j=1}^{k}a_{ij}x_ix_j$ $(a_{ij}\in K)$ 都可以表示域 K 的哪些元

素？即对于 K 中哪些元素 α，方程 $f(x_1,\cdots,x_k)=\alpha$ 在域 K 中有解？

这个问题于 1930 年由德国数学家哈塞(Hasse，1898—1981)所解决. 我们在第六章介绍了 K 为有理数情形的哈塞结果. 事实上，哈塞对任意代数数域 K 证明了同样的结果. K 有无限多个素除子(即 K 上的赋值等价类). 对于 K 的每个素除子 P，都可以作出局部域 K_P，这些局部域都是 K 的扩域. 所以对每个 $\alpha\in K^{\times}$，如果 $f(x_1,\cdots,x_k)=\alpha$ 在 K 中有解，那么它也是每个局部域 K_P 中的解. 反过来，哈塞证明了：若对每个素除子 P(包括 K 的无限素除子)，方程 $f(x_1,\cdots,x_n)=\alpha$ 在 K_P 中均有解，则此方程一定在 K 中有解. 类似地，方程 $f(x_1,\cdots,x_n)=0$ 在 K 中有非零解，当且仅当此方程在每个局部域 K_P 中有非零解. 哈塞把问题化为局部域上的事情(局部 - 整体原则). 进而，对每个具体的二次型方程 $f(x_1,\cdots,x_n)=\alpha$，它在几乎所有(即除有限个之外)的局部域中均有解，从而只需考查它在有限个局部域 K_P 中是否有解即可. 而对每个局部域 K_P，方程 $f(x_1,\cdots,x_n)=\alpha$ 在 K_P 中是否有解则有相当方便的判别方法(希尔伯特符号). 这就至少在理论上相当漂亮地回答了希尔伯特第 11 问题. 例如当 $n\geqslant5$ 时，用希尔伯特符号可以证明，$f(x_1,\cdots,x_n)=\alpha$(对每个 $\alpha\in K^{\times}$)在 K_P(P 为 K 的有限素除子，即为 O_K 的素理想)中一定有解，从而只要 $f(x_1,\cdots,x_n)=\alpha$ 对于无限素除子 P 的局部域 K_P(它为 $\mathbb{R}$ 或 $\mathbb{C}$)中有解，则在 K 中必有解.

哈塞的工作之后，局部域理论和 P-adic 分析逐渐成为代数数论的主要方法和工具. 这种方法的另一个深刻影响是把数论和几何联系在一起. 设 $f(x,y)$ 是实系数多项式，则 $C:f(x,y)=0$ 是实坐标平面的一条曲线. 域 $\mathbb{R}(x,y)$ 叫作曲线 C 的**函数域**. 由于 y 满足 $f(x,y)=0$，即 $\mathbb{R}(x,y)$ 是有理函数域 $\mathbb{R}(x)$ 的代数扩张. 如果把实数域 $\mathbb{R}$ 改成有限域 $\mathbb{F}_q$，而 $f(x,y)=\mathbb{F}_q[x,y]$，则 $C:f(x,y)=0$ 是 $\mathbb{F}_q$ 上的一条代数曲线，它的函数域 $\mathbb{F}_q(C)$ 为 $\mathbb{F}_q(x,y)$. 德国数学家阿廷(Artin)发现这种函数域 $K=\mathbb{F}_q(C)$ 有和代数数域同样的赋值理论，从而也有一系列局部域 K_P(注意：K 的素除子 P 均是非阿的). 由此得到函数域 $K=\mathbb{F}_q(x,y)$ 的许多代数性质与数域相像，并且可用来研究有限域上代数曲线的几何性质. 比如说，上述关于二次型方程的哈塞局部 - 整体原则对于函数域也是对的. 此后人们把数域和(有限域上代数曲线的)函数域统称为**整体域**，而后来的数论常常统一考虑整体域上的问题. 几何与数论开始结合在一起，20 世纪 50 年代后逐渐发展成一个重要的方向，叫作**算术代数几何**. 它的第 1 项重要成果是在希尔伯特第 8 问题上取得的.

(3)希尔伯特第 8 问题是问：在整数环 $\mathbb{Z}$ 和有理数域 $\mathbb{Q}$ 范围内的许多数论问题(如黎曼猜想、素数分布、哥德巴赫猜想等)如何推广到任意代数数域上去？20 世纪初，沿用已有的解析工具，素数分布的结果平行地推广成代数数域的整数环素理想分布结果，黎曼猜想也可推广成“广义”黎曼猜想，既对每个代数数域 K，戴德金 zeta 函数 $\zeta_K(s)$ 的非平凡零点的实数部分猜想均为 $\frac{1}{2}$. 到目前为止，对于任何代数数域 K，这个广义黎曼猜想都没有证明. 可是对于函数域的情形，黎曼猜想的一个模拟却在 1948 年被证明！

对于有限域 $\mathbb{F}_q$ 上代数曲线 $C:f(x,y)=0$，我们有函数域 $K=\mathbb{F}_q(C)=\mathbb{F}_q(x,y)$. 可以像数域那样定义域 K 的 zeta 函数

$$\zeta_K(s) = \prod_p (1-N(p)^{-s})^{-1} \quad (s=\sigma+\mathrm{i}t,\sigma>1)$$

其中 p 过域 K 的所有素除子. 法国数学家韦伊(Ander Weil)运用几何上的黎曼－罗赫定理，证明了这个函数是变量 $U=q^{-s}$ 的有理函数：将 $\zeta_K(s)$ 写成 $Z_K(U)$ 之后

$$Z_K(U)=\frac{L(U)}{(1-U)(1-qU)}$$

其中

$$L(U)=1+c_1U+\cdots+c_{2g-1}U^{2g}+q^gU^{2g}\in\mathbb{Z}[U]$$

这里 $g=g(K)=g(C)$ 是曲线 C 的**亏格**(genus)，这是 C 的双有理变换的一个重要的几何不变量，也叫 K 的亏格(是非负整数). 于是 $Z_K(U)$ 是关于 U 的亚纯函数. 韦伊还证明了函数方程

$$Z_K(U)=(\sqrt{q}U)^{2g}Z_K(qU)^{-1}$$

这也相当于 $L(U)=(\sqrt{q}U)^{2g}L(\frac{1}{qU})$. 若令

$$L(U)=\prod_{i=1}^{2g}(1-\alpha_iU) \quad (\alpha_i\in\mathbb{C})$$

即 $\alpha_i^{-1}(1\leqslant i\leqslant 2g)$ 是 $L(U)$(和 $Z_K(U)$)的全部零点，由函数方程可知(适当安排零点的次序) $|\alpha_{2g-i+1}\alpha_i|=q(1\leqslant i\leqslant g)$. 1941 年，韦伊根据一些例子，提出如下的猜想

$$|\alpha_i|=\sqrt{q} \quad (1\leqslant i\leqslant 2g)$$

考虑到 $\alpha_i^{-1}(1\leqslant i\leqslant 2g)$ 是 $Z_K(U)$ 的零点以及 $U=q^{-s}$，可知韦伊猜想相当于说 $\zeta_K(s)$ 的零点满足 $q^{-s}=\alpha_i^{-1}(1\leqslant i\leqslant g)$，即 s 的实数部分均为 $\frac{1}{2}$. 所以韦伊猜想是黎曼猜想在函数域情形的一种模拟. 1948 年，韦伊本人证明了这个猜想，为了证明此猜想，韦伊创造了代数几何的许多新概念，把代数几何推进到一个新

的阶段. 到了 1979 年才出现了只用黎曼－罗赫定理来证明韦伊定理的简化证明.

韦伊的结果有重要的理论价值,可以计算和估计一些重要的指数和,对有限域上曲线的点数给出很好的估计,而且还可用于通信和计算机科学中. 设 C: $f(x,y)=0$ 是 $\mathbb{F}_q$ 上的一条代数曲线. 对每个 $n\geqslant 1$,以 $N_n=N_n(\mathscr{C})$ 表示此曲线在 $\mathbb{F}_{q^n}$ 中的射影点数(即方程 $f(x,y)=0$ 在 $\mathbb{F}_{q^n}$ 中的解数,包含其上的"无穷远点"),我们可以构作另一个 zeta 函数

$$Z_C(U)=\exp\sum_{n\geqslant 1}\frac{N_n}{n}U^n$$

可以证明,当 C 是绝对不可约的光滑曲线时,这个 zeta 函数等于前面定义的 $Z_K(U)$(其中 $K=\mathbb{F}_q(x,y)$ 是曲线 C 的函数域). 由此得到

$$N_n=q^n+1-\sum_{i=1}^{2g}\alpha_i^n$$

再由韦伊定理便得到

$$|N_n-(q^n+1)|\leqslant 2gq^{n/2}$$

事实上,韦伊对于有限域上高维代数簇给出类似的猜想. 在 20 世纪后半期代数几何建立了概型理论和各种上同调理论之后,高维韦伊猜想才于 1973 年由德林(Deligne)证明.

(4)除了类域论和算术代数几何之外,20 世纪的前半期还产生了数论的另外两个重要分支:模形式理论和椭圆曲线的算术理论.

以 $H=\{z=\sigma+\mathrm{i}t\in C\mid t>0\}$ 表示上半平面,群

$$\Gamma=\left\{g=\begin{pmatrix}ab\\cd\end{pmatrix}\middle|\, a,b,c,d\in\mathbb{Z},ad-bc=1\right\}$$

在 H 上的作用为

$$g(z)=\frac{az+b}{cz+d}\quad\left(g=\begin{pmatrix}ab\\cd\end{pmatrix}\in\Gamma\right)$$

易知 Γ 中元素 g 把上半平面 H 变成自身. 定义于 H 上的复变解析函数 $f(z)$ 叫作对于 Γ 的某个子群 G 的权 k **模形式**,是指对每个 $g=\begin{pmatrix}ab\\cd\end{pmatrix}\in G$

$$f\left(\frac{az+b}{cz+d}\right)=(cz+d)^kf(z)$$

全体对于群 G 的权 k 模形式构成的集合 $M_k(G)$ 是复数域 $\mathbb{C}$ 上的有限维向量空间. 模形式理论的最基本问题是计算各种模形式空间的维数和构作一组基. 在 20 世纪 20 年代,德国数学家 Hecke 得到一个重要结果. 对于 Γ 的某些重要的

子群 G,存在正整数 M,使得$\begin{pmatrix}1 & M\\0 & 1\end{pmatrix}\in G$. 于是模形式空间 $M_k(G)$中的每个模形式都满足$f(z+M)=f(z)$,从而有 Fourier 展开$f(z)=\sum_{n=0}^{\infty}a_n e^{2\pi iz/M}$. Hecke 证明了:空间 $M_k(G)$存在一组特殊的基,其每个基元素$f(z)=\sum_{n=0}^{\infty}a_n e^{2\pi iz/M}$所对应的 L-函数 $L_f(s)=\sum_{n=1}^{\infty}a_n n^{-s}$ 有欧拉无穷乘积展开

$$L_f(s)=\prod_p(1-a_p p^{-s}+p^{k-1-2s})^{-1}$$

其中 p 过所有素数. 并且有形如 $L_f(s)=F(s)L_f(k-s)$的函数方程,$F(s)$是一个简单的函数. 其有这种性质的模形式叫作 Hecke 形式.

模形式理论的最早起源仍是希尔伯特第 11 问题,即研究二次型方程 $f(x_1,\cdots,x_k)=\sum_{i,j=1}^{k}a_{ij}x_ix_j=\alpha$ 的解,不过这时 a_{ij}和 α 均属于某个代数数域 K 的整数环 O_K,而问题是求方程在 O_K 中的解. 这是比求域 K 中的解更困难的问题. 比如高斯研究二元二次型 $ax^2+bxy+cy^2=n(a,b,c,n\in\mathbb{Z})$的整数解,就是 $K=\mathbb{Q}(O_k=\mathbb{Z})$和 $n=2$ 的情形. 如果$f(x_1,\cdots,x_k)$是$\mathbb{Z}$ 上的正定二次型,则对每个正整数 n,方程$f(x_1,\cdots,x_k)=n$ 均有有限多个整数解. 以 a_n 表示其解数,则对于许多二次型f,函数 $F(z)=\sum_{n=1}^{\infty}a_n e^{2\pi iz}$ 都是对某个群 G 的权 k 模形式. 假如我们知道模形式空间 $M_k(G)$的一组基. 通过有限个 a_n 的值我们可以把 $F(z)$表成这组基的线性组合,于是便可得到方程$f(x_1,\cdots,x_k)=n$ 的解数 a_n 的一般公式.

现在介绍另一个数论分支:椭圆曲线的算术理论. 设 K 是代数数域,C:$f(x,y)=0$是 K 上一条代数曲线. 在代数几何中,我们研究曲线的双有理分类. 其中一个重要的双有理不变量叫作曲线的亏格 $g=g(c)$. 在代数几何中,亏格不同的曲线属于不同的双有理等价类. 但是从数论的角度,K 上所有曲线一共分成 3 大类:

(一)$g(c)=0$ 的曲线叫作**有理曲线**,这类曲线包括直线和所有二次曲线,这种曲线上一定有无限多个 K-点(即坐标属于 K 的点).

(二)$g(c)\geqslant 2$. 1923 年,英国数学家莫德尔(Mordell)猜想:这种曲线只有有限多个 K-点. 这个猜想于 1983 年由德国的法廷斯(Faltings)所证明.

(三)$g(c)=1$,这种曲线叫作椭圆曲线. 它的典型方程为 $E:y^2=x^3+ax+b$ $(a,b\in K)$,并且 $4a^3+27b^2\neq 0$. 这种曲线上的 K-点个数可以有限也可以无限. 以 $E(K)$表示椭圆曲线 E 的所有 K-点所成的集合. 可以定义一种运算使得

$E(K)$为交换群. 莫德尔证明了 $E(K)$是有限生成的交换群,所以

$$E(K)=E(K)_f+E(K)_t \quad (\text{直和})$$

其中 $E(K)_t$ 是有限(交换)群,而 $E(K)_f$ 是 $E(K)$的自由部分,即 $E(K)_f$ 同构于加法群$\mathbb{Z}^r$,其中 $r=r(E)$叫作 K 上椭圆曲线 E 的**秩**. 当 $r=0$ 时 $E(K)$有限,即方程 $y^2=x^3+ax+b$ 在 K 中只有有限多解. 而 $r\geqslant 1$ 时 $E(K)$无限,即方程在 K 中有无限多解. 椭圆曲线算术理论的基本问题是决定 $E(K)_t$、秩 $r(E)$以及给出 $E(K)_f$的一组基. 对每条椭圆曲线 E,决定 $E(K)_t$ 比较容易,而后两个问题则比较困难. 关于群 $E(K)$的结构有两个基本猜想:

(i)对每个固定的代数数域 K,K 上所有椭圆曲线 E,$E(K)_t$ 只有有限多可能的群结构. 1981 年,美国哈佛大学的梅祖尔(B. Mazur)对于 $K=\mathbb{Q}$ 的情形证明了这个猜想:$E(\mathbb{Q})_t$ 只有以下 15 种可能

$$\mathbb{Z}/n\,\mathbb{Z} \quad (n=1,2,3,\cdots,9,10,12)$$

$$\mathbb{Z}/2n\,\mathbb{Z}\oplus\mathbb{Z}/2\,\mathbb{Z} \quad (n=1,2,3,4)$$

对于任意代数数域 K,这个猜想最终于 1995 年被证明.

(ii)对于每个固定的代数数域 K,K 上所有椭圆曲线 E 的秩 $r(E)$是没有上界的. 这个猜想至今没有解决.

为了研究群 $E(K)$的结构,人们使用了许多代数工具(局部域上的椭圆曲线,Tate 模和其上的表示,Selmer 群和 Shafarevich 群…),也采用解析数论的手段. 就像用黎曼 zeta 函数 $\zeta(s)$和狄利克雷 L - 函数 $L(s,\chi)$来反映素数性质,用 Dedekind zeta 函数 $\zeta_K(s)$来反映代数数域 K 的算术特性,用 $\zeta_C(s)$来反映有限域上曲线 C 的算术性质那样,人们也希望寻求一个解析函数 $L_E(s)$来反映椭圆曲线 E 的算术性质. 1960 年前后,英国数学家基于数值计算,构作了这样的函数.

我们以 $K=\mathbb{Q}$ 为例. 设 $E:y^2=x^3+ax+b\,(a,b\in\mathbb{Z})$是椭圆曲线,$4a^3+27b^2\neq 0$,则对每个素数 p,当 $p\nmid 4a^3+27b^2$ 时,E 也是$\mathbb{F}_p$ 上的一条椭圆曲线(即亏格为 1). 所以将 E 看成$\mathbb{F}_p$ 的椭圆曲线(记成 E_p)时,它的韦伊 zeta 函数为

$$\zeta_{E_p}(s)=\frac{F_p(p^{-s})}{(1-p^{1-s})(1-p^{-s})}$$

其中($U=p^{-s}$)

$$\begin{aligned}F_p(U)&=1-a_pU+pU^2\\&=(1-\alpha_pU)(1-\overline{\alpha}_pU) \quad (a_p\in\mathbb{Z})\end{aligned}$$

以 N_p 表示椭圆曲线 E_p 在有限域 F_p 中的点数,则 $N_p=p+1-(\alpha_p+\overline{\alpha}_p)=p+$

$1-a_p$,并且由韦伊定理知$|a_p| \leqslant |\alpha_p| + |\overline{\alpha}_p| \leqslant 2\sqrt{p}$. 1960 年,英国数学家 Birch 和 Swinnerton-Dyer 两人构作了椭圆曲线 E 的 L - 函数

$$L_E(s) = \prod_p \frac{1}{F_p(p^{-s})} = \prod_p \frac{1}{1 - a_p p^{-s} + p^{1-2s}} \quad (s = \sigma + \mathrm{i}t)$$

由$|a_p| \leqslant 2\sqrt{p}$可知,当$\sigma > \frac{3}{2}$时,这个无穷乘积是收敛的,即上式定义出 $L_E(s)$ 为右半平面 $\sigma > 3/2$ 中的解析函数. 他们猜想:

(BSD1)$L_E(s)$可以解析开拓成整个复平面上的解析函数,并且有形如 $L_E(s) = \varphi(s) L_E(2-s)$的函数方程.

函数 $L_E(s)$如何反映椭圆曲线 E 的点群 $E(\mathbb{Q})$的性质? 上述无穷乘积在 $s=1$处不一定收敛,但是可以形式地表示成

$$L_E(1) \sim \prod_p \frac{1}{1 - a_p p^{-1} + p^{-1}} = \prod_p \frac{p}{p - a_p + 1} = \prod_p \frac{p}{N_p}$$

上述两位英国数学家的想法是:如果椭圆曲线 E_p 在有限域$\mathbb{F}_p$ 中的点数愈多(即 N_p 愈大),则相信椭圆曲线 E 在$\mathbb{Q}$ 中的点数$|E(\mathbb{Q})|$愈多. 当 N_p 均足够大,使得 $\prod_p \frac{p}{N_p} = 0$, 即 $s=1$ 为 $L_E(s)$的零点,则许多例子表明$|E(\mathbb{Q})| = +\infty$(即 $E(\mathbb{Q})$的秩 $r(E) \geqslant 1$). 更进一步,他们猜想:

(BSD2)$L_E(s)$在 $s=1$ 处零点的阶等于群 $E(\mathbb{Q})$的秩 $r(E)$. 当 $L_E(1) \neq 0$ 时,他们还猜想 $L_E(1)$的值和有限交换群 $E(\mathbb{Q})$的算术性质有确定的关系. 上述猜想自从 J. Coates 和 A. Wiles 1977 年的重要工作以来,取得很大的进展,但至今仍未完全解决.

将定义椭圆曲线 E 的 L - 函数 $L_E(s)$的无穷乘积和前面所述 Hecke 模形式(权 $k=2$)对应的 L - 函数无穷乘积表达式相比,不难看出它们非常相像. 在 1950 ~ 1970 年期间,日本数学家谷山(Taniyama)、志村(Shimura)和法国数学家韦伊(A. Weil)从不同的角度提出了如下的猜想:

谷山 - 志村 - 韦伊猜想:$\mathbb{Q}$ 上每个椭圆曲线 E 的 L - 函数 $L_E(s)$都是对某个群的权 2Hecke 模形式的 L - 函数.

这个猜想还有其他等价的表达方式. 在几何上它可以说成是:每条椭圆曲线都是模曲线在某种映射之下的象. 用表示论的语言则可说成:由椭圆曲线的 Tate 模构作的伽罗瓦群表示一定是 modular 表示.

以上介绍的 BSD 猜想和谷山 - 志村 - 韦伊猜想,是椭圆曲线的两个重要的猜想. 如果后一个猜想成立,由于 Hecke 模形式的 L - 函数已经证明有函数方程并且可以解析开拓,所以每个椭圆曲线的 L - 函数也都如此,即猜想

(BSD1)成立. 长期以来,人们一直认为谷山-志村-韦伊猜想是非常困难的. 但是在1986年,德国人Frey令人惊奇地发现,由谷山-志村-韦伊猜想可以推出费马猜想. 自那时起,怀尔斯经过8年的艰苦努力,对于所谓半稳定(Semi-stable)椭圆曲线证明了谷山-志村-韦伊猜想正确,由此就最终证明了具有350多年历史的费马猜想,到了1998年,除了少数情形,谷山-志村-韦伊猜想几乎完全被证明.

以上我们主要介绍了1900~1970年近代代数数论的发展轮廓. 这个时期代数数论的研究引入了新的方法和工具(局部—整体原则、解析方法和几何方法),建立了许多新的理论和分支(类域论、算术代数几何、模形式理论、椭圆曲线的算术理论),取得了一系列重要成果. 在这段时期,分圆域的理论也取得重要的发展,其中最主要的进展是采用p-adic分析工具引入p-adic zeta函数和岩泽(Iwasawa)理论,这些方法和理论后来用于研究椭圆曲线等其他数论问题中.

(5)1967年,韦伊出版了《基础数论》(*Basic Number Theory*)一书. 这本书的内容是讲类域论,但是采用了全新的讲法,用单代数和群表示论为工具,统一讲述整体域(即数域和函数域),使用了Adele环$\mathbb{A}_K$和Idele群$\mathbb{I}_K$的语言,显示出作者对20世纪前70年数论发展的深刻理解,这本书对于后来30年数论发展产生很大的影响. 同一年,美国数学家朗兰兹(Langlands)提出了一系列原则性的重要猜想. 他的最基本看法是用无限群的表示理论研究数论. 可以把它看作是现代的代数数论发展的新时期. 朗兰兹猜想被人称之为一种哲学或纲领. 它的起源则可归根于希尔伯特第9问题.

希尔伯特第9问题是问:高斯的二次互反律如何推广到任意代数数域上?

高斯的二次互反律是很初等的. 设p是奇素数. a是与p互素的整数. 如果a是模p的二次剩余(即存在整数b,使得$a\equiv b^2 \pmod p$),则记$\left(\frac{a}{p}\right)=1$,否则记$\left(\frac{a}{p}\right)=-1$. 二次互反律是说,对于任意两个不同的奇素数$p$和$q$,有

$$\left(\frac{p}{q}\right)\left(\frac{q}{p}\right)=(-1)^{\frac{p-1}{2}\cdot\frac{q-1}{2}}$$

高斯给出它的6个证明,并且用二次域中素数的分解法则来解释它,所以它也可以看成二次域的互反律:二次域$K=\mathbb{Q}(\sqrt{d})$中素数p的分解模式只依赖于p所在的模$|d(K)|$(K的判别式,等于$|d|$或$|4d|$)同余类. 或者说:多项式$f(x)=x^2-d \bmod p$的分解模式只依赖于p所在的模d(或$4d$)的同余类. 于是我们可以问:对于任意整系数不可约多项式$f(x)\in\mathbb{Z}[x]$,如何用$f(x)$的自身特性(例如用$f(x)$的系数,或用$f(x)$的分裂域K)来描述对每个素数p,$f(x)\pmod p$的分

解模式？本书第二章的末尾我们讲到，如果$f(x)$是 Abel 多项式，即若α是$f(x)$的一个根，而$K=\mathbb{Q}(\alpha)$为 Abel 数域，令m是域K的导子，(即$\mathbb{Q}(\zeta_m)$是包含K的最小分圆域)，则$f(x)\pmod p$的分解模式只依赖于p所在的模m同余类. 这可以看成 Abel 域的互反律. 在 1920 年类域论产生之后，德国数学家阿延(E. Artin)用类域论来表达任意数域阿贝尔扩张E/K的互反律，即用 Abel 群$\mathrm{Gal}(E/K)$来描述O_K的素理想在E中如何分解. 对于一般情形，即$f(x)$的分裂域为K，而$K/\mathbb{Q}$的伽罗瓦群不是交换群，如何刻画$f(x)\pmod p$的分解模式？这种情形的复杂之处，在于群$\mathrm{Gal}(K/\mathbb{Q})$的不可约复表示不全是一次的. 对于数域的任意伽罗瓦扩张E/K，和伽罗瓦群$G=\mathrm{Gal}(E/K)$的每个n次不可约复表示$\rho:G\to GI_n(\mathbb{C})$，阿延均构作了一个$L$－函数$L(E/K,\rho,s)$. 利用有限群表示理论，阿延证明了这些$L$－函数的一系列性质，并且对它们的解析开拓和解析特性提出一系列猜想. 特别地，若ρ是平凡表示，则对应的阿延L－函数就是戴德金 zeta 函数$\zeta_K(s)$. 而阿延猜想$\zeta_L(s)/\zeta_K(s)$一定是解析的(没有极点). 利用类域论可以证明这个猜想对于L/K是 Abel 扩张时是对的. 对于L/K是非阿贝扩张的情形，目前只对少数情形证明了阿延的这个猜想. 这些工作表明群表示理论在研究数论问题时开始发挥作用.

朗兰兹的第 1 个猜想就是对阿延L－函数作出的论断，他使用了无限群的表示理论. 首先，他和他的同事将模形式理论以无限群表示论的形式加以改造并做了极大的推广. 吸取了韦伊的思想，把模形式推广成群$GL_n(\mathbb{A}_K)$($\mathbb{A}_K$是K的 Adele 环)上自守表示和自守形式的深刻理论，对于群$GL_n(\mathbb{A}_K)$的每个“尖点”自守表示π，朗兰兹构作了一个L函数$L(s,\pi)$，并且证明了当$\pi\neq 1$时，$L(s,\pi)$可延拓成整个复平面上的全纯函数，有欧拉无穷乘积展开，并且有函数方程把$L(s,\pi)$和$L(1-s,\widetilde{\pi})$联系起来，其中$\widetilde{\pi}$是由π给出的另一个自守表示.

朗兰兹第 1 猜想 设E/K是数域的伽罗瓦扩张，ρ是伽罗瓦群$\mathrm{Gal}(E/K)$的一个n维不可约复表示，则必存在群$GL_n(\mathbb{A}_K)$的某个尖点表示π，使得阿延L函数$L(E/K,\rho,s)$等于$L(s,\pi)$.

由于$L(s,\pi)$已证明有解析延拓、函数方程等性质，所以若上述猜想成立，则阿廷L函数也有这些性质. 特别地，当$\rho\neq 1$时，阿延L函数$L(E/K,\rho,s)$是全纯的. 也就是说，朗兰兹第 1 猜想可以推出阿延猜想.

当E/K是 Abel 扩张时，ρ是一维表示，利用类域论已经证明了朗兰兹第一猜想在$n=1$的情形是对的. 而对于一般的n，朗兰兹这个猜想可以看成类域论的高维推广. 目前只对少数$n\geqslant 2$维不可约表示ρ，朗兰兹的上述猜想被证明是正确的.

此后,朗兰兹又提出一系列范围更广的猜想. 这些猜想所体现的精神是:对于数学上的各种研究对象 X(例如数论中整体域上的伽罗瓦扩张,代数几何中的代数簇,微分几何中的黎曼流形,动力系统中粒子团,或者离散数学中的正规图),人们试图寻求一个解析函数,使得此函数的解析特性(零点和极点,函数方程,展开系数,在特殊点的取值…)能够充分反映该数学对象 X 的算术、代数、几何或者组合特性. 朗兰兹认为,我们一定可以找到一个适当的环 $R(X)$(与 X 有关),使得这样的解析函数是 n 维一般线性群 $GL_n(R(X))$ 的某种自守表示 π 的 L - 函数 $L(s,\pi)$.

20 世纪前 70 年,数论取得许多成就. 而后 30 年更是数论的大丰收时期. 它最集中表现为 3 个菲尔兹奖和两个沃尔夫奖. 1978 年,Deligne 由于证明关于有限域上代数簇 zeta 函数的高维韦伊猜想而获菲尔兹奖,这项工作表明 1950 年以来发展的概型和上同调理论在算术代数几何中发挥巨大的威力. 1986 年 Faltings 证明了 Mordell 猜想(亏格大于 1 的代数曲线在整体域中只有有限多解),把算术几何的研究又推进到一个新阶段. 1990 年 Drinfeld 证明了函数域上二维局部朗兰兹猜想. 1996 年,沃尔夫奖颁给两位数学家,一位是证明费马猜想的 A. Wiles,另一位就是朗兰兹.

(6)20 世纪的后 30 年,数论研究获得了一系列重大的理论成就. 与此同时,数论在实际领域得到了许多应用. 其中一个重要原因是由于数字计算机的发展和数字通信技术的飞速进步. 计算机科学和数学通信技术为数学提出许多新的研究课题,这些课题所使用的数学工具不再是传统的傅里叶分析,而是代数、数论和组合手段. 数论的深刻理论得到应用,使工程和技术领域发生重大变革. 这里我们只举数字通信中的两个例子.

(一)代数几何码

基于通信可靠性的考虑,从 20 世纪 50 年代人们努力寻找和构作好的纠错码. 利用数论和有限域上代数工具,建立了线性码(用线性代数)、循环码(用多项式环的理想论),最后找到纠错性能良好的 BCH 码. 由于发明了好的译码算法和方便的技术实现手段(移位寄存器),从 20 世纪 60 年代以来,BCH 码在数字通信中得到普遍应用. 20 世纪 70 年代,前苏联苏学家 Goppa 以黎曼 - 罗赫定理为工具,利用有限域上的代数曲线构作了新型纠错码:代数几何码. 1982 年,欧洲 3 位算术几何学家使用模形式理论的深刻结果,利用模曲线构作出纠错性能优于 BCH 码的一种代数几何码. 此后十多年来,代数几何码的译码算法研究取得很大进步,纠错码的研制和技术使用今后将会更加依赖数论和算术几何的现代理论成果.

（二）公开密钥体制

数字通信传输的信息容易被第三者截收和伪造. 随着社会的信息化，通信的安全性不仅限于政治和军事领域，已成为电子商务等经济领域和日常生活的重要课题. 通信的网络化产生了大量密钥的保存、分配和管理等诸多问题. 保密通信的传统要求和手段（签名、身份认证、防伪、仲裁等）在数字通信中如何实现？如何科学评价一个通信系统的安全性？这些实际需要为数学家提出一系列富于挑战性的课题，促进人们寻找新型的保密通信体制. 1976 年，美国两位年青计算机学家 Diffie 和 Hellman 提出了公开密钥体制. 它解决了大量密钥保存问题和数字签名问题，受到人们广泛注意. 一时间人们提出了实现这种体制的各种具体方案. 其中有许多方案又相继被人们破掉（即给出技术上可实现的破译算法）. 目前被人们认为可靠的并且已被广泛应用的主要有两种方案，一种是由美国麻省理工学院 3 位年青数论和计算机学者 Rivest，Shamir 和 Adleman 于 1977 年提出的 RSA 算法，另一种是离散对数算法. 公开密钥体制被认为是现代保密通信的一场革命.

RSA 算法和离散对数算法分别是基于如下的思想：大整数的因子分解和求离散对数是非常困难的. 所谓离散对数即指对于大素数 p、整数 a 和 b，求整数 x 使得 $a \equiv b^x \pmod p$. 使用目前最快的计算机（硬件）和最好的算法（软件），分解 100 位的整数需要几分钟，而分解大约 200 位的整数则需要万年以上. 对于离散对数问题，目前在素数 p 超过 150 位时也是实际不可能计算的. 但是，大数分解和求离散对数是否真的很困难？是否有更好的算法？从 20 世纪 70 年代以来，许多优秀的数论和计算机专家热衷于大数分解和离散对数算法的研究，发明了二次筛法、椭圆曲线算法、数域簇法、函数域簇法等一系列改进的算法，这些算法使用了现代数论的深刻理论结果.

数论和计算机相结合，形成了计算数论这个新分支，从事两种类型的工作. 一种是：借助于计算机进行数论的理论研究（例如计算数域的理想类数，寻求基本单位组），进行数论的实验，对于理论研究有所启示和验证. 另一种是数论在计算机科学、通信工程等各种实际领域的应用. 目前，国际上已经形成了相当强大的计算数论研究队伍和实验室. 几千年前源于古代人类实践的数论，在经历了辉煌的理论探究里程之后，正在应用领域发挥着巨大的威力. 数论正在同时扮演着皇后和仆人的角色.

关于群、环、域的一些知识

附录A

在这个附录中，我们简要地叙述关于群、环、域的一些基本概念和事实．除了一个例外，我们略去了全部证明．这个例外是：我们在附录的最后给出代数基本定理（复数域的代数封闭性）的一个代数化的证明．

Ⅰ．有限生成 Abel 群

设 G 是 Abel（加法）群．如果存在有限个元素 $g_1,\cdots,g_r\in G$，使得 G 中每个元素 g 均可表示成

$$g=n_1g_1+\cdots+n_rg_r\quad(n_i\in\mathbb{Z}\text{ 整数集合})\qquad(1)$$

则群 G 就叫作**有限生成的**，而 $g_1,\cdots,g_r$ 叫作群 G 的一组**生成元素**．G 中有限阶元素 g（即存在 $0\neq n\in\mathbb{Z}$，使得 $ng=0$）叫作**扭元素**．G 中全部扭元素形成一个子群，称作 G 的**挠子群**，表示成 G_t．如果 $G_t=(0)$，则 G 叫作**无扭**的．

如果 G 是无扭 Abel 群，并且存在一组有限生成元素 $g_1,\cdots,g_r$，使得 G 中每个元素均可**唯一地**表示成公式（1）的形式，则称 G 是有限生成的**自由** Abel 群．换句话说，有限生成自由 Abel 群 G 是它的 r 个子群 $\mathbb{Z}g_i=\{ng_i\mid n\in\mathbb{Z}\}$ $(1\leqslant i\leqslant r)$ 的直和

$$G=\mathbb{Z}g_1\oplus\mathbb{Z}g_2\oplus\cdots\oplus\mathbb{Z}g_r$$

这时，$g_1,\cdots,g_r$ 称作自由 Abel 群 G 的一组**基**，而 r 叫作自由 Abel 群 G 的**秩**，表示成 rank G.

（1）（有限生成 Abel 群结构定理）

（a）若 G 为 n 阶有限 Abel 群，$n=p_1^{\alpha_1}\cdots p_s^{\alpha_s}$，其中 $p_1,\cdots,p_s$ 是 s 个不同的素数，$\alpha_i\geqslant1$，则 G 为它的 s 个 Sylow 子群 G_i $(1\leqslant i\leqslant s)$ 的直和：$G=G_1\oplus\cdots\oplus G_s$，$|G_i|=p_i^{\alpha_i}$ $(1\leqslant i\leqslant s)$.

（b）每个有限生成 Abel 群 G 均可表示成直和 $G=G_f\oplus G_t$，其中 G_t 是 G 的扭子群（为有限群），而 G_f 是 G 的有限生成自由 Abel 子群.

(c)有限生成自由 Abel 群 G 的每个子群 H 也是有限生成自由 Abel 群,并且 $r = \operatorname{rank} H \leqslant \operatorname{rank} G = n$. 进而,我们可以找到 G 的一组基 $g_1,\cdots,g_n$,使得

$$G = \mathbb{Z}g_1 \oplus \cdots \oplus \mathbb{Z}g_n, H = \mathbb{Z}d_1 g_1 \oplus \cdots \oplus \mathbb{Z}d_r g_r$$

其中 $d_i \neq 0(1 \leqslant i \leqslant r)$,并且 $d_1 \mid d_2 \mid \cdots \mid d_r$.

Ⅱ. 环的理想特性和元素特性

本书中的环均指带 1 交换环. 设 S 是环 R 的一个子集合. 定义

$$SR = \{a_1 r_1 + \cdots + a_n r_n \mid a_i \in S, r_i \in R, n \geqslant 1\}$$

这是环 R 的理想,而且是环 R 中包含集合 S 的最小理想,称作**由集合 S 生成的理想**. 如果 $S = \{a_1,\cdots,a_n\}$ 是 R 的有限子集合,则 SR 也记作$(a_1,a_2,\cdots,a_n)$,并且称作**有限生成的理想**. 特别当 $S = \{a\}$ 时,$(a) = aR$ 叫作环 R 的**主理想**. 若环 R 的每个理想都是主理想,则称 R 为**主理想环**.

设 $I_1,I_2,\cdots,I_n$ 均是环 R 的理想. 定义

$$I_1 + I_2 + \cdots + I_n = \{a_1 + a_2 + \cdots + a_n \mid a_i \in I_i\}$$

这也是环 R 的理想,叫作理想 $I_1,I_2,\cdots,I_n$ **之和**. 例如由集合$\{a_1,\cdots,a_n\}$生成的理想即是$(a_1) + (a_2) + \cdots + (a_n) = a_1 R + a_2 R + \cdots + a_n R$. 如果 $I_1 + I_2 = (1) = R$,则称理想 I_1 和 I_2**互素**.

环 R 中元素 a 叫作 R 中的**零因子**,如果 $a \neq 0$ 并且存在 $0 \neq b \in R$,使得 $ab = 0$. 没有零因子的(带 1 交换)环叫作**整环**. 如果整环 D 同时是主理想环,则称 D 为**主理想整环**. 每个整环 D 均可嵌在一个域中,并且具有这样性质的最小域不计同构是唯一决定的,称作整环 D 的**商域**.

环 R 中的乘法可逆元叫作 R 中的**单位**. 环 R 中全部单位形成乘法群,叫作环 R 的**单位群**,表示成 $U(R)$. 当$|R| \geqslant 2$ 并且 $U(R) = R - \{0\} = R^{\times}$时,$R$ 就叫作**域**.

设 $\mathfrak{p}$ 是环 R 的一个理想. $\mathfrak{p} \neq R$. 称 $\mathfrak{p}$ 是环 R 的**素理想**,是指:$ab \in \mathfrak{p}, a, b \in R \Rightarrow a \in \mathfrak{p}$ 或者 $b \in \mathfrak{p}$. 称 $\mathfrak{p}$ 是环 R 的**极大理想**,是指:R 中不存在理想 I,使得 $\mathfrak{p} \subsetneqq I \subsetneqq R$. 我们有:

(2)(a)$\mathfrak{p}$ 为环 R 的素理想$\Leftrightarrow R/\mathfrak{p}$ 为整环;

(b)$\mathfrak{p}$ 为环 R 的极大理想$\Leftrightarrow R/\mathfrak{p}$ 为域.

由于域均是整环,从而极大理想均是素理想. 利用 Zorn 引理可以证明:任意(带 1 交换)环中至少存在一个极大理想,从而也至少存在一个素理想.

(3)(中国剩余定理)设 $I_1,I_2,\cdots,I_n$ 是环 R 中两两互素的理想,则有环的自然同构

$$R/I_1 \cap I_2 \cap \cdots \cap I_n \cong R/I_1 \oplus R/I_2 \oplus \cdots \oplus R/I_n$$

$$a(\bmod \bigcap_{i=1}^{n} I_i) \mapsto (a(\bmod I_1), a(\bmod I_2), \cdots, a(\bmod I_n))$$

设 R 为环. $a,b \in R, a \neq 0$. 如果存在 $x \in R$,使得 $ax = b$,我们称 a **整除** b,表示成 $a \mid b$. 这时 a 叫作 b 的**因子**,而 b 叫作 a 的**倍元**. 如果不存在满足上述条件的 x,则称 a 不能整除 b,表示成 $a \nmid b$. 设 $a,b \in R^* = R - \{0\}$. 如果 $a \mid b$ 同时 $b \mid a$,则元素 a 和 b 叫作**相伴的**,表示成 $a \sim b$. 当 R 是整环时, $\sim$ 是 R^* 上的等价关系. 这是因为:$a \sim b \Leftrightarrow a$ 和 b 相差一个单位因子.

假设 $a,b,c \in R^*, a = bc$,并且 b 和 c 均不是 R 中单位(即 b 和 c 均不与 a 相伴),则 b(和 c)叫作 a 的**真因子**. R^* 中元素 a 叫作环 R 的不可约元素,如果 $a \notin U(R)$ 并且 a 没有真因子. 环 R 中这些元素特性与其理想特性的联系是:

(4) $$a \mid b \Leftrightarrow (b) \subseteq (a), a \sim b \Leftrightarrow (a) = (b)$$

$$u \in U(R) \Leftrightarrow u \sim 1_R \Leftrightarrow (u) = R \Leftrightarrow u \mid r \quad (\text{对于每个 } r \in R)$$

整环 R 叫作**唯一因子分解整环**(简记作 UFD),是指:

(i)(分解的存在性)每个非零非单位元素 $a \in R$ 均可写成 R 中有限个不可约元素之积;

(ii)(分解的唯一性)如果 $a = c_1 \cdots c_n = d_1 \cdots d_m$ 是元素 a 的两个分解式,其中 c_i, d_j 均是 R 中的不可约元素,则 $n = m$,并且存在集合 $\{1,2,\cdots,n\}$ 上的一个置换 σ,使得 $c_i \sim d_{\sigma(i)} (1 \leqslant i \leqslant n)$.

(5)主理想整环均是 UFD. 若 F 为域,则多项式环 $F[x]$ 是主理想整环,从而也是 UFD.

(6)(Causs)若 R 是 UFD. 则多项式环 $R[x]$(从而 $R[x_1, x_2, \cdots, x_t]$)也是 UFD.

设 a 和 b 是环 R 中两个非零元素. $d \in R$ 叫作 a 和 b 的最大公因子(表示成 (a,b)),如果:(i) $d \mid a$ 并且 $d \mid b$;(ii)若 $e \mid a, e \mid b, e \in R$,则 $e \mid d$. 类似地可以定义 a 和 b 的**最小公倍元**(表示成 $[a,b]$),以及多个元素的最大公因子 $(a_1, a_2, \cdots, a_n)$ 和最小公倍元 $[a_1, a_2, \cdots, a_n]$. 如果 $d = (a,b)$,则与 d 相伴的每个元素均是 a 和 b 的最大公因子. 对于最小公倍元也有类似的结论. 如果 R 是 UFD,则任意 n 个非零元素 $a_1, \cdots, a_n$ 均有最大公因子和最小公倍元. 而当 R 是主理想整环时,我们有

$$(a_1) + (a_2) + \cdots + (a_n) = ((a_1, \cdots, a_n))$$

(由元素 $(a_1, \cdots, a_n)$ 生成的主理想)

$$(a_1) \cap (a_2) \cap \cdots \cap (a_n) = ([a_1, \cdots, a_n])$$

(7)(Eisenstein 不可约判别法)设 D 为 UFD, F 是 D 的商域, $f(x) =$

$\sum_{i=0}^{n} a_i x^i \in D[x]$, $\deg f$(多项式$f(x)$的次数)$\geqslant 1$,p 是 D 中一个不可约元素,并且 $p \nmid a_n$,$p \mid a_i(0 \leqslant i \leqslant n-1)$,$p^2 \nmid a_0$,则:

(a)$f(x)$是 $F(x)$中的不可约元素. 进而:

(b)如果在 D 中还有$(a_0, a_1, \cdots, a_n)=1$ 则$f(x)$也是 $D[x]$中的不可约元素.

Ⅲ. 域的扩张,域的伽罗瓦理论

设 K 和 F 均为域. 如果 K 是 F 的子域,则称 F 是 K 的**扩域**或(域的)**扩张**,并且常常把这样一对域表示成 F/K.

设 F 是域而 X 是 F 的一个子集合,则 F 中包含 X 的最小子域叫作 F 中**由集合 X 生成的子域**. 如果 K 是 F 的子域而 X 是 F 的子集合,则 F 中由集合 $K\cup X$生成的子域也叫作 X 在**域 K 上生成的域**,并且表示成 $K(X)$,而由集合 $K\cup X$ 生成的子环表示成 $K[X]$. 如果 $X=\{u_1, \cdots, u_n\}$,则 $K(X)$和 $K[X]$也分别表示成 $K(u_1, \cdots, u_n)$和 $K[u_1, \cdots, u_n]$,并且称域 $K(u_1, \cdots, u_n)$是 K 的**有限生成扩张**. 特别当 $n=1$ 时,域 $K(u)$叫作域 K 的**单扩张**. 如果 L 和 M 均是域 F 的子域,我们将 F 中由 $L\cup M$ 生成的子域叫作域 L 和 M 的**合成**,并且表示成 LM. 于是 $LM=L(M)=M(L)=ML$. 类似地可以定义多个域的合成.

设 F/K 是域的扩张,则 F 是域 K 上的向量空间. 我们以$[F:K]$表示向量空间 F 在 K 上的维数,并且称作扩张 F/K 的**次数**. 当$[F:K]$有限时,称 F/K 为**有限(次)扩张**,否则叫作**无限(次)扩张**.

(8)设 F/E 和 E/K 均是域的扩张,则

$$[F:K]=[F:E][E:K]$$

(9)设 F 为 K 的扩域. $u, u_i \in F$,$X \subseteq F$,则:

(i)$K[u]=\{f(u) \mid f(x) \in K[x]\}$;

$$K[u_1, \cdots, u_m]=\{f(u_1, \cdots, u_m) \mid f(x_1, \cdots, x_m) \in K[x_1, \cdots, x_m]\};$$

$$K[X]=\{f(u_1, \cdots, u_n) \mid f(x_1, \cdots, x_n) \in K[x_1, \cdots, x_n], u_1, \cdots, u_n \in X, n \geqslant 1\}.$$

(ii)$K(u)=\{f(u)/g(u) \mid f(x), g(x) \in K[x], g(u) \neq 0\}$;

$$K(u_1, \cdots, u_m)=\{f(u_1, \cdots, u_m)/g(u_1, \cdots, u_m) \mid f(x_1, \cdots, x_m), g(x_1, \cdots, x_m) \in K[x_1, \cdots, x_m], g(u_1, \cdots, u_m) \neq 0\};$$

$$K(X)=\{f(u_1, \cdots, u_n)/g(u_1, \cdots, u_n) \mid f, g \in K[x_1, \cdots, x_n], g(u_1, \cdots, u_n) \neq 0, u_1, \cdots, u_n \in X, n \geqslant 1\}.$$

(iii)对于每个元素 $v \in K[X]$(或 $K(X)$),均存在 X 的有限子集合 X',使得 $v \in K[X']$(或 $K(X')$).

设 α 为域 F 中元素，$f(x)\in F[x]$. 如果 $f(\alpha)=0$，则称 α 为多项式 $f(x)$ 的**根**. 根据余数定理，这等价于在多项式环 $F[x]$ 中 $(x-\alpha)\mid f(x)$. 设 m 为正整数，使得 $(x-\alpha)^m\mid f(x)$，$(x-\alpha)^{m+1}\nmid f(x)$. m 叫作根 α 的**重数**. 当 $m\geqslant 2$ 时，α 叫作 $f(x)$ 的**重根**. 如果 $m=1$，则 α 叫作 $f(x)$ 的**单根**.

对于 $f(x)=\sum_{i=0}^{n}c_ix^i\in F[x]$. 我们将多项式

$$f'(x)=\sum_{i=1}^{n}ic_ix^{i-1}\in F[x]$$

叫作 $f(x)$ 的**形式微商**.

(10) 设 F 为域，$f(x)\in F[x]$，$\deg f=n$.

(a) $f(x)$ 在域 F 中根的个数（重根按重数计算）至多为 n.

(b) $f(x)$ 在 F 的某个扩域中有重根 $\Leftrightarrow(f,f')\neq 1$.

(c) 如果 $f(x)$ 是 $F[x]$ 中的不可约多项式，则当 F 为特征零域时，$f(x)$ 没有重根；而当 F 为特征 p（p 为素数）域时，$f(x)$ 在 F 的某个扩域中有重根的充要条件是它为 x^p 的多项式，即存在 $g(x)\in F[x]$，使得 $f(x)=g(x^p)$.

设 F 是 K 的扩域. 元素 $u\in F$ 叫作 K 上的**代数元素**，是指存在某个非零多项式 $f(x)\in K[x]$，使得 $f(u)=0$. 反之，如果 u 不是 $K[x]$ 中任何非零多项式的根，则称 u 是 K 上的**超越元素**. 如果 F 中每个元素均是 K 上的代数元素，则称 F 是 K 的**代数扩张**. 反之，如果 F 中至少有一个元素在 K 上是超越的，则称 F 是 K 的**超越扩张**.

域 K 上的多项式环 $K[x_1,\cdots,x_n]$ 是整环. 它的商域 $K(x_1,\cdots,x_n)$ 叫作域 K 上关于未定元 $x_1,\cdots,x_n$ 的**有理函数域**.

(11) 设 F 为 K 的扩域，$u\in F$ 是 K 上的超越元素，则：

(a) 存在域的同构 $\sigma:K(x)\xrightarrow{\sim}K(u)$，使得 σ 在 K 上的限制 $\sigma|_K$ 是域 K 的恒等自同构.

(b) $K(u)/K$ 是无限（超越）扩张.

(12) 设 F 为 K 的扩域，$u\in F$ 是 K 上的代数元素，则：

(a) $K(u)=K[u]$；

(b) $K[x]$ 中存在唯一的不可约首 1（即最高项系数是 1）多项式 $f(x)\in K[x]$（$\deg f=n\geqslant 1$），使得 $f(u)=0$，并且

$$K(u)\cong K[x]/(f(x))$$

(c) $[K(u):K]=n$，并且 $\{1,u,u^2,\cdots,u^{n-1}\}$ 是向量空间 $K(u)$ 的一组 K-基.

(d) $K(u)/K$ 是(有限)代数扩张.

注记 (a)(12)中所述的多项式 $f(x)$ 叫作代数元素 u **在域 K 上的极小多项式**. 这是因为它有如下的性质:(i) $f(u)=0$;(ii) $g(x)\in K[x]$, $g(u)=0\Rightarrow f(x)\mid g(x)$.

(b)令 $\deg f=n=[K(u):K]$. 我们也称 u 是 K 上的 n **次**代数元素.(12)表明:这时域 $K(u)$ 中每个元素均可唯一地表示成如下形式: $a_0+a_1u+\cdots+a_{n-1}u^{n-1}$, $a_i\in K$.

(13)设 K 为域, $f(x)$ 是 $K[x]$ 中任一多项式, $\deg f\geqslant 1$, 则存在 K 的单扩张 $F=K(u)$, 使得 $f(u)=0$. 进而, 如果 $f(x)$ 是 $K[x]$ 中的不可约多项式, 并且 $F_1=K(u_1)$ 是 K 的另一个单扩张, 使得 $f(u_1)=0$, 则存在域的同构 $\sigma:F\xrightarrow{\sim}F_1$, 使得 $\sigma(u)=u_1$, 并且 $\sigma|_K$ 是域 K 的恒等自同构.

注记 我们将(13)中的域 $K(u)$ 称作将 $f(x)$ 的根 u **添加**到 K 上而得到的域. 如果作多次的添加, 我们就可找到 K 的某个扩域 M, 使得 $f(x)$ 的全部根都在 M 中, 即 $f(x)$ 在 $M[x]$ 中分解成一些一次多项式的乘积. K 的满足这种性质的最小扩域叫作 $f(x)$ 在 K 上的**分裂域**. 换句话说, 域 M 叫作多项式 $f(x)\in K[x]$ 在 K 上的分裂域, 是指:

(i) $f(x)=(x-\alpha_1)(x-\alpha_2)\cdots(x-\alpha_n)$, $\alpha_i\in M$, $n=\deg f$;

(ii) $M=K(\alpha_1,\alpha_2,\cdots,\alpha_n)$.

$f(x)$ 在 K 上的任意两个分裂域是彼此同构的.

设 K 是域. 如果每个在 K 上代数的元素均属于 K, 则称 K 是**代数封闭域**. 例如, 我们在本附录的最后要证明复数域 $\mathbb{C}$ 是代数封闭域. 对于任意域 K, 设 Ω 是将在 K 上代数的全部元素添加到 K 上而得到的域, 则 Ω 是代数封闭域, Ω 叫作域 K 的**代数闭包**. Ω 的代数封闭性是基于:

(14)(a)若 u 是 F 上的代数元素而 F/K 是域的代数扩张, 则 u 也是 K 上的代数元素.

(b)若 F/M, M/K 均是域的代数扩张, 则 F/K 也是代数扩张.

有理数域 $\mathbb{Q}$ 的有限(次)扩域(从而是代数扩张) K 叫作**代数数域**, 简称作**数域**. 这是代数数论的基本研究对象. 由于复数域 $\mathbb{C}$ 是 $\mathbb{Q}$ 的代数封闭扩域, 我们可以将所有的数域均看成 $\mathbb{C}$ 的子域. 现在叙述数域的伽罗瓦扩张理论.

数域 K 到 $\mathbb{C}$ 中的每个单同态也叫作 K 到 $\mathbb{C}$ 中的**嵌入**. 设 L/K 是数域的扩张, $\sigma:L\to\mathbb{C}$ 为嵌入. 如果 $\sigma(K)=K$ 并且 $\sigma|_K$ 是域 K 的恒等自同构, 则称 σ 为 L 到 $\mathbb{C}$ 中的一个 **K-嵌入**. 类似地, 设 L_1/K, L_2/K 均是数域的扩张. 如果 $\sigma:L_1\xrightarrow{\sim}$

L_2 是域同构并且 $\sigma|_K$ 是域 K 的恒等自同构,则称 σ 是 K - **同构**,特别当 $L_1 = L_2 = L$时,则称 σ 为 L 的 K - **自同构**. L 的 K - 自同构全体显然形成群,叫作扩张 L/K 的**伽罗瓦群**,表示成 $\mathrm{Gal}(L/K)$. (注意对于 $\sigma,\tau \in \mathrm{Gal}(L/K)$,定义 $\sigma\tau$为: $\sigma\tau(a) = \sigma(\tau(a))$, $a \in L$). 可以证明 $|\mathrm{Gal}|(L/K) \leqslant [L:K]$.

设 L/K 是数域的扩张. $\sigma: L \to \mathbb{C}$ 为一个 K - 嵌入. 对于 $a \in L$, $\sigma(a) \in \mathbb{C}$ 叫作元素 a 的 K - **共轭元素**. 设 $f(x) \in K[x]$是元素 a 在 K 上的极小多项式,则$f(x)$在$\mathbb{C}$ 中的全部根恰好是 a 的全部 K - 共轭元素. 类似地, $\sigma(L)$ 叫作域 L 的 K - **共轭域**.

数域扩张 L/K 叫作**伽罗瓦扩张**(或叫**正规扩张**),如果 L 是 K - 自共轭域. 也就是说,对于每个 K - 嵌入 $\sigma: L \to \mathbb{C}$,均有 $\sigma(L) = L$.

(15)设 L/K 是数域的扩张,则以下几条彼此等阶:

(a) L/K 是伽罗瓦扩张;

(b)对于 L 中每个元素 a 和每个 K - 嵌入 $\sigma: L \to \mathbb{C}$,均有 $\sigma(a) \in L$;

(c) L 是某个多项式 $f(x) \in K[x]$在 K 上的分裂域;

(d) $|\mathrm{Gal}(L/K)| = [L:K]$.

设 F/K 是数域的伽罗瓦扩张,则对于 F/K 的每个中间域 M, $K \subseteq M \subseteq F$, F/M也是伽罗瓦扩张,并且 $\mathrm{Gal}(F/M)$ 是 $\mathrm{Gal}(F/K)$ 的子群. 另一方面,对于 $\mathrm{Gal}(F/K)$的每个子群 H,令

$$\mathrm{Fix}(H) = \{a \in F \mid \sigma(a) = a, \forall \sigma \in H\}$$

这是 F/K 的中间域,叫作 F 的 H - **固定子域**.

(16)(伽罗瓦扩张基本定理)设 F/K 是数域的伽罗瓦扩张. 以 $\mathfrak{M}$ 表示 F/K 的全部中间域所组成的集合,以 $\mathfrak{G}$ 表示 $\mathrm{Gal}(F/K)$的全部子群组成的集合. 定义映射

$$\varphi: \mathfrak{M} \to \mathfrak{G}, \varphi(M) = \mathrm{Gal}(F/M)$$

$$\psi: \mathfrak{G} \to \mathfrak{M}, \psi(H) = \mathrm{Fix}(H)$$

则:

(a)对于每个 $M \in \mathfrak{M}$, $\psi\varphi(M) = M$;对于每个

$$H \in \mathfrak{G}, \varphi\psi(H) = H$$

从而 φ 和 ψ 给出集合 $\mathfrak{M}$ 与 $\mathfrak{G}$ 之间的一一对应,并且 $\varphi = \psi^{-1}$.

(b)设 $H_1, H_2 \in \mathfrak{G}$, $M_1, M_2 \in \mathfrak{M}$,则

$$H_1 \supseteq H_2 \Leftrightarrow \psi(H_1) \subseteq \psi(H_2)$$

$$M_1 \supseteq M_2 \Leftrightarrow \varphi(M_1) \subseteq \psi(M_2)$$

$$\psi(M_1 \cap M_2) = \text{由 } \varphi(M_1) \text{ 和 } \varphi(M_2) \text{生成的群}$$

$$\varphi(M_1M_2)=\varphi(M_1)\cap\varphi(M_2)$$

(c)设 $M\in\mathfrak{M}$,则 M/K 为伽罗瓦扩张$\Leftrightarrow\varphi(M)=\mathrm{Cal}(F/M)$是 $\mathrm{Gal}(F/K)$的正规子群. 并且在这个时候

$$\mathrm{Gal}(M/K)\cong\mathrm{Gal}(F/K)/\mathrm{Cal}(F/M)$$

Ⅳ. 有限域

(17)(a)每个有限域 F 均是 p^n 元域,其中 $n\geqslant1$,p 为素数并且 p 是域 F 的特征. F 有一个 p 元子域$\mathbb{F}_p$,并且 $F/\mathbb{F}_p$ 是 n 次扩张.

(b)p^n 元域 F 的加法群是 n 个 p 阶循环群的直和. 而 $F^*=F-\{0\}$是 p^n-1 阶乘法循环群. 设 u 是乘法循环群 F^* 的一个生成元,则 $F=\{0,1,u,u^2,\cdots,u^{p^n-2}\}=\mathbb{F}_p(u)$,从而 $F/\mathbb{F}_p$ 是单扩张.

(c)固定$\mathbb{F}_p$ 的一个代数闭包 Ω_p 并且设 $F\subseteq\Omega_p$,则 p^n 元域 F 即是多项式 $x^{p^n}-x\in\mathbb{F}_p[x]$在$\mathbb{F}_p$ 上的分裂域. 因此对于每个正整数 n,Ω_p 中均存在唯一的 p^n 元子域.

(d)阶数相同的两个有限域彼此同构.

(e)设 F 为 p^n 元域,则映射 $\sigma_p:F\to F,\sigma_p(\alpha)=\alpha^p(\alpha\in F)$是域 F 的 n 阶自同构,称作域 F 的 Frobenius 自同构. 并且 F 的自同构群 $\mathrm{Aut}(F)$即是由 σ_p 生成的 n 阶循环群.

(f)我们以$\mathbb{F}_q$ 表示 q 元域(它不计同构是唯一的). 设$\mathbb{F}_{p^m},\mathbb{F}_{p^n}\subset\Omega_p$,则$\mathbb{F}_{p^m}\subseteq\mathbb{F}_{p^n}\Leftrightarrow m\mid n$. 在这个时候,$[\mathbb{F}_{p^n}:\mathbb{F}_{p^m}]=\dfrac{n}{m}$并且$\mathbb{F}_{p^n}$的$\mathbb{F}_{p^m}$-自同构群 $\mathrm{Gal}(\mathbb{F}_{p^n}/\mathbb{F}_{p^m})=\{\sigma\in\mathrm{Aut}\,\mathbb{F}_{p^n}\mid\sigma(\alpha)=\alpha$,对每个 $\alpha\in\mathbb{F}_{p^m}\}$是由 σ_p^m 生成的 n/m 阶循环群,从而$\mathbb{F}_{p^n}/\mathbb{F}_{p^m}$是伽罗瓦扩张. 我们将 $\sigma_p^m:\mathbb{F}_{p^n}\to\mathbb{F}_{p^m},\sigma_p^m(\alpha)=\alpha^{p^m}(\alpha\in\mathbb{F}_{p^n})$称作扩张$\mathbb{F}_{p^n}/\mathbb{F}_{p^m}$的 Frobenius 自同构. 另一方面,对于 $\mathrm{Gal}(\mathbb{F}_{p^n}/\mathbb{F}_{p^m})=<\sigma_p\mid\sigma_p^n=1>$中唯一的 n/m 阶循环子群 $<\sigma_p^m>$,它的固定子域恰好是$\mathbb{F}_{p^m}$,即$\mathbb{F}_{p^m}=\{\alpha\in\mathbb{F}_{p^n}\mid\sigma_p^m(\alpha)=\alpha\}$.

Ⅴ. 代数基本定理

(18)复数域$\mathbb{C}$ 是代数封闭域.

这相当于说:每个复系数多项式$f(x)(\deg f(x)=n\geqslant1)$必有复根. 并且熟知它也等价于:$n$ 次复系数多项式恰好有 n 个复根(计算重数).

有人统计,代数基本定理共有近两百个证明. 更有趣的是,所有的证明都要利用数学分析中的某些事实. 我们这里所介绍的一个证明也不例外. 因为我们要利用:

引理 1 每个奇次实系数多项式必有实根.

大家知道,这一事实从连续函数的中值定理得出,此外我们还需要(与数学分析无关的).

引理 2 复系数 2 次多项式的根均是复根.

证明 设 $f(x)$ 是复系数 2 次多项式. 不妨设它是首 1 的,即 $f(x)=x^2+\alpha x+\beta,\alpha,\beta\in\mathbb{C}$. 由于 $f(x)=(x+\frac{\alpha}{2})^2+\beta-\frac{\alpha^2}{4}$,我们只需证明每个多项式 $g(z)=z^2-\gamma(\gamma\in\mathbb{C})$ 的根均是复根即可. 令 $\gamma=a+\mathrm{i}b,a,b\in\mathbb{R}$. 取

$$z_0,z_1=\begin{cases}\pm\left(\sqrt{\dfrac{\sqrt{a^2+b^2}+a}{2}}+\mathrm{i}\sqrt{\dfrac{\sqrt{a^2+b^2}-a}{2}}\right),若\ b\geqslant 0\\ \pm\left(\sqrt{\dfrac{\sqrt{a^2+b^2}+a}{2}}-\mathrm{i}\sqrt{\dfrac{\sqrt{a^2+b^2}-a}{2}}\right),若\ b<0\end{cases}$$

直接验证即知 z_0 和 z_1 是 $g(z)=z^2-\gamma$ 的两个复根. □

引理 3 每个次数 $\geqslant 1$ 的实系数多项式 $g(x)$ 必有复根.

证明 设 $g(x)\in\mathbb{R}[x],\deg g(x)=d\geqslant 1$. 令 $d=2^nq,2\nmid q,n\geqslant 0$. 我们对 n 作数学归纳法. 如果 $n=0$,则 $g(x)$ 为奇次实系数多项式. 由引理 1 可知它有复根. 下设 $n=n_0\geqslant 1$,并且对于 n 比 n_0 小的情形引理 3 成立. 令 $x_1,\cdots,x_d$ 为 $g(x)$ 在 $\mathbb{R}$ 的适当的扩域中的全部根. 我们的目的是证明必有某个 $x_i\in\mathbb{C}$.

为证此,取任意一个实数 c. 令

$$y_{ij}=x_i+x_j+cx_ix_j\quad(1\leqslant i\leqslant j\leqslant d)$$

一共有 $\frac{1}{2}d(d+1)=2^{n-1}q(d+1)$ 个 y_{ij}. 又令

$$\begin{aligned}G(x)&=\prod_{1\leqslant i\leqslant j\leqslant d}(x-y_{ij})\\&=x^m+g_1(x_1,\cdots,x_d)x^{m-1}+\cdots+g_m(x_1,\cdots,x_d)\end{aligned}$$

$$m=2^{n-1}q(d+1)$$

不难看出,每个 $g_i(x_1,\cdots,x_d)$ 均是 $x_1,\cdots,x_d$ 的实系数对称多项式,从而 $g_i(x_1,\cdots,x_d)\in\mathbb{R}[\sigma_1,\cdots,\sigma_d]$,其中 $\sigma_1,\cdots,\sigma_d$ 为 $x_1,\cdots,x_d$ 的初等对称多项式. 但是 $g(x)=x^d-\sigma_1x^{d-1}+\sigma_2x^{d-2}-\cdots+(-1)^d\sigma_d\in\mathbb{R}[x]$,从而 $\sigma_1,\cdots,\sigma_d\in\mathbb{R}$. 于是 $g_i(x_1,\cdots,x_d)\in\mathbb{R}(1\leqslant i\leqslant m)$. 从而 $G(x)\in\mathbb{R}[x]$. 由于 $n\geqslant 1$,从而 $2\mid d=2^nq$. 于是 $2\nmid(d+1)q$ 而 $\deg G(x)=2^{n-1}q(d+1)$. 由归纳假设便知 $G(x)$ 有复根 z_0. 换句话说,我们有 $i(c)$ 和 $j(c)$(均与 c 有关),使得

$$y_{i(c),j(c)}=x_{i(c)}+x_{j(c)}+cx_{i(c)}x_{j(c)}=z_0\in\mathbb{C}$$

由于指标集合 $\{(i,j)\}$ 是有限的,而实数 c 可任意选取,从而必然存在 $c\neq c',c,$

$c' \in \mathbb{R}$,使得 $i(c)=i(c')$,$j(c)=j(c')$. 令它们分别为 r 和 s,于是得到

$$x_r+x_s+cx_rx_s=z_0\in\mathbb{C},x_r+x_s+c'x_rx_s=z_{c'}\in\mathbb{C}$$

由此及 $c\neq c'$,$c,c'\in\mathbb{R}$ 可知 $x_r+x_s\in\mathbb{C}$,$x_rx_s\in\mathbb{C}$. 于是 $h(x)=x^2-(x_r+x_s)x+x_rx_s\in\mathbb{C}[x]$. 根据引理 2,$h(x)$ 的两个根 x_r 和 x_s 均是复根,这就证明了存在某个 $i(1\leqslant i\leqslant d)$,使得 $x_i\in\mathbb{C}$. □

最后我们来证代数基本定理:设 $f(x)=\sum\limits_{i=0}^{n}c_ix^i\in\mathbb{C}[x]$,$\deg f\geqslant 1$. 记 $\bar{f}(x)=\sum\limits_{i=0}^{n}\bar{c}_ix^i$,其中 $\bar{c}_i$ 表示 c_i 的共轭复数. 令 $g(x)=f(x)\bar{f}(x)$,易知 $g(x)\in\mathbb{R}[x]$. 根据引理 3,存在 $\alpha\in\mathbb{C}$,使得 $g(\alpha)=0$. 于是 α 为 $f(x)$ 或者 $\bar{f}(x)$ 的根. 如果 $f(\alpha)=0$ 则证毕;如果 $\bar{f}(\alpha)=0$,则复数 $\bar{a}$ 就是 $f(x)$ 的根. 这就证明了代数基本定理. □

进一步学习的建议

附录 B

代数数论的经典著作有:

[1] Gauss, C. F., Disquisitiones Arithmeticae, 1801 (英译本 Springer-Verlag, 1986).

[2] Hilbert, D., Zahlbericht, 1897 (英译本 The Theory of Algebraic Number Fields, Springer-Verlag, 1998).

[3] Hecke, E., Verlesungen über die Theorie der algebraishen Zahlen, 1923 (英译本 Lectures on the Theory of Algebraic Numbers. GTM 77, Springer-Verlag, 1981).

[4] Weil, A., Basic Number Theory, 3rd ed., Springer-Verlag, 1995 (第 1, 2 版于 1967, 1973 年).

Gauss[1]建立了二次域的基本理论,为代数数论的开端. Hilbert[2]的起因是德国数学会于 1893 年邀请 Hilbert 写一份关于代数数论研究现状的报告,结果 Hilbert 写成一本研究专著,不仅详细总结和整理了 19 世纪代数数论成果,而且在分歧理论等许多方面有系统的发展. Hecke[3]给出 Dedekind zeta 函数的基本解析特性,包括详细证明了它的函数方程,书中反映了作者关于模形式(theta 函数)的思想. Weil[4]是现代代数数论的奠基性著作.

关于代数数论的经典内容,已有许多著名. 其中有:

[5] Borevich, Z. I., Schafarevich, I. R., Number Theory, 3rd ed., Academic Press, 1985 (原书俄文, 1964).

[6] Weiss, E., Algebraic Number Theory, MaGraw-Hill, 1963.

[7] Marcus, D. A., Number Fields, Springer-Verlag, 1977.

[8] Ireland, K., Rosen, M., A Classical Introduction to Modern Number Theory, 3rd ed., GTM 84, Springer-Verlag, 1986.

[9] Neukirch, J., Algebraic Number Theory, Springer-Verlag, 1999.

[10] Hasse, H., Zahlen Theorie. Academic Press, 1949(英译本 1964).

[11] Narkiewicz, W., Elementary and Analytic Theory of Algebraic Numbers, Warsaw, Polish Sci. Publ. 1974.

[12] Artin, E., Algebraic Numbers and Algebraic Functions. Gordon & Breach, 1967.

[13] Lang, S., Algebraic Number Theory, 2rd ed., GTM 110, Springer-Verlag, 1994.

[14] Esmonde, J., Murty, M. R., Problems in Algebraic Number Theory, GTM 190, Springer-Verlag, 1999.

其中[5],[6],[7],[8]和[12]为好的入门书.[5]以不定方程为中心议题讲述代数数论.[8],[10]和[12]同时讲述数域和函数域.[11]对数域的代数和解析理论介绍全面,并包含许多研究问题,书末有丰富的文献目录.对代数数论经典内容有基本了解之后建议读[9]和[13].而[14]中收集了五百余个代数数论的习题和答案.

关于 20 世纪近代代数数论,建议读者先看:

[15] Cassels, J. W. S., Fröhlich, A, Algebraic Number Theory, Academic Press, 1967.

这本文集由各家撰文介绍代数数论(整体域和局部域理论),类域论、模形式、椭圆曲线、伽罗瓦表示的基本知识和方法,对于近代数论可以有一个基本了解.

讲述$\mathbb{Q}$上二次型代数理论(Hasse 局部整体原则)的有:

[16] Serre, J.-P., A Course on Arithmetic, 1973(中译本,上海科技出版社, 1980).

[17] Cassels, J. W. S., Rational Quadratic Forms, Academic Press, 1978 关于 p-adic 分析和局部域理论的专门著作有:

[18] Koblitz, N., p-adic Numbers, p-adic Analysis and zeta Functions(第二版), GTM 58, Springer-Verlag, 1984.

[19] Cassels, J. W. S., Local Fields, Cambridge Univ. Press, 1986.

[20] Serre, J.-P., Local Fields, GTM 67, Springer-Verlag, 1979.

其中[18]通俗易懂并且注重介绍思想.[20]的内容较多.

关于类域论的专门著作有:

[21] Neukirch, J., Class Field Theory, Springer-Verlag, 1986.

[22] Hasse, H., Klassenkörpen, Marburg, 1933.

[23] Artin, E., Tate, J., Class Field Theory, Benjamin, 1968.

[24] Iwasawa, K., Local Class Field Theory, Oxford Univ. Press, 1986.

其中[21]是学习类域论最好的入门书,[22]和[23]是类域论经典著作.[24]是局部类域论的好书.此外,weil[4]用现代观点讲述类域论.

关于分圆域近代理论有两本专门著作.

[25] Washington, L. J., Introduction to Cyclotomic Fields, 2rd ed., GTM 83, Springer-Verlag, 1990.

[26] Lang, S., Cyclotomic Fields, 2rd ed., GTM 121, Springer-Verlag, 1990.

关于模形式的专门著作有:

[27] Miyake, T., Modular Forms, Springer-Verlag, 1989.

[28] Lang, S., Introduction to Modular Forms, Springer-Verlag, 1976.

[29] Ogg, A. P., Modular Forms and Dirichlet Series, Benjamin, 1965.

[30] Weil, A. Dirichlet Series and Automorphic Forms, Lecture Notes in Math. 189, Springer-Verlag, 1971.

关于椭圆曲线算术理论目前也有许多著作.由于它与模形式理论联系密切,这些书中也包括模形式的相关内容.

[31] Silverman, J. H., The Arithmetic of Elliptic Curves, GTM 106, Springer-Verlag, 1986.

[32] Koblitz, N., Introduction to Elliptic Curves and Modular Forms, 2rd ed., GTM 97, Springer-Verlag, 1984.

[33] Husemöller, D., Elliptic Curves, GTM 111, Springer-Verlag, 1987.

[34] Knapp, A. W., Elliptic Curves, Princeton Univ. Press, 1992.

[35] Silverman, J. H., Advanced Topics in the Arithmetic of Elliptic Curves, GTM 151, Springer-Verlag, 1994.

其中[31]是学习椭圆曲线算术理论的理想入门书,由于这一理论近年来进步很快,Silvermann 又写了后续著作[35].而[32]是以一个著名数学问题(Congruent numbers)为线索介绍椭圆曲线和模形式理论的一些重要方面的.

现代算术几何和自守表示理论需要代数几何、微分几何、李群和李代数、群的无限维表示和调和分析等多方面知识,这方面的著作有:

[36] Cornell, G., Silverman, J. H., Arithmetic Geometry, Springer-Verlag, 1986.

[37] Borel, A., Casselman, W., Automorphic Forms, Representations and L-func-

tions, AMS Proceedings of Symposia in Pure Mathematics 33, 1979.
[38] Coates, J., Yau, S.-T., Fermat's Last Theorem, International Press, 1997.
[39] Cornell, G., Silverman, J. H, Stevens, G., Modular Forms and Fermat's Last Theorem, Springer-Verlag, 1997.
[40] Iwaniec, H., Introduction to the Spectral Theory of Automorphic Forms, Revista Mathematica Iberoamericano, Madrid, 1995.
[41] Gelbart, S., Automorphic Forms on Adele Groups, Princeton Univ. Press, 1975.
[42] Shimura, G., Introduction to the Arithmetic Theory of Automorphic Functions, Princeton Univ. Press, 1971.
[43] Terras, A., Harmonic Analysis on Symmetric Spaces and Applications, I and II, Springer-Verlag, 1985 and 1987.
[44] Jacquet, H., Langlands, R. P., Automorphic Forms on GL(2), Lecture Notes in Math., 114, Springer-Verlag, 1970.
[45] Ramakrishnan, D., Valenza, R. J., Fourier Analysis on Number Fields, Springer-Verlag, 1998.
[46] Goss, D., Basic Structures of Function Field Arithmetic, Springer-Verlag, 1996.

其中[36]和[37]分别是关于算术几何与自守表示的文集,可用来对这两个领域作基本的了解,1993 年和 1995 年,在香港中文大学和美国 Boston 大学举行了会议讨论和学习 A. Wiles 关于费马猜想的证明. [38]和[39]是这两次会议的文集. 从中可看到证明中需要的现代数论和算术几何工具. [40]和[45]是最近出版的学习自守表示的入门书,其中[40]偏重于解析方面,[45]讲述现代数论所需要的调和分析工具. Drinfeld 在证明函数域上二维局部 Langlands 猜想中建立了 Drinfeld 模理论,[46]总结了近年来在这方面的研究成果.

最后介绍几本数论及其应用方面的著作:

[47] Koblitz, N., A Course in Number Theory and Cryptography, 2rd ed., GTM 114, Springer-Verlag, 1994.
[48] Moreno, C., Algebraic Curves over Finite Fields, Cambridge Univ. Press, 1991.
[49] Stichtenoth, H., Algebraic Function Fields and Codes, Springer-Verlag, 1993.
[50] Li Winnie, W.-C., Number Theory with Applications, World Scientific, 1996.
[51] Cohen, H., A Course in Computational Algebraic Number Theory, GTM 138,

Springer-Verlag,1996.

其中[47]是数论在密码学中的应用,[48],[49]讲述有限域上代数曲线算术理论及在纠错码方面的应用(代数几何码).[50]讲述函数域和自守形式理论及在特征和估计和图论(Ramanujan 图)的应用,而[51]是计算代数数论的著作.

◎ 编辑手记

本书是出于笔者对 Fermat 大定理的偏爱而再版的. Fermat 大定理是代数数论的源头之一.

在数学解题中一般是用小定理来证明大定理的多. 由低阶结论论证高阶结论的多. 反过来的情况比较少见. 偶有出现,必有惊喜之处. 笔者近期遇到两个小例子.

在普林斯顿大学第 7 届数学竞赛试题中有这样一个问题:

求 $a^{503}+b^{1\,006}=c^{2\,012}$ 的解的个数,其中 a,b,c 是整数并且 $|a|$, $|b|$, $|c|$ 都小于 2 012.

这是个高次丢番图方程. 看上去很难,但命题委员会给出的解答却很出人意料. 不仅很简单而且还巧妙的"植入了广告". 将 Fermat 大定理与 Andrew Wiles 教授都溶入其中. 很有些意思,现将其录于后:答案为 189. 注意到方程可以写成 $(a)^{503}+(b^2)^{503}=(c^4)^{503}$. 感谢普林斯顿大学的数学教授 Andrew Wiles. 他证明了 Fermat 大定理,使得我们知道这个方程没有非平凡解. 因此对于任何解 (a,b,c), a,b,c 中至少有一个为 0.

若 $a=0$,则 $b^{1\,006}=c^{2\,012}$, $b=c^2$. 注意到 $44<\sqrt{2\,012}<45$. 那么我们有下面的解

$$S_a=\{(0,c^2,c)\mid c=0,\pm1,\pm2,\cdots,\pm44\}$$

若 $b=0$,则 $a^{503}=c^{2\,012}$, $a=c^4$. 注意到 $6<\sqrt[4]{2\,012}<7$,那么我们有下面的解

$$S_b=\{(c^4,0,c)\mid c=0,\pm1,\pm2,\cdots,\pm6\}$$

若 $c=0$,则 $a^{503}=-b^{1\,006}$, $a=-b^2$. 那么我们有下面的解

$$S_c=\{(-b^2,b,0)\mid b=0,\pm1,\pm2,\cdots,\pm44\}$$

我们有 $|S_a|=|S_c|=89$, $|S_b|=13$. (这里 $|S|$ 表示 S 中元素的

个数.)注意到这三个解集都包含(0,0,0),则

$$|S_a \cup S_b \cup S_c| = |S_a| + |S_b| + |S_c| - 2 = 89 + 13 + 89 - 2 = 189$$

无独有偶.

在美国著名数学教育家查·特里格编著的《数学机敏》一书中也有一个类似题目:

对于区间$(0,\frac{\pi}{2})$内的任何一个 θ, $\sqrt{\sin\theta}$和$\sqrt{\cos\theta}$能不能同时取有理值?

解答更巧妙:设

$$\sqrt{\sin\theta} = \frac{a}{b}, \sqrt{\cos\theta} = \frac{c}{d}$$

其中 a,b,c,d 都是正整数.于是

$$\sin^2\theta + \cos^2\theta = \frac{a^4}{b^4} + \frac{c^4}{d^4}$$

利用公式 $\sin^2\theta + \cos^2\theta = 1$,可得

$$(bd)^4 = (ad)^4 + (bc)^4$$

但是这个等式不成立,因为方程 $x^4 + y^4 = z^4$ 没有正整数解.因此$\sqrt{\sin\theta}$和$\sqrt{\cos\theta}$不能同时取有理值.

本题是查·特里格先生从早期的《美国数学月刊》中精选出来的,其特点是题目看似很难.但解法别出心裁,巧辟捷径,颇出人意料.

Fermat 猜想的证明不仅因其叙述简单明了.历史充满传奇深受业余爱好者所津津乐道.职业数学工作者也颇为认可.

著名数学家瑟斯顿(W. Thurston)指出的:"当数学家在做数学的时候,更加依赖于想法的涌动和社会关于有效性的标准,而不是形式化的证明.数学家通常并不善于检验一个证明的形式上的正确性,但却擅长探查证明中潜在的弱点和缺陷."

一个典型的例子就是数学共同体对英国数学家 Andrew Wiles 对 Fermat 大定理证明的态度.专家很快就开始相信 Andrew Wiles 的证明在高级别的想法上是对的,然后才开始检验证明的细节.因此,对数学共同体来说,对一个未曾接受充分验证的数学证明的接受往往不是在全面详查之后才给出的,而是在大体肯定的基础上,再来逐步验证的.实际上,在 Andrew Wiles 最初对 Fermat 大定理的证明中有错误,后来得以更正.有 12 位专家组成的小组参与了对 Andrew Wiles 论文的审核,而其他数学家则没有跟进对论文细节的审核,而是采取了基于社会信任的态度接受了 Andrew Wiles 证明的合法性.

笔者久仰冯先生大名.但始终没能谋面.冯先生经常出国.所以一般是通过其胞弟冯克俭先生才能与其联系上.我们数学工作室每年出版数学类图书150种左右.在中国出版业中是个很微不足道的存在,犹如要在参天大树上啄出一个可以容身的洞并不容易,在动物世界中了解到对于生活在美国东南部的红顶啄木鸟,这常常要花上8年时间.其实我们为了自己能在出版领域谋得一席之地已经默默地奋斗了12年了.这一路得到了众多数学大家的支持与帮助,仅以数论方向为例.我们先后出版了吴文俊院士、王元院士、潘承洞院士、柯召院士、陈景润院士以及越民义、潘承彪、朱尧辰、陆洪文、裴定一、单墫、于秀源、孙智伟等著名数论专家的著作.特别是冯克勤先生,他已经与我们合作好几次了.我们希望将来会有更多的合作.

最后也为我们的数学工作室做点宣传.英国思想家伯林(Isaiah Berlin)的名著《刺猬与狐狸》灵感源于古希腊诗人阿尔基诺库斯的残句:"狐狸知道许多事情,而刺猬只知道一件大事."仿此我们提出口号是:别的出版商出版许多类图书,而我们只出版像冯先生这样大家的数学书.

刘培杰

2017.10.11

于哈工大

刘培杰数学工作室
已出版(即将出版)图书目录——初等数学

书　名	出版时间	定　价	编号
新编中学数学解题方法全书(高中版)上卷(第2版)	2018-08	58.00	951
新编中学数学解题方法全书(高中版)中卷(第2版)	2018-08	68.00	952
新编中学数学解题方法全书(高中版)下卷(一)(第2版)	2018-08	58.00	953
新编中学数学解题方法全书(高中版)下卷(二)(第2版)	2018-08	58.00	954
新编中学数学解题方法全书(高中版)下卷(三)(第2版)	2018-08	68.00	955
新编中学数学解题方法全书(初中版)上卷	2008-01	28.00	29
新编中学数学解题方法全书(初中版)中卷	2010-07	38.00	75
新编中学数学解题方法全书(高考复习卷)	2010-01	48.00	67
新编中学数学解题方法全书(高考真题卷)	2010-01	38.00	62
新编中学数学解题方法全书(高考精华卷)	2011-03	68.00	118
新编平面解析几何解题方法全书(专题讲座卷)	2010-01	18.00	61
新编中学数学解题方法全书(自主招生卷)	2013-08	88.00	261

数学奥林匹克与数学文化(第一辑)	2006-05	48.00	4
数学奥林匹克与数学文化(第二辑)(竞赛卷)	2008-01	48.00	19
数学奥林匹克与数学文化(第二辑)(文化卷)	2008-07	58.00	36′
数学奥林匹克与数学文化(第三辑)(竞赛卷)	2010-01	48.00	59
数学奥林匹克与数学文化(第四辑)(竞赛卷)	2011-08	58.00	87
数学奥林匹克与数学文化(第五辑)	2015-06	98.00	370

世界著名平面几何经典著作钩沉——几何作图专题卷(共3卷)	2022-01	198.00	1460
世界著名平面几何经典著作钩沉(民国平面几何老课本)	2011-03	38.00	113
世界著名平面几何经典著作钩沉(建国初期平面三角老课本)	2015-08	38.00	507
世界著名解析几何经典著作钩沉——平面解析几何卷	2014-01	38.00	264
世界著名数论经典著作钩沉(算术卷)	2012-01	28.00	125
世界著名数学经典著作钩沉——立体几何卷	2011-02	28.00	88
世界著名三角学经典著作钩沉(平面三角卷Ⅰ)	2010-06	28.00	69
世界著名三角学经典著作钩沉(平面三角卷Ⅱ)	2011-01	38.00	78
世界著名初等数论经典著作钩沉(理论和实用算术卷)	2011-07	38.00	126
世界著名几何经典著作钩沉(解析几何卷)	2022-10	68.00	1564

发展你的空间想象力(第3版)	2021-01	98.00	1464
空间想象力进阶	2019-05	68.00	1062
走向国际数学奥林匹克的平面几何试题诠释.第1卷	2019-07	88.00	1043
走向国际数学奥林匹克的平面几何试题诠释.第2卷	2019-09	78.00	1044
走向国际数学奥林匹克的平面几何试题诠释.第3卷	2019-03	78.00	1045
走向国际数学奥林匹克的平面几何试题诠释.第4卷	2019-09	98.00	1046
平面几何证明方法全书	2007-08	35.00	1
平面几何证明方法全书习题解答(第2版)	2006-12	18.00	10
平面几何天天练上卷·基础篇(直线型)	2013-01	58.00	208
平面几何天天练中卷·基础篇(涉及圆)	2013-01	28.00	234
平面几何天天练下卷·提高篇	2013-01	58.00	237
平面几何专题研究	2013-07	98.00	258
平面几何解题之道.第1卷	2022-05	38.00	1494
几何学习题集	2020-10	48.00	1217
通过解题学习代数几何	2021-04	88.00	1301
圆锥曲线的奥秘	2022-06	88.00	1541

刘培杰数学工作室
已出版(即将出版)图书目录——初等数学

书　名	出版时间	定　价	编号
最新世界各国数学奥林匹克中的平面几何试题	2007-09	38.00	14
数学竞赛平面几何典型题及新颖解	2010-07	48.00	74
初等数学复习及研究(平面几何)	2008-09	68.00	38
初等数学复习及研究(立体几何)	2010-06	38.00	71
初等数学复习及研究(平面几何)习题解答	2009-01	58.00	42
几何学教程(平面几何卷)	2011-03	68.00	90
几何学教程(立体几何卷)	2011-07	68.00	130
几何变换与几何证题	2010-06	88.00	70
计算方法与几何证题	2011-06	28.00	129
立体几何技巧与方法(第2版)	2022-10	168.00	1572
几何瑰宝——平面几何500名题暨1500条定理(上、下)	2021-07	168.00	1358
三角形的解法与应用	2012-07	18.00	183
近代的三角形几何学	2012-07	48.00	184
一般折线几何学	2015-08	48.00	503
三角形的五心	2009-06	28.00	51
三角形的六心及其应用	2015-10	68.00	542
三角形趣谈	2012-08	28.00	212
解三角形	2014-01	28.00	265
探秘三角形:一次数学旅行	2021-10	68.00	1387
三角学专门教程	2014-09	28.00	387
图天下几何新题试卷.初中(第2版)	2017-11	58.00	855
圆锥曲线习题集(上册)	2013-06	68.00	255
圆锥曲线习题集(中册)	2015-01	78.00	434
圆锥曲线习题集(下册·第1卷)	2016-10	78.00	683
圆锥曲线习题集(下册·第2卷)	2018-01	98.00	853
圆锥曲线习题集(下册·第3卷)	2019-10	128.00	1113
圆锥曲线的思想方法	2021-08	48.00	1379
圆锥曲线的八个主要问题	2021-10	48.00	1415
论九点圆	2015-05	88.00	645
近代欧氏几何学	2012-03	48.00	162
罗巴切夫斯基几何学及几何基础概要	2012-07	28.00	188
罗巴切夫斯基几何学初步	2015-06	28.00	474
用三角、解析几何、复数、向量计算解数学竞赛几何题	2015-03	48.00	455
用解析法研究圆锥曲线的几何理论	2022-05	48.00	1495
美国中学几何教程	2015-04	88.00	458
三线坐标与三角形特征点	2015-04	98.00	460
坐标几何学基础.第1卷,笛卡儿坐标	2021-08	48.00	1398
坐标几何学基础.第2卷,三线坐标	2021-09	28.00	1399
平面解析几何方法与研究(第1卷)	2015-05	18.00	471
平面解析几何方法与研究(第2卷)	2015-06	18.00	472
平面解析几何方法与研究(第3卷)	2015-07	18.00	473
解析几何研究	2015-01	38.00	425
解析几何学教程.上	2016-01	38.00	574
解析几何学教程.下	2016-01	38.00	575
几何学基础	2016-01	58.00	581
初等几何研究	2015-02	58.00	444
十九和二十世纪欧氏几何学中的片段	2017-01	58.00	696
平面几何中考.高考.奥数一本通	2017-07	28.00	820
几何学简史	2017-08	28.00	833
四面体	2018-01	48.00	880
平面几何证明方法思路	2018-12	68.00	913
折纸中的几何练习	2022-09	48.00	1559
中学新几何学(英文)	2022-10	98.00	1562

刘培杰数学工作室
已出版(即将出版)图书目录——初等数学

书　　名	出版时间	定　价	编号
平面几何图形特性新析.上篇	2019-01	68.00	911
平面几何图形特性新析.下篇	2018-06	88.00	912
平面几何范例多解探究.上篇	2018-04	48.00	910
平面几何范例多解探究.下篇	2018-12	68.00	914
从分析解题过程学解题:竞赛中的几何问题研究	2018-07	68.00	946
从分析解题过程学解题:竞赛中的向量几何与不等式研究(全2册)	2019-06	138.00	1090
从分析解题过程学解题:竞赛中的不等式问题	2021-01	48.00	1249
二维、三维欧氏几何的对偶原理	2018-12	38.00	990
星形大观及闭折线论	2019-03	68.00	1020
立体几何的问题和方法	2019-11	58.00	1127
三角代换论	2021-05	58.00	1313
俄罗斯平面几何问题集	2009-08	88.00	55
俄罗斯立体几何问题集	2014-03	58.00	283
俄罗斯几何大师——沙雷金论数学及其他	2014-01	48.00	271
来自俄罗斯的5000道几何习题及解答	2011-03	58.00	89
俄罗斯初等数学问题集	2012-05	38.00	177
俄罗斯函数问题集	2011-03	38.00	103
俄罗斯组合分析问题集	2011-01	48.00	79
俄罗斯初等数学万题选——三角卷	2012-11	38.00	222
俄罗斯初等数学万题选——代数卷	2013-08	68.00	225
俄罗斯初等数学万题选——几何卷	2014-01	68.00	226
俄罗斯《量子》杂志数学征解问题100题选	2018-08	48.00	969
俄罗斯《量子》杂志数学征解问题又100题选	2018-08	48.00	970
俄罗斯《量子》杂志数学征解问题	2020-05	48.00	1138
463个俄罗斯几何老问题	2012-01	28.00	152
《量子》数学短文精粹	2018-09	38.00	972
用三角、解析几何等计算解来自俄罗斯的几何题	2019-11	88.00	1119
基谢廖夫平面几何	2022-01	48.00	1461
基谢廖夫立体几何	2023-04	48.00	1599
数学:代数、数学分析和几何(10-11年级)	2021-01	48.00	1250
立体几何.10—11年级	2022-01	58.00	1472
直观几何学:5—6年级	2022-04	58.00	1508
平面几何.9—11年级	2022-10	48.00	1571
谈谈素数	2011-03	18.00	91
平方和	2011-03	18.00	92
整数论	2011-05	38.00	120
从整数谈起	2015-10	28.00	538
数与多项式	2016-01	38.00	558
谈谈不定方程	2011-05	28.00	119
质数漫谈	2022-07	68.00	1529
解析不等式新论	2009-06	68.00	48
建立不等式的方法	2011-03	98.00	104
数学奥林匹克不等式研究(第2版)	2020-07	68.00	1181
不等式研究(第二辑)	2012-02	68.00	153
不等式的秘密(第一卷)(第2版)	2014-02	38.00	286
不等式的秘密(第二卷)	2014-01	38.00	268
初等不等式的证明方法	2010-06	38.00	123
初等不等式的证明方法(第二版)	2014-11	38.00	407
不等式·理论·方法(基础卷)	2015-07	38.00	496
不等式·理论·方法(经典不等式卷)	2015-07	38.00	497
不等式·理论·方法(特殊类型不等式卷)	2015-07	48.00	498
不等式探究	2016-03	38.00	582
不等式探秘	2017-01	88.00	689
四面体不等式	2017-01	68.00	715
数学奥林匹克中常见重要不等式	2017-09	38.00	845

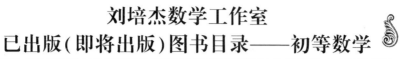

刘培杰数学工作室
已出版(即将出版)图书目录——初等数学

书　　名	出版时间	定　价	编号
三正弦不等式	2018-09	98.00	974
函数方程与不等式:解法与稳定性结果	2019-04	68.00	1058
数学不等式. 第1卷,对称多项式不等式	2022-05	78.00	1455
数学不等式. 第2卷,对称有理不等式与对称无理不等式	2022-05	88.00	1456
数学不等式. 第3卷,循环不等式与非循环不等式	2022-05	88.00	1457
数学不等式. 第4卷,Jensen 不等式的扩展与加细	2022-05	88.00	1458
数学不等式. 第5卷,创建不等式与解不等式的其他方法	2022-05	88.00	1459
同余理论	2012-05	38.00	163
[x]与{x}	2015-04	48.00	476
极值与最值. 上卷	2015-06	28.00	486
极值与最值. 中卷	2015-06	38.00	487
极值与最值. 下卷	2015-06	28.00	488
整数的性质	2012-11	38.00	192
完全平方数及其应用	2015-08	78.00	506
多项式理论	2015-10	88.00	541
奇数、偶数、奇偶分析法	2018-01	98.00	876
不定方程及其应用. 上	2018-12	58.00	992
不定方程及其应用. 中	2019-01	78.00	993
不定方程及其应用. 下	2019-02	98.00	994
Nesbitt 不等式加强式的研究	2022-06	128.00	1527
最值定理与分析不等式	2023-02	78.00	1567
一类积分不等式	2023-02	88.00	1579

历届美国中学生数学竞赛试题及解答(第一卷)1950-1954	2014-07	18.00	277
历届美国中学生数学竞赛试题及解答(第二卷)1955-1959	2014-04	18.00	278
历届美国中学生数学竞赛试题及解答(第三卷)1960-1964	2014-06	18.00	279
历届美国中学生数学竞赛试题及解答(第四卷)1965-1969	2014-04	28.00	280
历届美国中学生数学竞赛试题及解答(第五卷)1970-1972	2014-06	18.00	281
历届美国中学生数学竞赛试题及解答(第六卷)1973-1980	2017-07	18.00	768
历届美国中学生数学竞赛试题及解答(第七卷)1981-1986	2015-01	18.00	424
历届美国中学生数学竞赛试题及解答(第八卷)1987-1990	2017-05	18.00	769

历届中国数学奥林匹克试题集(第3版)	2021-10	58.00	1440
历届加拿大数学奥林匹克试题集	2012-08	38.00	215
历届美国数学奥林匹克试题集:1972~2019	2020-04	88.00	1135
历届波兰数学竞赛试题集. 第1卷,1949~1963	2015-03	18.00	453
历届波兰数学竞赛试题集. 第2卷,1964~1976	2015-03	18.00	454
历届巴尔干数学奥林匹克试题集	2015-05	38.00	466
保加利亚数学奥林匹克	2014-10	38.00	393
圣彼得堡数学奥林匹克试题集	2015-01	38.00	429
匈牙利奥林匹克数学竞赛题解. 第1卷	2016-05	28.00	593
匈牙利奥林匹克数学竞赛题解. 第2卷	2016-05	28.00	594
历届美国数学邀请赛试题集(第2版)	2017-10	78.00	851
普林斯顿大学数学竞赛	2016-06	38.00	669
亚太地区数学奥林匹克竞赛题	2015-07	18.00	492
日本历届(初级)广中杯数学竞赛试题及解答. 第1卷(2000~2007)	2016-05	28.00	641
日本历届(初级)广中杯数学竞赛试题及解答. 第2卷(2008~2015)	2016-05	38.00	642
越南数学奥林匹克题选:1962-2009	2021-07	48.00	1370
360个数学竞赛问题	2016-08	58.00	677
奥数最佳实战题. 上卷	2017-06	38.00	760
奥数最佳实战题. 下卷	2017-05	58.00	761
哈尔滨市早期中学数学竞赛试题汇编	2016-07	28.00	672
全国高中数学联赛试题及解答:1981—2019(第4版)	2020-07	138.00	1176
2022年全国高中数学联合竞赛模拟题集	2022-06	30.00	1521

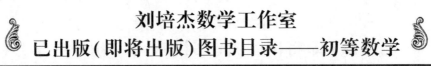

刘培杰数学工作室
已出版(即将出版)图书目录——初等数学

书名	出版时间	定价	编号
20世纪50年代全国部分城市数学竞赛试题汇编	2017-07	28.00	797
国内外数学竞赛题及精解:2018~2019	2020-08	45.00	1192
国内外数学竞赛题及精解:2019~2020	2021-11	58.00	1439
许康华竞赛优学精选集.第一辑	2018-08	68.00	949
天问叶班数学问题征解100题.Ⅰ,2016-2018	2019-05	88.00	1075
天问叶班数学问题征解100题.Ⅱ,2017-2019	2020-07	98.00	1177
美国初中数学竞赛:AMC8准备(共6卷)	2019-07	138.00	1089
美国高中数学竞赛:AMC10准备(共6卷)	2019-08	158.00	1105
王连笑教你怎样学数学:高考选择题解题策略与客观题实用训练	2014-01	48.00	262
王连笑教你怎样学数学:高考数学高层次讲座	2015-02	48.00	432
高考数学的理论与实践	2009-08	38.00	53
高考数学核心题型解题方法与技巧	2010-01	28.00	86
高考思维新平台	2014-03	38.00	259
高考数学压轴题解题诀窍(上)(第2版)	2018-01	58.00	874
高考数学压轴题解题诀窍(下)(第2版)	2018-01	48.00	875
北京市五区文科数学三年高考模拟题详解:2013~2015	2015-08	48.00	500
北京市五区理科数学三年高考模拟题详解:2013~2015	2015-09	68.00	505
向量法巧解数学高考题	2009-08	28.00	54
高中数学课堂教学的实践与反思	2021-11	48.00	791
数学高考参考	2016-01	78.00	589
新课程标准高考数学解答题各种题型解法指导	2020-08	78.00	1196
全国及各省市高考数学试题审题要津与解法研究	2015-02	48.00	450
高中数学章节起始课的教学研究与案例设计	2019-05	28.00	1064
新课标高考数学——五年试题分章详解(2007~2011)(上、下)	2011-10	78.00	140,141
全国中考数学压轴题审题要津与解法研究	2013-04	78.00	248
新编全国及各省市中考数学压轴题审题要津与解法研究	2014-05	58.00	342
全国及各省市5年中考数学压轴题审题要津与解法研究(2015版)	2015-04	58.00	462
中考数学专题总复习	2007-04	28.00	6
中考数学较难题常考题型解题方法与技巧	2016-09	48.00	681
中考数学难题常考题型解题方法与技巧	2016-09	48.00	682
中考数学中档题常考题型解题方法与技巧	2017-08	68.00	835
中考数学选择填空压轴好题妙解365	2017-05	38.00	759
中考数学:三类重点考题的解法例析与习题	2020-04	48.00	1140
中小学数学的历史文化	2019-11	48.00	1124
初中平面几何百题多思创新解	2020-01	58.00	1125
初中数学中考备考	2020-01	58.00	1126
高考数学之九章演义	2019-08	68.00	1044
高考数学之难题谈笑间	2022-06	68.00	1519
化学可以这样学:高中化学知识方法智慧感悟疑难辨析	2019-07	58.00	1103
如何成为学习高手	2019-09	58.00	1107
高考数学:经典真题分类解析	2020-04	78.00	1134
高考数学解答题破解策略	2020-11	58.00	1221
从分析解题过程学解题:高考压轴题与竞赛题之关系探究	2020-08	88.00	1179
教学新思考:单元整体视角下的初中数学教学设计	2021-03	58.00	1278
思维再拓展:2020年经典几何题的多解探究与思考	即将出版		1279
中考数学小压轴汇编初讲	2017-07	48.00	788
中考数学大压轴专题微言	2017-09	48.00	846
怎么解中考平面几何探索题	2019-06	48.00	1093
北京中考数学压轴题解题方法突破(第8版)	2022-11	78.00	1577
助你高考成功的数学解题智慧:知识是智慧的基础	2016-01	58.00	596
助你高考成功的数学解题智慧:错误是智慧的试金石	2016-04	58.00	643
助你高考成功的数学解题智慧:方法是智慧的推手	2016-04	68.00	657
高考数学奇思妙解	2016-04	38.00	610
高考数学解题策略	2016-05	48.00	670

刘培杰数学工作室
已出版(即将出版)图书目录——初等数学

书　　名	出版时间	定　价	编号
数学解题泄天机(第2版)	2017-10	48.00	850
高考物理压轴题全解	2017-04	58.00	746
高中物理经典问题25讲	2017-05	28.00	764
高中物理教学讲义	2018-01	48.00	871
高中物理教学讲义:全模块	2022-03	98.00	1492
高中物理答疑解惑65篇	2021-11	48.00	1462
中学物理基础问题解析	2020-08	48.00	1183
2017年高考理科数学真题研究	2018-01	58.00	867
2017年高考文科数学真题研究	2018-01	48.00	868
初中数学、高中数学脱节知识补缺教材	2017-06	48.00	766
高考数学小题抢分必练	2017-10	48.00	834
高考数学核心素养解读	2017-09	38.00	839
高考数学客观题解题方法和技巧	2017-10	38.00	847
十年高考数学精品试题审题要津与解法研究	2021-10	98.00	1427
中国历届高考数学试题及解答.1949-1979	2018-01	38.00	877
历届中国高考数学试题及解答.第二卷,1980—1989	2018-10	28.00	975
历届中国高考数学试题及解答.第三卷,1990—1999	2018-10	48.00	976
数学文化与高考研究	2018-03	48.00	882
跟我学解高中数学题	2018-07	58.00	926
中学数学研究的方法及案例	2018-05	58.00	869
高考数学抢分技能	2018-07	68.00	934
高一新生常用数学方法和重要数学思想提升教材	2018-06	38.00	921
2018年高考数学真题研究	2019-01	68.00	1000
2019年高考数学真题研究	2020-05	88.00	1137
高考数学全国卷六道解答题常考题型解题诀窍:理科(全2册)	2019-07	78.00	1101
高考数学全国卷16道选择、填空题常考题型解题诀窍.理科	2018-09	88.00	971
高考数学全国卷16道选择、填空题常考题型解题诀窍.文科	2020-01	88.00	1123
高中数学一题多解	2019-06	58.00	1087
历届中国高考数学试题及解答:1917-1999	2021-08	98.00	1371
2000~2003年全国及各省市高考数学试题及解答	2022-05	88.00	1499
2004年全国及各省市高考数学试题及解答	2022-07	78.00	1500
突破高原:高中数学解题思维探究	2021-08	48.00	1375
高考数学中的"取值范围"	2021-10	48.00	1429
新课程标准高中数学各种题型解法大全.必修一分册	2021-06	58.00	1315
新课程标准高中数学各种题型解法大全.必修二分册	2022-01	68.00	1471
高中数学各种题型解法大全.选择性必修一分册	2022-06	68.00	1525
高中数学各种题型解法大全.选择性必修二分册	2023-01	58.00	1600
新编640个世界著名数学智力趣题	2014-01	88.00	242
500个最新世界著名数学智力趣题	2008-06	48.00	3
400个最新世界著名数学最值问题	2008-09	48.00	36
500个世界著名数学征解问题	2009-06	48.00	52
400个中国最佳初等数学征解老问题	2010-01	48.00	60
500个俄罗斯数学经典老题	2011-01	28.00	81
1000个国外中学物理好题	2012-04	48.00	174
300个日本高考数学题	2012-05	38.00	142
700个早期日本高考数学试题	2017-02	88.00	752
500个前苏联早期高考数学试题及解答	2012-05	28.00	185
546个早期俄罗斯大学生数学竞赛题	2014-03	38.00	285
548个来自美苏的数学好问题	2014-11	28.00	396
20所苏联著名大学早期入学试题	2015-02	18.00	452
161道德国工科大学生必做的微分方程习题	2015-05	28.00	469
500个德国工科大学生必做的高数习题	2015-06	28.00	478
360个数学竞赛问题	2016-08	58.00	677
200个趣味数学故事	2018-02	48.00	857
470个数学奥林匹克中的最值问题	2018-10	88.00	985
德国讲义日本考题.微积分卷	2015-04	48.00	456
德国讲义日本考题.微分方程卷	2015-04	38.00	457
二十世纪中叶中、英、美、日、法、俄高考数学试题精选	2017-06	38.00	783

刘培杰数学工作室
已出版(即将出版)图书目录——初等数学

书　　名	出版时间	定　价	编号
中国初等数学研究　2009 卷(第 1 辑)	2009-05	20.00	45
中国初等数学研究　2010 卷(第 2 辑)	2010-05	30.00	68
中国初等数学研究　2011 卷(第 3 辑)	2011-07	60.00	127
中国初等数学研究　2012 卷(第 4 辑)	2012-07	48.00	190
中国初等数学研究　2014 卷(第 5 辑)	2014-02	48.00	288
中国初等数学研究　2015 卷(第 6 辑)	2015-06	68.00	493
中国初等数学研究　2016 卷(第 7 辑)	2016-04	68.00	609
中国初等数学研究　2017 卷(第 8 辑)	2017-01	98.00	712

初等数学研究在中国. 第 1 辑	2019-03	158.00	1024
初等数学研究在中国. 第 2 辑	2019-10	158.00	1116
初等数学研究在中国. 第 3 辑	2021-05	158.00	1306
初等数学研究在中国. 第 4 辑	2022-06	158.00	1520

几何变换(Ⅰ)	2014-07	28.00	353
几何变换(Ⅱ)	2015-06	28.00	354
几何变换(Ⅲ)	2015-01	38.00	355
几何变换(Ⅳ)	2015-12	38.00	356

初等数论难题集(第一卷)	2009-05	68.00	44
初等数论难题集(第二卷)(上、下)	2011-02	128.00	82,83
数论概貌	2011-03	18.00	93
代数数论(第二版)	2013-08	58.00	94
代数多项式	2014-06	38.00	289
初等数论的知识与问题	2011-02	28.00	95
超越数论基础	2011-03	28.00	96
数论初等教程	2011-03	28.00	97
数论基础	2011-03	18.00	98
数论基础与维诺格拉多夫	2014-03	18.00	292
解析数论基础	2012-08	28.00	216
解析数论基础(第二版)	2014-01	48.00	287
解析数论问题集(第二版)(原版引进)	2014-05	88.00	343
解析数论问题集(第二版)(中译本)	2016-04	88.00	607
解析数论基础(潘承洞,潘承彪著)	2016-07	98.00	673
解析数论导引	2016-07	58.00	674
数论入门	2011-03	38.00	99
代数数论入门	2015-03	38.00	448
数论开篇	2012-07	28.00	194
解析数论引论	2011-03	48.00	100
Barban Davenport Halberstam 均值和	2009-01	40.00	33
基础数论	2011-03	28.00	101
初等数论 100 例	2011-05	18.00	122
初等数论经典例题	2012-07	18.00	204
最新世界各国数学奥林匹克中的初等数论试题(上、下)	2012-01	138.00	144,145
初等数论(Ⅰ)	2012-01	18.00	156
初等数论(Ⅱ)	2012-01	18.00	157
初等数论(Ⅲ)	2012-01	28.00	158

刘培杰数学工作室
已出版(即将出版)图书目录——初等数学

书　　名	出版时间	定　价	编号
平面几何与数论中未解决的新老问题	2013-01	68.00	229
代数数论简史	2014-11	28.00	408
代数数论	2015-09	88.00	532
代数、数论及分析习题集	2016-11	98.00	695
数论导引提要及习题解答	2016-01	48.00	559
素数定理的初等证明.第2版	2016-09	48.00	686
数论中的模函数与狄利克雷级数(第二版)	2017-11	78.00	837
数论:数学导引	2018-01	68.00	849
范氏大代数	2019-02	98.00	1016
解析数学讲义.第一卷,导来式及微分、积分、级数	2019-04	88.00	1021
解析数学讲义.第二卷,关于几何的应用	2019-04	68.00	1022
解析数学讲义.第三卷,解析函数论	2019-04	78.00	1023
分析·组合·数论纵横谈	2019-04	58.00	1039
Hall 代数:民国时期的中学数学课本:英文	2019-08	88.00	1106
基谢廖夫初等代数	2022-07	38.00	1531

数学精神巡礼	2019-01	58.00	731
数学眼光透视(第2版)	2017-06	78.00	732
数学思想领悟(第2版)	2018-01	68.00	733
数学方法溯源(第2版)	2018-08	68.00	734
数学解题引论	2017-05	58.00	735
数学史话览胜(第2版)	2017-01	48.00	736
数学应用展观(第2版)	2017-08	68.00	737
数学建模尝试	2018-04	48.00	738
数学竞赛采风	2018-01	68.00	739
数学测评探营	2019-05	58.00	740
数学技能操握	2018-03	48.00	741
数学欣赏拾趣	2018-02	48.00	742

从毕达哥拉斯到怀尔斯	2007-10	48.00	9
从迪利克雷到维斯卡尔迪	2008-01	48.00	21
从哥德巴赫到陈景润	2008-05	98.00	35
从庞加莱到佩雷尔曼	2011-08	138.00	136

博弈论精粹	2008-03	58.00	30
博弈论精粹.第二版(精装)	2015-01	88.00	461
数学 我爱你	2008-01	28.00	20
精神的圣徒　别样的人生——60位中国数学家成长的历程	2008-09	48.00	39
数学史概论	2009-06	78.00	50
数学史概论(精装)	2013-03	158.00	272
数学史选讲	2016-01	48.00	544
斐波那契数列	2010-02	28.00	65
数学拼盘和斐波那契魔方	2010-07	38.00	72
斐波那契数列欣赏(第2版)	2018-08	58.00	948
Fibonacci 数列中的明珠	2018-06	58.00	928
数学的创造	2011-02	48.00	85
数学美与创造力	2016-01	48.00	595
数海拾贝	2016-01	48.00	590
数学中的美(第2版)	2019-04	68.00	1057
数论中的美学	2014-12	38.00	351

刘培杰数学工作室
已出版(即将出版)图书目录——初等数学

书名	出版时间	定价	编号
数学王者　科学巨人——高斯	2015-01	28.00	428
振兴祖国数学的圆梦之旅:中国初等数学研究史话	2015-06	98.00	490
二十世纪中国数学史料研究	2015-10	48.00	536
数字谜、数阵图与棋盘覆盖	2016-01	58.00	298
时间的形状	2016-01	38.00	556
数学发现的艺术:数学探索中的合情推理	2016-07	58.00	671
活跃在数学中的参数	2016-07	48.00	675
数海趣史	2021-05	98.00	1314
数学解题——靠数学思想给力(上)	2011-07	38.00	131
数学解题——靠数学思想给力(中)	2011-07	48.00	132
数学解题——靠数学思想给力(下)	2011-07	38.00	133
我怎样解题	2013-01	48.00	227
数学解题中的物理方法	2011-06	28.00	114
数学解题的特殊方法	2011-06	48.00	115
中学数学计算技巧(第2版)	2020-10	48.00	1220
中学数学证明方法	2012-01	58.00	117
数学趣题巧解	2012-03	28.00	128
高中数学教学通鉴	2015-05	58.00	479
和高中生漫谈:数学与哲学的故事	2014-08	28.00	369
算术问题集	2017-03	38.00	789
张教授讲数学	2018-07	38.00	933
陈永明实话实说数学教学	2020-04	68.00	1132
中学数学学科知识与教学能力	2020-06	58.00	1155
怎样把课讲好:大罕数学教学随笔	2022-03	58.00	1484
中国高考评价体系下高考数学探秘	2022-03	48.00	1487
自主招生考试中的参数方程问题	2015-01	28.00	435
自主招生考试中的极坐标问题	2015-04	28.00	463
近年全国重点大学自主招生数学试题全解及研究.华约卷	2015-02	38.00	441
近年全国重点大学自主招生数学试题全解及研究.北约卷	2016-05	38.00	619
自主招生数学解证宝典	2015-09	48.00	535
中国科学技术大学创新班数学真题解析	2022-03	48.00	1488
中国科学技术大学创新班物理真题解析	2022-03	58.00	1489
格点和面积	2012-07	18.00	191
射影几何趣谈	2012-04	28.00	175
斯潘纳尔引理——从一道加拿大数学奥林匹克试题谈起	2014-01	28.00	228
李普希兹条件——从几道近年高考数学试题谈起	2012-10	18.00	221
拉格朗日中值定理——从一道北京高考试题的解法谈起	2015-10	18.00	197
闵科夫斯基定理——从一道清华大学自主招生试题谈起	2014-01	28.00	198
哈尔测度——从一道冬令营试题的背景谈起	2012-08	28.00	202
切比雪夫逼近问题——从一道中国台北数学奥林匹克试题谈起	2013-04	38.00	238
伯恩斯坦多项式与贝齐尔曲面——从一道全国高中数学联赛试题谈起	2013-03	38.00	236
卡塔兰猜想——从一道普特南竞赛试题谈起	2013-06	18.00	256
麦卡锡函数和阿克曼函数——从一道前南斯拉夫数学奥林匹克试题谈起	2012-08	18.00	201
贝蒂定理与拉姆贝克莫斯尔定理——从一个拣石子游戏谈起	2012-08	18.00	217
皮亚诺曲线和豪斯道夫分球定理——从无限集谈起	2012-08	18.00	211
平面凸图形与凸多面体	2012-10	28.00	218
斯坦因豪斯问题——从一道二十五省市自治区中学数学竞赛试题谈起	2012-07	18.00	196

刘培杰数学工作室
已出版(即将出版)图书目录——初等数学

书　名	出版时间	定　价	编号
纽结理论中的亚历山大多项式与琼斯多项式——从一道北京市高一数学竞赛试题谈起	2012-07	28.00	195
原则与策略——从波利亚“解题表”谈起	2013-04	38.00	244
转化与化归——从三大尺规作图不能问题谈起	2012-08	28.00	214
代数几何中的贝祖定理(第一版)——从一道 IMO 试题的解法谈起	2013-08	18.00	193
成功连贯理论与约当块理论——从一道比利时数学竞赛试题谈起	2012-04	18.00	180
素数判定与大数分解	2014-08	18.00	199
置换多项式及其应用	2012-10	18.00	220
椭圆函数与模函数——从一道美国加州大学洛杉矶分校(UCLA)博士资格考题谈起	2012-10	28.00	219
差分方程的拉格朗日方法——从一道 2011 年全国高考理科试题的解法谈起	2012-08	28.00	200
力学在几何中的一些应用	2013-01	38.00	240
从根式解到伽罗华理论	2020-01	48.00	1121
康托洛维奇不等式——从一道全国高中联赛试题谈起	2013-03	28.00	337
西格尔引理——从一道第 18 届 IMO 试题的解法谈起	即将出版		
罗斯定理——从一道前苏联数学竞赛试题谈起	即将出版		
拉克斯定理和阿廷定理——从一道 IMO 试题的解法谈起	2014-01	58.00	246
毕卡大定理——从一道美国大学数学竞赛试题谈起	2014-07	18.00	350
贝齐尔曲线——从一道全国高中联赛试题谈起	即将出版		
拉格朗日乘子定理——从一道 2005 年全国高中联赛试题的高等数学解法谈起	2015-05	28.00	480
雅可比定理——从一道日本数学奥林匹克试题谈起	2013-04	48.00	249
李天岩-约克定理——从一道波兰数学竞赛试题谈起	2014-06	28.00	349
受控理论与初等不等式:从一道 IMO 试题的解法谈起	2023-03	48.00	1601
布劳维不动点定理——从一道前苏联数学奥林匹克试题谈起	2014-01	38.00	273
伯恩赛德定理——从一道英国数学奥林匹克试题谈起	即将出版		
布查特-莫斯特定理——从一道上海市初中竞赛试题谈起	即将出版		
数论中的同余数问题——从一道普特南竞赛试题谈起	即将出版		
范·德蒙行列式——从一道美国数学奥林匹克试题谈起	即将出版		
中国剩余定理:总数法构建中国历史年表	2015-01	28.00	430
牛顿程序与方程求根——从一道全国高考试题解法谈起	即将出版		
库默尔定理——从一道 IMO 预选试题谈起	即将出版		
卢丁定理——从一道冬令营试题的解法谈起	即将出版		
沃斯滕霍姆定理——从一道 IMO 预选试题谈起	即将出版		
卡尔松不等式——从一道莫斯科数学奥林匹克试题谈起	即将出版		
信息论中的香农熵——从一道近年高考压轴题谈起	即将出版		
约当不等式——从一道希望杯竞赛试题谈起	即将出版		
拉比诺维奇定理	即将出版		
刘维尔定理——从一道《美国数学月刊》征解问题的解法谈起	即将出版		
卡塔兰恒等式与级数求和——从一道 IMO 试题的解法谈起	即将出版		
勒让德猜想与素数分布——从一道爱尔兰竞赛试题谈起	即将出版		
天平称重与信息论——从一道基辅市数学奥林匹克试题谈起	即将出版		
哈密尔顿-凯莱定理:从一道高中数学联赛试题的解法谈起	2014-09	18.00	376
艾思特曼定理——从一道 CMO 试题的解法谈起	即将出版		

刘培杰数学工作室
已出版(即将出版)图书目录——初等数学

书　　名	出版时间	定　价	编号
阿贝尔恒等式与经典不等式及应用	2018-06	98.00	923
迪利克雷除数问题	2018-07	48.00	930
幻方、幻立方与拉丁方	2019-08	48.00	1092
帕斯卡三角形	2014-03	18.00	294
蒲丰投针问题——从2009年清华大学的一道自主招生试题谈起	2014-01	38.00	295
斯图姆定理——从一道"华约"自主招生试题的解法谈起	2014-01	18.00	296
许瓦兹引理——从一道加利福尼亚大学伯克利分校数学系博士生试题谈起	2014-08	18.00	297
拉姆塞定理——从王诗宬院士的一个问题谈起	2016-04	48.00	299
坐标法	2013-12	28.00	332
数论三角形	2014-04	38.00	341
毕克定理	2014-07	18.00	352
数林掠影	2014-09	48.00	389
我们周围的概率	2014-10	38.00	390
凸函数最值定理:从一道华约自主招生题的解法谈起	2014-10	28.00	391
易学与数学奥林匹克	2014-10	38.00	392
生物数学趣谈	2015-01	18.00	409
反演	2015-01	28.00	420
因式分解与圆锥曲线	2015-01	18.00	426
轨迹	2015-01	28.00	427
面积原理:从常庚哲命的一道CMO试题的积分解法谈起	2015-01	48.00	431
形形色色的不动点定理:从一道28届IMO试题谈起	2015-01	38.00	439
柯西函数方程:从一道上海交大自主招生的试题谈起	2015-02	28.00	440
三角恒等式	2015-02	28.00	442
无理性判定:从一道2014年"北约"自主招生试题谈起	2015-01	38.00	443
数学归纳法	2015-03	18.00	451
极端原理与解题	2015-04	28.00	464
法雷级数	2014-08	18.00	367
摆线族	2015-01	38.00	438
函数方程及其解法	2015-05	38.00	470
含参数的方程和不等式	2012-09	28.00	213
希尔伯特第十问题	2016-01	38.00	543
无穷小量的求和	2016-01	28.00	545
切比雪夫多项式:从一道清华大学金秋营试题谈起	2016-01	38.00	583
泽肯多夫定理	2016-03	38.00	599
代数等式证题法	2016-01	28.00	600
三角等式证题法	2016-01	28.00	601
吴大任教授藏书中的一个因式分解公式:从一道美国数学邀请赛试题的解法谈起	2016-06	28.00	656
易卦——类万物的数学模型	2017-08	68.00	838
"不可思议"的数与数系可持续发展	2018-01	38.00	878
最短线	2018-01	38.00	879
数学在天文、地理、光学、机械力学中的一些应用	2023-03	88.00	1576
从阿基米德三角形谈起	2023-01	28.00	1578

幻方和魔方(第一卷)	2012-05	68.00	173
尘封的经典——初等数学经典文献选读(第一卷)	2012-07	48.00	205
尘封的经典——初等数学经典文献选读(第二卷)	2012-07	38.00	206

初级方程式论	2011-03	28.00	106
初等数学研究(Ⅰ)	2008-09	68.00	37
初等数学研究(Ⅱ)(上、下)	2009-05	118.00	46,47
初等数学专题研究	2022-10	68.00	1568

刘培杰数学工作室
已出版(即将出版)图书目录——初等数学

书　　名	出版时间	定　价	编号
趣味初等方程妙题集锦	2014-09	48.00	388
趣味初等数论选美与欣赏	2015-02	48.00	445
耕读笔记(上卷):一位农民数学爱好者的初数探索	2015-04	28.00	459
耕读笔记(中卷):一位农民数学爱好者的初数探索	2015-05	28.00	483
耕读笔记(下卷):一位农民数学爱好者的初数探索	2015-05	28.00	484
几何不等式研究与欣赏.上卷	2016-01	88.00	547
几何不等式研究与欣赏.下卷	2016-01	48.00	552
初等数列研究与欣赏·上	2016-01	48.00	570
初等数列研究与欣赏·下	2016-01	48.00	571
趣味初等函数研究与欣赏.上	2016-09	48.00	684
趣味初等函数研究与欣赏.下	2018-09	48.00	685
三角不等式研究与欣赏	2020-10	68.00	1197
新编平面解析几何解题方法研究与欣赏	2021-10	78.00	1426
火柴游戏(第2版)	2022-05	38.00	1493
智力解谜.第1卷	2017-07	38.00	613
智力解谜.第2卷	2017-07	38.00	614
故事智力	2016-07	48.00	615
名人们喜欢的智力问题	2020-01	48.00	616
数学大师的发现、创造与失误	2018-01	48.00	617
异曲同工	2018-09	48.00	618
数学的味道	2018-01	58.00	798
数学千字文	2018-10	68.00	977
数贝偶拾——高考数学题研究	2014-04	28.00	274
数贝偶拾——初等数学研究	2014-04	38.00	275
数贝偶拾——奥数题研究	2014-04	48.00	276
钱昌本教你快乐学数学(上)	2011-12	48.00	155
钱昌本教你快乐学数学(下)	2012-03	58.00	171
集合、函数与方程	2014-01	28.00	300
数列与不等式	2014-01	38.00	301
三角与平面向量	2014-01	28.00	302
平面解析几何	2014-01	38.00	303
立体几何与组合	2014-01	28.00	304
极限与导数、数学归纳法	2014-01	38.00	305
趣味数学	2014-03	28.00	306
教材教法	2014-04	68.00	307
自主招生	2014-05	58.00	308
高考压轴题(上)	2015-01	48.00	309
高考压轴题(下)	2014-10	68.00	310
从费马到怀尔斯——费马大定理的历史	2013-10	198.00	Ⅰ
从庞加莱到佩雷尔曼——庞加莱猜想的历史	2013-10	298.00	Ⅱ
从切比雪夫到爱尔特希(上)——素数定理的初等证明	2013-07	48.00	Ⅲ
从切比雪夫到爱尔特希(下)——素数定理100年	2012-12	98.00	Ⅲ
从高斯到盖尔方特——二次域的高斯猜想	2013-10	198.00	Ⅳ
从库默尔到朗兰兹——朗兰兹猜想的历史	2014-01	98.00	Ⅴ
从比勃巴赫到德布朗斯——比勃巴赫猜想的历史	2014-02	298.00	Ⅵ
从麦比乌斯到陈省身——麦比乌斯变换与麦比乌斯带	2014-02	298.00	Ⅶ
从布尔到豪斯道夫——布尔方程与格论漫谈	2013-10	198.00	Ⅷ
从开普勒到阿诺德——三体问题的历史	2014-05	298.00	Ⅸ
从华林到华罗庚——华林问题的历史	2013-10	298.00	Ⅹ

刘培杰数学工作室
已出版(即将出版)图书目录——初等数学

书　　名	出版时间	定　价	编号
美国高中数学竞赛五十讲.第1卷(英文)	2014-08	28.00	357
美国高中数学竞赛五十讲.第2卷(英文)	2014-08	28.00	358
美国高中数学竞赛五十讲.第3卷(英文)	2014-09	28.00	359
美国高中数学竞赛五十讲.第4卷(英文)	2014-09	28.00	360
美国高中数学竞赛五十讲.第5卷(英文)	2014-10	28.00	361
美国高中数学竞赛五十讲.第6卷(英文)	2014-11	28.00	362
美国高中数学竞赛五十讲.第7卷(英文)	2014-12	28.00	363
美国高中数学竞赛五十讲.第8卷(英文)	2015-01	28.00	364
美国高中数学竞赛五十讲.第9卷(英文)	2015-01	28.00	365
美国高中数学竞赛五十讲.第10卷(英文)	2015-02	38.00	366

三角函数(第2版)	2017-04	38.00	626
不等式	2014-01	38.00	312
数列	2014-01	38.00	313
方程(第2版)	2017-04	38.00	624
排列和组合	2014-01	28.00	315
极限与导数(第2版)	2016-04	38.00	635
向量(第2版)	2018-08	58.00	627
复数及其应用	2014-08	28.00	318
函数	2014-01	38.00	319
集合	2020-01	48.00	320
直线与平面	2014-01	28.00	321
立体几何(第2版)	2016-04	38.00	629
解三角形	即将出版		323
直线与圆(第2版)	2016-11	38.00	631
圆锥曲线(第2版)	2016-09	48.00	632
解题通法(一)	2014-07	38.00	326
解题通法(二)	2014-07	38.00	327
解题通法(三)	2014-05	38.00	328
概率与统计	2014-01	28.00	329
信息迁移与算法	即将出版		330

IMO 50年.第1卷(1959-1963)	2014-11	28.00	377
IMO 50年.第2卷(1964-1968)	2014-11	28.00	378
IMO 50年.第3卷(1969-1973)	2014-09	28.00	379
IMO 50年.第4卷(1974-1978)	2016-04	38.00	380
IMO 50年.第5卷(1979-1984)	2015-04	38.00	381
IMO 50年.第6卷(1985-1989)	2015-04	58.00	382
IMO 50年.第7卷(1990-1994)	2016-01	48.00	383
IMO 50年.第8卷(1995-1999)	2016-06	38.00	384
IMO 50年.第9卷(2000-2004)	2015-04	58.00	385
IMO 50年.第10卷(2005-2009)	2016-01	48.00	386
IMO 50年.第11卷(2010-2015)	2017-03	48.00	646

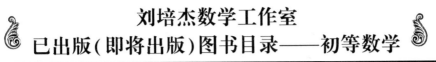

刘培杰数学工作室
已出版(即将出版)图书目录——初等数学

书　　名	出版时间	定　价	编号
数学反思(2006—2007)	2020-09	88.00	915
数学反思(2008—2009)	2019-01	68.00	917
数学反思(2010—2011)	2018-05	58.00	916
数学反思(2012—2013)	2019-01	58.00	918
数学反思(2014—2015)	2019-03	78.00	919
数学反思(2016—2017)	2021-03	58.00	1286
数学反思(2018—2019)	2023-01	88.00	1593
历届美国大学生数学竞赛试题集.第一卷(1938—1949)	2015-01	28.00	397
历届美国大学生数学竞赛试题集.第二卷(1950—1959)	2015-01	28.00	398
历届美国大学生数学竞赛试题集.第三卷(1960—1969)	2015-01	28.00	399
历届美国大学生数学竞赛试题集.第四卷(1970—1979)	2015-01	18.00	400
历届美国大学生数学竞赛试题集.第五卷(1980—1989)	2015-01	28.00	401
历届美国大学生数学竞赛试题集.第六卷(1990—1999)	2015-01	28.00	402
历届美国大学生数学竞赛试题集.第七卷(2000—2009)	2015-08	18.00	403
历届美国大学生数学竞赛试题集.第八卷(2010—2012)	2015-01	18.00	404
新课标高考数学创新题解题诀窍:总论	2014-09	28.00	372
新课标高考数学创新题解题诀窍:必修1～5分册	2014-08	38.00	373
新课标高考数学创新题解题诀窍:选修2-1,2-2,1-1,1-2分册	2014-09	38.00	374
新课标高考数学创新题解题诀窍:选修2-3,4-4,4-5分册	2014-09	18.00	375
全国重点大学自主招生英文数学试题全攻略:词汇卷	2015-07	48.00	410
全国重点大学自主招生英文数学试题全攻略:概念卷	2015-01	28.00	411
全国重点大学自主招生英文数学试题全攻略:文章选读卷(上)	2016-09	38.00	412
全国重点大学自主招生英文数学试题全攻略:文章选读卷(下)	2017-01	58.00	413
全国重点大学自主招生英文数学试题全攻略:试题卷	2015-07	38.00	414
全国重点大学自主招生英文数学试题全攻略:名著欣赏卷	2017-03	48.00	415
劳埃德数学趣题大全.题目卷.1:英文	2016-01	18.00	516
劳埃德数学趣题大全.题目卷.2:英文	2016-01	18.00	517
劳埃德数学趣题大全.题目卷.3:英文	2016-01	18.00	518
劳埃德数学趣题大全.题目卷.4:英文	2016-01	18.00	519
劳埃德数学趣题大全.题目卷.5:英文	2016-01	18.00	520
劳埃德数学趣题大全.答案卷:英文	2016-01	18.00	521
李成章教练奥数笔记.第1卷	2016-01	48.00	522
李成章教练奥数笔记.第2卷	2016-01	48.00	523
李成章教练奥数笔记.第3卷	2016-01	38.00	524
李成章教练奥数笔记.第4卷	2016-01	38.00	525
李成章教练奥数笔记.第5卷	2016-01	38.00	526
李成章教练奥数笔记.第6卷	2016-01	38.00	527
李成章教练奥数笔记.第7卷	2016-01	38.00	528
李成章教练奥数笔记.第8卷	2016-01	48.00	529
李成章教练奥数笔记.第9卷	2016-01	28.00	530

刘培杰数学工作室
已出版(即将出版)图书目录——初等数学

书　名	出版时间	定　价	编号
第19~23届"希望杯"全国数学邀请赛试题审题要津详细评注(初一版)	2014-03	28.00	333
第19~23届"希望杯"全国数学邀请赛试题审题要津详细评注(初二、初三版)	2014-03	38.00	334
第19~23届"希望杯"全国数学邀请赛试题审题要津详细评注(高一版)	2014-03	28.00	335
第19~23届"希望杯"全国数学邀请赛试题审题要津详细评注(高二版)	2014-03	38.00	336
第19~25届"希望杯"全国数学邀请赛试题审题要津详细评注(初一版)	2015-01	38.00	416
第19~25届"希望杯"全国数学邀请赛试题审题要津详细评注(初二、初三版)	2015-01	58.00	417
第19~25届"希望杯"全国数学邀请赛试题审题要津详细评注(高一版)	2015-01	48.00	418
第19~25届"希望杯"全国数学邀请赛试题审题要津详细评注(高二版)	2015-01	48.00	419
物理奥林匹克竞赛大题典——力学卷	2014-11	48.00	405
物理奥林匹克竞赛大题典——热学卷	2014-04	28.00	339
物理奥林匹克竞赛大题典——电磁学卷	2015-07	48.00	406
物理奥林匹克竞赛大题典——光学与近代物理卷	2014-06	28.00	345
历届中国东南地区数学奥林匹克试题集(2004~2012)	2014-06	18.00	346
历届中国西部地区数学奥林匹克试题集(2001~2012)	2014-07	18.00	347
历届中国女子数学奥林匹克试题集(2002~2012)	2014-08	18.00	348
数学奥林匹克在中国	2014-06	98.00	344
数学奥林匹克问题集	2014-01	38.00	267
数学奥林匹克不等式散论	2010-06	38.00	124
数学奥林匹克不等式欣赏	2011-09	38.00	138
数学奥林匹克超级题库(初中卷上)	2010-01	58.00	66
数学奥林匹克不等式证明方法和技巧(上、下)	2011-08	158.00	134,135
他们学什么:原民主德国中学数学课本	2016-09	38.00	658
他们学什么:英国中学数学课本	2016-09	38.00	659
他们学什么:法国中学数学课本.1	2016-09	38.00	660
他们学什么:法国中学数学课本.2	2016-09	28.00	661
他们学什么:法国中学数学课本.3	2016-09	38.00	662
他们学什么:苏联中学数学课本	2016-09	28.00	679
高中数学题典——集合与简易逻辑·函数	2016-07	48.00	647
高中数学题典——导数	2016-07	48.00	648
高中数学题典——三角函数·平面向量	2016-07	48.00	649
高中数学题典——数列	2016-07	58.00	650
高中数学题典——不等式·推理与证明	2016-07	38.00	651
高中数学题典——立体几何	2016-07	48.00	652
高中数学题典——平面解析几何	2016-07	78.00	653
高中数学题典——计数原理·统计·概率·复数	2016-07	48.00	654
高中数学题典——算法·平面几何·初等数论·组合数学·其他	2016-07	68.00	655

刘培杰数学工作室
已出版(即将出版)图书目录——初等数学

书　　名	出版时间	定　价	编号
台湾地区奥林匹克数学竞赛试题.小学一年级	2017-03	38.00	722
台湾地区奥林匹克数学竞赛试题.小学二年级	2017-03	38.00	723
台湾地区奥林匹克数学竞赛试题.小学三年级	2017-03	38.00	724
台湾地区奥林匹克数学竞赛试题.小学四年级	2017-03	38.00	725
台湾地区奥林匹克数学竞赛试题.小学五年级	2017-03	38.00	726
台湾地区奥林匹克数学竞赛试题.小学六年级	2017-03	38.00	727
台湾地区奥林匹克数学竞赛试题.初中一年级	2017-03	38.00	728
台湾地区奥林匹克数学竞赛试题.初中二年级	2017-03	38.00	729
台湾地区奥林匹克数学竞赛试题.初中三年级	2017-03	28.00	730
不等式证题法	2017-04	28.00	747
平面几何培优教程	2019-08	88.00	748
奥数鼎级培优教程.高一分册	2018-09	88.00	749
奥数鼎级培优教程.高二分册.上	2018-04	68.00	750
奥数鼎级培优教程.高二分册.下	2018-04	68.00	751
高中数学竞赛冲刺宝典	2019-04	68.00	883
初中尖子生数学超级题典.实数	2017-07	58.00	792
初中尖子生数学超级题典.式、方程与不等式	2017-08	58.00	793
初中尖子生数学超级题典.圆、面积	2017-08	38.00	794
初中尖子生数学超级题典.函数、逻辑推理	2017-08	48.00	795
初中尖子生数学超级题典.角、线段、三角形与多边形	2017-07	58.00	796
数学王子——高斯	2018-01	48.00	858
坎坷奇星——阿贝尔	2018-01	48.00	859
闪烁奇星——伽罗瓦	2018-01	58.00	860
无穷统帅——康托尔	2018-01	48.00	861
科学公主——柯瓦列夫斯卡娅	2018-01	48.00	862
抽象代数之母——埃米·诺特	2018-01	48.00	863
电脑先驱——图灵	2018-01	58.00	864
昔日神童——维纳	2018-01	48.00	865
数坛怪侠——爱尔特希	2018-01	68.00	866
传奇数学家徐利治	2019-09	88.00	1110
当代世界中的数学.数学思想与数学基础	2019-01	38.00	892
当代世界中的数学.数学问题	2019-01	38.00	893
当代世界中的数学.应用数学与数学应用	2019-01	38.00	894
当代世界中的数学.数学王国的新疆域(一)	2019-01	38.00	895
当代世界中的数学.数学王国的新疆域(二)	2019-01	38.00	896
当代世界中的数学.数林撷英(一)	2019-01	38.00	897
当代世界中的数学.数林撷英(二)	2019-01	48.00	898
当代世界中的数学.数学之路	2019-01	38.00	899

刘培杰数学工作室
已出版(即将出版)图书目录——初等数学

书　　名	出版时间	定　价	编号
105 个代数问题:来自 AwesomeMath 夏季课程	2019-02	58.00	956
106 个几何问题:来自 AwesomeMath 夏季课程	2020-07	58.00	957
107 个几何问题:来自 AwesomeMath 全年课程	2020-07	58.00	958
108 个代数问题:来自 AwesomeMath 全年课程	2019-01	68.00	959
109 个不等式:来自 AwesomeMath 夏季课程	2019-04	58.00	960
国际数学奥林匹克中的 110 个几何问题	即将出版		961
111 个代数和数论问题	2019-05	58.00	962
112 个组合问题:来自 AwesomeMath 夏季课程	2019-05	58.00	963
113 个几何不等式:来自 AwesomeMath 夏季课程	2020-08	58.00	964
114 个指数和对数问题:来自 AwesomeMath 夏季课程	2019-09	48.00	965
115 个三角问题:来自 AwesomeMath 夏季课程	2019-09	58.00	966
116 个代数不等式:来自 AwesomeMath 全年课程	2019-04	58.00	967
117 个多项式问题:来自 AwesomeMath 夏季课程	2021-09	58.00	1409
118 个数学竞赛不等式	2022-08	78.00	1526

紫色彗星国际数学竞赛试题	2019-02	58.00	999
数学竞赛中的数学:为数学爱好者、父母、教师和教练准备的丰富资源.第一部	2020-04	58.00	1141
数学竞赛中的数学:为数学爱好者、父母、教师和教练准备的丰富资源.第二部	2020-07	48.00	1142
和与积	2020-10	38.00	1219
数论:概念和问题	2020-12	68.00	1257
初等数学问题研究	2021-03	48.00	1270
数学奥林匹克中的欧几里得几何	2021-10	68.00	1413
数学奥林匹克题解新编	2022-01	58.00	1430
图论入门	2022-09	58.00	1554

澳大利亚中学数学竞赛试题及解答(初级卷)1978~1984	2019-02	28.00	1002
澳大利亚中学数学竞赛试题及解答(初级卷)1985~1991	2019-02	28.00	1003
澳大利亚中学数学竞赛试题及解答(初级卷)1992~1998	2019-02	28.00	1004
澳大利亚中学数学竞赛试题及解答(初级卷)1999~2005	2019-02	28.00	1005
澳大利亚中学数学竞赛试题及解答(中级卷)1978~1984	2019-03	28.00	1006
澳大利亚中学数学竞赛试题及解答(中级卷)1985~1991	2019-03	28.00	1007
澳大利亚中学数学竞赛试题及解答(中级卷)1992~1998	2019-03	28.00	1008
澳大利亚中学数学竞赛试题及解答(中级卷)1999~2005	2019-03	28.00	1009
澳大利亚中学数学竞赛试题及解答(高级卷)1978~1984	2019-05	28.00	1010
澳大利亚中学数学竞赛试题及解答(高级卷)1985~1991	2019-05	28.00	1011
澳大利亚中学数学竞赛试题及解答(高级卷)1992~1998	2019-05	28.00	1012
澳大利亚中学数学竞赛试题及解答(高级卷)1999~2005	2019-05	28.00	1013

天才中小学生智力测验题.第一卷	2019-03	38.00	1026
天才中小学生智力测验题.第二卷	2019-03	38.00	1027
天才中小学生智力测验题.第三卷	2019-03	38.00	1028
天才中小学生智力测验题.第四卷	2019-03	38.00	1029
天才中小学生智力测验题.第五卷	2019-03	38.00	1030
天才中小学生智力测验题.第六卷	2019-03	38.00	1031
天才中小学生智力测验题.第七卷	2019-03	38.00	1032
天才中小学生智力测验题.第八卷	2019-03	38.00	1033
天才中小学生智力测验题.第九卷	2019-03	38.00	1034
天才中小学生智力测验题.第十卷	2019-03	38.00	1035
天才中小学生智力测验题.第十一卷	2019-03	38.00	1036
天才中小学生智力测验题.第十二卷	2019-03	38.00	1037
天才中小学生智力测验题.第十三卷	2019-03	38.00	1038

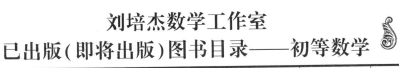

刘培杰数学工作室
已出版(即将出版)图书目录——初等数学

书　　名	出版时间	定　价	编号
重点大学自主招生数学备考全书:函数	2020-05	48.00	1047
重点大学自主招生数学备考全书:导数	2020-08	48.00	1048
重点大学自主招生数学备考全书:数列与不等式	2019-10	78.00	1049
重点大学自主招生数学备考全书:三角函数与平面向量	2020-08	68.00	1050
重点大学自主招生数学备考全书:平面解析几何	2020-07	58.00	1051
重点大学自主招生数学备考全书:立体几何与平面几何	2019-08	48.00	1052
重点大学自主招生数学备考全书:排列组合·概率统计·复数	2019-09	48.00	1053
重点大学自主招生数学备考全书:初等数论与组合数学	2019-08	48.00	1054
重点大学自主招生数学备考全书:重点大学自主招生真题.上	2019-04	68.00	1055
重点大学自主招生数学备考全书:重点大学自主招生真题.下	2019-04	58.00	1056
高中数学竞赛培训教程:平面几何问题的求解方法与策略.上	2018-05	68.00	906
高中数学竞赛培训教程:平面几何问题的求解方法与策略.下	2018-06	78.00	907
高中数学竞赛培训教程:整除与同余以及不定方程	2018-01	88.00	908
高中数学竞赛培训教程:组合计数与组合极值	2018-04	48.00	909
高中数学竞赛培训教程:初等代数	2019-04	78.00	1042
高中数学讲座:数学竞赛基础教程(第一册)	2019-06	48.00	1094
高中数学讲座:数学竞赛基础教程(第二册)	即将出版		1095
高中数学讲座:数学竞赛基础教程(第三册)	即将出版		1096
高中数学讲座:数学竞赛基础教程(第四册)	即将出版		1097
新编中学数学解题方法 1000 招丛书. 实数(初中版)	2022-05	58.00	1291
新编中学数学解题方法 1000 招丛书. 式(初中版)	2022-05	48.00	1292
新编中学数学解题方法 1000 招丛书. 方程与不等式(初中版)	2021-04	58.00	1293
新编中学数学解题方法 1000 招丛书. 函数(初中版)	2022-05	38.00	1294
新编中学数学解题方法 1000 招丛书. 角(初中版)	2022-05	48.00	1295
新编中学数学解题方法 1000 招丛书. 线段(初中版)	2022-05	48.00	1296
新编中学数学解题方法 1000 招丛书. 三角形与多边形(初中版)	2021-04	48.00	1297
新编中学数学解题方法 1000 招丛书. 圆(初中版)	2022-05	48.00	1298
新编中学数学解题方法 1000 招丛书. 面积(初中版)	2021-07	28.00	1299
新编中学数学解题方法 1000 招丛书. 逻辑推理(初中版)	2022-06	48.00	1300
高中数学题典精编. 第一辑. 函数	2022-01	58.00	1444
高中数学题典精编. 第一辑. 导数	2022-01	68.00	1445
高中数学题典精编. 第一辑. 三角函数·平面向量	2022-01	68.00	1446
高中数学题典精编. 第一辑. 数列	2022-01	58.00	1447
高中数学题典精编. 第一辑. 不等式·推理与证明	2022-01	58.00	1448
高中数学题典精编. 第一辑. 立体几何	2022-01	58.00	1449
高中数学题典精编. 第一辑. 平面解析几何	2022-01	68.00	1450
高中数学题典精编. 第一辑. 统计·概率·平面几何	2022-01	58.00	1451
高中数学题典精编. 第一辑. 初等数论·组合数学·数学文化·解题方法	2022-01	58.00	1452
历届全国初中数学竞赛试题分类解析. 初等代数	2022-09	98.00	1555
历届全国初中数学竞赛试题分类解析. 初等数论	2022-09	48.00	1556
历届全国初中数学竞赛试题分类解析. 平面几何	2022-09	38.00	1557
历届全国初中数学竞赛试题分类解析. 组合	2022-09	38.00	1558

联系地址:哈尔滨市南岗区复华四道街 10 号　哈尔滨工业大学出版社刘培杰数学工作室

网　　址:http://lpj.hit.edu.cn/

邮　　编:150006

联系电话:0451-86281378　　13904613167

E-mail:lpj1378@163.com